Riedelbauch • Laux

Persönlichkeitscoaching

Kerstin Riedelbauch • Lothar Laux

Persönlichkeitscoaching

Acht Schritte zur Führungsidentität

BELTZ

Anschrift der Autoren:

Kerstin Riedelbauch, Dipl.-Psych.
Prof. Dr. Lothar Laux
Otto-Friedrich-Universität Bamberg
Lehrstuhl für Persönlichkeitspsychologie
Markusplatz 3
D-96045 Bamberg
E-Mail: kerstin.riedelbauch@uni-bamberg.de

1. Auflage 2011

Programm Psychologie
http://www.beltz.de

Lektorat: Andrea Schrameyer
Herstellung: Grit Möller
Reihengestaltung: Federico Luci, Odenthal
Graphische Realisation: Nicole Gehlen, Heidelberg
Umschlagbild: Mauritius images, Frankfurt; CCVision, Freiburg
Satz und Bindung: Druckhaus »Thomas Müntzer«, Bad Langensalza
Druck: Beltz Druckpartner, Hemsbach

Printed in Germany

ISBN 978-3-621-27632-0

Inhaltsübersicht

Inhalt

Vorwort

Stellen Sie sich vor, Sie (der Leser) und wir (die Autoren) begegnen uns, z. B. auf einer Tagung, in der Uni, bei einem potenziellen Kunden oder auf einer öffentlichen Veranstaltung. Das, was Sie über uns und unseren Coachingansatz wissen, lässt sich in drei Wörtern zusammenfassen: »Die machen Persönlichkeitscoaching«. Dieser Wissensstand reicht Ihnen nicht und Sie würden gerne mehr über den Ansatz erfahren. Gleichzeitig haben Sie nicht viel Zeit, weil Sie in den nächsten Vortrag, zur Vorlesung oder ins Kundengespräch müssen. Halb mit Interesse, halb mit der Hoffnung, dass unsere Antwort nicht zu lange dauert, fragen Sie uns also: »Was ist das denn nun eigentlich genau, das Persönlichkeitscoaching?« – Jetzt ist unsere Kenntnis des »Elevator Pitch« (Weyand, 2007), der »Präsentation im Fahrstuhl«, einer Kurzvorstellung in 30 Sekunden gefragt. Weyand empfiehlt, erst eine Einleitung zu geben, dann Spannung aufzubauen, Spannung aufzulösen und abschließend einen Folgeimpuls zu setzen. Und das Ganze in einer halben Minute. Gar nicht einfach. Aber wir wollen es versuchen.

Wir würden also antworten:
»Im Persönlichkeitscoaching bearbeiten wir in acht Schritten die Frage, wie unsere Klienten ihre Führungsidentität für sich und ihr Umfeld stimmig gestalten können. Ansatzpunkt ist dabei die individuelle Art und Weise der Selbstdarstellung in der beruflichen Rolle. Wir haben uns gefragt, wie wir unsere Klienten darin unterstützen können, im Coaching die Fragen für sich zu beantworten, die für viele Menschen die brennendsten sind: ›Wer bin ich, wer möchte ich sein, wer könnte ich sein und wie sehen mich die anderen‹? Nichts schien da naheliegender zu sein, als unser Knowhow als Persönlichkeitspsychologen systematisch für Coaching nutzbar zu machen. Gerade als Führungspersonen stehen unsere Klienten meist im Mittelpunkt der Aufmerksamkeit: Sie müssen sich als individuelle Persönlichkeit in ihrer Führungsrolle darstellen. Die Art und Weise, wie sie sich selbst darstellen, bedingt, wie Mitarbeiter, Kollegen und Vorgesetzte sie wahrnehmen, vor allem aber, wie diese beruflichen Interaktionspartner auf sie reagieren. Die Rückmeldung der Interaktionspartner nimmt wiederum entscheidenden Einfluss darauf, wie sich die Führungsperson selbst sieht. Im Coaching arbeiten wir mit unseren Klienten daran, sich dieser Wechselwirkung bei der Entwicklung ihrer Führungsidentität bewusst zu werden. Sie werden angeleitet, ihre persönlichen Ressourcen wahrzunehmen, zu nutzen und auszubauen. Und das mit dem Ziel, ihre Führungsidentität individuell zu gestalten, d. h. zum einen den unterschiedlichen äußeren Anforderungen, zum anderen der Vielfältigkeit der eigenen Persönlichkeit bestmöglich gerecht zu werden.

Wir haben gerade ein Buch über Persönlichkeitscoaching geschrieben, wenn Sie mögen, dann können Sie sich darin ein detaillierteres Bild über unseren Coachingansatz verschaffen.« (Das war jetzt der Folgeimpuls, damit das Gespräch nicht »im Sande verläuft«. Im günstigsten Fall lesen Sie tatsächlich das Buch, aber das müssen Sie jetzt entscheiden …)

Sie sind sich noch nicht ganz sicher, ob Sie zum Zielpublikum des Buchs gehören? Vielleicht hilft Ihnen dann folgende Aufstellung:

Dieses Buch richtet sich an

- Coachs, die neue Anregungen für die eigene praktische Arbeit und Informationen zur persönlichkeitspsychologischen Fundierung von Coaching erhalten möchten,
- »Persönlichkeiten« in Führungspositionen oder anderen beruflichen Rollen, die tagtäglich damit zu tun haben, ihre berufliche Identität individuell zu gestalten,
- Psychologiestudierende, die an der Anwendung (persönlichkeits-)psychologischer Konzepte interessiert sind und
- alle interessierten Leser, die Möglichkeiten der systematischen, praktischen Coachingarbeit zu den Themen Persönlichkeit, Identität und Selbstdarstellung auf der Basis eines (persönlichkeits-)psychologischen Fundaments kennenlernen wollen.

Sie wissen nicht so recht, ob dieses Buch Ihren persönlichen Vorstellungen einer »guten Lektüre« entspricht? Eventuell ist es zu theoretisch oder aber zu praxisorientiert? Vielleicht hilft es Ihnen zu erfahren, welche Zielsetzung wir mit diesem Buch verfolgen:

Unser besonderes Anliegen ist es, die zentralen Konzepte Persönlichkeit, Identität und Selbstdarstellung ebenso fundiert wie auch anschaulich darzustellen und deren Bedeutung im Kontext von Coaching als personzentriertem und berufsbezogenem Beratungsansatz hervorzuheben. Wir wollen aufzeigen, dass theoretische Konzepte unmittelbare Handlungsrelevanz haben können und sich in nützliche, praktische Coachingmodule umsetzen lassen. Dabei versuchen wir, »Theorie« und »Praxis« nicht zu trennen, sondern stets aufeinander zu beziehen: Im ersten Teil des Buches stellen wir zunächst die theoretische und praktische Rahmenkonzeption des Persönlichkeitscoachings dar. Der zweite Teil widmet sich den acht Schritten, die dem Persönlichkeitscoaching als Leitfaden zugrunde liegen und die dabei helfen sollen, den Prozess der Identitätskonstruktion zu systematisieren. Die Darstellung der acht Schritte umfasst dabei sowohl die Beschreibung der jeweiligen theoretischen Konzepte, als auch deren praktische Umsetzung in Form von ausgewählten Coachingmethoden. Um den unmittelbaren Anwendungsbezug herzustellen, werden die einzelnen Schritte an einem fortlaufenden Fallbeispiel veranschaulicht.

Sollten Sie nun noch weitere Fragen haben, empfehlen wir Ihnen, in der Einleitung den Aufbau des Buches nachzuvollziehen oder direkt in die Lektüre des ersten Teils einzusteigen.

Uns hat das Schreiben Spaß gemacht. Wir hoffen, dass es Ihnen beim Lesen genauso ergeht!

Dank

Wir möchten uns bei all denjenigen Personen bedanken, die zur Entstehung dieses Buches beigetragen haben.

Unser ganz besonderer Dank gilt Theresa Wechsler. Sie hat durch ihre äußerst sorgfältige Lektüre mehrerer Fassungen des gesamten Buchmanuskripts und durch ihre hilfreichen inhaltlichen Anregungen (speziell zum Einsatz neuer Medien in Coachingschritt 7 sowie zur Beschreibung von Wirkfaktoren in Kapitel 3) ganz wesentlich zur Entstehung dieses Buches beigetragen und in schwierigen Phasen der Manuskriptentstehung stets den Überblick über die Gesamtkonzeption behalten.

Es ist uns außerdem ein besonderes Bedürfnis, uns bei den beiden Illustratorinnen Lisa Gäbelein und Stephanie Bauer zu bedanken: Die Zusammenarbeit mit Lisa Gäbelein, die es stets geschafft hat, zu komplexen Inhalten aussagekräftige und ideenreiche Illustrationen zu erstellen, hat uns viel Spaß gemacht und die Gesamtkonzeption des Buches sehr bereichert. Stephanie Bauer hat mit ihren kreativen Zeichnungen zur Methode des Inneren Teams zur Entwicklung zentraler Aspekte des Fallbeispiels »Herr P.« beigetragen.

Darüber hinaus möchten wir uns für gewinnbringende inhaltliche Anregungen bei Jochen Schlichthorn (zur Rollenanalyse in Coachingschritt 6) und Sascha Meyer (zur Erhebung eines Soll-Profils in Coachingschritt 4) bedanken. Sascha Meyer danken wir darüber hinaus für die kritische Lektüre einzelner Buchkapitel. Um die Überarbeitung der formalen Aspekte des Literaturverzeichnisses hat sich dankenswerterweise Anja Geßner gekümmert.

Insgesamt basiert dieses Buch auf den Erkenntnissen, die sich aus vielen fruchtbaren theoretischen Diskussionen mit verschiedenen Personen(-gruppen) ergeben haben und auf unseren Erfahrungen mit der praktischen Coachingarbeit. Insgesamt gilt daher unser Dank erstens allen Studierenden, die sich im Rahmen von Seminaren, Diplomarbeiten oder Tätigkeiten als studentische Hilfskräfte theoretisch und praktisch mit Persönlichkeitscoaching auseinandergesetzt und daher zur Weiterentwicklung des Coachingkonzepts beigetragen haben. Zweitens möchten wir uns bei allen Coachingteilnehmern bedanken, die uns im Laufe der Jahre ihr Vertrauen geschenkt haben und von denen wir viel lernen durften.

Bei der Realisierung dieses Buches unterstützte uns weiterhin das Lektorat des Beltz Verlags sehr. Hier danken wir vor allem Andrea Schrameyer.

Bamberg, im Herbst 2010

Kerstin Riedelbauch
Lothar Laux

Einleitung

Ziel des Buches

In diesem Buch stellen wir den Ansatz des Persönlichkeitscoachings dar, wie wir ihn seit mehreren Jahren praktizieren, evaluieren und weiterentwickeln. Dabei möchten wir den Lesern sowohl die theoretischen Grundlagen als auch die praktische Umsetzung des Persönlichkeitscoachings näherbringen. Dieses Buch ist kein Grundlagen- oder Überblicksbuch zum Führungskräftecoaching, keine Systematik von Coachingmethoden und kein Coachingmanual. Es geht uns in erster Linie darum, das Spezifische unseres Ansatzes zu verdeutlichen, ohne die allgemeinen Grundlagen zum Coaching von Führungskräften in den Mittelpunkt zu stellen, die bereits in einer Fülle von Lehr- und Handbüchern (z. B. Lippmann, 2009; Rauen, 2008; Schreyögg, 2003) zum Thema beschrieben werden.

Zentraler Fokus des Coachingansatzes

Persönlichkeitscoaching ordnet sich in das Selbstverständnis von Coaching als professioneller, personzentrierter und berufsbezogener Beratungsansatz (vgl. z. B. Böning & Fritschle, 2005; Lippmann, 2009; Rauen, 2008; Schreyögg, 2003) ein und versteht sich als *eine* mögliche Konzeption, nach welchem theoretischen Grundverständnis, unter welchem Fokus und vor allem auf welche Art und Weise Führungskräftecoaching stattfinden kann.

Die theoretische Fundierung des Coachingansatzes liegt in einer *dynamischen Prozesstheorie von Persönlichkeit,* den zentralen inhaltlichen Fokus richten wir im Persönlichkeitscoaching auf die Optimierung der *individuellen Selbstdarstellung.* Uns interessiert die spezifische Art und Weise, wie sich unsere Klienten als einzigartige Persönlichkeiten im Rahmen ihrer beruflichen Rolle mit anderen Personen in Beziehung setzen. Unsere Klienten sind i. d. R. Führungspersonen, die durch ihre Position oft im Mittelpunkt der Aufmerksamkeit und damit »im Rampenlicht« stehen. Abhängig von der Führungsebene unterscheiden sich da nur die Durchmesser der Lichtkegel und die Intensität der Helligkeit. Mit einer Führungsposition sind vielfältige und oft widersprüchliche Anforderungen verbunden. Daher stellt es gerade für eine Führungsperson eine besondere Herausforderung dar, berufliche Identität so zu gestalten, dass sie sowohl zentrale Merkmale der eigenen Persönlichkeit als auch heterogene situative Rahmenbedingungen berücksichtigt. Der Schwerpunkt unseres Coachingsansatzes liegt auf der *Klärung und Veränderung* der *individuellen Führungsidentität* in Wechselwirkung mit den Interaktionspartnern. Dreh- und Angelpunkt ist hierbei die Selbstdarstellung der Führungsperson, die Art und Weise, wie Selbstbilder ausgewählt, vermittelt und Reaktionen anderer darauf interpretiert und verarbeitet werden.

Persönlichkeitspsychologische Basis

Wir nehmen als Coachs nicht die Rolle des ehemaligen Geschäftsführers, Vorstands oder Unternehmensgründers ein, der auf Basis der eigenen Erfahrung in der Managementpraxis beratend in Bezug auf Fragen des Führungsalltags zur Seite steht. Wir sind Persönlichkeitspsychologen. In unserem Coachingansatz machen wir uns daher die Erkenntnisse zunutze, die sich aus der Persönlichkeitspsychologie für die Coachingpraxis ergeben, damit die verfolgten Ziele und die eingesetzten Methoden nicht »persönlichkeitsfrei« miteinander kombiniert werden. Wir legen der Klärungs- und Veränderungsarbeit im Coaching eine dynamische Interaktionstheorie von Persönlichkeit zugrunde, vor deren Hintergrund die einzelnen Coachingschritte reflektiert und ein Handlungsmodell abgeleitet werden können. Die Persönlichkeit der Klienten steht im Führungskräftecoaching immer in einem bestimmten sozialen (organisationalen) Kontext und definiert sich in der Beziehung zu Interaktionspartnern wie z. B. Mitarbeitern, Kollegen oder Vorgesetzten. Im Zusammenspiel des Verhaltens der Führungskraft und der Reaktionen der Interaktionspartner entsteht die individuelle Führungsidentität als Ergebnis eines Interaktionsprozesses, der ganz entscheidend durch die Art und Weise der *Selbst*darstellung der Führungsperson moderiert wird. In unserem Modell zerlegen wir den dynamischen Interaktionsprozess zwischen Führungsperson und Interaktionspartnern in Teilkomponenten, die im Coaching anhand von Leitfragen bearbeitet und in Coachingmodule umgesetzt werden.

Für Sie als Führungsperson

Mit der Frage nach der individuellen Führungsidentität sind *Sie als Führungsperson* mittendrin in unserem Thema: Was macht Sie als Träger einer Führungsrolle zur einzigartigen Führungspersönlichkeit? Und wie ist das eigentlich mit der Glaubwürdigkeit und der Authentizität? Reicht es, als Führungsperson so zu sein, wie Sie sind, um bei anderen so anzukommen, wie Sie möchten? Aber was für ein Mensch sind Sie denn eigentlich? Und wollen Sie als Führungsperson überhaupt so sein, wie Sie sich sehen oder möchten Sie, dass andere Personen Sie so sehen, wie Sie sein wollen? Und dann ist da noch die Frage, ob andere Personen *alle* Facetten, die Sie ausmachen, sehen sollen. Oder vielleicht doch nur die Facetten, die zur Führungsposition passen? Ist das dann noch authentisch? Fragen dieser Art werden in den acht Schritten des Persönlichkeitscoachings in systematischer Form aufgegriffen und Möglichkeiten der Bearbeitung aufgezeigt. Sie haben außerdem die Möglichkeit, einen Coachingprozess anhand unseres Fallbeispiels in Teil II des Buches nachzuvollziehen und Parallelen zu Ihren eigenen Führungsthemen herzustellen.

Für Sie als Coach

Sie als Coach fragen sich nun, was neu an unserem Ansatz ist. Handelt es sich beim Begriff Persönlichkeitscoaching nicht eher um eine Tautologie als um eine Spezifizierung, wo doch Coaching ohnehin als »personzentrierte« (Rauen, 2008) oder »personen- und persönlichkeitsnahe Beratung« (Böning & Fritschle, 2005) definiert wird? Nein, das ist nicht neu, denn in allen Ansätzen zum Einzelcoaching ist es das zentrale Ziel, der Individualität der Person gerecht zu werden. Die Spezifizierung unseres Ansatzes liegt darin, die Teilkomponenten der individuellen Persönlichkeit aus der »Innen-« und »Außensicht« in ihrem ganzheitlichen Zusammenspiel zu berücksichtigen und damit den Klärungs- und Veränderungsprozess im Coaching systematisch anhand einer Persönlichkeitstheorie zu reflektieren.

Die täglichen Interaktionen zwischen der Führungskraft und ihren beruflichen Interaktionspartnern sind äußerst relevant für die Entwicklung einer Führungsidentität. Das konsequent Persönlichkeitspsychologische an unserem Coachingansatz liegt darin, dass wir unsere Klienten darin unterstützen wollen, die Facetten ihrer individuellen Persönlichkeit im Rahmen der Führungsrolle so zu interpretieren und zum Ausdruck zu bringen, dass ihnen gemeinsam mit ihren Interaktionspartnern die Konstruktion einer stimmigen Führungsidentität gelingt.

Für Sie als Studierende(r) der (Persönlichkeits-)Psychologie

Sollten Sie Studierende(r) der (Persönlichkeits-)Psychologie sein, so können Sie das Buch dazu nutzen, den unmittelbaren Anwendungsbezug von persönlichkeitspsychologischen Theorien und Konzepten nachzuvollziehen. Sie werden ausgewählte Coachingmethoden und spezifische führungsrelevante Coachingthemen kennenlernen und somit einen Einblick in die praktische Coachingarbeit erhalten.

Integratives Handlungsmodell

In der aktuellen Coaching-Literatur lassen sich zwar viele methodenorientierte Bücher finden, aber nur vereinzelte Publikationen, in denen methodische Maßnahmen im Sinne eines reflektierten Praxiskonzepts in ein explizites Handlungsmodell integriert werden (vgl. Schreyögg, 2009b). Das vorliegende Buch möchte einen Beitrag dazu leisten, diese Lücke zu schließen: Persönlichkeitscoaching versteht sich als Gesamtkonzept, in dem methodische Anweisungen und theoretische Überlegungen unmittelbar aufeinander bezogen sind. Ausgehend von (persönlichkeits-)psychologischen Theorien und Konzepten leiten wir ein *achtschrittiges Prozessmodell* mit konkreten Handlungsvorschlägen ab.

Vier Ebenen eines Handlungsmodells von Coaching. Eine theoretische Fundierung des praktischen Vorgehens ist unverzichtbar, um nicht in die Gefahr eines willkürlichen Eklektizismus zu geraten. So kann eine unreflektierte Methodenkombination dazu führen, dass Klienten widersprüchliche Botschaften erhalten, da den Methoden oft gegensätzliche Zielsetzungen und unterschiedliche Menschenmodelle zugrunde liegen (vgl. Schreyögg, 2009b). Schreyögg (2009b) schlägt daher eine Grundstruktur eines integrativen Handlungsmodells für Coaching vor, das *vier Ebenen* umfasst: Ausgehend von der ersten Ebene eines *Metamodells* mit anthropologischen und erkenntnistheoretischen Prämissen gilt es, auf der nächsten Ebene vielfältige und für das praktische Handeln nützliche *Theorien* auszuwählen, zu explizieren und anzuwenden. Die Ebene der grundlegenden *methodischen Anweisungen* umfasst die Ziele des Modells, die Art und Weise der Rekonstruktion von Kliententhemen, die unterstellten Wirkfaktoren, den zu empfehlenden Interaktionsstil und Anweisungen zum Setting.

Auf der Ebene der *Praxeologie* werden schließlich die methodischen Maßnahmen und deren Anwendung beschrieben.

Auch Eidenschink und Horn-Heine erachten in ihrer Einleitung zu »Coachingtools II« (Rauen, 2009) die Einbettung einzelner methodischer Maßnahmen in einen konzeptionellen Gesamtzusammenhang für den professionellen Einsatz von Coachingmethoden als unbedingt notwendig.

Vier Ebenen des Persönlichkeitscoachings. Die spezifischen Merkmale von Persönlichkeitscoaching lassen sich nach den beschriebenen Ebenen eines integrativen Handlungsmodells von Coaching zusammenfassen: Persönlichkeitscoaching orientiert sich an einem bestimmten *Metamodell* und bedient sich ausgewählter psychologischer *Theorien*. Die *Ebene der methodischen Anweisungen* wird durch die Darstellung des achtschrittigen Prozessmodells und grundlegender Prinzipien der Prozessgestaltung expliziert. Die Ebene der *Praxeologie* umfasst die konkreten Coachingmethoden, die im Laufe des Prozesses zum Einsatz kommen. Die folgende Tabelle gibt einen Überblick darüber, in welchen Kapiteln der beiden Hauptteile des Buches die Ebenen eines integrativen Handlungsmodells dargestellt werden.

Überblick zur Darstellung der Ebenen eines Handlungsmodells des Persönlichkeitscoachings in den Buchkapiteln

Grundstruktur eines Handlungsmodells nach Schreyögg (2009)	Darstellung der Ebenen eines Handlungsmodell des Persönlichkeitscoachings in den Buchteilen I und II
Meta-Modell	Teil I: Darstellung der Grundzüge eines Metamodells in Kapitel 4
Theorie-Ebene	Teil I: Darstellung der persönlichkeitspsychologischen Grundlagen in Kapitel 1 Teil II: Darstellung des theoretischen Hintergrunds zu den acht Schritten der Identitätskonstruktion im jeweiligen ersten Abschnitt der Kapitel 5 bis 12
Grundlegende methodische Anweisungen	Teil I: Überblick über die Umsetzung des Persönlichkeitscoachings in den Abschnitten 3.1 und 3.2 Teil II: Ausführliche Darstellung der acht Schritte der Identitätskonstruktion in den Kapiteln 5 bis 12
Praxeologie	Teil I: Überblick über die Coachingmethoden in Abschnitt 3.3 Teil II: Vorschläge für die Auswahl und Kombination von Methoden in den acht Schritten der Identitätskonstruktion (Kapitel 5 bis 12)
Konkretes Handeln des Coachs	Teil II: Fallbeispiel mit Beschreibungen von Sitzungsausschnitten und zentralen Ergebnissen zu jedem der acht Schritte in den Kapiteln 5 bis 12

Aufbau des Buches im Überblick

Das Buch ist in zwei Hauptteile gegliedert: Teil I des Buches beschreibt die Rahmenkonzeption des Persönlichkeitscoachings, Teil II stellt die acht Schritte der Identitätskonstruktion im Persönlichkeitscoaching dar.

Teil I. In Kapitel 1 werden dem Leser die grundlegenden Auffassungen von Coaching und Persönlichkeit vermittelt und Selbstdarstellung als Brennpunkt des Coachingansatzes eingeführt. Die theoretische Fundierung des Persönlichkeitscoachings liegt in der Persönlichkeitspsychologie – mit der Auffassung von Persönlichkeit als Zusammenspiel inter- und intrapersonaler Prozesse. Inhaltlich ist der Coachingansatz auf die Klärung und Optimierung der individuellen Selbstdarstellung in sozialen Interaktionen ausgerichtet.

Kapitel 2 beschreibt, was unter Führungsidentität und stimmiger Führung verstanden wird. Dabei wird insbesondere auf den Stellenwert authentischer und situationsangemessener Selbstdarstellung, auf postmoderne Identitätsauffassungen sowie auf zentrale Spannungsfelder der Identitätsbildung eingegangen. Das übergeordnete Ziel des Persönlichkeitscoachings besteht darin, zur Konstruktion einer stimmigen Führungsidentität beizutragen, die sich aus der individuellen Art und Weise der Selbstdarstellung der Führungsperson und den Reaktionen des beruflichen Umfeldes entwickelt. Um eine stimmige Führungsidentität etablieren zu können, ist es für die Führungsperson notwendig, ihr individuelles Selbstdarstellungsverhalten, die vermittelten Selbstbilder und die hervorgerufenen Fremdbilder zu reflektieren und gegebenenfalls gezielt zu verändern. Es wird aufgezeigt, welche Bedeutung Coaching bei der Unterstützung der Identitätskonstruktion von Führungskräften zukommt.

Kapitel 3 beschreibt die Umsetzung des Persönlichkeitscoachings im Überblick: Zunächst werden die zentralen Kennzeichen des achtschrittigen Prozessmodells der Identitätskonstruktion (»Was wird wann gemacht?«) im Überblick beschrieben. Weiterhin werden wichtige Prinzipien der Prozessgestaltung im Persönlichkeitscoaching (»Wie wird vorgegangen?«) dargestellt, die den Interaktionsstil bestimmen und als Wirkfaktoren angenommen werden. Abschließend wird eine Übersicht über die im Persönlichkeitscoaching angewendeten Methoden gegeben.

Im Metamodell (Kap. 4) des Persönlichkeitscoachings werden grundlegende Menschenbilder und erkenntnistheoretische Prämissen – wie sie z. B. von Schreyögg (2009b), Eidenschink und Horn-Heine (2009) sowie Birgmeier (2006) für Coaching im Allgemeinen systematisiert und expliziert wurden – für Persönlichkeitscoaching spezifiziert.

Teil II. Die Identitätskonstruktion als systematischer Prozess der Klärung und Veränderung ist in acht Schritte untergliedert, denen jeweils bestimmte Leitfragen zugrunde liegen (s. folgende Abb.). Diese acht Schritte des Coachingprozesses werden in den Kapiteln 5 bis 12 nach folgendem Muster dargestellt: Für jeden Schritt werden im ersten Abschnitt zunächst die jeweils zugrunde liegenden theoretischen Konzepte erklärt, um im zweiten Abschnitt ausgewählte Coachingmethoden zu beschreiben und in den theoretischen Rahmen einzuordnen. Die praktische Anwendung bzw. das konkrete Handeln des Coachs werden in jedem Schritt im jeweils dritten Abschnitt an einem

Schritt 1: Klärung der Ausgangssituation und Auswahl von Coachingthemen
Welches sind meine individuellen Coachinganliegen/Coachingthemen?
Was genau möchte ich klären/verändern? Worum soll es im Coaching gehen?

Schritt 2: Aktivierung realer Selbstbilder
Wie sehe und erlebe ich mich in meiner Führungsposition/in Bezug auf die Coachingthemen?
Wie denke ich, dass andere Personen mich sehen?

Schritt 3: Aktivierung möglicher und normativer Selbstbilder
Wie möchte ich mich in meiner Führungsposition/in Bezug auf die Coachingthemen sehen und erleben? Wie möchte ich gesehen werden? Wie denke ich, dass ich sein sollte?

Schritt 4: Erfassung von Fremdbildern und Abgleich mit Selbstbildern
Wie werde ich in meiner Führungsposition/in Bezug auf meine Coachingthemen von anderen Personen gesehen und erlebt? Wie möchten mich andere Personen sehen und erleben?
Inwieweit stimmt das damit überein, wie ich mich selbst sehe und sehen möchte?

Schritt 5: Klärung von Selbstdarstellungsmustern
Wie hängen die Außen- und die Innensicht meiner Persönlichkeit zusammen?
Welche individuellen Selbstdarstellungsmuster habe ich?

Schritt 6: Klärung von Rahmenbedingungen
Welches sind die spezifischen Rahmenbedingungen, innerhalb derer ich führe? Welche dieser Rahmenbedingungen nehmen besonderen Einfluss auf die Entwicklung einer Führungsidentität?

Schritt 7: Ressourcenerweiterung
Wie könnte ich als Führungsperson sein?
Welche Kompetenzen kann und will ich noch aufbauen, um meine Ziele besser zu erreichen?

Schritt 8: Etablierung einer individuellen Führungsidentität
Welche Führungsidentität möchte ich langfristig etablieren?
Welche kurz- und mittelfristigen Veränderungsziele und Umsetzungsschritte lassen sich daraus in Bezug auf meine Coachingthemen ableiten?

Überblick über die acht Schritte der Identitätskonstruktion im Persönlichkeitscoaching

exemplarischen Coachingprozess mit unserer Beispielführungskraft Herrn P. veranschaulicht. Die obige Abbildung fasst die acht Schritte der Identitätskonstruktion mit den jeweils zu bearbeitenden Leitfragen zusammen.

Kapitel 13 fasst die beiden Teile des Buches rückblickend zusammen und gibt einen Ausblick auf zukünftige Weiterentwicklungen des Persönlichkeitscoachings. In Kapitel 14 skizzieren wir abschließend verschiedene inhaltliche Schwerpunktsetzungen bei der Entwicklung und Anwendung des Persönlichkeitscoachings und greifen einige zentrale Aspekte der Weiterentwicklung des Coachingansatzes auf.

Grenzen des Coachingansatzes

Um möglichst alle denkbaren Fragestellungen von Klienten abzudecken, muss einer Modellkonstruktion von Coaching nach Schreyögg (2009b) unter pragmatischen Gesichtspunkten ein breit angelegtes Theoriespektrum zugrunde liegen. Persönlichkeitscoaching stützt sich auf eine Auswahl (persönlichkeits-)psychologischer Theorien, die das Zusammenspiel von Innen- und Außensicht einer individuellen Persönlichkeit thematisieren. Vor diesem Hintergrund eignet sich der Cochingansatz nicht zur Bearbeitung »aller denkbaren Fragestellungen«, sondern konzentriert sich auf individuelle und Beziehungsphänomene. Ziel ist die systematische Klärung und Veränderung der individuellen Führungsidentität, die durch das wechselseitige Zusammenwirken von Selbst- und Fremdbildern entsteht. Persönlichkeitscoaching konzentriert sich auf *persönlichkeitsnahe Themen*, die sich *im Arbeitskontext unserer Klienten* ergeben. Es eignet sich nicht für übergreifende, organisationale Themenstellungen und auch nicht für die Bearbeitung von Fragestellungen, die weniger von der individuellen Persönlichkeit in ihren sozialen Beziehungen als vielmehr von äußeren Rahmenbedingungen und Strukturen abhängen. Zur professionellen Arbeit an solchen Themen sind andere Theorien zur Strukturierung und zur Ableitung von Handlungsschritten nötig, die alternative Coachingansätze stärker in den Vordergrund stellen.

Teil I Rahmenkonzeption des Persönlichkeitscoachings

1 Warum Persönlichkeitscoaching?

In diesem ersten Kapitel möchten wir Ihnen die theoretische Konzeption unseres Ansatzes im Überblick verdeutlichen. Die zentralen Konzepte werden mithilfe eines konkreten Fallbeispiels veranschaulicht: Es handelt sich um Herrn P. Er soll in diesem Kapitel als Coachingteilnehmer aber nur so weit vorgestellt werden, wie es zur einführenden Veranschaulichung unserer Konzeption erforderlich ist. Ausführlicher beschreiben wir ihn in Teil II, wenn es um die Erläuterung der acht Schritte unseres Modells geht.

Wer ist Herr P.?
Herr P. ist 37 Jahre alt und arbeitet als Vertriebsleiter in einem IT-Unternehmen. Es ist für ihn nichts Besonderes, zu uns ins Coaching zu kommen: Coaching sei heutzutage ja fast selbstverständlich geworden – als Unterstützung bei der Bewältigung von Führungsproblemen, aber auch bei der Optimierung eigener Ressourcen.

1.1 Coaching

Die Auffassung von Herrn P. befindet sich in Übereinstimmung mit den Definitionen repräsentativer Coachingansätze: Coaching als professionelle Managementberatung (Schreyögg, 2003) ist eine *Maßnahme zur Personalentwicklung,* die sich im deutschsprachigen Raum seit etwa 1985 zunächst als Beratung für Top-Manager etabliert und sich in den letzten Jahren in Unternehmen rasant verbreitet und auf vielfältige Zielgruppen ausgeweitet hat (vgl. Böning & Fritschle, 2005). Die »professionelle Reflexions- und Entwicklungshilfe in der beruflichen Praxis« (Fischer-Epe, 2002, S. 22) soll zum einen Hilfestellung bei der Bewältigung von Krisen und Konflikten geben, zum anderen der Optimierung von Potenzialen und Kompetenzen der Person dienen. Damit stellt Coaching eine »Dialogform« über »Freud und Leid im Beruf« (Schreyögg, 2003, S. 51) dar und erfüllt zweierlei Funktionen: Es unterstützt einerseits bei der Lösung bereits vorliegender Probleme und beugt andererseits der Entstehung neuer Probleme vor. Der Coachingdialog findet in einer absichtlich herbeigeführten Beratungsbeziehung statt, deren Qualität durch Freiwilligkeit, gegenseitige Akzeptanz, Vertrauen und Diskretion gekennzeichnet ist (Rauen, 2008). Coaching ist also personenzentriert und individuell und damit stets auf die Belange des Einzelnen zugeschnitten. Ausgangspunkte der Arbeit im Coaching sind die Anliegen und Themen, die für den Klienten relevant sind.

Herr P. möchte am Coaching teilnehmen, um einige Themen zu bearbeiten, darunter die Klärung und Modifikation der Beziehungsgestaltung zu seinen Mitarbeitern. Sein Hauptanliegen ist es aber, sich in der Führungsposition wohler und sicherer zu fühlen. Damit steht für ihn die Frage im Brennpunkt »Wo stehe ich als Führungskraft und wo will ich hin?«

P

1.1.1 Begriffsklärung: Was ist Coaching?

Einer der prominentesten deutschen Vertreter des professionellen Coachings, Christopher Rauen, umschreibt den Begriff in Anlehnung an die Definition des DBVCs (Deutscher Bundesverband Coaching e. V.) anhand der folgenden Merkmale:

- »Coaching ist ein *interaktiver, personenzentrierter Beratungs- und Betreuungsprozess*, der berufliche und private Inhalte umfassen kann. Im Vordergrund steht die berufliche Rolle bzw. damit zusammenhängende Anliegen des Gecoachten.«
- »Coaching ist eine individuelle Beratung auf der *Prozessebene*, d. h., der Coach liefert keine direkten Lösungsvorschläge, sondern begleitet den Gecoachten und regt dabei an, eigene Lösungen zu entwickeln.«
- »Coaching findet auf der Basis einer tragfähigen und durch *gegenseitige Akzeptanz* und *Vertrauen* gekennzeichneten, *freiwillig* gewünschten *Beratungsbeziehung* statt, d. h., der Gecoachte geht das Coaching freiwillig ein und der Coach sichert ihm Diskretion zu.«
- »Coaching zielt immer auf eine (auch präventive) Förderung von *Selbstreflexion* und *-wahrnehmung, Bewusstsein* und *Verantwortung*, um so Hilfe zur Selbsthilfe zu geben.«
- »Coaching arbeitet mit *transparenten Interventionen* und erlaubt keine manipulativen Techniken, da ein derartiges Vorgehen der Förderung von Bewusstsein prinzipiell entgegenstehen würde.«
- »Coaching findet in *mehreren Sitzungen* statt und ist *zeitlich begrenzt*.«
- »Coaching richtet sich an eine *bestimmte Person* (...) mit Führungsverantwortung und/oder Managementaufgaben.« [...] (Rauen, 2008, S. 3f.)

Astrid Schreyögg – gleichermaßen bekannte Coachingexpertin – stellt neben dem Ziel, berufliche Qualifikationen zu erhöhen, die Entwicklung und Wiederherstellung menschlicher Gestaltungspotenziale im Beruf in den Vordergrund. Bei allen Kompetenzerweiterungen betont sie auch Elemente von Humanität in beruflichen Zusammenhängen und begreift ein Ziel des Coachings in der Steigerung der Humanität im Beruf gegenüber sich selbst und gegenüber anderen (2003, S. 156ff.).

Im Herausgeberwerk von Stober und Grant (2006) zum evidenzbasierten Coaching werden verschiedene Coachingansätze aus unterschiedlichen theoretischen Perspektiven beschrieben: Ausgehend von Coaching aus der humanistischen Perspektive, über kognitives Coaching bis hin zu Coaching auf Basis der positiven Psychologie – um nur drei der insgesamt zwölf dargestellten Ansätze zu nennen – lässt sich die theoretische

Vielfalt erkennen, welche die Grundlage der praktischen Coachingarbeit bildet. Was verbindet aber die unterschiedlichen Coachingansätze? In der Einleitung des Herausgeberwerks werden *Kernaspekte verschiedener Coachingansätze* herausgearbeitet, die den unterschiedlichen Richtungen als Gemeinsamkeiten zugrunde liegen:

- Gleichberechtigte Arbeitsbeziehung zwischen Coach und Klient
- Fokus liegt auf dem Entwickeln von Lösungen und auf Zielerreichungsprozessen
- Annahme, dass die Klienten keine klinisch relevanten psychischen Störungen aufweisen
- Gemeinsame Zielvereinbarung
- Der Coach muss nicht notwendigerweise ein Experte im (Lern-)Feld des Klienten sein, aber über Expertise in der Unterstützung von Lernprozessen verfügen
- Ein systematischer Prozess, der darauf abzielt, den Klienten beim selbstgesteuerten Lernen und in seinem persönlichen Wachstum zu unterstützen (s. Grant & Stober, 2006)

Ausgehend von diesen Gemeinsamkeiten verschiedener Coachingansätze kann man Coaching in der Kurzform als eine systematisierte Maßnahme definieren, die innerhalb einer helfenden Beziehung umgesetzt wird, mit dem Ziel, die Entwicklung des Gecoachten zu fördern (vgl. Stewart et al., 2008).

Coaching ist abzugrenzen von anderen Beratungs- und Interventionsformen wie Psychotherapie, Supervision, Mentoring, Fachberatung und Training. Rauen (2008) gibt eine systematische und detaillierte Aufstellung über Unterschiede und Gemeinsamkeiten der genannten Konzepte.

1.1.2 Führungskräfte als Hauptzielgruppe von Coaching

Bei Coaching handelt es sich um eine personenbezogene Einzelberatung von Menschen in der Arbeitswelt (vgl. Looss, 2002). Warum unter diesen Menschen gerade Führungskräfte die Hauptzielgruppe von Coaching sind, lässt sich folgendermaßen erklären:

Führungskräfte, die umgeben sind von leistungserwartenden Vorgesetzten, konkurrierenden Kollegen und individuell zu führenden Mitarbeitern, sehen sich vielfältigen Erwartungen und Anforderungen gegenübergestellt, oft ohne den entsprechenden Rückhalt oder unparteiische Rückmeldung zum eigenen Verhalten zu bekommen (vgl. Rauen, 2008). Sie haben es in ihrer Funktion meist sowohl mit schlecht umgrenzten Problemen als auch mit anderen Menschen zu tun, »ohne dass die Menschenarbeit den eigentlichen Sinn ihrer Tätigkeit ausmachen würde. Der Umgang mit anderen ist nicht das Zentrum der Managertätigkeit, sondern ein Instrument derselben« (Looss, 2002, S. 41). Das Handeln von Führungskräften ist darüber hinaus in hohem Maße öffentlich und sie werden oft stärker an den Ergebnissen ihres Handelns als an den Anstrengungen gemessen, die sie unternehmen, um ein Ziel zu erreichen. Das Normensystem, an dem sich eine Führungskraft orientieren soll, ist vieldeutig; gleichzeitig soll sie sich stets souverän in jeder sozialen Situation bewegen können und Handlungssicherheit ausstrahlen. »So entsteht das bekannte ›So tun als ob‹, die Fassade vom nichtirritierbaren Alleskönner, deren Aufrechterhaltung immer mehr Energie verschluckt« (Looss, 2002, S. 43). Eine Führungskraft muss andere Menschen »instrumentalisiert« einsetzen, ist also auf die Beziehungen zu diesen Menschen angewiesen; andererseits dürfen diese Beziehungen nicht zum Selbstzweck werden. Führungspersonen befinden sich also stets in sozialen Situationen, in denen sie ihre Beziehungen sehr differenziert auf verschiedenen Ebenen steuern und sich gleichzeitig stets der eigenen Rolle bewusst sein müssen.

Coaching war die seit den 80er Jahren mit großer Öffentlichkeitswirksamkeit propagierte Lösung solcher Problemkonstellationen (vgl. Rauen, 2008): Führungskräfte erhalten die Möglichkeit, mit einem neutralen Partner »auf gleicher Augenhöhe« ihre individuellen Themen in systematischer Form zu klären und Veränderungen einzuleiten.

1.1.3 Anlässe von Coaching

Krisen und Verbesserungen. Anlässe von Coaching können zum einen individuelle oder kollektive Krisen, zum anderen die Suche nach individuellen und kollektiven Verbesserungen sein (vgl. Schreyögg, 2003):

Zu akuten individuellen Krisen zählen Ereignisse wie Arbeitsplatzwechsel, Übernahme neuer Aufgaben, Einstieg in ein neues Team oder aktuelle zwischenmenschliche Konflikte. Chronische Krisen auf individueller Ebene entfalten ihre Wirkung oft schleichend und werden häufig zu spät realisiert oder unterschätzt. Hierzu gehören langfristiger Job-Stress, Mobbing, chronische Konflikte oder auch das Phänomen des Burnouts. Bei kollektiven Krisen kann es sich um ökonomische oder organisationskulturelle Krisen handeln oder um Krisen, die durch Umstrukturierungen oder politische Veränderungen bedingt sind.

Schreyögg (2003) stellt fest, dass der Wunsch nach Coaching auch in nicht krisenhaften Stadien auftaucht, in denen Menschen ihre beruflichen Aktivitäten zu intensivieren und zu erweitern versuchen. Die Suche nach individuellen Verbesserungen durch Coaching bezieht sich beispielsweise darauf, flexible Bewältigungsstrategien im Umgang mit Anforderungen zu erlernen sowie konzeptionelle und soziale Kompetenzen zu optimieren oder zu erweitern. Inbegriffen sind auch Wünsche nach Selbstverwirklichung und Sinnorientierung in der beruflichen Tätigkeit. Auf kollektiver Ebene bieten Optimierungswünsche von Organisationen wie z. B. die Entwicklung neuer Projektstrukturen oder die Implementierung neuer Führungskonzepte Anlässe für Coaching.

Anliegen zur beruflichen Rolle. Coaching kann weiterhin berufliche und private Inhalte umfassen, im Vordergrund steht aber eindeutig die berufliche Rolle bzw. damit zusammenhängende Anliegen des Klienten. Böning spricht diesbezüglich von einer »personen- und persönlichkeitsnahen Beratung, die im Umfeld arbeits- und leistungsbezogener Anforderungen stattfindet […]« (Böning & Fritschle, 2005,

S. 40). Im Coaching werden demnach Fragestellungen behandelt, die die berufliche Aufgabe, die Rolle und die Persönlichkeit des Klienten betreffen (vgl. Fischer-Epe, 2002). Themenschwerpunkte bilden im Coaching meist die Personal- und Führungsfunktionen und die dafür relevanten Rollen und erforderlichen sozialen Kompetenzen (vgl. Schreyögg, 2002). Die aktuelle berufliche Situation wird rekonstruiert und Veränderungswünsche – z. B. durch konkrete Übungssequenzen und die systematische Übertragung möglicher Lösungsansätze auf den Führungsalltag – realisiert. Die Erhöhung der Effizienz durch gesteigerte Führungskompetenzen steht als Ziel auf gleicher Stufe mit der Humanisierung des Arbeitsumfeldes gegenüber anderen und sich selbst (nach Schreyögg, 2002). Um hier ein Gleichgewicht zu halten, muss eine Führungskraft als »souveräner Gestalter« (Fischer-Epe, 2002, S. 22) im Arbeitsumfeld wirken.

Forschung. Empirische Studien zur Exploration der Anlässe von Coaching kommen zu folgenden Ergebnissen: Aus Sicht der Klienten stehen besonders die Veränderung der beruflichen Situation sowie der Wunsch nach Verhaltensänderung und Reflexion als Anlässe von Coaching im Vordergrund (vgl. Mäthner et al., 2005). Böning und Fritschle (2005) dokumentieren in ihrer fragebogenbasierten telefonischen Erhebung unter 70 Personalmanagern und 50 Coachs die fünf häufigsten Anlässe für Coaching aus Sicht der Coachs: Diese führen die Bearbeitung persönlicher und beruflicher Probleme, Karriereplanung und Weiterentwicklung, Persönlichkeits- und Potenzialentwicklung sowie die Übernahme neuer Aufgaben, Funktionen und Rollen als die wichtigsten Coachinganlässe an.

1.1.4 Wer ist der Coach?

Coaching ist nach den Ergebnissen von Böning und Fritschle (2005) ein Terrain besonders für *Psychologen*, denn klassische Themengebiete der Psychologie wie Persönlichkeits- bzw. Potenzialentwicklung und Unterstützung bei beruflichen bzw. persönlichen Problemen des Einzelnen stehen als Anlässe für Coaching im Mittelpunkt. Rauen (2008) betont, dass der Coach für seine Arbeit eine »Schnittfeldqualifikation« (S. 4) braucht, um die Anliegen des Klienten verstehen und einordnen zu können. Ein Coach sollte daher über verschiedene Qualifikationen aus den Bereichen Psychologie, Betriebswirtschaft, Consulting, Personalentwicklung, Führung und Management verfügen.

Coaching kann durch einen *externen*, hauptberuflichen Coach oder einen *internen* Coach, der selbst ein Teil der Organisation ist, durchgeführt werden. In der Regel ist der Coach ein externer Berater mit psychologischen und betriebswirtschaftlichen Kenntnissen. Er ist kein unmittelbarer Teil des Systems, von dem er zur Beratung hinzugezogen wird, sondern kann als Außenstehender Zusammenhänge aus einer anderen Perspektive betrachten und neue Impulse geben. »Da die ›blinden Flecken‹ des Coachs nicht an der gleichen Stelle liegen sollten, wie bei dem Klienten, können im Dialog von Coach und Klient neue Einsichten gewonnen werden« (Rauen, 2002b;

S. 74). Dem externen Coach wird größere Neutralität und Objektivität zugeschrieben, was beim Coachingteilnehmer zu erhöhter Offenheit führen kann.

Der Coach agiert als *Prozessberater*, dessen Aufgaben im Geben von Feedback und im Erkennen und Bearbeiten von Verhaltens- und Wahrnehmungseinschränkungen besteht. Er versucht, mit dem Klienten Strategien zur Problemlösung zu erarbeiten und das Verhaltensrepertoire der Führungskraft zur Bewältigung aktueller Situationen zu erweitern (vgl. Sonntag & Stegmaier, 2006).

Die Beziehung zwischen Coach und Gecoachtem zeichnet sich dadurch aus, dass die Parteien als gleichberechtigte Partner miteinander arbeiten (vgl. Looss & Rauen, 2002). Eine Transparenz des Prozesses und des Einsatzes bestimmter Coachingmaßnahmen sowie eine Diskretion nach außen sind von Seiten des Coachs stets zu gewährleisten.

1.1.5 Zusammenfassung

Längst gehört der Begriff Coaching nicht mehr ausschließlich zum psychologischen Fachjargon, sondern hat sich zu einem gängigen Modewort entwickelt, dessen Praxis als ausgesprochen bunt bezeichnet werden kann (vgl. Loos & Rauen, 2002). Hinter dem Sammelbegriff verbergen sich etablierte und innovative Coachingkonzepte ebenso wie dubiose Neuentwicklungen und schlicht umetikettierte Beratungs- und Trainingsmaßnahmen (vgl. Rauen, 2008). Trotz der Vielfalt der Verwendung des Begriffs lässt sich das Beratungskonzept »Coaching« hinreichend definieren:

Coaching als interaktiver, personenzentrierter Beratungs- und Betreuungsprozess (Rauen, 2008; s. Abschn. 1.1.1) wendet sich vor allem an Führungskräfte (s. Abschn. 1.1.2). Diese werden meist von einem externen Coach, der die Rolle eines Prozessberaters einnimmt (s. Abschn. 1.1.4), bei der Bewältigung von Krisen bzw. bei der Suche nach Verbesserungen (Schreyögg, 2003; s. Abschn. 1.1.3) unterstützt.

Nun begnügen wir uns bei der Kennzeichnung unseres Ansatzes nicht mit dem gängigen Begriff Coaching: Wir sprechen explizit von »Persönlichkeitscoaching«. Welche Gründe gibt es dafür? Wir wollen im Folgenden zunächst unser Verständnis von »Persönlichkeit« erläutern, bevor wir uns an die Aufgabe heranwagen, unseren eigenen Ansatz zu begründen und »Persönlichkeitscoaching« als Bezeichnung einzuführen.

1.2 Persönlichkeit und Persönlichkeitspsychologie

Der Begriff Persönlichkeit erfreut sich größter Beliebtheit. In den Buchhandlungen gehören Bücher, die Persönlichkeit im Titel enthalten, zu den Blickfängen. Repräsentative Buchtitel im Bereich von Training und Weiterbildung sind z. B. »Führen durch Persönlichkeit«, »Charisma: Beruflicher und privater Erfolg durch Persönlichkeit«. In diesen Beispielen wird der Begriff Persönlichkeit in stark wertender (evaluativer) Weise verwendet. Persönlichkeit stellt also einen Begriff mit eindeutig positivem Wertakzent dar. Solche evaluativen Aussagen treffen wir auch, wenn wir jemanden als große, echte oder starke Persönlichkeit beschreiben. Jemanden als Persönlichkeit zu bezeichnen, stellt also eine Art Würdigung, fast eine Auszeichnung dar. Oft kommen wir zu solchen Aussagen aufgrund der Wirkung, die andere Menschen auf uns ausüben. Personen mit viel Persönlichkeit hinterlassen einen starken Eindruck. Sie imponieren z. B. durch soziale Kompetenz, Durchsetzungsfähigkeit, Charisma oder auch durch Authentizität (Glaubwürdigkeit).

In der wissenschaftlichen Psychologie wird der Begriff Persönlichkeit dagegen neutral beschreibend (deskriptiv) verwendet. Gegenstand der Persönlichkeitspsychologie sind alle Menschen, auch diejenigen, die normalerweise keine besondere Beachtung finden. Ebenso werden unter Persönlichkeiten Menschen subsumiert, die durch negativ bewertete Handlungen oder Eigenschaften auffallen, z. B. Kriminelle, Kriegsverbrecher oder despotische Führer. In diesem Sinn wären auch Adolf Eichmann, Hitler oder Stalin Persönlichkeiten.

Gestützt auf diese neutral-beschreibende Grundauffassung lässt sich nun als nächstes klären, womit sich Persönlichkeitspsychologie befasst. Definitionen von Persönlichkeit gibt es viele. Innerhalb der Definitionen der Persönlichkeitspsychologie treten zwei große Richtungen besonders hervor, die von manchen Autoren sogar als unterscheidbare Fächer oder Teildisziplinen angesehen werden: (1) Eine Richtung legt besonderes Gewicht auf Unterschiede zwischen Personen (Differentielle Psychologie), (2) die andere Richtung sieht in der Berücksichtigung des ganzen Menschen bzw. der Organisation und dem funktionalen Zusammenspiel von Einzelkomponenten das entscheidende Definitionsmerkmal (Persönlichkeit als komplexe ganzheitliche Organisation).

Eine dritte Richtung betont die Bedeutung von zwischenmenschlichen Interaktionen für die Herausbildung der Persönlichkeit (Persönlichkeit als interpersonaler Prozess). Sie hat den größten Einfluss auf unseren eigenen Coachingansatz.

1.2.1 Differentielle Psychologie

Während die Allgemeine Psychologie nach psychologischen Gesetzmäßigkeiten oder Regeln sucht, die für nahezu alle Personen zutreffen (z. B. die Gesetze des Lernens), ist es die Aufgabe der Differentiellen Psychologie, Gesetzmäßigkeiten zu bestimmen, die sich auf Unterschiede zwischen einzelnen Personen oder zwischen Gruppen von Personen (z. B. Geschlechterunterschiede) beziehen. Wegen dieser deutlichen Betonung von Unterschieden spricht man eben von Differentieller Psychologie (vgl. Amelang et al., 2006). Häufig wird auch die intraindividuelle Betrachtung einbezogen, also das Studium von Unterschieden innerhalb einer Person. Außerdem geht es bei der Differentiellen Psychologie um die Ursachen dieser inter- und intraindividuellen Unterschiede. Für all diese Aufgabenstellungen ist es notwendig, die Bereiche zu bestimmen, nach denen Personen unterschieden werden können. Solche Bereiche umfassen Temperament (z. B. emotionale Stabilität), Fähigkeiten (z. B. Intelligenz, Kreativität),

Handlungseigenschaften (z. B. Motive und Interessen), Bewertungseigenschaften (z. B. Werthaltungen wie Konservativismus) und selbstbezogene Dispositionen (z. B. Selbstkonzept, Selbstwertgefühl). Asendorpf (2007), von dem diese Klassifikation von Bereichen stammt, bezieht auch Gestalteigenschaften wie Körperbau und Gesichtsform mit ein.

Die differentiell-psychologischen Definitionen heben die relative Stabilität ebenso wie die Einzigartigkeit von Persönlichkeit als definitorische Kernmerkmale hervor. Dementsprechend heißt es in einem Übersichtsartikel: »Sprechen wir von der Persönlichkeit eines Menschen, so meinen wir damit die Gesamtheit seiner Eigenschaften, Stile und Verhaltensdispositionen, die ihn zeitlich relativ stabil und über verschiedene Situationen hinweg charakterisieren und von anderen Menschen unterscheiden« (Hannover et al., 2004, S. 317).

1.2.2 Persönlichkeit als komplexe ganzheitliche Organisation

Viele Persönlichkeitspsychologen gehen aber über das Studium bloßer Unterschiede hinaus und sehen als zentrales Charakteristikum der Persönlichkeitspsychologie die Beschäftigung mit dem Zusammenspiel der Einzelkomponenten. Dieser Auffassung trägt eine umfassende Definition von Persönlichkeit Rechnung, die Pervin (1996) vorgeschlagen hat: »Persönlichkeit ist die komplexe Organisation von Kognitionen, Emotionen und Verhalten, die dem Leben der Person Richtung und Zusammenhang gibt. Wie der Körper so besteht auch Persönlichkeit aus Strukturen und Prozessen und spiegelt ›nature‹ (Gene) und ›nurture‹ (Erfahrung) wider. Darüber hinaus schließt Persönlichkeit die Auswirkungen der Vergangenheit ein, insbesondere Erinnerungen, ebenso wie die Konstruktionen der Gegenwart und der Zukunft« (S. 414).

Das grundlegende Kennzeichen dieser Definition ist die Organisation, das funktionale Zusammenspiel der Einzelkomponenten zu einem einzigartigen Gesamtsystem. Für viele Autoren ist die Berücksichtigung des ganzen Menschen bzw. der Organisation und des funktionalen Zusammenspiels von Einzelmerkmalen das eigentliche definitorische Kriterium der Persönlichkeitspsychologie (vgl. Jüttemann, 1995; McAdams, 2001; Sader & Weber, 2000). So definieren Magnusson und Törestad Persönlichkeitsforschung »als die Untersuchung dessen, wie und warum Individuen so denken, fühlen, agieren und reagieren, wie sie es tun – d. h. aus der Perspektive des Individuums als Organismus, in dem Denken, Fühlen und Handeln zu einem Ganzen integriert sind« (1993, S. 428).

1.2.3 Persönlichkeit als interpersonaler Prozess

In der Definition von Pervin (1996) wird Persönlichkeit als Prozess schon deutlich angesprochen. Darüber hinaus gehen solche Ansätze, welche die *Interaktion mit anderen Personen* einbeziehen, die also explizit interpersonale Prozesse in ihre Auffassung von

Persönlichkeit integrieren. Solch ein Ansatz wird z. B. von Mischel und Morf (2003) unter der Bezeichnung »Personality as a Dynamic Processing System« vertreten. Im Rahmen eines solchen generellen interpersonalen Ansatzes gehen wir von der Kernannahme aus, dass ein Individuum sein Wissen über die eigene Person nicht nur durch Introspektion, Selbstbeobachtung, Selbstbeurteilung etc. erlangt, sondern ganz wesentlich durch die Interaktion mit anderen, »die ihm ein Bild davon vermitteln, wer oder was er selbst ist« (Hannover et al., 2004, S. 320). Um kein einseitiges Bild der Persönlichkeit zu erhalten, ist es daher notwendig, das Bild einer Person von sich selbst in Beziehung zu setzen zu dem Bild, das andere von ihr haben. Diese theoretisch und methodisch wichtige Doppelbetrachtung lässt sich gut am Beispiel der *Selbstdarstellung* des Handelnden veranschaulichen: Die Darstellung der Bilder, die er von sich selbst hat (Innensicht), führt zu Eindrücken beim Betrachter (Außensicht), die dieser dem Darsteller zurückmeldet, wodurch ein Prozess gegenseitiger Beeinflussung in Gang kommt.

1.3 Was hat Selbstdarstellung mit Persönlichkeitscoaching zu tun?

Wir möchten im Folgenden deutlich machen, dass die Entwicklung eines Coachingansatzes von der Übernahme persönlichkeitspsychologischer Grundauffassungen profitieren kann. Persönlichkeit als interpersonaler Prozess stellt für uns die Basis unserer Coachingkonzeption dar. Inhaltlich geht es dabei vor allem um *Selbstdarstellung*, d. h., im Mittelpunkt steht die Art und Weise, wie der Coachingteilnehmer die Vermittlung selbstrelevanter Informationen steuert, um bestimmte intendierte Eindrücke bei seinen beruflichen Interaktionspartnern hervorzurufen. Selbstdarstellung umfasst alle Versuche, mithilfe von verbalem und nonverbalem Verhalten, Formen des Auftretens oder der äußeren Erscheinung Bilder der eigenen Person zu vermitteln. Wenn wir uns selbst darstellen, versuchen wir, den Eindruck zu kontrollieren und zu steuern, den wir auf andere Menschen machen. Damit beeinflussen wir, wie sie uns wahrnehmen und behandeln – und als mögliche Folge davon auch, wie wir uns selbst sehen.

Fallbeispiel. Welche Bilder seiner Persönlichkeit vermittelt Herr P. im beruflichen Kontext und wie tut er dies? Um unsere Konzeption ohne störenden Detailreichtum vermitteln zu können, beschränken wir uns auf drei der vielen Merkmale, zu denen Herr P. im Fragebogen (BIP, Hossiep & Paschen, 2003a) und im offenen Interview Stellung bezogen hat: Leistungsmotiviertheit, Kontaktfähigkeit und soziale Sensitivität.

P

(1) Herr P. beschreibt sich als eine ausgesprochen hoch leistungsmotivierte Führungskraft: »Mich motivieren besonders anspruchsvolle Aufgaben.« Immer wieder bringt er zum Ausdruck, dass er Zeit und Energie in wichtige berufliche Ziele investiert. Auch sein Verhalten lässt sich nach der Devise »Höher, schneller, effektiver« beschreiben.

(2) Seine Kontaktfähigkeit als Teil der sozialen Kompetenz beurteilt er ebenfalls als stark ausgeprägt: »Ich gehe gern auf andere Menschen zu und es macht

mir auch nichts aus, Unbekannte anzusprechen«. Er beschreibt sich selbst als jemanden, der den persönlichen Austausch schätzt und über ein Netz von Beziehungen verfügt, das ihm hilft, Ansprechpartner für die Lösung beruflicher Probleme zu finden.

(3) Auch in einem anderen Bereich der sozialen Kompetenz, der sozialen Sensitivität, beurteilt sich Herr P. eher günstig: »Ich habe ein Gespür für die Bedürfnisse und Stimmungen meiner Mitarbeiter. Ich erlebe mich im Kontakt mit ihnen als einfühlsam und sensibel.«

Unsere Analyse der Selbstdarstellung beschränkt sich aber nicht auf die Seite des Darstellers: Genauso wichtig ist es, auf die Adressaten, die beruflichen Bezugspersonen (Mitarbeiter, Kollegen, Vorgesetzte) zu blicken und zu analysieren, wie sie auf die Selbstdarstellung unseres Coachingteilnehmers reagieren: Welche Bilder von ihm formen sie und wie vermitteln sie ihm diese Bilder? Und wie nimmt Herr P. seinerseits diese Rückmeldung auf? Wie reagiert er darauf? Herr P. und seine beruflichen Bezugspersonen werden damit zu Interaktionspartner in einem wechselseitigen Prozess.

P

(1) Herr P. wird in vielen beruflichen Situationen von seinen Vorgesetzten, Kollegen und Mitarbeitern als hoch leistungsmotiviert eingeschätzt, d. h., er strebt generell einen hohen Gütemaßstab in seiner Arbeit an. Fast täglich erleben sie ihn als jemanden, der seine persönliche Kraft bis an die Grenze für die Erfüllung von Arbeitsaufgaben einsetzt.

(2) Sein berufliches Umfeld bescheinigt ihm auch eine ausgeprägte Kontaktfähigkeit. So nehmen die Mitarbeiter Herrn P. als kontaktbereit und kontaktfähig wahr. Dies melden sie ihm oft zurück. Sie sehen in seiner Extraversion sogar eine gute Voraussetzung für seine Führungsaufgaben. Sie erwarten in dieser Hinsicht viel von ihm und bitten ihn oft, zwischenmenschliche Probleme im Unternehmen zu lösen: »Sie machen das schon, Sie können doch leicht andere Menschen um den Finger wickeln.« In ihren Augen begünstigt seine lockere, unterhaltsame Art (»Spaßvogel«) solche Verhandlungserfolge. Es stellt für Herrn P. einen besonderen Anreiz dar, in dieser Hinsicht die Erwartungen seiner Mitarbeiter zu erfüllen.

(3) Was die soziale Sensitivität von Herrn P. angeht, vertreten seine Mitarbeiter eine eher kritische Position: In diffizilen zwischenmenschlichen Situationen erleben sie ihn oft nicht als einfühlsam und sensibel. Sie monieren auch, dass er manchmal Witze auf ihre Kosten mache, oft ironisch sei und nicht immer den richtigen Umgangston treffe. Herr P. scheint sein problematisches Verhalten, das z. T. an die Sprüche »Strombergs« erinnert (»Manche Mitarbeiter hat der liebe Gott kurz vor Feierabend gemacht«), nicht zu erkennen – vielleicht auch, weil die Mitarbeiter im direkten Kontakt mit ihm eher verhalten auf seine »Verstöße« reagieren, da sie ihn als Führungskraft nicht offen kritisieren wollen.

Ein Selbstbild-Fremdbildvergleich im Rahmen eines Persönlichkeitscoachings könnte Herrn P. auf die Problematik im Bereich sozialer Sensitivität aufmerksam machen und Ansatzpunkt für eine potenzielle Einstellungs- und Verhaltensänderung (vgl. Teil II, Coachingschritt 4) sein.

Selbstdarstellung beeinflusst nicht nur, wie Interaktionspartner eine Person wahrnehmen und behandeln, sondern auch, wie sich eine Person selbst sieht (vgl. Mummendey, 1995). Eine Veränderung der Selbstdarstellung kann zu einer Veränderung von Selbstkonzepten, den subjektiven Repräsentationen von Persönlichkeitsmerkmalen, führen. Erklärt werden solche potenziellen Selbstkonzeptänderungen mit der Internalisierung des öffentlichen Verhaltens. Internalisierungen basieren auf selbstbezogenen Schlussfolgerungen, die Personen aus der eigenen Wahrnehmung ihres Verhaltens ableiten (vgl. Abschn. 11.1.3). Herr P. beobachtet sein witziges Auftreten und kommt zu dem Schluss: »Ich sehe mich dann als eine Art Sunnyboy.« Das Ergebnis eines Internalisierungsprozesses ist ein Carry-over-Effekt von »außen« nach »innen«, von der öffentlichen Selbstdarstellung zur Veränderung von privaten selbstbezogenen Merkmalen (vgl. zusammenfassend Renner, 2002; Tice, 1992).

1.4 Fazit

Wir rücken die interpersonelle Beziehungsdynamik in Gestalt von Selbstdarstellung in den Mittelpunkt unseres Coachingansatzes. Die charakteristischen Schwerpunktthemen anderer persönlichkeitspsychologischer Auffassungen werden dadurch nicht aufgegeben. Die Orientierung an *Stabilität und Einzigartigkeit*, wie sie in differentiellpsychologischen Ansätzen hervorgehoben wird, kennzeichnet z. B. das Profil von Merkmalen, mit denen sich Herr P. zu Beginn des Coachings beschreiben lässt. Es sind hier zwar nur wenige Dimensionen exemplarisch ausgewählt worden, auf denen sich Herr P. in der Selbst- und Fremdeinschätzung über viele Situationen hinweg als relativ stabil erweist. Stellt man die Gesamtheit aller der in einem Inventar berücksichtigten Selbst- und Fremdeinschätzungen mit den jeweiligen Ausprägungen zusammen, entsteht ein Profil, das Herrn P. in einzigartiger Weise kennzeichnet. Zu diesem einzigartigen Profil tragen deutliche Gemeinsamkeiten (z. B. Leistungsmotivation, Kontaktfähigkeit) ebenso wie markante Unterschiede (z. B. soziale Sensitivität) zwischen Selbst- und Fremdeinschätzungen bei. Die Einzigartigkeitsannahme ist auch der Organisation bzw. dem Zusammenspiel von Einzelkomponenten nach Pervin inhärent. Die Gesamtkonzeption von Pervin liegt – in erweiterter Form, die die Interaktion mit anderen Personen einbezieht – unserem Coachingansatz als Orientierungsrahmen zugrunde.

Ziel ist es, bisherige Auffassungen von Persönlichkeit in unsere Analyse der interpersonellen Beziehungsdynamik eingehen zu lassen. Dafür empfehlen wir Begriffe wie »Beziehungspersönlichkeit« (Schneewind, 1999b) oder »interpersonelles Selbst« (Hannover et al., 2004). Für Coaching als interaktiven, personenzentrierten Beratungs- und Betreuungsprozess bietet sich solch eine integrative Betrachtungsweise von Persönlichkeit an.

2 Bedeutung von Coaching für die Identitätsentwicklung von Führungskräften

In Kapitel 1 haben wir dargestellt, wie sich die theoretischen Positionen der Persönlichkeitspsychologie für die Coachingpraxis nutzbar machen lassen. Entscheidende Bedeutung kam der Selbstdarstellung als Kernprozess der interpersonellen Beziehungsdynamik zu. Wir haben analysiert, welche Bilder seiner Persönlichkeit Herr P. im beruflichen Kontext vermittelt, wie die beruflichen Interaktionspartner diese Bilder wahrnehmen und Herrn P. zurückmelden und wie schließlich Herr P. seinerseits auf diese Rückmeldungen reagiert. Wenn man sich nun vorstellt, dass solche wechselseitigen Prozesse zwischen Herrn P. und seinen Interaktionspartnern täglich immer wieder stattfinden, wird plausibel, dass diese interpersonellen Einflüsse nicht spurlos an ihm vorübergehen können. Wir vertreten die generelle Position, dass im Zusammenspiel der Selbstdarstellung der Führungskraft und der darauf folgenden Reaktionen der Interaktionspartner eine *individuelle Führungsidentität* entsteht und dass sich auf diese Identitätsentwicklung durch Coaching Einfluss nehmen lässt.

2.1 Was wird unter Führungsidentität verstanden?

Der Begriff Identität wird im Wesentlichen in *zwei Grundbedeutungen* verwendet (vgl. Mummendey, 1995). Während einige Autoren mit dem Begriff Identität das rollenunabhängig Einmalige einer Person bezeichnen, benutzen andere ihn »in der *Goffmanschen* Tradition gerade im Sinne von *social identity* oder *situated identity*, also im Sinne einer an soziale Interaktionssituationen angepaßten, nach außen dargestellten Individualität« (Mummendey, 1995, S. 57). Der Terminus »situative Identitäten« hebt nicht nur den situativ beeinflussten Individualitätsausdruck hervor, sondern auch die Möglichkeit mehrerer Identitäten pro Person.

Identität als stabiles, konsistentes Selbstbild. Nach Erikson (1973), dem Hauptvertreter der ersten Grundbedeutung, findet die Identitätsentwicklung vor allem in der Adoleszenzphase statt. Ihm zufolge umfasst Identität im Idealfall das dauerhafte, konsistente und möglichst widerspruchsfreie Selbstbild einer Person. Dies wurde auch für das spezifische Konzept der Führungsidentität postuliert. Sie wird als positiv beurteilt, wenn sie sich zeitlich und situativ als stabil erweist und in entsprechenden konsistenten Verhaltensweisen manifestiert: »Eine Führungskraft – so galt es lange Zeit – kann nur dann Erfolg haben, wenn sie über eine stabile Identität verfügt« (Schreyögg & Lührmann, 2006, S. 13).

Variable Identitäten. Das Verständnis von Identität nach Erikson wird in der neueren Identitätsforschung in Frage gestellt bzw. als zu einseitig kritisiert. Identitätsentwicklung ist nicht mit der Jugendphase abgeschlossen, sie wird als lebenslanger Prozess begriffen. Um den stark wechselnden Ansprüchen in einer immer komplexer werdenden Welt zu genügen, benötigen Menschen ein hohes Maß an Variabilität, die wiederum viele unterschiedliche Identitäten erfordert (vgl. Schreyögg & Lührmann, 2006). Die Identität als Führungskraft muss immer wieder neu den unterschiedlichen Führungssituationen und Interaktionspartnern angepasst werden. Dies ist keine leichte Aufgabe: So führen Schulz von Thun et al. (2006) acht unterschiedliche, zum Teil konfligierende Rollen oder Identitäten auf, die eine Führungskraft ausfüllen muss: Fachexperte, Manager, Mitarbeiter-Coach, Teamentwickler, Verantwortlicher, Löwenbändiger, Leitwolf und Angestellter (s. auch Abschn. 10.1.3).

In Kapitel 12 werden wir diese beiden Grundbedeutungen der Identität aufgreifen, wenn es darum geht, den Coachingteilnehmer zu einer kohärenzbezogenen Identitätsarbeit anzuleiten (s. Abschn. 12.1.2).

Etablierung einer »stimmigen« Führungsidentität im Persönlichkeitscoaching. Im Persönlichkeitscoaching kommt es nun darauf an, Führungskräfte bei der Herausbildung ihrer Führungsidentität (bzw. ihrer Führungsidentitäten) zu unterstützen und zwar so, dass sich eine weitgehende Übereinstimmung mit ihrem eigenen Selbstverständnis, aber auch mit den Anforderungen ihrer beruflichen Umwelt ergibt. Schulz von Thun et al. (2006) haben ein solches Modell »stimmiger Führung« entwickelt, das wir im Folgenden darstellen und unter der Perspektive unseres Selbstdarstellungsansatzes erweitern (s. Abschn. 2.2).

Anschließend werfen wir einen Blick auf die aktuelle Lage von Führungskräften (s. Abschn. 2.3): Durch einschneidende organisatorische Änderungen in den Unternehmen wie z. B. den Abbau von Hierarchien und die Etablierung von Projektgruppen haben Führungspositionen offenbar ihre Stabilität eingebüßt. Fragen des Führungsverständnisses werden dadurch neu gestellt und machen es notwendig, dass sich Führungskräfte in systematischer Form damit auseinandersetzen, »wer« und »wie« sie in der Führungsposition sind. Bei der Diskussion dieser neuen »Identitätsarbeit« wollen wir auch auf postmoderne Positionen eingehen und zur Frage Stellung nehmen, wie unsere Coachingkonzeption die Identitätskonstruktion von Führungskräften fördern kann.

2.2 Stimmige Führung und Führungsidentität

Was macht nun stimmige Führung aus? Welche Voraussetzungen braucht es, um eine stimmige Führungsidentität zu entwickeln?

2.2.1 Drei Komponenten stimmiger Führung

Stimmige Führung bzw. stimmige Kommunikation in der Führungsrolle umfasst nach Schulz von Thun et al. (2006) drei Komponenten: Sie ist

- wesensgemäß, d. h., sie findet in Übereinstimmung mit sich selbst statt;
- system- und situationsgerecht, d. h., sie berücksichtigt den jeweiligen Kontext und
- metakommunikativ, d. h., sie umfasst die Auseinandersetzung mit den beruflichen Interaktionspartnern über das »Wie« der gemeinsamen Kommunikation.

Wesensgemäße Führung. Wesensgemäß bedeutet, in Übereinstimmung mit eigenen Werten, individuellen Merkmalen, Gefühlen und dem Selbstverständnis als Führungskraft zu handeln. Das Führungsverhalten sollte demnach zur jeweiligen Führungsperson passen und nicht »aufgesetzt« sein. Um sich nicht von den unterschiedlichen Rollenvorgaben und Situationsanforderungen einengen zu lassen und damit in jeder Bewegungsfreiheit eingeschränkt zu sein, ist es daher für eine Führungskraft wichtig, eine »klare Führungslinie« (Schulz von Thun et al., 2006, S. 17) zu entwickeln. Die Führungskraft soll die Handlungsfreiheiten, die ihr im Rahmen vielfältiger Rollenvorgaben zur Verfügung stehen, so ausschöpfen, wie es zu ihrer eigenen Person am besten passt. Jedoch sind sich nur wenige von vornherein bewusst, was zur eigenen Person passt. Um eine stimmige Kommunikation in der Führungsrolle zu entwickelt, bedarf es daher zunächst der *Selbstklärung*, um zu erkennen, welche Werte, Ziele, Gedanken, Gefühle und Vorstellungen die eigene Person ausmachen.

System- und situationsgerechte Führung. Es genügt als Führungsperson nicht, sich einzig und allein daran zu orientieren, was der eigenen Person entspricht: Schulz von Thun et al. (2006) führen daher als weitere Komponente die situationsgerechte Führung ein. Stimmigkeit heißt auch, in Übereinstimmung mit dem äußeren Kontext, der aktuellen Situation und dem gesamten System zu handeln. Hierzu bedarf es der *Feldklärung*, um zentrale Situationsmerkmale zu erkennen. Würde die Führungsperson ihr Verhalten jedoch ausschließlich an der äußeren Situation ausrichten, so bestünde wiederum die Gefahr, zur »Situationsmarionette« zu werden, »bei der andere Personen oder ›die Umstände‹ die Fäden ziehen« (Schulz von Thun et al., 2006, S. 29). Stimmiges Führungsverhalten bedeutet hingegen, Aspekte der Situation *und* der eigenen Person zu berücksichtigen.

Metakommunikative Führung. Auch wenn es der Person ihrer eigenen Einschätzung nach gelingt, sich stimmig zu verhalten, so ist noch nichts darüber gesagt, wie dieses Verhalten auf die Interaktionspartner wirkt. Schulz von Thun et al. (2006) führen demnach als dritte Komponente die Metakommunikation ein, die zum Gegenstand hat, sich mit den Rollenpartnern über die *Wirkung* des eigenen Führungsverhaltens auseinanderzusetzen.

Stimmige Führungsidentität. Um »Stimmigkeit« zu erreichen, müssen demnach im Prozess der Identitätskonstruktion folgende zentrale Aspekte berücksichtigt werden:

- Das »Wesen«, bzw. die individuellen Personmerkmale und die zentralen Selbstbilder der Führungsperson.
- Die Erwartungen der Interaktionspartner an die Führungsperson sowie deren Sichtweisen von der Führungsperson.
- Die situativen Rahmenbedingungen, sodass wichtige Ziele der Organisation und der betroffenen Individuen erreicht werden können.

Diese drei Aspekte werden im Prozess der Identitätskonstruktion im Persönlichkeitscoaching in systematischer Form berücksichtigt (s. Kap. 5 bis 12).

2.2.2 Selbstdarstellung als zentraler Ansatzpunkt

Die Führungsidentität wird in entscheidendem Maße durch die Art und Weise der Selbstdarstellung der Führungsperson geprägt (vgl. Abschn. 1.3). Eine im obigen Sinne (Abschn. 2.2.1) stimmige Führungsidentität setzt eine Art und Weise der Selbstdarstellung voraus, die sowohl zentrale Selbstbilder der Führungsperson zum Ausdruck bringt (= authentische Selbstdarstellung) als auch die Interaktionspartner und den Gesamtkontext berücksichtigt (= situationsangemessene Selbstdarstellung). Im Folgenden werden daher die authentische und situationsangemessene Selbstdarstellung als die zwei zentralen Ansatzpunkte eingeführt, die es einer Führungsperson ermöglichen, gemeinsam mit ihren Interaktionspartnern eine stimmige Führungsidentität zu konstruieren. In Teil II werden die Komponenten und Formen der Selbstdarstellung im Rahmen der acht Schritte ausführlich behandelt (s. insbesondere Coachingschritt 5; Kap. 9).

Authentische Selbstdarstellung

> »…wir verstehen unter Schauspielkunst nicht bloß das, was der Laie denkt, die *Vor*stellung von etwas, was *nicht* wirklich erlebt wird, also die *Ver*stellung. Wir verstehen darunter vor allem, […], die *Dar*stellung dessen, *was wirklich erlebt wird.*«
> (Müller-Freienfels, 1927, S. 191)

Selbstdarstellung ist nicht – wie es oft im alltäglichen Sprachgebrauch mit dem Begriff assoziiert ist – von vornherein mit Verstellung oder Täuschung verbunden, sondern ein allgegenwärtiger Aspekt der Interaktion mit anderen Personen. Authentizität und Selbstdarstellung schließen sich nicht aus, ganz im Gegenteil. »Ja, das Seltsamste an dem ganzen Phänomen ist, daß das Echte theatralischer Hilfen bedarf, um zur Geltung zu kommen (…)« (Müller-Freienfels, 1927, S. 233). Menschen als kommunizierende Wesen sind in jeder sozialen Situation dazu gezwungen, ihre Selbstbilder, also alle Annahmen, die sie über sich selbst haben, wirksam nach außen zu vermitteln.

Authentisch stellt sich eine Person dann dar, wenn sie versucht, anderen Personen gegenüber ein *möglichst akkurates Porträt ihrer selbst* zu zeichnen (vgl. Schlenker, 2003; Leary, 1995; Cheek & Hogan, 1983), also »den Interaktionspartnern ein möglichst genaues Bild der habituellen Merkmale oder des aktuellen Zustands der eigenen Person zu vermitteln« (Laux & Renner, 1994, S. 106). Dabei geht es einer Person vor allem darum, dass andere sie so sehen, wie sie sich aktuell selbst sieht: Sie orientiert sich in ihrer Selbstdarstellung an ihren »realen Selbstbildern« (s. Coachingschritt 2; Kap. 6).

Es kann der Person aber auch darum gehen, sich »möglichst positiv« im Sinne ihrer eigenen Bewertungsmaßstäbe darzustellen: Dann würde sie ihre Selbstdarstellung an ihren »idealen Selbstbildern« ausrichten und den Ausdruck »gefürchteter Selbstbilder« vermeiden (s. Coachingschritt 3; Kap. 7). Stellt sich die Person gemäß ihrer *idealen* Vorstellung von sich selbst dar, so ist es schwierig zu entscheiden, ob dies als authentisch, beschönigend oder sogar täuschend zu werten ist. Betrachtet man ideale Selbstbilder als wichtigen Bestandteil der Persönlichkeit, so kann eine daran ausgerichtete Selbstdarstellung sicherlich nicht als Täuschung gewertet werden. Vielmehr entspricht dies einem Versuch, ideale Vorstellungen von sich selbst nach außen zu vermitteln, womit die Person Werte und Zielvorstellungen – und damit einen wichtigen Teil ihrer Persönlichkeit – preisgibt (s. Abschn. 9.1.1).

In jeder sozialen Situation zeigen Menschen *bestimmte Aspekte* der eigenen Person und andere nicht, d. h., sie versuchen einen bestimmten Eindruck zu vermitteln, indem sie Selbstbilder auswählen und diese nach außen tragen. Sobald z. B. eine Führungsperson X ein bestimmtes Selbstbild (z. B. »Ich bin kompromissbereit«) in Verhalten umsetzt und nach außen transportiert (z. B. Person lässt sich in einer Mitarbeitersitzung auf eine Kompromisslösung ein), stellt sie anderen Personen *selektiv* bestimmte Informationen über sich zur Verfügung (in diesem Fall die Information: »Ich bin zu Kompromisslösungen bereit«). In ein und derselben Situation ist bei Person X aber nicht nur dieses eine Selbstbild präsent, sondern es sind ganz unterschiedliche Annahmen über die eigene Person aktiviert (z. B. auch die Annahme: »Meine Lösungsideen sind besser als die meiner Mitarbeiter«). Person X trifft also eine Auswahl, *welche* Annahmen über die eigene Person sie *wie* nach außen darstellt und in Verhalten umsetzt. Letztlich ist Selbstdarstellung also ein *interpretativer Prozess*, bei dem die Person sich entscheiden muss, bei wem, mit welchem Schwerpunkt und Inhalt, zu welchem Zweck und mit welchen Konsequenzen sie sich selbst darstellt.

Situations- und publikumsangemessene Selbstdarstellung

> »Denn die anderen sind nicht bloß passive Zuschauer, sie stellen höchst energische Forderungen an jeden, dem sie zuschauen. Sie verlangen zwar, daß man sie nicht betrügt; aber sie sind höchst erbost, wenn man nicht so ist, wie sie es fordern.«
> (Müller-Freienfels, 1927, S. 199)

Erfolgt Selbstdarstellung im Rahmen der Führungsrolle, so müssen der jeweilige (organisationale) Kontext sowie die Merkmale und Rollenerwartungen anderer Personen bei der Auswahl, der Wiedergabe und der Auslegung von Selbstbildern berücksichtigt werden (im Detail s. Coachingschritt 6; Kap. 10). Sich situations- und publikumsangemessen darzustellen heißt also, sowohl Merkmale der Situation als auch Merkmale der Interaktionspartner im eigenen Verhalten zu berücksichtigen. Bevor sich Personen in eine Situation begeben, in der sie sich darstellen müssen, machen sie sich mehr oder weniger explizit Gedanken darüber, was andere von ihnen erwarten, was die Aufgabe von ihnen erfordert, wie sie ihre Ziele in dieser Situation verfolgen können, usw. Die spezifische Situation und die situationsübergreifenden Rahmenbedingungen wirken sich aber nicht nur auf das gezeigte Verhalten aus, sondern auch darauf, wie die Selbstdarstellung der Führungsperson von den Interaktionspartnern wahrgenommen und interpretiert wird.

Je nach *Situation* und *Interaktionspartnern* wird die Selbstdarstellung dementsprechend unterschiedlich ausfallen (müssen): So wird sich eine Führungsperson X z. B. ein und demselben befreundeten Kollegen gegenüber anders verhalten, wenn sie mit diesem die Mittagspause in der Cafeteria verbringt, als wenn beide gemeinsam einen Kundentermin wahrnehmen. Gleichzeitig wird die Selbstdarstellung der Führungsperson X auch unterschiedlich ausfallen, je nachdem, ob sie mit einem befreundeten Kollegen oder einem wichtigen Kunden die Cafeteria besucht.

In Coachingschritt 2 (Kap. 6) werden wir aufzeigen, dass nicht immer alle Annahmen über die eigene Person zum Abruf bereitstehen, sondern situationsspezifisch aktiviert werden und daher kontextabhängig verschiedene Selbstbilder mehr oder weniger bewusst sind. Bestimmte Rahmenbedingungen aktivieren also ganz bestimmte Selbstbilder der Person, sodass diese mit einer höheren Wahrscheinlichkeit zum Ausdruck gebracht werden.

2.3 Führungskräfte als Identitätsarbeiter

In den letzten Jahrzehnten haben sich Organisationen erheblich verändert. Der zunehmende Abbau von hierarchischen Verhältnissen erfordert von Führungskräften die Entwicklung flexibler, situationsspezifischer Identitäten. In der »postmodernen« Welt werden Führungskräfte damit heute zu »Identitätsarbeitern«, die Identität aktiv gestalten müssen (vgl. Keupp et al., 1999).

2.3.1 Die Lage der Führungskräfte heute

Schreyögg (2006) zeigt auf, dass sich heute zunehmend Führungskonstellationen entwickeln, die sich jenseits der klassischen Hierarchie befinden. Im Folgenden werden Beispiele aufgezeigt.

- Die Einführung von Projektteams, deren Leiter häufig nur moderierende Funktionen übernehmen. Es kommt auch vor, dass Führungskräfte in einem Projekt als Leiter fungieren, in einem anderen auf gleicher Ebene mitarbeiten sollen.
- Das Auseinanderfallen von fachlichen und hierarchischen Kompetenzen, wenn Führungskräfte mit Mitarbeitern zusammenarbeiten, die eine höhere fachliche Kompetenz als sie selbst haben. Ganz generell scheinen Führungskräfte immer abhängiger von Mitarbeitern zu werden, die eine besondere fachliche Expertise aufweisen. Solche für die Existenz des Unternehmens unverzichtbaren Mitarbeiter verlangen unserer Auffassung nach eine Führung, die auf ihre individuellen Bedürfnisse nach Förderung und intellektueller Forderung abgestimmt ist (vgl. Prinzipien der »transformationalen Führung« nach Bass & Avolio, 1994; s. Abschn. 14.4.1).
- Das Führen von externen (»geliehenen«) Mitarbeitern (beispielsweise bei der Implementierung neuer IT-Systeme) für einen begrenzten Zeitraum.

Schreyögg konstatiert, dass hierarchische Organisationen zunehmend einem »Erosionsprozess« ausgesetzt sind. In den schwach formalisierten »lean organizations« arbeiten Mitarbeiter weitaus selbstständiger als früher. Immer mehr Unternehmen entwickeln auch organisationskulturelle Muster, »wo sich Vorgesetzte eher als good friend denn als Vertreter einer Hierarchie präsentieren« (Schreyögg, 2006, S. 127).

In diesen neuen Konstellationen müssen Führungskräfte ihre Projektgruppe, ihr Team oder ihre Abteilung so führen, dass sich optimale Leistung ergibt – häufig ohne über die formalen Sanktionspotenziale zu verfügen, die ihnen in frühen Organisationsstrukturen zur Verfügung standen. Was früher die Struktur leistete, müssen nun die einzelnen Führungskräfte selbst bewältigen. Es verwundert nicht, dass durch diese neuen Organisationsformen für die Führungskräfte Fragen nach ihrem Selbstverständnis und ihrer Identität aufgeworfen werden wie: »Wer bin ich überhaupt in einer jeweiligen Situation? Wie kann ich mich angemessen verhalten? Werde ich in meinem Führungsanspruch bzw. meinem Führungshandeln akzeptiert oder nicht?« (Schreyögg, 2006, S. 129).

2.3.2 Selbstdarstellung in aktuellen Identitätskonzeptionen

Vor dem Hintergrund der neuen Führungskonstellationen verliert der traditionelle Identitätsbegriff (s. Abschn. 2.1) an Bedeutung. Identitätsentwicklung wird zunehmend als Interaktionsphänomen gesehen. Hier trifft besonders die Analyse des Soziologen Krappmann (1997, S. 67) zu: »Jedes Individuum entwirft seine eigene Identität, indem es auf Erwartungen der anderen, der Menschen in engeren und weiteren Bezugskreisen, antwortet.« Die Antwort auf die Frage »Wer bin ich?« erfährt das Individuum dann aus den Reaktionen seines Umfelds.

Führung als Identitätsphänomen

Schreyögg überträgt diese Sichtweise auf Führungskräfte, die – wie Studien zeigen – ihre Identität an unterschiedliche Anforderungen mit unterschiedlichen Interaktionspartnern anpassen. Mitarbeiter als hauptsächliche Interaktionspartner von Führungskräften prägen somit deren Selbstverständnis maßgeblich. Aber auch sie bilden in der Interaktion korrespondierende Identitäten heraus, »mit denen sie die Führungskraft in ihrem Sosein bestätigen – oder eben nicht« (Schreyögg, 2006, S. 134). Die Identitätsentwicklung einer Führungskraft ist demnach immer an einen Austauschprozess mit ihren Mitarbeitern und natürlich auch mit ihren Vorgesetzten und Kollegen gebunden. Hier zeigt sich nach Schreyögg und Lührmann (2006), dass die tagtäglichen Interaktionen zwischen den Führungskräften und ihren drei Gruppen von Interaktionspartnern eine zentrale Relevanz für die Ausbildung ihrer Führungsidentität haben: »In der neueren Identitätstheorie wird [...] die Entstehung der Identität einer Führungskraft als Aushandlungsprozess erklärt, in dem Vorgesetzte auf Basis ihrer Selbsteinschätzung zunächst einen Identitätsentwurf formulieren und ›vortragen‹. Parallel dazu vollzieht sich ein analoger Prozess auf Seiten der Geführten, Kollegen und Vorgesetzten. Auch sie entwickeln Vorstellungen von ihrer eigenen Identität als geführte Mitarbeiter und von der Identität der Führungskraft (Identitätszuschreibung) und tragen diese ebenfalls vor. Die verschiedenen Identitätsentwürfe werden im Anschluss in einem wechselseitigen Aushandlungsprozess aufeinander abgestimmt. Die Entwicklung einer Führungsidentität kann nur dann gelingen, wenn über den Identitätsvorschlag der Führungskraft eine hinreichende Korrespondenz zwischen allen Beteiligten erzielt werden kann (»Identitätsbalance«). Das Selbstkonzept der Führungskraft muss über die Identitätszuschreibungen validiert werden. Nur dann bildet sich ein Arbeitskonsens heraus [...], auf dessen Basis Führungskraft und Geführte erfolgreich miteinander interagieren« (Schreyögg & Lührmann, 2006, S. 13 f.) (vgl. Abbildung 2.1).

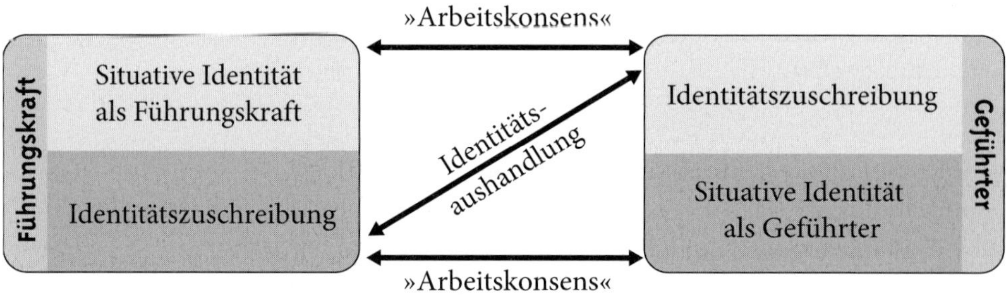

Abbildung 2.1 Identitätsaushandlung zwischen Führungsperson und Geführten (Abbildung modifiziert nach Schreyögg & Lührmann, 2006, S. 14)

Diese Position deckt sich mit unserer Konzeption von Selbstdarstellung als zentraler interpersonaler Vorgang: Selbstdarstellung ist ein Prozess, bei dem die Führungskraft nicht nur sich selbst gegenüber (interner Adressat; vgl. Abschn. 9.1.3) die Überzeugung vertritt, als Führer handeln zu können. Sie muss vor allem den Interaktionspartnern (externe Adressaten; vgl. Abschn. 9.1.3) gegenüber ihre führungsbezogenen Selbstbilder (Innensicht, Innenbilder) zum Ausdruck bringen, und zwar in glaubhafter Form. Dies kann nur dann gelingen, wenn die Führungskraft die Erwartungen der Interaktionspartner kennt und versteht. Diesen Wahrnehmung- und Interpretationsprozess können wiederum die Interaktionspartner durch die Art und Weise ihrer Selbstdarstellung optimieren. Die darauf bezogene Selbstdarstellung der Führungskraft führt schließlich bei den Interaktionspartnern zu Eindrücken (Außensicht, Außenbilder, Fremdbilder), die sie der Führungskraft – in welcher Form und mit welchem Inhalt auch immer – rückmelden, was zu einem kontinuierlichen Prozess gegenseitiger Beeinflussung mit dem Ziel einer Identitätsaushandlung beiträgt.

Spannungsfelder der Identitätsbildung

Für die Führungskraft ist dieser selbstdarstellungsgestützte Aushandlungsprozess mit widersprüchlichen Herausforderungen verbunden. Schreyögg und Lührmann (2006) fassen diese Widersprüche in den drei Spannungsfeldern »Stabilität versus Flexibilität«, »Konformität versus Individualität« und »Einheitlichkeit versus Verschiedenheit« zusammen.

Stabilität versus Flexibilität. Die Führungskraft muss einerseits ihre grundlegende, zeitlich überdauernde Identität den Interaktionspartnern gegenüber vermitteln. Sie muss also als konsistente Persönlichkeit in Erscheinung treten (vgl. Abschn. 10.1.2), denn glaubwürdige Selbstdarstellung erfordert in den Augen der Interaktionspartner ein Mindestmaß an Kontinuität über Zeit und Situationen hinweg. Die Führungskraft sollte ihre identitätsrelevanten Handlungsstrategien bündeln, damit ein stimmiger Gesamteindruck entsteht. Andererseits verlangen neue Situationen und damit neue Erwartungen der Interaktionspartner unterschiedliche Identitäten. Die flexible Herausbildung neuer Identitäten sollte dabei möglichst in die Erwartung grundlegender Kontinuität eingearbeitet werden, damit der Eindruck einer stimmigen Weiterentwicklung entstehen kann. Nur wenn dieser Balanceakt gelingt, werden inakzeptable Brüche in der Selbstdarstellung vermieden (vgl. Schreyögg & Lührmann, 2006).

In unserem 8-Schritte-Modell der Identitätskonstruktion im Persönlichkeitscoaching wird die Führungsperson dabei unterstützt, sowohl stabile als auch flexible Aspekte ihrer Führungsidentität zu erarbeiten und zu erproben, um diese in Coachingschritt 8 zu einer individuellen Lösung der kohärenzbezogenen Identitätsarbeit zusammenzufassen.

Abbildung 2.2 Stabilität versus Flexibilität

Konformität versus Individualität. Mitarbeiter erwarten heute, dass die Führungskraft sie gut motiviert, sie an ihren Entscheidungen teilhaben lässt und insgesamt kooperativ mit ihnen umgeht. Für die Führungskraft bedeutet dies, möglichst viele Identitätsfacetten ihrer Mitarbeiter in das eigene Identitätskonzept zu übernehmen und diese Gemeinsamkeiten auch in der täglichen Interaktion zum Ausdruck zu bringen. Auf der anderen Seite muss die Führungskraft aber auch pointiert eigenständige Entscheidungen und Steuerungen vornehmen können, z. B. die Mitarbeiter zu Arbeitsleistungen bewegen, die eventuell ihren Wünschen und Erwartungen zuwider laufen, die aber mit Blick auf die Ziele des Gesamtunternehmens durchgesetzt werden müssen.

Damit stehen Führungskräfte also vor dem Problem, »einerseits dann besonders effektiv handeln zu können, wenn sie von ihren Geführten akzeptiert werden, während andererseits effektives Führungshandeln immer auch gegen Widerstände durchgesetzt werden muss« (Schreyögg & Lührmann, 2006, S. 15). Der Balanceakt besteht für die Führungskraft darin, einerseits in bestimmten Identitätsfacetten Kompromisse in Richtung der Mitarbeiterwünsche einzugehen (im Sinne von Konformität), andererseits den Mitarbeitern gegenüber »Identitätsstärke« (im Sinne von pointierter Individualität) zu zeigen. Letzteres bedeutet für die Führungsperson, sich als Individuum aus der Teamidentität zu lösen. Uns scheint, dass das Spannungsfeld »Konformität versus Individualität« durch den transformationalen Führungsstil (Bass & Avolio, 1994) optimal in Balance gehalten werden kann, wenn nämlich Führungskraft und Mitarbeiter sich zu gemeinsamen Ziel- und Wertvorstellungen hin entwickeln, sich also wechselseitig »transformieren« (vgl. Abschn. 14.4). Dabei wird angestrebt, Mitarbeitern ein hohes Maß an Individualität einzuräumen und gleichzeitig ihrem Bedürfnis nach »Gleichklang« und Übereinstimmung nachzukommen.

Einheitlichkeit versus Verschiedenheit. Nach Schreyögg und Lührmann (2006) muss sich die Führungskraft in unterschiedlichen beruflichen Situationen auch ganz unterschiedlich verhalten können. Die Verschiedenartigkeit der Erwartungen, die die beruflichen Interaktionspartner an die Führungskraft richten, bildet sich im Laufe der vielen täglichen Interaktionen in den kontextspezifischen Identitäten der Führungskraft ab. Allerdings kann die Führungskraft nicht einfach virtuos zwischen ganz verschiedenen Identitäten hin- und herspringen: »Auf der anderen Seite steht die Erwartung, die eigene Selbstdarstellung situationsübergreifend durchzuhalten. Identität muss ein Mindestmaß an Konsistenz aufweisen, andernfalls verfehlt sie ihren Sinn« (Schreyögg & Lührmann, 2006, S. 15). Die unterschiedlichen Handlungsweisen müssen also zumindest ansatzweise zu einer Einheitlichkeit und Ganzheit gebündelt werden.

Individuelle Lösungen. Für die aufgeführten Kontroversen bzw. Spannungsfelder können keine allgemeinen Empfehlungen für Führungskräfte abgeleitet werden. Es kommt darauf an, nach Lösungen für jede einzelne Führungskraft zu suchen. Hier zeigt sich der große Vorteil von Coaching als eine individuellen Beratungs- und Betreuungsform, mit der sich persönlichkeitsgerechte Lösungen erreichen lassen. Das anzustrebende Ziel ist die gelingende Ausbalancierung von Führungsidentität(en). Schreyögg (2006) empfiehlt vor allem die Techniken des »imaginativen Rollentauschs«

sowie des »Inneren Teams«. Beide Methoden sind auch in unserem Methodenarsenal enthalten (vgl. Abschn. 6.2.2 und 9.2.3).

2.3.3 Postmoderne Identitätsauffassungen

Die umfassenden Wandlungsprozesse in Organisationen lassen sich mit Entwicklungen in der Postmoderne, dem Aufkommen pluralistischer Menschenbilder in Verbindung bringen. Damit sind Konzeptionen gemeint, welche die Persönlichkeit nicht als integrierte Einheit auffassen, sondern durch die Vielheit und Heterogenität von Selbstkonzepten gekennzeichnet sehen (vgl. Laux, 2008). Die Idee einer Persönlichkeit, die durch Vielheit und nicht durch Einheit gekennzeichnet ist, wurde schon in früheren Jahrhunderten erörtert. Neu ist – so konstatiert Welsch (1993), ein Hauptvertreter postmoderner Philosophie im deutschsprachigen Raum –, dass die Pluralisierung von der Ausnahme zur Regel wird. »Die Individuen definieren sich nicht mehr durch eine einzige, monolithische Identität« (S. 283). Diese Position deckt sich mit der Kritik am traditionellen Identitätsbegriff.

Individualisierungstheorie und Teilidentitäten. Pluralisierung lässt sich als Chance und als Risiko begreifen. Die Janusköpfigkeit der heutigen Lebensbedingungen hebt der Soziologe Ulrich Beck (1996) in seiner Individualisierungstheorie hervor: Mit der Freisetzung des Individuums aus Bindungen und Traditionen sieht er die »Fröste der Freiheit« hereinbrechen: Der Einzelne muss die Suppe auslöffeln, die er sich selbst eingebrockt hat. Führungskräfte wie andere Personen auch erleben sich als Darsteller auf einer Bühne mit vielen Spielmöglichkeiten, ohne dass ihnen fertige Drehbücher zur Verfügung stehen.

Die Pluralisierungstendenz in der Gesellschaft ist für den Identitätsforscher Heiner Keupp mit einem Zugewinn persönlicher Freiheit verbunden, aber auch mit der Notwendigkeit ihrer Gestaltung. Er spricht in seinem Modell der Identitätsarbeit (Keupp et al., 1999) von *Teilidentitäten*, die wir für unterschiedliche Kontexte und Interaktionspartner, mit denen wir heute zu tun haben, entwickeln können (vgl. Kap. 12).

Führungsidentität ist ein zusammenfassender Begriff, der keine monolithische Identität impliziert, sondern grundsätzlich von einer Vielzahl von Teilidentitäten oder Identitätsfacetten ausgeht, die aber im Rahmen der Identitätsbildung zu mehr oder weniger zusammenhängenden Einheiten verknüpft werden können. Die Herausbildung von Teilidentitäten geschieht im Rahmen der *Identitätsarbeit.* Jede Führungskraft entwickelt in der täglichen Interaktion mit ihren beruflichen Interaktionspartnern spezifische Teilidentitäten, in denen sich situative Erfahrungen zu übersituativen Konturen verdichten. Identitätsarbeit wird als aktive Leistung des Subjekts verstanden.

2.3.4 Identitätskonstruktion im Persönlichkeitscoaching

Insgesamt zeigt die bisherige Darstellung, dass eine systematische Identitätsarbeit für Führungskräfte absolut notwendig ist – gerade angesichts der neuen Führungskonstellationen mit ihrem Verunsicherungspotenzial. Wie kann aber nun Coaching eine solche systematische Identitätsarbeit von Führungskräften unterstützen? Wir wollen an dieser Stelle nur einige zusammenfassende Hinweise zur Beantwortung dieser Frage geben und auf die kompakte Darstellung der acht Schritte der Identitätskonstruktion in Abschnitt 3.1.2 sowie auf die detaillierte Beschreibung der acht Schritte in Teil II des Buches verweisen.

Ziel des Persönlichkeitscoachings ist es, den Coachingklienten bei der systematischen Gestaltung einer individuell stimmigen Führungsidentität zu unterstützen. Im Kontext von Coaching sprechen wir von Identitäts*konstruktion*, weil der Prozess der Entwicklung einer Führungsidentität in Teilschritte zerlegt und gezielt beeinflusst wird: Die Führungsidentität soll bewusst und systematisch – passend zu zentralen Aspekten der eigenen Persönlichkeit und zum situativen Kontext – »konstruiert« werden. Coach und Klient analysieren im Coaching zunächst die Einzelkomponenten des dynamischen Interaktionsprozesses zwischen Führungsperson und Interaktionspartnern, z. B. die Selbstbilder, Fremdbilder, Selbstdarstellungsmuster und Erwartungen aus Selbst- und Fremdsicht. Sind die Einzelkomponenten herausgearbeitet, so wird deren Zusammenspiel betrachtet und die Konsequenzen, die sich daraus für die aktuelle und für die zukünftig erwünschte Führungsidentität ergeben, werden explizit herausgestellt.

Konstruktion einer Identität im Coaching umfasst daher mehrere Bedeutungen:

- Konstruieren im Sinne einer systematischen Entwicklung von etwas »Neuem«.
- Konstruieren im konstruktivistischen Sinn. Im Coaching wird von Coach und Klient gemeinsam ein plausibles Modell erstellt, wie die Interaktion der Führungsperson mit ihren Mitarbeitern, Kollegen und Vorgesetzten abläuft, um aus diesem Modell Schlussfolgerungen für die zu lösenden Coachingthemen und dementsprechend für das zukünftige Verhalten des Coachingklienten abzuleiten. Dieses Modell ist kein Abbild der Realität, sondern ein gemeinsamer Strukturierungsversuch, der dazu beitragen soll, Lösungsmöglichkeiten für gegebene Probleme herauszuarbeiten und Hinweise für zukünftiges Handeln abzuleiten.
- Konstruktion bezieht sich weiterhin darauf, dass es sich in zweierlei Hinsicht um einen nach vorne offenen Prozess handelt. Erstens entsteht Führungsidentität erst durch die dynamische Interaktion zwischen Führungsperson und Interaktionspartnern und kann somit auch nur im Rahmen dieses Austauschprozesses interpretiert werden. Zweitens ist auch das Ergebnis der Identitätskonstruktion zunächst in keine bestimmte Richtung festgelegt: Der Klient entwickelt im Laufe des Coachingprozesses sukzessive eine greifbarere Vorstellung davon, welche Identität(en) er anstrebt und welche konkreten Schritte dafür notwendig sind.
- Konstruktion als systematische Selbstdarstellung. Die Zuschreibung von Merkmalen an die Führungskraft durch andere Personen (z. B. »Führungsperson XY ist humorvoll« als Aussage von Mitarbeitern) beeinflusst das Selbstbild maßgeblich. Damit steigt die Bedeutung des Selbstdarstellungsverhaltens: Die Wahrscheinlichkeit, dass die Führungsperson sich mit dem Bild identifiziert, das sie von sich vermittelt und entsprechend der Wahrnehmung der anderen Personen rückgemeldet

> bekommt, steigt mit der Dauer der Interaktion. Um langfristig eine erwünschte Führungsidentität zu etablieren, die von der Führungsperson selbst und ihren Interaktionspartnern als authentisch erlebt wird, ist also durchaus eine strategische Auswahl und Vermittlung von Selbstbildern angebracht. »Ist sich die Person im Klaren darüber, wie sie gesehen werden möchte, muss sie sich so verhalten, dass die Wahrscheinlichkeit der Zuschreibung positiver Merkmale (z. B. »dynamisch«, »kompetent«, »gesellig«) steigt und die Gefahr der Zuschreibung unerwünschter Merkmale minimiert wird« (Ebert & Piwinger, 2007, S. 209).

Identitätskonstruktion heißt demnach, den Prozess der Entwicklung einer stimmigen Führungsidentität systematisch zu analysieren und zu verändern. Dafür gehen wir im Persönlichkeitscoaching nach einem Ablaufmodell in acht Schritten vor.

3 Umsetzung des Persönlichkeitscoachings im Überblick

Im Folgenden werden die praktisch-methodischen Merkmale von Persönlichkeitscoaching dargestellt. In Abschnitt 3.1 wird mit der Darstellung des achtschrittigen Prozessmodells der Frage nachgegangen, *was* im Coachingprozess *wann* gemacht wird. In Abschnitt 3.2 wird anhand zentraler Prinzipien der Prozessgestaltung aufgezeigt, *wie* im Persönlichkeitscoaching vorgegangen wird. Abschnitt 3.3 widmet sich den Methoden, die im Persönlichkeitscoaching zur Anwendung kommen können.

3.1 Prozessmodell: Acht Schritte der Identitätskonstruktion

In diesem Kapitel wird der *idealtypische Ablauf* eines Persönlichkeitscoachings in der Übersicht dargestellt. Der Coachingprozess wird in acht Schritte eingeteilt, anhand derer der Prozess der Identitätskonstruktion systematisch nachvollzogen wird. In Teil II des Buches werden Inhalt und methodisches Vorgehen in den acht Schritten detailliert beschrieben.

3.1.1 Überblick zu Prozessmodellen im Coaching

Das 8-Schritte-Modell im Persönlichkeitscoaching ist als *spezifischer Leitfaden* zu verstehen, der in allgemeine Prozess- und Ablaufmodelle zum Coaching (z. B. König & Volmer, 2003; Rauen, 2002a; Vogelauer, 2005) eingebettet ist, die im Folgenden in ihren Grundzügen skizziert werden.

Phasen- und Ablaufmodelle im Coaching
Coaching beginnt nicht erst, wenn Klient und Coach gemeinsam im Beratungszimmer sitzen, sondern hat einen Vorlauf und ist eingebettet in bestimmte Rahmenbedingungen, die erheblichen Einfluss auf das Ergebnis der Coachingarbeit haben können. Rauen (2002a) beschreibt in seinem Ablaufmodell den Coachingprozess in drei Phasen.

Vorphase. In der Vorphase muss zuerst der Wunsch einer Führungskraft nach individueller Unterstützung erkannt werden, bevor es zu einer ersten Kontaktaufnahme zwischen einem Coach und dem Klienten kommen kann. Ist ein passender Coach gefunden, kommt es zum Erstgespräch, bei dem geklärt wird, ob die Voraussetzungen für eine gemeinsame Arbeit gegeben sind. Ist dies der Fall, werden ein formaler Dienstleistungsvertrag und ein zwischen den am Coaching beteiligten Personen mündlich ausgehandelter psychologischer Vertrag über die individuellen Regeln der Zusammenarbeit abgeschlossen.

Hauptphase. Die Hauptphase des Coaching-Prozesses beinhaltet eine erste Bestandsaufnahme der Probleme des Coachingteilnehmers sowie die Erarbeitung von individuellen Zielen und Lösungswegen, um diese Ziele zu erreichen. Diese zwei Vorgehensweisen stellen die ersten Interventionsschritte dar. Anschließend folgt die hauptsächliche Intervention mit der Umsetzung der vorher festgestellten Ziele.

Abschlussphase. Die Abschlussphase enthält die Bewertung der Ergebnisse des Coachings. Wurden die Ziele nicht erreicht, kann die Zielerreichung gegebenenfalls durch neue oder angepasste Interventionen wieder aufgenommen werden. Sind die Ziele erreicht, kann das Coaching mit einer Abschlusssitzung beendet werden.

Prozessmodelle als Arbeitshilfe. Ablaufmodelle für verschiedene Interventionsformen dienen als heuristische Rahmenmodelle nicht der Realitätsabbildung, sondern sind als Vorschlag zur Arbeitshilfe und Handlungsanweisung zu verstehen (Kanfer et al., 2000). Die *Gemeinsamkeit* verschiedener Prozessmodelle in Coaching, Therapie und Beratung liegt darin, dass sie versuchen, einen Problemlöseprozess in praktisch handhabbare Schritte zu zerlegen und somit eine (idealtypische) Stufenabfolge der Problemlösung zu konzipieren. So stellen verschiedene Formen von Beratung und Coaching Hilfen auf dem Weg des Klienten dar, von einem zu definierenden Ist-Zustand zu einem angestrebten und zu bestimmenden Soll-Zustand zu gelangen. Damit der Klient überhaupt motiviert ist, Verhalten oder Einstellungen zu verändern, ist es notwendig, dass er eine *Diskrepanz* zwischen einem momentanen Ist-Zustand und einem von ihm angestrebten Soll-Zustand wahrnimmt (vgl. Kanfer et al., 2000). Der Coach unterstützt den Klienten dabei, Ausgangs- und Soll-Zustand für sich zu definieren und (alternative) Mittel und Wege zu finden, um von »Ist« zu »Soll« zu gelangen sowie zwischen änderbaren Problemen und unveränderbaren Tatsachen zu differenzieren.

In der Literatur zu Coaching, Beratung und Psychotherapie werden verschiedene Prozess- und Ablaufmodelle vorgeschlagen (z. B. Kanfer et al., 2000; Rauen, 2002a; König & Volmer, 2003; Vogelauer, 2005; Whitmore, 1997).

Annahmen zum Phasenmodell im Persönlichkeitscoaching

Die verschiedenen Zugangswege zur Problemlösung in Beratung und Coaching unterscheiden sich u. a. darin, wie viel Zeit sie der Klärung von Ist- und Soll-Zustand widmen, bevor konkrete Veränderungsziele definiert und Änderungsschritte eingeleitet werden.

Wir gehen im Persönlichkeitscoaching davon aus, dass eine zielgerichtete Verhaltens- und Einstellungsänderung in eine systematische Selbstreflexion, welche die Problem- und Zielklärung umfasst, eingebettet ist. Erst wenn die aktuellen Bedingungen und zentralen Kennzeichen des Ist-Zustands deutlich sind und ein für den Klienten erstrebenswerter Sollzustand der individuellen Führungsidentität identifiziert wurde, können konkrete kurz-, mittel- und langfristige Veränderungsziele zu den Coachingthemen definiert sowie Schritte zur Formulierung und Erreichung stimmiger Ziele umgesetzt werden. Der Coachingteilnehmer wird somit im Sinne einer systematischen »Analyse der Ausgangssituation« darin unterstützt, sich der individuellen Charakteristika seiner (berufsbezogenen) Persönlichkeit bewusst zu werden, seine aktuelle und erwünschte Führungsidentität zu klären und mit seinen individuellen Handlungsoptionen zu experimentieren. Auf dieser Grundlage können schließlich konkrete Veränderungsziele formuliert und angestrebt werden.

In der Darstellung unseres 8-Schritte-Modells setzen wir voraus, dass die Vorphase mit Kontaktaufnahme und Klärung der formalen Rahmenbedingungen bereits stattgefunden hat und in die inhaltliche Arbeit eingestiegen werden kann. So werden wir uns nur auf die für unseren Coachingansatz spezifischen Charakteristika des Prozessablaufs beziehen. Umfassendere Überlegungen zur Einordnung, Charakterisierung und zu übergeordneten Qualitätsmerkmalen der Gestaltung von Coachingprozessen finden sich in der Grundlagenliteratur zu Coaching (z. B. Rauen, 2008).

3.1.2 Überblick über die acht Schritte der Identitätskonstruktion

Die acht Coachingschritte beschreiben einen systematischen Klärungs- und Veränderungsprozess, der darauf abzielt, eine stimmige Führungsidentität zu etablieren. Um dieses Ziel zu erreichen, werden die individuellen Coachingthemen des Klienten unter Rückbezug auf dessen Gesamtpersönlichkeit bearbeitet, die sowohl aus der Innen- als auch aus der Außenperspektive betrachtet wird.

Die Bestimmung der Coachingthemen – als das »Was« der Bearbeitung im Coaching – erfolgt in Coachingschritt 1 unter der *Problem*perspektive (vgl. Grawe & Grawe-Gerber, 1999). Es werden zentrale Problembereiche und/oder Anliegen des Klienten herausgearbeitet und anhand einer Problemanalyse konkretisiert. Die Frage nach der Richtung (»Wohin«) und der Art und Weise (»Wie«) von Veränderungen erfolgt ab Schritt 2 unter der *Ressourcen*perspektive (s. ausführlicher Abschn. 3.2.8). Über welche Möglichkeiten verfügt der Klient, seine Themen zu klären, Lösungen zu erarbeiten und Veränderungen durchzuführen? Wie kann er seine Ressourcen nutzen, um individuelle Vulnerabilitäten, die der Formulierung und Erreichung stimmiger Ziele im Wege stehen, auszugleichen?

Leitfragen und Zwischenziele. Insgesamt liegen jedem der acht Schritte der Identitätskonstruktion bestimmte *Leitfragen* zugrunde, die sich entweder auf Komponenten der Innen- und Außensicht der individuellen Klientenpersönlichkeit, auf Wechselwirkungen zwischen den beiden Perspektiven oder aber auf die situativen Rahmenbedingungen, innerhalb derer sich der Klient bewegt, beziehen. Die Beantwortung der Leitfragen dient dazu, spezifische *Zwischenziele* auf dem Weg der Identitätskonstruktion zu erreichen: So erarbeitet sich der Klient mit der Beantwortung der Leitfragen Schritt für Schritt Orientierungspunkte, die eine Richtung für die zu etablierende Führungsidentität vorgeben. Die Antworten auf die jeweiligen Leitfragen können sowohl relevante Einsichten und Erkenntnisse beinhalten, als auch bisher nicht bewusste Ressourcen aufdecken oder konkrete Lösungsideen, Ziele oder Veränderungsschritte in Hinblick auf die Coachingthemen nach sich ziehen (s. Abb. 3.1). Der Coachingteilnehmer wird bei der Beantwortung der Leitfragen durch die Beziehung zum Coach als Basis-Ressource (vgl. Grawe, 2000) und durch den Einsatz entsprechender Methoden unterstützt.

Anhand Abbildung 3.1 können die acht Schritte des Persönlichkeitscoachings in der Übersicht nachvollzogen werden.

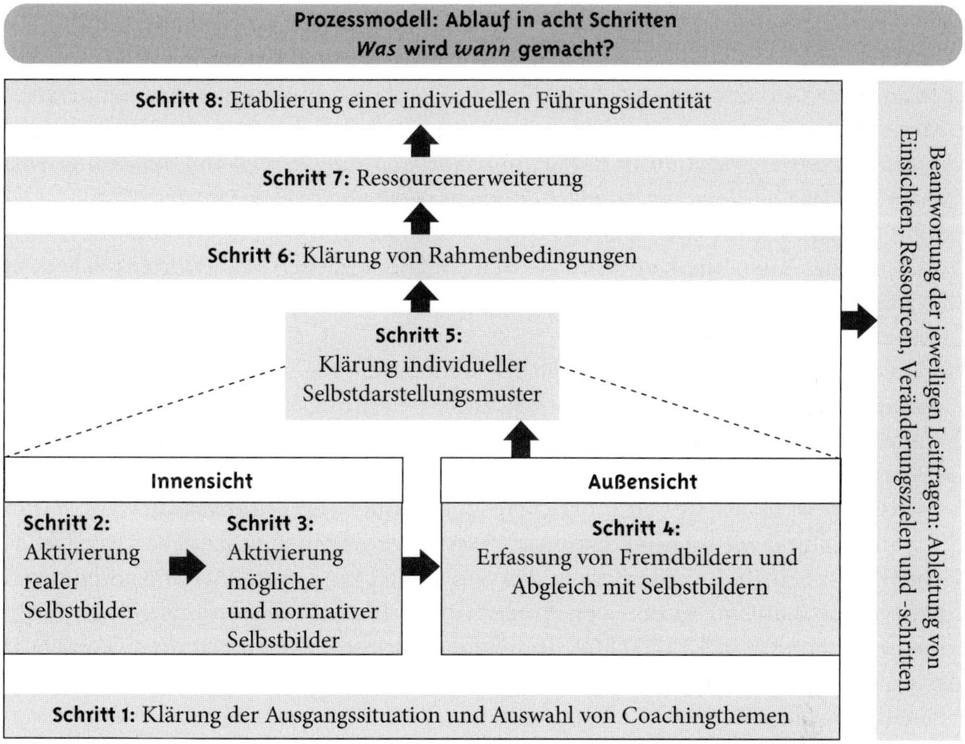

Abbildung 3.1 Übersicht zu den acht Schritten der Identitätskonstruktion im Persönlichkeitscoaching

Im Folgenden werden die acht Schritte der Identitätskonstruktion mit den jeweiligen Leitfragen zusammenfassend beschrieben. In Teil II des Buches erfolgt eine ausführliche Darstellung der Schritte mit dem jeweiligen theoretischen Hintergrund, den zugeordneten Methoden und mit einer Veranschaulichung an einem Fallbeispiel.

Schritt 1. In Schritt 1 erfolgen die Klärung der Ausgangssituation und die Bestimmung von Coachingthemen. Es sollen folgende Leitfragen beantwortet werden: *Welches sind meine individuellen Coachinganliegen/Coachingthemen? Was genau möchte ich klären/verändern? Worum soll es im Coaching gehen?*

Schritte 2, 3 und 4. In den Schritten 2 bis 4 werden die Komponenten der dynamischen Interaktion der Innen- und Außenperspektive des Klienten zum Thema gemacht.

In Schritt 2 werden die »realen Selbstbilder« (s. Kap. 6) des Coachingteilnehmers aktiviert, indem er angeleitet wird, die folgenden Leitfragen für sich zu beantworten: *Wie sehe und erlebe ich mich in meiner Führungsposition/in Bezug auf die Coachingthemen? Wie denke ich, dass andere mich sehen?*

Schritt 3 thematisiert die möglichen und die normativen Selbstbilder des Coachingteilnehmers (s. Kap. 7) durch die Bearbeitung der folgenden Leitfragen: *Wie möchte ich mich in meiner Führungsposition/in Bezug auf die Coachingthemen sehen und erleben? Wie möchte ich gesehen werden? Wie denke ich, dass ich sein sollte?*

In Schritt 4 wird die Innensicht des Klienten ergänzt durch die Erfassung von Fremdbildern aus der Außensicht (s. Kap. 8). Durch den Einbezug der Außenperspektive soll die Beantwortung der folgenden Leitfragen ermöglicht werden: *Wie werde ich in meiner Führungsposition/in Bezug auf meine Coachingthemen von anderen gesehen und erlebt? Wie möchten mich andere Personen sehen und erleben? Inwieweit stimmt das damit überein, wie ich mich selbst sehe und sehen möchte?*

Konnte der Klient die Leitfragen aus Schritt 2 bis 4 für sich beantworten, so können die folgenden *Zwischenziele* auf dem Weg der Identitätskonstruktion als erreicht angesehen werden.

- Die Führungsperson ist sich ihrer Selbstbilder, die für die Führungsrolle relevant sind, bewusst: Sie weiß, wie sie sich aktuell als Führungskraft selbst sieht und erlebt und wie sie sich gerne sehen und erleben würde.
- Die Führungsperson ist sich der Fremdbilder, die sie bei anderen hervorruft, bewusst: Sie weiß, wie sie von anderen Personen aktuell als Führungskraft wahrgenommen wird und wie ihre Interaktionspartner sie gerne sehen und erleben würden.

Schritt 5. In Schritt 5 werden die in den Schritten 2 bis 4 erarbeiteten Komponenten der dynamischen Interaktion von Innen- und Außensicht zusammengefügt und in ihrem Zusammenspiel betrachtet. Individuelle Selbstdarstellungsmuster werden als zentrale Moderatorvariablen zwischen der Innen- und der Außensicht des Coachingteilnehmers identifiziert.

Folgendes *Zwischenziel* sollte mit Schritt 5 erreicht sein: Die Führungsperson ist sich des Zusammenspiels von Selbst- und Fremdbildern bewusst. Sie weiß um ihre individuellen Selbstdarstellungsmuster und kann die zentralen Merkmale des spezifischen Zusammenspiels von Innen- und Außensicht als Basis ihrer aktuell konstruierten Führungsidentität(en) beschreiben. Dafür wird der Coachingteilnehmer angeleitet, die folgenden Leitfragen zu beantworten: *Wie hängen die Außen- und die Innensicht meiner Persönlichkeit zusammen? Welche individuellen Selbstdarstellungsmuster habe ich?*

Schritt 6. Schritt 6 widmet sich der Klärung der Rahmenbedingungen, innerhalb derer die dynamische Interaktion von »innen« und »außen« stattfindet. Durch die Beantwortung der folgenden Leitfragen sollen die spezifische Situation und der übergeordnete Kontext als wichtige Einflussfaktoren auf die Identitätskonstruktion berücksichtigt werden: *Welches sind die spezifischen Rahmenbedingungen, innerhalb derer ich führe? Welche dieser Rahmenbedingungen nehmen besonderen Einfluss auf die Entwicklung einer Führungsidentität?*

Mit der Beantwortung der Leitfragen in Schritt 6 sollte folgendes *Zwischenziel* erreicht sein: Die Führungsperson ist sich der Rahmenbedingungen, innerhalb derer sie führt, bewusst. Sie weiß, welche Normen, Erwartungen, Anforderungen und Aufgaben ihre Führungsposition kennzeichnen und kann zukünftig die Art und Weise ihrer Selbstdarstellung darauf abstimmen.

Schritt 7. Die Aktivierung vorhandener persönlicher Ressourcen in den vorherigen Schritten soll dazu beitragen, dass bestehende Handlungsmöglichkeiten ausgeschöpft werden. Die Erweiterung von Ressourcen in Schritt 7 dient dem Ausbau und der Flexibilisierung des Handlungsspektrums. So soll der Klient in diesem Schritt dazu angeregt werden, neue Möglichkeiten zur Ausgestaltung der Führungsrolle und zur Lösung seiner Coachingthemen spielerisch zu erkunden, mit verschiedenen Denk- und Handlungsoptionen Erfahrungen zu sammeln, mögliche Selbst- und Rollenbilder zu erproben und seine Wahrnehmungs- und Handlungskompetenzen zu erweitern.

Folgendes *Zwischenziel* soll in Schritt 7 erreicht werden: Die Führungskraft erprobt neue Denk- und Handlungsmöglichkeiten, erwirbt neue Kompetenzen, die notwendig sind, um individuelle Ziele zu erreichen und erweitert ggf. ihre Selbstbilder durch neu entdeckte Persönlichkeitsfacetten. Um das Zwischenziel zu erreichen, werden folgende Leitfragen bearbeitet: *Wie könnte ich als Führungsperson sein? Welche Kompetenzen kann und will ich noch aufbauen, um meine Ziele besser zu erreichen?*

Schritt 8. In Schritt 8 sollte schließlich das *Gesamtziel des* Persönlichkeitscoachings erreicht werden: Die Führungskraft ist sich darüber bewusst, welche Führungsidentität sie zukünftig etablieren möchte und kann.

Durch eine Integration der Ergebnisse aus den vorherigen Schritten – die als Orientierungspunkte eine Richtung für die zu etablierende Führungsidentität vorgeben – erfolgt die Beantwortung der Leitfragen zu Coachingschritt 8: *Welche Führungsidentität möchte ich langfristig etablieren? Welche kurz- und mittelfristigen Veränderungsziele und Umsetzungsschritte lassen sich daraus in Bezug auf meine Coachingthemen ableiten?*

Um die erste Leitfrage zu Schritt 8 zu beantworten, ist es notwendig, individuelle Antworten darauf zu finden, wie sich die Führungskraft innerhalb von drei von uns vorgeschlagenen Identitätsthemen (Kohärenz, Kreativität und Einzigartigkeit) positionieren kann. Um ein gewisses Ausmaß an Einheit und Kohärenz innerhalb der vielfältigen äußeren Anforderungen und der verschiedenen Persönlichkeitsfacetten herzustellen, wird die Führungsperson zur Entwicklung einer Identitätsvision angeleitet: In einem halbstrukturierten Interview entwickelt sie auf der Basis der im Coachingprozess erarbeiteten Orientierungspunkte ein möglichst konkretes Bild davon, wohin sie sich langfristig als Führungsperson entwickeln möchte. Dabei wird sowohl die Individualität als auch die Kreativität dieses Identitätsentwurfs hervorgehoben.

Um die zweite Leitfrage zu Schritt 8 zu beantworten, werden die konkreten Umsetzungsmöglichkeiten des angestrebten Identitätsentwurfs auf die Coachingthemen bezogen und die in den vorherigen Coachingschritten bereits erarbeitete Ziele und Veränderungsschritte zusammengefasst.

Am Ende des Coachingprozesses sollten folgende *Ziele* erreicht sein: Die Führungsperson kann Charakteristika ihrer erwünschten Führungsidentität benennen, die sowohl aus realen und idealen Selbstbildern als auch aus äußeren Anforderungen und Standards abgeleitet sind. Um gemeinsam mit den beruflichen Interaktionspartnern die erwünschten Identitätsfacetten zu konstruieren, setzt die Führungsperson passende Formen der Selbstdarstellung ein. Im Rahmen der Klärung und Umsetzung erwünschter Identität(en) hat die Führungsperson stimmige Lösungsmöglichkeiten für die individuellen Coachingthemen gefunden.

Reihenfolge der acht Schritte. Mit dem 8-Schritte-Modell schlagen wir eine Reihenfolge der Bearbeitung der Leitfragen vor, die jedoch nicht als starre Abfolge betrachtet werden sollte. Da es sich bei jedem Coaching um einen individuellen Prozess handelt, können einzelne Schritte wiederholt durchlaufen oder die Reihenfolge der Bearbeitung umgestellt werden.

3.1.3 Formale Gestaltung des Coachingprozesses

Beim Persönlichkeitscoaching handelt es sich um ein Einzel-Coaching durch einen externen Coach. Ein Coaching-Prozess umfasst meist etwa acht bis zehn Sitzungen mit einer Dauer von je 90 bis 120 Minuten. Der thematische Fokus liegt auf den individuellen Anliegen des Klienten, die sich aus der Interaktion mit Vorgesetzten, Kollegen, Mitarbeitern und Kunden ergeben. Persönlichkeitscoaching richtet sich schwerpunktmäßig an Führungskräfte der mittleren und unteren Hierarchieebene. Die Ansichten relevanter Personen des beruflichen Umfelds des jeweiligen Klienten werden in Form eines multiperspektivischen Führungsfeedbacks in den Coachingprozess mit einbezogen.

Anmerkung. Unsere eigenen Coachingerfahrungen stammen in erster Linie aus der Arbeit mit Führungspersonen verschiedener Hierarchieebenen in Banken, kleinen und mittelständischen Unternehmen im Industrie- oder Dienstleistungssektor und Personen mit leitenden Funktionen im öffentlichen Dienst und Gesundheitswesen. Wir arbeiten mit unseren Klienten teilweise im »Coachingteam«, d. h., ein Coachingprozess wird von einem Coach und einem Co-Coach – in einzelnen Fällen sogar von einem ganzen Team von Coachs – durchgeführt. Dies hat zum einen praktische Vorteile, zum anderen gründet sich dieses Vorgehen in unserem universitären Hintergrund: Wir leiten Studierende an, sich als Coachs in der Durchführung einzelner Coachingmodule auszuprobieren oder führen auch ganze Coachingprozesse zu Ausbildungszwecken in Seminarform durch, d. h., Studierende coachen im Team einen Klienten. Die Arbeit im Coachingteam erleichtert außerdem z. B. die Durchführung von erlebnisaktivierenden Methoden, da stets Rollenspielpartner oder mehrere Personen als Statisten für Teamaufstellungen oder als – Hilfs-Ichs – im Sinne des Psychodramas zur Verfügung stehen (vgl. Abschn. 9.2.3). Es ist auch eine Aufteilung der Coachs in einen aktiven und einen beobachtenden Part möglich, was positive Auswirkungen auf die Qualität des Feedbacks an den Klienten haben kann. Bei Coachingthemen, die ein höheres Ausmaß von Privatheit und Diskretion erfordern, arbeiten wir mit nur einem Coach.

3.1.4 Wechselwirkung von Selbstreflexion und Veränderungsumsetzung im Prozess

Wie in Abschnitt 3.2.6 ausführlicher beschrieben wird, begreifen wir die Klärungsarbeit durch systematische Selbstreflexion als eine notwendige Voraussetzung für die zielgerichtete und stimmige Ableitung und Umsetzung von Veränderungs- bzw. Lösungsschritten. So gehen wird davon aus, dass die Bearbeitung der individuellen Coachingthemen des Klienten nicht unabhängig von der Auseinandersetzung mit Aspekten der eigenen Persönlichkeit erfolgen kann. In Bezug auf das Coachingthema »Förderung der Eigenständigkeit von Mitarbeitern« werden beispielsweise die beiden Führungspersönlichkeiten im folgenden Beispiel jeweils unterschiedliche Lösungswege einschlagen (müssen).

Beispiel

Führungsperson A mit einem »narzisstischen Persönlichkeitsstil« weist eine ausgeprägte Tendenz zur Selbstüberschätzung auf. Sie hat die Annahme, alles am besten zu können und geht daher davon aus, dass die effektivste Strategie der Problemlösung darin besteht, ihren Mitarbeitern fertige Lösungen vorzugeben.

Führungsperson B verfügt über ein hohes Einfühlungsvermögen und hat eine hohe Bereitschaft, auf die Bedürfnisse anderer Personen einzugehen. Sie ist bekannt dafür, keine Bitte abzulehnen und wird daher mit Hilfsgesuchen und Forderungen der Mitarbeiter »überrannt«.

Beide Klienten haben das Ziel, im Coaching (neue) Wege zu finden, wie sie die Eigenständigkeit ihrer Mitarbeiter fördern können:

Nach unserer Überzeugung und Erfahrung ist es für beide Führungskräfte notwendig, sich zunächst der Wechselwirkung zwischen Innen- und Außensicht ihrer Persönlichkeit bewusst zu werden: Das jeweilige Selbstbild als »Alleskönner« (Person A) bzw. »Hilfsbereiter« (Person B) führt zu einem Selbstdarstellungsverhalten, das von außen als »Besserwisser« (Person A) bzw. »Wohltäter« (Person B) wahrgenommen wird. Die jeweils erzeugten Fremdbilder bzw. die jeweiligen Eindrücke führen zu bestimmten Reaktionsweisen bei den Mitarbeitern, wie z. B. »resignieren« (als Reaktion auf Person A) oder »Verantwortung abgeben« (als Reaktion auf Person B). Die Reaktion der Mitarbeiter auf das Selbstdarstellungsverhalten wird von den Führungspersonen A und B wahrgenommen und als selbstrelevante Information verarbeitet. Führungsperson A wird sich durch die Inaktivität der Mitarbeiter darin bestätigt sehen, alles am besten zu können, Führungsperson B wird in ihrem Anspruch an sich selbst bestätigt, anderen helfen zu müssen und deren Bedürfnisse zu berücksichtigen.

Die Umsetzung effektiver Veränderungen hängt bei beiden Führungspersonen davon ab, welche Einsichten sie aus dem Verständnis der aktuellen Interaktion ableiten und welche Vorstellungen sie darüber entwickeln, wie sie sich stattdessen ►

die Interaktion wünschen würden. Auf Basis der Selbstreflexion müssen also zunächst **persönlichkeitsadäquate Zielsetzungen** entwickelt werden. Bei Führungsperson A könnte dies z. B. lauten: »Auch wenn meine Lösungen besser sind, so möchte ich meinen Mitarbeitern die Chance geben, sich weiterzuentwickeln. Ich delegiere daher bestimmte Aufgaben und lasse diese von meinen Mitarbeitern bearbeiten.« Führungsperson B könnte ihr Veränderungsziel z. B. folgendermaßen formulieren: »Viele Mitarbeiter brauchen Herausforderungen, um sich weiterzuentwickeln und um langfristig in ihrer Arbeit zufrieden zu sein. Ich frage meine Mitarbeiter, welche Art von Aufgaben sie gerne als persönliche Projekte übernehmen würden und unterstütze sie nur auf Nachfrage bei der Zielerreichung«.

Das **zukünftige Selbstdarstellungsverhalten** kann dann auf die entsprechende Zielsetzung abgestimmt werden, um mittelfristig so von den Mitarbeitern wahrgenommen zu werden, wie es für das Ziel »Eigenständigkeit der Mitarbeiter fördern« unter Berücksichtigung der persönlichen Charakteristika am hilfreichsten ist. Das neue Selbstdarstellungsmotto für Führungsperson A könnte demnach z. B. lauten, sich weniger als »Besserwisser« denn als »jovialer Mentor« zu präsentieren, für Führungsperson B könnte es darum gehen, sich weniger als »Wohltäter« denn als »fördernder Coach« darzustellen.

Im 8-schrittigen Prozessmodell des Persönlichkeitscoachings wird die Wechselwirkung von Selbstreflexion und Umsetzung von Veränderungen folgendermaßen berücksichtigt:

Der Coachingteilnehmer wird anhand von Leitfragen zur systematischen Selbstreflexion angeleitet. Die Leitfragen beziehen sich auf die Außen- und die Innensicht der Persönlichkeit, also auf das Wechselspiel zwischen dem, wie andere den Coachingteilnehmer sehen und dem, wie er sich selbst sieht. Die Leitfragen sollen den Teilnehmer darin unterstützen, sein *Wissen über die eigene Person* explizit zu machen und dieses durch die Rückmeldung des *Fremdwissens* (als Gesamtheit dessen, wie andere Personen den Coachingteilnehmer wahrnehmen und seine Verhaltensweisen bewerten) zu ergänzen. Die Gegenüberstellung von Selbst- und Fremdwissen ist die Basis für die Reflexion einer interaktionistisch verstandenen »Beziehungspersönlichkeit« (s. Abschn. 1.2.3).

Selbstreflexion. Die Selbstreflexion als »richtungsweisender Kompass« (Greif, 2008) stellt im Persönlichkeitscoaching immer den Rahmen für die Analyse konkreter Probleme dar und bildet die Grundlage für die Problemlösung und für gezielte Veränderungen im Verhalten und Erleben. Die Erkenntnisse, die der Teilnehmer aus der Beantwortung der Leitfragen für sich gewinnt, werden schrittweise darauf bezogen, welche Orientierung sie für die langfristige Ausrichtung der weiteren Entwicklung als Führungsperson bieten und welche Ansatzpunkte sie für die konkrete Umsetzung von Veränderungsschritten aufzeigen. Vereinfacht ausgedrückt heißt das, dass die Problemlösungen, die der Coachingteilnehmer für sich findet und die Veränderungen, die er ggf. durchführt, mit dem übereinstimmen sollten, wo er insgesamt als Führungsperson »hin« möchte bzw. welche Führungsidentität er langfristig anstrebt.

Am Ende jedes Coachingschrittes steht damit die Beantwortung der jeweiligen Leitfragen des Coachingschrittes in Form von Einsichten, Zielen oder Umsetzungsschritten, die für die zukünftige Ausgestaltung der Führungsposition relevant sein könnten. In Coachingschritt 8 werden abschließend die langfristigen Ziele und die dazu notwendigen mittel- und kurzfristigen Umsetzungsschritte insgesamt zusammengefasst.

»Navigationssystem«. Im Idealfall können so im Coachingprozess die Komponenten für ein »funktionierendes Navigationssystem« erarbeitet werden: Der Coachingteilnehmer weiß, welche Führungsidentität mit welchen Koordinaten er anstrebt, er kennt seinen aktuellen Standort und verfügt über eine Landkarte, die ihm die Schritte zum Ziel aufzeigt. Auch hier gilt jedoch, dass die Landkarte nicht das Gebiet ist, das sie repräsentiert: Der Erfolg des Coachings lässt sich nicht ausschließlich am Verlauf des Coachingprozesses festmachen, sondern muss sich letztendlich im Führungsalltag zeigen. Damit sich Erfolg im Sinne der Etablierung einer »stimmigen Führungsidentität« einstellen kann, wird der Klient im Coaching angeleitet, seine Erkenntnisse und geplanten Veränderungen zwischen den Sitzungen im Führungsalltag anzuwenden und auszuprobieren. Außerdem werden in Schritt 8 durch den gezielten Einsatz von Transfermethoden Vorbereitungen getroffen, die den Teilnehmer dabei unterstützen sollen, den im Coaching begonnenen Weg auch danach kontinuierlich fortzusetzen und immer wieder selbst zu überprüfen, ob er noch in die richtige Richtung läuft.

Gewichtung von Selbstreflexion und Veränderung. Was die Gewichtung von Selbstreflexion auf der einen und Veränderung auf der anderen Seite anbelangt, so empfiehlt Greif (2009) je nach Kliententyp ein kompensatorisches Vorgehen: Bei handlungsorientierten Personen wäre eine Förderung von Reflexionen vor dem Handeln angemessen, bei bereits sehr selbstreflexiven Personen scheint eher das Stoppen kreisender Grübeleien zugunsten ergebnisorientierter Reflexionen bzw. Handlungen angebracht. In der vergleichenden Evaluationsstudie von Einzelcoaching nach Offermanns (2004) wurde es von Klienten des Einzelcoachings als hilfreich empfunden, dass der Coach vorschnelles Handeln verhindert und zu einer intensiveren Selbstreflexion anregt. Dem Ausgleich zwischen lage- und handlungsorientierten Phasen im Coaching wurde hier besondere Beachtung geschenkt. Selbstreflexion und Handeln sollen im Prozess in einem ausgewogenen Verhältnis stehen und die habituelle Lage- oder Handlungsorientierung von Coachingklienten berücksichtigen (Offermanns, 2005).

3.1.5 Stabilität und Veränderung: Was und in welchem Ausmaß wird verändert?

Ziel des Persönlichkeitscoachings ist die langfristige Etablierung einer stimmigen Führungsidentität. Individuelle Führungsidentität entsteht im Austauschprozess der Führungsperson mit ihren Interaktionspartnern innerhalb spezifischer Rahmenbedingungen. Dabei nimmt die Art und Weise der Selbstdarstellung der Führungsperson einen zentralen Stellenwert ein. Eine Veränderungsarbeit, die die Etablierung einer so verstandenen Führungsidentität zum Ziel hat, kann in einem Einzelcoaching prinzipiell an drei unterschiedlichen Stellen ansetzen:

- An den berufsbezogenen *Selbstbildern* des Klienten, d. h. an den Annahmen, die der Klient darüber hat, wie er als Führungsperson ist, wie er glaubt, sein zu müssen und wie er in seiner Führungsrolle sein möchte.
- An der aktuellen Situation bzw. an den *situationsübergreifenden Rahmenbedingungen*, innerhalb derer sich der Klient bewegt.
- An der Art und Weise der *Selbstdarstellung* des Klienten, d. h. an der Art und Weise, wie der Klient Selbstbilder für die Darstellung der eigenen Person auswählt, auslegt und in Verhalten umsetzt.

Veränderung von Selbstbildern. Im Sinne des Sprichworts »Selbsterkenntnis ist der erste Schritt zur Besserung« setzt die Veränderung von Selbstbildern voraus, sich der eigenen Selbstbilder überhaupt bewusst zu sein. Ist sich die Person darüber im Klaren, wie sie sich selbst sieht und erlebt, wie sie sich sehen möchte und wie sie glaubt, sein zu müssen, dann können diese Selbstbilder genauer betrachtet werden. Dabei sind folgende Aspekte relevant und können Anlässe für Interventionen in Bezug auf das Selbstkonzept sein (in Anlehnung an Kaesler, 2003, S. 209):

- Übergeneralisierte oder unrealistische Selbstbilder (z. B. »Ich muss als Chef alles unter Kontrolle haben«; »Ich bin ein Mensch, der alles erreichen kann, wenn er nur hart genug arbeitet«)
- Die angenommene Stabilität eines persönlichen Merkmals wird überschätzt (z. B. »Ich war schon immer unsicher, wenn ich vor anderen Leuten sprechen musste, also wird das auch in Zukunft so sein«)
- Der Stellenwert eines bestimmten Selbstbildes ist der Situation nicht angemessen (z. B. »Ich bin jemand, der versucht, es allen Menschen recht zu machen. Daher bin ich auch als Chef dafür verantwortlich, dass es meinen Mitarbeitern gut geht«)

Veränderung der Situation. Die aktuelle Situation bzw. die situationsübergreifenden Rahmenbedingungen können durch eine Person auf unterschiedliche Art und Weise beeinflusst werden: »… durch die Auswahl bestimmter Umwelten (Suche oder Vermeidung bestimmter Situationen, z. B. Arbeitsplatzwechsel), die Herstellung von Umwelten (z. B. Herstellung neuer Kontakte) oder die Veränderung von Umwelten oder Situationen« (Kaesler, 2003, S. 208). Bei dieser Art der Veränderung geht es also um die Anpassung der Umwelt an die eigene Persönlichkeit und damit für den Coachingteilnehmer z. B. um die Klärung der folgenden Fragen: Wie kann ich meine Position so gestalten, dass sie besser zu mir passt? Welche Arbeitsbedingungen brauche ich, um meine individuellen Stärken optimal einsetzen zu können? Wie kann ich diese herstellen? Was muss ich an meiner Umgebung verändern, um effektiv arbeiten zu können?

Die Anpassung der Umwelt an die eigene Person erfolgt im berufsbezogenen Coaching immer mit dem Ziel, die eigene Leistungsfähigkeit und das eigene Wohlbefinden unter Berücksichtigung der Leistungsfähigkeit und des Wohlbefindens der beruflichen Interaktionspartner zu optimieren. Das Bestreben, die Umwelt so zu verändern, dass sie zur Persönlichkeit passt, ist nicht zu verwechseln mit rücksichtslosem Handeln auf Kosten anderer Personen.

Veränderung des Selbstdarstellungsverhaltens. Den zentralen Ansatzpunkt für Veränderung sehen wir im Persönlichkeitscoaching auf der Ebene des Verhaltens, ganz konkret des Selbstdarstellungsverhaltens der Person (s. auch Abschn. 11.1.2). Damit schließen wir uns der Auffassung von Kaesler (2003) zur Frage, ob eine Veränderung wesentlicher Persönlichkeitsaspekte möglich ist, an. »Die Frage, [...], kann insofern mit ja beantwortet werden, wenn mit Persönlichkeitsaspekten individuelle Erlebens- und Verhaltensstrukturen gemeint sind, die sich erfahrungsabhängig über unterschiedliche Situationen hinweg herausgebildet haben« (S. 209). In Coachingschritt 5 werden wir Selbstdarstellungsmuster als »typische« Konfiguration bestimmter Selbstbilder, Motive und Kompetenzen beschreiben, die in spezifischen Verhaltensweisen resultieren. Selbstdarstellungsmuster stellen damit solche individuellen Erlebens- und Verhaltensstrukturen dar, die nach Kaesler als veränderbare Persönlichkeitsaspekte hervorgehoben werden.

Ausmaß der Veränderung. Was das Ausmaß der Veränderung angeht, so gehen wir im Persönlichkeitscoaching nicht davon aus, dass sich Klienten, die ins Coaching kommen, immer verändern müssen, sondern dass ein Ergebnis der Selbstreflexion aus der Innen- und Außenperspektive auch sein kann, bisheriges »stimmiges« Verhalten zu stabilisieren. Wenn aber bestimmte Veränderungsziele herausgearbeitet werden, so ist es unser Anliegen, am *(Selbstdarstellungs-)Verhalten* der Person anzusetzen, da wir davon ausgehen, dass Verhaltensänderungen langfristig auch zu Veränderungen im Selbstkonzept führen können (s. Abschn. 11.1.3).

Ausmaß der Veränderung im Coaching: Ein Dialog
(S = Skeptiker; C = Coach)

S: Im Coaching muss sich aber doch was verändern, sonst braucht es den ganzen Aufwand doch gar nicht!

C: Das ist richtig. Aus unserer Sicht müssen das aber keine drastischen Veränderungen sein, wenn im Coaching deutlich wurde, dass der Klient bereits in Übereinstimmung mit seiner Persönlichkeit und seinem Umfeld handelt. Dann geht es vielleicht eher darum, den Coachingteilnehmer darin zu stärken, seiner Individualität Ausdruck zu verleihen und damit eine einzigartige und unverkennbare Führungsidentität zu entwickeln.

S: Das ist ja schön und gut, wenn es jemand schon richtig macht. Aber es kommen ja auch Klienten ins Coaching, bei denen brennt es! Da kann man nicht von »Stimmigkeit« oder »Übereinstimmung mit dem Umfeld« oder so sprechen, da liegen einfach handfeste Probleme vor. Da braucht der Klient Lösungen, und zwar schnell!

C: Gerade dann ist es aus unserer Sicht aber auch wichtig, in systematischer Form die verschiedenen Perspektiven des Handelns zu berücksichtigen.

Der Klient sollte die Möglichkeit haben, die Innen- und Außensicht der eigenen Person in Bezug auf das problematische Thema, aber auch darüber hinaus zu reflektieren und die Rahmenbedingungen seines Handelns zu analysieren. Gerade bei problematischen Themen engt sich oft die Sichtweise ein und die zentralen Ansatzpunkte werden übersehen oder die eigenen Ressourcen zur Problemlösung werden nicht genutzt. Durch eine systematische Reflexionsphase wollen wir verhindern, in einer Art Schnellschuss einen Lösungsweg einzuschlagen, der nicht zur Persönlichkeit des Klienten oder zu den Rahmenbedingungen oder den Interaktionspartnern passt.

S: Das klingt ja auch plausibel, ich frage mich nur, ob sich ihr Coachingansatz vielleicht nur dann eignet, wenn der Klient dazu bereit ist und auch die Möglichkeiten hat, in einen systematischen Klärungsprozess einzusteigen. Manchmal geht das halt aufgrund der Rahmenbedingungen einfach nicht und es gibt auch Führungskräfte, die das gar nicht wollen.

C: Richtig. Persönlichkeitscoaching setzt voraus, dass ein Klient daran interessiert ist, seine Themen vor dem Hintergrund einer kritischen Auseinandersetzung mit der eigenen Person zu bearbeiten. Das setzt sicherlich ein gewisses Maß an Neugierde voraus, sich mit der eigenen Persönlichkeit zu beschäftigen. Der Rahmen muss natürlich gegeben sein, um dies zum Zeitpunkt des Coaching möglich zu machen. Daher ist Persönlichkeitscoaching bei bestimmten beruflichen Themen, bei denen eher das Gesamtsystem oder übergeordnete organisationale Bedingungen im Vordergrund stehen, auch weniger gut geeignet als andere Coachingansätze. Und Persönlichkeitscoaching versteht sich auch nicht als Krisenintervention: Bei Problemkonstellationen, die schnelles Handeln notwendig machen, sind entweder direktive Beratungen oder lösungsfokussierte Kurzinterventionen geeigneter.

S: Also gut. Dann gehen wir mal davon aus, dass alle Ausgangbedingungen erfüllt sind, sodass sich der Klient mit der eigenen Persönlichkeit auseinandersetzen kann und eine stimmige Führungsidentität anstreben will. Wie drastisch kann denn in diesem Rahmen eine Veränderung sein? In Ratgebern lese ich immer, dass der Mensch aus seiner Haut schlüpfen und sich immer wieder neu erfinden kann. Muss man sich das vorstellen wie ein Arsenal von Identitäten, aus dem sich der Klient nach Belieben bedienen kann?

C: Schwierige Frage. Geht man von den wissenschaftlichen Ergebnissen aus, so ist eine gewisse Skepsis gegenüber Neuerfindungsbemühungen angesagt. Die Frage ist, was man unter Persönlichkeitsveränderung versteht. Im Persönlichkeitscoaching begreifen wir die individuellen Selbstdarstellungsmuster, die sich im Laufe vielfältiger Situationen herausgebildet haben, als Ausdruck der Persönlichkeit. Gelingt es nun im Coaching, diese Selbstdarstellungsmuster zu hinterfragen und ggf. zu verändern, so führt dies langfristig dazu, dass die Person von ihren Interaktionspartnern anders wahrgenommen ►

wird und sich auch selbst anders wahrnimmt. Eine Veränderung im Verhalten würde damit zu einer Veränderung innerpsychischer und zwischenmenschlicher Prozesse führen. Und das spezifische Zusammenspiel solcher intra- und interpersonellen Prozesse begreifen wir als Persönlichkeit. Hinzu kommt, dass erwünschte Veränderungen im Persönlichkeitscoaching an idealen Selbstbildern orientiert sind, d. h. an individuellen Vorstellungen darüber, wie man als Führungsperson gerne sein würde. Und diese idealen Selbstbilder sind ja auch Teil der Person, sodass keine »persönlichkeitsfremde» Veränderung, sondern vielleicht eher eine Persönlichkeitserweiterung stattfindet.

S: Der Klient verhält sich anders und wird dann auch anders?

C: In gewisser Hinsicht ja. Was das Ausmaß der Veränderung anbelangt, so sind wir im Persönlichkeitscoching ganz offen: Einerseits erkennen wir an, das der Coachingteilnehmer seine derzeitige Identität wahren möchte, andererseits begleiten wir den Teilnehmer bei der Umsetzung notwendiger oder erwünschter Veränderungen. Insgesamt wollen wir unsere Klienten unterstützen, unterschiedliche Möglichkeiten zu finden, ihrer komplexen Persönlichkeit Ausdruck zu verleihen und damit flexibel verschiedene Persönlichkeitsfacetten bei der Gestaltung der Führungsrolle zu nutzen.

3.2 Prinzipien der Prozessgestaltung

Persönlichkeitscoaching folgt bestimmten Prinzipien der Prozessgestaltung, die den Interaktionsstil im Coaching bestimmen und als spezifische Wirkfaktoren angenommen werden. In den Abschnitten 3.2.1 und 3.2.2 wird der Stand der theoretisch-empirischen Erkenntnisse zu Wirkfaktoren im (Persönlichkeit-)Coaching umrissen. Die Abschnitte 3.2.3 bis 3.2.8 stellen die zentralen Prinzipien der Prozessgestaltung im Persönlichkeitscoaching dar, in Abschnitt 3.2.9 werden die Prinzipien zusammengefasst und angenommene Wechselwirkungen beschrieben.

3.2.1 Überblick zu Wirkfaktoren im Coaching

Die Frage nach den Wirk- oder Erfolgsfaktoren im Coaching ist die Frage nach denjenigen Aspekten und Elementen, auf welchen die spezifische Wirksamkeit von Coaching beruht. Was macht Coaching wirksam? Worauf lässt sich Coachingerfolg zurückführen? Worauf sollte im Coaching geachtet werden, damit die erwünschten Veränderungen und die angestrebten Ziele erreicht werden?

In den letzten Jahren gab es zunehmend Bemühungen, diesen Fragen in systematischer Art und Weise empirisch und theoretisch nachzugehen und damit einzelne Wirkkomponenten und deren Zusammenhang zu identifizieren (z. B. Behrendt, 2004;

Böning & Fritschle, 2005; Mäthner, Jansen & Bachmann, 2005), Qualitätsstandards als Voraussetzung für erfolgreiches Coaching zu bestimmen (z. B. Heß & Roth, 2001) oder allgemeine Wirkmodelle von Coaching aufzustellen (z. B. Greif, 2008; Greif, 2009; Wissemann, 2006).

Stewart et al. (2008) heben hervor, dass bisher vorliegende Coachingansätze zwar viele Gemeinsamkeiten, aber auch ihre jeweiligen Alleinstellungsmerkmale aufweisen, die eine einheitliche Evaluation von Coaching erschweren. Coachingansätze, die spezifische Wirkungen hervorrufen und spezifische Ziele erreichen wollen, unterscheiden sich wahrscheinlich auch in den zugrunde liegenden Wirkfaktoren. Dennoch können – ausgehend von den Gemeinsamkeiten verschiedener Coachingansätze – übergreifende Wirkfaktoren angenommen werden.

Wirkfaktoren nach Wissemann. Wissemann (2006) unterscheidet zwischen grundlegenden Voraussetzungen, die für Coaching vorliegen müssen (z. B. Klient hat ein Problem bzw. Anlass, um Coaching in Anspruch zu nehmen; das Problem verortet der Klient zumindest zum Teil in der eigenen Person; der Klient hat den Willen, das Problem zu lösen) und einer Reihe von Wirkfaktoren. Letztere umfassen die Unterscheidung von Problembewältigung und Klärung, die systematische Berücksichtigung von Ressourcen und Bedürfnissen des Klienten, die Kompetenz des Coachs im Praxisfeld des Klienten und die fachgerechte und souveräne Anwendung von Interventionsmaßnahmen.

Strukturmodell von Coaching nach Greif. Greif (2008) gibt einen umfassenden Überblick über den Stand der Coachingevaluationsforschung und entwickelt ein zusammenfassendes Strukturmodell von Coaching, das als vorläufige Orientierungsgrundlage auf theoretischen Überlegungen und empirischen Erhebungen beruht. 2009 fasst Greif die Erfolgsfaktoren aus seinem Strukturmodell zu *sieben Wirkfaktoren des Coachingprozesses* zusammen:

(1) Wertschätzung und emotionale Unterstützung des Klienten durch den Coach
(2) Affektreflexion und Kalibrierung
(3) Ergebnisorientierte Problemreflexion
(4) Ergebnisorientierte Selbstreflexion
(5) Zielklärung
(6) Ressourcenaktivierung und Umsetzungsunterstützung
(7) Evaluation des Coachings im Verlauf (vom Coach eingefordertes Feedback oder spontane Bewertungen durch den Klienten) (Greif, 2009, S. 138)

Die angeführten Wirkfaktoren leitet Greif zum einen aus den allgemeinen psychotherapeutischen Wirkfaktoren nach Grawe (2000, 2004), zum anderen aus empirischen Coachingevaluationsstudien (z. B. Mäthner et al., 2005) sowie seiner eigenen integrativen Theorie zum ergebnisorientierten Coaching (Greif, 2008) ab.

In seinem Strukturmodell von 2008 nennt Greif darüber hinaus »Individuelle Analyse und Anpassung« als einen der acht Erfolgsfaktoren von Coaching.

Nützlichkeit des Wissens zu Wirkfaktoren. Wissen über Wirkfaktoren ist zum einen für die (Weiter-)Entwicklung von Coachingtheorien, zum anderen für die praktische Coachingarbeit nützlich und notwendig. Wenn die Erreichung von Zielen und die

Zufriedenheit der Kunden vom Einsatz bestimmter Wirkfaktoren abhängen, so sollten sie das praktische Handeln im Coachingprozess leiten. Gute Coachs sollten »...Wissen über klassische und neue Methoden und ihre Wirkungen besitzen und ihre Methoden reflektiert und kompetent zur Förderung von Wirkfaktoren einsetzen können« (Greif, 2009, S. 143).

3.2.2 Überblick zu Wirkfaktoren im Persönlichkeitscoaching

Persönlichkeitscoaching basiert auf bestimmten Prinzipien der Prozessgestaltung, in denen einzelne Wirkfaktoren aus den Modellen nach Greif oder Wissemann betont werden. Einige dieser Prinzipien konnten in ersten empirischen Studien zur Evaluation von Persönlichkeitscoaching und seinen Vorläufermodellen als zentrale Wirkelemente nachgewiesen werden, andere sind in den theoretischen Annahmen von Persönlichkeitscoaching begründet.

Evaluationsstudien

Empirische Hinweise zur Bedeutung bestimmter Wirkelemente liegen aus den im Folgenden aufgeführten Evaluationsstudien zum Persönlichkeitscoaching vor.

Exploration von Wirkfaktoren. Anhand einer Analyse von zehn Einzelfällen stellt Trümper (1997) Hypothesen über Wirkfaktoren des »ressourcenorientierten Führungskräftetrainings« auf, das als Vorläufer des aktuellen Coachingansatzes bereits einige grundlegende Elemente des Persönlichkeitscoachings aufwies, wie z. B. die Betonung individueller Selbstdarstellung, keine Vorgabe von Fremdmodellen oder den systematischen Einbezug von Außen- und Innensicht einer Person. Dabei unterscheidet Trümper zwischen *Basisfaktoren*, welche Elemente beschreiben, die generell für die Wirksamkeit von Kommunikations- und Führungstrainings wichtig sind und *trainingsspezifischen Faktoren*, die von den Klienten als spezielle hilfreiche Elemente des durchlaufenen Trainings hervorgehoben wurden. Als trainingsspezifische Erfolgsfaktoren werden die Betonung der Individualität des Klienten (Individuumsorientierung), Ressourcenorientierung, Prozess der Zielerreichung im Hier und Jetzt (Lösungsorientierung) sowie Praxisorientierung und Transfersicherung identifiziert. Als Basisfaktoren des Coachingerfolgs werden die Beziehung zwischen Teilnehmer und Trainer sowie die Änderungsmotivation des Klienten beschrieben.

Interviewstudie I. Die aus den Einzelfallstudien von Trümper abgeleiteten Hypothesen über Wirkfaktoren überprüfte Schraml (2005) in einer Interviewstudie mit zwölf Führungskräften, die an einem Persönlichkeitscoaching teilgenommen hatten. Die Klienten wurden rückblickend u. a. zu wahrgenommenen Veränderungen im eigenen Erleben und Verhalten nach Abschluss des Coachings sowie zu Wirk-und Hemmfaktoren des Coachingprozesses befragt. Im Kategoriensystem »Wirkfaktoren« wurden Aspekte kodiert, die für die zwölf befragten Coaching-Teilnehmer entweder während des Coachings oder nach dem Coaching bei der Umsetzung der Inhalte im Alltag hilfreich waren. Zudem wurden Aussagen berücksichtigt, die in Verbindung mit bestimmten

Veränderungen oder mit der Zielerreichung als ursächliche Faktoren benannt wurden. Dabei ergaben sich folgende *Ergebnisse*: Bei der Frage nach Aspekten, die im Coaching hilfreich waren, wurden insbesondere konkrete Methoden des Persönlichkeitscoachings genannt, vor allem der Einsatz von 360°-Feedback und Rollenspielen (mit und ohne Videofeedback). Auf konzeptueller Ebene wurden Individuumsorientierung (s. Abschn. 3.2.4) und neutrales Feedback durch den Coach als besonders hilfreich hervorgehoben. In den Aussagen zur Kategorie »neutrales Feedback« wurde es von den Klienten als besonders hilfreich erachtet, zu den eigenen Themen die Meinung des Coachs kennenzulernen, Rückmeldung über Stärken und Schwächen zu erhalten sowie Feedback zur eigenen Außenwirkung zu bekommen. Zusammen mit der hohen Relevanz, welche dem 360°-Feedback als Methode im Coaching zugeschrieben wurde, nimmt das Thema »Feedback von außen« nach den Ergebnissen von Schraml den zentralen Stellenwert bei den Erfolgsfaktoren ein (s. Abschn. 3.2.5). Weiterhin wurde von den Befragten die Änderungsmotivation als wichtige Voraussetzung für den Erfolg des Coachings angesehen. An sechster Stelle der im Vergleich am häufigsten genannten Wirkfaktoren steht die Beziehung zwischen Coach und Klienten (s. Abschn. 3.2.3). Bei der Frage nach den *zentralen* hilfreichen Aspekten von Coaching waren die Angaben der Klienten sehr heterogen. Am häufigsten wurden jedoch auch hier das neutrale Feedback durch den Coach, die Beziehung zwischen Coach und Klient und die Durchführung eines 360°-Feedbacks genannt. Gerade die Tatsache, dass von verschiedenen Klienten individuell unterschiedliche Aspekte als die zentralen Wirkfaktoren hervorgehoben wurden, kann als Hinweis auf die Bedeutung der individuumsorientierten Vorgehensweise im Coaching interpretiert werden, die impliziert, dass bei der Prozessgestaltung je nach Klient unterschiedliche Wirkelemente in den Vordergrund gestellt werden.

Interviewstudie II. Müller (2009) führte im Rahmen einer quasiexperimentellen Studie zur Evaluation eines Führungskräfteentwicklungsprogramms Interviews mit sechs Klienten, die an einem Persönlichkeitscoaching teilgenommen hatten. Darin wurden u. a. zentrale Wirkfaktoren des Coachings aus Sicht der Klienten erfragt: Die vier Kategorien, zu denen die meisten Aussagen getroffen wurden, sind die Motivation des Klienten (z. B. zur ernsthaften Auseinandersetzung mit eigenen Denkansätzen, Durchführung von Veränderungsschritten), die Unterstützung durch Personen des Arbeitsumfeldes (z. B. Gespräche mit Kollegen über Coachinginhalte; Freistellung für das Coaching durch den Arbeitgeber), die Kompetenz und Professionalität des Coachs (z. B. Aussagen zur positiven Wirkung von Persönlichkeitsmerkmalen, Wissen und Einsatzbereitschaft des Coachs) und Methoden der Visualisierung von inter- und intrapersonellen Prozessen (Methode des Inneren Teams, Visualisierung von Teamstrukturen und -kommunikationsmustern, Visualisierung von Interaktionskreisläufen etc.).

Sechs Prinzipien der Prozessgestaltung

Nach den bisherigen empirischen Ergebnissen und den theoretischen Annahmen von Persönlichkeitscoaching werden sechs Prinzipien der Prozessgestaltung als zentrale

Wirkelemente bzw. Erfolgsfaktoren von Persönlichkeitscoaching angenommen, die in den folgenden Kapiteln detaillierter dargestellt werden:

(1) Vertrauensvolle Beziehung zwischen Coach und Klient und Zuschreibung von Kompetenz an den Coach
(2) Individuumsorientierung
(3) Feedback unter Einbezug der Außenperspektive – Neutrales Feedback durch den Coach und Feedback über die Außenwirkung des Klienten durch die beruflichen Interaktionspartner sowie durch den Einsatz entsprechender Coachingmethoden (z. B. Videofeedback)
(4) Systematische Förderung von Selbstreflexion
(5) Zielbestimmung und Umsetzungsunterstützung
(6) Ressourcenaktivierung und -erweiterung

3.2.3 Vertrauensvolle Beziehung zwischen Coach und Klient

In Abschnitt 1.1.1 haben wir Coaching als eine systematisierte Maßnahme charakterisiert, die *innerhalb einer helfenden Beziehung* umgesetzt wird, mit dem Ziel, die Entwicklung des Gecoachten zu fördern (vgl. Stewart et al., 2008). So unterschiedlich verschiedene Coachingansätze auch sein mögen, so spielt doch meist die »helfende Beziehung« zwischen Coach und Klient eine grundlegende Rolle für die Wirksamkeit von Coaching.

So fragt beispielsweise Offermanns (2004) in ihrer vergleichenden experimentellen Studie zur Evaluation von Coaching, »Braucht Coaching einen Coach?« und kommt zu dem Schluss, dass der Coach wichtige Funktionen für die Durchführung eines erfolgreichen Coachingprozesses einnimmt: »Die Funktion des Coaches liegt insbesondere darin, einen geschützten Rahmen zu bieten, eine gute Beziehungsqualität aufzubauen, Feedback und Strukturierungshilfen zu geben, handlungs- und lageorientierte Phasen auszugleichen sowie den Transfer in die Praxis durch Umsetzungsvereinbarungen und Nachhalten zu unterstützen« (Offermanns, 2004, S. 362).

Runde und Bastians (2005; zit. nach Greif, 2008) konnten in ihrer Untersuchung mit 67 Coachingklienten die Beziehungsqualität zwischen Klient und Coach als stärksten Erfolgsfaktor für die Vorhersage von Gesamtzufriedenheit und Zielerreichung identifizieren.

Insgesamt stellt die Beziehung zwischen Coach und Klient eine grundlegende Voraussetzung für alle anderen Prinzipien der Prozessgestaltung dar, die nur innerhalb einer funktionierenden Arbeitsbeziehung realisiert werden können. Wir schließen uns daher der Auffassung von »Beziehung« an, wie sie z. B. in der Selbstmanagementtherapie (Kanfer et al., 2000) vertreten wird: Beziehungsaspekte repräsentieren notwendige, aber eben nicht hinreichende Voraussetzungen von Coachingerfolg. Die »helfende Beziehung« zwischen Coach und Klient kann daher als zweckbestimmtes, zielgerichtetes Arbeitsbündnis definiert werden, das zeitlich begrenzt und durch eine spezifische Rollenverteilung gekennzeichnet ist (Coach als professioneller Berater, der

Hilfe zur Selbsthilfe leistet; Klient als Ratsuchender mit einem spezifischen Anliegen). Die Coachingbeziehung bildet die Rahmensituation für den Einsatz spezifischer Interventionen und ist gekennzeichnet durch einen wechselseitigen Einflussprozess, bei dem jedoch eine einseitige Zielrichtung, nämlich die Bearbeitung des Klientenanliegens, im Mittelpunkt steht (in Anlehnung an die Definition von Therapiebeziehung nach Kanfer et al. 2000, S. 63).

Zentrale Aspekte der Arbeitsbeziehung im Persönlichkeitscoaching

Im Persönlichkeitscoaching sind die nachfolgend aufgeführten Aspekte der Beziehung zwischen Coach und Klient von besonderer Bedeutung.

Zuschreibung von Kompetenz an den Coach. In der Interviewstudie von Müller (2009) hat sich die Kompetenz des Coachs aus Sicht der Klienten als wichtiger Erfolgsfaktor dargestellt. Wir erachten es als notwendige Voraussetzung für einen funktionierenden Arbeitsprozess, dass der Klient den Coach als kompetenten und vertrauenswürdigen Gesprächspartner wahrnimmt, der geeignet ist, seine Anliegen zu verstehen und Impulse zu neuen Sicht- und Handlungsweisen zu geben (vgl. »fachliche Glaubwürdigkeit des Coaches« als notwendige Voraussetzung im Strukturmodell nach Greif, 2009, S. 277).

Komplementäre Beziehungsgestaltung. Auf Basis eines Menschenbildes, das den Menschen als bedürfnisgeleitet beschreibt, hebt Wissemann (2006) des Weiteren die Bedeutung einer komplementären Beziehungsgestaltung (Caspar, 1996; Grawe, 2000) im Coaching hervor. Komplementäres Handeln zur Motivebene des Klienten bedeutet in der Psychotherapie, dass der Therapeut die therapeutische Beziehung so gestaltet, dass wesentliche Beziehungsmotive des Klienten in der therapeutischen Interaktion befriedigt werden (Sachse, 2004, S. 19). Der Coach verhält sich im Persönlichkeitscoaching insofern komplementär, als dass er es dem Klienten in der Sitzung ermöglicht, sich gemäß seiner zentralen (erwünschten) Selbstbilder zu präsentieren und damit selbstbezogene Motive (z. B. Selbstkongruenz, Selbstbestätigung, Selbstwerterhöhung und Einzigartigkeit; s. Abschn. 6.1.3) zu erfüllen. Werden die grundlegenden selbstbezogenen Bedürfnisse im Coaching berücksichtigt, so ist für den Klienten die Basis geschaffen, sich möglichst anspannungsfrei und offen mit der eigenen Person auseinanderzusetzen.

Beispiel

Eine Führungskraft mit dem Selbstbild »Ich bin ein Chef, der in seiner Abteilung immer alles unter Kontrolle hat« kommt ins Coaching. Der Anlass dafür ist, dass sich der Klient in der aktuellen Arbeitssituation erschöpft und unzufrieden fühlt und aus seiner Sicht ein besseres Zeitmanagement brauche. Dem Klienten sollte in der Sitzung auf zweierlei Arten ermöglicht werden, sein Selbstbild des Chefs, der alles unter Kontrolle hat, zum Ausdruck zu bringen: Zum einen kann sich der Coach beschreiben lassen, an welchen Kriterien der Klient dieses Selbstbild festmacht (z. B. Arbeitsaufträge werden pünktlich erledigt; Informationen werden ►

ausreichend ausgetauscht) und durch welche Verhaltensweisen er diese Kontrolle herstellt. Zum anderen kann der Coach es diesem Klienten ermöglichen, solche Verhaltensweisen auch im Coachingprozess einzusetzen und damit Kontrolle über den Arbeitsprozess ausüben zu können (z. B. durch gemeinsame, konkrete und detaillierte Sitzungsplanungen; ausreichend Information über eingesetzte Methoden). Durch eine solche Gestaltung der Arbeitsbeziehung können zunächst die selbstbezogenen Bedürfnisse (z. B. durch den Coach positiv wahrgenommen werden; sich in Übereinstimmung mit zentralen Selbstbildern zu verhalten) erfüllt werden. Auf dieser Basis ist es dann eher möglich, die absolute Gültigkeit des Selbstbildes des alles unter Kontrolle habenden Chefs zu hinterfragen, alternative Selbstbilder explizit zu machen oder die Angemessenheit der Verhaltensweisen zu analysieren, die der Klient einsetzt, um dieses Selbstbild aufrechtzuerhalten.

Förderung von Selbstreflexion und Experimentierfreudigkeit. Der Coach sollte also einen geschützten Rahmen zur Verfügung stellen, in dem durch geeignete Methoden die Selbstreflexion des Klienten unterstützt und die Bereitschaft, mit den eigenen Möglichkeiten zu experimentieren, gefördert wird. Der Klient sollte ermutigt werden, in einer Art »Probehandeln« verschiedene Identitätsentwürfe zu durchdenken und auszuprobieren. Wissemann (2006) vergleicht diese »handlungserweiternde« Funktion von Coaching mit den Merkmalen des kindlichen Spiels: Der Klient soll im Coaching – wie ein Kind im Spiel – eigene Handlungsmöglichkeiten ausprobieren und bestimmte Aspekte der Arbeitswelt und der eigenen Person explorieren können. Dafür ist eine Atmosphäre nötig, die die Anspannung beim Klienten reduziert, die Selbstaufmerksamkeit des Klienten erhöht und damit das Selbstsystem des Klienten aktiviert (vgl. Offermanns, 2004). Um eine solche Atmosphäre herzustellen, ist auf Seiten des Coachs eine möglichst offene, eher beschreibende als wertende, interessierte und akzeptierende Haltung notwendig. Welche Relevanz die Beziehungsqualität auf die Förderung der Selbstreflexion im Coaching hat, deutet sich auch in Ergebnissen empirischer Studien zu Wirkfaktoren im Coaching an: Mäthner et al. (2005) zeigen auf, dass Selbstreflexion als zentrale kognitive Wirkung von Coaching zu einem Teil durch die Beziehung zwischen Coach und Klient vorhergesagt werden kann. Zusammen mit der Prädiktorvariable »Zielkonkretisierung« klärt die Variable »Beziehung« 30 Prozent der Varianz des Kriteriums »kognitive Wirkungen« auf, wobei auf der Beziehung das größere Einflussgewicht zu liegen scheint.

Interesse an der Individualität des Klienten. Persönlichkeitscoaching setzt weiterhin ein Interesse des Coachs an der Individualität des Klienten voraus. Der Coach betrachtet den Klienten als einzigartiges Individuum, der über eine einmalige Konstellation von Ressourcen und Vulnerabilitäten verfügt und sich damit auch in spezifischer Art und Weise mit der Umwelt in Beziehung setzt. Diese Einmaligkeit zeigt sich auch in der Beziehung zum Coach: Im Coaching treffen zwei individuelle Persönlichkeiten aufeinander, deren spezifische Eigenheiten in den Coachingprozess einfließen. Die Aufgabe des Coachs ist es, seine persönlichen Eigenheiten in die Rolle als professioneller Berater adäquat einzubringen und damit auch Modell für eine »stimmige Ausgestaltung« der beruflichen Rolle zu sein.

3.2.4 Individuumsorientierung

Die bereits erwähnte Orientierung am Individuum ist ein weiteres zentrales Kennzeichen professioneller Coachingansätze. So fordert z. B. Rauen (2008) eine flexible Anpassung des Konzepts im Einzelfall, Heß und Roth (2001) führen in ihren Qualitätskriterien von Coaching den Einsatz eines individuellen Beratungsplans als ein Aspekt von Prozessqualität auf. Wissemann (2006) weist darauf hin, dass sich die Wirkung von Coaching – je nach Ausgangslage und Bedarf des individuellen Klienten – auf unterschiedliche Art und Weise entfaltet und Greif (2008) hebt die »individuelle Analyse und Anpassung« als einen von acht Erfolgsfaktoren hervor. In einer Untersuchung von Runde und Bastians (2005; zit. n. Greif, 2008) wurden die individuelle Analyse und Diagnose des Klienten und individuelle Gestaltungsmöglichkeiten im Prozess als zweit- und drittstärkster Faktor bei der statistischen Vorhersage von Coachingerfolg (der an der Gesamtzufriedenheit und Zielerreichung des Klienten festgemacht wurde) identifiziert. Danach sollten im Coachingprozess die individuellen Stärken und Schwächen des Klienten herausgearbeitet und die Prozessgestaltung und eingesetzten Methoden an die Besonderheiten des Einzelfalls angepasst werden.

In der Interviewstudie von Schraml (2005; s. Abschn. 3.2.2) wurde die Individuumsorientierung aus Sicht der Klienten als einer der zentralen Wirkfaktoren auch im Persönlichkeitscoaching hervorgehoben. Für die Umsetzung bedeutet dies, dass wir von der Einzigartigkeit des jeweiligen Coachingteilnehmers ausgehen und den Coachingprozess abhängig von den individuellen Charakteristika des Teilnehmers gestalten. Der Klient nimmt eine aktive Rolle im Rahmen der Planung und Durchführung der Maßnahmen ein.

Keine Vorgabe von Fremdmodellen. Ein individuumsorientiertes Vorgehen impliziert außerdem, dass der Coachingteilnehmer darin unterstützt wird, einen persönlichkeitsgemäßen Führungsstil zu praktizieren, authentische Selbstdarstellungsmuster und Kommunikationsstile zu entwickeln und damit eine stimmige Führungsidentität zu entwickeln, ohne dass Fremdmodelle zur »idealen Führung« als Zielsetzung vorgegeben werden. Unsere Coachingteilnehmer sind Führungspersonen, die oft schon über Jahre hinweg ihren persönlichen Umgang mit Mitarbeitern, Kollegen, Vorgesetzten und Kunden entwickelt und routiniert haben. Coaching bietet die Chance, in systematischer Form auf diese Erfahrungen zurückzugreifen, sich mit den eigenen Standards und dem realen Verhalten auseinander zu setzen, an Bewährtes anzuknüpfen und neue Facetten in die Vorstellung über die eigene Person zu integrieren (s. Laux & Spielhagen, 1999).

Erkundung der Einzigartigkeit. Individuumsorientierung heißt auch, im Coaching die Einzigartigkeit der Führungspersönlichkeit vor dem Hintergrund der individuellen Führungssituation und der organisationalen Rahmenbedingungen herauszuarbeiten.

Es liegt nahe, in einem persönlichkeitspsychologischen Ansatz auch psychologisch fundierte Testverfahren einzusetzen und aus dem gewonnenen Persönlichkeitsprofil die individuellen Inhalte und die spezifische Gestaltung des Coachingprozesses abzuleiten. Im Persönlichkeitscoaching setzen wir Fragebogen mit dem Ziel ein, in der Selbstbeschreibung zentrale Annahmen über die eigene (Führungs-)Persönlichkeit zu erfassen (s. Coachingschritte 2 und 3) und diese mit den Beschreibungen anderer Personen abgleichen zu können (s. Coachingschritt 4). Für die weitere Exploration der Individualität des Klienten aus der Innen- und der Außensicht ist uns darüber hinaus ein breites Repertoire an Methoden wichtig. So setzen wir z. B. Rollenspiel mit Videofeedback als handlungsorientierte und erlebnisaktivierende Methode ein, die der Diagnostik individueller Verhaltensmuster, der Ableitung von Veränderungszielen und der Unterstützung bei der Umsetzung neuer Verhaltensweisen dient. Individualität wird hier in Form von Interaktions- und Selbstdarstellungsstilen sichtbar, denen z. B. spezifische intrapsychische Verarbeitungsmuster (Wie nimmt der Klient die Situation wahr? Welche Bedürfnisse werden angesprochen? Welche Selbstbilder sind in der Situation aktiviert?) und individuelle Fähigkeiten (Auf welche Wahrnehmungs- und Handlungskompetenzen kann der Klient in der Situation zurückgreifen?) zugrunde liegen. Damit wollen wir den Klienten unterstützen, auch weniger bewusste Selbstbilder explizit zu machen und das Zusammenspiel individueller Fähigkeiten, Selbstbilder und Motive in spezifischen Selbstdarstellungssituationen zu analysieren und ggf. zu verändern. Eine solche Sicht von Individuumsorientierung geht unserer Meinung nach über die Erfassung von Persönlichkeitsprofilen in Fragebogen hinaus, die eher ein »mehr« oder »weniger« auf bestimmten Dimensionen (z. B. Gewissenhaftigkeit, Leistungsorientierung, etc.) als ein dynamisches Zusammenspiel von Persönlichkeitskomponenten in und mit spezifischen Situationen beschreiben.

3.2.5 Feedback unter Einbezug der Außenperspektive

Besonders hervorgehoben wird beim Coaching von Führungskräften die Funktion des Coachs als »sozialer Spiegel« (Rauen, 2008, S. 82).

Fehlende Rückmeldung von außen. Gerade auf höheren Führungsebenen erhalten Führungspersonen kaum noch realistische und objektive Rückmeldung zu ihrem Verhalten, die beruflichen Interaktionspartner verhalten sich »politisch«: Besonders in stark hierarchisch aufgebauten Organisationen kann es dazu kommen, dass es bei Mitarbeitern verbreitete, konforme Verhaltensmuster gibt, die sich an den Vorstellungen einer ihrer Vorgesetzten orientieren. Baumeister (1989) beschreibt diesen Effekt als »the boss' illusion«. Gemeint ist hiermit, dass die Selbstdarstellung einer einflussreichen Person, z. B. der jeweiligen Führungskraft, implizite Normen darüber setzt, wie andere sich zu verhalten haben, sodass gerade Personen in Abhängigkeitsverhältnissen dazu tendieren, diesen Normen zu entsprechen. Das Ergebnis ist, dass Führungskräfte – unabhängig davon, ob dies wirklich der Fall ist – oft annehmen, dass ihre Mitarbeiter ähnliche Einstellungen, Werte und Ziele haben wie sie selbst (vgl. Leary, 1995). In empirischen Studien zum Vergleich von Selbst- und Fremdeinschätzung wird deutlich, dass Führungskräfte sich und ihr Leistungsverhalten oft besser einschätzen, als dies von anderen Personen (z. B. Mitarbeitern oder Vorgesetzten) beurteilt wird (zusammenfassend s. Rathgeber, 2005). Die Annahme, dass sich die beruflichen Interaktionspartner der Führungsperson gegenüber strategisch verhalten, legt eine mögliche Interpretation, der – bei Führungskräften häufig zu findenden – »Überschätzung« der eigenen Leistung nahe. Berücksichtigt man die Tatsache, dass die Mitarbeiter aus Gründen hierarchischer Abhängigkeit der Führungskraft im beruflichen Alltag insgesamt eher positives oder neutrales als negatives Feedback geben und sich in ihren Verhaltensweisen an die Führungskraft anpassen, ist es verständlich, dass die Führungskraft von sich ein eher positives, vielleicht sogar überhöhtes Bild entwickelt. So könnte die im Vergleich zu Fremdbeschreibung positiver ausfallende Selbsteinschätzung einer Führungskraft weniger das Ergebnis einer selbsterhöhenden Darstellung während der Selbstbeschreibung sein, als ein authentischer Ausdruck von in der Interaktion entstandenen, positiven Selbstbildern, die durch soziale Rückmeldung bestätigt wurden.

Systematische Gegenüberstellung von Innen- und Außensicht. Coaching soll den Klienten darin unterstützen, die Außenwirkung der eigenen Person realistisch einschätzen zu können und blinde Flecken in der Selbstwahrnehmung zu identifizieren. Im Persönlichkeitscoaching wird die Gegenüberstellung der Innen- und Außensicht der Person deshalb systematisch genutzt, um die individuellen Selbstdarstellungsmuster der Führungsperson zu identifizieren. Realistisches Feedback über das eigene Verhalten und die eigene Außenwirkung ist eine notwendige Voraussetzung dafür, eine stimmige Führungsidentität entwickeln zu können. Auch aus Sicht der Klienten wird dem Feedback zur Wirkung des eigenen Verhaltens ein zentraler Stellenwert beigemessen (vgl. Interviewstudie nach Schraml, 2005, Abschn. 3.2.2). Klienten erhalten im Laufe des Prozesses im Persönlichkeitscoaching sowohl Feedback durch den Coach als auch Feedback durch die beruflichen Interaktionspartner (360°-Feedback) und können sich auch selbst – durch den Einsatz entsprechender Methoden wie Rollenspiel mit Videofeedback – Rückmeldung zu ihrer Außenwirkung und ihrem Verhalten geben. Durch die verschiedenen Feedbackvarianten erhält der Klient nicht nur eine umfassende »Rundumsicht« der eigenen Person, sondern es wird auch seine Fähigkeit zum Perspektivenwechsel geschult.

3.2.6 Systematische Förderung von Selbstreflexion

Rauen (2008) benennt als das Ziel von Coaching die »Förderung von Selbstreflexion und -wahrnehmung, Bewusstsein und Verantwortung, um so Hilfe zur Selbsthilfe zu geben« (S. 3). Entsprechend konnten Mäthner et al. (2005) aufzeigen, dass die von Coachs und Klienten am häufigsten genannte Veränderung, die durch Coaching bewirkt wird, die Zunahme der Reflexion bzw. Selbstreflexion darstellt.

Durch eine Förderung der Selbstwahrnehmung des Gecoachten soll es diesem ermöglicht werden, blinde Flecken abzubauen und neue Gesichtspunkte zu erkennen, damit sich in der Folge neue Deutungs- und Handlungsmöglichkeiten ergeben können. Selbstreflexionsprozesse können durch andere Wirkfaktoren – wie z. B. durch verschiedene Feedbackvarianten (Abschn. 3.2.5) oder durch eine vertrauensvolle Beziehung zum Coach (Abschn. 3.2.3) – angestoßen und begünstigt werden und gleichzeitig Katalysatorfunktion für die Umsetzung weiterer Wirkfaktoren haben (z. B. für die Zielbestimmung und Umsetzungsunterstützung).

Definition nach Offermanns. Im systemischen Wirkmodell von Coaching nach Offermanns (2004) wird Selbstreflexion als Grundlage von (Verhaltens-)Veränderungen expliziert: »Selbstreflexion ist das Auseinandersetzen mit den für einen selbst wichtigen eigenen subjektiven Deutungen (z. B. Gedanken oder Motive), den damit verbundenen Gefühlen sowie den daraus resultierenden Handlungen und deren Konsequenzen unter Berücksichtigung des Verhaltens und der subjektiven Deutungen anderer Personen sowie der bestehenden Strukturen (Regeln, Aufgaben, Umweltbedingungen), die einen umgeben« (Offermanns, 2004, S. 115).

Durch Selbstreflexion entwickeln sich nach Offermanns neue und differenzierte Sichtweisen bezogen auf ein bestimmtes Thema, was wiederum im Prozess der Problemlösung zur Entstehung neuer Handlungsmöglichkeiten bis hin zu Veränderungen des Ausgangsproblems führen kann. Es wird weiter davon ausgegangen, dass selbstreflexive Prozesse auch während und vor allem nach der Realisierung der neuartigen Handlungsmöglichkeiten stattfinden, so z. B. zur Bewertung der Konsequenzen. Eine Veränderung tritt dann ein, wenn diese Bewertung der Folgen positiv ausfällt und beim Betroffenen ein Gefühl der emotionalen Entlastung auslöst. Das systemische Wirkmodell von Offermanns beschreibt damit nach Greif (2008) die allgemeinen Hauptwirkungen von Coaching als Wechselspiel von Problemklärungen und -lösungen mit Selbstreflexionsprozessen.

Definition nach Greif. Greif (2008) definiert im Rahmen seiner integrativen Theorie zum ergebnisorientierten Coaching individuelle *ergebnisorientierte* Selbstreflexion als einen bewussten Prozess, »bei dem eine Person ihre Vorstellungen oder Handlungen durchdenkt und expliziert, die sich auf ihr reales und ideales Selbstkonzept beziehen. Ergebnisorientiert ist die Selbstreflexion, wenn die Person dabei Folgerungen für künftige Handlungen oder Selbstreflexionen entwickelt« (Greif, 2008, S. 40).

Zieht die Person einen Vergleich zwischen dem, wie sie sich aktuell sieht und den Vorstellungen, wie sie gerne sein würde, so wird dies als Selbstreflexion bezeichnet. Selbst- und Problemreflexion lassen sich im Coaching nicht unabhängig voneinander betrachten, sondern spielen ineinander: »Die Selbstreflexion ist gewissermaßen die hohe Schule beim Coaching und liefert die richtungsgebende Orientierung für die Problemreflexion. Sie richtet die Problemlösung auf das ideale Selbstkonzept der Klienten und auf selbstkongruente Ziele […] aus« (Greif, 2008, S. 58).

Die Erkenntnisse, die sich aus der Selbstreflexion ergeben, stellen also als »richtungsweisender Kompass« (Greif, 2008, S. 100) die Basis für die Zielfindung oder Lösungssuche dar.

Auffassung von Selbstreflexion im Persönlichkeitscoaching. Wir begreifen Selbstreflexion im Persönlichkeitscoaching sowohl im Sinne von Greif als auch im Sinne von Offermanns:

In unserem Selbstdarstellungsmodell gehen wir von einem Zusammenspiel der Innensicht und der Außensicht der Person aus. Damit bezieht sich Selbstreflexion

- auf Aspekte der *Innensicht der Person* wie in der Definition von Greif (Reflexion des realen und idealen Selbstkonzepts),
- auf Aspekte der *Außensicht der Person* wie in der Definition nach Offermanns (Verhalten und subjektive Deutung anderer Personen) als auch
- auf das *Zusammenspiel von »innen« und »außen«*, welches innerhalb bestimmter Rahmenbedingungen (vgl. »Strukturen« in der Definition von Offermanns) durch die Selbstdarstellung der Person entscheidend moderiert wird.

Nach unserem Verständnis dient Selbstreflexion demnach der Erweiterung des Wissens über die eigene Persönlichkeit, die sich im Sinne unserer Auffassung als »Beziehungspersönlichkeit« (Schneewind, 1999b) oder »interpersonelles Selbst« (Hannover et al., 2004) gleichermaßen durch intra- als auch interpersonale Prozesse auszeichnet. Selbstreflexion bezieht sich auf die bewusste und kontrollierte Beschäftigung mit dem Inhalt und dem Zusammenspiel der Komponenten eines dynamischen interpersonalen Prozessmodells von Persönlichkeit. Gegenstand der Selbstreflexion sind somit z. B. die realen und möglichen Selbstbilder, Motive und Kompetenzen, die Außenwirkung der eigenen Person und die Mechanismen, die zu dieser Außenwirkung führen.

Selbstreflexion und motivationale Klärung. Selbstreflexion als Wirkfaktor im Coaching weist einen großen Überschneidungsbereich mit dem Wirkfaktor der motivationalen Klärung in der Psychotherapie auf. »Unter der Klärungsperspektive geht es darum, daß der Therapeut dem Patienten dabei hilft, sich über die Bedeutungen seines Erlebens und Verhaltens im Hinblick auf seine bewussten und unbewussten Ziele und Werte klarer zu werden. [...] Warum empfindet, warum verhält sich der Patient so und nicht anders?« (Grawe, 1994, S. 361)

Dabei beschreibt Grawe (1994) das »Sich-über-sich-selber-klarer-Werden«, das »Sich-besser annehmen-können« als »Ziel von eigenem Wert« (S. 361f.): Nicht nur in der Psychotherapie, auch im Coaching sehen viele Klienten eine Möglichkeit, sich der eigenen Persönlichkeit klarer zu werden und damit in ihren alltäglichen (Berufs-) Rollen Orientierung zu finden.

Selbstaufmerksamkeit als Voraussetzung. Voraussetzung dafür, sich selbst zum Gegenstand der Reflexion machen zu können, ist das Gewahrsein der eigenen Person. Um eigene Fähigkeiten, Eigenschaften und Verhaltensweisen zum Objekt der Wahrnehmung machen zu können, muss die Person aufmerksam und bewusst Aspekte des Selbst (z. B. Innensicht und Außensicht) wahrnehmen und verarbeiten (vgl. Filipp & Mayer, 2005). Die objektive Selbstaufmerksamkeit (»self awareness«; Duval & Wicklund, 1972) kann als Zustand aufgefasst werden, in dem Aspekte des Selbst den Aufmerksamkeitsfokus bilden. Die Fähigkeit der Selbstwahrnehmung und -bewertung stellt die Voraussetzung für viele intra- und interpersonale Prozesse dar, z. B. für die Selbstkontrolle oder die Selbstdarstellung der Person (vgl. Filipp & Mayer, 2005). Wollen wir im Coaching die Selbstreflexion fördern, so ist es notwendig, die Selbstaufmerksamkeit der Person zu erhöhen. Es werden zwei Varianten der Selbstaufmerksamkeitszentrierung unterschieden (Filipp & Mayer, 2005): »›Private Selbstaufmerksamkeit‹ richtet sich auf Aspekte des Selbst, die nicht direkt beobachtbar sind, z. B. Gefühle, Meinungen oder Körperempfindungen. ›Öffentliche Selbstaufmerksamkeit‹ fokussiert hingegen Merkmale, die prinzipiell auch von Außenstehenden wahrgenommen werden können, z. B. Aussehen oder Verhalten.« (S. 272)

Begreift man die beiden Varianten der Selbstaufmerksamkeit als »Zustände« einer Person weniger als habituelle Persönlichkeitsmerkmale, so geht es im Coaching darum, diese Zustände herbeizuführen, um eine systematische Selbstreflexion zu ermöglichen. Dafür spielt insbesondere eine vertrauensvolle Beziehung zwischen Coach und Klient eine wichtige Rolle, innerhalb derer offenes Feedback gegeben und die Aufmerksamkeit auf die eigene Person gerichtet werden kann.

3.2.7 Zielbestimmung und Umsetzungsunterstützung

Im Coaching muss prinzipiell unterschieden werden, ob der Klient eher Klärungs- (bzw. Reflexions-) oder Problembewältigungsbedarf hat. Diese Unterscheidung wurde bereits in Abschnitt 3.1.4 thematisiert. Klärungsbedarf besteht – nun bezogen auf den Wirkfaktor Zielbestimmung und Umsetzungsunterstützung – dann, wenn sich der Klient über das Ziel, welches er erreichen möchte, noch nicht im Klaren ist. Problembewältigungsbedarf besteht dann, wenn die Umsetzung nicht gelingt (Wissemann, 2006).

Persönlichkeitscoaching betont im Gesamtprozess zunächst eher die Klärungs- bzw. Selbstreflexionskomponente (vgl. Abschn. 3.1.4): Der Klient wird darin unterstützt, seine Einzigartigkeit als Führungsperson herauszuarbeiten, dabei seine personalen Ressourcen zu entdecken und zu mobilisieren und persönlichkeitskongruente Zielsetzungen und Entwicklungsrichtungen zu erarbeiten. Coaching geht davon aus, dass die Klienten über ein funktionierendes Selbstmanagement verfügen und grundsätzlich die Kompetenzen mitbringen, ihre Ziele umzusetzen. Dennoch wäre es zu kurz gegriffen, bei der Klärung von Ist- und Sollzustand stehenzubleiben und die Bestimmung konkreter Ziele sowie die Umsetzung der Veränderungsschritte den Klienten im Alleingang zu überlassen.

Wirkfaktoren in der Psychotherapie. Für den Bereich der Psychotherapie konnten durch Metaanalysen vier therapieschulenübergreifende Wirkfaktoren identifiziert werden (Grawe et al., 1994): Problemaktualisierung, Ressourcenaktivierung, motivationale Klärung und aktive Hilfe zur Problembewältigung. Mit *aktiver Hilfe zur Problembewältigung* ist gemeint, dass der Therapeut den Patienten mit geeigneten Maßnahmen darin unterstützt, mit einem bestimmten Problem besser fertig zu werden (s. Grawe, 1994). Die Maßnahmen, mit denen dieses Wirkprinzip realisiert werden kann, unterscheiden sich je nach Problembereich: So kann es z. B. indiziert sein, den

Klienten im Rollenspiel zur aktiven Übung bestimmter Kommunikationsstrategien anzuleiten und das Gelernte auf reale Gesprächssituationen zu übertragen; oder es werden mit dem Klienten konkrete Lösungsschritte vereinbart, die er im Alltag umsetzen soll. Dabei ist für die Wirkung entscheidend, »daß der Patient die reale Erfahrung macht, besser im Sinne seiner Ziele mit der betreffenden Situation zurechtzukommen. Wie dies am besten erreicht werden kann, hängt von der spezifischen Problematik und den situativen Umständen ab« (Grawe, 1994, S. 360).

An dieser Stelle ist das Theorie- und Methodenwissen des Coachs gefragt, auf dessen Basis er entscheiden kann, mit welcher Intervention der Klient am besten unterstützt werden kann, die unter der Klärungsperspektive erarbeiteten Ziele zu erreichen. Betrachtet der Coach die Problemstellung des Klienten unter der Perspektive der Problembewältigung, so geht es um die Unterscheidung von Können und Nichtkönnen: Aktive Unterstützung zur Problembewältigung ist folglich darauf ausgerichtet, dem Klienten »vom Nichtkönnen zum Besserkönnen zu verhelfen« (Grawe, 1994, S. 361).

Veränderungsziele. Über die Klärung und Selbstreflexion hinaus wird der Klient demnach im Persönlichkeitscoaching unterstützt, sich konkrete und realistische Veränderungsziele zu setzen und sich *in* und *zwischen* den Coaching-Sitzungen sowie *nach* dem formalen Ende des Coachings im Sinne seiner selbstgesetzten Ziele zu verhalten: Der Klient wird angeregt, in der Sitzung neue Verhaltensweisen auszuprobieren und zu üben (z. B. im Rollenspiel in einem nachgestellten Mitarbeitergespräch Konflikte offen anzusprechen), Aktionspläne mit Umsetzungsschritten zur Erreichung von (Zwischen-)Zielen zu erstellen und im Führungsalltag umzusetzen (z. B. Termin für Mitarbeitergespräch festlegen, Gesprächsleitfaden vorbereiten …) und durch Techniken der Selbstkontrolle (Stimuluskontrolle, Selbstverstärkung, Verträge mit sich selbst, etc.; vgl. Reinecker, 2008) automatisierte, unerwünschte Verhaltensmuster zu durchbrechen (z. B. Konflikte übergehen und darüber schweigen) und stattdessen in bewusster Form neue, erwünschte Verhaltensweisen einzusetzen (z. B. Konflikt mit Mitarbeiter direkt ansprechen).

Zielbestimmung und Umsetzungsunterstützung heißt demzufolge auch, die Erkenntnisse aus der Selbst- und Problemreflexion stets darauf zu beziehen, welche Konsequenzen für die Zukunft aus ihnen folgen und welchen Nutzen und Stellenwert die Erkenntnisse für die Lösung eines konkreten Problems und für die Persönlichkeitsentwicklung aufweisen (vgl. Ergebnisorientierung nach Greif, 2008). Zentrales Element dieses Prinzips ist die Formulierung konkreter und eindeutiger *Ziele*, die im Kontrollbereich des Teilnehmers liegen. Anders als in anderen Coachingansätzen definieren wir jedoch diese Ziele nicht zu Beginn des Prozesses, sondern erarbeiten sie mit dem Klienten Schritt für Schritt. Wir gehen davon aus, dass bereits die Formulierung stimmiger Ziele ein Ergebnis des Reflexionsprozesses darstellt und diese Ziele somit erst im Laufe des Coachingprozesses sukzessive erarbeitet werden können.

Erlebnisaktivierung. Auf dem Weg der Zielerreichung spielt das Prinzip der Erlebnisaktivierung eine wichtige Rolle. Reflexion und Veränderung finden im Coaching nicht nur auf kognitiv-analytischem Weg (z. B. durch eine Situationsanalyse im Coachinggespräch) statt, sondern werden durch *erlebnisaktivierende Methoden* (z. B. Rollenspiel, performative Rollenmethoden) erfahrbar gemacht, die damit auf mehreren Verarbeitungsebenen ansetzen. Der Klient wird aktiv und übt z. B. neue Gesprächsfertigkeiten zunächst im Coachingrahmen, dann im beruflichen Alltag ein. Durch die anschließende Diskussion über die im beruflichen Kontext gewonnenen neuen Erfahrungen kann das Coaching optimiert und der Transfer der relevanten Inhalte in die Praxis unterstützt werden.

Zusammenfassung
Die Wirkprinzipien Zielbestimmung und Umsetzungsunterstützung umfassen also, das zu *tun*, was der Klient durch Selbstreflexion und Feedback herausgefunden hat, *tun zu wollen*. Angestrebte Veränderungen werden *konkret und explizit geplant* sowie in und zwischen den Coachingsitzungen *umgesetzt*.

3.2.8 Ressourcenaktivierung und -erweiterung

Therapien, die eine besonders gute Wirkung erzielen, nutzen u. a. Eigenarten der Klienten als positive Ressourcen für den Therapieprozess: Sie greifen vorhandene motivationale Bereitschaften und Fähigkeiten der Klienten auf, knüpfen an die positiven Möglichkeiten des Klienten an und gestalten die Art und Weise der Hilfe so, dass sich der Klient auch in seinen Stärken und positiven Seiten erfahren kann (vgl. Grawe, 1994). Um Verhaltensänderung zu erzielen, ist eine Aktivierung der Ressourcen des jeweiligen Klienten und die Umsetzung seiner Möglichkeiten erforderlich (vgl. Greif, 2009). Dabei sieht Greif (2009) ein wichtiges Unterscheidungskriterium von Psychotherapie und Coaching darin, dass die Coachingklienten im Allgemeinen bessere Fähigkeiten mitbringen, ihre Ressourcen zu aktivieren und auf Basis von Problemanalysen Handlungspläne zu entwickeln und sie eigenständig umzusetzen.

Ressourcenbegriff
Was ist eigentlich mit Ressourcen gemeint und welche Rolle spielen sie im Persönlichkeitscoaching? Ressourcen sind Merkmale von Person und Umwelt, die für die Ziele der Person eine positive Funktion haben (nach Willutzki, 2003). Damit ist nicht von vornherein entscheidbar, ob ein Person- oder Umweltmerkmal Ressourcenqualitäten hat. Darüber entscheidet letztlich die *Relevanz des Merkmals* für die Motive und Ziele der Person.

Beispiel

Der Mitarbeiter eines Produktionsunternehmens für Elektrogeräte, Herr Y, interessiert sich für die expressionistischen Maler der Künstlervereinigung der »blauen Reiter«. Zunächst würde man dieses Interesse als irrelevant für seine Karriere in einem Produktionsunternehmen erachten. Herr Y hat das Ziel, in die Position ▶

des Teamleiters aufzusteigen, worüber in erster Linie sein Vorgesetzter Herr Z entscheidet. Wie es der Zufall will, so trifft Herr Y Herrn Z in einer Ausstellung mit Bildern von Franz Marc. Herr Y und Herr Z kommen ins Gespräch, reden über Kunst und darüber, wie schade es ist, aufgrund der Arbeitsbelastung kaum Zeit für den Besuch von Kunstausstellungen zu haben. Herr Y wirft ein, dass es für Herrn Z eine Reduktion der Arbeitsbelastung darstellen könnte, wenn dieser bestimmte Tätigkeiten an einen zuverlässigen Teamleiter delegieren könnte und dass er Ideen dazu hätte, wie eine solche personelle Umstrukturierung aussehen könnte. Ein paar Wochen, Sitzungen und Effektivitätsabschätzungen später wird Herr Y zum Teamleiter ernannt. In diesem Fall wäre Herrn Ys Interesse an Kunst eine Ressource für sein berufliches Ziel, Teamleiter zu werden.

Mit diesem Beispiel wird deutlich, dass der Ressourcenbegriff sehr weit zu fassen ist: »Als Ressource können jeder Aspekt des seelischen Geschehens und darüber hinaus der gesamten Lebenssituation eines Patienten aufgefasst werden, also z. B. motivationale Bereitschaften, Ziele, Wünsche, Interessen, Überzeugungen, Werthaltungen, Geschmack, Einstellungen, Wissen, Bildung, Fähigkeiten, Gewohnheiten, Interaktionsstile, physische Merkmale wie Aussehen, Kraft, Ausdauer, finanzielle Möglichkeiten sowie seine zwischenmenschlichen Beziehungen. Die Gesamtheit all dessen stellt, aus der Ressourcenperspektive betrachtet, den Möglichkeitsraum des Patienten dar, in dem er sich gegenwärtig bewegen kann oder, anders ausgedrückt, sein positives Potential, das ihm zur Befriedigung seiner Grundbedürfnisse zur Verfügung steht« (Grawe & Grawe-Gerber, 1999, S. 66f.).

Verständnis von Ressourcen und Vulnerabilitäten im Persönlichkeitscoaching. Im Persönlichkeitscoaching konzentrieren wir uns auf die individuellen Ressourcen des Klienten, als all diejenigen Personmerkmale, die dazu genutzt werden können, für die Person und die Umwelt stimmige Ziele zu formulieren und zu erreichen. Ressourcen umfassen demnach Vorstellungen über die eigene Person (»reale« und »mögliche Selbstbilder«; vgl. Kap. 6 und 7) und damit in Zusammenhang stehende Motive und Verhaltensweisen sowie die Kompetenzen des jeweiligen Coachingteilnehmers. Davon zu unterscheiden sind Personmerkmale, die sich hemmend auf die Zielformulierung und -erreichung auswirken und der Entwicklung einer stimmigen Führungsidentität im Wege stehen könnten. Solche hemmenden Faktoren bezeichnen wir als Vulnerabilitäten, die für die Beschreibung der Einzigartigkeit des Coachingteilnehmers genauso eine Rolle spielen und bei der Umsetzung von Veränderungen berücksichtigt werden müssen. Um ein umfassendes Bild der individuellen Führungspersönlichkeit mit ihren spezifischen Ressourcen und Vulnerabilitäten zu erhalten, beziehen wir im Coaching sowohl die Selbstsicht des Coachingteilnehmers (Innenperspektive) als auch die Fremdsicht anderer Personen (Außenperspektive) – also die Art und Weise, wie der Coachingteilnehmer von anderen wahrgenommen wird – mit ein (vgl. Abb. 3.2).

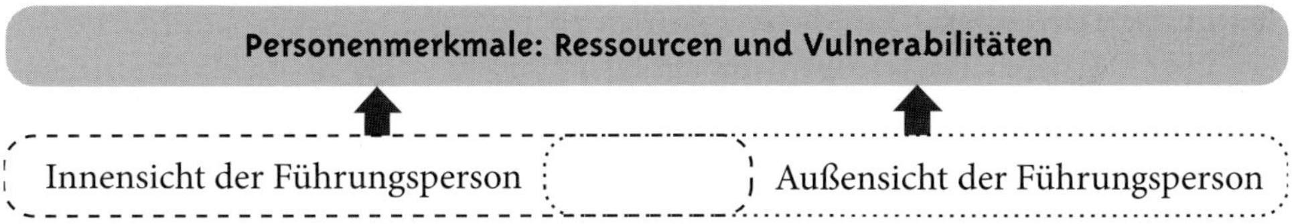

Abbildung 3.2 Ressourcen und Vulnerabilitäten als Personenmerkmale aus der Innen- und Außensicht

Die Berücksichtigung von Ressourcen im Persönlichkeitscoaching erfolgt auf *zwei Ebenen*: Ressourcen können »prozessual aktiviert und/oder inhaltlich thematisiert sein oder werden« (Grawe & Grawe-Gerber, 1999, S. 70).

Prozessuale Aktivierung von Ressourcen. Der Coach kann Ressourcen prozessual aktivieren, indem er dem Klienten Raum gibt, sich in der Coachingsitzung im Sinne seiner erwünschten Selbstbilder, Fähigkeiten und Motive zu verhalten, ohne diese Ressourcen ausdrücklich anzusprechen. So kann der Coach beispielsweise mit einem Klienten, der eine sehr detaillierte und gewissenhafte Arbeitsweise pflegt, eine systematische Problemanalyse vornehmen, die eine genaue Beobachtung und Aufzeichnung relevanter Problemkomponenten und derer Wechselwirkungen berücksichtigt. Um motivationale Ressourcen in der Sitzung zu aktivieren, sollte der Coach versuchen, die Prozessgestaltung an die Bedürfnisse des Klienten anzupassen und ihm zu ermöglichen, sich im Sinne seiner Ziele zu verhalten (vgl. »komplementäre Beziehungsgestaltung«, Abschn. 3.2.3). Dies kann z. B. umgesetzt werden, indem der Klient sein Zielverhalten im Rollenspiel zeigen und sich somit in Überstimmung mit seinen idealen Selbstbildern verhalten kann. Prozessuale Aktivierung bedeutet insgesamt, die Auswahl der Methoden an die Fähigkeiten des Klienten anzupassen und den Coachingprozess je nach Klient individuell zu gestalten (vgl. Individuumsorientierung, Abschn. 3.2.4).

Inhaltliche Thematisierung von Ressourcen. Ressourcen des Klienten können aber auch inhaltlich angesprochen, also direkt zum Thema gemacht werden, indem die individuellen Stärken herausgearbeitet und die für die Ausgestaltung der Führungsposition hilfreichen Charakteristika der Person hervorgehoben werden. Im Persönlichkeitscoaching werden die spezifischen Stärken des Klienten sowohl aus der Innensicht des Coachingteilnehmers als auch aus der Außensicht des Coachs (z. B. durch Beobachtung im Rollenspiel) und aus der Außensicht der beruflichen Interaktionspartner (durch Rückmeldung zu Stärken im 360°-Feedback) erfasst. So werden die positiven Fähigkeiten des Klienten explizit in Coachingschritt 2 (Erfassung realer Selbstbilder) und Coachingschritt 4 (Erfassung von Fremdbildern) aus der Selbst- und der Fremdsicht thematisiert. Die motivationalen Ressourcen sind Hauptgegenstand von Coachingschritt 3 (Erfassung möglicher Selbstbilder).

Ressourcenaktivierung und -erweiterung

Ressourcenaktivierung und -erweiterung erfolgt im Persönlichkeitscoaching in zwei Phasen (vgl. Laux & Spielhagen, 1999).

Ressourcenaktivierung. Die Klienten werden als Experten angesehen, die grundsätzlich über Möglichkeiten verfügen, ihre Probleme zu lösen bzw. ihre Ziele zu erreichen, sich aber teilweise ihrer Potenziale nicht bewusst sind. Ziel in der Phase der Ressourcenaktivierung ist es, *vorhandene* Ressourcen zu bestimmen, bewusst zu machen und diese optimal zu nutzen. In Kapitel 6 werden wir darstellen, dass nicht alle Annahmen über die eigene Person bewusst und auch nicht zu jedem Zeitpunkt verfügbar sind. Ressourcenaktivierung bedeutet in diesem Kontext, implizites Wissen über die eigene Person bewusst zu machen und vorhandene Motive und Fähigkeiten für die Formulierung und Erreichung stimmiger Ziele zu nutzen. Ressourcenaktivierung findet sowohl durch kognitive als auch durch erlebnisorientierte Methoden unter Einbezug der Innen- als auch der Außensicht statt. So werden z. B. durch die Analyse von Ausnahmesituationen (Situationen, in denen das Problem nicht oder nur in abgeschwächter Form vorliegt) Bedingungen herausgearbeitet, unter denen der Teilnehmer über bestimmte Kompetenzen verfügt oder durch den Abgleich von Selbst- und Fremdbild Stärken herausgearbeitet, derer sich der Klient noch nicht bewusst war. Zum anderen wird dem Coachingteilnehmer im geschützten Rahmen des Coachings die Möglichkeit gegeben, z. B. in Rollenspielen seine Fähigkeiten zu erproben und sich damit seiner Verhaltensoptionen bewusst zu werden und diese in Zukunft zu nutzen.

Ressourcenerweiterung. In der Phase der Ressourcenerweiterung werden Coachingmethoden eingesetzt, die dazu beitragen, *neue* Ressourcen aufzubauen. Neue Ressourcen können z. B. veränderte Sichtweisen der eigenen Person oder neue Kompetenzen sein, über die der Coachingteilnehmer in dieser Form oder Ausprägung vorher nicht verfügt hat. Um neue Sichtweisen der eigenen Person zu entwickeln, spielt in der Phase der Ressourcenerweiterung der Einsatz kreativer und erlebnisaktivierender Methoden eine besondere Rolle. Um gezielt Kompetenzen aufzubauen, kommen in dieser Phase u. a. Module aus bewährten psychologischen Interventionsprogrammen zum Einsatz, die als Verfahren in Abhängigkeit vom Problem und vom Entwicklungsbedarf variabel eingesetzt werden können (z. B. Programme zur Stressbewältigung, zum Zeitmanagement, zu Konfliktmanagement).

3.2.9 Zusammenspiel der Prinzipien der Prozessgestaltung

Das Vorgehen im Persönlichkeitscoaching orientiert sich zum einen an unserem Leitfaden zum Ablauf des Coachings (*Was* wird *wann* gemacht?), zum anderen an den dargestellten Prinzipien der Prozessgestaltung (*Wie* wird vorgegangen?). Eine zusammenfassende Antwort auf die Frage »*Was* wird *wann* gemacht?« gab die Darstellung des achtschrittigen Prozessmodells in Abschnitt 3.1.2. Die Frage »*Wie* wird vorgegangen?« sollte mit der Darstellung der sechs zentralen Wirkprinzipien in den Abschnitten 3.2.3 bis 3.2.8 beantwortet werden.

Im Folgenden werden die angenommenen *Wechselwirkungen zwischen den zentralen Prinzipien der Prozessgestaltung* erläutert, die anhand der Abbildung 3.3 nachvollzogen werden können.

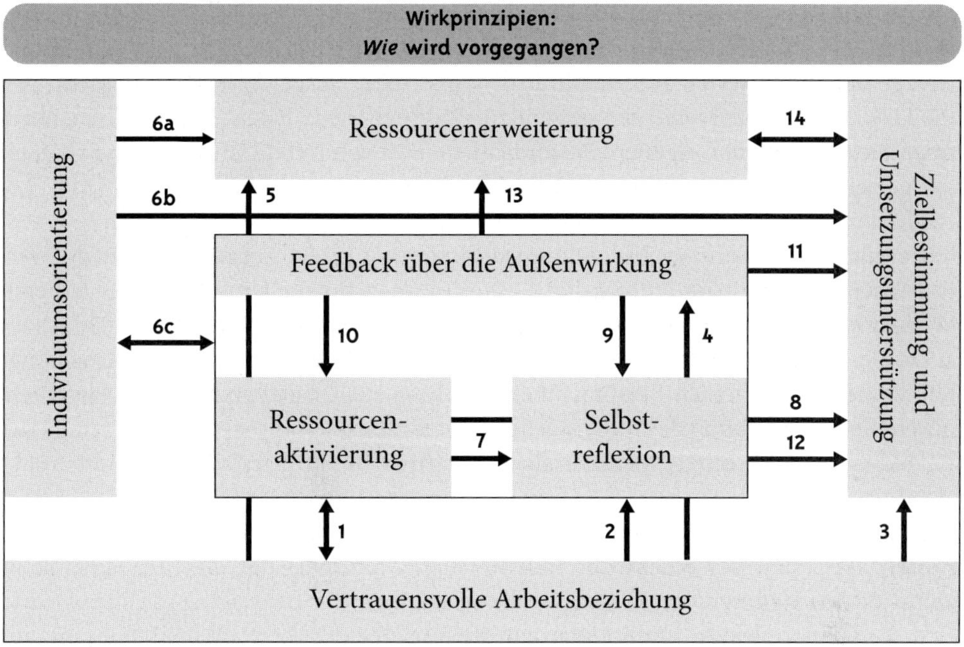

Abbildung 3.3 Zusammenspiel der Wirkfaktoren im Persönlichkeitscoaching

Arbeitsbeziehung. Eine vertrauensvolle Arbeitsbeziehung zwischen Coach und Klient stellt gewissermaßen die Basis für die Umsetzung der anderen Wirkprinzipien dar. Die Gestaltung der Beziehung sollte sich zum einen an den Bedürfnissen des Klienten orientierten, zum anderen durch echtes Interesse des Coachs an der Einzigartigkeit des Klienten gekennzeichnet sein. Die Arbeitsbeziehung steht in Wechselwirkung mit der prozessualen und inhaltlichen Ressourcenaktivierung (Abb. 3.3, Pfeil 1): Auf prozessualer Ebene versucht der Coach, die Gestaltung des Coachingprozesses (z. B. Auswahl der Methoden) an den Bedürfnissen und Kompetenzen des Coachingteilnehmers auszurichten. Werden zusätzlich die Ressourcen des Klienten auch inhaltlich thematisiert, so wirkt sich dies positiv auf die vertrauensvolle Arbeitsbeziehung aus. In der Sitzung können positive Affekte aufgebaut und ausgedrückt werden, der Klient kann sich im Sinne seiner erwünschten Selbstbilder und in Übereinstimmung mit seinen Fähigkeiten verhalten und fühlt sich daher als individuelle Persönlichkeit (an)erkannt. Eine positive Arbeitsbeziehung fördert weiterhin Selbstreflexionsprozesse beim Klienten (vgl. Offermanns, 2004), da sich dieser in einem geschützten Rahmen offen und selbstkritisch mit der eigenen Person und den eigenen Erlebens- und Verhaltensmustern auseinandersetzen kann (Abb. 3.3, Pfeil 2). Weiterhin erfüllt der Coach innerhalb einer vertrauensvollen Beziehung die Funktion, den Klienten bei der Formulierung stimmiger Ziele zu unterstützen, zur Umsetzung von Veränderungen zu ermutigen, Veränderungsschritte zu begleiten und mit dem Klienten die Auswirkungen von Veränderungsschritten zu bewerten und daraus Folgerungen für weitere

Schritte abzuleiten (Abb. 3.3, Pfeil 3). Auch die Tatsache, Feedback über die Außenwirkung zu erhalten, kann in einer vertrauensvollen Arbeitsbeziehung vom Klienten als positiv bewertet und damit auch konstruktiv ausgewertet werden (Abb. 3.3, Pfeil 4). Außerdem bietet der geschützte Rahmen dem Klienten die Möglichkeit, neue Sichtweisen der eigenen Persönlichkeit zu explorieren sowie seine Fähigkeiten gezielt auszubauen und damit sein Handlungsrepertoire zu erweitern (Abb. 3.3, Pfeil 5).

Individuumsorientierung. Individuumsorientierung bildet zusammen mit der vertrauensvollen Arbeitsbeziehung den Gesamtrahmen für die Umsetzung der anderen Wirkvariablen (Abb. 3.3, Pfeile 6a, 6b und 6c): Sowohl die Inhalte des Coachings als auch die Prozessgestaltung werden an den individuellen Merkmalen des Coachingteilnehmers ausgerichtet. Persönlichkeitscoaching stellt dabei an sich den Anspruch, durch die Beschreibung des individuellen Zusammenspiels intra- und interpersonaler Prozesse, den Coachingteilnehmer als einzigartige Gesamtpersönlichkeit zu berücksichtigen.

Selbstreflexion und Ressourcenaktivierung. Selbstreflexion im Coaching soll dazu führen, dass sich der Klient der individuellen Merkmale der eigenen Persönlichkeit – die im Rahmen der Führungsrolle relevant sind – bewusst wird. Damit wirkt sich die Selbstreflexion unmittelbar auf die Variable der Ressourcenaktivierung aus (Abb. 3.3, Pfeil 7): Für die Formulierung und Umsetzung stimmiger Ziele muss die Person über das gesamte Spektrum der eigenen Möglichkeiten (Ressourcen) verfügen können. Dieses Spektrum soll durch Selbstreflexion (die auf kognitiver als auch auf erlebnisorientierter Ebene angestoßen werden kann) bewusst gemacht werden. Ressourcenaktivierung stellt ihrerseits eine förderliche Voraussetzung für die Wirkvariable der Zielbestimmung und Umsetzungsunterstützung dar (Abb. 3.3, Pfeil 8). Durch die Betonung der Ressourcen des Klienten im Coachingprozess wird dessen Vertrauen in seine eigenen Bewältigungskompetenzen gestärkt und damit die Erwartung aufgebaut, angestrebte Veränderungen auch umsetzen zu können. Außerdem können die spezifischen, motivationalen und fähigkeitsbezogenen Ressourcen des Klienten gezielt zur Zielformulierung und -erreichung eingesetzt werden. Die Ergebnisse aus dem Zusammenspiel von Selbstreflexion und Ressourcenaktivierung stellen insgesamt die Voraussetzung für die Bestimmung von stimmigen Änderungszielen dar, die zur individuellen Persönlichkeit passen (Abb. 3.3, Pfeil 12).

Feedback über die Außenwirkung. Selbstaufmerksamkeits- und Selbstreflexionsprozesse werden durch bestimmte Stimuli, wie z. B. Videoselbstkonfrontation oder erwartete Bewertungen z. B. in Bewerbungssituationen oder Prüfungen (nach Greif, 2008, S. 86f.) aktiviert. Feedback über die Außenwirkung der eigenen Person ist ein besonders potenter Stimulus dafür, die Selbstaufmerksamkeit zu erhöhen und Selbstreflexionsprozesse anzustoßen (Abb. 3.3, Pfeil 9). Wird ins Coaching die Außensicht des Klienten durch verschiedene Interaktionspartner einbezogen (360°-Feedback), so können außerdem Ressourcen bewusst gemacht werden, die dem Klienten aus der Innenperspektive nicht zugänglich waren (z. B. die Fähigkeit, andere Personen für bestimmte Themen zu begeistern) (Abb. 3.3, Pfeil 10). Darüber hinaus erfolgen die Zielbestimmung und Umsetzung von Veränderungen unter expliziter Berücksichtigung der Sichtweise der beruflichen Interaktionspartner (Abb. 3.3, Pfeil 11).

Ressourcenerweiterung. Die Ressourcenerweiterung als Wirkprinzip stellt explizit einen eigenen Schritt im Prozessmodell des Persönlichkeitscoachings dar. Sie versteht sich als offene Exploration der eigenen Potenziale, die über die bisherigen Handlungsoptionen und Selbstbilder hinausgehen (Wie könnte ich noch sein?) und baut auf den Ergebnissen der vorherigen Schritte und damit auf den Wirkprinzipien »Ressourcenaktvierung« und »Selbstreflexion« sowie »Feedback über die Außenwirkung« auf (Abb. 3.3, Pfeil 13). Ressourcenerweiterung erfolgt daher relativ spät im Coachingprozess und betont – je nach erarbeiteten Zielsetzungen und Ergebnissen aus den vorherigen Schritten – entweder eher das Experimentieren mit den eigenen Möglichkeiten oder die gezielte Förderung bestimmter Kompetenzen.

Zielbestimmung und Umsetzungsunterstützung. Das Wirkprinzip der Zielbestimmung und Umsetzungsunterstützung steht in Wechselwirkung mit der Ressourcenerweiterung (Abb. 3.3, Pfeil 14): Auf der Basis neu entdeckter oder ausgebauter Ressourcen können z. B. die Veränderungsziele modifiziert und die Schritte zur Umsetzung von Veränderungen darauf abgestimmt werden. Die Richtung der Ressourcenerweiterung leitet sich wiederum auch aus den formulierten Zielsetzungen des Klienten ab: Was sollte der Klient wissen, können oder wollen, wenn er das Ziel XY erreichen möchte? Worin muss er gefördert werden?

Insgesamt sind die Prinzipien der Prozessgestaltung als *ideale* Interaktionsmuster zwischen Coach und Klient zu verstehen. Der Coach sollte in jedem individuellen Coachingprozess darum bemüht sein, die Wirkvariablen bestmöglich zu berücksichtigen.

3.3 Einsatz von Methoden im Persönlichkeitscoaching

Im Persönlichkeitscoaching kommen *kognitiv-analysierende* Methoden, *erlebnisaktivierende* Methoden und Methoden zum *Abgleich von Selbst- und Fremdbild* zum Einsatz. Somit findet die Rekonstruktion des Kliententhemas auf verschiedenen Ebenen und unter Einbezug verschiedenen Perspektiven statt: Der Klient wird durch erlebnisaktivierende Methoden darin unterstützt, einen erlebensorientierten und emotionsbezogenen Zugang zu seinen Themen zu erhalten. Kognitiv-analysierende Methoden sollen die Einordnung, Bedeutungszuschreibung und das kognitive Verstehen eines Themas ermöglichen. Durch den Einbezug von Methoden zum Abgleich von Selbst- und Fremdbild werden die Themen des Klienten stets unter Einbezug der Außen- und der Innensicht des Coachingteilnehmers behandelt. Die unterschiedlichen Bearbeitungsmodi (kognitiv, erlebensorientiert) und die unterschiedlichen Perspektiven (Selbst- und Fremdbild) ermöglichen eine umfassende Reflexion, Erweiterung und ggf. Veränderung von aktuellen Deutungs- und Handlungsmustern des Klienten.

3.3.1 Auswahlkriterien zum Einsatz von Coachingmethoden

Die Coachingliteratur bietet eine große Vielfalt an Methoden, die im Einzelcoaching Anwendung finden können (z. B. Klein, 2007; Rauen, 2005; Rauen, 2009; Vogelauer, 2001). Die Auswahl von Methoden, die im Persönlichkeitscoaching eingesetzt werden, orientiert sich an folgenden Aspekten:

- Übereinstimmung der Methode mit den übergeordneten Prämissen des Metamodells, den zentralen Prinzipien der Prozessgestaltung und den inhaltlichen Schwerpunkten des Persönlichkeitscoachings
- Eigene Expertenschaft und Erfahrungen mit bestimmten Coachingmethoden
- Anliegen, Themen, Bedürfnisse und Kompetenzen des Klienten
- Rahmenbedingungen der Coachingarbeit (Setting, Beteiligte am Coaching, …)
- Bewertung der Methoden in Evaluationsstudien zu Wirkungen und Wirkfaktoren des Persönlichkeitscoachings (s. Müller, 2009; Schraml, 2005; Schubert, 2009; Trümper, 1997)
- Deskriptive Auswertung und formative Evaluation von Einzelfällen zur Wirkung und Wirkweise verschiedener methodischer Vorgehensweisen
- Ergebnisse aus der systematischen Analyse und Bewertung von Coachingmethoden in Hinblick auf die Realisierung zentraler Wirkfaktoren (s. Wechsler, 2010)

Zwei übergeordnete Prinzipien hinsichtlich des Einsatzes von konkreten Verfahren im Persönlichkeitscoaching spielen eine zentrale Rolle. Gemäß des Prinzips der *Individuumsorientierung* erfolgt die Auswahl der Methoden in Anpassung an die Bedürfnisse des Teilnehmers. Außerdem gilt hinsichtlich der möglichen Verfahren das Prinzip des *Methodenpluralismus*, d. h., dass innerhalb eines Coachingprozesses verschiedene Vorgehensweisen zum Einsatz kommen und wir uns nicht nur auf eine Methode konzentrieren. Im Einzelfall kommt damit jeweils eine ganz *individuelle Kombination von Maßnahmen* zum Einsatz.

Ein grundlegendes Auswahlkriterium sollte unserer Meinung nach auch darin bestehen, dass die Methode nicht nur an den Bedürfnissen und Kompetenzen des Klienten ausgerichtet sein sollte, sondern dass sie auch zur Persönlichkeit des Coachs passt. Wenn die jeweilige Methode der »Denkart« den Kompetenzen des Coachs entspricht, so kann sich der Coach mit dem identifizieren, was er tut und wirkt auf seine Klienten authentisch (vgl. Klein, 2007). Damit wird es für den Coach auch möglich, gegenüber dem Klienten eine Modellfunktion für die stimmige Ausgestaltung der beruflichen Rolle einzunehmen.

3.3.2 Zentrale Coachingmethoden im Persönlichkeitscoaching

Innerhalb der individuellen Methodenkombination, abhängig vom Einzelfall, gibt es auch einige zentrale Coachingmethoden, die in den jeweiligen Coachingprozessen regelmäßig eingesetzt werden.

Erlebnisaktivierende Methoden. Im Persönlichkeitscoaching kommen insbesondere *Rollenspiele* zu realen und hypothetischen Situationen in unterschiedlichen Variationen zur Anwendung. Neben der gezielten Veränderung von Verhalten besteht eine weitere Funktion dieser Verfahren für den Coachingteilnehmer darin, eigene Ressourcen zu entdecken, mit diesen zu experimentieren und sie je nach Bedarf auszubauen. Der Einsatz von Rollenspielen im Coaching wurde sukzessive durch andere erlebnisaktivierende Methoden ergänzt, deren Einsatz im Coachingbereich weit verbreitet ist (z. B. Benien, 2005; Migge, 2005; Schreyögg, 2003). Dazu gehören im Persönlichkeitscoaching insbesondere das *Innere Team* (nach Schulz von Thun, 2003b), Methoden aus dem Psychodrama, wie z. B. der Rollentausch (s. Ameln et al., 2004; Benien, 2005), performative Rollenmethoden wie die Sechs-Hüte-Methode (vgl. de Bono, 2000) oder Visualisierungen von zeitlichen Prozessen oder sozialen Systemen wie z. B. Teamaufstellungen (König & Volmer, 2003). Erlebnisorientierte Interventionen haben im Coaching u. a. die Funktion, handlungsaktivierend und handlungsmodifizierend zu wirken (vgl. Schreyögg, 2003). Im Vorfeld besprochene alternative Verhaltensweisen, etwa ein neuer Führungsstil eines Coachingteilnehmers, können z. B. in Rollenspielen eingeübt, weiter ausgefeilt und an die Bedürfnisse des Teilnehmers angepasst werden.

Gespräche. Gespräche können nach Schreyögg (2003) als zentrales Verfahren, ja als »methodisches Grundgerüst« (S. 223) im Coaching bezeichnet werden, da sämtliche weitere Verfahren immer in eine sprachliche Interaktion zwischen Coach und Gecoachtem eingebettet sind. Jede Coachingsitzung beginnt mit einem Gespräch und endet mit einem Gespräch, dazwischen begleitet die verbale Kommunikation stets auch den Einsatz anderer Methoden. Im Rahmen des Persönlichkeitscoachings spielt als spezielle, ressourcenorientierte Gesprächsform das lösungsorientierte Interview eine zentrale Rolle: Mit dessen Hilfe sollen zum einen konkrete Zielvorstellungen erarbeitet, zum anderen Lösungen für die jeweiligen Probleme entwickelt und Ressourcen identifiziert werden (vgl. de Jong und Berg, 1998). Je bewusster den Teilnehmern ist, auf welche Art sie in der Vergangenheit Ziele erreicht haben, desto leichter können sie dieses Verhalten in Zukunft wiederholen. Auf Basis der Angaben des Gecoachten im lösungsorientierten Interview können dann weitere Interventionsmethoden, wie z. B. Rollenspiele zum Ausbau der identifizierten Ressourcen eingesetzt werden.

Systematischer Vergleich von Selbst- und Fremdbild. Eine weitere Methodengruppe dient dem systematischen Vergleich von Selbst- und Fremdbild. Zu dieser Gruppe zählt in erster Linie das »360°-Feedback« oder »multiperspektivische Führungsfeedback« (Scherm & Sarges, 2002), in dessen Rahmen Meinungen von Personen aus dem beruflichen Umfeld zu Ressourcen und Entwicklungsbereichen des Coachingteilnehmers eingeholt werden. Das 360°-Feedback zielt darauf ab, mögliche Diskrepanzen zwischen Selbst- und Fremdbild bewusst zu machen und darauf aufbauend konkrete Veränderungsvorschläge zu erarbeiten. Der Einsatz des 360°-Feedbacks kann also zur Formulierung wichtiger Coaching-Ziele führen, die über die individuelle Perspektive des Coachingteilnehmers hinausgehen. Zu dieser Methodengruppe zählen weiterhin Verfahren, die es dem Coachingteilnehmer ermöglichen, sich quasi »von außen« zu betrachten und das eigene Verhalten aus der Beobachterperspektive zu beschreiben und zu bewerten. Eine Möglichkeit bietet die Aufzeichnung von Rollenspielen auf Video mit anschließender videogestützter Analyse des eigenen Verhaltens oder Techniken des Psychodramas wie der Rollentausch.

3.3.3 Überblick: Zuordnung ausgewählter Methoden zu den acht Schritten

Unsere Methodenauswahl ist als Vorschlag zu verstehen. Die vorgestellten Methoden haben sich bewährt, um die Leitfragen des 8-Schritte-Modells systematisch zu bearbeiten. Es können auch andere Vorgehensweisen im Persönlichkeitscoaching eingesetzt werden, sofern sie mit den grundlegenden Prinzipien des Coachinganssatzes vereinbar sind.

In Tabelle 3.1 sind ausgewählte Methoden und Vorgehensweisen zum Einsatz in den acht Prozessschritten aufgeführt, die in den Kapiteln 5 bis 12 im jeweiligen Coachingschritt beschrieben und anhand des Fallbeispiels von Herrn P. veranschaulicht werden. Die jeweiligen Methoden können Klärungs- und/oder Veränderungsfunktion haben: So hängt es vom Einzelfall ab, ob die jeweilige Methode in erster Linie der (Re-)Konstruktion des Ist- und Sollzustandes der Komponenten der individuellen Führungsidentität dient oder ob durch die Methode Veränderungen angestoßen werden sollen, um neue Verhaltens- und Erlebensweisen zu ermöglichen.

Tabelle 3.1 Übersicht über ausgewählte Methoden zum Einsatz in den acht Coachingschritten

Schritt	Methoden/Vorgehensweisen
1	▶ Orientierung über Anlässe für das Coaching ▶ Fragen zur Problemanalyse ▶ Exploration bisheriger Lösungsversuche ▶ Festlegung der Coachingthemen
2	▶ Exploration von Stärken und Schwächen im Coachinggespräch ▶ Selbstbeschreibung in standardisierten Fragebogen zur (berufsbezogenen) Persönlichkeitsdiagnostik ▶ Arbeit mit dem Inneren Team ▶ Charakterskizze in der dritten Person
3	▶ Imagination hypothetischer Zukunftskonstruktionen: Lösungsorientiertes Interview und Wunderfrage sowie alternative hypothetische Zukunftskonstruktionen ▶ Erhebung von »Wunsch«- und »Soll«-Profil im standardisierten Fragebogen ▶ Klärung persönlicher Werte als richtungsgebende Leitlinien

▶

Tabelle 3.1 (Fortsetzung)

Schritt	Methoden/Vorgehensweisen
	► Ableitung von Entwicklungsrichtungen aus dem Inneren Team: Werte- und Entwicklungsquadrat und Identifizierung von potenziellen Teammitgliedern
4	► Erfassung von Fremdbildern im multiperspektivischen Führungsfeedback: »Ist«-, »Potenzial«- und »Soll«-Profil ► Spezifische Gestaltung von Rückmeldegesprächen bei vier Typen der Übereinstimmung von Selbst- und Fremdeinschätzung
5	► Diagnostisches Rollenspiel ► Videofeedback ► Methoden aus dem Psychodrama: Spiegeln und Rollentausch ► Visualisierung von Kommunikations- und Selbstdarstellungsmustern
6	► Exploration und Analyse von Rahmenbedingungen im Coachinggespräch ► Analyse und Visualisierung sozialer Systeme ► Rollenanalyse
7	► Performative Umsetzung von Rollenmethoden ► Übungsrollenspiel mit Regieanweisungen ► Doppeln ► Rollenwechsel und erlebnisaktivierende Arbeit mit dem Inneren Team ► Übungen aus dem Theaterkontext und Einsatz von Kreativitätstechniken ► Nutzung von Medien zur Konstruktion und Erprobung erwünschter Persönlichkeitsfacetten
8	► Integration der Ergebnisse der vorherigen Schritte ► Entwurf einer individuellen Führungsidentität im teilstandardisierten Interview ► Methoden zur Etablierung erwünschter Identitäten: Aktionsplan, Arbeit mit Skalenfragen, Transfermethoden ► Methoden zur Evaluation des Gesamtprozesses

4 Meta-Modell: Menschenbild und erkenntnistheoretische Prämissen

Im Mittelpunkt jeglichen Coachings steht nicht die Organisation oder die Institution als solche, sondern der Mensch, der diese führt und managt bzw. innerhalb dieser agiert (Birgmeier, 2006). Wenn es aber im Coaching primär um die Arbeit mit dem Menschen geht, so müssen seriöse Coaching-Ansätze, so Birgmeier, das zugrunde liegende Menschenbild explizieren. Vieles im Coaching-Prozess dreht sich um die Frage »Wer bin ich?« (Kaesler, 2003). Um den *einzelnen* Klienten bei der Beantwortung dieser Frage zu unterstützen, muss der Coach eine Vorstellung davon haben, welches Bild er *im Allgemeinen* vom Mensch-Sein und damit auch *im Speziellen* von seinen Klienten hat.

4.1 Menschenbildannahmen im Persönlichkeitscoaching

Schreyögg (2009b) systematisiert anthropologische Prämissen, die für ein qualifiziertes Coaching-Konzept relevant erscheinen, nach vier Gesichtspunkten, Eidenschink und Horn-Heine (2009) benennen drei grundlegende Elemente der Anthropologie im Coaching. Wir erachten die aufgestellten anthropologischen Leitlinien – die Schreyögg aus einem phänomenologischen Ansatz, Eidenschink und Horn-Heine aus einer existenziellen Anthropologie ableiten – in ihren Grundzügen auch als passendes Metamodell für Persönlichkeitscoaching. Im Folgenden werden die insgesamt sieben Prämissen der drei Autoren zusammengefasst, ihre Relevanz für das Handeln im Persönlichkeitscoaching skizziert und in *sechs Menschenbildannahmen im Persönlichkeitscoaching* spezifiziert.

Annahme 1. »Der Mensch ist seinem Wesen nach spontan« (Eidenschink & Horn-Heine, 2009, S. 13f.). Ausgehend von der Unterscheidung zwischen den zwei Quellen der Veränderung »Energeia« (Energie) und »Entelecheia« (Das, was ein Ziel in sich trägt) in der griechischen Philosophie, begreifen die Autoren den Menschen als ein sich permanent von innen heraus veränderndes Wesen. Somit müsse man im Coaching »nicht die Veränderung im Auge behalten, sondern wie dieselbe vom Klienten verhindert wird« (S. 14).

Im Persönlichkeitscoaching wollen wir unsere Klienten (besonders in Coachingschritt 3, s. Kap. 7) darin unterstützen, ihre individuellen Zielvorstellungen über die eigene Person explizit zu machen und die Idealbilder der eigenen Person handlungsleitend werden zu lassen. Wir werden aufzeigen, dass erwünschte und unerwünschte Selbstbilder Menschen dazu motivieren, sich in eine bestimmte Richtung zu entwickeln. Unsere erste Annahme lautet damit: *Menschen sind motiviert, nach ihren*

Zielvorstellungen über die eigene Person zu handeln. In diesem Sinne sind zielbezogene und selbstexpressive Handlungen zu einem gewissen Teil automatisiert. Coaching trägt dazu bei, diese individuellen Zielvorstellungen herauszuarbeiten, zu konkretisieren und mit den Umweltanforderungen abzustimmen.

Annahme 2. »Der Mensch ist seinem Wesen nach verantwortlich, wie er seine Welt sieht« (Eidenschink & Horn-Heine, 2009, S. 14f.). »Der Mensch ist gleichermaßen Subjekt und determiniertes Wesen« (Schreyögg, 2009b, S. 18). Diese beiden Prämissen thematisieren die Verantwortlichkeit, Selbstbestimmung und Fähigkeit zur Selbstreflexion von Menschen. Eidenschink und Horn-Heine betonen, dass die Art und Weise, wie Menschen die Welt wahrnehmen und sie gestalten und wie sie auf die Umwelt antworten und sie prägen, von ihnen selbst erzeugt und daher veränderbar ist. Menschen finden ihre eigenen Antworten auf Umweltreize, sie sind selbstverantwortlich und kein Opfer der äußeren Einflüsse und der Vererbung. Schreyögg betont, dass bei aller Selbstbestimmung jedoch auch immer der Tatsache Rechnung zu tragen ist, dass jeder Mensch über einen aktuellen und historischen Erfahrungshintergrund geprägt ist und diese erworbenen Muster das gegenwärtige Verhalten beeinflussen. Weiterhin betont sie, dass der Mensch als Subjekt fähig zur Selbstreflexion ist und damit die eigene Lage »durchschauen« kann.

Im Persönlichkeitscoaching teilen wir die Auffassung des Menschen als selbstverantwortliches Wesen, das sich aktiv mit seiner Umwelt auseinandersetzt und auf diese einwirkt und sie verändert. Wir gehen aber auch davon aus, dass (angeborene *und* erworbene) Eigenschaften Einfluss auf das Erleben und Verhalten von Personen nehmen. Eigenschaften verstehen wir als übergreifende Dispositionen bzw. als kognitiv-affektive Einheiten, die intraindividuelle Reaktionsmuster mit beeinflussen (vgl. Individuelle Wenn-Dann-Profile im »CAPS-Modell« nach Mischel & Shoda, 1995). Wir begreifen Personen weder von inneren Kräfte kontrolliert noch von Umweltereignissen abhängig. Im Sinne des »reziproken Determinismus« nach Bandura (1978; 1979) verstehen wir intra- und interpersonale Prozesse als ständige Wechselwirkung zwischen Personen-, Verhaltens- und Umweltdeterminanten. Die individuellen Personmerkmale haben den Status veränderbarer Komponenten, die im Persönlichkeitscoaching als spezifische Ressourcen oder Vulnerabilitäten thematisiert werden. Eine zentrale Rolle spielt auch in unserem Coachingansatz die Annahme, dass Menschen fähig zur Selbstreflexion sind. Die beiden oben genannten Prämissen werden daher für das Persönlichkeitscoaching folgendermaßen spezifiziert: »*Der Mensch agiert selbstverantwortlich vor dem Hintergrund des Zusammenspiels von Umwelt- und Personmerkmalen. Er kann die spezifische Wechselwirkung von Umwelt-, Verhaltens- und Personmerkmalen zum Gegenstand der Reflexion machen und daher in das Zusammenspiel aktiv eingreifen.*«

Annahme 3. »Der Mensch ist seinem Wesen nach ganzheitlich« (Eidenschink & Horn-Heine, 2009, S. 15f.). Das Verhalten von Menschen lässt sich nicht von ihren inneren Einstellungen, Emotionen und Gedankenroutinen trennen. Verhalten sei demnach nie isoliert zu begreifen, »sondern es stellt immer den Ausdruck innerer Prozesse dar« (S. 16). Zusammen mit der Forderung, dass sich alle Vorgehensweisen im Coaching auch daran messen lassen müssen, inwieweit sie geeignet sind, den Klienten »erleben« und nicht nur »darüber sprechen« zu lassen, formulieren Eidenschink und Horn-Heine die Essenz ihrer dritten Annahme für Coaching: »Veränderung ist nur möglich, wenn man sich erlebt, spürt und wahrnimmt.«

An dieser Stelle möchten wir Sie auf den Abschnitt 1.2 verweisen, in dem wir die Auffassung von Persönlichkeit als Zusammenspiel von inter- und intrapersonalen Prozessen als Basis unseres Coachingansatzes vorgestellt haben. Auf der Ebene von Methoden ist es uns ein besonderes Anliegen, die Coachingthemen sowohl auf kognitiver als auch auf affektiv-erlebnisorientierter Ebene zu bearbeiten. Prämisse 3 lautet in ihrer Spezifizierung für das Persönlichkeitscoaching demnach: *»Die Persönlichkeit ist gekennzeichnet durch das ganzheitliche Zusammenspiel von Einzelkomponenten in intrapersonalen und interpersonellen Prozessen.«*

Annahme 4. »Der Mensch ist gleichermaßen ein individuelles und soziales Wesen« (Schreyögg, 2009b, S. 17). Die Autorin bezieht sich hier auf phänomenologische Konzepte, die davon ausgehen, dass (besonders) der berufstätige Mensch Teil von sozialen Systemen und immer auf Sozialität angewiesen ist. Gleichzeitig resultiere das »individuelle Sosein« von Menschen von Anbeginn aus gelebten Interaktionen mit anderen Menschen. Im Coaching müsse der Klient daher immer multiparadigmatisch erfasst werden: als einmaliges Individuum, als Interaktionspartner anderer Menschen und als Teil von sozialen Systemen.

Im Persönlichkeitscoaching geht es uns in besonderer Weise darum, die interpersonelle Beziehungsdynamik als genuinen Teil der Persönlichkeit zu berücksichtigen (s. Abschn. 1.2.3). Die Annahmen und Vorstellungen, die eine Person über sich selbst hat, resultieren immer auch aus sozialen Interaktionen. Ziel des Persönlichkeitscoachings ist die Etablierung einer stimmigen Führungsidentität, die wir als gemeinsame Konstruktion der Führungskraft mit ihren Interaktionspartnern begreifen. Die individuelle Persönlichkeit lässt sich also nach unserer Auffassung nicht unabhängig von ihren interpersonellen Beziehungen begreifen, womit wir unsere Klienten als einmalige Individuen immer aus der Innen- und der Außenperspektive betrachten. Daher muss für das Persönlichkeitscoaching die Prämisse folgendermaßen spezifiziert werden: *»Interpersonale Prozesse sind ein genuiner Teil der individuellen Persönlichkeit. Damit ist der Mensch gleichermaßen ein individuelles und soziales Wesen«.*

Annahme 5. »Der Mensch ist ein potenziell lebenslang sich entfaltendes Wesen« (Schreyögg, 2009b, S. 18). Somit sind Menschen ihr Leben lang in der Lage, Neues zu lernen und sich zu verändern.

Persönlichkeitscoaching soll Klienten darin unterstützen, sich ihrer vorhandenen Ressourcen und Potenziale bewusst zu werden, diese zu nutzen und ggf. zu erweitern. Die Aktivierung und Erweiterung personaler Ressourcen wird im Persönlichkeitscoaching explizit auf der Ebene von Selbstbildern, Kompetenzen und Motiven thematisiert. Persönlichkeitscoaching als selbstdarstellungstheoretischer Ansatz sieht den Menschen darüber hinaus als aktiven Gestalter der eigenen Person in Wechselwirkung mit den Interaktionspartnern. Wir begreifen den Menschen als »Selbstinterpreten«, der dafür verantwortlich ist, wie er Annahmen über die eigene Person zum Ausdruck bringt und sich damit in Wechselwirkung mit den Zuschreibungen der Interaktionspartner gewissermaßen »selbst erfindet«. Auf der Basis einer dynamischen, interpersonellen Auffassung von Selbst und Selbstkonzept (Markus & Cross, 1990; Markus & Wurf, 1987) gehen wir von einer veränderbaren Innen- und Außensicht von Personen aus. Daher lautet die Spezifizierung der Prämisse 5 für das Persönlichkeitscoaching: *»Der Mensch ist ein sich potenziell lebenslang entfaltendes Wesen. Er verfügt über vielfältige personale Ressourcen zur Gestaltung seiner Lebensumwelt und zur Gestaltung der eigenen Person in Interaktion mit anderen Menschen.«*

Annahme 6. »Der Mensch ist gleichermaßen gesichert und bedrängt durch Arbeit und durch Institutionalisierungen« (Schreyögg, 2009b, S. 18). Organisatorische und institutionalisierte Kontexte als regelgeleitete Formen menschlichen Zusammenlebens schaffen einen berechenbaren Rahmen, der Sicherheit garantiert. Gleichzeitig wird der Einzelne in seinem Handlungsspielraum »eingeengt«, da er Regulative einhalten und sich in Rollenkonstellationen einfügen muss. Diese widersprüchliche Funktion und Auswirkung von Institutionalisierungen müssen im Coaching berücksichtigt werden.

Im Persönlichkeitscoaching sehen wir unsere Klienten als aktive (Mit-)Gestalter der organisatorischen Rahmenbedingungen und Rollenanforderungen. Schulz von Thun et al. (2006) sprechen davon, dass es für eine Führungskraft darum gehe, ein klares Rollen-Selbstverständnis zu entwickeln und sich die Rolle anzueignen. Dieser Prozess ist keinesfalls als einseitige Anpassung der Person an organisationale Rahmenbedingungen zu begreifen, sondern als wechselseitige Beeinflussung: Die Person formt die auszufüllende Rolle abhängig von ihrer individuellen Persönlichkeit aus, gleichzeitig begrenzen Rollenkonstellationen und organisatorische Rahmenbedingungen die Möglichkeiten der Selbstgestaltung (s. Kap. 10). Somit ermöglicht die Vorgabe von Gestaltungsspielräumen einerseits eine Orientierung für die Etablierung einer individuellen Führungsidentität, andererseits wird der Prozess der Identitätsentwicklung begrenzt und in »gesellschaftlich erwünschte« Bahnen geleitet. Annahme 6 lautet damit in ihrer Spezifizierung für Persönlichkeitscoaching: *»Der Mensch ist gleichermaßen gesichert und bedrängt durch Arbeit und durch Institutionalisierungen. Die Entwicklung einer beruflichen Identität erfolgt im Rahmen der Wechselwirkung von Umwelt-, Verhaltens- und Personmerkmalen.«*

Selbstdarstellung als Schnittstelle zwischen intra- und interpersonalen Prozessen

Im Rahmen seines Streifzugs durch anthropologische Vorannahmen in Coaching-Konzepten versucht Birgmeier (2006), die unterschiedlichen Menschenbilder von Coaching zu klassifizieren und in ein anthropologisches Coaching-Meta-Modell zu überführen. Ihm zufolge handelt es sich bei den von Schreyögg angeführten anthropologischen Vorannahmen um handlungstheoretische Positionen, die sich zentral auf die Prämisse des Menschen als handelndes Wesen stützen. Bei der Betrachtung verschiedener Dimensionen des Mensch-Seins (z. B. kognitiv-rationale Dimension, emotional-affektive Dimension, sozial-kommunikative Dimension) begreift er die Handlung als Schnittstelle zwischen den intra- und den interpersonalen Aspekten des Menschseins. Durch das Handeln nämlich »drückt sich der Mensch nach außen aus, bringt er sein Inneres zur Sprache und umgekehrt nimmt der Mensch über die Handlung Kontakt zur Mit- und Umwelt auf« (Schilling, 2000, S. 249 zit. nach Birgmeier, 2006, S. 34). Nun kann – je nach theoretischem Vorverständnis – »der Mensch als ein handelndes Wesen höchst unterschiedlich und mehrdimensional betrachtet werden« (Birgmeier, 2006, S. 33). Persönlichkeitscoaching als selbstdarstellungstheoretischer Ansatz begreift den handelnden Menschen im Sinne des obigen Zitats von Schilling als selbst-expressiven Menschen, der sich durch die Darstellung von Selbstbildern nach außen ausdrückt und somit als individuelle Persönlichkeit mit seinen Mitmenschen interagiert. In unserem Selbstdarstellungsmodell explizieren wir die Interpretation der eigenen Person durch Selbstdarstellung als Schnittstelle zwischen intra- und interpersonalen Prozessen.

4.2 Erkenntnistheoretische Prämissen im Persönlichkeitscoaching

Auch die erkenntnistheoretischen Setzungen des Meta-Modells für Coaching leitet Schreyögg (2009b) aus phänomenologischen Positionen ab. Das Verständnis von »Erkenntnis« im Persönlichkeitscoaching lehnt sich an drei der vier erkenntnistheoretischen Setzungen nach Schreyögg an, die im Folgenden wieder kurz zusammengefasst und für Persönlichkeitscoaching spezifiziert werden:

(1) »Erkenntnis ist ein intersubjektiver Deutungs- und Strukturierungsprozess« (Schreyögg, 2009b, S. 19). Menschen deuten die Welt vor dem Hintergrund ihrer bisherigen Erfahrungen. Dabei fügen sie einzelne Elemente zu Netzwerken zusammen, die als »kognitive Schemata« (Piaget, 2003; zit. n. Schreyögg, 2009b, S. 19) zukünftiges Wahrnehmen und Handeln beeinflussen.
Gegenstand der Erkenntnis im Persönlichkeitscoaching ist der Klient als individuelle Persönlichkeit in seiner Beziehung zu beruflichen Interaktionspartnern. Deutung und Strukturierung bezieht sich im Coachingprozess auf Annahmen über die individuelle Persönlichkeit aus der Innen- und der Außensicht. Aus der Innenperspektive geht es um Deutung und Strukturierung der Annahmen einer Person über sich selbst. Schemata begreifen wir daher in unserem Ansatz als »Selbstschemata«, die nach Markus (1977) als Sammlung miteinander verbundener generalisierender Selbstaussagen das Selbstkonzept formen. Als »generalisierte und abstrahierte Elemente des Selbstwissens« (Filipp & Mayer, 2005, S. 270) beeinflussen Selbstschemata die Wahrnehmung und Verarbeitung selbstbezogener Informationen und steuern damit auch selbstbezogene Verhaltensweisen der Person, wie z. B. die »Selbst«-Darstellung in sozialen Situationen. Persönlichkeitscoaching verfolgt das Ziel, eine stimmige Führungsidentität zu entwickeln und zu etablieren. In Kapitel 2 haben wir Identität als gemeinsame Konstruktion von Person und Interaktionspartnern beschrieben. Identität kann damit im konstruktivistischen Sinn als gemeinsame Deutung und Strukturierung individueller Interaktionsphänomene aufgefasst werden. *Erkenntnis ist ein intersubjektiver Deutungs- und Strukturierungsprozess selbstbezogener Informationen und identitätsstiftender Interaktionen.*

(2) »Erkenntnis ist ein mehrperspektivisches Phänomen« (Schreyögg, 2009b, S. 19). Flexibles und treffsicheres Erkennen ist an die Verfügbarkeit vieler unterschiedlicher kognitiver Schemata geknüpft. Die Anreicherung kognitiver Schemata kann erfolgen, indem ein Phänomen aus einer neuen Perspektive betrachtet wird oder wenn im Dialog mit anderen Menschen neue Sichtweisen an den Erkennenden herangetragen werden.
Um das Erkenntnisrepertoire des Klienten im Persönlichkeitscoaching zu erweitern, ist eine mehrperspektivische Betrachtung seiner (beruflichen) Persönlichkeit nötig. Begreifen wir interpersonale Prozesse als genuinen Teil der Persönlichkeit (vgl. Abschn. 1.2.3), so ist es für den Erkennensprozess der Individualität eine notwendige Voraussetzung, nicht nur die Innensicht, sondern auch die Außensicht des Individuums aus verschiedenen Perspektiven mit einzubeziehen.
Zur Bearbeitung der Leitfragen, die den acht Schritten des Persönlichkeitscoachings zugrunde liegen, werden drei Perspektiven als Klärungs- und Veränderungshilfe herangezogen: Das *Selbstwissen* des Coachingteilnehmers, das *Fremdwissen* anderer Personen über den Coachingteilnehmer und das *Prozess- und Methodenwissen* des Coachs im Bereich der (psychologischen) Diagnostik und Intervention. Das Zusammenspiel dieser drei Perspektiven ermöglicht es dem Coachingteilnehmer, sein bereits vorhandenes Wissen über sich selbst zu vertiefen und zu erweitern, indem es durch das Fremdwissen ergänzt oder modifiziert wird und mithilfe des Prozess- und Methodenwissens eine »ergebnisorientierte Selbstreflexion« (Greif, 2008) angestoßen wird. Die zweite erkenntnistheoretische Prämisse für das Persönlichkeitscoaching kann demnach folgendermaßen spezifiziert werden: *»Erkenntnis über die eigene Persönlichkeit und Individualität ist ein mehrperspektivisches Phänomen und erfordert daher im Coaching den systematischen Einbezug von Innen- und Außensicht einer Person.«*

(3) »Erkenntnis ist ein szenisches Phänomen eines Leib-Seele-Geist-Subjektes« (Schreyögg, 2009b, S. 19f.). Menschliches Erkennen ist immer an den ganzen Menschen gekoppelt und damit sowohl ein kognitiver als auch affektiver Prozess. Erlebtes wird in individuellen und emotional eingefärbten Szenen gespeichert, die eine spezifische Art der Ausdeutung von Situationen darstellen.
Wie wir in der Darstellung der grundlegenden theoretischen Konzepte für die acht Coachingschritte ausführlicher darstellen werden, umfasst das Selbst neben einer kognitiven auch eine bewertende Komponente und ist insofern als kognitiv-affektive Struktur zu beschreiben (Filipp & Mayer, 2005). Erkenntnisse zur eigenen Person werden daher sowohl über einen kognitiven Zugang (über die eigene Person nachdenken) als auch über einen affektiv-erlebnisorientierten Zugang (Wahrnehmung und Aktivierung selbstbezogener Emotionen und Erlebensinhalte) gewonnen. Annahmen über die eigene Person sollten somit im Coachingprozess versprachlicht, aber auch begreifbar gemacht werden. Für das Vorgehen im Persönlichkeitscoaching heißt das, neben kognitiv-analysierenden Methoden auch erlebnis- und handlungsorientierte Methoden einzusetzen, um

den Erkenntnisprozess des Klienten zu unterstützen. Die dritte Annahme über Erkenntnisprozesse im Persönlichkeitscoaching möchten wir demnach folgendermaßen formulieren: »*Erkenntnis über die eigene Persönlichkeit und Individualität findet sowohl auf kognitiver als auch auf affektiver Ebene statt. Im Coaching sollten beide Ebenen durch den Einsatz geeigneter Bearbeitungsmethoden berücksichtigt werden.*«

Teil II Acht Schritte der Identitätskonstruktion

5 Schritt 1: Klärung der Ausgangssituation und Auswahl von Coachingthemen

Leitfragen zu Schritt 1. Welches sind meine individuellen Coachinganliegen/Coachingthemen? Was genau möchte ich klären/verändern? Worum soll es im Coaching gehen?

Die acht Schritte des Persönlichkeitscoachings sind in allgemeine Prozessmodelle zum Coaching eingebettet (vgl. Abschn. 3.1.1). Wir gehen deshalb bei der folgenden Darstellung der acht Coachingschritte davon aus, dass die Vorphase des Coachings mit Kontaktaufnahme und Klärung der formalen Rahmenbedingungen bereits stattgefunden hat und mit dem Klienten in die inhaltliche Arbeit eingestiegen werden kann. In Schritt 1 erfolgt die Festlegung, in den Schritten 2 bis 8 die Bearbeitung der Coachingthemen.

5.1 Theoretischer Hintergrund zur Auswahl von Coachingthemen

Der Prozess der Themen*auswahl* wird als Trichterungsprozess beschrieben, der zunächst auf zentrale Anliegen fokussiert, um anschließend im Prozess der Themen*bearbeitung* einen breiteren Blickwinkel einzunehmen und den Coachingteilnemer als Gesamtpersönlichkeit zu berücksichtigen (s. Abschn. 5.1.1). In Abschnitt 5.1.2 werden Coachingthemen von Coachingzielen unterschieden, Abschnitt 5.1.3 stellt Gründe dar, warum die Klärung der Ausgangssituation im Persönlichkeitscoaching als notwendig erachtet wird.

5.1.1 Bestimmung von Coachingthemen als Auswahlprozess

Ziel von Schritt 1 ist es, zentrale Themen für die Bearbeitung im Coaching auszuwählen, die Gegenstand des Klärungs- und Veränderungsprozesses sein sollen. Kanfer et al. (2000) sprechen im therapeutischen Kontext von einer »Sichtung der Eingangsbeschwerden«, die im Laufe eines »Trichterungsprozesses« zu möglichen Ansatzpunkten (»targets«) verdichtet werden (S. 174). Diese Metapher lässt sich sehr gut auf den Coachingprozess übertragen: In Schritt 1 werden *Anlässe* für das Coaching in Form von *Problembereichen, Anliegen und Erwartungen* des Coachingteilnehmers erfragt, analysiert und priorisiert. Ergebnis ist die Auswahl von zentralen Coachingthemen, die im Coachingprozess bearbeitet werden sollen (vgl. Abb. 5.1).

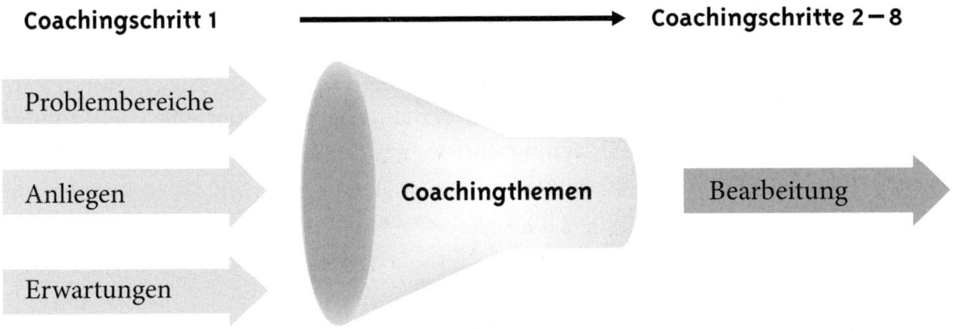

Abbildung 5.1 Trichterungsprozess zur Bestimmung von Coachingthemen (Abbildung in Anlehnung an Kanfer et al., 2000)

Wir stellen die individuellen Coachingthemen des Teilnehmers in den Mittelpunkt, gehen aber gleichzeitig davon aus, dass diese nicht ohne Rückbezug auf das ganzheitliche Zusammenspiel von Komponenten der Gesamtpersönlichkeit bearbeitet werden können. Deshalb werden in den einzelnen Bearbeitungsschritten – wie z. B. Analyse des Ist-Zustands, Zielklärung und Zielbestimmung, Planung und Umsetzung von Veränderungsschritten, Transfersicherung – die Innen- und Außensicht der Persönlichkeit des Coachingteilnehmers berücksichtigt. Die individuellen Coachingthemen werden damit in einen breiteren Rahmen der Bearbeitung gestellt, um nicht in einer Art Schnellschuss Coachingziele und Coachingtools sozusagen »persönlichkeitsfrei« miteinander zu kombinieren (vgl. Abb. 5.2).

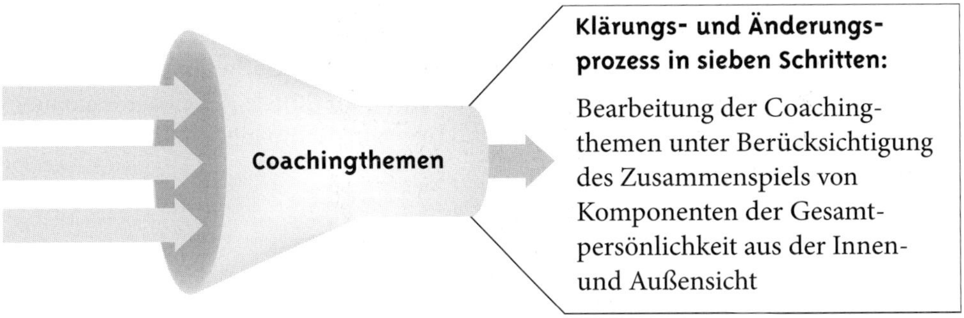

Abbildung 5.2 Erweiterung der Bearbeitungsperspektive von Coachingthemen

5.1.2 Unterscheidung von Coachingthemen und Coachingzielen

Die Themen, die zu Beginn des Coachingprozesses festgelegt werden, sind nicht gleichzusetzen mit Coachingzielen. Die Coachingthemen beschreiben, *worum* es im Coaching gehen soll, Ziele definieren, *wohin* es gehen soll.

Wir verstehen die Bearbeitung von Coachingthemen als mehrstufigen Prozess der Ziel- und Lösungsfindung, der durch die systematische Selbstreflexion gesteuert wird.

Ziele und Lösungsansätze konkretisieren sich somit schrittweise im Laufe des Coachingprozesses. Nach jedem Coachingschritt werden die Ergebnisse zu den Leitfragen in Form von relevanten Einsichten, Zielen, geplanten Umsetzungsschritten oder angestrebten Veränderungen im Erleben und Verhalten festgehalten. Die Zielformulierung im Laufe der einzelnen Coachingschritte bzw. im Laufe jeder Coachingsitzung orientiert sich an den Kriterien eines »wohldefinierten Ziels«, wie sie in den meisten Coachingansätzen und -methoden implizit oder explizit formuliert werden (z. B. Radatz, 2003; Wissemann, 2006).

Zu diesen Kriterien zählen:

- Das Ziel liegt in der Person, nicht außerhalb (unterliegt dem Einfluss des Klienten).
- Das Ziel ist konkret beschreibbar in Bezug auf Inhalt, Ausmaß und Zeitbezug.
- Das Ziel ist realistisch (eher zu klein als zu groß).
- Das Ziel steht nicht mit anderen Zielen in Konflikt.
- Das Ziel berücksichtigt die Bedingungen und die Ziele anderer Personen.

Anhand dieser Kriterien wird der Unterschied zwischen Coachingthemen und Zielen deutlich: Eines der Coaching*themen* in unserem Fallbeispiel ist die »Förderung von Engagement und Eigenständigkeit der Mitarbeiter«. Eigenständige Mitarbeiter zu haben wäre kein Ziel, welches »in der Person liegt«, da es zum großen Teil von anderen Personen abhängig ist. Im Laufe des Klärungs- und Veränderungsprozesses kann das Thema aber so bearbeitet werden, dass konkrete Ziele herausgearbeitet werden (z. B. Formulierung des Ziels: »Ich biete dem Mitarbeiter XY zur Bearbeitung des neuen Projekts meine Hilfe an, überlasse ihm aber die Entscheidung über den Zeitplan und die Auswahl der Kooperationspartner«).

Indem Merkmale der eigenen Persönlichkeit aus der Innen- und Außensicht im Zusammenhang mit Charakteristika der Führungsposition reflektiert werden, soll die Formulierung *stimmiger Ziele* ermöglicht werden: Bei der Erarbeitung von Entwicklungsrichtungen und Veränderungsschritten werden Merkmale des Coachingteilnehmers, Merkmale der Interaktionspartner und relevante Rahmenbedingungen berücksichtigt.

5.1.3 Klärung der Ausgangssituation

In einigen Coaching- und Therapieansätzen (z. B. Lösungsorientierte Kurzzeitberatung nach de Shazer, 1998, 2002; s. auch Szabo, 2005) wird auf die systematische Klärung der problematischen Aspekte der Ausgangssituation (Problemanalyse) fast vollständig verzichtet. Stattdessen wird umgehend in die Klärung und Umsetzung von Lösungsansätzen, konkreten Zielsetzungen und für die Zielerreichung vorhandenen Ressourcen eingestiegen. Radatz (2003) vertritt in ihrem Coachingansatz die Ansicht, dass die Situations- bzw. Problemschilderung des Klienten »so kurz wie möglich – so lange wie nötig« (S. 124) ausfallen sollte. Eine gemeinsame, systematische Klärung der Ist-Situation ist aus ihrer systemisch-konstruktivistischen Sicht dann notwendig, wenn der Klient nicht genau beschreiben kann, worin sein Problem besteht oder welches Anliegen ihn ins Coaching führt, sondern nur an den Auswirkungen der aktuellen Situation bemerkt, dass »irgendwas nicht passt« (Radatz, 2003, S. 126).

Funktionen der Klärung der Ausgangssituation. Dabei kann es sein, dass der Klient erst einmal eine gewisse Zeit benötigt, um über die unbefriedigenden Merkmale und Auswirkungen der aktuellen Situation zu klagen. Der Coach ist dafür verantwortlich, dem Klienten einerseits genügend Zeit zu geben, über die problematischen Aspekte der aktuellen Situation zu berichten und andererseits zu verhindern, dass sich der Klient in eine »Problemtrance« (Radatz, 2003, S. 19) redet. Die Schilderung problematischer Aspekte der Ausgangssituation soll dem Klienten helfen, seine Situation besser zu verstehen, »also sich überhaupt erst mal klarzuwerden, welches seiner Probleme er nun bearbeiten möchte bzw. um welches Problem es tatsächlich geht« (Radatz, 2003, S. 125). Das Augenmerk liegt dabei nicht nur auf der Entwicklung und auf den aktuellen Kennzeichen der problematischen Situation/des problematischen Verhaltens, sondern es werden diejenigen Aspekte (Verhaltens- oder Situationsmerkmale oder Personen) als Ansatzpunkte identifiziert, die dazu beitragen, das aktuelle Problem aufrechtzuerhalten.

Auffassung im Persönlichkeitscoaching. Bei der Klärung der Ausgangssituation handelt es sich zunächst um eine Problemreflexion (Greif, 2008). Die relevanten Aspekte und Zusammenhänge eines Problems werden identifiziert und analysiert, um sie bei der Lösung des Problems adäquat berücksichtigen zu können. Die Klärung der Ausgangssituation, wie sie im Persönlichkeitscoaching angestrebt wird, geht aber über die Problemreflexion hinaus, indem auch Erwartungen, Anliegen, Ziele, Ausnahmen vom Problem und bisherige Lösungsversuche mit dem Klienten erarbeitet werden. Der Coach fokussiert damit nicht nur auf problematische, sondern auch auf funktionierende und erwünschte Aspekte der aktuellen Situation und bezieht die aktuelle motivationale Lage des Klienten in Form von Erwartungen und Zielvorstellungen mit ein.

Im Persönlichkeitscoaching geht es uns darum, durch die Klärung der Ausgangssituation gemeinsam mit dem Klienten die *zentralen Themen* für den Coachingprozess herauszufinden,

- die im Coaching *in der vorgesehenen Konstellation* (Einzelcoaching mit externem Coach/Coachingteam) bearbeitet werden können,
- bei denen *prinzipiell Veränderung möglich* ist (im Gegensatz zu unabänderbaren Tatsachen),
- deren Bearbeitung in Form von *Klärung oder Veränderung* für den Klienten einen wirklichen Unterschied zum Status Quo bedeuten würde.

5.2 Ausgewählte Methoden und Vorgehensweisen in Schritt 1

5.2.1 Orientierung über Anlässe für das Coaching

Folgende Fragen können dabei helfen, eine erste Orientierung über Coachinganlässe in Form von Problembereichen, Anliegen oder Erwartungen zu erhalten:

- »Was führt Sie ins Coaching?« »Worum geht es?«
- »Warum kommen Sie jetzt zum aktuellen Zeitpunkt ins Coaching?«
- »Wer oder was hat Sie dazu veranlasst, ins Coaching zu kommen?«
- »Welche Themen möchten Sie im Coaching bearbeiten? Was wollen Sie für sich klären? Was wollen Sie verändern?«
- »Welche Ziele verfolgen Sie mit dem Coaching?«/»Was möchten Sie im Coaching erreichen?«
- »Woran würden Sie merken, dass das Coaching aus Ihrer Sicht erfolgreich war?«
- »Was muss im Coaching gelaufen sein, damit Sie sagen können, dass es Ihnen etwas gebracht hat?«
- »Welche Erwartungen und Wünsche haben Sie an das Coaching (an mich als Coach)?«/»Was erhoffen Sie sich vom Coaching (von mir als Coach)?«

Die genannten Anlässe können als Stichpunkte auf Karteikarten festgehalten werden, um sie im weiteren Gespräch zu konkretisieren, zu ordnen und zu priorisieren.

5.2.2 Fragen zur Problemanalyse

Um die vorläufig identifizierten Problembereiche zu konkretisieren und ein gemeinsames Verständnis der problematischen Aspekte der Ausgangssituation zu erarbeiten, können z. B. die in Tabelle 5.1 aufgeführten Fragen hilfreich sein (vgl. Lang, 2005; Radatz, 2003).

Tabelle 5.1 Hilfreiche Fragen zur Problemanalyse (vgl. Radatz, 2003, S. 127)

Ziel der jeweiligen Fragen	Fragemöglichkeiten
Identifizierung von Problembeteiligten; Konkretisierung der systemischen Einbettung des Problems	▶ Für wen ist das Problem noch ein Problem? ▶ Wie würden diese Personen das Problem definieren? Worin besteht aus Sicht von XY das Hauptproblem? ▶ Wie würde mir Ihr Vorgesetzter/Ihr Kollege/Ihr Mitarbeiter die genannte Situation beschreiben?
Konkretisierung des Problems	▶ Können Sie mir ein konkretes Beispiel nennen, welches typisch für die Situation ist/welches das Problem deutlich macht?
Unterscheidung von Tatsachen und veränderbaren Problemen; liegt das Problem im eigenen Einflussbereich?	▶ Ist das Problem zu ändern oder nicht? ▶ Handelt es sich um problematische Systembedingungen, die beeinflusst werden können, oder um unabänderbare Tatsachen? ▶ Können wir hier in dieser Konstellation das Problem bearbeiten?

▶

Tabelle 5.1 (Fortsetzung)

Ziel der jeweiligen Fragen	**Fragemöglichkeiten**
Erarbeiten des eigenen Verhaltens, das zur Problemsituation beiträgt	► Was könnten Sie tun, damit die aktuelle Situation (noch) schlimmer wird? ► Was müssten Sie tun, um das Problem beizubehalten? ► Wie könnten Sie erreichen, dass die anderen alles dazu tun, dass die Situation schlimmer wird? ► Was können Sie in Ihrer Rolle zur Veränderung der Situation beitragen? Welchen Einfluss haben Sie auf die Situation? ► Wenn Sie sich von außen sehen, wie Sie in der Situation agieren, was fällt Ihnen dabei auf?
Veränderung über die Zeit: Erarbeitung von Problemanzeichen zur Früherkennung und Exploration von Konsequenzen	► Wie hat sich die Situation entwickelt? ► Wie ist es dazu gekommen, dass …? ► Wenn sich an der momentanen Situation nichts ändert, was wird dann in einem Jahr passiert sein? ► An welchem Punkt haben Sie das erste Mal festgestellt, dass etwas für Sie nicht passt? Was haben Sie dann getan?
Exploration aufrechterhaltender Bedingungen der Problemsituation/des Problemverhaltens	► Was haben Sie von der aktuellen Situation? Was führte dazu, dass Sie sich bisher so verhalten haben, obwohl Sie damit nicht zufrieden sind? ► Wenn wir davon ausgehen, dass alles Sinn hat, was ein Mensch tut – welchen Sinn könnte es für Sie haben, das Problem beizubehalten? ► Was spricht dafür, die Situation/Ihr Verhalten zu verändern? Was spricht dagegen? ► Wer hat etwas davon, dass die aktuelle Situation so ist, wie sie ist? Wem nutzt die aktuelle Situation/das Problem? ► Was würde schlechter werden, wenn das Problem weg wäre? Was würden Sie vermissen, wenn sich die Situation verändert/wenn Sie das Problem nicht mehr hätten?
Unterschiedsfragen	► Was genau wäre anders, wenn Sie das Problem gelöst hätten? ► Was ist der Unterschied zwischen Problem- und Zielzustand?

5.2.3 Exploration bisheriger Lösungsversuche

Um die Ausgangssituation des Coachingteilnehmers hinreichend klären zu können, werden auch bereits unternommene Lösungsversuche sowie bisherige effektive und nicht effektive Bewältigungsstrategien erfasst. Meist hat der Coachingteilnehmer bereits mehrere Versuche unternommen, die aktuelle Situation, die als unbefriedigend wahrgenommen wird, zu verändern. Folgende Fragen können dabei hilfreich sein:

- »Was haben Sie bereits unternommen, um die Situation zu verbessern? Welche Lösungsversuche gab es schon von Ihrer Seite/von Seiten anderer Beteiligter?«
- »Welche Schritte haben kleine Erfolge gebracht? Welche Änderungsversuche waren bereits ein Stück weit erfolgreich?«
- »Welche Hindernisse gab es bei den Veränderungsbemühungen? Woran sind bisherige Lösungsversuche gescheitert?"
- »Gab es Ausnahmen vom Problem und wenn ja, was war in diesen Situationen anders?«

5.2.4 Festlegung der Coachingthemen

Strukturierung der Themen. Wichtige Erkenntnisse zu den erfragten Erwartungen, Anliegen oder Problembereichen werden während der Analyse der Ausgangssituation auf Karteikarten geschrieben. Die Karten sollen vom Klienten so sortiert werden, dass durch die Anordnung der Karteikarten Zusammenhänge zwischen verschiedenen Themenbereichen und Prioritäten für die Bearbeitung deutlich werden. Während der Analyse der Ausgangssituation können die Karteikarten – abhängig von den gewonnenen Erkenntnissen – fortlaufend neu sortiert werden. Herausgearbeitete Problem*muster* sowie *zentrale* Erwartungen und Anliegen an das Coaching können als Schlüsselthemen auf Karteikarten notiert und diese als Verbindungsstücke oder Oberbegriffe zwischen den Karteikarten entsprechend platziert werden.

Um problematische Muster oder zentrale Ansatzpunkte herauszuarbeiten, können z. B. folgende Fragen hilfreich sein:

- »Wenn wir eine gemeinsame Überschrift für die von Ihnen geschilderten Problembereiche finden müssten, wie könnte diese lauten?«
- »Wenn Sie sich einmal Ihre geschilderten Themen/die geschilderten problematischen Situationen als Zeitungskolumne oder als Comic oder als Kurzfilm vorstellen, welcher Titel wäre passend?«
- »Welches Bild drängt sich Ihnen für die beschriebene Situation auf?«

Zwischenfazit. Um die bisherigen Ergebnisse der Rekonstruktion des Ausgangszustandes und deren emotionale Auswirkungen auf den Klienten explizit zu machen, kann der Coachingteilnehmer gebeten werden, ein Zwischenfazit zu formulieren:

- »Welche Ergebnisse unserer Problem-/Situationsanalyse sind für Sie besonders wichtig/neu/überraschend?«

- »Wie geht es Ihnen damit, wenn Sie die Themenbereiche und die herausgearbeiteten Schlüsselthemen hier vor sich liegen sehen?«
- »Was ist Ihre spontane Reaktion auf die bisherige Analyse der Ausgangssituation? Welchen Impuls haben Sie?«

Reaktion des Coachs. Der Coach sollte darauf achten, so auf die gemeinsame Rekonstruktion des Ausgangzustandes zu reagieren, dass der Klient erstens in seinem Selbstwert stabilisiert wird, zweitens eine tragfähige Arbeitsbeziehung aufgebaut werden kann und drittens von Anfang an die motivationalen Ressourcen des Klienten betont werden. So kann es z. B. angebracht sein, dem Coachingteilnehmer Anerkennung für eine schwierige Situation zu zollen, bisherige Änderungsbemühungen ausdrücklich zu würdigen und/oder die Bereitschaft zur (selbst-)kritischen Betrachtung der Themenbereiche hervorzuheben. Auch der Coach kann eine Zusammenfassung der bisherigen Themen und Ergebnisse aus seiner Sicht formulieren, wobei er besonders darauf achten sollte, erste Ansatzpunkte in Form von handlungsrelevanten Erkenntnissen, Zielen oder ersten Lösungsansätzen in den Mittelpunkt zu stellen.

Auswahl der Themen und schriftliche Zusammenfassungen. Am Ende der Sitzung sollten möglichst *nicht mehr als drei* Themenbereiche ausgewählt werden, die in den folgenden acht Coachingschritten im Fokus der Bearbeitung stehen. Die Coachingthemen werden schriftlich festgehalten und die zu den Themen erarbeiteten Erkenntnisse, Zielsetzungen und Veränderungsvorhaben werden zum Abschluss eines jeden Coachingschrittes sukzessive ergänzt.

5.3 Fallbeispiel Schritt 1

P

In Teil I konnten Sie unsere Beispielführungskraft Herrn P. bereits kennenlernen. In Teil II des Buches werden Sie nun Schritt für Schritt mehr über Herrn P. und seine Coachingthemen erfahren. Bei Herrn P. handelt es sich aus Gründen der Schweigepflicht und Diskretion gegenüber unseren realen Klienten um eine fiktive Führungskraft. Herr P.s zentrale Merkmale ergeben sich allerdings aus einer erdachten Konstellation realer Charakteristika unserer Klienten und die Anliegen und Themen von Herrn P. sind an Coachingthemen unserer Klienten angelehnt. Der Coachingprozess mit Herrn P. basiert damit in seinen Grundzügen und zentralen Ergebnissen auf realen Fällen.

5.3.1 Steckbrief Herr P.

Berufliche Situation

Der 37-jährige Herr P. arbeitet seit 2 Jahren als Vertriebsleiter in einem IT-Unternehmen, das Softwarelösungen für Unternehmen anbietet.

Beruflicher Werdegang

Nachdem Herr P. mit 21 Jahren sein erstes BWL-Studium nach zwei Semestern aufgrund geringer Motivation abgebrochen hatte, absolvierte er eine kaufmännische Ausbildung in seiner Heimatstadt. Hier erzielte er hervorragende Leistungen und wurde in seinem Ausbildungsbetrieb übernommen, in dem er 5 Jahre im Vertrieb zunächst im Innendienst, später im Außendienst tätig war. Während dieser Zeit hat Herr P. erneut ein BWL-Studium im Fernstudiengang begonnen und nach 3 Jahren abgeschlossen.

Nach Abschluss des Studiums bewarb er sich bei verschiedenen größeren Firmen, da er in seinem Ausbildungsbetrieb keine Aufstiegsmöglichkeiten für sich sah. Nach einer 8-monatigen Bewerbungsphase mit vielen Absagen erhielt Herr P. schließlich eine Anstellung als Vertriebsmitarbeiter in seiner jetzigen Firma. Die Bewerbungsphase hat Herr P. als äußerst stressig empfunden, da er die Ablehnungsgründe nicht nachvollziehen konnte: Er sei immer wieder zu Vorstellungsgesprächen eingeladen worden und habe danach ohne Begründung Absagen erhalten.

In seiner jetzigen Firma hat Herr P. lange als Vertriebsmitarbeiter im Außendienst gearbeitet und wurde in den letzten 5 Jahren zunehmend in Projekte eingebunden. Vor zwei Jahren war der damalige Vertriebsleiter unvorhersehbar aus seiner Position ausgeschieden. Daraufhin gab es zunächst eine Zwischenlösung zur Nachbesetzung der Position: Herr P. übernahm gemeinsam mit einem älteren Kollegen die Aufgaben des bisherigen Vertriebsleiters. Vor einem Jahr wurde schließlich im Managementteam entschieden, dass Herr P. offiziell die Position des Vertriebsleiters übernehmen sollte.

Aktuelle Position

Seit der Übernahme der Position des Vertriebsleiters liegen der Vertrieb und das Beschwerdemanagement in Herrn P.s Verantwortungsbereich. Er ist direkte Führungskraft für insgesamt 21 Mitarbeiter (zehn Vertriebsmitarbeiter im Außendienst, acht Vertriebsmitarbeiter im Innendienst, zwei Mitarbeiter im Beschwerdemanagement, eine Assistentin). Die Position der Vertriebsleitung ist auf der zweiten Hierarchieebene im Unternehmen angesiedelt. Herr P. ist damit auch Mitglied im Managementteam.

Herr P. sagt, dass er in die Führungsrolle quasi »reingeworfen« worden sei: Zwar habe er vor einem halben Jahr an Schulungen zum Thema Führung teilgenommen, die aber nicht auf seinen persönlichen und organisationalen Kontext ausgerichtet waren. Er habe sich deshalb in seine Position noch nicht eingefunden.

Private Situation

Herr P. lebt mit seiner 31-jährigen Frau in einer Stadtwohnung nahe seiner Firma und kann seinen Arbeitsplatz mit dem Fahrrad erreichen. Seine Frau arbeitet als Grundschullehrerin in einem Vorort, zu dem sie mit dem Auto pendelt. Es sei geplant, in ein Haus nahe des Arbeitsplatzes der Frau umzuziehen, bis jetzt hätten sie aber noch keine passende Immobilie gefunden. Herr P. empfindet seine private Situation insgesamt als zufriedenstellend. Es gebe aber zunehmend kleinere Konflikte mit seiner Frau bezüglich der Zeit, die er am Wochenende und an den Abenden unter der Woche in die Arbeit investiert. Außerdem fühle er sich aufgrund der Arbeitsbelastung zunehmend unter Druck gesetzt und sei angespannt.

5.3.2 Ausgangssituation, Anliegen, Problembereiche

Ausgangssituation und Rahmenbedingungen
Im Vorgespräch schildert Herr P., dass es für ihn ganz selbstverständlich sei, sich ins Coaching zu begeben: »Das gehört doch schon fast zum guten Ton.« Er wolle dazulernen und sich mit dem Thema Führung vertieft auseinandersetzen. Ein Kollege habe ihn auf die Möglichkeit eines Coachings aufmerksam gemacht. Daraufhin habe er sich in der Personalabteilung nach entsprechenden Möglichkeiten erkundigt, dort habe man ihm die Kontaktadresse gegeben. Er mache das Coaching aus eigener Entscheidung und er sei zu keiner Berichterstattung über Verlauf und Ergebnis verpflichtet. Die Kosten für das Coaching werden vom Unternehmen übernommen.

Problembereiche

Rollenkonfusion Kollege vs. Chef. Herr P. fühle sich in seiner Führungsposition »irgendwie unwohl«. Dies sei vor allem darin begründet, dass er mit einigen seiner jetzigen Mitarbeiter vor seiner Zeit als deren Vorgesetzter auch privaten Kontakt gehabt und sich mit diesen freundschaftlich gut verstanden habe. Jetzt müsse er aber »die Positionen definieren«, weshalb er versuche, sich auf privater Ebene von diesen Mitarbeitern zu distanzieren. Gleichzeitig wolle er aber auch nicht der »unerreichbare Chef« werden, sondern jemand sein, »der mit allen gut kann«. Er finde die Situation sehr anstrengend und merke, dass er in letzter Zeit weniger locker und humorvoll auftreten kann und schnell abweisend reagiere.
Hohe Erwartungen anderer. Herr P. hat das Gefühl, dass alle um ihn herum sehr viel von ihm erwarten: »Oft ist das so, dass ein Problem schon ewig besteht und dann kommt man zu mir und ich soll es dann sofort lösen, obwohl das gar nicht zu meinem Bereich gehört. So, als ob ich Wunder vollbringen könnte. Und was mich dann ärgert, dass man sich selbst gar keine Gedanken macht, sozusagen eine Lösung auf dem Silbertablett erwartet. Ganz nach dem Motto: Ja, der P., der macht das schon, der kann doch alle um den Finger wickeln. Ich weiß nicht so genau, was ich davon halten soll und woher das kommt.«
Motivierung von Mitarbeitern/Förderung des Engagements der Mitarbeiter. Seine Mitarbeiter seien unterschiedlich stark motiviert, gute Arbeit zu leisten. Viele machten »Dienst nach Vorschrift« und brächten sich nicht ein. Herr P. kann dies nicht verstehen: »Das ist halt ärgerlich, dass der ein oder andere so gar nicht mitzieht«. So stehe für ihn die Frage im Raum, wie er alle Mitarbeiter dazu bringen kann, sich mehr zu engagieren und sich selbstständig einzubringen.

Anliegen/Erwartungen

Herrn P.s Anliegen ist es, sich in der Führungsposition wohler und sicherer zu fühlen: »Ich will wissen, ob ich auf dem richtigen Weg bin, da, wo ich jetzt stehe und wie das weitergehen soll.«

Erwartungen an das Coaching seien vor allem, dass er danach wisse, was »der richtige Weg« für ihn sei. Er wolle wieder souveräner werden, »nicht so verbissen, wie im letzten halben Jahr«. Dazu sei es notwendig, dass er eine Lösung für die genannten Problembereiche finde und dass er sich in der neuen Position »besser zurechtfinde«.

5.3.3 Zusammenfassung der Ergebnisse aus Schritt 1

»Wo stehe ich als Führungskraft und wo will ich hin?« definierte Herr P. als übergeordnete Leitfrage für den Coachingprozess.

Es wurden folgende Themen für die Bearbeitung im Coaching ausgewählt:

- Umgang mit Mitarbeitern: Was passt zu mir? Mit welcher Art der Beziehungsgestaltung zu meinen Mitarbeitern fühle ich mich wohl?
- Hohe Erwartungen von Vorgesetzten, Kollegen und Mitarbeitern an meine Problemlösefähigkeit: Wie kommt es zu den hohen Erwartungen und wie kann ich damit umgehen?
- Förderung des Engagements und der Eigenständigkeit einzelner Mitarbeiter: Was kann ich als Führungskraft tun?

6 Schritt 2: Aktivierung realer Selbstbilder

Leitfragen zu Schritt 2. Wie sehe und erlebe ich mich in meiner Führungsposition/in Bezug auf die Coachingthemen? Wie denke ich, dass andere Personen mich sehen?

Die Themen, um die es im Coaching schwerpunktmäßig gehen soll, wurden in Coachingschritt 1 herausgearbeitet. Im zweiten Schritt wird die Analyse der Ist-Situation ausgeweitet auf die Aktivierung realer Selbstbilder des Coachingteilnehmers. Die Annahmen, die der Coachingteilnehmer über sich als Führungsperson hat, werden erfragt und mithilfe verschiedener Coachingmethoden systematisch exploriert. So können individuelle Persönlichkeitsmerkmale und insbesondere hilfreiche Ressourcen bewusst gemacht und für die Bearbeitung der Coachingthemen aktiviert werden.

6.1 Theoretischer Hintergrund zu realen Selbstbildern

Eine individuelle Persönlichkeit zeichnet sich durch spezifische Ressourcen und Vulnerabilitäten aus (s. Abschn. 3.2.8). Im Persönlichkeitscoaching konzentrieren wir uns schwerpunktmäßig auf die individuellen Ressourcen des Klienten, als all diejenigen Personmerkmale, die dazu genutzt werden können, stimmige Ziele zu formulieren und zu erreichen. Davon zu unterscheiden sind Personmerkmale, die sich hemmend auf die Zielformulierung und -erreichung auswirken und der Entwicklung einer stimmigen Führungsidentität im Wege stehen könnten. Solche hemmenden Faktoren bezeichnen wir als Vulnerabilitäten. Diese sollen im Coaching ebenfalls identifiziert und bei der Zielformulierung sowie bei der Planung und Umsetzung konkreter Veränderungsschritte beachtet bzw. durch den gezielten Aufbau von Fähigkeiten, zielbezogener Veränderungsmotivation und durch die Optimierung vorhandener Ressourcen ausgeglichen werden.

Das bewusst zugängliche Wissen einer Person über sich selbst (Selbstkonzept) und die damit verbundenen Bewertungen, die das Selbstwertgefühl ausmachen, bilden einen Teilaspekt der Gesamtpersönlichkeit. Persönlichkeit schließt das Selbstkonzept ein, umfasst aber auch grundlegende, psychologische Merkmale, die sich dem Bewusstsein entziehen (z. B. unbewusste Motive oder grundlegende Annahmen über die eigene Person und die Umwelt) (vgl. Renner, 2002). Die individuellen Merkmale des Klienten in Form von Ressourcen und Vulnerabilitäten werden im Persönlichkeitscoaching aus *zwei Perspektiven* betrachtet (vgl. auch Abb. 3.2): Aus der Perspektive anderer Personen (der Blick von außen auf die Person) und aus Perspektive der Person selbst (Blick auf die eigene Person). Wir sprechen diesbezüglich von *Außensicht* und

Innensicht (Laux, 2008), andere Autoren beziehen sich auf das öffentliche Selbst und das private Selbst (vgl. Baumeister & Tice, 1986) bzw. auf Fremdbild und Selbstbild (vgl. Hossiep & Paschen, 2003c).

In den Coachingschritten 2 und 3 interessiert uns zunächst die Innensicht des Coachingteilnehmers. Gegenstand von Schritt 2 sind die realen Selbstbilder der Person, die als Teil des Selbstkonzepts einen Ausschnitt der Innensicht der Person repräsentieren.

6.1.1 Das Selbst als affektiv-kognitives System

Das Selbst beschreibt als *Teilaspekt der Gesamtpersönlichkeit* die Innensicht des Individuums. Um die unterschiedlichen *Facetten des Selbst* herauszuarbeiten, ist es nützlich, es in verschiedene Komponenten zu zerlegen: Das *Selbst* als affektiv-kognitives System kann in ein erkennendes Subjekt und ein Objekt der Erkenntnis unterschieden werden (vgl. Unterscheidung von »I« und »Me« nach William James, 1890, s. Abb. 6.1).

Selbst als Objekt. Das Selbst als Objekt der Erkenntnis enthält die organisierten, ziemlich stabilen Inhalte der Erfahrungen eines Individuums. In der modernen Forschung wird dieser Teil als *Selbstkonzept* bezeichnet und meint »das Gesamt des (relativ zeitstabilen) selbstbezogenen Wissens oder auch das ›selbstbezogene Wissenssystem‹ der Person« (Fillipp & Mayer, 2005, S. 266).

Selbst als Subjekt. Das Selbst als Subjekt umschreibt die aktiven intrapersonalen (Verarbeitungs-)*Prozesse* und lenkt die Gedanken, Gefühle und das äußere Verhalten einer Person (vgl. Schlenker, 1986). Bei der Selbstreflexion ist das Selbst damit gleichzeitig Ausführender und Gegenstand der Reflexion: »Das, was wir über ›das Selbst‹ erfahren können, stellt somit stets das Produkt einer Interaktion zwischen dem Selbst als Subjekt und dem Selbst als Objekt dar« (Fillipp & Mayer, 2005, S. 266).

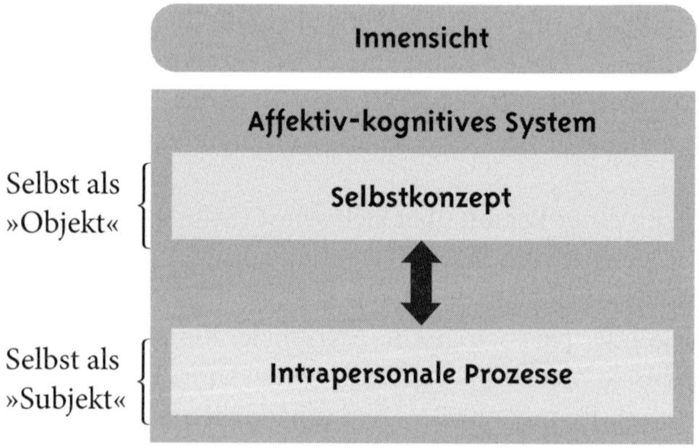

Abbildung 6.1 Selbst als »Subjekt« und Selbst als »Objekt«

Es stehen nicht immer alle Annahmen über die eigene Person im Selbstkonzept zum Abruf bereit, sondern jede Person verfügt auch über kognitive und affektive Selbstrepräsentationen (Fillipp & Mayer, 2005), die der Introspektion und dem Bewusstsein nicht zugänglich sind (s. Abb. 6.2). Diese können in verbaler, bildhafter oder sensumotorischer Form vorliegen und das Selbst in der Vergangenheit, Gegenwart und Zukunft repräsentieren (vgl. Markus & Wurf, 1987).

Arbeitsselbstkonzept. Von den prinzipiell bewusstseinsfähigen Selbstrepräsentationen ist immer nur ein Teil im selbstbezogenen Wissenssystem aktiviert. Dieser Teil, der als Arbeitsselbstkonzept (»working self concept«; Markus & Wurf, 1987) bezeichnet wird, steht in Wechselwirkung mit den aktuellen intrapersonalen Prozessen (z. B. motivationale und emotionale Prozesse; vgl. Abschn. 6.1.3) der Person (s. Abb. 6.2). Das Arbeitsselbstkonzept beschreibt damit denjenigen Ausschnitt der Selbstrepräsentationen, der im Moment im übertragenen Sinn »im Scheinwerferlicht« steht, da er für die aktuelle Situation eine besondere Rolle spielt (z. B. Selbstbild »Ich kann mich durchsetzen« in der Situation »Teamkonflikt«). Andere Teile des Selbstkonzepts hingegen bleiben in bestimmten Situationen »im Dunkeln« (z. B. Selbstbild »Ich bin ein guter Verkäufer« in der Situation »Teamkonflikt«). Selbstrepräsentationen können also – abhängig vom situativen Kontext und motivationalen Zustand der Person – im aktuellen Selbstwissen als Selbstbilder präsent sein. Auch diejenigen Selbstrepräsentationen, die zu einem bestimmten Zeitpunkt nicht im selbstbezogenen Wissenssystem aktiviert sind, nehmen automatisch Einfluss auf das intrapsychische Geschehen und das äußere Verhalten der Person, können aber nicht in kontrollierter Form im Sinne der persönlichen Entwicklungsziele genutzt werden.

Kernaspekte des Selbst. Bestimmte Kernaspekte des Selbst sind der Person jedoch unabhängig vom situativen Kontext zugänglich, d. h., sie sind »chronisch verfügbar« (vgl. Markus & Wurf, 1987, S. 306). Solche Selbstbilder wurden durch wiederholte Er-

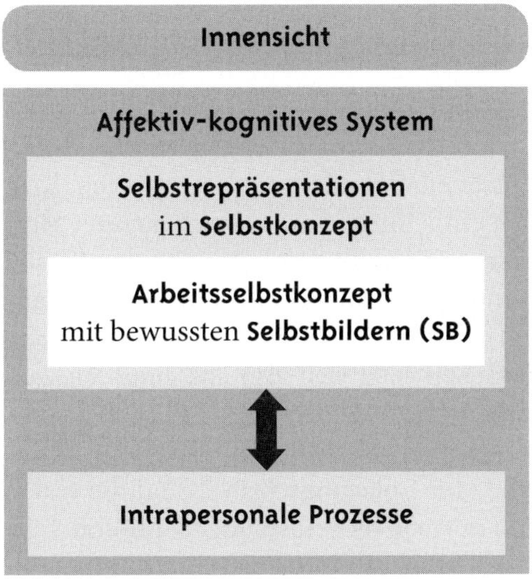

Abbildung 6.2 Das Selbst als affektiv-kognitives System

fahrung in das Selbstwissen eingeprägt und sind für die Selbstdefinition der Person als einzigartiges Individuum zentral, d. h., sie charakterisieren die Person als abgehoben von anderen, sind konstitutiv für ihre Identität und das Erleben personaler Kontinuität über die Zeit (nach Filipp & Mayer, 2005, S. 268). Neben den *immer* zugänglichen Aspekten des Selbst gibt es aber auch jene individuellen Merkmale, die der Person *nie* bewusst werden, also zu keinem Zeitpunkt im Selbstwissen aktiviert sind.

Stabilität des Selbstkonzepts. Das Selbstkonzept ist gleichzeitig stabil und veränderbar (vgl. Markus & Wurf, 1987): Stabil ist das Selbstkonzept in seinen Kernaspekten. *Vorübergehende* Veränderungen im Selbstkonzept sind zurückzuführen auf die jeweils aktuelle Aktivierung bestimmter Annahmen über die eigene Person. Es können aber auch *andauernde* Veränderungen stattfinden, wenn neue Selbstbilder aufgrund wiederholter Erfahrungen in das Selbstkonzept integriert werden (z. B.: Eine junge Führungskraft erlebt sich in der neuen Position in vielen Situationen gegenüber verschiedenen Mitarbeitern als kontrollierender Chef und entwickelt aus diesen Erfahrung das Selbstbild »Ich bin ein Kontroll-Freak«) oder wenn vorhandene Selbstbilder ihre Bedeutung ändern (z. B.: Ein strebsamer Hochschulabsolvent mit dem Selbstbild »Ich bin ehrgeizig« steigt in ein Traineeprogramm ein. Seine Kollegen verstehen das Traineeprogramm eher als »Spaß- und Schnupperjahr«, sind vom Ehrgeiz des Hochschulabsolventen genervt und grenzen ihn aus. Die Bedeutung des Selbstbildes »Ich bin ehrgeizig« wandelt sich zu »Ich bin ein unbeliebter Streber«).

Wenn Coaching dazu beitragen soll, die Handlungsoptionen, die einer Person in einer konkreten Situation zur Verfügung stehen, zu vergrößern, so besteht der erste Schritt darin, die für die Führungsposition relevanten Selbstrepräsentationen und Persönlichkeitsmerkmale durch systematische Selbstreflexion explizit zu machen. Selbstrepräsentationen, die zum Gegenstand der bewussten Selbstreflexion gemacht werden können, bezeichnen wir als *Selbstbilder.* Selbstbilder stehen situationsübergreifend oder situationsspezifisch im Arbeitsselbstkonzept zur Verfügung, lenken das aktuelle Verhalten und formen in ihrer Gesamtheit das Selbstwissen der Person.

6.1.2 Reale Selbstbilder im Arbeitsselbstkonzept

Auf die Frage »Wie sehe ich mich?« gibt es nicht eine, sondern viele Antworten. Kein Mensch sieht und erlebt sich als vollkommen einheitlich, denn je nach äußerer Situation oder innerer Verfassung stehen unterschiedliche Facetten der eigenen Person im Vordergrund. Menschen verfügen über eine Vielfalt von Vorstellungen und Phantasien, wie sie sind, wie sie sein könnten und gerne sein würden und wie sie denken, sein zu müssen. Das Selbstkonzept des Menschen setzt sich also aus einer Vielzahl von *realen, möglichen und normativen* Selbstbildern zusammen (vgl. Fillipp & Mayer, 2005, S. 269) (s. Abb. 6.3).

Beschreibung realer Selbstbilder. Gegenstand von Coachingschritt 2 sind die realen Selbstbilder (zur Beschreibung möglicher und normativer Selbstbilder s. Abschn. 7.1). Reale Selbstbilder beschreiben Merkmale,

- durch die sich eine Person derzeit gekennzeichnet sieht (z. B. »Ich bin humorvoll«),
- die durch vergangene Erfahrungen abgesichert sind (z. B. »Ich lockere in Meetings die Diskussion oft durch einen Witz auf und bringe meine Kollegen damit zum Lachen«) und
- die durch soziale Rückmeldung bestätigt (z. B. »Meine Kollegen haben mir gesagt, dass sie meine Kommentare lustig finden und meinen Humor schätzen«) wurden.

Die zwei Leitfragen in Coachingschritt 2 beziehen sich auf zwei Perspektiven, aus denen sich reale Selbstbilder entwickeln (vgl. Markus & Cross, 1990): Zum einen beschreiben reale Selbstbilder die Annahmen über die öffentliche Sicht der eigenen Person (»*Wie denke ich, dass andere mich sehen?*«), zum anderen enthalten sie die private Sicht der eigenen Person (»*Wie sehe ich mich?*«).

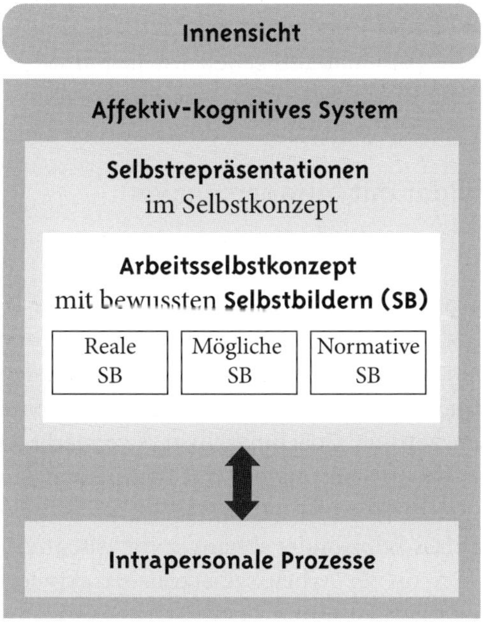

Abbildung 6.3 Selbstbilder im Arbeitsselbstkonzept

Die aktuell abrufbaren, subjektiven Annahmen der Person über sich selbst sind im Arbeitsselbstkonzept verankert und haben erheblichen Einfluss darauf, wie eine Person handelt und welche Entscheidungen sie trifft. Je nachdem, über welche Teile des Selbstkonzepts die Person in welcher Situation bewusst verfügt, wird sie sich also unterschiedlich verhalten.

Bereichsspezifisches Selbstkonzept. Beziehen sich die Selbstbilder einer Person auf einen bestimmten Bereich, etwa den Beruf, so spricht man von einem bereichsspezifischen Selbstkonzept, z. B. das Selbstkonzept als Führungsperson. Auch das Handeln einer Führungsperson wird also maßgeblich dadurch bestimmt, welche Annahmen sie über sich als Führungsperson hat. Eine Veränderung und Flexibilisierung des Verhaltens setzt dementsprechend voraus, dass sich der Coachingteilnehmer in systematischer Form mit seinen Selbstbildern auseinandersetzt. Um sich in der Führungsposition möglichst flexibel verhalten zu können, sollten alle realen Selbstbilder, die für die Ausgestaltung der Führungsposition relevant sein können, im Coaching aktiviert werden, damit sie im Führungsalltag situationsspezifisch und situationsübergreifend zur Verfügung stehen. Dafür wird der Coachingteilnehmer anhand der Leitfragen aus Coachingschritt 2 dazu angeregt, seine Fähigkeiten, Eigenschaften, Motive, Gefühle und Verhaltensweisen – also alle Merkmale, durch die er die eigene Person gekennzeichnet sieht – zum Objekt der bewussten Wahrnehmung zu machen und die Ausrichtung, Ausprägung und Wechselwirkung der Merkmale zu beschreiben.

»Zerlegung« des Selbst? Fillipp & Mayer (2005) weisen darauf hin, dass die »Zerlegung« des Selbst in verschiedene Selbstkonzeptfacetten die Gefahr in sich birgt, »eine inflationäre Zahl von ›Selbsten‹ zu postulieren und dabei die Kohärenz, Konsistenz und Stabilität aus dem Blick zu verlieren, die für das Selbst als Einheit und damit für die unverwechselbare Identität des Individuums kennzeichnend sein sollen« (S. 274). Auf diesen Einwand werden wir zum einen bei der Darstellung der Methode des Inneren Teams (Abschn. 6.2.2) zurückkommen, zum anderen gehen wir in Kapitel 12 detailliert auf das Identitätsthema »Einheit und Kohärenz« ein (s. Abschn. 12.1.2).

6.1.3 Wechselwirkung realer Selbstbilder mit intrapersonalen Prozessen

Selbstbilder im Arbeitsselbstkonzept sind nicht »einfach da«, sondern werden in Wechselwirkung mit intrapersonalen (Regulation von Gefühlen, die Verarbeitung selbstbezogener Information oder motivationale Vorgänge) und interpersonalen Prozessen (Interaktion mit anderen Personen) geformt. Der Zusammenhang von Selbstbildern mit *inter*personalen Prozessen wird ab Coachingschritt 5 verstärkt in den Fokus gerückt, die Wechselwirkung von realen Selbstbildern mit *intra*personalen Prozessen wird im Folgenden dargestellt:

In Abschnitt 6.1.1 haben wir beschrieben, dass Selbstbilder abhängig vom situativen Kontext und motivationalen Zustand der Person im Arbeitsselbstkonzept aktiviert werden. So werden einige Selbstrepräsentationen aufgrund hervorstechender Situationsmerkmale mehr oder weniger automatisch »ins Bewusstsein geholt« (vgl. Markus & Wurf, 1987): Durchläuft ein Bewerber beispielsweise ein Assessment-Center zur Auswahl von Trainees für Führungspositionen, so werden diejenigen Selbstbilder, die sich auf seine Führungsmotivation und -kompetenzen beziehen, aufgrund der Merkmale der Situation (Interviewfragen und Aufgaben zum Thema Führung) »automatisch« aktiviert sein (z. B. »Ich bin jemand, der gerne Verantwortung übernimmt«). Viele andere Selbstbilder werden jedoch – abhängig von der aktuellen Motivation der Person (z. B. »Ich möchte ausgewählt werden«) – auch gezielt aktiviert (z. B. das Selbstbild »Unter Leistungsdruck kann ich mich gut darstellen«), um positive Affekte in Bezug auf die eigene Person bei sich selbst hervorzurufen (z. B. selbstbewusst in das Assessment-Center gehen und Aufregung gering halten).

Selbstbilder im Arbeitsselbstkonzept stehen sowohl mit situations*spezifischen* als auch mit situations*übergreifenden* intrapersonalen Prozessen in Wechselwirkung: Das

Selbstbild »Ich wirke auf andere Personen unsicher« kann mit *aktuellen*, situationsspezifischen Emotionen (z. B. aktuelles Gefühl von Unsicherheit und Versagensangst im Bewerbungsgespräch) und Motivationen (z. B. im Bewerbungsgespräch Unsicherheit verbergen, um kompetent zu wirken) verknüpft sein. Das Selbstbild »Ich wirke auf andere Personen unsicher« ist hingegen auch mit *grundlegenden* affektiven Schemata (z. B. überdauerndes, niedriges Selbstwertgefühl) und *habituellen*, situationsübergreifenden Motiven (z. B. generelles Motiv, den Selbstwert zu erhöhen) verbunden.

Grundlegende »Selbst«-bezogene Motive

Eine der zentralen Funktionen des Selbstkonzepts liegt in der Regulation von Gefühlen. Menschen haben das Bedürfnis, sich selbst vor negativen Emotionen zu schützen, indem sie ihr Selbst beschönigen, erhöhen oder versuchen, neue Erfahrungen in Einklang mit ihren Selbstbildern zu bringen. Grundlegende, auf das Selbst bezogene Motive wie Selbstkongruenz und Selbstkonsistenz, Selbstwerterhöhung, Selbstbestätigung und das Bedürfnis nach Einzigartigkeit, können situationsspezifisch als aktuelle Motivation handlungsleitend werden (vgl. Abb. 6.4). Die jeweils aktuelle Ausprägung und situationsspezifische Aktivierung der Bedürfnisse haben somit erheblichen Einfluss darauf, wie intrapersonale Prozesse (z. B. Informationsverarbeitung) und interpersonale Prozesse (z. B. Verhalten anderer Personen gegenüber), gesteuert werden.

Selbstkongruenz und Selbstkonsistenz. Ein wichtiges selbstbezogenes Grundbedürfnis ist das Bedürfnis nach Authentizität bzw. *Selbstkongruenz* als Tendenz, sich in Übereinstimmung mit seinen realen Selbstbildern bzw. aktuellen Emotionen zu verhalten. Die Annahme, dass Personen versuchen, sich ihrem Selbstkonzept entsprechend zu verhalten, ist nicht neu. Die Kongruenz zwischen Selbstkonzept und Verhalten, bzw. zwischen innerem Gefühl und Gefühlsausdruck, gilt in der humanistischen Psychologie als Merkmal für psychische Gesundheit. Entsprechende humanistische Ansätze sind mit den Begriffen Selbstenthüllung, transparentes Selbst oder Echtheit verbunden (vgl. Laux, 2008). Möchte eine Person ihre Selbstbilder kontinuierlich vermitteln und über verschiedene Situationen hinweg beständig erscheinen, so spricht man von einem Bedürfnis nach *Selbstkonsistenz* (vgl. Swann, 1983 zit. n. Renner, 2002).

Selbstwerterhöhung. In einer Vielzahl von Studien hat sich gezeigt, dass Menschen zu einer selbstwertdienlichen Informationsverarbeitung im Sinne einer Selbstaufwertung bzw. Selbstwerterhöhung (»self-enhancement«) neigen (Brown, 1991; zit. nach Fillip & Mayer, 2005). Positiven Informationen über die eigene Person wird im Vergleich zu negativen Informationen mehr Aufmerksamkeit geschenkt und sie werden von der Person als »zutreffender« eingeschätzt und besser erinnert. Eine »Möglichkeit« für eine selbstwertdienliche Informationsverarbeitung besteht z. B. darin, unerwünschte selbstbezogene Ereignisse mit persönlichkeitsfernen Faktoren zu erklären (externale Attribution). So kann z. B. ein junger Trainee die Tatsache, dass er nicht zur Führungskraft befördert wurde, darauf beziehen, dass er aufgrund seiner Familienkonstellation weniger hilfreiche Beziehungen im Unternehmen habe als andere Trainees (persönlichkeitsferne Erklärung). Diese Hypothese ist für ihn selbstwertdienlicher als die Erklärung, in seinem Arbeitsstil aus der Sicht anderer Personen nicht zielstrebig und organisiert genug zu sein (persönlichkeitsnahe Erklärung). Das Bedürfnis nach Selbstwerterhöhung steuert in diesem Fall die Verarbeitung der selbstbezogenen Information mit dem Ergebnis, unangenehme Affekte, z. B. Selbstzweifel, vermeiden zu können. Personen gehen sogar so weit, sich selbst in bestimmten Bereichen schlecht zu machen, um in zentraleren Selbstaspekten den Selbstwert schützen zu können. Eine solche *Selbstbehinderung* (»self-handicapping«; vgl. Tedeschi et al., 1985) wird definiert als die Zurückführung von befürchtetem oder tatsächlich stattgefundenem Versagen in der Bewertungssituationen auf die eigene Angst: Jemand, der fürchtet, in einem Leistungstest zur Bewerberauswahl zu scheitern und damit als inkompetent aufzufallen, könnte z. B. sagen: »Ich kann mich bestimmt nicht konzentrieren, weil ich furchtbar nervös bin.« Die Symptome der Angst werden funktionalisiert, d. h. strategisch genutzt mit dem Ziel, von dem vermeintlichen oder vorhandenen Defizit im Kompetenzbereich abzulenken. Ein erwünschtes, aber nicht allzu persönlich bedeutsames Selbstbild, nämlich das des Nichtängstlichen, des Nichtaufgeregten, wird »geopfert« zugunsten eines wesentlich zentraleren Selbstbildes, nämlich das des Kompetenten, des Leistungsfähigen. Wenn dadurch die Reduktion der Selbstwertbedrohung erreicht wird, kommt es zu einer emotionalen Erleichterung (vgl. Laux, 2008).

Selbstbestätigung. Für eine Person ist es von zentraler Bedeutung, das Selbstkonzept als »Gewissheit des eigenen Seins« (Fillipp & Mayer, 2005, S. 273) zu validieren und zu verteidigen. Die Selbstbestätigung wird somit für eine Person zu einem zentralen Motiv, weshalb selbstbezogene Informationen »konsistenzmaximierend« verarbeitet werden. Gerade die Kernaspekte des Selbstkonzepts im Sinne situationsübergreifend aktivierter, realer Selbstbilder werden immer wieder zu bestätigen versucht. Wenn es sich dabei um eher negative Selbstbilder handelt (z. B. »Ich bin ein uninteressanter Gesprächspartner«), kann in bestimmten Situationen die Motivation zur Selbstbestätigung (z. B. »In der Kaffepause unterhält sich niemand längere Zeit mit mir«) der Motivation zur Selbstwerterhöhung (»Eigentlich bin ich gar nicht so uninteressant, aber die anderen sind einfach nicht auf meiner Wellenlänge «) bei der Informationsverarbeitung entgegenstehen. In solchen Fällen wird eine konsistenzförderliche Verarbeitung selbstbezogener Information (z. B. »Die Person unterhält sich nur aus Pflichtgefühl mit mir«), um den Preis der Stabilisierung eines niedrigen Selbstwertgefühls erkauft (nach Filipp & Mayer, 2005).

Bedürfnis nach Einzigartigkeit. Informationen werden auch dann selektiv verarbeitet, wenn es sich um positiv bewertete Selbstaspekte handelt, die die Person als Bestätigung ihrer Einzigartigkeit (Brewer, 1991) auffasst. Negative Aspekte hingegen werden auch für viele andere Menschen als charakteristisch angesehen und nicht ausschließlich auf sich selbst bezogen.

Insgesamt werden selbstbezogene (und v. a. selbst-kongruente) Informationen aufmerksamer wahrgenommen, effizienter (d. h. schneller, leichter und sicherer) verarbeitet und besser erinnert als nicht-selbstbezogene oder nicht selbst-kongruente Informationen (vgl. Markus & Wurf, 1987). Abhängig davon, wie sich die Person selbst sieht, nimmt sie Informationen also selektiv wahr: Eine Führungskraft, die sich selbst als kooperativ bezeichnet, wird Informationen, die ihre Bereitschaft zur konstruktiven Zusammenarbeit mit Kollegen betreffen, »besser« verarbeiten als Informationen über die Marktentwicklung, sofern letztere nicht an ihr Selbstkonzept geknüpft sind (z. B. durch das Selbstbild »Ich habe den Markt immer im Auge«). Außerdem werden Merkmale, die im Selbstkonzept verankert sind, auch bei anderen Personen häufiger wahrgenommen und Informationen, die sich auf diese Merkmale beziehen, bei der Wahrnehmung anderer Personen effizienter und subjektiv sicherer verarbeitet (Filipp & Mayer, 2005).

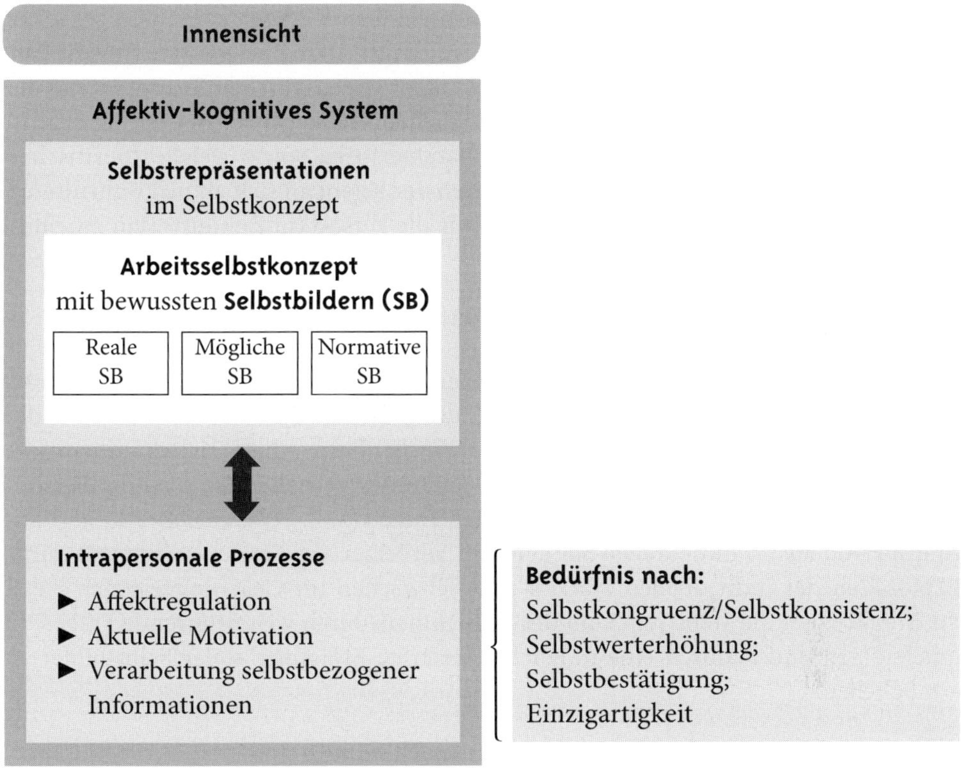

Abbildung 6.4 Intrapersonale Prozesse in Wechselwirkung mit realen Selbstbildern im Selbstkonzept

Weitere Aspekte des Selbst. Dem Selbst sind also neben dem Wissen, welches eine Person über sich selbst hat, weitere Aspekte zuzuordnen, die im Sinne grundlegender Eigenschaften das Erleben und Verhalten einer Person situationsübergreifend beeinflussen oder im Sinne kognitiv-affektiver Einheiten (Mischel & Shoda, 1995) situationsspezifisch aktiviert werden: Dazu gehören die Art und Weise, wie sich die Person selbst wahrnimmt (Selbstwahrnehmung), wie sie sich gefühlsmäßig situationsübergreifend und situationsspezifisch einschätzt (aktuelles und überdauerndes Selbstwertgefühl), wie sie eigene Fähigkeiten bewertet (Selbstbewertung), was sie sich situationsübergreifend zutraut (Selbstvertrauen) und welche Erwartungen sie situationsspezifisch in Bezug auf die eigene Handlungskompetenz hat (Selbstwirksamkeitseinschätzung).

6.2 Ausgewählte Coachingmethoden zur Aktivierung realer Selbstbilder

Mithilfe geeigneter Methoden werden die Annahmen über Merkmale der eigenen Person zum Gegenstand der vertieften Reflexion gemacht, um auch diejenigen Selbstbilder und Reaktionsweisen deutlich zu machen, die dem Klienten sonst weniger leicht zugänglich sind. Im Folgenden werden einige ausgewählte Coachingmethoden dargestellt, die unterschiedliche Zugangswege zu einer systematischen Beantwortung der Frage »Wie sehe und erlebe ich mich?« ermöglichen. Dabei geht es in Coachingschritt 2 zunächst darum, welche allgemeinen Charakteristika sowie welche spezifischen Stärken und Schwächen im Führungsverhalten der Klient an sich aktuell wahrnimmt. In Coachingschritt 3 wird es darum gehen, wie die Person (in Zukunft) sein möchte.

6.2.1 Exploration selbst zugeschriebener Stärken und Schwächen

Stärken und Schwächen im Führungsverhalten, die sich die Person selbst zuschreibt, können in systematischer Form schriftlich oder mündlich exploriert werden. Bei der Erfassung von Stärken und Schwächen in *schriftlicher* Form schätzt sich der Klient z. B. zunächst in Fragebogenitems hinsichtlich bestimmter Verhaltensweisen oder Persönlichkeitsmerkmale ein und benennt in offenen Fragen (z. B. »Was zeichnet Sie als Führungsperson aus?«) individuelle Stärken und Verbesserungsbereiche. Eine *mündliche* Exploration der individuellen Stärken und Schwächen im Coachinggespräch bietet die Möglichkeit, die Selbstreflexion des Teilnehmers durch weiterführende Fragen zu unterstützen und dadurch eine möglichst konkrete Erfassung realer Selbstbilder zu ermöglichen.

Exploration von Stärken und Schwächen im Coachinggespräch

Um die individuellen *Stärken,* die sich die Person selbst zuschreibt, zu explorieren, kann im Gespräch nach folgenden Bereichen gefragt werden:
Frage nach…

- situations*spezifischen* Fähigkeiten und hilfreichen Einstellungen (z. B. in Mitarbeitergesprächen gut zuhören können und an der Sichtweise des Mitarbeiters interessiert sein),
- Fähigkeiten und hilfreichen Einstellungen, die sich der Klient situations*übergreifend* zuspricht (z. B. die Bedürfnisse anderer Menschen generell gut wahrnehmen können und Interesse an der Meinung anderer Menschen haben),
- dem Zielbezug von Fähigkeiten, Eigenschaften oder Verhaltensweisen (z. B. die eigene Begeisterungsfähigkeit bezüglich Arbeitsthemen nutzen, um die Mitarbeiter für die selbstständige Bearbeitung von Projekten zu motivieren),

- hilfreichen persönlichen Eigenschaften und Wertvorstellungen (z. B. die Eigenschaft »emotionale Stabilität« als Ressource zum Umgang mit Arbeitsbelastungen oder die Orientierung am Wert der »sozialen Verantwortung« als motivationaler Anreiz, sich im Coaching mit den Auswirkungen des eigenen Führungsverhaltens auf die Arbeitssituation einzelner Mitarbeiter zu beschäftigen).

Vorschläge für Frageformulierungen und Vorgehensweisen zur Identifizierung von Stärken

- Meilensteine identifizieren: Ein Seil wird auf den Boden gelegt und z. B. mit beschrifteten Karteikarten wichtige Meilensteine der bisherigen beruflichen Entwicklung visualisiert: Was haben Sie in Ihrem Leben schon erreicht? Wo waren Sie bisher erfolgreich? Worauf beruhen Ihre bisherigen Leistungen? Welche Ihrer persönlichen Charakteristika, Fähigkeiten, Eigenschaften, Verhaltensweisen, Einstellungen, Grundüberzeugungen, soziale Beziehungen haben dazu beigetragen, dass Sie Ihre beruflichen Meilensteine erreichen konnten? Was haben Sie getan, um Ihre beruflichen Meilensteine zu erreichen? → Die explorierten Ressourcen können ebenfalls auf Karteikarten festgehalten und den jeweiligen Meilensteinen zugeordnet werden.
- Welches sind Ihre persönlichen Stärken? Welche Fähigkeiten waren in verschiedenen Situationen Ihres beruflichen Werdegangs besonders nützlich für Sie? Was glauben Sie, welche Fähigkeiten Sie für die Erreichung Ihrer weiteren Ziele mitbringen?
- Was können Sie gut? Was machen Sie als Führungskraft gerne?
- Welche Fähigkeiten qualifizieren Sie für Ihre beruflichen Aufgaben?
- Durch was und durch wen erhalten Sie Unterstützung zur Bewältigung der beruflichen Anforderungen?
- Was möchten Sie auf jeden Fall bewahren? Was soll (an Ihnen) unbedingt so bleiben, wie es ist?
- Welche Dinge fallen Ihnen allgemein sehr leicht?
- Welche Tätigkeiten machen Ihnen am meisten Spaß? Bei welchen Aktivitäten vergessen Sie die Zeit?
- Worauf sind Sie wirklich stolz?
- Wann haben Sie Ihre besten Augenblicke, wann fühlen Sie sich im Einklang mit sich selbst?
- Wenn Sie sich mit anderen Führungspersonen in Ihrem Unternehmen vergleichen, was können Sie besser als die anderen? Was fällt Ihnen leichter als den anderen?
- Wofür bekommen Sie von anderen Personen das meiste Lob?
- In welchen Situationen in der Vergangenheit haben Sie ganz besonders über die genannten Stärken verfügt?

Zu den realen Selbstbildern gehören nicht nur die Stärken einer Person, sondern auch diejenigen Bereiche, welche die Person selbst als *Schwäche* empfindet oder die sie gerne verändern würde. Nach diesen Selbstbildern kann folgendermaßen gefragt werden:

- In welchen Bereichen möchten Sie gern besser werden und warum?
- Welche persönlichen Charakteristika haben Sie bei der Verfolgung Ihrer Ziele bisher gehemmt?
- Was kritisieren andere Personen an Ihnen?
- Was liegt Ihnen weniger gut? Was würden Sie gerne überwinden?

Standardisierte Fragebogen zur (berufsbezogenen) Persönlichkeitsdiagnostik

In der Persönlichkeitsdiagnostik, zu der auch die Erhebung von Selbstbildern zählt, werden verschiedene Methoden der Datengewinnung eingesetzt. Die verbreitetste Methode ist die Selbstbeurteilung einer Person mithilfe von Fragebogen. Hierbei handelt es sich im Grunde um die Erfassung von Selbstbildern: Eine Person beschreibt sich im Fragebogen so, wie sie sich selbst sieht (reale Selbstbilder) oder nutzt den Fragebogen als Medium strategischer Selbstdarstellung und beschreibt sich so, wie sie gesehen werden möchte (ideale Selbstbilder).

Im Persönlichkeitscoaching nutzen wir solche standardisierten Verfahren, um zu erfassen, wie sich die Person in Hinblick auf ihre Gesamtpersönlichkeit, berufsbezogene Persönlichkeit und/oder Führungskompetenzen und Führungsstile selbst sieht und erlebt. Weniger bewusste Selbstbilder, die nicht für die unmittelbare Abfrage im Coachinggespräch bereitstehen, können so explizit gemacht werden.

Kaesler (2003) beschreibt die Möglichkeiten und den Nutzen der Arbeit mit dem Persönlichkeitsprofil im individuellen Coaching und schlägt verschiedene Verfahren vor, die aus ihrer Sicht wissenschaftlich fundiert und für die Anwendungssituation geeignet sind. Dabei hebt sie hervor, dass die Inhalte der verwendeten Fragebogen Relevanz für berufliche Situationen besitzen müssen. Im Persönlichkeitscoaching kommen – je nach Breite der Coachingthemen und je nach Anliegen des Klienten – entweder Fragebogen zur *berufsbezogenen* Persönlichkeitsbeschreibung oder Fragebogen zur *umfassenderen* Persönlichkeitsdiagnostik oder Verfahren zur *Erfassung von Führungskompetenzen* zum Einsatz.

Einbezug von Selbst- und Fremdbeschreibung. Als besonders geeignet erachten wir im Persönlichkeitscoaching solche standardisierten Verfahren, die neben der Selbst- auch eine Fremdbeschreibung auf den jeweiligen Dimensionen vorsehen. So können Fragebogen, die in Coachingschritt 2 zur Aktivierung und Erfassung von Selbstbildern eingesetzt werden, in Coachingschritt 4 zur Erfassung von Fremdbildern herangezogen werden. Weiterhin kann die Instruktion eines Fragebogens so verändert werden, dass sowohl reale Selbst- und/oder Fremdbilder (Einschätzung des »Ist-Zustandes«) als auch mögliche Selbst- und/oder Fremdbilder (Einschätzung des »Soll-Zustandes«) erfasst werden.

In den folgenden Übersichten finden Sie eine *Auswahl an standardisierten Verfahren* zur Persönlichkeitsdiagnostik, die im Persönlichkeitscoaching eingesetzt werden können.

Standardisierte Fragebogen zur berufsbezogenen Persönlichkeitsbeschreibung

BIP: Bochumer Inventar zur berufsbezogenen Persönlichkeitsbeschreibung

Hossiep, R. & Paschen, M. (2003). Bochumer Inventar zur berufsbezogenen Persönlichkeitsbeschreibung – BIP (2. Aufl.). Göttingen: Hogrefe.

Erfasste Dimensionen:

- Berufliche Orientierung: Leistungsmotivation, Gestaltungsmotivation, Führungsmotivation
- Arbeitsverhalten: Gewissenhaftigkeit, Flexibilität, Handlungsorientierung
- Soziale Kompetenzen: Sensitivität, Kontaktfähigkeit, Soziabilität, Teamorientierung, Durchsetzungsstärke
- Psychische Konstitution: Emotionale Stabilität, Belastbarkeit, Selbstbewusstsein

LMI: Leistungs-Motivations-Inventar

Schuler, H. & Prochaska, M. (2000). Leistungsmotivationsinventar. Göttingen: Hogrefe.

Erfasste Dimensionen: Beharrlichkeit, Dominanz, Engagement, Erfolgszuversicht, Flexibilität, Flow, Furchtlosigkeit, Internalität, kompensatorische Anstrengung, Leistungsstolz, Lernbereitschaft, Schwierigkeitspräferenz, Selbstständigkeit, Selbstkontrolle, Statusorientierung, Wettbewerbsorientierung, Zielsetzung

AVEM: Arbeitsbezogenes Verhaltens- und Erlebensmuster

Schaarschmidt, U. & Fischer, A. (1996). Arbeitsbezogenes Verhaltens- und Erlebensmuster. Frankfurt/M.: Sweet Test Services.

Erfasste Dimensionen: Bedeutsamkeit der Arbeit, beruflicher Ehrgeiz, Verausgabungsbereitschaft, Perfektionsstreben, Distanzierungsfähigkeit, Resignationstendenz, offensive Problembewältigung, innere Ruhe/Ausgeglichenheit, Erfolgsstreben im Beruf, Lebenszufriedenheit, Erleben sozialer Unterstützung
Weiterhin: Möglichkeit einer Zuordnung zu vier Typen

Standardisierte Fragebogen zur umfassenderen Persönlichkeitsbeschreibung und zur Erfassung von Führungsstilen

NEO-PI-R: NEO-Persönlichkeitsinventar

Ostendorf, F. & Angleitner, A. (2004). NEO-Persönlichkeitsinventar nach Costa und McCrae, Revidierte Fassung. Göttingen: Hogrefe.

- 5 Faktoren (»Big Five«): Neurotizismus, Extraversion, Offenheit für Erfahrung, Verträglichkeit, Gewissenhaftigkeit
- 30 Persönlichkeitsfacetten

▶

MLQ: Multifactor Leadership Questionnaire

Felfe, J. & Goihl, K. (2003). Deutsche überarbeitete und ergänzte Version des »Multifactor Leadership Questionnaire« (MLQ). In A. Glöckner-Rist (Hrsg.). ZUMA-Informationssystem. Elektronisches Handbuch sozialwissenschaftlicher Erhebungsinstrumente. Version 5.00. Mannheim: Zentrum für Umfragen, Methoden und Analysen.

Erfasste Dimensionen: Führungsstile des »Full range of Leadership« nach Bass & Avolio (2000).

- Einfluss durch Vorbildlichkeit und Glaubwürdigkeit (Idealized Influence)
- Motivation durch begeisternde Visionen (Inspirational motivation)
- Anregung und Förderung von kreativem und unabhängigem Denken (Intellectual stimulation)
- Individuelle Unterstützung und Förderung (Individualized consideration)
- Ausstrahlung
- Leistungsorientierte Belohnung (Contingent Reward)
- Führen durch aktive Kontrolle (Management by Exception active)
- Führen durch Eingreifen im Ausnahmefall (Management by Exception passive)
- Vermeidung/Verweigerung von Führung (Laissez-faire)

6.2.2 Arbeit mit dem Inneren Team

Die gezielte Selbstreflexion mithilfe der Methode des Inneren Teams zur Klärung der Frage »Wie erlebe ich mich als Führungsperson?« soll dem Coachingteilnehmer dabei behilflich sein, sich seiner inneren Pluralität bewusst zu werden. Das Innere Team stellt die Vielfältigkeit des intra- und interpersonalen Geschehens und den Facettenreichtum einer individuellen Persönlichkeit in den Mittelpunkt der Betrachtung. Gegeneinander und miteinander agierende innerpsychische Anteile sollen bewusst gemacht werden, um sie für Ausgestaltung der Führungsposition gezielt nutzen zu können.

Die Methode des Inneren Teams (vgl. Schulz von Thun, 2003b) erfreut sich in Coaching, Training und Beratung größter Beliebtheit und es gibt zahlreiche und zum Teil umfassende Darstellungen verschiedener Arbeitsweisen mit der Methode und unterschiedlicher Einsatzmöglichkeiten des Modells (z. B. Benien, 2005, S. 165–227; Lippmann, 2009, S. 336–337; Schulz von Thun & Stegemann, 2007). Dennoch stellen wir die Methode des Inneren Teams an dieser Stelle etwas ausführlicher dar, um unsere spezifische Auffassung des Modells und dessen Einsatz im Persönlichkeitscoaching zu verdeutlichen.

Modell des Inneren Teams
Schulz von Thun stellt fest, »daß der Mensch kein einheitliches Wesen ist, das kraft seiner seelischen Bauweise mit sich einig wäre, sondern daß innere Vielfalt und Gegensätzlichkeit das eigentlich Menschliche ausmachen [...]« (2003b, S. 45).

Metapher der inneren Stimmen. Um die innere Vielfalt des Menschen zu beschreiben, wählt Schulz von Thun die Metapher »innerer Stimmen«, die sich zu bestimmten Themen und Ereignissen zu Wort melden, widersprüchlicher Natur sein können und Kommunikation und Verhalten beeinflussen. Die innere Reaktion auf eine Situation, Entscheidung, Aufgabe oder Person kann als Konsequenz vielfältig und uneindeutig sein.

Auf die Leitfrage aus Schritt 2 »Wie erlebe ich mich als Führungsperson?« wird es dementsprechend für den Coachingteilnehmer nicht nur eine, sondern vielfältige – teils gegensätzliche – Antworten geben, die durch die Arbeit mit der Methode des Inneren Teams systematisch erarbeitet werden können: So erlebt sich ein Coachingteilnehmer vielleicht wiederholt in verschiedenen Situationen einerseits als unnachgiebiger, primär aufgabenbezogener Chef (der z. B. kurzfristige Urlaubsgesuche eines Mitarbeiters aufgrund der zu erledigenden Aufgaben untersagt), andererseits fühlt er sich gleichzeitig mit diesem Verhalten »irgendwie unwohl«, da er die Bedürfnisse der Mitarbeiter verstehen kann und auf diese eingehen möchte.

Mitglieder des Inneren Teams auf der inneren Bühne. Die Träger der inneren Stimmen (z. B. »Die Aufgaben müssen erledigt werden« vs. »Ich möchte die Bedürfnisse meiner Mitarbeiter berücksichtigen«) werden als Mitglieder eines Inneren Teams aufgefasst, die auf einer »inneren Bühne« miteinander interagieren. Die innere Bühne symbolisiert nach Schulz von Thun (2003b) den Ort, an dem die inneren Stimmen in Aktion treten. Nach unserem Verständnis symbolisiert die *innere Bühne das Arbeitsselbstkonzept* einer Person, in dem die aktuell zugänglichen Selbstbilder verankert sind und »in Erscheinung treten«.

Eine Führungsperson hat es also mit einer äußeren und einer inneren Vielfalt zu tun, die – je nach Art und Weise des Umgangs damit – entweder als »Eindeutigkeitsverlust« oder als »Vielheitsgewinn« (Welsch, 1993) interpretiert werden kann. Innere Pluralität stellt nach Schulz von Thun (2003b) keine Ausnahme oder eine Störung dar, sondern beschreibt ein typisch menschliches Wesensmerkmal.

Funktion des Modells. Das Modell des Inneren Teams als theoretisches Konstrukt soll dazu dienen, das menschliche »Seelenleben« anhand einer Metapher aus dem Theaterbereich verständlich zu machen und eignet sich daher in besonderem Maße als Methode, um uneindeutige Impulse, Einstellungen oder Erwartungen greifbar zu machen und in explizite Selbstbilder zu verwandeln. Mit dem Konstrukt innerer Stimmen sind weder akustische noch unbedingt sprachliche Botschaften gemeint, sondern die Wahrnehmung eines bestimmten Gefühls, einer Stimmung, eines flüchtigen Gedankens, eines Impulses oder eines Körpersignals (vgl. Schulz von Thun, 2003b). Innere Stimmen sind demnach zunächst »implizite Botschaften«, die es gilt, mithilfe der Methode des Inneren Teams explizit zu machen.

Methode des Inneren Teams

Das Innere Team als Arbeitstechnik basiert auf einer visuellen Darstellung der Teammitglieder auf einer »inneren Bühne« (vgl. Schulz von Thun, 2003b): In einem ersten Schritt werden die Teammitglieder gesammelt, die sich zu einem bestimmten Anliegen oder einer bestimmten Fragestellung äußern. In einem zweiten Schritt werden die Teammitglieder auf der inneren Bühne so umgruppiert, dass ihre Gruppendynamik erkennbar wird.

Grundlegende Arbeitsschritte. Zur Erhebung des Inneren Teams werden die Träger der inneren Stimmen personifiziert. Der Coach leitet den Coachingteilnehmer an, den verschiedenen inneren Anteilen einen *Namen* zu geben (z. B. »Der Ehrgeizige«) und eine zentrale *Botschaft* zu formulieren, welche möglichst die wesentlichen Aspekte dieses inneren Anteils ausdrücken soll (z. B. »Ich will das schaffen«). Die Botschaft enthält in der Regel kognitive, emotionale und motivationale Bestandteile. Das identifizierte Teammitglied wird zeichnerisch dargestellt (z. B. auf Karteikarten), indem ihm ein griffiges *Symbol* oder eine bestimmte Körperhaltung zugeordnet wird (z. B. das Teammitglied »Der Ehrgeizige« als Sprinter im Startblock). Die Reihenfolge bei der Bestimmung der Botschaft, des Namens und der zeichnerischen Darstellung wird flexibel gehandhabt, je nachdem, welcher Zugang zu seinen inneren Anteilen dem Coachingteilnehmer zunächst am leichtesten fällt.

Durch die Personifizierung und Visualisierung der Teammitglieder werden Selbstbilder somit »sichtbar« und in der Konsequenz »greifbarer« gemacht.

Merkmale innerer Teammitglieder. Die Teammitglieder weisen unterschiedliche Eigenheiten auf: Demnach können Frühmelder (nehmen umgehend Einfluss auf das Geschehen) und Spätmelder (melden sich erst nach einiger Zeit), laute und leise Stimmen (letztere werden oft erst wahrgenommen, wenn innegehalten wird), willkommene und unwillkommene Stimmen unterschieden werden. Die willkommenen Stimmen nimmt die Person gerne als einen Teil ihrer Persönlichkeit wahr (erwünschte Selbstbilder), während die unwillkommenen Stimmen peinlich sind und gerne unterdrückt werden (vermiedene Selbstbilder).

»Stammspieler« als Kernaspekte des Selbstkonzepts. Das Auftreten der einzelnen Teammitglieder hängt stark vom jeweiligen Kontext ab, je nach Situation sind unterschiedliche Selbstbilder im Arbeitsselbstkonzept aktiviert. Es gibt aber auch sogenannte Stammspieler (vgl. Kernaspekte des Selbstkonzepts, s. Abschn. 6.1.1), die sich situationsübergreifend in den Vordergrund schieben und als *persönlichkeitstypisch* angesehen werden können (vgl. Schulz von Thun, 2003b). Stammspieler sind jene Mitglieder des Inneren Teams, die aufgrund der Lebensgeschichte eines Menschen in wechselnden Situationen (z. B. im beruflichen und privaten Kontext) wiederholt auftreten. Die Stammspieler sind sehr wichtig für eine Person, da sie diese gewissermaßen berechenbar, kontrollierbar und »sozial verträglich« machen. Gleichzeitig sind sie jedoch häufig so präsent, dass eine integrierte Teamentwicklung aller Mitglieder des Inneren Teams behindert wird oder einige innere Stimmen zugunsten der Stammspieler völlig verdrängt werden.

Teammitglieder werden v. a. durch zwei Lernprinzipien zu Stammspielern (nach Schulz von Thun, 2003b), durch Lernen am Modell und durch Lernen am Erfolg. So werden z. B. wichtige Bezugspersonen, die als Modell fungiert haben (z. B. Mutter, Vater), als Mitglieder des Inneren Teams verinnerlicht (vgl. Entstehung normativer Selbstbilder, s. Abschn. 7.1.1). Auch Teammitglieder, die nach innen (die z. B. durch ihre positive Bewertung zu einer Selbstwertstärkung beitragen) oder außen (deren »Auftritt« z. B. erwünschte Reaktionen bei den Interaktionspartnern hervorruft) erfolgreich agieren, können zu Stammspielern werden (s. Beispiel).

Beispiel

Ein junger Mann – nennen wir ihn Herrn Opti – möchte in die Fußstapfen seines Vaters treten und das Familienunternehmen als neuer Geschäftsführer leiten, nachdem sein Vater in den Ruhestand gegangen ist. In seiner neuen Position tritt Herr Opti als »Strahlemann« auf, der immer optimistisch in die Zukunft blickt. Herr Opti hatte seinen Vater stets als gut gelaunt erlebt und er wurde unter dem Motto »Jeder ist seines Glückes Schmied« erzogen. Herr Opti entwickelte mit der Zeit das normative Selbstbild »Ich bin immer gut drauf« (Lernen am Modell), welches er im Inneren Team mit dem Teammitglied des »Sunnyboys« personifizierte, das als Stammspieler privat wie auch beruflich im Vordergrund steht.
Im Laufe seines Lebens hat Herr Opti außerdem die Erfahrung gemacht, dass er Gefühle von Hilflosigkeit, wenn etwas doch nicht optimal lief, am besten durch Aktionismus bewältigen kann (Lernen durch Erfolg). Hieraus entwickelte sich das selbstwertstabilisierende Selbstbild »Ich bin ein Macher«, welches er als Stammspieler (»Der aktionistische Macher«) mit der Botschaft »Ich hab's im Griff« identifizierte.

Erfassung der Teammitglieder. Nach der Unterteilung von situationsabhängig und situationsübergreifend auftretenden Teammitgliedern kann die Erfassung der inneren Stimmen ausgehend von einer *spezifischen Situation* erfolgen oder auf der Frage nach *situationsübergreifenden Erlebens- und Reaktionsweisen* beruhen. Im ersten Fall wird zunächst eine konflikthafte Situation ausgewählt, die repräsentativ für ein bestimmtes Coachingthema ist (z. B. repräsentative Situation für das Coachingthema »Annehmen der Rolle als Vorgesetzte«, die durch einen inneren Konflikt gekennzeichnet ist: Führungskraft, die neu in ihrer Position ist, muss ein Kritikgespräch mit einer Mitarbeiterin führen, mit der sie lange auf gleicher Hierarchieebene zusammengearbeitet hat) und diejenigen inneren Stimmen erfasst, welche sich in der spezifischen Situation zu Wort melden. Die Identifizierung von Stammspielern erfolgt ausgehend von der Frage »Wie erlebe ich mich typischerweise in meiner Rolle als Führungsperson«?
Anordnung der Teammitglieder auf der inneren Bühne. Im zweiten Schritt werden die identifizierten Teammitglieder zueinander in Beziehung gesetzt und durch die Anordnung auf einer inneren Bühne die Gruppendynamik veranschaulicht. Die innere Büh-

ne symbolisiert nach Schulz von Thun (2003b) den Ort, an dem die inneren Stimmen in Aktion treten. Sie kann z. B. auf einem Flipchartbogen visualisiert werden, auf dem die gezeichneten Teammitglieder anschließend positioniert werden.

Nach Fischer-Epe (2002) wächst das Verständnis für die eigenen Erlebens- und Reaktionsweisen, sobald »die wichtigsten inneren Motive, die im Widerstreit liegen, gehört wurden und durch die Visualisierung am Flipchart auch sichtbar geworden sind« (S. 157). Die z. B. auf Karteikarten visualisierten Teammitglieder können auf der inneren Bühne angeordnet und Koalitionen oder Konflikte zwischen Mitgliedern auf dem Flipchartbogen durch verschiedenfarbige Verbindungslinien oder Symbole (z. B. Blitz) hervorgehoben werden.

Innere Teammitglieder im Innen- und Außendienst. Mitglieder des Inneren Teams können sowohl im Innen- als auch im Außendienst wirksam werden: »Im Innendienst sind sie Teilnehmer des Selbstgesprächs (›innere Stimmen‹) und Hervorbringer von Stimmungen, Gefühlen, Motiven und Gedanken; im Außendienst sind sie Aktionsbeteiligte auf dem Spielfeld des Lebens [...]« (Schulz von Thun, 2003b, S. 34 f). Diese Metapher entspricht unserer Auffassung, dass reale Selbstbilder im Arbeitsselbstkonzept in Wechselwirkung mit intrapersonalen (Teammitglieder im Innendienst) und interpersonellen Prozessen (Teammitglieder im Außendienst) stehen (vgl. Abschn. 6.1.3). Durch die Anordnung auf der inneren Bühne wird deutlich, welche Teammitglieder bevorzugt nach außen kommunizieren und damit die Selbstdarstellung der Person maßgeblich bestimmen (z. B. indem diese Teammitglieder in der Visualisierung am vorderen Rand der inneren Bühne positioniert werden) oder welche Teammitglieder als unwillkommene Anteile der eigenen Person auf der inneren Bühne ganz nach hinten verbannt werden.

Variable und typische Aufstellungen des Inneren Teams. Die innere Bühne wird in der Metapher als »Drehbühne« aufgefasst, die es ermöglicht, sich durch eine geeignete Mannschaftsaufstellung an die jeweilige Situation und die jeweilige Rolle anzupassen. Neben dieser *dynamischen Variabilität* der Aufstellung des Inneren Teams im Alltag (situations- und motivationsabhängige Konstellation von Selbstbildern im Arbeitsselbstkonzept; vgl. Abschn. 6.1.1) ist jedem Menschen aber auch eine typische Aufstellung seines Inneren Teams zu eigen, eine *Grundkonstellation* (Stabilität des Selbstkonzepts; vgl. Abschn. 6.1.1), die für ihn, gemittelt über eine Vielzahl von Lebenssituationen, charakteristisch ist.

Inneres Team und Teilidentitäten. Die verschiedenen Aufstellungen des Inneren Teams können als Versuch aufgefasst werden, stabile und variable Merkmale des Identitätskonzepts zu veranschaulichen. In Abschnitt 2.3.3 wurde Führungsidentität als zusammenfassender Begriff beschrieben, der grundsätzlich von einer Vielzahl von Teilidentitäten oder Identitätsfacetten ausgeht. So entwickelt jede Führungskraft in der täglichen Interaktion mit ihren beruflichen Interaktionspartnern spezifische Teilidentitäten, in denen sich situative Erfahrungen zu übersituativen Konturen verdichten. In diesem Sinne begreifen wir die dynamische Variabilität des Inneren Teams als *Ausdruck von Teilidentitäten*, die Grundkonstellation des Inneren Teams hingegen als *basale Identität* (s. im Detail Abschn. 12.1.2).

Die situationsübergreifenden Aufstellungen des Inneren Teams können nach verschiedenen Typen der Grundaufstellung (s. Schulz von Thun, 2003b) unterschieden werden.

Auf andere Personen bezogene Grundaufstellung. Die personenbezogene Grundaufstellung bezieht sich darauf, dass sich die Konstellation der inneren Teammitglieder danach richtet, mit welchen Beziehungspartnern interagiert wird. Je nach Interaktionspartner werden unterschiedliche Selbstbilder im Arbeitsselbstkonzept aktiviert und unterschiedliche Teammitglieder »in den Außendienst geholt«. In der Interaktion einer Person mit ihrem »strengen Vater« können z. B. immer diejenigen Teammitglieder auf die Vorderbühne geholt werden, die die normativen Selbstbilder (s. Abschn. 7.1.1) der Person repräsentieren (z. B. »der leistungsstarke Überflieger«).

Auf die eigene Person bezogene Grundaufstellung. Die Mannschaftsaufstellung bezogen auf die eigene Person beschreibt die typische Konstellation des Inneren Teams der eigenen Person gegenüber. Nach Schulz von Thun (2003b) bildet die Summe aller Botschaften, die hier laut werden, die Grundlage unseres Selbstwertgefühls. Hier kommt die bewertende Komponente des Selbst zum Ausdruck, die einen Teil des affektiv-kognitiven Selbstsystems darstellt (vgl. Abschn. 6.1.1). Hal und Sidra Stone (1994) beschreiben, dass »in der selbstbezogenen Grundaufstellung des westlichen Erfolgsmenschen ein Triumvirat vorherrscht, bestehend auf *dem Perfektionisten*, dem *Kritiker* und dem *Antreiber*« (zit. n. Schulz von Thun, 2003b, S. 261). Wenn diese drei Teammitglieder (im Sinne von realen, idealen und normativen Selbstbildern) situationsübergreifend den Ton angeben, so entsteht ein negatives »Betriebsklima im Innendienst«, d. h. ein chronisch niedriges Selbstwertgefühl, da die inneren Standards nie erreicht werden.

Themenbezogene Mannschaftsaufstellung. Die themenbezogene Mannschaftsaufstellung beschreibt die typische Konstellation des Inneren Teams gegenüber bestimmten Lebensthemen wie z. B. Geld oder Karriere.

Zusammenfassung der Auffassung des Inneren Teams im Persönlichkeitscoaching und die Funktion des Oberhaupts

Nach Schulz von Thun (2007) ist die »Selbstklärung mit dem Inneren Team nicht nur Vorbereitung für eine Lösungsfindung, sondern ein erster wichtiger Teil davon« (S. 26). Auch Radatz (2003) betont, dass die Arbeit mit der Metapher des Inneren Teams – die sie den Symbolisierungskonzepten zuordnet – eine effiziente Vorgehensweise darstellt, Ergebnisse rasch und deutlich entstehen zu lassen. Dies entspricht unserer Auffassung vom Inneren Team: Durch den Einsatz dieser Methode können potenziell zur Verfügung stehende Ressourcen aktiviert und in expliziten Selbstbildern bewusst gemacht werden, um sie für die Formulierung stimmiger Ziele und die Umsetzung von Lösungsschritten heranzuziehen. Schulz von Thun (2007) setzt Persönlichkeitsentwicklung mit innerer Teamentwicklung gleich, da z. B. Gegenspieler im Inneren Team miteinander in Kontakt treten und damit Gegensätze integriert werden können. Langfristige Ziele bestehen demnach darin, »verbannte Außenseiter« (als unerwünschte Anteile der eigenen Persönlichkeit) zu akzeptieren und zu integrieren und eine professionelle »Vordermannschaft« des Inneren Teams zu entwickeln, die situationsadäquat nach außen kommuniziert.

Ziel der Arbeit mit dem Inneren Team im Persönlichkeitscoaching. Das Ziel und potenzielle Ergebnis der Arbeit mit dem Inneren Team besteht unserer Auffassung nach darin, das Zusammenspiel von Selbstrepräsentationen und intrapsychischen, motivationalen und emotionalen Prozessen (vgl. Abschn. 6.1.3) zu versprachlichen und in Form der inneren Teammitglieder zu symbolisieren. In dieser vereinfachten Form können innerpsychische, selbstbezogene Vorgänge als bewusste Selbstbilder in das Selbstkonzept integriert werden. Die Führungsperson erhält damit einen systematischen und vertiefenden Zugang zu ihrer inneren Vielfalt und wird angeleitet, diese in expliziten Selbstbildern auszudrücken. Innere Teammitglieder begreifen wir als *Selbstbilder im Arbeitsselbstkonzept*, das Innere Team in seiner Dynamik als einen Ausschnitt der situationsspezifischen oder situationsübergreifenden *Selbstsicht des Individuums*.

Für die Führungsperson wird durch die Arbeit mit der Metapher des Inneren Teams die Beantwortung der folgenden Fragen möglich: Wie erlebe ich mich als Führungsperson in der Beziehung zu verschiedenen Interaktionspartnern? Welche Reaktionen nehme ich bei mir wahr und wie interpretiere ich meine eigenen Reaktionen? Wie kann ich diese Facetten meines Erlebens und Verhaltens benennen und in meiner Führungsposition konstruktiv nutzen?

Im vorliegenden Coachingschritt 2 geht es uns darum, mithilfe des Inneren Teams reale Selbstbilder zu identifizieren, in Coachingschritt 3 werden wir aufzeigen, welche Möglichkeiten die Methode bietet, ideale und normative Selbstbilder in den Fokus zu rücken.

Funktionen des Oberhaupts. Schulz von Thun (2003b) konzipiert das »Oberhaupt« oder den »Teamchef« als Instanz, die – im Idealfall in einer souveränen Metaposition – über dem gesamten Inneren Team steht, dessen Mitglieder als Teile des Selbst anerkennt (auch wenn sie nicht immer erwünscht sind) und bemüht ist, die innere Vielfalt konstruktiv zu nutzen. Das Oberhaupt hat in der Metapher des Inneren Teams bestimmte Aufgaben zu erfüllen, die als Teilaspekte eines Selbstregulationsprozesses (vgl. Bandura, 1989) aufzufassen sind. Diese Aufgaben erstrecken sich auf den »Innendienst« (intrapsychische Regulation) und den »Außendienst« (Regulation von zwischenmenschlichen Interaktionen) und umfassen z. B. Selbstkontrolle, Integration der Teammitglieder, Konfliktmanagement bei verfeindeten Mitgliedern des Inneren Teams (Umgang mit intrapsychischen Konflikten), Integration von Außenseitern des Inneren Teams (Akzeptanz unerwünschter Selbstbilder) und »Personalauswahl« durch eine bewusste, situationsabhängige Mannschaftsaufstellung (Auswahl bestimmter Selbstbilder für die situationsadäquate Selbstdarstellung).

Das Oberhaupt und die Frage nach der Einheit des Selbst. Indem wir mit Schulz von Thun von einem »Oberhaupt« in der Funktion eines »übergeordneten Ichs« sprechen, wollen wir nicht eine Art Kerninstanz oder gar einen Oberkontrolleur als zentrale Entscheidungsinstanz postulieren. Wir bleiben im Bereich einer *hilfreichen Metapher*, wenn wir die Aufgabe des Oberhaupts ganz pragmatisch darin sehen, die innere Vielfalt konstruktiv zu nutzen. Dabei ist es im Sinne einer Aktivierung und Erweiterung von Ressourcen (vgl. Abschn. 3.2.8) im Coachingprozess notwendig, die innere Vielfalt zunächst kennenzulernen (vgl. Coachingschritt 2 und 3) und sie ggf. zu erweitern (vgl. Coachingschritt 7). In Coachingschritt 8 wird der Klient dazu angeleitet, eine individuelle Antwort darauf zu erarbeiten, inwieweit er versucht, sowohl seine innere als auch seine äußere Vielfalt zu einer Einheit zu bündeln. Indem verschiedene Teilidentitäten an einer Grundidentität bzw. einer gemeinsamen Zielsetzung ausgerichtet werden, kann ein gewisses Ausmaß von Kohärenz hergestellt werden (im Detail s. Abschn. 12.1). Nach einer strikt postmodernen Auffassung des Menschen bedeutet eine gelingende Identitätsarbeit hingegen, über verschiedene Persönlichkeitsfacetten zu verfügen, die auch *nebeneinander* bestehen können. Je nach Kontext und Interaktionspartner können ganz unterschiedliche Ausschnitte der persönlichen Vielfalt aktiviert sein, sodass eine Führungsperson in ihren tagtäglichen Interaktionen spezifische Teilidentitäten entwickelt, die es ihr ermöglichen, ihre Position in widersprüchlichen und komplexen Bedingungen auszugestalten. Das, was der Person selbst entspricht, kann also durch Vielheit gekennzeichnet sein und das daraus resultierende Verhalten in verschiedenen Kontexten sehr unterschiedlich ausfallen.

Die Personalisierung von Selbstbildern in Form von Inneren Teammitgliedern interpretieren wir nicht als Kohärenzverlust durch »eine inflationäre Zahl von Selbsten« (Fillip & Mayer, 2005, S. 274; s. Abschn. 6.1.3), sondern als Vielheitsgewinn, der gelingende Identitätsarbeit hin zur Entwicklung von Teilidentitäten unterstützt.

6.2.3 Charakterskizze in der dritten Person

Um der Leitfrage aus Coachingschritt 2, »Wie denke ich, dass andere Personen mich sehen?«, nachzugehen, wird der Klient zu einem Perspektivenwechsel angeleitet, indem er sich selbst aus der Sicht einer anderen Person beschreiben soll. Eine dafür geeignete Methode ist die »Charakterskizze« nach Kelly (1955), die ursprünglich im Rahmen der sogenannten Fixed-Role-Therapie als diagnostischer Schritt eingesetzt wurde, um die individuellen Konstrukte des Klienten und deren Anwendung auf die Ausarbeitung des Selbstbildes zu erfassen (vgl. Adams-Webber, 1994). Kelly (1955) bediente sich der Charakterskizze, um den Klienten nahezulegen, die eigene Persönlichkeit als ein zusammenhängendes Ganzes zu beschreiben und nicht nur einen Katalog der eigenen Ressourcen und Schwächen aufzustellen (vgl. Adams-Webber, 1994).

Ausdruck realer und idealer Selbstbilder. Im Persönlichkeitscoaching wird der Klient angeleitet, sich selbst in der dritten Person auf dreierlei Arten zu charakterisieren:

(1) Aus der Sicht eines Freundes/einer Freundin, der/die dem Coachingteilnehmer große Sympathie entgegenbringt und diesen sehr gut kennt.

(2) Aus der Sicht einer fiktiven Person, die dem Coachingteilnehmer keinerlei Sympathie entgegenbringt.

(3) Aus der Sicht einer Person, die den Coachingteilnehmer so beschreibt, wie er im Idealfall wäre.

Die Charakterskizzen in den Versionen (1) und (2) ermöglichen es, in umfassender Weise *reale Selbstbilder* (Wie sieht und erlebt sich die Person aktuell in Interaktion mit anderen Personen?) zu erfassen. Der Coachingteilnehmer wird angeregt, darüber zu reflektieren, wie er von anderen wahrgenommen wird bzw. wie er meint, von anderen gesehen zu werden. Dabei können weitere individuelle Persönlichkeitsmerkmale deutlich werden, die erst durch den Perspektivenwechsel im Arbeitsselbstkonzept des Klienten aktiviert werden. Die dritte Version der Charakterskizze ist dazu geeignet, *ideale Selbstbilder* zu erfassen. Damit leitet die dritte Version der Charakterskizze zu Coachingschritt 3 über.

Die drei Versionen der Charakterskizze können mit angemessenen Instruktionen eingeleitet werden.

Instruktionen zur Chrakterskizze

(1) »Ich möchte Sie bitten, sich selbst auf eine besondere und wahrscheinlich ungewöhnliche Art zu beschreiben. Erstellen Sie bitte eine Charakterskizze über Ihre Person, d. h., charakterisieren Sie sich selbst. Erzählen Sie, wer Sie eigentlich sind, sprechen Sie aber nicht von sich in der Ich-Form, sondern beschreiben Sie sich so, wie es ein fiktiver Freund tun würde, ein Freund, der Ihnen große Sympathie entgegenbringt und Sie auch sehr gut kennt; vielleicht besser als irgendjemand sonst. Sprechen Sie also von sich in der dritten Person. Sie stehen nicht unter Zeitdruck, nehmen Sie sich so viel Zeit, wie Sie brauchen. Die Aufgabe ist sicherlich etwas ungewohnt, es gibt jedoch keine falschen oder richtigen Aussagen. Sie haben alle Freiheiten, ein treffendes Bild Ihrer Persönlichkeit darzustellen. Es bleibt vollkommen Ihnen überlassen, was Sie sagen, wie Sie es sagen und auch wie lange Sie sprechen. Hören Sie dann mit dieser Charakterskizze auf, wenn Sie der Meinung sind, ein abgerundetes, wesentliches Gesamtbild von Ihrer Persönlichkeit dargestellt zu haben. Beginnen Sie mit: *XY ist … oder mein Freund ist jemand, der …*«

(2) »Beschreiben Sie sich nun so, wie eine fiktive Person Sie darstellen würde, die Sie, Ihr Verhalten, Ihre Person absolut nicht mag.«

(3) »Stellen Sie sich vor, jemand könnte darüber berichten, wie Sie aus Ihrer Sicht idealerweise wären. Beschreiben Sie sich nun so, wie diese fiktive Person Sie darstellt, wie diese Person Sie sieht.«

6.3 Fallbeispiel Schritt 2

P

Die Antworten auf die Leitfragen in Coachingschritt 2 »Wie sehe und erlebe ich mich in meiner Führungsposition/in Bezug auf die Coachingthemen? Wie denke ich, dass andere mich sehen?« werden mit Herrn P. im Coachinggespräch, in schriftlicher Form im Fragebogen und mithilfe der Methode des Inneren Teams erarbeitet.

6.3.1 Erhebung von Selbstbildern im Fragebogen

Herr P.s Annahmen über sich selbst werden zum einen in standardisierter Form im Fragebogen (»Bochumer Inventar zur berufsbezogenen Persönlichkeitsbeschreibung: BIP«; Hossiep & Paschen, 2003a; s. Abschn. 6.2.1 und 8.2.3) abgefragt und zum anderen in schriftlicher Form in offenen Fragen exploriert. Das BIP enthält gebundene Fragen, in denen die jeweils individuelle Ausprägung auf verschiedenen Dimensionen wie z. B. Führungsmotivation, Sensitivität, Belastbarkeit oder Flexibilität erhoben wird. Der Fragebogen wird ergänzt durch offene Fragen, in denen Stärken und Entwicklungsbereiche im Führungsverhalten des Coachingteilnehmers exploriert werden sollen. Sowohl das BIP als auch die offenen Fragen werden in Coachingschritt 4 zur Erhebung des Fremdbildes eingesetzt, sodass Herr P. die Ergebnisse seiner Selbsteinschätzung mit den Ergebnissen aus der Einschätzung durch Kollegen, Mitarbeiter und Vorgesetzte abgleichen kann. Darüber hinaus werden in den Coachingschritten 3 und 4 durch eine veränderte Instruktion (Einschätzung des aktuellen Verhaltens/der aktuellen Gewohnheiten vs. Einschätzung des erwünschten Verhaltens/der erwünschten Gewohnheiten) Erwartungen und Idealvorstellungen zum Führungsverhalten aus Selbst- und Fremdperspektive erfasst.

Ein und derselbe Fragebogen, bestehend aus den Items des BIP mit verschiedenen Instruktionen und ergänzenden offenen Fragen wird bei Herrn P. also mit verschiedenen Zielsetzungen und in verschiedenen Phasen des 8-schrittigen Coachingprozesses eingesetzt (s. Tab. 6.1).

Tabelle 6.1 Schriftliche Erfassung von Selbst- und Fremdbildern

Coachingschritt	Perspektive	Ist	Soll
2	Selbsteinschätzung	X	
3	Selbsteinschätzung		X
4	Fremdeinschätzung	X	X

In Schritt 2 geht es für Herrn P. zunächst um die Beschreibung des Ist-Zustandes seines Führungsverhaltens. In Schritt 3 steht die Beschreibung des Soll-Zustandes des Verhaltens aus seiner eigenen Perspektive im Mittelpunkt: Es wird in gebundenen Fragen sowohl ein Soll-Profil auf verschiedenen Dimensionen erfasst, als auch in offenen Fragen nach dem idealen Führungsverhalten gefragt. In Schritt 4 erfolgt die Beschreibung des Ist-Zustandes des Verhaltens und der Gewohnheiten von Herrn P., außerdem die Erhebung des Soll-Profils einer idealen Führungskraft auf den verschiedenen Dimensionen aus Sicht von Mitarbeitern, Kollegen und Vorgesetzten. Zusätzlich werden in offenen Fragen Vorstellungen zum idealen Führungsverhalten aus Sicht der verschiedenen Personengruppen erfragt.

Die zentralen Ergebnisse der Selbsteinschätzung von Herrn P. auf den Dimensionen des BIPs werden in Abschnitt 8.3 gemeinsam mit den Ergebnissen der Fremdeinschätzung zusammenfassend dargestellt. Im folgenden Kasten werden Herrn P.s Antworten zu den offenen Fragen zu Stärken und Entwicklungsbereichen in seinem Führungsverhalten zusammengefasst.

Wie sehen und erleben Sie sich als Führungsperson? Welches sind Ihre besonderen Stärken, welches Ihre Schwächen?

Stärken

- Positives Denken in allen Lebenslagen: »Ich schaffe das«, »Ich bin von mir überzeugt«.
- Ich habe immer wieder neue Ideen und auch für knifflige Probleme Lösungsvorschläge.
- Ich kann gut persönlichen Kontakt zu meinen Mitarbeitern aufbauen, wenn ich das will.
- Ich bin humorvoll und kann andere gut unterhalten.
- Ich kann andere schnell von Dingen überzeugen, die ich gut finde.
- Wenn ich weiß, was ich will, dann bin ich sehr zielstrebig und ehrgeizig.

Schwächen

- Es fällt mir schwer, die Arbeit von Mitarbeitern zu kritisieren oder deren Fehler anzusprechen. Ich bin eher jemand, der durch humorvolle Kommentare die kleinen Fehler von anderen anspricht, aber ich kann gar nicht gut ernsthaft Kritik üben.
- Ich werde auch selbst nicht gerne kritisiert und fühle mich schnell angegriffen, wenn jemand nicht meiner Meinung ist.
- Mir fällt es schwer, die Ideen anderer gut zu finden.

Wie denken Sie, dass andere Sie sehen? Welche Stärken und Entwicklungsfelder nehmen andere an Ihnen wahr?

Stärken

- Ich wirke selbstbewusst.
- Ich bin für viele ein Vorbild wegen meiner hervorragenden Leistungen.
- Andere finden mich witzig.
- Ich werde geschätzt für meine guten Ideen.
- Manche denken, ich bin ein »Alleskönner«.
- Andere halten mich für einen guten Verkäufer.

Schwächen

- Viele denken über mich, dass ich mich beweisen will und deswegen manchmal ein bisschen zu zielstrebig bin und mit dem Kopf durch die Wand will.

▶

- Ich weiß, dass andere denken, dass ich keine Kritik einstecken kann, obwohl ich selbst manchmal im Spaß kleine Spitzen austeile.
- Meine Mitarbeiter könnten es schwer haben, mich einzuschätzen: manchmal bin ich zugänglich und lustig, wenn es mir dann zu kumpelhaft wird, zeige ich schon mal die kalte Schulter.

6.3.2 Herr P.s innere Vielfalt: Arbeit mit dem Inneren Team

Das Modell des Inneren Teams (s. Abschn. 6.2.2) wird Herrn P. als Metapher vorgestellt, mit deren Hilfe innere Positionen und Anteile veranschaulicht werden können. Ziel ist es, die innere Vielfalt in Form von bewussten Selbstbildern explizit zu machen und somit möglichst alle wesentlichen Antworten auf die Frage »Wie sehe und erlebe ich mich als Führungskraft?« berücksichtigen zu können, die für die Bearbeitung der Coachingthemen relevant sind. Im ersten Schritt wird daher eine konkrete Situation des Führungsalltags ausgewählt, in der das zu bearbeitende Coachingthema besonders deutlich wird. Im Folgenden können Ausschnitte der Arbeit mit dem Inneren Team anhand von Beispieldialogen zwischen dem Coach und Herrn P. nachvollzogen werden. Im ersten Dialog geht es darum, eine passende Ausgangssituation auszuwählen, der zweite Dialog beschreibt den Prozess der Identifikation der inneren Teammitglieder.

Auswahl einer konkreten Situation
Zunächst wird Herr P. angeleitet, eine konkrete Situation aus dem Führungsalltag zu schildern, die für das Coachingthema »Förderung des Engagements der Mitarbeiter« typisch ist und in welcher sich Herr P. in einem inneren Zwiespalt befand.

(C = Coach, P = Herr P.)

C: Sie hatten geschildert, dass Ihre Mitarbeiter in der Vorbereitung neuer Projekte oft wenig eigenes Engagement zeigen und dass Sie dann oft nicht wissen, wie Sie sich als Führungskraft verhalten sollen. Können Sie mir diesbezüglich eine Situation aus Ihrem beruflichen Alltag beschreiben, die dies deutlich zum Ausdruck bringt?

P: Ja, das war vor ein paar Wochen. Wir sind aktuell im Unternehmen dabei, in vielen Bereichen neue Prozessbeschreibungen anzufertigen, auch wegen dem neuen QM-System. Und da fällt jetzt auf, dass vieles gar nicht so genau festgelegt oder standardisiert ist. Ich habe meinen Mitarbeitern aus dem Beschwerdemanagement die Aufgabe gegeben, dass sie sich bis zur nächsten Teamsitzung überlegen sollen, wie sie ihre Arbeitsschritte dokumentieren können, ohne dass es zu viel Zusatzaufwand ist, aber dass wir trotzdem eine Grundlage für die Prozessbeschreibungen haben. Und in der nächsten Teamsitzung hatte dann keiner was vorbereitet und alle haben darauf gewartet, dass ich die zündende Idee habe, wie wir das machen können. Da wusste ich dann nicht, ob ich mal richtig auf den Tisch hauen sollte oder ob ich ihnen einfach eine Lösung vorgebe oder ob ich ihnen die Aufgabe einfach noch mal geben soll mit der Hoffnung, dass es bis zum nächsten Mal besser klappt.

Identifikation und Benennung der Teammitglieder

C: Eine schwierige Führungssituation. Sie haben sich also ziemlich hin- und hergerissen gefühlt zwischen verschiedenen Möglichkeiten, wie Sie reagieren könnten. Wie würden Sie denn Ihre verschiedenen Impulse beschreiben, welche inneren Stimmen haben sich zu diesem Vorfall zu Wort gemeldet?

P: Ich war erst mal genervt und vor allem ungeduldig.

C: Welcher Teil von Ihnen ist das, der da ungeduldig wird? Was hat dieser Teil zu der Situation zu sagen?

P: Oh, diesen Teil kenne ich gut, das ist der, der alles auf der Stelle erledigen will, am besten sollte es schon gestern gemacht und abgehakt sein. Der Teil will nicht lange abwarten. Der sagt: Das muss gelöst werden, und zwar sofort.

C: Mit welchem Namen können Sie diese Facette von sich am besten charakterisieren?

P: Hm. Dieser Teil von mir ist ungeduldig, aktiv und unruhig. Ich denke, das ist der »Aktionist«.

C: Welches Symbol passt denn zu dem Aktionisten? Welches Bild drückt dessen Wesen am ehesten aus?

P: Der wartet nicht ab, der will alles gleich, also ich glaube, vielleicht die Uhr? Ja, eine durchdrehende Uhr, die viel zu schnell läuft.

C: *Skizziert das innere Teammitglied mit dem Symbol einer Uhr und schreibt den Namen darunter.*
Welche Stimmen melden sich noch in Ihnen zu diesem Vorfall?

P: Irgendwie war ich schon auch ein bisschen froh, dass keiner etwas vorbereitet hatte. Dann hätte ich wieder mit irgendwelchen halb ausgegorenen Lösungen umgehen und die irgendwie verwenden müssen, damit keiner gekränkt ist. Ich habe schon die Erfahrung gemacht, dass nur selten richtig gute Vorschläge von den Mitarbeitern kommen. Da sind meine eigenen Ideen meist schneller und effektiver umsetzbar.

C: Da gibt es also einen Teil in Ihnen, der überzeugt davon ist, selbst eine bessere Lösung oder vielleicht sogar die beste Lösung zu haben?

P: Ja genau, das muss ich schon zugeben, dass ich oft denke, dass ich das am besten kann. Ich habe oft die besten Einfälle, das sagen auch andere.

C: Wie könnte denn der Teil in Ihnen heißen, der sagt: »Ich kann das sowieso am besten«?

P: Der »Alleskönner«, der «Von-Sich-Überzeugte«, der «Siegertyp«, irgendwie so was. Der ist auf jeden Fall etwas selbstverliebt, ein bisschen narzisstisch. Ja – der »Narzisst«, das trifft es wohl, auch wenn es blöd klingt. Meine Frau sagt auch oft zu mir, dass ich ein bisschen narzisstisch bin. Das findet sie aber ganz o. k. …

C: Könnten Sie mir den Narzissten noch genauer beschreiben? Welches Bild passt zu ihm?

P: Der stellt sich über die anderen, den könnte ich mir gut auf einem Siegertreppchen vorstellen. Alle hinter sich gelassen …

C: *Skizziert das innere Teammitglied mit dem Siegertreppchen und schreibt den Namen darunter.*
Welchen Teil können Sie noch identifizieren?

P: Dann natürlich den »Ideenproduzierer«, der gleich alle möglichen Lösungsvorschläge hat, sodass sich die Mitarbeiter getrost zurücklehnen können.

C: Ist doch prima. Dann ist es doch in Ordnung, dass die Mitarbeiter nichts vorbereitet hatten, wenn der Narzisst in Ihrem Inneren Team der Überzeugung ist, das sowieso am besten zu können und das Teammitglied »Ideenproduzierer« die entsprechenden Ideen tatsächlich auch liefert!

P: Nein, das ist nicht in Ordnung, denn da gibt es auch noch den »Führungsspezialisten« in mir, der will, dass die Mitarbeiter in die Verantwortung genommen werden, weil er weiß, dass das wichtig ist und dies die Mitarbeiter motiviert. Und der »Ausgelaugte«, dem das alles zu viel wird, der nicht immer der Aktive sein will.

C: *Skizziert die weiteren inneren Teammitglieder.*
Welches Teammitglied hat denn schließlich nach außen reagiert?

P: Nach außen reagiert hat schließlich der »Sunnyboy«, der immer einen flotten Spruch weiß und erst mal einen ironischen Kommentar über den »enormen Einfallsreichtum« meiner Mitarbeiter vom Beschwerdemanagement gemacht hat.

Positionierung der Teammitglieder zueinander

(Der folgende Dialog bezieht sich auf Abbildung 6.5.)

C: Wie lassen sich Ihre identifizierten Teammitglieder in Bezug auf die geschilderten Situation anordnen? Wie stehen die Mitglieder Ihres Inneren Teams zueinander? Wer steht vorne, wer weiter hinten? Wer steht wem nahe?

P: Der »Aktionist« steht ganz klar im Vordergrund. Der schreit am schnellsten, da kommen die anderen gar nicht so schnell zu Wort. Und daneben, da ist der »Ideenproduzierer«, sozusagen als Lieferant für den »Aktionisten«.

C: Sind das die beiden, die auch nach außen am ersichtlichsten sind? Die quasi mit »dem Publikum« Kontakt aufnehmen?

P: Ich denke schon. Meine Mitarbeiter aus dem Beschwerdemanagement haben in der Sitzung sicherlich erst den »Sunnyboy«, aber dann auch den »Aktionisten« am meisten mitbekommen. Den »Narzissten« versuche ich schon im Hintergrund zu halten. Das darf ja keiner mitbekommen, dass ich so denke. Ich glaube, der ist zwar schon recht zentral, aber eher für mich als nach außen.

C: Der »Narzisst« steht in Ihrem Inneren Team im Mittelpunkt, ist aber nicht derjenige, der nach außen kommuniziert?

P: Zumindest versuche ich, ihn daran zu hindern.

Abbildung 6.5 Inneres Team von Herrn P.

6.3.3 Zusammenfassung der Ergebnisse aus Schritt 2

Zum Abschluss von Coachingschritt 2 werden die zentralen Ergebnisse im Coachinggespräch gemeinsam zusammengefasst und die wichtigsten Erkenntnisse aus der Bearbeitung der Leitfragen »Wie sehe und erlebe ich mich in meiner Führungsposition/in Bezug auf die Coachingthemen? Wie denke ich, dass andere mich sehen?« schriftlich festgehalten.

In Tabelle 6.2 sind Herr P.s Notizen zu seinen zentralen Erkenntnissen und die sich daraus ergebenden Schlussfolgerungen aufgeführt.

Tabelle 6.2 Herr P.s zentrale Erkenntnisse aus Coachingschritt 2

Coachingthema	Zentrale Erkenntnisse und abgeleitete Schlussfolgerungen
Art und Weise des Umgangs mit Mitarbeitern	Ich bin gleichzeitig der humorvolle Kumpel und der souveräne und autoritäre Chef. Ich sage anderen nicht direkt, was ich nicht gut finde, sondern mache Kommentare, die vielleicht manchmal nicht ganz eindeutig sind. Ich muss mich mehr damit beschäftigen, welche Art und Weise des Umgangs mit meinen Mitarbeitern unter dem Aspekt meiner Führungsposition wichtig ist und nicht nur danach gehen, was ich als Person Herr P. gerne hätte.
Erwartungen anderer Personen an Herrn P.s Problemlösefähigkeit	Bisher war es mir nicht so klar, dass ich oft sehr schnell selber Lösungen vorgebe. Dadurch, dass der »Aktionist« und der »Ideenproduzierer« in meinem Inneren Team so eine große Rolle spielen, könnte bei anderen Personen der Eindruck entstehen, dass ich alles selber lösen will und auch kann und ihre Meinung gar nicht wirklich gefragt ist.
Förderung von Eigenverantwortung und Engagement der Mitarbeiter	Wenn ich auf den »Narzissten« in meinem Inneren Team schaue, dann bin ich mir gar nicht mehr so sicher, ob ich wirklich eigenständige Mitarbeiter haben will. Dann müsste ich ja auch bereit sein, deren Lösungsvorschläge anzunehmen und das fällt mir sicherlich nicht leicht. Da weiß ich noch nicht, wie ein realistisches Ziel für mich aussehen könnte, wobei es dem »Ausgelaugten« in meinem Inneren Team sicherlich gut tun würde, nicht mehr für alles alleine verantwortlich zu sein.

7 Schritt 3: Aktivierung möglicher und normativer Selbstbilder

Leitfragen zu Schritt 3. Wie möchte ich mich in meiner Führungsposition/in Bezug auf die Coachingthemen sehen und erleben? Wie möchte ich gesehen werden? Wie denke ich, dass ich sein sollte?

Bevor in Schritt 4 die Erwartungen anderer Personen und in Schritt 5 die äußeren Rahmenbedingungen als mögliche Richtungsgeber für die persönliche Entwicklung des Klienten berücksichtigt werden, soll sich der Coachingteilnehmer in Schritt 3 zunächst mit seinen eigenen Entwicklungsvorstellungen in Form von idealen und normativen Selbstbildern auseinandersetzen. Ist sich die Führungsperson ihrer Ideale, Werte, Standards und Ziele bezüglich der Ausgestaltung der Führungsrolle bewusst, so kann sie diese persönlichen Leitvorstellungen später mit den äußeren Anforderungen abgleichen und Übereinstimmungen und Widersprüche erkennen.

7.1 Theoretischer Hintergrund zu möglichen und normativen Selbstbildern

7.1.1 Mögliche und normative Selbstbilder

> »Jeder Mensch trägt, wenn auch vage und kaum bewußt, ein Ideal von sich in der Seele, dem er entsprechen möchte. Und wiederum (oft ohne daß er das weiß) sucht er sich zu überzeugen, daß er diesem Ideal entspräche.« (Müller-Freienfels, 1927, S. 199).

Das Verhalten einer Person wird sowohl durch das beeinflusst, was diese Person zu sein glaubt, als auch durch das, was sie gerne sein möchte und was sie annimmt, sein zu müssen. Über das aktuelle »Real-Selbst« hinaus haben Personen mehr oder weniger genaue Vorstellungen davon, wie und wohin sie sich weiter entwickeln wollen oder sollten. Zu diesen *möglichen Selbstbildern* (»possible selves« nach Markus & Nurius, 1986) zählen solche, wie die Person zu werden wünscht (»hoped-for-selves«), aber auch solche, vor denen eine Person sich fürchtet (»feared selves«) (s. Abb. 7.1). Die Summe der erwünschten Selbstbilder bildet das *Idealselbst*. Ideale Selbstbilder haben eine große Zugwirkung, denn sie motivieren eine Person, etwas Bestimmtes erreichen zu wollen.

Normative Selbstbilder (»ought self«; Higgins, 1987) enthalten Annahmen über Merkmale, über die die Person aus ihrer Sicht oder aus der Sicht wichtiger Bezugspersonen verfügen sollte. So können z. B. die Erwartungen von Eltern an ihre Kinder

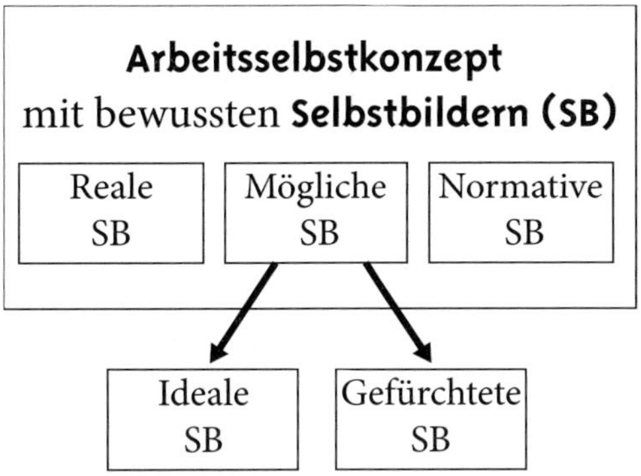

Abbildung 7.1 Mögliche und normative Selbstbilder im Arbeitsselbstkonzept

(»Du solltest die Regeln befolgen«) als normatives Selbstbild (»Ich verhalte mich regelkonform«) internalisiert werden.

Aus den möglichen und normativen Selbstbildern ergeben sich Zielsetzungen, an denen das Individuum sein Handeln über die realen Selbstbilder hinaus ausrichtet und nach denen es versucht, die eigene Entwicklung zu gestalten (vgl. Filipp & Mayer, 2005): Ideale und normative Selbstbilder werden dabei als Entwicklungsrichtung angestrebt, gefürchtete Selbstbilder werden vermieden.

Mögliche Selbstbilder setzten Imaginationsfähigkeit voraus: Kann die Person ein spezifisches und lebendiges mögliches Selbstbild als Teil des Arbeitsselbstkonzepts konstruieren, so hat sie im übertragenen Sinn »ein Bild ihrer eigenen Entwicklungsrichtung vor Augen«, das eine zielgerichtete Verhaltenssteuerung möglich macht. Die idealen Selbstbilder einer Führungsperson als »Programm« für die eigene Entwicklung sind ein wichtiger Richtungsgeber im Prozess der Identitätskonstruktion.

Beispiel

Ein bemerkenswertes Beispiel für den Entwurf eines zu erreichenden Idealselbst in tatsächlicher Bildform hängt in der alten Pinakothek in München: In seinem Selbstbildnis von 1500 stellt sich Albrecht Dürer als Idealgestalt dar, was an der Ähnlichkeit mit zeitgenössischen Christusdarstellungen erkennbar ist. Die Intentionen, die Dürer zu seinem berühmtesten Selbstbildnis veranlasst haben, sind gut untersucht. Nach der Interpretation von Wuttke (1980) entwirft Dürer mit diesem Selbstbildnis ein Programm von sich, das er in den kommenden Lebensjahren ausfüllen wollte (vgl. Laux, 2008).

7.1.2 Selbstdiskrepanzen und Selbstkomplexität

Bilder und Phantasien zur »Idealversion« der eigenen Person können unterschiedlich stark von dem abweichen, wie die Person glaubt, tatsächlich zu sein. Der Begründer der Gesprächspsychotherapie, Carl Rogers, sah im Ausmaß der Übereinstimmung von Ideal- und Realselbst einen Bedingungsfaktor für psychische Gesundheit. Auch Higgins (1987) beschäftigt sich mit der Auswirkung von Abweichungen zwischen verschiedenen Subsystemen des Selbstkonzepts, speziell mit dem Zusammenhang von Selbstdiskrepanzen und dem Affekt. Er postuliert, dass Diskrepanzen zwischen dem idealen Selbst (Wie möchte ich sein?) und dem realen Selbst (Wie bin ich?) mit Niedergeschlagenheit verknüpft sind, z. B. mit dem Gefühl von Traurigkeit, Enttäuschung oder Unzufriedenheit. Abweichungen zwischen dem normativen (Wie sollte ich sein?) und dem realen Selbst (Wie bin ich?) führen hingegen zu Anspannung und damit eher zu Gefühlen wie Angst, Furcht oder zu einer allgemeinen Unruhe.

Annäherung idealer und realer Selbstbilder. Etwas vereinfacht dargestellt gibt es zwei Möglichkeiten, wie die verschiedenen Subsysteme des Selbstkonzepts einander angenähert werden können: (1) Entweder die Person verändert ihr tatsächliches Verhalten in die Richtung, wie sie zu sein wünscht bzw. glaubt, sein zu müssen oder (2) sie passt ihre Zielvorstellungen dem Stand der aktuellen Sichtweise der eigenen Person an.

(1) Die Veränderung eines realen Selbstbildes in Richtung eines möglichen (idealen oder normativen) Selbstbildes kann z. B. folgendermaßen aussehen: Person XY empfindet ihr eigenes Verhalten als zu nachgiebig und wünscht sich, durchsetzungsstärker zu sein. Verändert sie nun ihr Verhalten so, dass sie sich wiederholt in verschiedenen Diskussionen mit der eigenen Meinung durchsetzt, so kann sich mit der Zeit ihr reales Selbstbild »Ich bin nachgiebig« in Richtung des idealen Selbstbildes verschieben und durch das Selbstbild »Ich kann mich in Diskussionen mit meiner Meinung durchsetzen« ergänzt oder ersetzt werden.

(2) Die Veränderung eines möglichen (idealen oder normativen) Selbstbildes in Richtung eines realen Selbstbildes kann z. B. folgendermaßen aussehen: Person YX empfindet ihr eigenes Verhalten als zu nachgiebig und wünscht sich, durchsetzungsstärker zu sein. Nun erhält sie von ihren Mitarbeitern die Rückmeldung, dass ihre selbst empfundene Nachgiebigkeit von außen als Kompromissbereitschaft wahrgenommen und sehr geschätzt wird. Eine solche Rückmeldung kann dazu führen, dass die Person ihre internen Bewertungsstandards (»Ich sollte mich durchsetzen können«) in Richtung ihres realen Selbstbilds (»Ich bin nachgiebig«) verschiebt und ein näher am Realselbst liegendes Ziel für sich definiert (»Ich möchte Kompromisse finden, in denen meine Sichtweise nicht zu kurz kommt«).

Natürlich ist auch (oder gerade) die beidseitige Annäherung von möglichen und realen Selbstbildern möglich und wünschenswert.

Selbstkomplexität. Selbstkomplexität als Strukturmerkmal des Selbstkonzepts bezieht sich auf die Anzahl der unterschiedlichen und (relativ) unabhängigen Selbstaspekte (vgl. Filipp & Mayer, 2005). Personen mit einer hohen Selbstkomplexität verfügen demnach über eine große Zahl unterschiedlicher Selbstbilder, die zugleich untereinander nur geringe Überlappungen aufweisen. Dies ist insofern von Bedeutung, als Personen mit einem wenig komplexen Selbstkonzept intensivere affektive Reaktionen auf positive wie negative Erfahrungen zeigen (Linville, 1987). Im Falle eines Misserfolgs bewertet die Person auch andere, vom Misserfolg nicht direkt betroffene Merkmale der eigenen Person als negativ, was bei Personen mit einem komplexeren Selbstkonzept weniger der Fall sein soll. So können »selbstkomplexe« Menschen Verluste und Niederlagen besser kompensieren, weil sie mentale und emotionale Ausweich- und Rückzugsgebiete haben und es ausreichend andere Lebensbereiche gibt, in denen sie ihr Selbstwertgefühl aufrechterhalten und stabilisieren können (Ernst, 1999).

Für das Coaching hat dies folgende Implikation: Selbstrepräsentationen, die potenziell für die Ausgestaltung der Führungsposition nützlich sein könnten, sollten nicht als ungenutztes, »träges Wissen« (vgl. Gruber et al., 2000) implizit bleiben, sondern durch Selbstreflexion aktiviert und in bewusste Selbstbilder überführt werden. Damit kann der Coachingteilnehmer im beruflichen Alltag auf die Vielfalt der Annahmen über die eigene Person zurückgreifen und »emotional stabiler« mit dem Auf und Ab der Führungsposition umgehen.

7.1.3 Wechselwirkung möglicher und normativer Selbstbilder mit intrapersonalen Prozessen

Bei der Beschreibung möglicher und normativer Selbstbilder dürfte bereits deutlich geworden sein, dass diese über rein kognitives »Selbstwissen« hinausgehen und stark mit motivationalen und affektiven Prozessen verknüpft sind. Mögliche und normative Selbstbilder als bewusste Form personalisierter Impulse, Motive, Wünsche, Befürchtungen und Ziele motivieren die Person und stoßen Handlungen an: Wo will ich hin? Was möchte ich vermeiden?

Potenzielle Selbstbilder als personalisierte Zielrepräsentationen. Markus und Nurius (1986) gehen in ihrem Possible Selves-Ansatz davon aus, dass ein Individuum ein Ziel personalisieren muss, damit das Ziel das Verhalten beeinflussen kann. Personalisieren bedeutet, dass eine Person sich selbst beim Annähern und Realisieren eines Zieles vorstellen können muss. Solche personalisierten Zielrepräsentationen sind potenzielle Selbstbilder, »sie machen ein Ziel zu meinem Ziel« (Renner, 2002, S. 17). Damit ein Ziel verhaltenswirksam werden kann, muss das entsprechende mögliche Selbstbild im Arbeitsselbstkonzept aktiviert sein. Je klarer und konkreter das mögliche Selbstbild dabei imaginiert werden kann, desto mehr Verhaltenskontrolle in Richtung des Ziels ist möglich, da der Person mehr Hinweise für zielführendes Verhalten zur Verfügung stehen (vgl. Renner, 2002). Die meisten Coachingansätze basieren auf der grundlegenden Annahme, dass konkrete und spezifische Ziele äußerst verhaltenswirksam sind. Mögliche (= potenzielle) Selbstbilder stellen dabei gewissermaßen übergeordnete Richtungsgeber dar, an denen sich einzelne Veränderungsziele in spezifischen Verhaltensbereichen ausrichten können: »Potentielle Selbstbilder sind in diesem Sinne spezifische, plastische und lebendige Bilder der eigenen Person in einem zukünftigen Zustand, die positive Emotionen begünstigen. Der Wunsch, diesen positiven emotionalen Zustand aufrecht zu erhalten oder zu steigern ist energetisierend und motivierend« (Renner, 2002, S. 17).

Selbstidealisierung. In Abschnitt 6.1.3 haben wir die Wechselwirkung der realen Selbstbilder mit selbstbezogenen Motiven aufgezeigt. So versuchen Personen z. B.

aufgrund eines Bedürfnisses nach Selbstkongruenz, sich im Sinne ihrer realen Selbstbilder zu verhalten. Menschen haben aber auch ein Bedürfnis danach, ihren idealen oder normativen Selbstbildern möglichst nahe zu kommen: Aus dem Bedürfnis nach Selbstidealisierung heraus versuchen sie zu dem zu werden, was sie gerne sein möchten. Geht es bei der Selbstwerterhöhung um die Maximierung des globalen Selbstwerts, so bezieht sich das Motiv der Selbstidealisierung eher darauf, spezifischen, hochbewerteten Selbstbildern zu entsprechen (vgl. Laux, 2008). Schafft es die Person, ihr Verhalten an idealen und normativen Selbstbildern auszurichten, so wird das Bedürfnis nach Selbstidealisierung befriedigt und die Person erlebt positive Emotionen (z. B. Stolz, Freude, Erleichterung). Nimmt die Person hingegen wahr, dass sie ihre inneren Standards in Form von normativen oder idealen Selbstbildern nicht erreichen kann oder dass Aspekte ihres Verhaltens ihren gefürchteten Selbstbildern entsprechen, so kann dies zu negativen Emotionen führen (z. B. Ärger, Angst, Scham). Um solche negativen Emotionen zu vermeiden, kommt es dazu, dass selbstwertdienliche Prozesse der Informationsverarbeitung aktiviert werden oder dass die Motivation steigt, angestrebte Selbstbilder zu erreichen, indem die Person zielbezogene Handlungen intensiviert (z. B. noch mehr arbeitet, um dem Selbstbild einer leistungsstarken Person zu entsprechen).

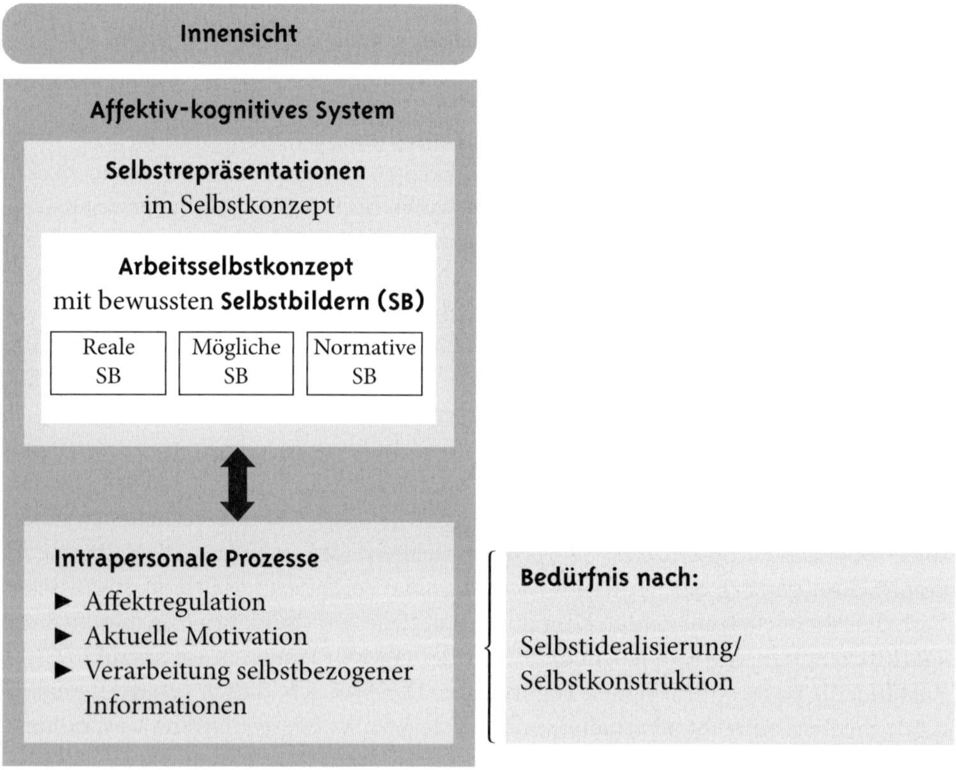

Abbildung 7.2 Intrapersonale Prozesse in Wechselwirkung mit möglichen und normativen Selbstbildern

Vermittlung idealer Selbstbilder nach außen. Es wird also deutlich, dass mögliche und normative Selbstbilder mit *intra*personalen Prozessen (Affektregulation, Aktuelle Motivation, Verarbeitung selbstbezogener Informationen) in Wechselwirkung stehen. Gleichzeitig wird auch das *inter*personale Verhalten (z. B. die Selbstdarstellung anderen Personen gegenüber) maßgeblich durch mögliche und normative Selbstbilder beeinflusst: Die Tendenz zur Selbstidealisierung, nach der sich der Handelnde in seinem Verhalten an idealen Selbstbildern orientiert und diese auch nach außen vermitteln möchte, bezeichnet Baumeister (1982) als *Selbstkonstruktion.* Personen versuchen demnach, sich selbst davon zu überzeugen, dass sie ihren Idealen entsprechen, indem sie sich anderen Personen gegenüber so darstellen, dass der nach außen vermittelte Eindruck den eigenen Idealen möglichst nahe kommt. Handelt eine Person aus dem Motiv der Selbstkonstruktion, so hängt das konkrete Verhalten in einzelnen Situationen eher von den persönlichen Zielen und Idealen der Person ab, als von den vermuteten Werten und Erwartungen der jeweiligen Interaktionspartner. Das Verhalten der Person sollte demnach in unterschiedlichen Situationen – auch unabhängig von den jeweiligen Interaktionspartnern – relativ konstant bleiben (vgl. Renner, 2002).

Das Zusammenspiel von Selbstbildern und *inter*personalen Prozessen (insbesondere dem Selbstdarstellungsverhalten der Person) wird ab Coachingschritt 5 in den Fokus der Bearbeitung gestellt.

7.1.4 Mögliche und normative Selbstbilder und Werte

Ein wichtiges Kennzeichen von intrapersonalen Selbstregulationsprozessen liegt nach Hauke (2004) darin, nach Stimmigkeit mit der eigenen Identität zu streben, wobei er unter Identität den »Soll-Wert« als »persönliche Vorstellung von sich selbst« versteht (S. 95): »In verschiedensten Arbeitszusammenhängen will sich die Person in ihrer Identität also stärken und bestätigen und Unstimmigkeiten diesbezüglich vermeiden. Eine bestimmte Identität ist an **persönliche Werte** gebunden, die auf der nächsten Steuerungsebene als Soll-Werte fungieren« (Hauke, 2004, S. 95).

Hauke betont damit, dass Vorstellungen über die eigene Person – die wir als reale, mögliche und normative Selbstbilder beschrieben haben – eine stark motivierende Funktion einnehmen und mit internen Standards, den persönlichen Werten, verknüpft sind. Wir thematisieren die persönlichen Werte mit dem Coachingteilnehmer explizit erst in Coachingschritt 3 in Zusammenhang mit den möglichen und normativen Selbstbildern (und nicht schon in Coachingschritt 2), da wir Werte als interne Standards auffassen, die eine Richtung für die systematische Identitätskonstruktion vorgeben. Auch bei der Aktivierung realer Selbstbilder in Coachingschritt 2 können Werte dann eine Rolle spielen, wenn sie eng an die Selbstdefinition des Klienten gekoppelt sind, z. B. »Ich bin jemand, dem Gerechtigkeit wichtig ist«/»Ich handle stets so, dass es für alle Beteiligten möglichst gerecht ist«. Uns geht es in Coachingschritt 3 vor allem darum, diejenigen Werte zu identifizieren, die für den Klienten als Leitlinien der persönlichen Entwicklung besondere Zugkraft aufweisen, z. B. »Ich möchte eine Führungskraft sein, die möglichst gerecht handelt«.

Was sind Werte? Klassische Werteforscher wie z. B. Shalom H. Schwartz (1992) verstehen unter Werten »die Konzeptionen des Wünschbaren innerhalb jeden Individuums und von Gesellschaften, die die Funktion von Standards oder Kriterien haben« (Hauke, 2004, S. 102). Werte haben grundsätzlich eine positive Konnotation, beeinflussen die Art und Weise, wie wir denken, bewerten und handeln und lassen uns Dinge hinterfragen. Eine wesentliche Eigenschaft persönlicher Werte liegt in ihrer »konstruktiven Intention« (Bühler, 1975; zit. n. Hauke, 2004, S. 103), verstanden als Ausrichtung auf die Schaffung einer günstigen Zukunft, »d. h. etwas zustande zu bringen, etwas aufzubauen, etwas zu verwirklichen, was man unter ›gut‹ oder ›wahr‹ versteht« (Hauke, 2004, S.103).

Aufgrund dieser »ausrichtenden« Eigenschaft der Werte geben diese auch die Richtung für die Art und Weise der Selbstdarstellung vor und prägen damit in ganz entscheidendem Maße die Identität. Beschäftigen wir uns in Coachingschritt 3 also mit möglichen und normativen Selbstbildern als »personalisierte Zielrepräsentationen« (s. Abschn. 7.1.3), die die Entwicklungsrichtung der Person in entscheidendem Maße beeinflussen, so impliziert dies gleichzeitig eine Auseinandersetzung mit Wertvorstellungen als interne Standards des eigenen Handelns.

Für die praktische Arbeit im Coaching fasst Hauke (2004) die wesentlichen Merkmale von Werten zusammen (S. 103):

- Werte sind das für die Person Wünschbare, das für die Wertvolle, Wichtige und Kostbare.
- Werte sind immer positiv besetzt, sie verweisen auf Zukunft.
- Werte sind Leitlinien des Handelns, sie helfen, die »Spreu vom Weizen« zu trennen.
- Werte prägen die Identität und färben die Selbstdarstellung: Wer über Werte verfügt, kann Sinn erleben.

Psychologische Wertemodelle, wie das Werte- und Entwicklungsquadrat nach Schulz von Thun (2003a) oder das Wertemodell nach Schwartz (1999; 2007) betonen, dass verschiedene positive Werte stets im Gegensatz zu einem antagonistischen Wert stehen und daher »jeder Wert (jede Tugend, jedes Leitprinzip, jedes Persönlichkeitsmerkmal) nur dann zu einer konstruktiven Wirkung gelangen [kann], wenn er sich in *ausgehaltener Spannung* zu einem positiven Gegenwert, einer ›Schwesterntugend‹ befindet« (Schulz von Thun, 2003a, S. 38).

Ziel der Arbeit mit Wertemodellen im Coaching. Das Ziel bei der Arbeit mit psychologischen Wertemodellen im Coaching besteht darin, im alltäglichen Handeln eine Balance zwischen antagonistischen Werten herzustellen, also sowohl den einen Wert (z. B. »Innovation«), als auch den anderen (entgegengesetzten) Wert (z. B. »Tradition«) in sein Handeln zu integrieren. Schmitt und Meier (2010) begründen die Relevanz eines solchen Balancierungsversuchs: »Eine einseitige Wertorientierung hat meist schwere Folgen, selbst wenn sie einen grundsätzlich positiven Wert verfolgt, weil unter Umständen wichtige Perspektiven vernachlässigt oder übersehen werden« (S. 6). Es gilt also, »Sowohl-als-auch-Lösungen« anzustreben bzw. eine ausgewogene

Wertebalance herzustellen. Der Frage, welche intrapsychischen Prozesse und Fähigkeiten solche Balancen ermöglichen, d. h., wie es Personen gelingt, (vermeintliche) Wertantagonisten handlungsbezogen zu integrieren und diese Integration sowohl eigen- als auch sozialverantwortlich in Handeln umzusetzen, geht Schmitt (in Vorb.) in ihrem Modell zur wertebasierten Flexibilität nach (zur Vertiefung s. Schmitt, 2009 sowie Schmitt & Meier, 2010).

7.2 Ausgewählte Coachingmethoden zur Aktivierung möglicher und normativer Selbstbilder

Die dargestellten Coachingmethoden zu Schritt 3 sollen den Coachingteilnehmer dabei unterstützen, seine potenziellen Selbstbilder zu aktivieren und diese als »personalisierte Zielrepräsentationen« (s. Abschn. 7.1.3) zu konkretisieren. Prinzipiell können in diesem Schritt alle Methoden eingesetzt werden, die dazu beitragen, implizite Zielvorstellungen des Coachingteilnehmers explizit zu machen. Dies kann z. B. durch Übungen zur Imagination hypothetischer Zukunftskonstruktionen (Abschn. 7.2.1), durch Erhebung von Wunsch- und Soll-Profil zum Führungsverhalten im standardisierten Fragebogen (Abschn. 7.2.2), durch die Klärung persönlicher Werte (Abschn. 7.2.3) oder durch die Ableitung von Entwicklungsrichtungen aus dem Inneren Team (Abschn. 7.2.4) geschehen.

7.2.1 Imagination hypothetischer Zukunftskonstruktionen

Nicht jede Person verfügt über eine solch konkrete Imaginationsfähigkeit, wie Dürer sie in seinem Selbstporträt zum Ausdruck bringt (vgl. Abschn. 7.1.1). Mit den folgenden Imaginationsmethoden kann der Coachingteilnehmer darin unterstützt werden, sich die eigene potenzielle Entwicklungsrichtung möglichst plastisch vor Augen zu führen.

Lösungsorientiertes Interview und Wunderfrage

Das lösungsorientierte Interview beruht auf dem Ansatz der lösungsfokussierten Kurzzeittherapie nach Steve de Shazer (zusammenfassend s. Bamberger, 2010; Kaimer, 1999). Die persönlichen Ziele, die Motivation und Erwartungen des Klienten sollen in differenzierter Form erfasst werden. Dabei steht nicht die Problemschilderung mit der Fokussierung auf die Defizite oder Schwächen des Klienten im Mittelpunkt, sondern es werden besonders dessen individuelle Stärken, Fähigkeiten und Ressourcen betont: So sollen Verhaltensweisen und Ressourcen exploriert werden, die bisher (in Ausnahmesituationen) erfolgreich waren oder ausbaufähig sind.

Drei Frageformen im lösungsorientierten Interview. In der *Wunderfrage*, die den Kern des lösungsorientierten Interviews bildet, geht es schwerpunktmäßig darum, konkrete Vorstellungen und Phantasien über die eigene Person, das eigene Verhalten und

Befinden zu entwickeln, die befriedigend und attraktiv genug sind, damit der Klient motiviert ist, diese erreichen zu wollen. Ergebnis ist ein konkretes, lebendiges Vorstellungsbild davon, wie der Klient als Führungsperson sein könnte, wenn er aktuelle Schwierigkeiten gelöst und seine Coachingthemen zufriedenstellend bearbeitet hätte.

Außerdem gehören *Ausnahmefragen* zum lösungsorientierten Interview, in denen es um die Aktivierung bereits vorhandener Ressourcen im Verhaltensrepertoire des Klienten geht. Der Teilnehmer wird darum gebeten, Situationen zu beschreiben, in denen das Problem nicht oder nur in geringem Ausmaß (»Ausnahmen vom Problem«) auftrat bzw. Situationen zu schildern, in denen das Wunder bereits ein Stück weit realisiert war (»kleine Wundersituationen«). Für letztere Variante ist der Begriff »Ausnahme« nicht ganz zutreffend. Bei beiden Varianten geht es aber darum, Situationen zu identifizieren, in denen der Zielzustand ganz oder in Ausschnitten bereits eingetreten war oder in denen er hypothetisch eintreten könnte. Ausgehend von solchen Situationen wird exploriert, was zum Nicht-Vorhanden-Sein des Problems bzw. zum Eintreten von Teilaspekten des Wunders beitragen könnte. Ziel ist es, Fähigkeiten und Verhaltensweisen, die in Ausnahmesituationen verfügbar sind, auf andere (als problematisch erachtete) Situationen zu übertragen.

Als dritter Bestandteil des lösungsorientierten Interviews können *Skalierungs-Fragen* eingesetzt werden. Hier wird der Teilnehmer darum gebeten, verschiedene Beobachtungen und Wahrnehmungen, aber auch Beurteilungen der Zielerreichung auf einer Skala von 0 bis 10 einzuschätzen. Nach de Jong und Berg (1998) handelt es sich bei diesen Fragen um »eine nützliche Technik, die komplexe Aspekte im Leben der Klientin für sie selbst und für die Praktikerin konkreter und zugänglicher macht« (S. 156).

Wunderfrage. Die zentrale Technik zur Erfassung und Konkretisierung von Zielzuständen ist die sogenannte Wunderfrage. Sie stellt einen Versuch dar, weg von der Problemperspektive und hin zu einer positiven, auf Lösungen ausgerichteten Betrachtung der eigenen Situation zu gelangen. Sie kann in der folgenden oder einer ähnlichen Formulierung eingeführt werden (vgl. de Shazer & Dolan, 2008):

»Wir werden jetzt gemeinsam eine Art Entdeckungsreise auf der Suche nach Ihren Zielvorstellungen machen. Dazu möchte ich Sie nun bitten, sich auf ein Vorhaben einzulassen, das Ihnen vielleicht etwas ungewöhnlich erscheint. Dieses kann Ihre Vorstellungskraft und Phantasie anregen. Stellen Sie sich vor, Sie gehen irgendwann in den nächsten Tagen abends zu Bett. Sie schlafen tief und fest und haben keine Träume. Mitten in der Nacht, während Sie schlafen, geschieht ein Wunder und *Sie sind die Führungskraft, die Sie schon immer sein wollten*. Da Sie schlafen, merken Sie vorerst nicht, dass das Wunder geschehen ist. Wenn Sie nun morgens aufwachen und ein neuer Tag beginnt, woran merken Sie, dass dieses Wunder geschehen ist? Was ist anders? Was sind Anzeichen dafür, dass das Wunder geschehen ist?«

Anstelle der Formulierung »Sie sind die Führungskraft, die Sie schon immer sein wollen« kann das Wunder auch in seiner »klassischen« Variante (s. de Sha- ►

zer & Dolan, 2008) eingeführt werden. Hier lautet die Formulierung »Es ist ein Wunder, dass die Probleme, derentwegen sie hier sind, zum Verschwinden bringt … einfach mal so.« Alternativ zum Begriff »Problem«, kann in einem Coaching, in dem der Klient eher aufgrund entwicklungsbezogener Anlässe ohne expliziten »Problemcharakter« kommt, auch der Begriff »Themen« verwendet werden: »Es ist ein Wunder, bei dem die Themen, derentwegen sie hier sind, zu Ihrer Zufriedenheit gelöst sind … einfach mal so.« Die Formulierung des eingetretenen Wunders sollte davon abhängig gemacht werden, ob die Wunderfrage eher zu einer »breit angelegten« *Generierung* von Zielen und möglichen Selbstbildern einladen soll (»Die Führungskraft, die sie schon immer sein wollten«) oder ob das Wunder zur *Konkretisierung* von Zielen und möglichen Selbstbildern eingesetzt wird (»Die Themen sind zu Ihrer Zufriedenheit gelöst«). Die Wunderfrage ermöglicht eine Änderung der Blickrichtung von aktuellen und früheren Schwierigkeiten hin zu einer möglichen zufriedenstellenden Zukunft. Das Wort »Wunder« erlaubt es dem Klienten, über eine große Bandbreite von Zielvorstellungen bzw. über subjektiv und emotional wirklich *relevante* Unterschiede nachzudenken, die nach Eintreten des Wunders in bestimmten Bereichen gegenüber dem aktuellen Zustand deutlich würden. Die Kennzeichen des entwickelten Wunders stellen eine Orientierung für Klient und Coach dar, wohin sich der Klient entwickeln möchte, welche Schritte dafür notwendig sind und woran die Fortschritte erkennbar sein werden. In der folgenden Übersicht sind hilfreiche Nachfragen und Hinweise zu Konkretisierung der Wundervorstellung aufgeführt.

Hilfreiche Fragen zur Konkretisierung der Wundervorstellung

- Nachfragen einzelner Aspekte, z. B.:
  »Was würden Sie anders/besser machen?«
  »Was genau würden Sie anders machen?«
  »Wie würden Sie das im Einzelnen tun?«
  »Wie genau würde das aussehen, wenn Sie …?«
- Fragen nach dem »Wie?« sind wichtig, da die Ziele prozesshaft formuliert sein sollten
- Falls der Klient Veränderungen nennt, die nicht von ihm ausgehen oder von ihm kontrolliert werden können, Aufmerksamkeit darauf lenken, was der Klient selbst zur Erreichung seiner Ziele tun möchte
- Falls der Klient auf die Gefühlsebene ausweicht, Aufmerksamkeit wieder auf die Verhaltensebene lenken, z. B.: »Wenn Sie sich so fühlen, was werden Sie dabei machen?«
- Falls der Klient negative Zielsetzungen formuliert (»Ich will nicht mehr … tun/fühlen/denken «) nachfragen, was er stattdessen tun/fühlen/denken werde

►

- Falls der Klient nicht benennen kann, was er zu dieser guten Situation beiträgt, nach dem Kontext fragen, z. B.: »Was haben Sie kurz vor dieser Situation gemacht?«
- Falls der Klient nach der Wunderfrage keinen Unterschied zum Alltagsverhalten bzw. unerwünschten Verhalten beschreibt, Frage nach dem Unterschied zwischen dem Verhalten vor und nach dem Wunder stellen
- Bei unspezifischen Begriffen nachfragen, z. B.: »Was machen Sie genau, wenn Sie »kompetent« oder »charismatisch« sind?«
- Wechsel des Bezugsrahmens, z. B.: »Woran würden Ihre Kollegen/Ihre Mitarbeiter/Ihre Kunden/Ihr Vorgesetzter das Wunder erkennen?« »Wem würde das Wunder sonst noch auffallen? Was wird demjenigen genau auffallen?«

Weitere hypothetische Zukunftskonstruktionen

Sollte der Klient mit der Idee eines »Wunders« Schwierigkeiten haben, so können verschiedene alternative Übungen zur hypothetischen Zukunftskonstruktion eingesetzt werden. Im Folgenden werden vier weitere Möglichkeiten kurz skizziert, weitere Alternativen finden sich z. B. bei Kanfer et al. (2000).

Zeitreise. Mithilfe einer fiktiven Zeitreise kann sich der Klient in seiner Phantasie an einen beliebigen Punkt seines zukünftigen beruflichen Lebens versetzen. Der Coach sollte darauf achten, einen Zeitraum zu wählen, der für den Klienten genügend Spielraum lässt, seine idealen Vorstellungen zu seiner mittelfristigen beruflichen Zukunft ausgestalten zu können. Dies kann entweder der Abschluss des Coachings oder aber auch ein Zeitraum von ein bis drei Jahren in der Zukunft sein. Wichtig ist, dass der Coach auch hier wieder betont, dass sich der Klient in diesem Zeitraum positiv entwickelt hat und sein berufliches Leben zum ausgewählten Zeitpunkt ideal verläuft. Eine Instruktion, die sich auf den Zeitraum des Coachings bezieht, könnte z. B. folgendermaßen aussehen: »Stellen Sie sich vor, das Coaching ist beendet. Wir haben gemeinsam richtig gute Arbeit geleistet und Sie sind mit sich zufrieden. Sie konnten Ihre Ziele umsetzen und Ihre Führungsposition optimal gestalten. Wie sieht Ihr beruflicher Alltag aus? ... Was tun Sie als Führungsperson? ... Was ist anders? ... Was noch?«

Die Kristallkugelmetapher. »Stellen Sie sich vor, Sie sehen vor sich eine Kristallkugel. Die Kristallkugel zeigt Sie als die Führungskraft, die Sie schon immer sein wollten. Sie zeigt sie so, wie Sie sich idealerweise als Führungsperson verhalten würden. Sie schauen in diese Kristallkugel und können sich selbst darin beobachten. Was sehen Sie?«

Schriftstellermetapher. »Stellen Sie sich vor, Sie wären ein Schriftsteller und der Roman, an dem Sie gerade arbeiten, beschreibt Ihr bisheriges Leben. Im nächsten Kapitel geht es darum, wie sich Ihr berufliches Leben als Führungsperson positiv weiter entwickelt. Ich möchte Sie einladen, Ihrer Phantasie für das übernächste Kapitel freien Lauf zu lassen, indem Sie berichten, wie Sie nun als Führungsperson sind und was Neues in Ihrem beruflichen Leben geschieht.«

Die Kinofrage. »Stellen Sie sich bitte vor, Sie gehen ins Kino. Sie kaufen an der Kasse Ihre Eintrittskarte und die Dinge, die für Sie zu einem Kinoerlebnis mit dazugehören. Sie betreten den Kinosaal und setzen sich auf Ihren Lieblingsplatz. Sie schauen auf die Leinwand und sehen sich, wie Sie in der Zukunft mit Ihrer aktuellen Situation, die Sie eben noch beschäftigt hat, sehr souverän umgehen/wie Sie in der Zukunft als Führungsperson gerne sein möchten.

- Was sehen Sie vor sich? Bitte erzählen Sie?
- Wo spielt der Film? Wer spielt noch mit?
- Was für eine Sorte Film ist es?
- Was machen Sie alles? Was können Sie alles?
- Angenommen Sie sind der Regisseur oder Produzent, wollen Sie noch etwas verändern?«

7.2.2 Erhebung eines »Wunsch-« und »Soll-Profils« im standardisierten Fragebogen

Die standardisierten Fragebogen zur berufsbezogenen Persönlichkeitsbeschreibung, die in Schritt 2 vorgestellt wurden (Abschn. 6.2.1), können nicht nur zur Exploration realer Selbstbilder in Form von selbst zugeschriebenen Stärken und Schwächen herangezogen werden, sondern auch der Aktivierung normativer und möglicher Selbstbilder dienen. Um ein persönliches Profil auf den verschiedenen Dimensionen des jeweiligen Fragebogens (z. B. Durchsetzungsstärke, Sensitivität, Belastbarkeit, etc.) zu erhalten, welches eher das ideale oder normative als das reale Führungs-Selbst beschreibt, muss die Instruktion zum Ausfüllen des Fragebogens entsprechend verändert werden:

Erhebung eines Ist-Profils. Um reale Selbstbilder zu erfassen und damit ein persönliches »Ist-Profil« auf den Fragebogendimensionen zu erstellen, könnte eine Instruktion zur Persönlichkeitsbeschreibung im Fragebogen z. B. folgendermaßen lauten (vgl. Instruktion zum Bochumer Inventar zur berufsbezogenen Persönlichkeitsbeschreibung, Hossiep & Paschen, 2003a): »Es werden Ihnen auf den folgenden Seiten Aussagen vorgegeben, die persönliche Verhaltensweisen und Gewohnheiten beschreiben. Alle diese Aussagen beziehen sich auf Ihr berufliches Leben. Bitte beurteilen Sie bei jeder Aussage, in welchem Ausmaß (von »trifft voll zu‹ bis ›trifft gar nicht zu‹) diese auf Sie zutrifft. Dafür steht Ihnen eine x-fach abgestufte Skala zur Verfügung. [...]«

Erhebung eines Wunsch-Profils. Um in Schritt 3 ideale Selbstbilder zu erfassen und damit ein persönliches »Wunsch-Profil« auf den Fragebogendimensionen zu erstellen, könnte die Instruktion folgendermaßen verändert werden: »In den folgenden Aussagen kreuzen Sie bitte an, wie Sie gerne sein würden. Es geht darum, Ihr persönliches Wunsch-Profil auf den erfassten Fragebogendimensionen zu erfassen. Die Aussagen beschreiben persönliche Verhaltensweisen und Gewohnheiten und beziehen sich auf Ihr berufliches Leben. Bitte beurteilen Sie bei jeder Aussage, in welchem Ausmaß (von ›trifft voll zu‹ bis ›trifft gar nicht zu‹) diese aus Ihrer Sicht idealerweise auf Sie zutreffen würde. Dafür steht Ihnen eine x-fach abgestufte Skala zur Verfügung. [...]«

Erhebung eines Soll-Profils. Um in Schritt 3 normative Selbstbilder zu erfassen und damit das vom Klienten angenommene »Soll-Profil« auf den Fragebogendimensionen zu erstellen, könnte die Instruktion folgendermaßen lauten: »In den folgenden Aussagen kreuzen Sie bitte an, wie Sie aus Ihrer Sicht als Führungsperson sein sollten. Es geht darum, Ihre persönliche Vorstellung des Soll-Profils auf den erfassten Fragebogendimensionen zu erfassen. Die Aussagen beschreiben persönliche Verhaltensweisen und Gewohnheiten und beziehen sich auf Ihr berufliches Leben. Bitte beurteilen Sie bei jeder Aussage, in welchem Ausmaß (von ›trifft voll zu‹ bis ›trifft gar nicht zu‹) diese aus Ihrer Sicht auf Sie zutreffen würden, wenn Sie so wären, wie eine Führungsperson sein sollte. Dafür steht Ihnen eine x-fach abgestufte Skala zur Verfügung. […]«

Auf der Basis des Fragebogens, der vom Klienten nach der zweiten und/oder dritten Instruktion bearbeitet wurde, kann ein Wunsch-Profil und/oder ein Soll-Profil erstellt und mit dem Real-Profil aus Schritt 2 abgeglichen werden. Im Coachinggespräch können diejenigen Dimensionen herausgefiltert werden, auf welchen der Klient sich eine Veränderung wünschen würde. In einem nächsten Schritte kann die Relevanz dieser Veränderungen für die Coachingthemen herausgearbeitet und konkrete Ziele und Umsetzungsschritte abgeleitet werden. Der Vergleich der Profile ermöglicht es auch, zentrale Ressourcen des Klienten in Form derjenigen Dimensionen zu identifizieren, auf denen das Soll- und das Real-Profil übereinstimmen.

7.2.3 Klärung persönlicher Werte als richtungsgebende Leitlinien

»Werte können nicht verordnet werden, Werte kann man aber aktivieren, im Diskurs klären und auf ihnen aufbauen« (Frey, 2008, S. 13). Eine gezielte Wertereflexion ermöglicht es dem Coachingteilnehmer, richtungsgebende Leitlinien für sein Handeln zu identifizieren. Genauso, wie jedoch die Selbstreflexion im Coaching nie nur um ihrer selbst willen stattfindet, sondern stets »ergebnisorientiert« (vgl. Greif, 2008) ablaufen sollte, erschöpft sich auch die Arbeit an den persönlichen Werten nicht in deren Reflexion. Der Klient muss darüber hinaus unterstützt werden, in seinem Handeln immer wieder aufs Neue eine Wertebalance herzustellen. In diesem dritten Schritt des Persönlichkeitscoachings geht es darum, (1) Werte zu identifizieren und zu hierarchisieren, (2) Wertekonflikte aufzudecken und (3) konkrete Verhaltensweisen zur Ausbalancierung antagonistischer Werte abzuleiten.

Identifizierung und Hierarchisierung von Werten

In der Literatur finden sich verschiedene Methodenvorschläge zur Bearbeitung persönlicher Werte im Coaching (z. B. »Wertehierarchie« nach Klein, 2007; Middendorf, 2005; »Das persönliche Wertesystem als Bild« nach Glatz, 2005; »Selbststeuerung über Werte« nach von Elverfeldt, 2005), die in individuell angepasster Form in Schritt 3 eingesetzt werden können. Folgende Vorgehensweisen erachten wir insgesamt als hilfreich dafür, persönliche Werte zu identifizieren und zu hierarchisieren.

Einstimmung des Coachingteilnehmers auf das Thema Werte. Da sich nicht jeder Klient bereits explizit mit individuellen Wertvorstellungen auseinandergesetzt haben muss, kann es sinnvoll sein, dem Klienten im Vorfeld der Sitzung vorbereitende Fragen zur Einstimmung auf die Bearbeitung des Wertethemas mitzugeben (vgl. Migge, 2005; Hauke, 2004):

(1) Was ist für mich wertvoll und wichtig in meiner alltäglichen Tätigkeit?
(2) Welche Werte sind mir wirklich wichtig?
(3) Welche Werte leiten mich im Handeln und motivieren mich?
(4) Was muss für mich im Beruf und im Privaten gegeben und stimmig sein?
(5) Was glauben Sie über sich selbst? Bitte vervollständigen Sie folgende Sätze:
   - Für mich zählt …
   - Mir ist wichtig …
   - Mir kommt es darauf an …
   - Ich vertrete die Meinung …
   - Ich erachte es als wertvoll …
   - Ich schätze es, wenn …
   - …

Identifizierung persönlicher Werte. Im Coachinggespräch wird der Klient immer wieder herausgefordert zu formulieren, worauf es ihm bei seiner täglichen Arbeit ankommt und was ihm hier besonders wertvoll und wichtig ist (vgl. Hauke, 2004). Dies kann auf verschiedenen Wegen geschehen.

- Warum ist es wichtig für Sie, das Ziel XY zu erreichen?
- Warum ist es für Sie wichtig, jemand zu sein, … auf den man sich verlassen kann/der leistungsstark ist/der keine Fehler macht/…?
- Was motiviert Sie, das Ziel zu erreichen?
- Welche Überzeugung steckt dahinter?
- Wie stehen Ihre anderen sozialen Rollen zu dem Ziel?
- Welche Ziele widersprechen Ihren Werten, welche Ziele stehen in Einklang mit Ihren Werten?

Werte können durch zirkuläre Fragen identifiziert werden:

- Wenn ich Ihren Kollegen/Ihren Vorgesetzten/Ihre Mitarbeiter/etc. fragen würde, was für Sie wichtig ist, was würden diese mir antworten?
- Wenn ich Ihren Partner/Partnerin/guten Freund/Freundin fragen würde, welche Wertvorstellungen Ihr Denken und Tun beeinflussen, was würde er/sie mir antworten?

Werte können auch aus »kritischen Situationen« abgeleitet werden:

- An welche Streitgespräche oder Diskussionen über Arbeits- und Lebenseinstellungen können Sie sich erinnern? Welche Punkte waren für Sie in solchen Gesprächen wichtig/nicht diskutierbar/wichtig zu verteidigen?
- Über welche grundlegenden Arbeits- und Lebenseinstellung haben Sie mit anderen Personen schon mal gestritten oder mit anderen Personen diskutiert?
- Welche persönlichen Ziele und Werthaltungen anderer Personen können Sie absolut nicht nachvollziehen?

- Welche Werthaltungen sollten gute Freunde von Ihnen mit Ihnen teilen, damit sie die Freundschaft als zufriedenstellend empfinden?

Erstellung einer Wertehierarchie. Die identifizierten Werte werden z. B. auf Karteikarten übertragen und entsprechend der eigenen Prioritätensetzung in eine hierarchische Ordnung gebracht oder gegensätzliche Werte einander gegenübergestellt. Dabei kann nach folgenden Leitfragen vorgegangen werden (vgl. Rückle & Mutatoff, 2005):

- Welche Werte sind Ihnen besonders wichtig?
- Bei welchen Werten machen Sie absolut keine Abstriche?
- Auf welche Werte können Sie unter keinen Umständen verzichten?
- An welchem Wert haben Sie schon einmal gezweifelt?
- Für welche Werte würden Sie auch öffentlich eintreten?
- Für welchen Wert würden Sie Ihr Leben einsetzen?
- Welche Werte machen Sie als Persönlichkeit aus?
- Welche Werte sind eher von außen gefordert?

Wertekonflikte aufdecken und Handlungsoptionen ableiten

Um Wertekonflikte (z. B. zwischen den antagonistischen Werten »Sicherheit« im Rahmen einer festen Position und »Selbstverwirklichung« durch Übernahme einer neuen Funktion) herauszuarbeiten, eignen sich verschiedene Formen der Visualisierung, z. B.

- Hierarchisierung und Priorisierung von Werten durch die entsprechende Anordnung von Karteikarten mit den Wertebegriffen,
- Auswahl von Gegenständen, die die Werte für den Klienten passend symbolisieren (z. B. Kopie des Arbeitsvertrags für den Wert »Sicherheit«) und deren Anordnung im Raum und
- Einordnung und Visualisierung von Werten im Werte- und Entwicklungsquadrat (s. Abschn. 7.2.4).

Wurden Wertekonflikte oder die einseitige Betonung von Werten im Sinne einer »entwertenden Übertreibung« (s. Abschn. 7.2.4) identifiziert, so geht es im nächsten Schritt darum, im Coachinggespräch Zielsetzungen und Umsetzungsmöglichkeiten für zukünftiges Verhalten abzuleiten. Welche Möglichkeiten bieten sich, wie der Klient im Werte- und Entwicklungsquadrat den Weg der Diagonalen vom »Unwert« zur »Schwestertugend« bestreiten kann (vgl. Abb. 7.3)? Dafür können im Coachinggespräch folgende Fragen hilfreich sein:

- Was bedeuten die Werte für die Ausgestaltung der Führungsrolle?
- Worauf wollen Sie bei Ihrem zukünftigen Führungsverhalten achten?
- Wie könnten Sie die wichtigsten Werte in die Ausgestaltung der Führungsrolle einbringen?
- Wie könnten Sie die Werte, die Ihnen wichtig sind, gegenüber Mitarbeitern, Kollegen oder Vorgesetzten kommunizieren?
- In welchen Verhaltensweisen könnten sich Ihre zentralen Werte ausdrücken?
- Wie können Sie in Zukunft mit der Situation XY umgehen? Was ist dabei hilfreich? Was könnte hinderlich sein?

Ergebnisse der Wertereflexion sollten also zum einen handlungsrelevante Einsichten in persönliche Wertvorstellungen und Konfliktkonstellationen sein, zum anderen aus konkreten Zielsetzungen oder Handlungsabsichten bestehen. Bei der Planung konkreter Umsetzungsschritte sollte von den zur Verfügung stehenden Ressourcen des Klienten ausgegangen werden: Wie kann der Klient XY mit den ihm zur Verfügung stehenden Möglichkeiten die individuelle Wertvorstellung XY besser in den Alltag integrieren?

Bei der Formulierung von Veränderungszielen kann sich aber auch herausstellen, dass dem Klienten nicht alle Ressourcen zur Verfügung stehen, die er benötigt, um die Zielsetzungen zu erreichen. In einem solchen Fall müssen benötigte intrapersonale Kompetenzen (z. B. Schulung kreativer Kompetenzen, um Innovation als Wert zu verfolgen) und/oder interpersonale Kompetenzen (z. B. Ausbau der Fähigkeit zur Perspektivenübernahme, um Fairness als Wert in der alltäglichen Interaktion mit Mitarbeitern leben zu können) gezielt aus- oder aufgebaut werden. Eine solche Ressourcenerweiterung ist Gegenstand von Coachingschritt 7.

7.2.4 Ableitung von Entwicklungsrichtungen aus dem Inneren Team

Ausgehend von der Erhebung des Ist-Zustandes des Inneren Teams in Coachingschritt 2 (s. Abschn. 6.2.2) können Prozesse der inneren Teamentwicklung angestoßen werden. Um die Leitfrage »Wie möchte ich mich sehen und erleben?« mithilfe der Metapher des Inneren Teams zu beantworten, können z. B. potenzielle Teammitglieder identifiziert oder Konflikte im Inneren Team mit dem Werte- und Entwicklungsquadrat abgebildet und daraus Entwicklungsrichtungen abgeleitet werden.

Identifizierung von potenziellen Mitgliedern im Inneren Team

Anhand der Metapher der Inneren Teammitglieder lassen sich erwünschte Entwicklungsrichtungen symbolisieren und personifizieren. Bauer (2007) beschreibt den Coachingprozess in ihrem »Stationenmodell der internen Theaterprobe« als eine stetige Weiterentwicklung des Inneren Teams: In einem ersten Schritt wird ermittelt, welche Teammitglieder auf der Inneren Bühne in Aktion treten. In einem zweiten Schritt werden mögliche und erwünschte Teammitglieder sowie Teammitglieder, die nutzbare Ressourcen des Coachingteilnehmers repräsentieren, identifiziert. Abschließend werden diejenigen Teammitglieder gezielt gefördert, welche für die weitere Entwicklung des Coachingteilnehmers relevant sein könnten.

»Casting« innerer Teammitglieder. Zur gezielten Reflexion und Konkretisierung von Idealvorstellungen über die eigene Person eignen sich die Vorgehensweisen, welche Bauer im zweiten Schritt ihres Stationenmodells unter der Bezeichnung »Casting« beschreibt: Ganz im Sinne eines Auswahlverfahrens werden potenzielle Mitglieder im Inneren Team identifiziert, welche in Zukunft auf der inneren Bühne verstärkt in Erscheinung treten sollen. Zu den potenziellen Teammitgliedern zählen nach Bauer (2007) zum einen die *Wunsch-Spieler*, die als personifizierte Zielvorstellungen und erwünschte Entwicklungsrichtungen der Coachingteilnehmer zu verstehen sind. Zum anderen können potenzielle Teammitglieder ermittelt werden, die als *Power-Spieler* für personifizierte Ressourcen des Coachingteilnehmers stehen. Die Wunsch-Spieler repräsentieren demnach potenzielle Selbstbilder, durch die sich der Coachingteilnehmer derzeit (noch) nicht gekennzeichnet sieht, welche er aber anstrebt (z. B. der »Gelassene« oder der »Diplomat« als Wunschsspieler). Power-Spieler stehen für Ressourcen, über die der Coachingteilnehmer bereits verfügt, die er aber gerne ausbauen und/oder stärker nutzen möchte (z. B. der »Delegierende« oder der »Begeisternde« als Power-Spieler).

Arbeit mit dem Werte- und Entwicklungsquadrat im Kontext des Inneren Teams

Die Denkfigur des Wertequadrats stammt ursprünglich von Helwig (1967; zit. n. Schulz von Thun, 2003a) und wurde 1989 von Schulz von Thun zum »Entwicklungsquadrat« erweitert. Das Werte- und Entwicklungsquadrat beschäftigt sich mit der Dialektik von Werten und menschlichen Qualitäten: Es wird berücksichtigt, dass es nicht darum gehen kann, »Führungskräfte vom ›Schlechten‹ zum ›Guten‹ zu leiten, sondern von dem Guten, wovon sie (je individuell) zu viel haben, hin zu dem Guten, welches ergänzend dazukommen müsste und vielleicht noch unterentwickelt ist« (Schulz von Thun et al., 2006, S. 54).

Im menschlichen Zusammenleben entfalten bestimmte Werte (Qualitäten, Tugenden) demnach nur dann eine konstruktive Wirkung, wenn sie in ausgehaltener Spannung zu einem Gegenwert gelebt und verwirklicht werden (vgl. Schulz von Thun et al., 2006). Solch ein Gegenwert wird als komplementäre »Schwestertugend« (Schulz von Thun, 2003a) bezeichnet, die geeignet ist, der polarisierten und extremen Ausprägung eines Wertes entgegenzusteuern.

Dazu ein Beispiel (s. Abb. 7.3): Sachlichkeit im Gespräch ist gut, aber zu viel des Guten (allzu große Distanziertheit oder Gefühllosigkeit ohne jeglichen Ausdruck emotionaler Beteiligung) kann beim Gegenüber auf Unverständnis stoßen und lässt damit den Wert der »Sachlichkeit« zu einem »Unwert« verkommen. Schulz von Thun spricht in einem solchen Fall von »entwertender Übertreibung« (2003a, S. 39). Es braucht also einen Wertegegenspieler, eine sogenannte »Schwestertugend«, damit sich die Sachlichkeit nicht zu kühler Distanziertheit, Gefühllosigkeit oder Ignoranz entwickelt. Ein solcher positiver Gegenspieler müsste nach dem Prinzip des Werte- und Entwicklungsquadrat im konträren Gegensatz zur entwertenden Übertreibung der »kühlen Distanziertheit« bestehen. Eine Schwesterntugend könnte z. B. darin bestehen, die eigenen Reaktionen und Gefühle genauso wie die des Gegenübers im Gespräch zu berücksichtigen und angemessen auszudrücken, was wir unter den Begriffen »Emotionalität und Menschlichkeit« zusammenfassen. Die übertriebene Sachlichkeit einer Führungsperson im Umgang mit ihren Mitarbeitern sollte also nicht durch »unkontrollierte Gefühlsausbrüche« (die entwertende Übertreibung von Emotionalität) »überkompensiert« werden, sondern es soll eine Entwicklung in Richtung »Emotionalität und Menschlichkeit« als Schwestertugend der konstruktiven Sachlichkeit erfolgen.

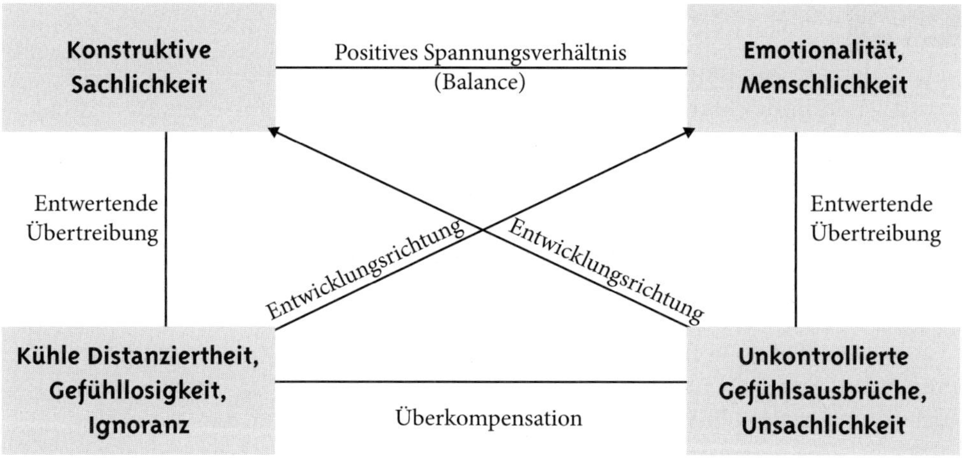

Abbildung 7.3 Werte- und Entwicklungsquadrat zum Thema »Sachlichkeit« und »Emotionalität«

Das Werte- und Entwicklungsquadrat führt zum einen zur Erkenntnis, dass beklagte Fehler nicht immer etwas »Schlechtes« sind, das es zu beseitigen gilt. Allein die Überdosierung eines Wertes erscheint problematisch. Zum anderen ist mit diesem Quadrat die Überzeugung verbunden, »daß jeder Mensch mit einer bestimmten erkennbaren Eigenschaft immer auch über einen ›schlummernden‹ Gegenpol verfügt, den er in sich wecken und zur Entwicklung bringen kann« (Schulz von Thun, 2003a, S. 44). Eine Person sollte stets versuchen, zwischen den beiden Polen eine dynamische Balance zu halten: Dies impliziert, dass in einer bestimmten Situation die Betonung des einen Pols durchaus richtig sein kann, die »Waage« aber wieder ins Gleichgewicht gebracht werden sollte, indem der andere Pol mit einbezogen wird. Entscheidend ist, dass z. B. einer Führungskraft die innere Möglichkeit über beide Haltungen zur Verfügung steht: Auch im Führungsalltag geht es letztendlich darum, die Balance zwischen gegensätzlichen Wertvorstellungen zu halten und sich nicht in Extremen zu verlieren.

Bei der Ableitung von Entwicklungsrichtungen aus dem Inneren Team werden statt Tugenden innere Teammitglieder mithilfe von Werte- und Entwicklungsquadraten miteinander in Beziehung gesetzt (vgl. Schulz von Thun, 2003b). Im Inneren Team finden sich häufig Konfliktbeziehungen zwischen Teammitgliedern, die mithilfe des Werte- und Entwicklungsquadrats interpretiert und ggf. ausbalanciert werden können.

Dazu werden Teammitglieder ausgewählt, die insgesamt eine zentrale Funktion im Inneren Team des Klienten haben oder denen für die Bearbeitung der Coachingthemen in der Dynamik des Inneren Teams eine besondere Bedeutung zukommt (z. B. der »Ehrgeizige« als Teammitglied). Für eine Interpretation mithilfe des Werte- und Entwicklungsquadrates kommen auch solche Teammitglieder in Frage, bei denen der Coachingteilnehmer bei der Aufstellung des Inneren Teams in Schritt 2 bereits Veränderungsbedarf identifiziert hat. Anschließend wird nach Inneren Teammitgliedern gesucht, die als Gegenspieler die Schwesterntugend verkörpern und daher einer entwertenden Übertreibung des ersten Teammitgliedes entgegenwirken können.

Beispiel

Die Ableitung von Entwicklungsrichtungen aus dem Inneren Team mithilfe des Werte- und Entwicklungsquadrates könnte folgendermaßen aussehen: Herr X hat als ein zentrales Mitglied seines Inneren Teams »den Sachlichen« identifiziert. In Teamsitzungen versucht Herr X stets, nur sachliche Argumente gelten zu lassen und sich auf die Analyse von Fakten zu konzentrieren. Wenn »dem Sachlichen« im Inneren Team die Argumente ausgehen oder ein Mitarbeiter des äußeren Teams »persönlich wird«, dann platzt Herrn X allerdings schon mal der Kragen und er haut richtig auf den Tisch. Da er diese Gefühlsausbrüche gar nicht mag, versucht er, den »Emotionalen« in seinem Inneren Team zu verbannen und mit verstärkter Sachlichkeit zu reagieren. Die Gegenspieler des »Sachlichen« und des »Emotionalen« in Herrn Xs Inneren Team werden mithilfe des Werte- und Entwicklungsquadrates miteinander in Beziehung gesetzt und seine »Kontrollversuche« des »Emotionalen« als Überkompensation interpretiert. Auf Basis des Werte- und Entwicklungsquadrates können im Coaching stattdessen Lösungen erarbeitet werden, wie Herr X die Ressourcen des »Emotionalen« nutzen kann, indem er sich in die eigenen Reaktionen und die seiner Mitarbeiter einfühlt und seine Emotionen adäquat ausdrückt, um insgesamt auf seine Mitarbeiter einen »menschlicheren« Eindruck zu machen (s. Abb. 7.4).

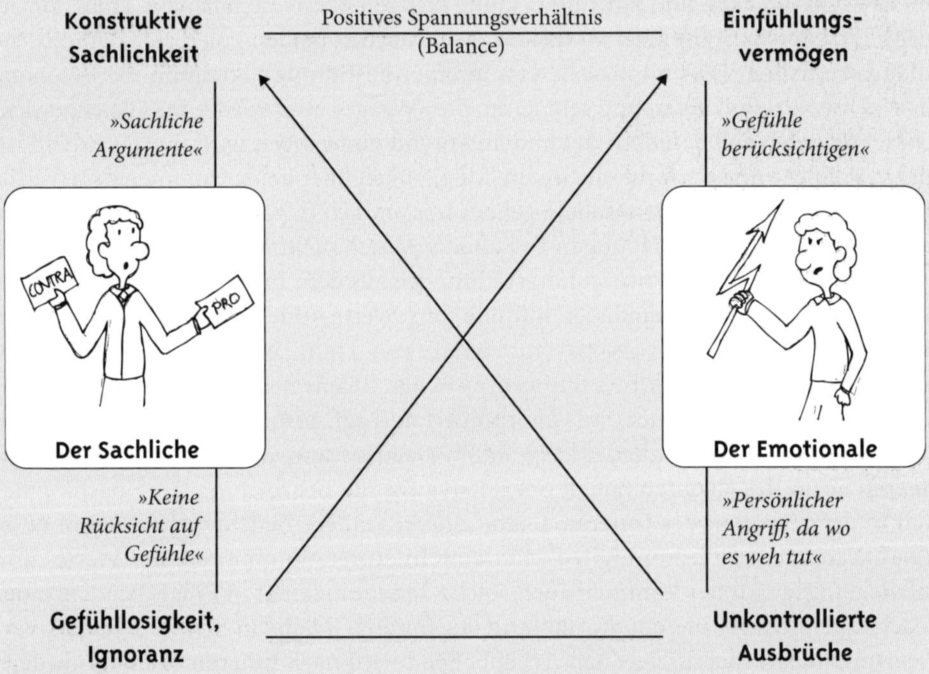

Abbildung 7.4 Innere Teammitglieder im Werte- und Entwicklungsquadrat (nach Meier, 2010)

Es müssen nicht alle Teammitglieder, die ins Werte- und Entwicklungsquadrat eingetragen werden, bereits im Inneren Team des Klienten vorhanden sein. So können über das Werte- und Entwicklungsquadrat nicht nur zu verstärkende Power-Spieler, sondern auch neue Wunsch-Spieler (s. Abschn. 7.2.4) identifiziert werden, um eine Balance im Werte- und Entwicklungsquadrat und damit auch im Inneren Team herstellen zu können (bei Herrn X z. B. der »Diplomatische« als Wunsch-Spieler).

7.3 Fallbeispiel Schritt 3

P

Zur Aktivierung möglicher und normativer Selbstbilder in Schritt 3 kommen in unserem Fallbeispiel folgende Methoden zum Einsatz: In offenen Fragen werden Vorstellungen erfasst, wie Herr P. als Führungsperson im Idealfall gerne sein würde. Zur Konkretisierung dieser Zielvorstellung wird die Kinomethapher als Methode der hypothetischen Zukunftskonstruktion eingesetzt sowie Entwicklungsrichtungen aus dem Inneren Team abgeleitet.

7.3.1 Frage nach erwünschten Selbstbildern im Fragebogen

Wie in Coachingschritt 2 beschrieben (s. Abschn. 6.2.1), werden im Verlauf der Coachingschritte 2 bis 4 im standardisierten Fragebogen (BIP: Bochumer Inventar zur berufsbezogenen Persönlichkeitsbeschreibung) und in offenen Fragen Ist- und Sollzustand des Verhaltens und der Gewohnheiten von Herrn P. aus der Selbst- und der Fremdperspektive beschrieben.

In Coachingschritt 3 wird nun der Soll-Zustand aus der Perspektive des Coachingteilnehmers erhoben: Zum einen wird ein Soll-Profil auf den Dimensionen des BIPs erstellt, zum anderen werden die individuellen Vorstellungen zum idealen Führungsverhalten in offenen Fragen erfasst. Zentrale Ergebnisse zu Herrn P.s Soll-Profil werden in Coachingschritt 4 zusammen mit den Ergebnissen des 360°-Feedbacks dargestellt. In der offenen Frage, wie er als Führungskraft gerne sein würde, gibt Herr P. folgende Antworten:

- »Ich möchte, dass andere sagen: ›Der ist immer gut drauf, der gibt immer sein Bestes.‹ Ich will auf gar keinen Fall als jemand gesehen werden, der die Dinge auf sich zukommen lässt und nichts in die Hand nimmt. Also aktiv und engagiert will ich sein und meine Begeisterung für die Dinge bewahren.«
- »Ich möchte Gelassenheit ausstrahlen und über den Dingen stehen können, sodass man nicht alle Probleme so ernst nehmen muss.«
- »Ich will eine Führungskraft sein, auf die die Mitarbeiter stolz sein können. Dass die Mitarbeiter sagen können: ›Der hat's geschafft, der weiß, was er tut.‹ Dafür kann ich nicht nur der lustige Kumpel sein, der ich früher war, dafür muss ich auch Autorität haben.«
- »Ich möchte locker und humorvoll ankommen.«

7.3.2 Konkretisierung der Zielvorstellung: Kinometapher

Um die genannten Zielvorstellungen und erwünschten Selbstbilder möglichst konkret zu machen, wird Herr P. anhand der Kinometapher zu einer hypothetischen Zukunftskonstruktion angeleitet (vgl. Abschn. 7.2.1): »Stellen Sie sich bitte vor, Sie gehen ins Kino. Sie kaufen an der Kasse Ihre Eintrittskarte und die Dinge, die für Sie zu einem Kinoerlebnis mit dazu gehören. Sie betreten den Kinosaal und setzen sich auf Ihren Lieblingsplatz. Dort finden Sie eine Fernbedienung wie bei einem DVD-Player, mit der Sie den Film anhalten, vor- und zurückspulen können. Sie schauen auf die Leinwand und sehen sich, wie Sie in der Zukunft als Führungsperson gerne sein möchten.«

Entwicklung von Zielvorstellungen im persönlichen Film
(C = Coach, P = Herr P.)

C: Was sehen Sie vor sich?
P: Ich sehe mich, wie ich gelassen und gut gelaunt mit meinen Mitarbeitern ein Pläuschchen halte. Ich bin wohl gerade aus der Teamsitzung gekommen, die richtig gut gelaufen ist und scheine ziemlich relaxt zu sein.
C: Was noch?
P: Ich sehe irgendwie ausgeruht aus, nicht so gestresst und hektisch.
C: Sie sehen sich, wie sie gut gelaunt und relaxt aus der Teamsitzung kommen. Vielleicht spulen wir mal vor und schauen uns an, was genau an der Teamsitzung so gut gelaufen ist, dass sie so relaxt sein können. Wohin wollen Sie spulen? An den Beginn der Sitzung, an das Ende oder dazwischen? Welcher Filmausschnitt interessiert Sie genauer?
P: Der Anfang, also gleich der Einstieg in die Sitzung.
C: Gut, dann spulen wir den Film an den Anfang der Teamsitzung. Was sehen Sie?
P: Meine Mitarbeiter sehen interessiert aus, die haben Zettel und Stift vor sich liegen und auch Aufzeichnungen dabei.
C: Wie verhalten Sie sich?
P: Ich erzähle noch mal kurz, was wir in dieser Teamsitzung vorhaben und dass ich an den Ideen der Mitarbeiter interessiert bin. Dabei halte ich mich aber wirklich kurz, sonst passiert mir das schon auch öfter mal, dass ich mich mit meiner Begeisterung und meinen Ideen nicht zurückhalten kann und schon alles vorwegnehme.
C: Was fällt Ihnen noch auf?
P: Ich frage, ob jemand was vorbereitet hat und das kurz vorstellen könnte. Dann sagt wieder erst mal keiner was.
C: Wie reagieren Sie darauf, dass keiner etwas sagt, dort in dem Film, der Sie als Führungsperson so zeigt, wie Sie im Idealfall reagieren würden?
P: Na ja, normalerweise würde ich mich jetzt aufregen und dann meine eigenen Aufzeichnungen hervorziehen mit der Bemerkung, dass ich das selbst vorbereitet habe, weil ich mir schon gedacht habe, dass keiner mitdenkt.
C: Was sehen Sie stattdessen auf der Leinwand?

P: Ich sehe mich, wie ich erwartungsvoll in die Runde schaue und erst mal ruhig bin und nichts sage.

C: Wie schaffen Sie das in dieser Situation, ruhig zu bleiben?

P: Ich sehe, wie ich kurz durchschnaufe und mich dann hinsetze. Normalerweise setze ich mich nicht, da bleibe ich immer vorne stehen.

C: Hilft Ihnen das Hinsetzen dabei, ruhig zu bleiben?

P: Ich denke schon, das nimmt ein bisschen den Aktionismus raus.

C: Was sehen Sie weiter?

P: Einer der Mitarbeiter sagt, dass er sich ein bisschen was notiert hat, sich aber nicht sicher sei, ob das so passe. Eigentlich bringt mich das schon wieder auf die Palme. Ein bisschen was notiert – wo ich doch gesagt habe, die sollen die Prozesse aufschreiben und ausarbeiten. Finde ich ein bisschen wenig.

C: Was sehen Sie auf der Leinwand, wie Sie mit der Äußerung des Mitarbeiters umgehen?

P: Also, da bin ich ja irgendwie relaxter, da scheine ich das ganz gut zu finden. Ich sage irgendwie so was wie: Na, dann lassen Sie mal hören, es soll ja erst mal um eine Ideensammlung gehen. Was dann passt und was nicht, können wir später immer noch entscheiden.

C: Was können Sie weiter beobachten?

P: Der Mitarbeiter erzählt richtig viel und die anderen steigen dann nach und nach in die Diskussion mit ein. Ich stehe am Flipchart und schreibe mit, meine eigenen Aufzeichnungen habe ich gar nicht ausgepackt.

C: Welchen Eindruck machen Sie auf sich in dieser Szene? Wie könnte es Ihnen in dieser Rolle, die Sie auf der Leinwand sehen, gehen?

P: Ich bin da mittendrin in der Diskussion, sieht fast so aus, als ob mir das Spaß macht. Wobei ich nicht weiß, ob da auch wirklich was Gutes bei rauskommt.

Ableitung von Veränderungsschritten

Um konkrete Veränderungsschritte ableiten zu können, die eine Annäherung an die erwünschten Selbstbilder (z. B. »gelassener Chef«) ermöglichen, exploriert der Coach weiterhin die Vorgeschichte und Konsequenzen der Teamsitzung (Ankündigung, Arbeitsauftrag, weiterer Umgang mit den Ideen, Konsequenzen für die eigene Arbeitsbelastung) und lässt den Klienten an diejenigen Stellen des Filmes »spulen«, die eine Rolle dafür spielen könnten, dass Herr P. auf der Leinwand gelassener wirkt. Dafür spielen zwei Themenbereiche eine zentrale Rolle:

Verantwortung abgeben und Vertrauen in die Mitarbeiter haben. Herr P. beschreibt, dass er als ideale Führungskraft z. B. die Organisation der Teamsitzung delegiert, bestimmte Tagungsordnungspunkte von den Mitarbeitern vorbereiten lässt und die Umsetzung entwickelter Ideen weitgehend seinen Mitarbeitern überlässt und nur unterstützend eingreift.

Regenerationspausen. Herr P. beschreibt, dass er – um als ideale Führungskraft gelassener und lockerer reagieren zu können – mindestens dreimal die Woche eine Mittagspause einlegen müsste, in der er sich mit den Mitarbeitern in der Kantine im lockeren Rahmen austauschen kann. Als weitere Beispiele beschreibt Herr P., dass er »in seinem Film zur idealen Zukunft« sonntags keine E-Mails von der Arbeit abruft und zwei Abende die Woche mit seiner Frau joggen geht.

Während die Kinometapher durch die Fokussierung auf die *Außen*wahrnehmung vor allem zur Beantwortung der Leitfragen »Wie möchte ich mich sehen/gesehen werden?« geeignet ist, bietet es sich zur Beantwortung der Frage »Wie möchte ich mich erleben?« an, Entwicklungsrichtungen in der Aufstellung innerer Teammitglieder zu identifizieren, da die Methode des Inneren Teams auf die Klärung *innerer* Impulse ausgerichtet ist.

7.3.3 Entwicklungsrichtungen im Inneren Team

Ausgangspunkt für die Ableitung von Entwicklungsrichtungen aus dem Inneren Team ist die Aufstellung der inneren Teammitglieder auf der inneren Bühne aus Coachingschritt 2 (s. Abb. 6.6). In Schritt 3 werden mit Herrn P. erwünschte Veränderung in der Aufstellung des Inneren Teams diskutiert und dafür notwendige Verhaltensänderungen abgeleitet. Die Arbeit mit dem Werte- und Entwicklungsquadrat dient weiterhin dazu, Gegenspieler im Inneren Team zu identifizieren und Möglichkeiten zu deren Ausbalancierung zu ermitteln. Es werden darüber hinaus sowohl neue, erwünschte Innere Teammitglieder identifiziert (sogenannte »Wunsch-Spieler«; s. Abschn. 7.2.4) als auch zu verstärkende Ressourcen in Form von »Power-Spielern« (s. Abschn. 7.2.4) herausgearbeitet.

Identifizierung von Ansatzpunkten zur Weiterentwicklung des Inneren Teams

C: Wenn Sie sich ansehen, wie die Mitglieder Ihres Inneren Teams aufgestellt sind, welchen Eindruck haben Sie? Was fällt Ihnen auf?

P: Mit dem »Narzissten« in der Mitte, das sieht schon irgendwie komisch aus. So, als ob ich ganz schön von mir selbst überzeugt bin. Na ja, das bin ich ja auch, das ist schon auch gut so in dem Job, ich hätte ja gar keine Zeit, dauernd an mir zu zweifeln. Und im Vertrieb – da muss man halt gut rüberkommen.

C: Welche Ihrer Teammitglieder helfen Ihnen denn dabei, gut rüberzukommen?

P: Auf jeden Fall der »Sunnyboy« und der »Ideenproduzierer«. Die Leute finden es gut, wenn man kreativ und flexibel ist und dabei auch noch gute Laune ausstrahlt.

C: Was fällt Ihnen noch auf?

P: Der »Aktionist« mit der Uhr da vorne, der macht mich richtig hektisch, schon beim Hinschauen, da fehlt irgendwie die Gelassenheit bei der ganzen Sache.

C: Welches Teammitglied könnte denn für mehr Gelassenheit sorgen? Wer ist denn der Gegenspieler zum »Aktionisten«?

P: Das ist dann wohl der »Ausgelaugte«. Der bremst den »Aktionisten« ja auch manchmal, wenn ich dann einfach keine Lust mehr auf bestimmte Aufgaben habe. Oder schon auch manchmal im Urlaub, da werde ich dann prompt am ersten Tag krank und hänge in den Seilen, da wird es dann ziemlich deutlich, dass ich ausgelaugt bin.

C: Heißt das, dass der »Ausgelaugte« nur dann zum Vorschein kommt, wenn die anderen Teammitglieder mal ruhiger sind und sich nicht so in den Vordergrund drängeln?

P: Ja, auf jeden Fall. So lange ich funktionieren muss und will, dann sind die anderen aktiv. Aber manchmal wird es selbst mir zu viel.

C: Sie hatten in Ihrem persönlichen Kinofilm die Idee entwickelt, dass Sie als ideale Führungskraft bestimmte Dinge tun, um ausgeruhter und gelassener sein zu können, wie z. B. bestimmte Aufgaben zu delegieren oder Mittagspausen einzuhalten. Welche Teammitglieder könnten bei der Umsetzung dieser Vorhaben wichtig sein?

P: Sicherlich der »Ausgelaugte«, auf den müsste ich dann bloß auch hören. Der sagt mir ja eigentlich, wenn es zu viel ist.

C: Welche Teammitglieder könnten den »Ausgelaugten« unterstützen?

P: Vielleicht brauche ich noch so jemanden wie einen »selbstkritischen Beobachter«, der schaut sich das Ganze mit einem gewissen Abstand an, der könnte auch ein Auge auf den »Ausgelaugten« haben.

C: Also der Beobachter stellt fest, dass der »Ausgelaugte« etwas zu sagen hat und macht die anderen Teammitglieder darauf aufmerksam?

P: Ja, so ungefähr. Und der »Ideenproduzierer« kann sich dann überlegen, wie man mit der Sache umgeht.

C: Lassen Sie uns das mal an einem einfachen Beispiel verdeutlichen. Welches ist eine typische Situation, die Sie daran hindern könnte, Ihr Vorhaben mit der Mittagspause umzusetzen?

P: Ein Mitarbeiter kommt mit einem Problem, das gelöst werden muss. Oder jemand braucht dringend einen aktuellen Bericht, für den ich erst mal Informationen zusammentragen muss.

C: Welche der inneren Teammitglieder melden sich in einer solchen Situation zu Wort?

P: Der »Aktionist«, der »Ideenproduzierer« und der »Narzisst«. Ich kann es nicht auf mir sitzen lassen, wenn etwas an mich herangetragen wird und ich löse es nicht gleich.

C: Wenn Sie nur auf diese drei hören, wie werden Sie reagieren?

P: Ich lasse meine Mittagspause sausen und finde sie auch gar nicht wichtig.

C: Wenn Sie sie nicht wichtig finden, ist es dann für Sie o. k., die Pause wegfallen zu lassen?

P: Nein, dann komme ich ja wieder in den Trott, dass ich so gestresst und unter Druck bin. Gelassener werde ich dadurch nicht. Außerdem wollte ich ja die Pause dazu nutzen, mit meinen Mitarbeitern auch mal über etwas anderes als über die Arbeit zu reden.

C: Wie können Sie in der Situation, in der ein Mitarbeiter mit einem Problem zu Ihnen kommt, so reagieren, dass Sie auch den »Ausgelaugten« und den »Beobachter« einbeziehen?

P: Ich dürfte nicht gleich auf den Mitarbeiter reagieren, sondern müsste mir kurz überlegen, ob das in den Zeitplan passt und wie dringlich das wirklich ist. Wenn es tatsächlich brennt, dann würde ich meine Pause weglassen. Aber wenn es auf ein paar Stunden nicht ankommt, dann könnte ich dem Mitarbeiter sagen, dass ich das nach der Mittagspause erledige. Und um das zu beurteilen, brauche in den »Beobachter«, der sich die Sache erst mal anschaut, bevor der »Aktionist« gleich wieder alles an sich reißt.

Ableitung von Entwicklungsrichtungen mithilfe des Werte- und Entwicklungsquadrates

Im Coachinggespräch wird deutlich, dass der »Aktionist« und der »Ausgelaugte« zwei Gegenspieler im Inneren Team darstellen, die in der Begrifflichkeit des Werte- und Entwicklungsquadrates als zwei »entwertende Übertreibungen« von an sich positiven Werten aufgefasst werden können. Das Spannungsverhältnis zwischen diesen beiden Teammitgliedern und mögliche Entwicklungsrichtungen werden mithilfe des Werte- und Entwicklungsquadrates interpretiert (s. Abb. 7.5): Der »Aktionist« ist mit dem internen Standard verknüpft, stets engagiert und leistungsbereit sein zu wollen, den

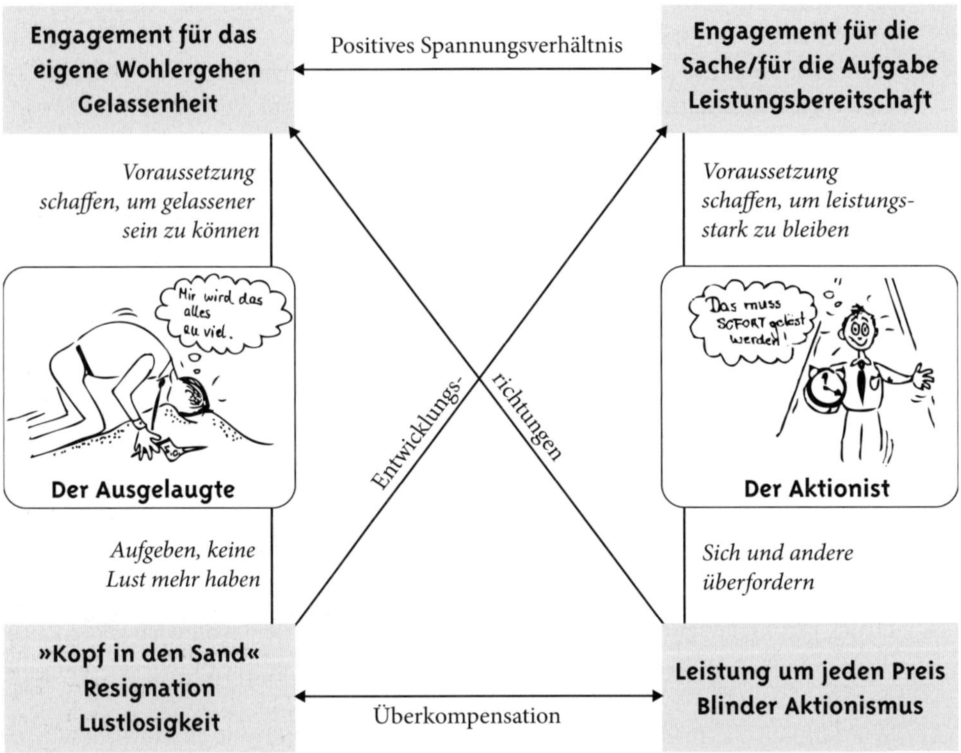

Abbildung 7.5 Werte- und Entwicklungsquadrat zu den Gegenspielern »Aktionist« und »Ausgelaugter« in Herrn P.s Innerem Team

»Ausgelaugten« identifiziert Herr P. als Teammitglied, das potenziell den positiven Wert der Gelassenheit verkörpern könnte. Bisher besteht die Gefahr, dass Herr P. durch eine Überbetonung des »Aktionisten« in blinden Aktionismus verfällt und versucht, um jeden Preis Leistung zu bringen (»Unwert« im Werte- und Entwicklungsquadrat), was phasenweise in einer psychischen und physischen Überkompensation resultiert (keine Lust mehr haben; resignieren; »Kopf in den Sand stecken«; im Urlaub krank werden).

Herr P. leitet für sich das Ziel ab, die beiden Gegenspieler des »Ausgelaugten« und des »Aktionisten« in seinem Inneren Team jeweils folgendermaßen weiterzuentwickeln (s. Abb. 7.6): Der »Ausgelaugte« soll zunächst die anderen Teammitglieder auf sich aufmerksam machen, indem er nicht weiter den Kopf in den Sand steckt, sondern eine SOS-Fahne schwenkt, im nächsten Schritt soll er durch die entsprechende (Selbst-)Fürsorge zum »Gelassenen« werden. Der »Aktionist« soll in Zukunft in Form des »Engagierten« durch das konstruktive Miteinander mit dem »Gelassenen« für die Leistungsbereitschaft sorgen, ohne in blinden Aktionismus zu verfallen.

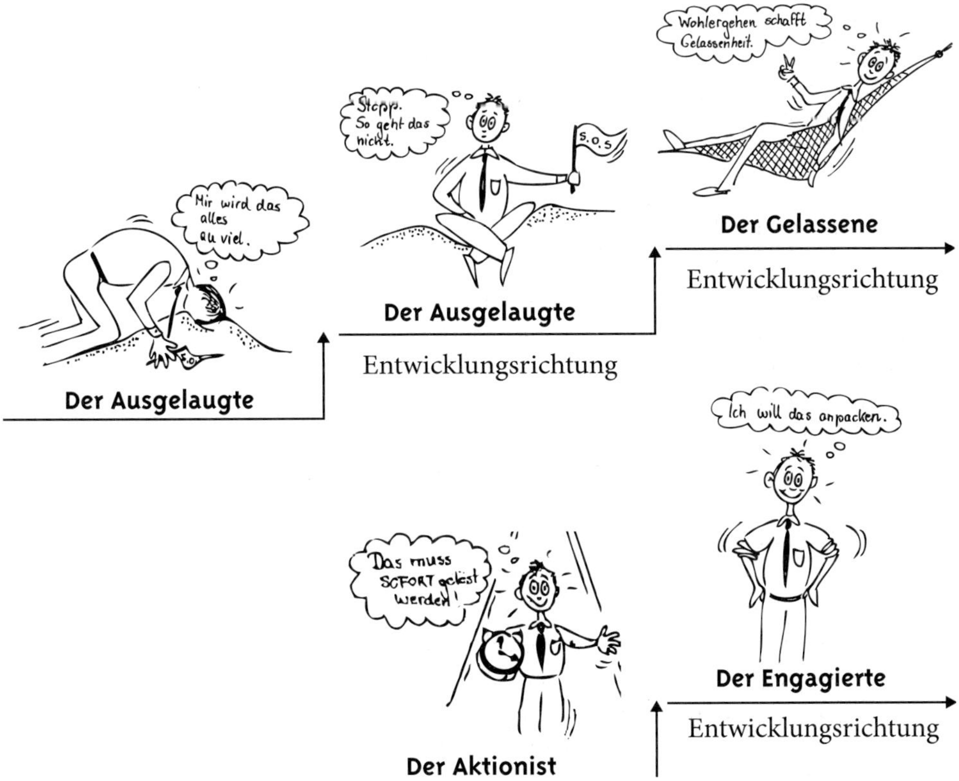

Abbildung 7.6 Entwicklungsrichtungen der Inneren Teammitglieder des »Aktionisten« und des »Ausgelaugten«

Um die beiden erwünschten Gegenspieler des »Gelassenen« und des »Engagierten« in einem positiven Spannungsverhältnis zu halten, möchte Herr P. ein neues Mitglied in sein Inneres Team rekrutieren: den »selbstkritischen Beobachter«.

Personifizierung von Zielvorstellungen: Wunsch- und Powerspieler

Damit sich der Ausgelaugte im Inneren Team Gehör verschaffen und zum Gelassenen weiterentwickeln kann, braucht er Unterstützung in Form des neuen Teammitglieds (»Wunschspieler«) des »selbstkritischen Beobachters«. Er soll das Verhältnis von Gelassenheit und Engagement im Blick haben und kontrollieren, ob die Teammitglieder zusammenarbeiten oder Alleingänge unternehmen (z. B. indem der »Engagierte« zu blindem Aktionismus übergeht, sodass der »Gelassene« nicht für das notwendige Wohlbefinden sorgen kann und Herr P. sich ausgelaugt fühlt). Gemeinsam mit dem »Gelassenen« bildet der »selbstkritische Beobachter« das Team »Innehalten«, das die Mission hat, den »Engagierten« vor zu viel Aktionismus zu bewahren. Auf Verhaltensebene heißt das für Herrn P. z. B., seine im Kinofilm entwickelten Veränderungsziele in schriftlicher Form im elektronischen Terminkalender festzuhalten (z. B. eine Erinnerungsfunktion für Mittagspausen einzustellen) und zu den Erinnerungszeitpunkten zu überprüfen, ob er seine Ziele auch umsetzt.

Um das aus der Kinometapher abgeleitete Ziel »Verantwortung abgeben und Vertrauen in die Mitarbeiter haben« (s. Abschn. 7.3.2) erreichen zu können, möchte Herr P. das innere Teammitglied des »Führungsspezialisten« stärken (»Power-Spieler«), indem er es auf der inneren Bühne weiter nach vorne holt und dem »Ideenproduzierer« an die Seite stellt.

In der Zusammenfassung ergeben sich folgende situationsübergreifende erwünschte Veränderungen in der Aufstellung des Inneren Teams (s. Abb. 7.7):

- Der »Ausgelaugte« sorgt in Form des »Gelassenen« für die Aufrechterhaltung des Wohlbefindens und der Leistungsfähigkeit von Herrn P.
- Der »Engagierte« steht für Herrn P.s Leistungsbereitschaft und sorgt dafür, dass die Aufgaben gut und zügig erledigt werden. Durch die Kooperation mit dem »Gelassenen« ist er aber nicht mehr so hektisch und aktionistisch.
- Der »selbstkritische Beobachter« steht auf dem zweiten Platz des Siegertreppchens. Von dort aus hat er das Verhältnis des »Engagierten« zum »Gelassenen« im Blick, macht aber dem »Narzissten« seinen Platz nicht streitig.
- Der »Führungsspezialist« wird dem »Ideenproduzierer« auf der Vorderbühne an die Seite gestellt, um mehr Gehör zu bekommen. Die Kooperation zwischen den beiden soll ausgebaut werden, indem der »Ideenproduzierer« dem »Führungsspezialisten« Ideen dafür liefert, wie die Mitarbeiter des äußeren Teams stärker in die Verantwortung genommen und in die Bewältigung von Problemen eingebunden werden können.

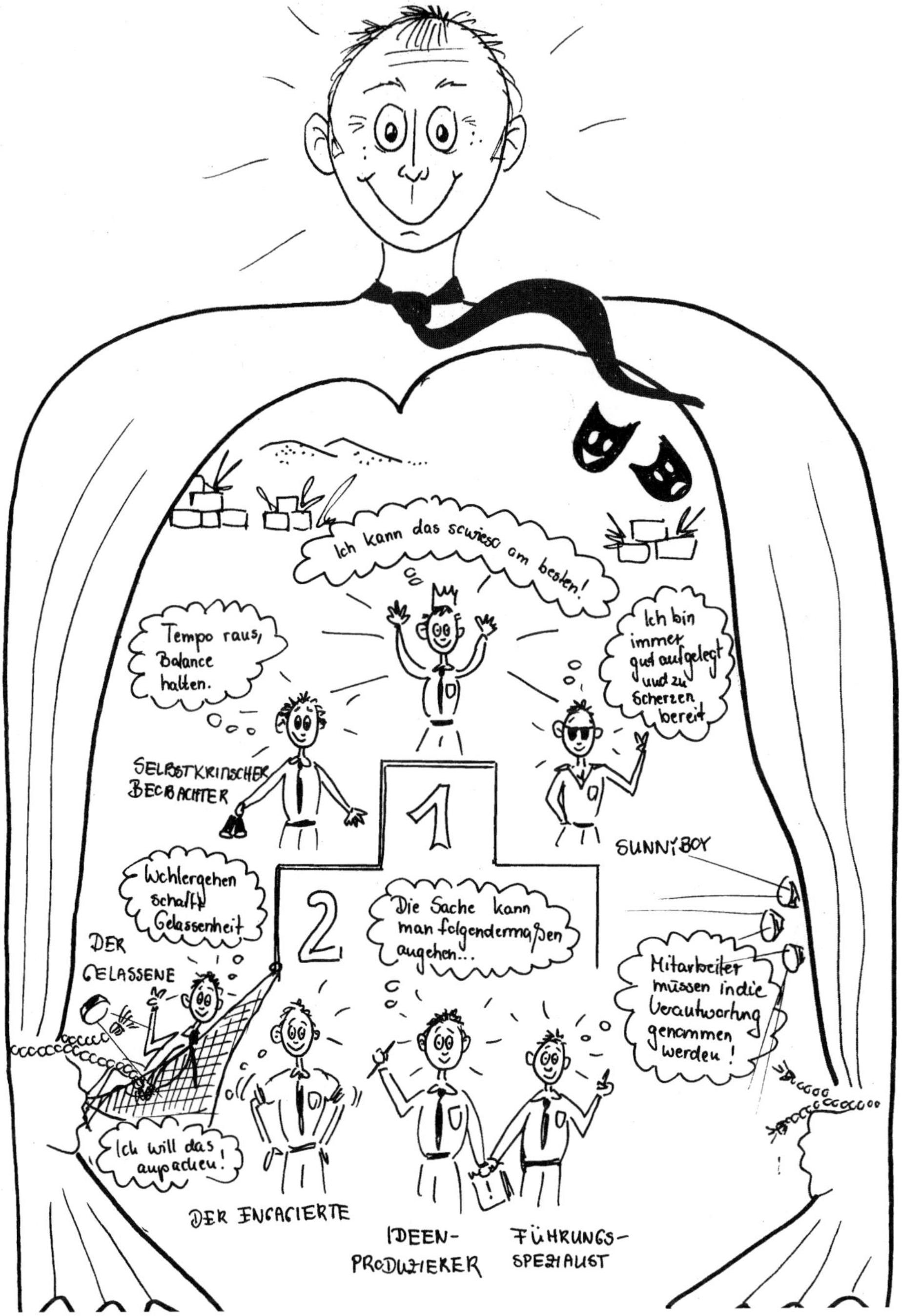

Abbildung 7.7 Zusammenfassung der in Coachingschritt 3 identifizierten Entwicklungsrichtungen in der Aufstellung von Herrn P.s Innerem Team

7.3.4 Zusammenfassung der Ergebnisse aus Schritt 3

Zum Abschluss von Coachingschritt 3 werden die zentralen Erkenntnisse im Coachinggespräch zusammengefasst und die wichtigsten Veränderungsziele aus der Bearbeitung der Leitfragen »Wie möchte ich mich in meiner Führungsposition/in Bezug auf die Cochingthemen sehen und erleben? Wie möchte ich gesehen werden? Wie denke ich, dass ich sein sollte?« schriftlich festgehalten.

In Tabelle 7.1 sind Herr P.s Notizen zu seinen zentralen Erkenntnissen und die sich daraus ergebenden Schlussfolgerungen in Bezug auf die drei Coachingthemen festgehalten.

Tabelle 7.1 Herr P.s zentrale Erkenntnisse aus Coachingschritt 3

Coachingthema	Zentrale Erkenntnisse und abgeleitete Schlussfolgerungen
Art und Weise des Umgangs mit Mitarbeitern	Es ist mir wichtig, als Autoritätsperson anerkannt zu werden. Und ich möchte, dass meine Mitarbeiter stolz auf mich sein können. Damit ich diese beiden Punkte erreichen kann, spielen für mich die beiden Themen Gelassenheit und Leistung eine große Rolle. Mir ist bewusst geworden, dass ich bestimmte Voraussetzungen schaffen muss, damit ich der gelassene Chef sein kann, der humorvoll und locker mit seinen Mitarbeitern umgeht: Ich brauche Regenerationspausen, um einerseits gelassen und andererseits leistungsstark sein zu können. Und ich kann mit meinen Mitarbeitern viel unverkrampfter umgehen, wenn ich sie bei der Entwicklung von Lösungen mehr einbeziehe. Dann muss ich nicht so tun, als ob ich alles im Griff hätte.
Erwartungen anderer Personen an Herrn P.s Problemlösefähigkeit	Ich möchte insgesamt aktiv und engagiert wirken und immer mein Bestes geben. Mir ist bewusst geworden, dass die hohen Erwartungen der anderen durchaus etwas damit zu tun haben könnten, wie ich mich darstelle: Durch den »Narzissten« in meinem Inneren Team wirke ich wohl sehr überzeugt von mir selbst und der »Aktionist« sorgt dafür, dass ich auf alle Anliegen, die an mich herangetragen werden, sofort eingehe. Wenn ich hier etwas ändern möchte, dann muss ich zum einen mehr für mein eigenes Wohlergehen sorgen und Anfragen auch mal abweisen und ich muss mir zum anderen klarmachen, dass ich nicht der einzige Mensch auf der Welt mit guten Ideen bin.

►

Tabelle 7.1 (Fortsetzung)

Coachingthema	Zentrale Erkenntnisse und abgeleitete Schlussfolgerungen
Förderung von Eigenverantwortung und Engagement der Mitarbeiter	Der »Führungsspezialist« in meinem Inneren Team muss unbedingt mehr Gehör bekommen: Mein mittelfristiges Ziel lautet daher »Mehr Verantwortung abgeben und Vertrauen in meine Mitarbeiter haben«. Den »Ideenproduzierer« in meinem Inneren Team möchte ich dafür nutzen, Möglichkeiten zur besseren Einbindung meiner Mitarbeiter zu generieren: Als nächsten Schritt nehme ich mir z. B. vor, die Organisation der nächsten Teamsitzung an meinen Mitarbeiter XY zu delegieren und den Tagesordnungspunkt zur Optimierung der Prozessbeschreibungen vom Team XY vorbereiten zu lassen. Das passt auch zu meinem Ziel, nicht nur engagiert bei der Erledigung von Aufgaben zu sein, sondern auch für mein eigenes Wohlergehen und damit für mehr Gelassenheit zu sorgen.

8 Schritt 4: Erfassung von Fremdbildern und Abgleich mit Selbstbildern

Leitfragen zu Schritt 4. Wie werde ich in meiner Führungsposition/in Bezug auf meine Coachingthemen von anderen Personen gesehen und erlebt? Wie möchten mich andere Personen sehen und erleben? Inwieweit stimmt das damit überein, wie ich mich selbst sehe und sehen möchte?

Wir haben Persönlichkeit als Zusammenspiel intra- und interpersonaler Prozesse beschrieben (s. Abschn. 1.2). Im Persönlichkeitscoaching nimmt daher die systematische Berücksichtigung und Gegenüberstellung von Selbst- und Fremdbildern einen zentralen Stellenwert im Klärungs- und Veränderungsprozess ein. Nach der differenzierten Betrachtung der Selbstbilder in den vorherigen Schritten steht nun in Coachingschritt 4 der Eindruck, den der Coachingteilnehmer auf andere Personen macht, im Mittelpunkt des Interesses. Merkmale, Fähigkeiten und Verhaltensweisen, welche andere Personen dem Coachingteilnehmer zuschreiben, werden als *reale* Fremdbilder erfasst. Darüber hinaus geht es auch um die unterschiedlichen Erwartungen der beruflichen Interaktionspartner an die Führungskraft in Form von *idealen* und *normativen* Fremdbildern. Weiterhin wird analysiert, inwieweit die verschiedenen Fremdbilder unterschiedlicher Personen(-gruppen) zum einen untereinander, zum anderen mit den in den vorherigen Schritten identifizierten Selbstbildern übereinstimmen und welche »blinden Flecken« beim Coachingteilnehmer vorliegen. So können die Selbstbilder, die in Schritt 2 und 3 identifiziert wurden, aus der Außenperspektive überprüft und bisherige Zielsetzungen ggf. ergänzt oder modifiziert werden. Zentrale Methode in Schritt 4 ist die Durchführung eines multiperspektivischen Führungsfeedbacks: Der Coachingteilnehmer erhält im Fragebogen von relevanten Personen seines Arbeitsumfeldes (z. B. Vorgesetzte, Kollegen und Mitarbeiter) Rückmeldung über seine Außenwirkung.

8.1 Theoretischer Hintergrund zum Abgleich von Selbst- und Fremdbildern

In den Schritten 2 und 3 wurden grundlegende selbstbezogene Motive beschrieben (z. B. Selbstkongruenz, Selbstwerterhöhung, Selbstkonstruktion), die in Wechselwirkung mit den Selbstbildern stehen und dem Verhalten einer Person zugrunde liegen. Im Rahmen eines Coachingprozesses ist – zusätzlich zu den bereits beschriebenen Motiven – das Bedürfnis nach möglichst exakter Selbsterkenntnis (»self assessment«; Trope, 1975) von hoher Relevanz. Demnach suchen Personen von sich aus Situationen auf, in denen sie ihre Fähigkeiten überprüfen können, um Aufschluss über deren Ausprägung zu gewinnen. Fillipp und Mayer (2005) heben hervor, dass das Selbstwissen im Einklang mit der objektiven Datenbasis stehen muss, damit es der Zielsetzung, Planung und Ausführung eigener Handlungen dienen und einen hohen Vorhersagewert für deren Folgen aufweisen kann. In Coachingschritt 4 geht es darum, dem Klienten zu einer möglichst »exakten Selbsterkenntnis« zu verhelfen: Durch eine intersubjektive Beschreibung des Klienten durch Mitarbeiter, Kollegen und Vorgesetzte soll eine annähernd »objektive« Datenbasis erstellt werden, die mit dem Selbstwissen abgeglichen werden kann.

8.1.1 Die Außensicht: Reale, mögliche und normative Fremdbilder

Ausgehend von der Annahme, dass sich individuelle Führungsidentiät(en) immer im sozialen (organisationalen) Kontext entwickeln, ist es für eine Führungskraft unerlässlich, sich in systematischer Form mit dem Eindruck zu beschäftigen, den sie auf andere macht.

Die Gesamtheit von Fremdbildern konstituiert die Außensicht. In seinem Buch »Philosophie der Individualität« (1921) unterscheidet Müller-Freienfels sieben Erscheinungsweisen der Individualität. Eine von ihnen sieht er als Innenbild, das so etwas wie eine subjektive Gesamtvorstellung unserer Individualität umfasst. Das Außenbild beschreibt er dagegen als die Vorstellung anderer Personen von unserem Selbst. Heutzutage sprechen wir meistens von den Eindrücken, die andere von uns haben, bzw. von Fremdbildern (nach Laux, 2008, S. 269). Der Begriff *Fremd*bild bezieht sich dabei generell auf Einschätzungen, die Interaktionspartner von einer Person vornehmen, egal, ob es sich bei den Interaktionspartnern tatsächlich um Fremde oder um gute Bekannte handelt. Bei letzteren wird auch von *Bekannten*beurteilungen gesprochen. Die Unterscheidung von Fremd- und Bekannteneinschätzungen hat eine gewisse Relevanz, wenn man die Tatsache berücksichtigen möchte, dass die Übereinstimmung zwischen dem Selbsturteil und der Beurteilung durch den Ehepartner hinsichtlich zentraler Persönlichkeitsmerkmale größer ist als diejenige zwischen dem Selbsturteil und der Einschätzung durch Freunde und Nachbarn. Im Folgenden verwenden wir den Begriff der Fremdbilder in Abgrenzung zum Begriff der Selbstbilder als Oberbegriff für die Eindrücke, die Interaktionspartner von einer Person haben – egal in welcher Beziehung diese zu der eingeschätzten Person stehen.

Die Gesamtheit der Fremdbilder konstituiert die Außensicht einer Person, die – je nach Art und Weise der Vermittlung von Selbstbildern (Selbstdarstellung) und der Wahrnehmung durch die Interaktionspartner – mit der Innensicht weitgehend übereinstimmen oder sich stark von ihr unterscheiden kann.

Reale, mögliche und normative Fremdbilder

Die Vielheit von Fremdbildern kann – analog zur Systematisierung der Selbstbilder – in reale, mögliche und normative Fremdbilder unterschieden werden (vgl. Abb. 8.1).

Fremdbilder beschreiben damit die Vorstellungen und Phantasien anderer Personen darüber, wie die Fokusperson ist, wie sie sein könnte und wie sie aus Sicht der Interaktionspartner sein sollte.

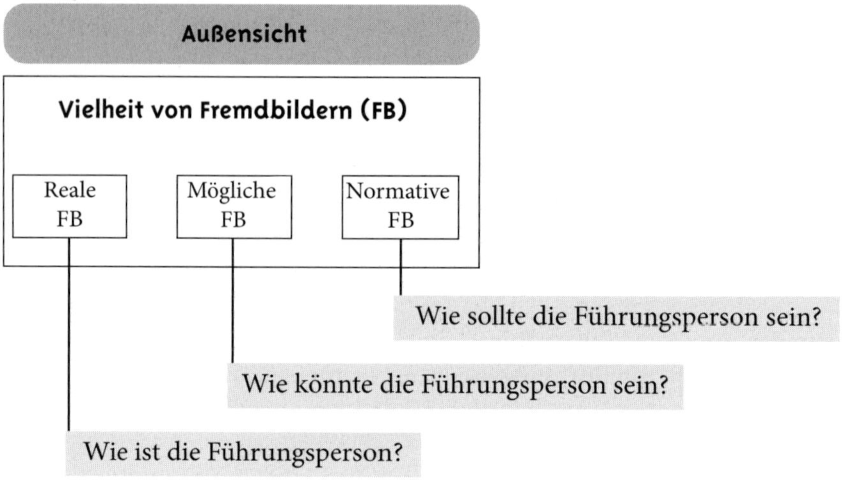

Abbildung 8.1 Reale, mögliche und normative Fremdbilder

Reale Fremdbilder. Reale Fremdbilder beschreiben Merkmale,

- durch die andere Personen die Fokusperson gekennzeichnet sehen (z. B. »Herr X ist humorvoll«) und
- die durch vergangene Erfahrungen, die andere Personen in der direkten Interaktion mit der Fokusperson gemacht haben, abgesichert sind (z. B. »Herr X lockert im Meeting die Diskussion oft durch einen Witz auf und bringt mich und alle anderen Kollegen damit zum Lachen«) oder
- die andere Personen der Fokusperson aufgrund indirekter Informationen, die sie von Dritten über die Fokusperson erhalten, zuschreiben (z. B. durch Erzählungen: »Herr Y hat mir erzählt, dass Herr X auch im Managementkreis der ›Spaßvogel‹ ist.«).

Mögliche Fremdbilder. Zu den möglichen Fremdbildern zählen Vorstellungen der Interaktionspartner, wie die Führungsperson in Zukunft *sein könnte.* Dazu gehören zum einen Befürchtungen über die Entwicklung unerwünschter Merkmale (»Wenn die Arbeitsbelastung so weitergeht, dann wird Frau X mit der Zeit immer cholerischer«), aber auch Hoffnungen auf die Entwicklung erwünschter Merkmale (»Wenn Herr Y erst mal die Projektleitung offiziell übernommen hat, dann wird er sicherlich wieder gelassener werden«). Mögliche Fremdbilder enthalten damit die subjektiven Annahmen der Interaktionspartner über die spezifischen Entwicklungspotenziale der Führungsperson.

Normative Fremdbilder. Die normativen Fremdbilder beschreiben Vorstellungen und Erwartungen der Interaktionspartner, wie eine Führungskraft im Idealfall *sein sollte.* Diese Erwartungen können je nach Interaktionspartner sehr verschieden sein:

So wünscht sich z. B. der Mitarbeiter X eine direktive Führungskraft, die klare Vorgaben macht, wie eine Aufgabe zu bearbeiten ist. Mitarbeiter Y erhofft sich hingegen eine Führungskraft mit einem partizipativen Führungsstil, die Freiraum bei der Aufgabenbearbeitung gewährt. Über die individuellen normativen Fremdbilder einzelner Personen hinaus (Was denkt der Einzelne, wie eine Führungsperson sein sollte?) gibt es auch interindividuelle Rollenerwartungen, die in einem Unternehmen die gemeinsame Vorstellung darüber bestimmen, aus welchen Merkmalen sich der »Prototyp« einer Führungskraft zusammensetzt (Was ist der Konsens darüber, wie eine Führungsperson im Unternehmen XY sein sollte?) (s. Abschn. 10.1.2).

In Schritt 4 des Persönlichkeitscoachings stehen die spezifischen möglichen und normativen Fremdbilder relevanter beruflicher Interaktionspartner des Coachingteilnehmers im Mittelpunkt. In Schritt 6 werden solche globalen Prototypen als Teil der Rahmenbedingungen thematisiert, innerhalb derer der Coachingteilnehmer seine Führungsrolle einnimmt.

8.1.2 Einflussfaktoren auf die Fremdbildentstehung

Fremdbilder einer Person können sehr vielfältig sein, was in der Art und Weise der Entstehung der Außensicht begründet ist: Zum einen werden die vermittelten Selbstbilder – abhängig von den jeweiligen Personmerkmalen der Interaktionspartner – vom »Publikum« unterschiedlich wahrgenommen und interpretiert. Zum anderen bringt die Person durch ihr Selbstdarstellungsverhalten eine Auswahl von Selbstbildern zum Ausdruck, von denen sie glaubt, dass sie dem jeweiligen Kontext und den Interaktionspartnern entsprechen.

In Abbildung 8.2 sind die zentralen Prozesse zusammengefasst, die bei den Interaktionspartnern Einfluss darauf nehmen können, wie und welche Fremdbilder sie von der Führungsperson entwickeln. Über die bei den Interaktionspartnern ablaufenden Prozesse hinaus wird die Außensicht maßgeblich durch das Selbstdarstellungsverhalten der Führungsperson beeinflusst. Die Selbstdarstellungsmuster der Führungsperson als zentrale Einflussfaktoren auf die Entstehung von Fremdbildern werden Gegenstand von Coachingschritt 5 sein.

Prozesse der Fremdbildentstehung auf Seiten der Interaktionspartner

Auf der Seite der Interaktionspartner können die im Folgenden aufgeführten Prozesse der Fremdbildentstehung unterschieden werden (vgl. Hossiep & Paschen, 2003c).

Selektive Wahrnehmung. Menschen filtern die für sie relevanten Informationen aus der Vielzahl der potenziell zur Verfügung stehenden Information heraus. Eine Person entscheidet damit kontinuierlich – teils bewusst, teils unbewusst – welchen Informationen Relevanz zukommt und welche sie vernachlässigt. Durch diese Selektion wird die Wahrnehmung der Umgebung im Allgemeinen und die Wahrnehmung eines anderen Menschen im Speziellen hoch subjektiv: So tendieren Menschen dazu, verstärkt diejenigen Informationen über eine Person wahrzunehmen und zu verarbeiten, die

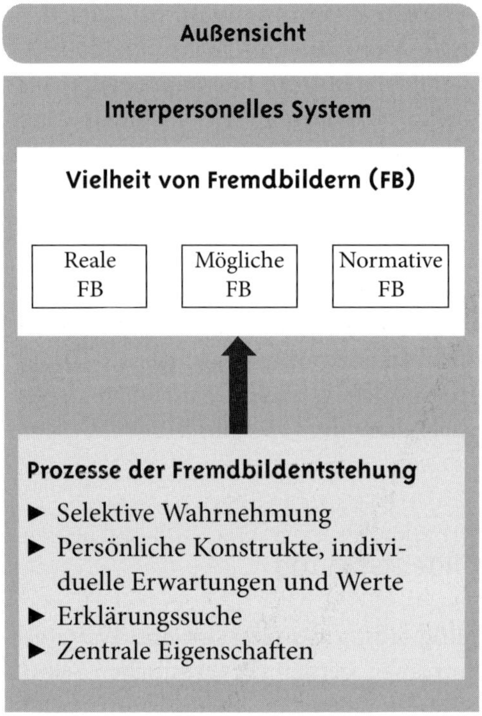

Abbildung 8.2 Prozesse der Fremdbildentstehung auf Seiten der Interaktionspartner

das Bild, das sie bereits von dieser Person haben, untermauern bzw. die die Erwartung darüber, wie die Person sein könnte, bestätigen. Darüber hinaus werden Informationen über eine Person, die gut zum eigenen Bild dieser Person passen, später auch besser erinnert, womit sich der bestehende Eindruck immer weiter verfestigt (vgl. Hossiep & Paschen, 2003c).

Dieser Mechanismus spielt gerade im Prozess der Entwicklung einer Führungsidentität eine wichtige Rolle.

Beispiel

Ist bei den Mitarbeitern von Frau X der Eindruck entstanden, dass sich diese eher manipulativ verhält, so werden die Mitarbeiter in Zukunft eher diejenigen Informationen wahrnehmen, die mit diesem Bild übereinstimmen: In einem Gespräch zwischen Frau X und dem Mitarbeiter Herrn Z werden von diesem vor allem die vermeintlichen »Manipulationsversuche« von Frau X und weniger deren Bemühen um eine gute Arbeitsatmosphäre wahrgenommen. Die selektive Wahrnehmung der Verhaltensweisen von Frau X steigert die Wahrscheinlichkeit, dass sich der Eindruck von Herrn Z, es mit einer berechnenden und taktisch agierenden Führungsperson zu tun zu haben, verfestigt.

Persönliche Konstrukte, individuelle Erwartungen und Werte. Wie bei der Beschreibung der möglichen und normativen Fremdbilder bereits angeklungen ist, hängt die Einschätzung eines anderen Menschen zu einem gewichtigen Teil von eigenen Erwartungen und Präferenzen ab (vgl. Hossiep & Paschen, 2003c). Andere Personen wahrzunehmen, ist ein aktiver und konstruktiver Prozess, in dem das Wissen und bisherige Erfahrungen des Wahrnehmenden eine zentrale Rolle spielen (vgl. Forgas, 1999). Wir bilden im Laufe unseres Lebens ein System von Kategorien, mit dessen Hilfe wir die Welt und andere Personen wahrnehmen und bewerten. Ist ein solches System erst einmal aufgebaut, versuchen wir es zu bestätigen und neue Erfahrungen in bestehende Kategorien zu integrieren. Die gebildeten Kategorien oder »persönlichen Konstrukte« (Kelly, 1955) sind dabei eine höchst individuelle Angelegenheit, sodass unterschiedliche Personen ihre Mitmenschen durch gänzlich verschiedene »Brillen« betrachten und ihre Beobachtungen mit unterschiedlichen Vorannahmen abgleichen.

Im Führungskontext kommt dabei besonders auch den individuellen normativen Fremdbildern ein hoher Stellenwert zu: Die Erwartungen eines Mitarbeiters, wie eine Führungsperson zu sein hat, wird seine Wahrnehmung des Vorgesetzten maßgeblich beeinflussen.

Erklärungssuche. Hossiep und Paschen (2003c) heben hervor, dass im Wesentlichen zwei Möglichkeiten zur Verfügung stehen, um das Handeln einer anderen Person zu erklären: »Entweder führt man das Verhalten direkt auf ihre Eigenschaften zurück oder man zieht die jeweilige Situation als Begründung heran« (S. 8). In zahlreichen Untersuchungen wurde aufgezeigt, dass Menschen dazu tendieren, das Verhalten anderer Personen mit deren Eigenschaften, anstatt mit Merkmalen der Situation zu erklären (»Fundamentaler Attributionsfehler« nach Ross, 1977). Komplementär dazu wird das *eigene* Verhalten eher mit äußeren, situationalen Faktoren erklärt (Jones & Nisbett, 1971). Forgas (1999) fasst diesen Gegensatz bei der Erklärungssuche zusammen: »*Wir* tendieren zu der Annahme, daß wir handeln, weil es die Situation so und nicht anders verlangt, während *andere* handeln, weil sie es wollen« (S. 85). So haben *wir* als Personen viele differenzierte Informationen über uns selbst und über die Komplexität der Situationen, in denen wir uns befinden, während wir von *anderen* Personen nur Verhaltensausschnitte kennenlernen und davon ausgehend zu Übergeneralisierungen neigen. Jede Stichprobe des Verhaltens anderer Personen betrachten wir daher als typisch für diese Person. Als Handelnde bevorzugen wir hingegen eine Erklärungen für unser Verhalten, die die Situation oder individuelle Merkmale wie Ziele, Strategien und Wertvorstellungen betonen, aber keine situationsübergreifenden Reaktionsbereitschaften im Sinne von grundlegenden Eigenschaften hervorheben. Im Führungskontext ist dieses Phänomen besonders relevant, da sich die Führungsperson selbst oft als »Marionette der Situationsanforderungen« erlebt, Mitarbeiter hingegen die individuellen Charakteristika der Führungsperson für den Verlauf einer Situation als ausschlaggebend erachten.

Zentrale Eigenschaften. Bei der Entstehung von Fremdbildern haben bestimmte Persönlichkeitseigenschaften der eingeschätzten Person ein stärkeres Gewicht als andere. Persönlichkeitseigenschaften, die vom Beobachter als zentral erachtet werden, »überstrahlen« andere Merkmale der beobachteten Person und beeinflussen das Gesamtbild so stark, dass weitere Informationen in den Hintergrund treten. Eine Person, die von ihren Interaktionspartnern beispielsweise als »cholerisch und unberechenbar« eingestuft wurde, kann zahlreiche andere positive Merkmale aufweisen, wie z. B. »kreativ«, »ehrlich«, »humorvoll«, und dennoch wird der Gesamteindruck vermutlich in der Tendenz eher negativ bleiben.

Ein solcher »Überstrahlungseffekt« (»Halo-Effekt«) hat für die Erfassung von Fremdbildern im Coaching besondere Bedeutung: So kann es sein, dass z. B. Mitarbeiter ihre Führungskraft im multiperspektivischen Führungsfeedback (s. Abschn. 8.1.4) nur anhand einiger zentraler Merkmale beschreiben, die für sie besondere Relevanz haben (z. B. Ehrlichkeit der Führungsperson und freundlicher Umgangston) und andere Facetten der Führungsperson bei der Beschreibung entweder vernachlässigen oder allesamt konsistent als positiv bzw. negativ bewerten. Solche globalen Antworttendenzen bergen die Gefahr, die Methode des multiperspektivischen Führungsfeedbacks auf die Erfassung genereller Sympathien oder Antipathien zu reduzieren. Damit würde der Zweck des multiperspektivischen Führungsfeedbacks, differenzierte Beschreibungen des Verhaltens bzw. individueller Merkmale der Führungsperson aus der Außensicht zu erhalten und daraus spezifische Ressourcen und Veränderungsziele abzuleiten, verloren gehen. In Abschnitt 8.2 werden wichtige Rahmenbedingungen für den Einsatz eines multiperspektivischen Führungsfeedbacks im Coaching beschrieben und aufgezeigt, wie einer solchen Antworttendenz vorgebeugt werden kann.

8.1.3 Erfassbarkeit von Persönlichkeitsmerkmalen aus der Innen- und Außenperspektive

Eine Persönlichkeit lässt sich nur dann umfassend beschreiben, wenn sie sowohl aus der Innen- als auch aus der Außenperspektive betrachtet wird (vgl. Laux, 2008). Im Folgenden werden zwei Systematisierungsmöglichkeiten zur Beschreibung von Personmerkmalen aus der Innen- und Außenperspektive dargestellt, denen für die Arbeit im Coaching besondere Relevanz zukommt: Die Unterscheidung von »inneren« und »äußeren« Eigenschaften und die Systematik des »Johari-Fensters«.

Innere und äußere Eigenschaften

Meist gehen wir davon aus, dass sich Personen im Beisein anderer Menschen nicht beliebig verhalten, sondern bestimmte Selbstbilder selektieren und nur die nach außen darstellen, welche ihnen angemessen erscheinen. Wir haben also die implizite Annahme, dass eine Person über mehr Informationen über sich selbst verfügt als ihre jeweiligen Interaktionspartner. Aufgrund dieses »Informationsvorsprungs« kann die Person Informationen über sich selbst der Umwelt selektiv zur Verfügung stellen. Es gibt allerdings auch Aspekte der Persönlichkeit, welche den jeweiligen Interaktionspartnern besser zugänglich sind als der Person selbst.

Johnson (1997) unterscheidet zwischen äußeren Eigenschaften (behavioral traits), die von außen direkt beobachtet werden können, und inneren Eigenschaften (emotional and cognitive traits), auf die geschlossen werden muss. Die äußeren Eigenschaften sind Beschreibungen von Verhalten (z. B. »gesprächig«/»klagsam«), wohingegen die inneren Eigenschaften die »Gründe« für die äußeren Eigenschaften darstellen (z. B. »macht sich Sorgen«). Der Zugang einer Person zu ihren äußeren Eigenschaften ist ähnlich indirekt wie der Zugang anderer Personen zu den inneren Eigenschaften der Person. Besonders deutlich wird dies z. B. bei der Charakterisierung einer Person als »charmant« oder »charismatisch«. Ohne die Rückmeldung der Interaktionspartner kann die Person nicht entscheiden, ob sie charismatisch ist oder nicht. Dieses Merkmal tritt erst im Interaktionsverhalten zutage und wird der Person von Interaktionspartnern dann zugeschrieben, wenn diese entsprechende Verhaltensweisen bei der Person beobachtet haben (z. B. selbstbewusstes Auftreten; glaubhafte Darstellung eigener Überzeugungen; vorbildliches Verhalten; Berücksichtigung von Gruppeninteressen; etc.).

Insgesamt sehen sich Personen selbst stärker durch internale, private Erfahrungen und gedankliche Prozesse charakterisiert, von anderen werden eher die nach außen getragenen Attribute als wichtig für die Persönlichkeit angesehen (vgl. Funder & Colvin, 1997).

Bei der Interpretation von Selbst- und Fremdbeschreibungen ist nach den obigen Ausführungen also zu beachten, dass innere Eigenschaften von der Person selbst valider eingeschätzt werden können als von anderen Person, da sie von der Person selbst direkt erfahrbar sind. Beobachter müssen von äußeren Zeichen wie verbalen Mitteilungen oder nonverbalem Verhalten auf die inneren Eigenschaften schließen (vgl. Johnson, 1997). Die Person selbst kann hingegen ihre äußeren Eigenschaften nicht direkt beobachten und ist daher auf die Rückmeldung anderer Personen über diese Merkmale angewiesen. Daher ist bei der Einschätzung äußerer Eigenschaften die Fremdbeschreibung valider als die Selbstbeschreibung.

Systematisierung der Innen- und Außenperspektive: Das Johari-Fenster

Im Johari-Fenster (benannt nach *Jo*e Luft und *Har*ry *I*ngram; Luft, 1984) werden die unterschiedlichen Möglichkeiten der »Zugänglichkeit« von Persönlichkeitsmerkmalen und Verhaltensweisen entweder für die Person selbst und/oder für die Interaktionspartner systematisch betrachtet. Darüber hinaus stellt es eine Basis dar, um Zielsetzungen für Trainings- und Coachingmaßnahmen abzuleiten (vgl. Hossiep & Paschen, 2003b).

In einem graphischen Modell mit vier Quadranten (s. Abb. 8.3) können die Merkmale einer Person danach eingeordnet werden, ob sie nur der Person selbst, nur ihren Interaktionspartnern oder aber beiden bzw. gar keiner der Perspektiven bekannt sind (vgl. Luft, 1984). Die vier Quadranten repräsentieren damit die Gesamtperson in Relation zu anderen Personen.

Öffentliche Person. Der Bereich der öffentlichen Person (s. Abb. 8.3: graue Fläche als Überschneidungsbereich von Selbst- und Fremdbildern) repräsentiert Verhalten, Gefühle, Motive und Gewohnheiten, die der Person selbst *und* anderen bekannt

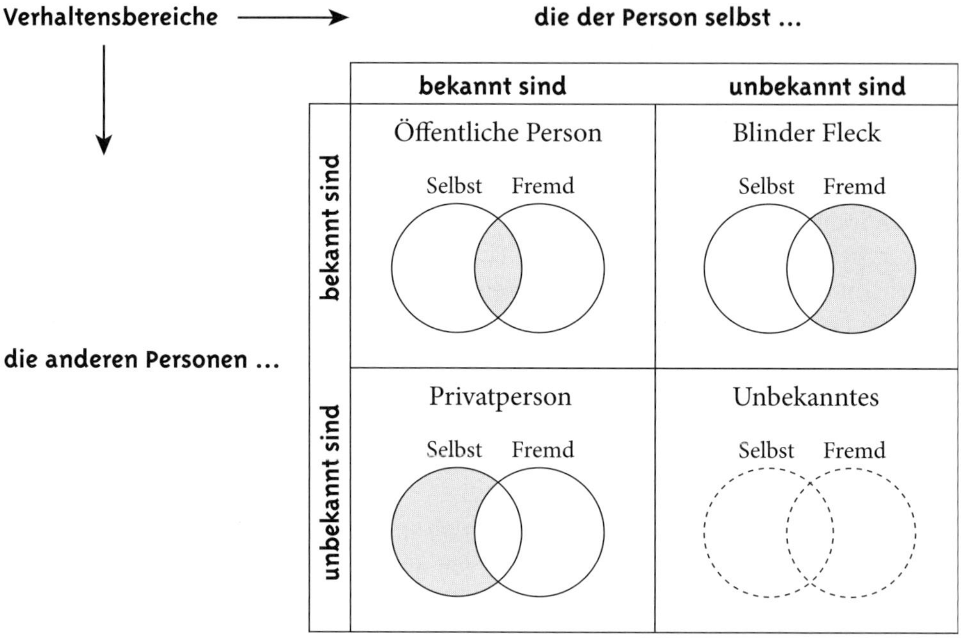

Abbildung 8.3 Das Johari-Fenster (Abbildung adaptiert nach Hossiep & Paschen, 2003c)

sind. Dieser Bereich bildet die Grundlage für Interaktionen und Austausch zwischen Menschen. Der Quadrant der öffentlichen Person beschreibt damit die von der Führungsperson und den Interaktionspartnern geteilte Wahrnehmung der aktuellen Führungsidentität(en). Besonders wichtig im organisationalen Kontext ist die Annahme, dass es für eine effektive Zusammenarbeit einen großen Bereich geben muss, der den Interaktionspartnern gemeinsam zugänglich ist (vgl. Luft, 1984). Wenn der Bereich der öffentlichen Person vergrößert wird, sind mehr Ressourcen und Fähigkeiten für alle Mitglieder zugänglich, die auf die Aufgaben angewendet werden können.

Blinder Fleck. Der blinde Fleck (s. Abb. 8.3: graue Fläche, die nur Fremdbilder, aber keine Selbstbilder umfasst) bezieht sich auf individuelle Merkmale, die der Person selbst nicht bewusst, für andere Personen aber beobachtbar sind und die damit den äußeren Eindruck beeinflussen. In diesen Bereich gehören zum Beispiel automatisierte Gewohnheiten (vgl. Hossiep & Paschen, 2003c), die der Person selbst nicht (mehr) auffallen. In diesem Fall haben die Beobachter also mehr Informationen über die Person als diese selbst. Indem Aspekte des blinden Flecks durch die Rückmeldung der Außenwahrnehmung bewusst gemacht werden, kann die Führungsperson ihre Wirkung auf andere Personen besser abschätzen und auf eine größere Vielfalt an Persönlichkeitsfacetten zurückgreifen.

Im blinden Fleck können sowohl unerwünschte Verhaltensweisen und Merkmale verankert sein, die ggf. den äußeren Eindruck negativ beeinflussen, als auch erwünschte Verhaltensweisen und Merkmale vorliegen, die den äußeren Eindruck positiv beeinflussen: Die Mitarbeiter von Herrn X beschreiben z. B., dass dieser »finster schauen«

und damit schlechte Laune ausstrahlen würde. Dies ist Herrn X nicht bewusst und von ihm nicht intendiert. Die Mitarbeiter von Frau Y beschreiben hingegen, dass diese einen »herzlichen Unterton« in der Stimme habe und damit Wertschätzung vermitteln würde, was Frau Y ebenfalls nicht bekannt ist.

Indem Aspekte des blinden Flecks bewusst gemacht werden, können also zum einen hinderliche Merkmale erkannt und ggf. verändert werden. Zum anderen können aber auch unbewusste Ressourcen aktiviert und bei der Ausgestaltung der Führungsrolle gezielt genutzt werden. Im Coaching sollte daher gerade der Bereich des blinden Flecks thematisiert werden. Die Wirkung des eigenen Verhaltens auf andere Personen rückt stärker ins Bewusstsein, womit langfristig Selbst- und Fremdbilder einander angenähert werden können.

Privatperson. Der Quadrant der Privatperson (s. Abb. 8.3: graue Fläche, die nur Selbstbilder, aber keine Fremdbilder umfasst) bezieht sich auf Verhalten, Gefühle, Motive und Gewohnheiten, die der Person selbst bekannt, die für andere aber nicht ersichtlich sind. Diese Merkmale können Ausgangspunkte für eine strategische Selbstdarstellung sein, indem die Person aus dem Pool von Selbstbildern diejenigen auswählt und nach außen präsentiert, die sie anderen Personen von sich vermitteln möchte. Bestimmte Eigenschaften sollen demnach verborgen bleiben, von anderen soll das Publikum glauben, sie würden die Person kennzeichnen.

Unbekanntes. Der Quadrant des Unbekannten bezieht sich auf Charakteristika der Person, die weder der Person selbst noch anderen bekannt sind. Dieser unbewusste Bereich lässt sich ggf. im Coaching verkleinern, indem z. B. im Rahmen ressourcenerweiternder Maßnahmen (vgl. Coachingschritt 7) bisher nicht bewusste und genutzte Potenziale entdeckt werden.

Gesamtbild. Der Bereich des blinden Flecks macht darauf aufmerksam, dass eine Auffassung von Persönlichkeit, die sich ausschließlich auf das Selbsturteil stützt, zu kurz greift (vgl. Laux, 2008). Um ein Gesamtbild der Persönlichkeit zu erhalten, ist es notwendig, auch die Einschätzung von Interaktionspartnern einzubeziehen.

Funktionen des 360°-Feedbacks im Johari-Fenster. Das 360°-Feedback oder multiperspektivische Führungsfeedback (vgl. Abschn. 8.1.4) bildet eine Grundlage dafür, eine breitere Kommunikationsbasis zwischen Führungskraft und Personen des Arbeitsumfeldes zu schaffen und damit den Bereich der öffentlichen Person zu vergrößern. Weiterhin können durch die Rückmeldung der Fremdeinschätzungen blinde Flecken bewusst gemacht werden. Wird durch das 360°-Feedback eine offenere Kommunikation angestoßen, so können sogar Aspekte des Unbekannten beleuchtet werden, indem Arbeitsbeziehungen gemeinsam reflektiert und Interaktionsmuster transparent gemacht werden.

Dynamische Interaktion von Innen und Außensicht

In Abbildung 8.4 werden die bisherigen Ausführungen zu Innen- und Außensicht in einem dynamischen Interaktionsmodell zusammengefasst und die vier Bereiche des Johari-Fensters in das Modell eingeordnet.

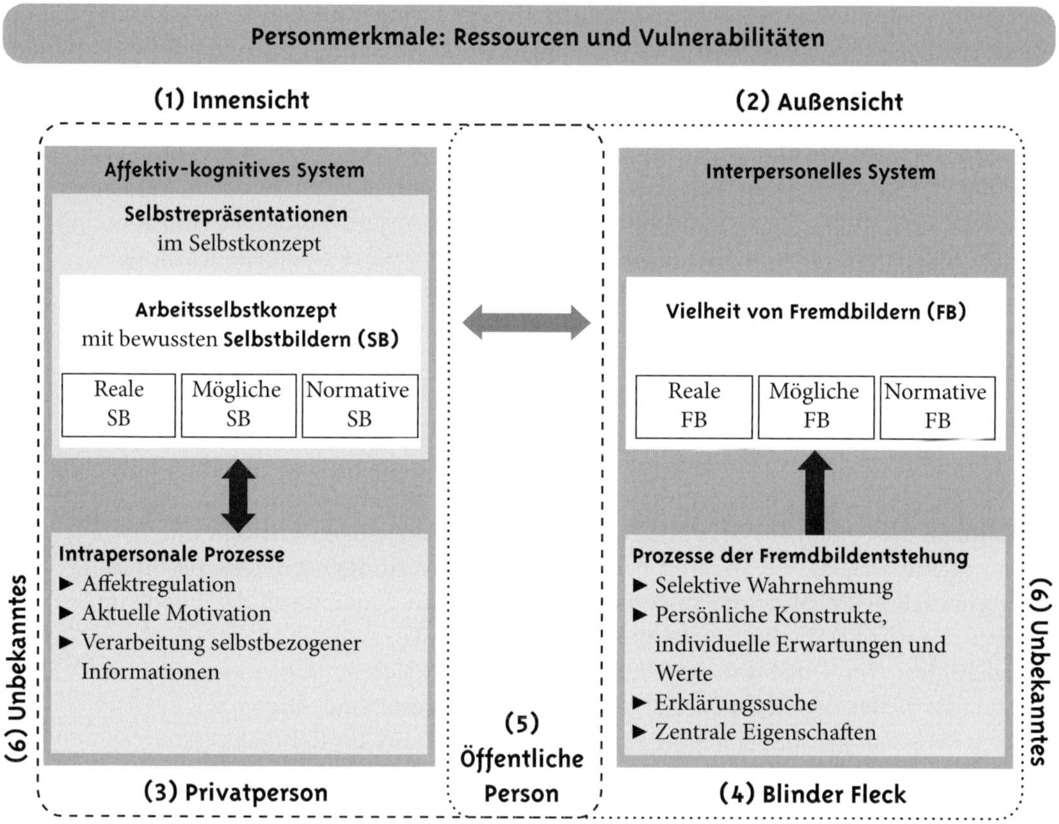

(1) Bereich innerhalb des gestrichelten Rahmens – Innensicht der Person
(2) Bereich innerhalb des gepunkteten Rahmens – Außensicht der Person
(3) Bereich innerhalb des gestrichelten und außerhalb des gepunkteten Rahmens – Privatperson
(4) Bereich innerhalb des gepunkteten und außerhalb des gestrichelten Rahmens – Blinder Fleck
(5) Überschneidungsbereich in der Mitte – Öffentliche Person
(6) Bereich Außerhalb der beiden Rahmen – Unbekanntes

Abbildung 8.4 Dynamisches Interaktionsmodell I – Gegenüberstellung von Innen- und Außensicht

8.1.4 Vorgehen zur Erfassung von Fremdbildern: Multiperspektivisches Führungsfeedback

Um Selbst- und Fremdbilder in systematischer Form erfassen und abgleichen zu können, eignet sich der Einsatz eines multiperspektivischen Führungsfeedbacks, in dessen Rahmen Führungskräfte Rückmeldung von relevanten Personengruppen ihres Arbeitsumfeldes (Vorgesetzte, Kollegen, Mitarbeiter und Kunden) erhalten.

Variante des multiperspektivischen Führungsfeedbacks: Sandwichmodell, 270°-Feedback und 360°-Feedback. Wird die »Aufwärtsbeschreibung« der Führungsperson durch die Mitarbeiter mit der Selbstbeschreibung der Führungskraft und der traditionellen »Abwärtsbeschreibung« der Führungsperson durch den direkten Vorgesetzten kombiniert, so wird von einem »Sandwich-Modell« (Rathgeber, 2005, S. 109; s. Abb. 8.5) gesprochen. Wenn zusätzlich die Urteile von Kollegen und externen Partnern (z. B. Kunden, Zulieferer) eingeholt werden, dann wird das Vorgehen als »360°-Feedback« bezeichnet. Sowohl die 270°-Methode ohne Einbezug der Sichtweise externen Personen (z. B. Kunden) als auch das Sandwich-Modell werden in der Praxis häufiger eingesetzt als das idealtypische Modell einer Rundum-Sichtweise, da diese beiden Varianten ökonomischer sind und trotzdem eine Vielfalt an wertvollen Informationen einbringen (s. Rathgeber, 2005). Dennoch hat sich der Begriff 360°-Feedback für verschiedene Arten der multiperspektivischen Einschätzung durchgesetzt (vgl. Scherm & Sarges, 2002).

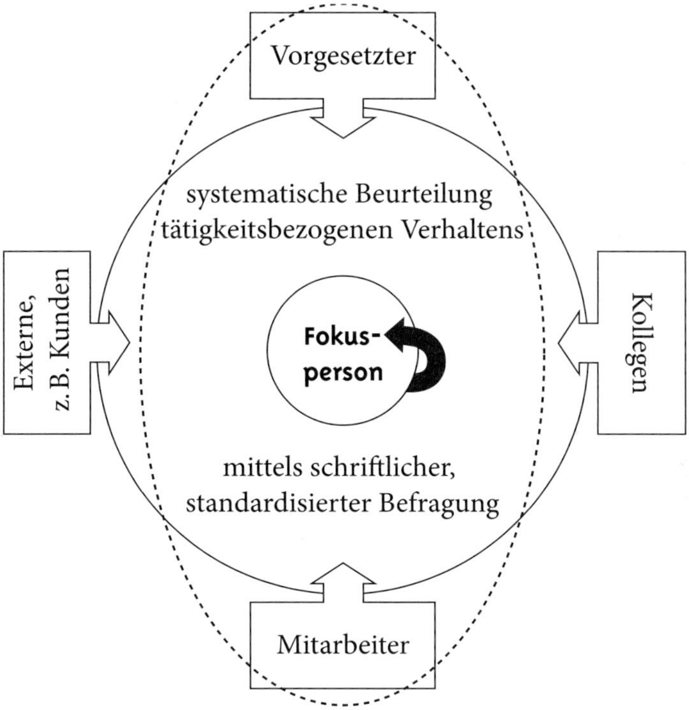

Abbildung 8.5 Prototyp eines 360°-Feedbacks (gesamte Abbildung) und eines Sandwich-Modelles (gestrichelte Ellipse) (Abbildung nach Rathgeber, 2005)

Schriftliche Befragungen als Datengrundlage. Die Datengrundlage für die Erstellung der Beurteilungsprofile stellen schriftliche Befragungen in anonymisierter Form dar. Da die einzelnen Feedbackgebergruppen (z. B. Mitarbeiter und Kollegen) die Führungskraft bezüglich verschiedener Tätigkeitsbereiche und Verhaltensaspekte unterschiedlich gut einschätzen können, leisten sie mit ihrer Rückmeldung einen wertvollen

Beitrag zur umfassenden Identifikation von Ressourcen und Entwicklungsmöglichkeiten. Die Einschätzung erfolgt dabei nicht bezüglich fachlicher Kompetenzen. Es geht um konkretes Verhalten in der beruflichen Interaktion mit den verschiedenen Beurteilergruppen (vgl. Lehment, 1999) bzw. um berufsbezogene Persönlichkeitsmerkmale (vgl. Hossiep & Paschen, 2003a). Die Führungskraft schätzt sich selbst bezüglich der gleichen Merkmale ein, sodass Selbst- und Fremdeinschätzung abgeglichen und Diskrepanzen und Übereinstimmungen ausgemacht werden können. Durch die Gegenüberstellung von Selbst- und Fremdbildern kann die Führungskraft ihre Selbstwahrnehmung mit der Wirkung ihres Verhaltens auf andere Personen vergleichen.

Funktionen des 360°-Feedbacks. Die zentrale Funktion des 360°-Feedbacks als formalisiertes Rückmeldesystem besteht darin, die persönliche Weiterentwicklung von Führungskräften zu unterstützen (vgl. Runde et al., 2001). Damit wird das 360°-Feedback klar von Leistungsbeurteilung abgegrenzt. Im Rahmen eines Coachingprozesses ist das Führungsfeedback nicht auf objektive und messbare Kriterien der Leistungsbeurteilung bezogen, sondern die subjektive Einschätzung der Fokusperson durch andere Personen wird betont. Ziel eines so verstandenen Führungsfeedbacks ist es, auf der Grundlage konkreter Rückmeldungen die Führungsperson zu einer Reflexion des Führungsverhaltens und der Selbstdarstellung anzustoßen und ggf. zu einer Verhaltensänderung beizutragen. Durch die vielfältigen, spezifischen Sichtweisen und Erwartungen der relevanten beruflichen Interaktionspartner können Merkmale der Führungsperson identifiziert werden, die über das Selbstwissen des Coachingteilnehmers hinausgehen und damit den Entwicklungshorizont der Führungsperson erweitern können.

Funktionen des multiperspektivischen Führungsfeedbacks (vgl. Rathgeber, 2005)

Feedback wird gegeben, um

- die Selbstbilder der Führungsperson um bisher nicht bewusst wahrgenommene Verhaltensweisen, Gefühle, Motive und Gewohnheiten zu erweitern (Bedürfnis nach exakter Selbsterkenntnis),
- Selbstreflexionsprozesse bei der Führungskraft anzustoßen und damit die differenzierte Selbstbewertung der eigenen Ressourcen und Vulnerabilitäten zu erhöhen,
- den Perspektivenwechsel zu trainieren und
- letztlich die aus der Innen- *und* Außensicht gewünschten Veränderungen im Führungsverhalten – und in der Konsequenz daraus auch im Unternehmen – im Coaching bearbeiten und schließlich umsetzen zu können (Scherm & Sarges, 2002).

Ansatzpunkte für Veränderung. Aus dem Abgleich von Selbst- und Fremdeinschätzung können Ansatzpunkte für Veränderungen abgeleitet werden: So können Diskrepanzen in der Selbst- und Fremdwahrnehmung auf bisher von der Führungskraft vernachlässigte Aspekte ihrer Führungsaufgaben hinweisen und die Aufmerksamkeit der Führungskraft auf diese Bereiche lenken (vgl. Lehment, 1999). Weiterhin kann ein Abgleich von Selbst- und Fremdbild wichtige Hinweise darauf geben, wie die Führungskraft in ihrer Selbstdarstellung von außen wahrgenommen wird und welche Teilidentitäten (s. Abschn. 2.3) bisher in der Interaktion mit den verschiedenen Personen des Arbeitsumfeldes jeweils konstruiert werden. Auf Basis dieser Informationen kann die Führungskraft reflektieren, ob sie eine Änderung dessen wünscht, wie sie wahrgenommen wird und welche Veränderungen dafür notwendig sind.

8.1.5 Übereinstimmungsgrad von Innen- und Außensicht

Aus den bisherigen international gewonnenen empirischen Befunden kann man festhalten, dass Selbst- und Fremdeinschätzungen oft wenig übereinstimmen (zusammenfassend s. Rathgeber, 2005). Führungskräfte schätzen ihr eigenes Verhalten im Durchschnitt positiver ein als dies die Fremdbeurteiler tun, die Selbstbeurteilungen korrelieren weniger mit Fremdbeurteilungen als die Fremdbeurteilungen untereinander und die Fremdbeschreibungen (Aufwärts- und Abwärtsbeurteilungen durch Mitarbeiter oder Vorgesetzte) hängen stärker mit (organisationalen) Erfolgskriterien (z. B. Umsatz) zusammen als Selbstbeschreibungen.

Die Unterschiede zwischen Selbst- und Fremdeinschätzungen sowie zwischen verschiedenen Fremdbildern sind allerdings nicht primär als zu vermeidende Fehlertendenzen aufzufassen, sondern können als wichtige Informationsquellen genutzt werden. Aufgrund verschiedener Perspektiven verfügen die unterschiedlichen Beurteilergruppen über jeweils ganz spezifische Informationen über die Fokusperson. Diese Informationen können allesamt genutzt werden, wenn es darum geht, individuelle Ressourcen zu identifizieren sowie Entwicklungsziele festzulegen und umzusetzen.

Vier Typen von Selbsteinschätzern. In ihrem Modell zum Übereinstimmungsgrad von Selbst- und Fremdeinschätzungen unterscheiden Yammarino und Atwater (1993) vier Typen von Selbsteinschätzern (vgl. Abb. 8.6): (1) Die Überschätzer, (2) die Unterschätzer und die realistischen Selbsteinschätzer. Letztere werden weiter unterteilt in (3) solche, die in Selbst- und Fremdbild einheitlich positiv eingeschätzt werden und (4) solche, die sich schlecht einschätzen und auch von anderen eher negativ beschrieben werden.

Mögliche Konsequenzen der Abweichungen zwischen Selbst- und Fremdeinschätzung. Den empirischen Befunden zufolge scheint eine positiv verzerrte Wahrnehmung und Einschätzung der eigenen Person (im Sinne des »Überschätzers«) eher die Regel als eine Ausnahme zu sein. Folgerichtig stellen sich einige Autoren die Frage, was kongruente oder diskrepante Selbst- und Fremdbilder eigentlich für Konsequenzen haben (z. B. Rathgeber, 2005; Yammarino & Atwater, 1993). Nach Yammarino und Atwater (1993) resultieren nicht nur für das Individuum, sondern auch für die Organisation negative Konsequenzen (z. B. geringe Effektivität, hohes Konfliktpotenzial

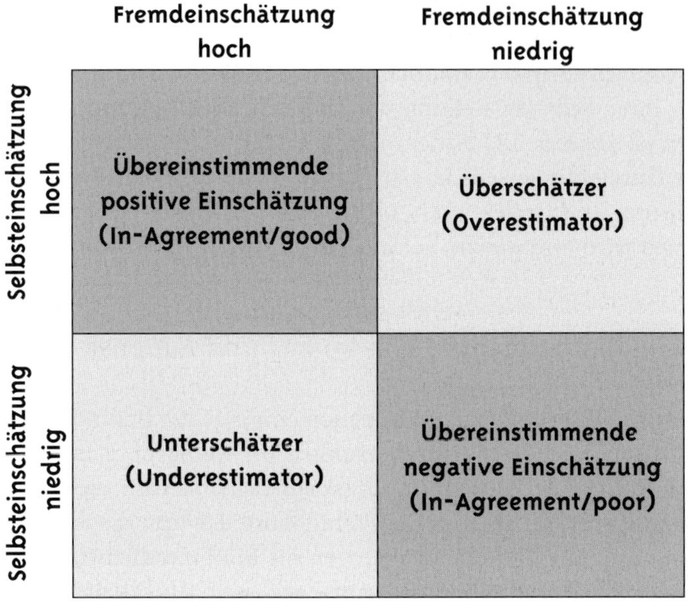

Abbildung 8.6 Vier Kategorien der Übereinstimmung zwischen Selbst- und Fremdeinschätzung

zwischen Führungsperson und Interaktionspartnern), wenn sich die Person im Vergleich zur Fremdbeurteilung überschätzt, aber auch dann, wenn die Beurteilung des Führungsverhaltens aus Selbst- und Fremdsicht übereinstimmend negativ ausfällt. Positive Konsequenzen für das Individuum und die Organisation (z. B. hohe Effektivität, kooperative Zusammenarbeit von Führungsperson und Interaktionspartnern) resultieren hingegen dann, wenn die Selbst- und Fremdeinschätzung des Führungsverhaltens übereinstimmend positiv ausfällt. Bei Unterschätzern lassen sich negative wie auch positive Konsequenzen finden.

Die entsprechenden Konsequenzen beruhen auf verschiedenen Faktoren: »Bezogen auf das Individuum gilt, dass Menschen, die sich selbst realistisch einschätzen, eher in der Lage sind, ihre Leistungen zu verbessern« (Hossiep et al., 2000, S. 238). Über- oder Unterschätzer können ihre Stärken und Schwächen weniger gut wahrnehmen und bringen daher mit einer geringeren Wahrscheinlichkeit die adäquate Anstrengung zur Lösung einer Aufgabe auf. Weiterhin besteht ein Zusammenhang zwischen der Fähigkeit, sich realistisch einzuschätzen und der Fähigkeit, Rückmeldung konstruktiv zu verwerten (Ashford, 1986; zit. nach Hossiep et al., 2000). Personen mit einer realistischen Selbsteinschätzung können leichter Hinweise von anderen annehmen und sind eher bereit, ihr Verhalten dementsprechend zu verändern. Insgesamt konnte in mehreren Studien gezeigt werden, dass sich Individuen und Führungskräfte, welche sich kongruent zum Fremdbild einschätzen, erfolgreicher und effektiver im Job sind als solche, deren Selbsteinschätzung von der Fremdeinschätzung abweicht (s. Atwater & Yammarino, 1997).

In Tabelle 8.1 werden mögliche Konsequenzen einer Übereinstimmung oder Diskrepanz zwischen Selbst- und Fremdeinschätzung zusammengefasst. Dabei handelt es sich um Tendenzen, die im Einzelfall nicht zutreffen müssen.

Tabelle 8.1 Zusammenfassung möglicher individueller und organisationaler Konsequenzen der Übereinstimmung von Selbst- und Fremdbild

	Mögliche individuelle und organisationale Konsequenzen
Überschätzer …	▶ gelten im Unternehmen als Schwachleister → geringere Wahrscheinlichkeit einer Beförderung ▶ setzen sich selbst weniger Entwicklungsziele, da sie wenig Schwächen an sich wahrnehmen → wenig Leistungssteigerung ▶ holen wenig Rückmeldung von anderen ein → persönliche Entwicklung ist gemindert ▶ haben die Erwartung, belohnt oder befördert zu werden. Diese Erwartung wird mit einer geringeren Wahrscheinlichkeit erfüllt → die Person wird desillusioniert und unzufrieden und entwickelt eine negative Einstellung zur Arbeit ▶ zeigen weniger Commitment und geringere Arbeitsmotivation ▶ erkennen an sie gestellte Erwartungen nicht
Unterschätzer …	▶ suchen sich eher einfache Aufgaben und leicht zu erreichende Entwicklungsziele ▶ schätzen persönliche Stärken und Schwächen negativer ein, als andere dies tun → nutzen ihre Ressourcen nicht ▶ sind zum einen bereit zur Selbstverbesserung, zum anderen kann eine hohe Misserfolgserwartung zu einer schlechteren Entwicklung führen
Personen mit übereinstimmender positiver Einschätzung …	▶ zeigen adäquate Versuche zur Selbstverbesserung ▶ setzen sich anspruchsvolle Ziele und erfahren Rückhalt von ihrem Arbeitsumfeld ▶ setzten sich realistische, herausfordernde, aber erreichbare Entwicklungsziele ▶ gelten als leistungsstark
Personen mit übereinstimmender negativer Einschätzung …	▶ weisen ein niedriges Leistungsniveau auf ▶ haben geringe Arbeitsmotivation, da sie geringe Erfolge erwarten

8.1.6 Einflussfaktoren auf den Übereinstimmungsgrad von Selbst- und Fremdbeschreibungen

Selbst- und Fremdwahrnehmung sowie -einschätzung werden durch zahlreiche Faktoren bestimmt, deren jeweiliges Zusammenspiel und Gewichtung erheblichen Einfluss darauf haben, wie stark Selbst- und Fremdbeschreibungen einer Person übereinstimmen (s. *Wechselwirkung intrapersonaler Prozesse mit Selbstbildern*, Abschn. 6.1.3 und Abschn. 7.1.3 sowie *Prozesse der Fremdbildentstehung*, Abschn. 8.1.2). So können Abweichungen zwischen Selbst- und Fremdbildern zum einen auf der verzerrten Selbstwahrnehmung und -einschätzung (zusammenfassend Atwater & Yammarino, 1997), aber auch auf dem Grad der Genauigkeit in der interpersonellen Wahrnehmung beruhen (zusammenfassend Hossiep et al., 2000; Scherm & Sarges, 2002).

Technische und inhaltliche Ursachen für eine Abweichung von Selbst- und Fremdbeschreibungen

Hossiep und Collatz (2009b) führen im Kontext des multiperspektivischen Führungsfeedbacks mögliche technische und inhaltliche Gründe auf, die für die Abweichung von Selbst- und Fremdbeschreibung ursächlich sein können (vgl. auch Hossiep & Paschen, 2003c):

- »Der Beschreibende kennt die beurteilte Person zu wenig oder hat sie nur in wenigen Situationen erlebt.
- Der Beschreibende bezieht sich auf einen anderen Lebensbereich und damit ggf. auf eine andere Rolle des Beurteilten. (Die Aussagen beziehen sich auf das Berufsleben und damit auf die berufliche Rolle. Dies kann vom Verhalten in anderen Lebensbereichen markant abweichen, z. B. wenn sich beide Teilnehmer auch privat kennen.)
- Der Beschreibende verfügt bei seinen Einschätzungen nicht über ausreichende Vergleichsmöglichkeiten oder er hat eine völlig andere Bezugsgruppe herangezogen. (Beispiel: Der 17-jährige Bankauszubildende beurteilt die Leistungsmotivation seinen Abteilungsleiters. Andere Abteilungsleiter hat er bislang kaum kennengelernt.)
- Neben den genannten Aspekten treten bei Fremdeinschätzungen häufig in mehr oder weniger ausgeprägter Form inhaltliche Beweggründe auf, welche die Urteile beeinflussen.
- Aus unterschiedlichen Gründen (z. B. Höflichkeit, Angst vor negativen Konsequenzen) werden die Urteile beschönigt, sodass die Fremdbilder positiver ausfallen als die Selbsteinschätzungen der Beurteilten.
- Der Beurteilende hat aus Beweggründen, die vielfältig sein können (z. B. persönlich-freundschaftliche Beziehung, Rache, mangelnde Motivation, den Fragebogen auszufüllen, Rücksichtnahme, Besänftigung), die Fremdeinschätzung absichtsvoll positiver oder negativer ausgestaltet.
- Fehlende Anonymität der Beurteilung bei vorgeblich anonymen Beurteilungsprozessen: Die Rahmenbedingungen waren so beschaffen, dass der Beurteilende befürchten konnte/musste, dass auf Basis der Ergebnisse auf seine Person zurückgeschlossen werden kann. Dies führt nicht selten zu geschönten oder vorsichtigen Einschätzungen.

- Fehlende Freiwilligkeit der Fremdeinschätzung: Der Beurteilende ist zur Weitergabe seiner tatsächlichen Eindrücke aus unterschiedlichen Gründen nicht bereit und gibt bewusst unvollständige, unrichtige oder verzerrte Einschätzungen ab.« (Hossiep & Collatz, 2009b, S. 161–162)

Selbstdarstellung als zentraler Einflussfaktor auf die Übereinstimmung von Selbst- und Fremdbeschreibungen

Im Kontext des Persönlichkeitscoachings findet die Art und Weise der Selbstdarstellung der Führungsperson als wichtiger Einflussfaktor auf den Übereinstimmungsgrad von Selbst- und Fremdeinschätzung besondere Beachtung.

Beschönigende Selbstbeschreibung im Fragebogen. Im Fall der Selbstbeschreibung – wie sie auch im Rahmen des multiperspektivischen Führungsfeedbacks stattfindet – tendieren Personen dazu, »wahre« Informationen über die eigene Person zu selektieren und nur die zielführenden Informationen zu präsentieren. So ist es möglich, dass Selbst- und Fremdbeschreibung deshalb voneinander abweichen, weil sich die Person im Fragebogen »beschönigend« beschrieben hat oder die Fragebogenitems weniger nach der tatsächlichen Selbstsicht als nach taktischen Gesichtspunkten bearbeitet hat. Möchte eine Führungsperson beispielsweise besonders bescheiden erscheinen, so könnte es sein, dass sie sich absichtlich negativer bewertet, als sie sich eigentlich wahrnimmt, um im Vergleich mit der Fremdeinschätzung nicht »schlechter« abzuschneiden.

Wirkung des Selbstdarstellungsverhaltens. Selbstdarstellung spielt als Einflussfaktor auf die Übereinstimmung von Selbst- und Fremdbildern nicht nur bei der Selbstbeschreibung eine Rolle, sondern vor allem auch bei der Entstehung der Fremdbilder. Fremdbilder entstehen zum einen durch die in Abschnitt 8.1.2 beschriebenen Prozesse auf der Seite der Interaktionspartner, zum anderen aus den intendierten und nicht intendierten Wirkungen des Selbstdarstellungsverhaltens einer Person. So wählt die Führungsperson bestimmte Selbstbilder aus, die sie nach außen – abhängig von der Situation und den Interaktionspartnern – vermitteln möchte. Die Auswahl dieser Selbstbilder wird durch die aktuelle Motivation des Selbstdarstellers moderiert (z. B. Streben nach Selbstkongruenz, Selbstkonsistenz, Selbstwertmaximierung oder Selbstidealisierung, s. Abschn. 6.1.3 und 7.1.3). Die dargestellten Selbstbilder werden von den Interaktionspartnern wahrgenommen und interpretiert und entsprechende Fremdbilder konstruiert (s. Abb. 8.7).

Beispiel

Eine intendierte Wirkung der Selbstdarstellung könnte für eine Führungsperson X darin bestehen, durch eine bestimmte und nachdrückliche Darstellung der Bedürfnisse der eigenen Abteilung der Geschäftleitung gegenüber, entscheidungsstark und engagiert zu wirken. Ein solches Selbstdarstellungsverhalten könnte jedoch gleichzeitig die nicht intendierte »Nebenwirkung« mit sich bringen, dass die Führungsperson von der Geschäftleitung als wenig kompromissbereit wahrgenommen und ihr »Bereichsegoismus« vorgeworfen wird.

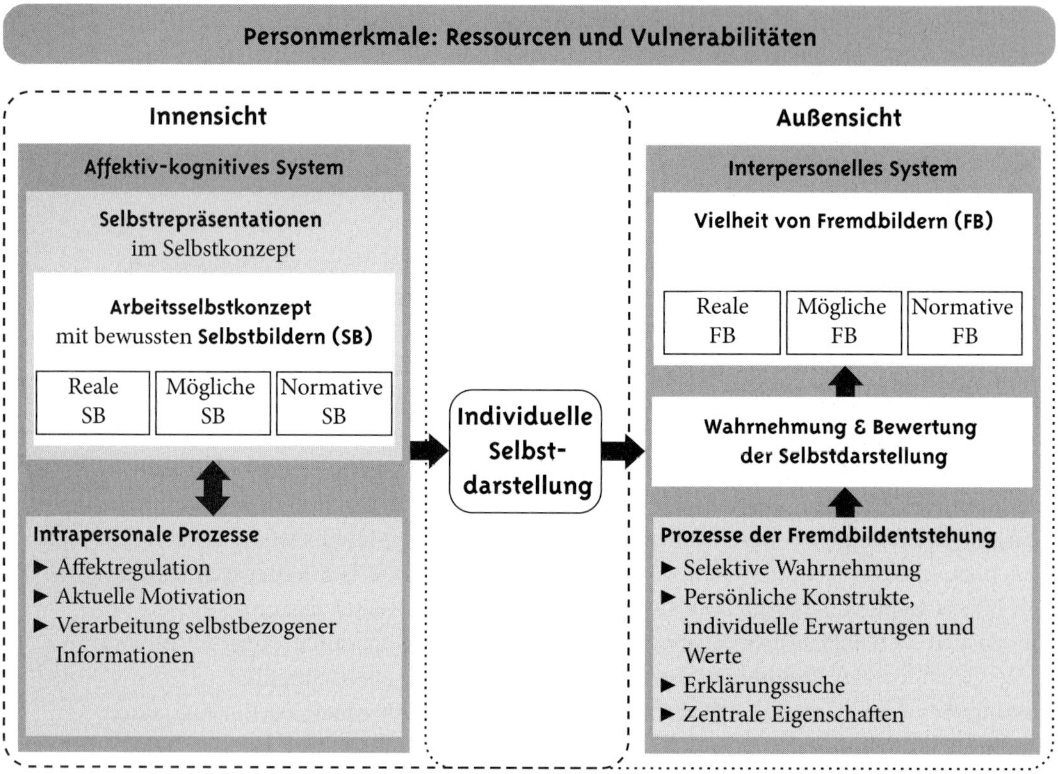

Abbildung 8.7 Dynamisches Interaktionsmodell II – Individuelle Selbstdarstellung als Einflussfaktor auf die Entstehung von Fremdbildern

Berücksichtigt man die Art und Weise der Selbstdarstellung als Einflussfaktor auf die Übereinstimmung von Selbst- und Fremdbildern, so kann z. B. eine »Unterschätzung« darauf beruhen, dass die Führungsperson bestimmte eigene Verhaltensweisen und Fähigkeiten eher kritisch sieht (z. B. »Ich fühle mich unsicher in Verhandlungen«), gleichzeitig aber ihre Selbstdarstellung an ihren idealen Selbstbildern (z. B. »Ich verhalte mich souverän in Verhandlungen«) ausrichtet. Verfügt die Person über entsprechend hohe Selbstdarstellungsfähigkeiten (z. B. kompetentes Auftreten in Verhandlungen), so wird sie von den Interaktionspartnern entsprechend der dargestellten Idealbilder wahrgenommen. Beschreibt sie nun im multiperspektivischen Führungsfeedback ihre realen Selbstbilder und nicht ihre idealen Selbstbilder, so ist es nicht verwunderlich, dass die Selbstbeschreibung von der Fremdbeschreibung abweicht. In diesem Sinne sind vielfältige Erklärungsmuster für die Abweichung von Selbst- und Fremdbildern vorstellbar, die durch die Selbstdarstellung der Führungsperson bedingt sind.

Offenheit und Kompetenzen des Selbstdarstellers. Weiterhin beeinflusst die Offenheit einer Person – im Sinne ihrer Bereitschaft, etwas von sich preiszugeben – die Genauigkeit, mit der ihre Persönlichkeit eingeschätzt werden kann (vgl. Hossiep et al., 2000).

Laux und Renner (2002) haben mit ihrer Konzeption des »Persönlichkeitsdarstellers« darauf hingewiesen, dass es Personengruppen gibt, die sowohl motiviert sind, sich so darzustellen, wie sie sich selbst sehen, als auch über eine ausgeprägte Interaktionskompetenz verfügen, die es ihnen möglich macht, ihre zentralen Selbstbilder tatsächlich nach außen zu transportieren. Nach dieser Auffassung genügt es nicht, »so zu sein, wie man ist«, sondern es bedarf neben der Motivation auch bestimmter Kompetenzen, auf denen eine authentische Darstellung der eigenen Person basiert (vgl. Abschn. 9.1.4). Daraus lässt sich schließen, dass Personen, die über hohe selbstdarstellerische Fähigkeiten verfügen und zu einer authentischen Vermittlung von Selbstbildern motiviert sind, einen höheren Übereinstimmungsgrad zwischen Selbst- und Fremdbildern aufweisen. Im Gegensatz dazu sind solche Personen schlecht einzuschätzen, die entweder wenig motiviert sind, etwas von sich preiszugeben oder die nicht in ausreichendem Maß über die Fähigkeiten zur authentischen Darstellung der eigenen Person verfügen.

Dass ausgeprägte darstellerische Fähigkeiten mit der erfolgreichen Vermittlung dauerhafter Bilder der eigenen Persönlichkeit einhergehen, lässt sich an einer Untersuchung von Cheek (1982) verdeutlichen. Er untersuchte bei Studierenden, wie Selbsteinschätzungen und Fremdeinschätzungen durch Kommilitonen zusammenhängen. Es ergab sich, dass bei Studierenden mit hoher sozialer Kompetenz, insbesondere mit schauspielerischen Fähigkeiten, die Werte für selbsteingeschätzte Persönlichkeitsmerkmale mit denen von fremdeingeschätzten hoch korrelierten. Selbstbilder und Fremdbilder waren demnach weitgehend kongruent. Personen mit ausgeprägten sozialen Kompetenzen – so könnte man zusammenfassen – nutzen demnach ihre Fähigkeiten zur Selbstdarstellung, um ihre Selbstbilder den Interaktionspartnern – in dem Fall ihren Kommilitonen – möglichst genau zu vermitteln (vgl. Laux & Renner, 2002).

Das individuelle Selbstdarstellungsverhalten des Coachingteilnehmers als Bindeglied zwischen der Innen- und der Außensicht der Persönlichkeit wird Gegenstand von Coachingschritt 5 sein.

8.2 Ausgewählte Coachingmethoden zur Erfassung von Fremdbildern

Die zentrale Methode zur Erfassung von Fremdbildern im Persönlichkeitscoaching ist das multiperspektivische Führungsfeedback, das hier meist in Form des »Sandwichmodells« oder als »270°-Feedback« (s. Abschn. 8.1.4) durchgeführt wird. Abschnitt 8.2.1 stellt die wichtigsten Aspekte zur Vorbereitung und Durchführung des Führungsfeedbacks dar, Abschnitt 8.2.2 gibt einige Hinweise, was bei der Rückmeldung und gemeinsamen Interpretation der Ergebnisse des Führungsfeedbacks zu beachten ist. Im Rahmen des multiperspektivischen Führungsfeedbacks können verschiedene standardisierte Fragebogen oder offene Fragen eingesetzt werden. Wir arbeiten bevorzugt mit dem »Bochumer Inventar zur berufsbezogenen Persönlichkeitsbeschreibung« (BIP, Hossiep & Paschen, 2003a), das in seinen Grundzügen in Abschnitt 8.2.3 beschrieben wird.

8.2.1 Vorbereitung und Durchführung des multiperspektivischen Führungsfeedbacks

In den folgenden Abschnitten werden die einzelnen Schritte im Ablauf eines Führungsfeedback-Prozesses dargestellt (vgl. Abb. 8.8).

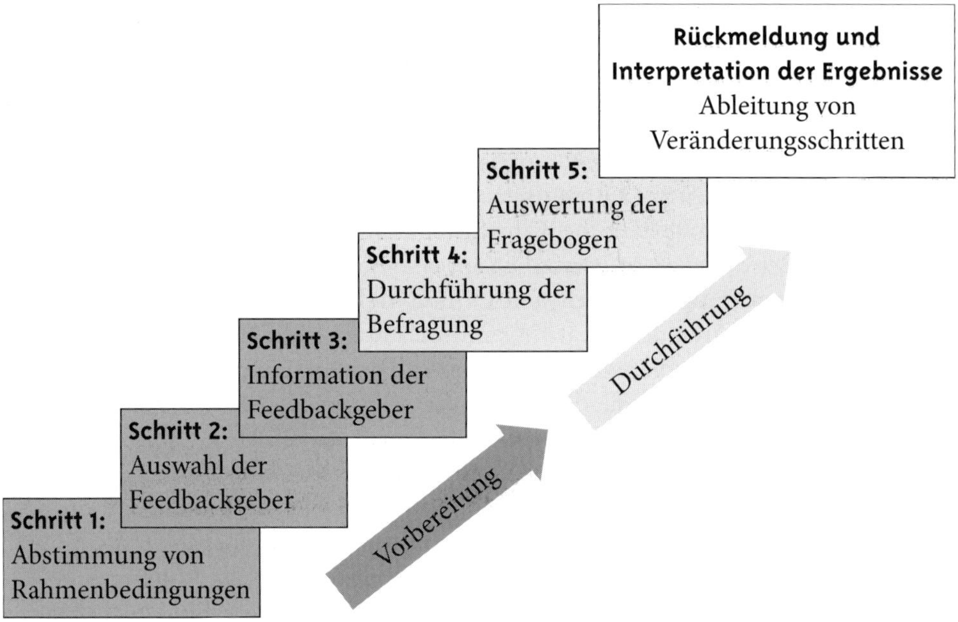

Abbildung 8.8 Ablauf des multiperspektivischen Führungsfeedbacks

Schritt 1: Abstimmung von Rahmenbedingungen
Die Anwendung eines 360°-Feedbacks im Rahmen des Einzelcoachings einer Führungskraft muss gewöhnlich mit der Personalabteilung und/oder Vertretern der oberen Führungsebene und/oder mit dem Betriebsrat des betreffenden Unternehmens abgestimmt werden. Dabei sollten allgemeine Rahmenbedingungen für die Durchführung des Führungsfeedbacks abgeklärt und das Ziel der Maßnahme abgestimmt werden: Im Rahmen des Persönlichkeitscoachings erfüllt das Führungsfeedback die Funktion, dem Coachingteilnehmer eine möglichst konkrete Rückmeldung darüber zu geben, wie er von wichtigen beruflichen Interaktionspartner wahrgenommen wird und welche Ressourcen und Entwicklungsmöglichkeiten sich aus der Außenperspektive ergeben. Das Führungsfeedback wird im Persönlichkeitscoaching nicht zu Zwecken der Leistungsbeurteilung eingesetzt.

Die Abklärung von Rahmenbedingungen bezieht sich u. a. auf die Beantwortung folgender Fragen: »Wer erhält Einblick in die Ergebnisse des Feedbacks?«, »Wer kümmert sich um die Information der Feedbackgeber und um die Ausgabe und den Rücklauf der Fragebogen?«, »Wie erfolgt die Auswertung und wo wird das Datenmaterial aufbewahrt?« etc.

Rahmenbedingungen für den Einsatz des Führungsfeedbacks im Rahmen des Persönlichkeitscoachings. Die Ergebnisse des Führungsfeedbacks werden zunächst nur der Führungskraft selbst mitgeteilt. Erscheint es im Rahmen der spezifischen Situation angebracht, so kann eine Ergebnisrückmeldung an die Mitarbeiter der Führungskraft, in Einzelfällen auch an Kollegen und Vorgesetzte stattfinden. Die Rückmeldung der Ergebnisse an die Feedbackgeber erfolgt jedoch ausschließlich auf Wunsch der Führungsperson. Die Feedbackgeber leiten die ausgefüllten Fragebogen direkt an den Coach weiter, dieser wertet die Fragebogen aus und vernichtet diese nach Abschluss des Coachingprozesses. Die Feedbackgeber werden entweder schriftlich durch ein Informationsblatt über das Führungsfeedback informiert oder es erfolgt eine kurze mündliche Information durch den Coach und/oder durch den Coachingteilnehmer.

Schritt 2: Auswahl der Feedbackgeber

Der Einsatz des Führungsfeedbacks im Persönlichkeitscoaching erfolgt meist nach dem »Sandwich-Modell« (vgl. Abschn. 8.1.4), d. h., es werden Aufwärtsbeurteilungen von Mitarbeitern sowie Abwärtsbeurteilungen von Vorgesetzten eingeholt. Teilweise werden zusätzlich auch Kollegen als Feedbackgeber einbezogen (»270°-Feedback«). Eine Befragung der Kunden findet im Rahmen des Persönlichkeitscoachings seltener statt (Ausnahme: »Persönlichkeitscoaching zur Förderung von Innovationen«; vgl. Meier, 2010), da es primär um die Einschätzung von Führungsverhalten geht, das sowohl von internen als auch von externen Kunden meist nicht beobachtet und daher nicht beurteilt werden kann.

Es sollten möglichst alle Mitarbeiter als Feedbackgeber einbezogen werden, für die der Coachingteilnehmer direkte Führungsfunktion hat. Darüber hinaus können auch Mitarbeiter befragt werden, welche dem Coachingteilnehmer nur indirekt unterstellt sind. Die Auswahl der Feedbackgeber auf der Kollegen- und Vorgesetztenseite erfolgt meist durch die Führungskraft selbst. Insgesamt sollten diejenigen Personen des Arbeitsumfeldes als Feedbackgeber bestimmt werden, mit denen der Coachingteilnehmer am häufigsten zusammenarbeitet und deren Rückmeldung für seine persönliche Entwicklung relevant erscheint.

Schritt 3: Information der Feedbackgeber

Die Feedbackgeber können entweder mündlich (in einer Informationsveranstaltung) und/oder schriftlich (durch ein Informationsschreiben) über das Führungsfeedback informiert werden. In der Information sollten folgende Aspekte angesprochen werden:

- Was ist ein 360°-Feedback? Was ist das Ziel?
- Wie läuft es ab?
- Wie wird die Anonymität der Feedbackgeber gesichert?
- Wer erfährt die Ergebnisse?

Anonymität. Ein besonderer Schwerpunkt sollte darauf gelegt werden, die Mitarbeiter darüber zu informieren, wie die Anonymität ihrer Rückmeldungen gewährleistet wird, aber auch Grenzen der Anonymität aufzuzeigen (z. B. bei einer geringen Führungsspanne): Die ausgefüllten Fragebogen sollen in einem verschlossenen Kuvert ohne Angabe des Absenders an den Coach weitergeleitet werden, auf den Fragebogen werden nur Codenamen angegeben (um z. B. bei einer zweifachen Durchführung des Führungsfeedbacks vor und nach dem Coaching die Fragebogen zuordnen zu können). In der Rückmeldung der Ergebnisse an die Führungskraft werden keine Einzelaussagen wiedergegeben. Ergebnisse der Fragebogendaten werden in Form von Mittelwerten und Spannweiten dargestellt. Die Antworten zu den offenen Fragen werden paraphrasiert und zu übergeordneten Themenbereichen zusammengefasst. Anonymität kann dann nicht vollständig gewährleistet werden, wenn eine gewisse Mindestanzahl an Feedbackgebern innerhalb einer Gruppe unterschritten wird (in aller Regel drei bis vier Feedbackgeber; nach Runde et al., 2001, S. 154). Dies ist oft auf Vorgesetzten- oder Kollegenseite der Fall, die darüber gesondert informiert werden. Auf Seite der Mitarbeiter kann die Anonymität von Einzelaussagen meist gewährleistet werden.

Subjektive Einschätzung konkreter Verhaltensweisen. Die Feedbackgeber werden darauf hingewiesen, die Wirkung und das Verhalten der Führungskraft so einzuschätzen, wie sie es selbst in der Interaktion mit der Führungskraft erleben. Beim Beantworten der Fragen sollten sie sich möglichst konkrete Situationen vorstellen, um das Verhalten der Führungskraft in alltäglichen Situationen beurteilen zu können.

Schritt 4: Durchführung der Befragung

Prinzipiell kann die Durchführung der Befragung computergestützt oder über Papierfragebogen erfolgen, was mit unterschiedlichem logistischem und administrativem Aufwand verbunden ist (vgl. Lehment, 1999). Im Persönlichkeitscoaching kommt aufgrund der überschaubaren Anzahl von Feedbackgebern bei nur einer einzuschätzenden Führungsperson meist eine Papier-Bleistift-Version zum Einsatz.

Die Fragebogen können direkt bei der Informationsveranstaltung ausgehändigt oder durch den Coachingteilnehmer verteilt werden. Um einen möglichst hohen Rücklauf der Fragebogen zu gewährleisten, hat sich eine persönliche Übergabe der Fragebogen durch die Führungsperson bewährt. Leitet der Coachingteilnehmer die Fragebogen selbst weiter, so zeigt er dadurch den Feedbackgebern, dass es sein persönlicher Wunsch ist, Feedback zu erhalten und die Ergebnisse für ihn Relevanz haben. Es sollte unbedingt ein konkreter Termin vereinbart werden, bis zu dem die ausgefüllten Fragebogen beim Coach vorliegen müssen. Es ist sinnvoll, die Teilnehmer nach Ablauf der halben Frist nochmals an die Abgabe der Fragebogen zu erinnern (vgl. Lehment, 1999). Die Selbstbeschreibung des Coachingteilnehmers im Fragebogen erfolgt entweder im gleichen Zeitraum wie die Fremdeinschätzung oder wurde bereits in den Coachingschritten 2 und 3 eingeholt.

Schritt 5: Auswertung der Fragebogen

Die Auswertung der Fragebogen sollte schnellstmöglich erfolgen, sodass die Ergebnisse zeitnah zur Erhebung der Daten zurückgemeldet werden können. Die Auswertung wird mit der Erstellung eines schriftlichen Feedbackberichtes abgeschlossen. Scherm und Sarges (2002) weisen darauf hin, dass die professionelle Gestaltung dieses Berichtes die Akzeptanz der Ergebnisse unterstützt. Die Daten aus den offenen Fragen werden nach ähnlichen Aussagen inhaltlich zusammengefasst und im Wortlaut so abgeändert, dass kein Rückschluss auf die Feedbackgeber möglich ist. Die Daten aus den standardisierten Fragebogen werden getrennt nach Feedbackgebergruppen deskriptiv ausgewertet und graphisch aufbereitet (z. B. in Form von Balkendiagrammen; vgl. Abb. 8.11 bis 8.13 im Fallbeispiel, Abschn. 8.3). Beispielitems zu jeder im Fragebogen erfassten Dimension erleichtern die Verständlichkeit und Interpretierbarkeit der Ergebnisse. Die Auswertung und die Darstellung der Ergebnisse im Feedbackbericht erfolgt unter folgenden Gesichtspunkten:

- Abgleich von Selbst- und Fremdbild: Wo gibt es Übereinstimmung, wo gibt es Unterschiede?
- Welches sind aus Sicht der Feedbackgebergruppen die zentralen Ressourcen und Entwicklungsbereiche?
- Wo stimmen die Fremdeinschätzungen überein, wo weichen sie ab?
- Auf welchen Dimensionen gibt es die höchsten, auf welchen die niedrigsten Übereinstimmungen?
- Auf welchen Dimensionen werden die höchsten, auf welchen Dimensionen die niedrigsten Werte vergeben?
- Inwieweit stimmen die Ergebnisse aus den offenen Fragen mit den Ergebnissen aus standardisierten Fragebogen überein?

8.2.2 Rückmeldung und Interpretation der Ergebnisse des Führungsfeedbacks

Es hat sich gezeigt, dass der Ausgangswert der Selbsteinschätzung eine wichtige Einflussgröße darauf darstellt, welche Wirkungen Feedback hat: So profitieren Überschätzer (Führungskräfte, die ihr Führungsverhalten besser bewerten, als dies die Fremdbeurteiler tun) mit der höchsten Wahrscheinlichkeit von Feedback. Sie verbessern nach der Feedbackintervention ihre Leistung und senken das Niveau ihrer Selbstbeurteilung (s. Yammarino & Atwater, 1997). Unterschätzer (Führungspersonen, die ihr Führungsverhalten schlechter bewerten, als dies die Fremdbeurteiler tun) scheinen ihre Leistung nach einer Feedbackintervention zu halten, beurteilen aber ihr Führungsverhalten zunehmend positiver (s. Yammarino & Atwater, 1997), sodass auch hier der Übereinstimmungsgrad zwischen Selbst- und Fremdbild ansteigt.

Allgemeine Hinweise zur Rückmeldung der Ergebnisse an den Coachingteilnehmer

Für die Bereitschaft des Coachingteilnehmers, aus den rückgemeldeten Fremdbildern Konsequenzen für zukünftiges Verhalten zu ziehen, ist die Art und Weise der Rückmeldung der Ergebnisse des Führungsfeedbacks von zentraler Bedeutung (vgl. Brinkmann, 1998; Scheinpflug, 1995). Ziele, Inhalte und Form der Ergebnisrückmeldung müssen daher im Vorfeld definiert und die Art der Ergebnisübergabe an den Coachingteilnehmer bestimmt werden (vgl. Hossiep et al., 2000).

Form der Ergebnisrückmeldung: Schriftlicher Feedbackbericht und mündliches Feedbackgespräch. Viele Autoren weisen darauf hin, dass die Erfolgsaussichten eines Feedbackprojekts steigen, wenn die Feedbackresultate nicht nur schriftlich zurückgemeldet, sondern darüber hinaus durch einen Feedback-Coach ausführlich erläutert und vom Klienten und Coach gemeinsam interpretiert sowie Nachfolgeaktivitäten geplant werden (z. B. Runde et al., 2001; Lehment, 1999; Neuberger, 2000). Im Persönlichkeitscoaching werden die Ergebnisse des Führungsfeedbacks im Rahmen einer etwa zweistündigen Coachingsitzung mit dem Coachingteilnehmer besprochen. Basis für dieses Gespräch bildet ein schriftlicher Feedbackbericht, der sowohl die Ergebnisse der quantitativen Daten aus standardisierten Fragebogen (z. B. aus dem Bochumer Inventar zur berufsbezogenen Persönlichkeitsbeschreibung; s. Abschn. 8.2.3), als auch dic Ergebnisse der qualitativen Daten aus den offenen Fragen enthält. Die Fragebogenergebnisse werden in Form einer Profilübersicht der gemittelten Einschätzungen und der Spannweite jeder Beurteilergruppe aufgeführt und der Selbsteinschätzung auf jeder Beurteilungsdimension gegenübergestellt (vgl. Scherm & Sarges, 2002; Lehment, 1999). Wurden bei der Einschätzung des Führungsverhaltens qualitative Daten erhoben, so sollte der Rückmeldung dieser Ergebnisse auf jeden Fall genügend Raum gegeben werden (vgl. Lehment, 1999). So ergänzen gerade die Antworten auf offene Fragen (z. B. »Welche Wünsche haben Sie an die Führungskraft in Bezug auf die zukünftige Zusammenarbeit?«) das reine Zahlenmaterial und machen es leichter verständlich.

Akzeptanz und Verständnis beim Feedbacknehmer schaffen. Voraussetzung für die Akzeptanz und das Verständnis des individuellen Feedbacks ist die Berücksichtigung von Motiven und Bedürfnissen des Empfängers, indem an dessen Denk- und Erlebnismuster angeknüpft wird. »Wenn es gelingt, das Feedback im Denk- und Erlebnisrahmen des Empfängers zu formulieren, so ist die Chance besonders groß, daß er es versteht und als bedeutsam empfindet« (Fengler, 1998, S. 23). Im Rückmeldegespräch sollten daher Dimensionen und Kategorien besonders berücksichtigt werden, die für den Coachingteilnehmer aufgrund seiner Selbstbilder hohe Bedeutung haben. Eine Führungsperson, die sich selbst beispielsweise als humorvoll beschreibt und den lockeren Umgang mit ihren Mitarbeitern als wichtige persönliche Ressource erachtet (reale Selbstbilder), wird besonders aufmerksam sein, wenn ihr Fremdeinschätzungen zu den Themen »Humor« und »persönlicher Umgang mit Mitarbeitern« rückgemeldet werden. Dasselbe gilt für die möglichen Selbstbilder der Führungsperson: Informationen über Fremdbilder, die sich auf ideale, gefürchtete oder normative Selbstbilder der eigenen Person beziehen, werden schneller aufgenommen und verarbeitet als Informationen über Bereiche, die im Selbstkonzept der Person weniger oder nicht relevant sind. Darüber hinaus sollte sich die Rückmeldung der Feedbackergebnisse aber auch auf diejenigen Aspekte beziehen, die der Coachingteilnehmer bisher als wenig wichtig erachtet hat oder die ihm nicht bewusst waren (»blinde Flecken«), die aber von Mitarbeitern, Kollegen oder Vorgesetzten als individuelle Ressourcen oder erwünschte Verbesserungsbereiche hervorgehoben wurden.

Kriterien wirksamen Feedbacks. Fremdbilder zu erfassen heißt, die Wirkung des Verhaltens der Führungskraft auf die Interaktionspartner zu umschreiben. Damit der Coachingteilnehmer die Informationen über seine Wirkung konstruktiv verwerten kann, gilt es, einige zentrale Kriterien wirksamen Feedbacks zu beachten. So unterscheidet sich konstruktives und erfolgreiches von destruktivem und unwirksamem Feedback vor allem auf den in Abbildung 8.9 aufgezeigten Dimensionen (vgl. Fengler, 1998; Jones & Bearley, 1996).

Konstruktives Feedback ist ...

- beschreibend und nicht bewertend
- verhaltensbezogen und nicht charakterbezogen
- offen/ehrlich und nicht verheimlichend/verfälschend
- konkret und spezifisch statt allgemein
- einladend und nicht zurechtweisend
- erbeten und nicht aufgezwungen
- klar und pointiert statt mehrdeutig
- eher zielgerichtet als zieloffen
- eher ressourcenorientiert als auf Defizite bezogen

Abbildung 8.9 Kriterien konstruktiven Feedbacks

Im Rückmeldegespräch können die Kriterien aus Abbildung 8.9 auf verschiedene Art und Weise berücksichtigt werden.

Beschreibung der Ergebnisse. Die Ergebnisse sollten von Coach und Klient gemeinsam beschrieben und mögliche Interpretationsspielräume abgesteckt werden. Gerade bei Ergebnissen aus standardisierten Fragebogen sollte der Coach den Coachingteilnehmer darin unterstützen herauszufinden, was die Zahlen »wirklich« bedeuten (vgl. Neuberger, 2000). So sollte z. B. die Aussagekraft statistischer Mittelwerte oder die Bedeutung von Spannweiten erklärt werden. Die Interpretation der Ergebnisse wird nicht vom Coach vorgegeben, sondern im Dialog erarbeitet:

»Eine Aufklärung kann man nur erreichen, wenn man das Zustandekommen der Deutungen offenlegt, also statt eines Urteils tatsächlich ein Feedback (im kommunikationstheoretischen Sinn) gibt, bei dem der Feedbacknehmer nachfragen, klären, erläutern usw. kann, sodass das gegenseitige Verständnis des Situation gefördert wird« (Neuberger, 2000, S.25).

Konkretes Feedback mit Verhaltensbezug. Damit die Rückmeldung über die Wirkung der Führungsperson möglichst verhaltensbezogen erfolgt, müssen offene Fragen (z. B. »Was gefällt Ihnen am Führungsverhalten Ihres Vorgesetzten? Bitte nennen Sie konkrete Beispiele.«) bzw. Items zu Fragebogendimensionen (»Die Führungskraft gibt mir ausreichend Rückmeldung zum Stand meiner Zielerreichung«) so formuliert sein, dass sie konkretes Verhalten erfassen. Außerdem kann Feedback dann möglichst konkret sein, wenn in den offenen Fragen nach spezifischen Beispielen gefragt wird.

Wichtige Ergebnisse auf den Punkt bringen. Die Ergebnisse sollten so aufbereitet sein, dass wichtige Informationen pointiert herausgearbeitet und zentrale Aussagen auf den Punkt gebracht werden (z. B. durch eine Kategorie zu den zentralen Ressourcen oder den zentralen Verbesserungsvorschlägen).

Verbesserungsvorschläge als »Einladung« formulieren. Alle Inhalte des Feedbacks, die auf Verbesserungsmöglichkeiten hinweisen (wie z. B. Verbesserungsvorschläge aus Sicht der Feedbackgeber in den offenen Fragen oder niedrige Werte in bestimmten positiv konnotierten Dimensionen im Fragebogen), sollten als »Einladung« zur Veränderung formuliert sein. Es geht darum, Möglichkeiten der Veränderung aus der Außenperspektive aufgezeigt zu bekommen, nicht darum, Vorschriften für zukünftiges Verhalten zu formulieren.

Freiwilligkeit des Feedbacks. Als »erbeten« gilt Feedback dann, wenn der Coachingteilnehmer sich ausdrücklich für die Durchführung eines Führungsfeedbacks entschieden hat. Dafür ist es notwendig, den Coachingteilnehmer im Vorfeld über die Möglichkeiten und Vorteile der Erfassung von Fremdbildern zu informieren, aber auch, ihn über mögliche »Risiken« aufzuklären. Risiken können darin bestehen, dass der Coachingteilnehmer Informationen über die Wirkung des eigenen Verhaltens erhält, die vorher im Bereich des blinden Flecks lagen und die ihm unangenehm sein könnten.

Offenheit und Ehrlichkeit der Feedbackgeber und des Coachs. Offene und ehrliche Rückmeldung erhält der Coachingteilnehmer am ehesten, wenn die Feedbackgeber über die Funktion des Feedbacks und den nachfolgenden Umgang damit aufgeklärt sind. Offenes und ehrliches Feedback zu erhalten heißt weiterhin, dass der Coach bereit ist, auch kritische Ergebnisse konstruktiv zurückzumelden und keine unangenehmen Ergebnisse »unter den Tisch zu kehren«.

Zielbezug des Feedbacks. Die Funktion des Coachs besteht darin, den Coachingteilnehmer darin zu unterstützen, kritische Ergebnisse auf persönliche Ziele zu beziehen und daraus Veränderungsschritte abzuleiten und sich nicht zu sehr mit der Suche nach (Hinter-)Gründen zu beschäftigen.

Aktivierung von Ressourcen. Im Persönlichkeitscoaching ist es uns außerdem ein besonderes Anliegen, im Führungsfeedback Ressourcen aus der Außensicht aufzudecken. In offenen Fragen wird daher explizit nach Stärken und positiven Verhaltensweisen des Coachingteilnehmers gefragt. Der blinde Fleck enthält nicht nur unerwünschte Verhaltensaspekte, die ihm nicht bewusst sind, sondern immer auch Stärken und positive Wirkungen des Verhaltens (vgl. Abschn. 8.1.3). Die auf diesem Weg identifizierten Ressourcen werden dem Coachingteilnehmer zurückgemeldet und gemeinsam erarbeitet, wie er sie in Zukunft bewusst nutzen kann.

Hinweise zur Gestaltung der Rückmeldung für den Überschätzer

Interpretiert man die Selbsteinschätzung nicht nur als Wiedergabe der Real-, sondern auch der Idealbilder der Person, so kommt darin ihr Anspruchsniveau zum Ausdruck. Diese Interpretation wird durch Untersuchungsergebnisse gestützt, dass positive Verhaltensänderungen im Anschluss an Feedback vor allem bei Überschätzern zu beobachten sind (Yammarino & Atwater, 1997). Im Idealfall führt die Diskrepanz also bei der überschätzenden Führungsperson nicht zur Resignation oder innerlicher Abwertung der Feedbackgeber, sondern dazu, dass sie versucht, ihr Verhalten an ihre (im Vergleich zum Fremdurteil überhöhte) Selbsteinschätzung anzunähern. Die überhöhten Selbsteinschätzungen in den einzelnen Dimensionen eignen sich dabei aufgrund der folgenden Merkmale in besonderem Maße als motivierende Ziele (vgl. Prinzipien der Zielsetzungstheorie nach Locke & Latham, 1990): Sie sind herausfordernd, da sie an inneren Standards orientiert sind, sie sind spezifisch, da sie sich aus konkreten Beurteilungsdimensionen ableiten und sie können von der Führungskraft akzeptiert werden, da sie aus ihren Selbstbildern resultieren.

Für die Gestaltung der Rückmeldung der Ergebnisse an Überschätzer sollte darauf geachtet werden, die hohen Werte der Selbsteinschätzung als potenzielle Zielsetzungen zu interpretieren. Um jedoch keine unrealistisch hohen Ansprüche an die eigene Person zu fördern, für deren Erreichung entsprechende persönliche Voraussetzungen fehlen, müssen die Diskrepanzen zwischen Selbst- und Fremdeinschätzungen kritisch hinterfragt werden. Dafür wird die Führungsperson angeregt, sich z. B. mit folgenden Fragen auseinanderzusetzen: »Welche Fähigkeiten und Verhaltensweisen schreibe ich mir zu, welche die Feedbackgeber nicht an mir wahrnehmen? In welchen Dimensionen habe ich eher meine Erwartungen an mich selbst, als mein aktuelles Verhalten beschrieben? Welche Änderungen sind notwendig, um mein Verhalten an diese Erwartungen anzunähern? Was muss ich dafür können und welche Einstellung muss ich dafür haben?«

Hinweise zur Gestaltung der Rückmeldung für den Unterschätzer

Bei Unterschätzern kann die Gefahr bestehen, dass es zu einer negativen Leistungsentwicklung als Folge von Feedback-Interventionen kommt (vgl. Johnson & Ferstl, 1999): So könnte dann ein demotivierender Effekt eintreten, wenn die Führungsperson aufgrund einer hohen Diskrepanz zwischen Selbst- und Fremdeinschätzung ihr Anspruchsniveau senkt. Durch die Rückmeldung positiver Fremdeinschätzungen kann es aber auch dazu kommen, dass die Führungsperson eine größere Sicherheit bezüglich ihrer Kompetenzen und Stärken erhält, ihre Erwartungen an die eigenen Fähigkeiten steigen und damit das Anspruchsniveau angehoben wird. Bei Unterschätzern scheint es daher besonders wichtig, die im Fremdbild deutlich werdenden Ressourcen (welche vor dem Feedback im Bereich des blinden Flecks lagen) daraufhin zu untersuchen, welchen Beitrag sie zur Erreichung neuer oder bestehender Ziele leisten könnten. Die Führungsperson soll angeregt werden, einen neuen Blick auf ihre Potenziale zu erhalten und diese optimal zu nutzen. Dies kann auf kognitivem oder eher erlebnisorientiertem Weg geschehen.

Die Führungsperson kann angeregt werden, die Ressourcen, die im Fremdbild deutlich wurden, in Beziehung zu ihren Idealbildern zu setzen (z. B. durch eine Zuordnung von »Ressourcenkarten« zu »Idealbildkarten«). Oder die Führungsperson wird angeleitet, durch Selbstbeobachtung im Führungsalltag bestimmte Dimensionen nachzuvollziehen, in denen die Diskrepanz zwischen positiver Fremdeinschätzung und eher negativer Selbsteinschätzung besonders hoch war: »Wie kommen meine Mitarbeiter darauf, dass ich mich kooperativ und fair verhalte? An welchen meiner Verhaltensweisen machen sie es fest? Wie kann ich diese Verhaltensweisen beibehalten?«

Eine andere Möglichkeit besteht darin, Idealbilder der eigenen Person (und damit auch motivierende Handlungsanreize) auf der Grundlage der neuen Informationen aus den rückgemeldeten Fremdbildern zu erweitern, z. B. im Rahmen einer Imaginationsübung. Der Coachingteilnehmer wird im Anschluss an eine Entspannungsinstruktion dazu angeleitet, sich die Stärken, die ihm im Fremdbild zurückgemeldet wurden, als Treppenstufen vorzustellen. Mit jedem Schritt gewinnt er einen erweiterten Blickwinkel auf die eigene (Führungs-)Situation und die eigene Person. Er soll dann innehalten, wenn er den Eindruck hat, einen guten Überblick über die eigenen Möglichkeiten zu erhalten, wie er als Führungsperson (noch) sein kann. Durch entsprechende Fragen wird der Coachingteilnehmer dann zur Exploration weiterer möglicher Selbstbilder angeleitet, z. B. »Wenn Sie den sicheren Halt Ihrer Stärken unter Ihren Füßen spüren und von diesem Standpunkt aus sich selbst in Ihrer Führungssituation betrachten, welche Möglichkeiten sehen Sie für Ihre weitere Entwicklung als Führungskraft?«

Hinweise zur Gestaltung der Rückmeldung bei übereinstimmender Einschätzung
Es ist zu vermuten, dass diejenigen Führungspersonen, die in ihrer positiven Selbsteinschätzung mit der Fremdeinschätzung übereinstimmen, häufiger in Rückkoppelung mit anderen Personen stehen. Der Bereich der öffentlichen Person scheint hier besonders groß, der Bereich des blinden Flecks relativ klein zu sein (s. »Johari-Fenster«, Abschn. 8.1.3).

Rückmeldung bei übereinstimmenden positiven Einschätzungen. Die Rückmeldung der Feedbackergebnisse an Führungspersonen, die übereinstimmend eher positive Ergebnisse in der Fremd- und Selbsteinschätzung erzielen, gestaltet sich damit als unproblematisch. In solchen Feedbackgesprächen reicht es, die allgemeinen Hinweise zur Gestaltung von Feedbackgesprächen zu berücksichtigen, zentrale Ressourcen explizit zu würdigen und Hinweise auf Entwicklungsbereiche in spezifische Zielsetzungen und Veränderungsschritte zu übertragen.

Rückmeldung bei übereinstimmenden negativen Einschätzungen. Führungspersonen, die in einer negativen Selbsteinschätzung mit der Fremdeinschätzung übereinstimmen, können zwar ihre Schwächen passend zur Außensicht diagnostizieren, i. d. R. gelingt es ihnen jedoch nicht, diese im Anschluss an das Feedback wirklich zu verändern (vgl. Yammarino & Atwater, 1997). Es scheint daher bei dieser Gruppe besonders wichtig zu sein, die Erwartung aufzubauen, dass Veränderung in bestimmten Bereichen möglich ist und gemeinsam Zielsetzungen zu erarbeiten, die für die Führungsperson attraktiv und erstrebenswert sind. Bevor die notwendigen Kompetenzen zur Veränderung von Verhalten gefördert werden, muss also zunächst Veränderungsmotivation geschaffen werden.

Bei Ergebnissen, die darauf hindeuten, dass der Klient mit den Anforderungen der Position kaum zurechtkommt, kann die Aufgabe des Coachs auch darin bestehen, umfassende Veränderungsschritte anzusprechen, wie etwa die Vor- und Nachteile eines

Wechsels der Position oder die Delegation von Aufgabengebieten. Watzlawick et al. (1974; zit. nach Schneewind, 1999a) sprechen in diesem Zusammenhang von »Wandel erster und zweiter Ordnung«: Der Wandel erster Ordnung beschreibt »den Wandel von einem internen Zustand zu einem anderen innerhalb eines selbst invariant bleibenden Systems«, der Wandel zweiter Ordnung besteht in einer Veränderung, die »das System selbst ändert« (Schneewind, 1999a, S. 29f). Ein Wandel erster Ordnung bestünde in diesem Fall z. B. darin, die Führungsperson so zu verändern, dass sie bestmöglich an die Anforderungen der Position und des Organisationssystems angepasst wird (z. B. Führungskompetenzen erweitern, Führungsmotivation aufbauen). Ein Wandel zweiter Ordnung könnte darin bestehen, die Rolle der Führungsperson neu zu definieren, indem ihr z. B. in einem höheren Ausmaß die Fachaufsicht übertragen wird und gleichzeitig klassische Führungsfunktionen abgegeben werden. Veränderung findet in diesem Beispiel nicht innerhalb des bestehenden Rahmens der Führungsposition statt, sondern der Rahmen selbst wird verändert. Damit sind Verhaltensaspekte des Klienten, die im Führungsfeedback als problematisch eingeschätzt wurden, in einem neuen Kontext zu betrachten, in dem sie evtl. nicht länger als negativ einzuordnen sind und im günstigsten Fall sogar als hilfreich erachtet werden können. Eine Führungsperson, die z. B. im Führungsfeedback stark kritisiert wurde, weil sie sich ausschließlich für die regelgerechte Bearbeitung von Aufgaben und überhaupt nicht für Schwierigkeiten und »Ausnahmen der Regel« interessiert, könnte in einer Position, in der sie für die Festlegung allgemeiner Qualitätskriterien und weniger für »alltägliche Unzulänglichkeiten« zuständig ist, ihre fokussierte Gewissenhaftigkeit als wichtige Ressource nutzen.

Gestaltung schwieriger Feedbackgespräche. Für die Gestaltung schwieriger Feedback-Gespräche geben Scherm und Sarges (2002) einige generelle Empfehlungen, z. B.

- für ein wertschätzendes, angenehmes Gesprächsklima zu sorgen,
- Tätigkeitsbezug der Ergebnisse herstellen,
- eigene Deutungen der Ergebnisse anzubieten,
- die Balance zu halten zwischen »good and bad news«.

Um ein positives Gesprächsklima herzustellen, empfehlen Tausch und Tausch (1990) die Orientierung an den Regeln der klientenzentrierten Beratung. Mithilfe der Schilderung von Situationen, anhand derer sich das Zustandekommen der Selbst- und Fremdeinschätzungen rekonstruieren lassen, kann der Coach den Tätigkeitsbezug herstellen (vgl. Scherm & Sarges, 2002). Gerade bei der Rückmeldung von kritischem Feedback ist es wichtig, zwischen angenehmen und unangenehmen Botschaften auszubalancieren. Unangenehme Botschaften werden für den Feedbackempfänger verträglicher, indem man ihn selbst mögliche erklärende Ereignisse und Führungssituationen beschreiben lässt, die eine Einordnung der Ergebnisse gewährleisten.

Hinweise zur Rückmeldung der Ergebnisse an die Feedbackgeber

Neben der Rückmeldung der Ergebnisse an den Coachingteilnehmer ist auch ein Feedback an die jeweiligen Feedbackgeber-Gruppen möglich. Es gibt Belege, die aufzeigen, dass Teamgespräche zwischen der Führungskraft und den Aufwärtsbeurteilern (Mitarbeiter) zur Diskussion der Feedbackergebnisse deutlichere Verhaltensveränderungen der Führungsperson nach sich ziehen, als keine Teamgespräche (Walker & Smither, 1999). Ob eine Diskussion der Feedbackergebnisse mit den Fremdbeurteiler im Einzelfall sinnvoll ist oder nicht, hängt sicherlich von der Art der Ergebnisse, von der allgemeinen Feedbackkultur im Unternehmen und von der Gestaltung der Teamsitzung ab.

Wenn eine Ergebnisrückmeldung an die Feedbackgeber stattfinden soll, so kann dies auf zweierlei Arten geschehen: Die Feedbackgeber (z. B. Mitarbeiter und Kollegen) können entweder von der Führungskraft selbst über die Ergebnisse informiert werden oder es findet eine Ergebnisrückmeldung an das gesamte Team mit Unterstützung des Coachs statt (vgl. Lehment, 1999). Diese eher offensive Form der Ergebniskommunikation eignet sich nur für Gruppen mit einem intakten Klima (vgl. Scherm & Sarges, 2002), da die Anonymität der Feedbackgeber tendenziell aufgehoben wird, wenn die Ergebnisse offen diskutiert werden. Ist die Beziehungsbasis zwischen Führungsperson und Mitarbeitern oder auch innerhalb der Gruppe der Mitarbeiter für eine konstruktiv-kritische Diskussion nicht gegeben, so besteht die Gefahr der Verfestigung von Meinungen. Die Betroffenen fangen an, ihren eigenen Standpunkt zu verteidigen und »ichstützende Abwehrhaltungen« einzunehmen (vgl. Scherm & Sarges, 2002). Wird im Unternehmen allerdings ein eher offener Umgang gepflegt, so bietet sich auf jeden Fall ein Teamgespräch an. »Durch dieses Gespräch haben die Beurteiler sowohl die Möglichkeit, ihre Einschätzung mit denen der anderen Personen zu vergleichen als auch etwas über die Selbsteinschätzung der Führungskraft zu erfahren. Im Zuge des offenen Austausches können Beantwortungen einzelner Fragebogenitems oder Dimensionen besprochen und diskutiert werden. Diese Wünsche und Erwartungen werden dann mit dem Standpunkt der Führungskraft abgeglichen« (Hossiep et al., 2000, S. 243).

Für die Gestaltung der Ergebnisrückmeldungen an die Mitarbeiter gelten für den Coach und die Führungsperson ähnliche Empfehlungen, wie sie bereits im Abschnitt zur Rückmeldung der Ergebnisse an die Führungskraft genannt wurden.

Gemeinsam mit der Führungskraft sollte im Vorfeld erarbeitet werden, welche Ergebnisse und Themenbereiche für eine Rückmeldung an das Team angebracht sind. Grundsätzlich werden an die jeweiligen Feedbackgebergruppen nur die Ergebnisse rückgemeldet, die auf den Einschätzungen dieser Personengruppe beruhen. So werden z. B. bei den Mitarbeitern die Ergebnisse aus der Einschätzung der Führungskraft durch Kollegen und Vorgesetzte nicht thematisiert.

Das Ziel der Rückmeldung der Ergebnisse an die Feedbackgeber besteht darin, eine offene Kommunikation zu fördern, welche es in Zukunft möglich macht, konstruktives Feedback regelmäßig auch in direkter Form zu geben.

8.2.3 Datenerhebung im multiperspektivischen Führungsfeedback

Zunächst wird das «Bochumer Inventar zur berufsbezogenen Persönlichkeitsbeschreibung« (Hossiep & Paschen, 2003a) als Fragebogen beschrieben, der sich besonders zum Einsatz im Rahmen einer 360°-Feedback-Erhebung eignet. Anschließend werden Möglichkeiten aufgezeigt, wie im multiperspektivischen Führungsfeedback über die realen Fremdbilder hinaus auch mögliche und normative Fremdbilder erfasst werden können.

Bochumer Inventar zur berufsbezogenen Persönlichkeitsbeschreibung (BIP)

Beim Bochumer Inventar zur berufsbezogenen Persönlichkeitsbeschreibung (*BIP*) handelt es sich zunächst um ein Selbstbeschreibungsinventar, das 14 berufsbezogene Persönlichkeitsskalen erhebt, die die Selbstbilder einer Person im Verhältnis zu einer Referenzgruppe von Führungskräften widerspiegeln (nach Hossiep & Collatz, 2009a). Um jedoch einen systematischen Abgleich von Selbst- und Fremdsicht vornehmen zu können, liegt dem BIP in der Version von Hossiep und Paschen von 2003 auch ein »Fremdbeschreibungsbogen« bei (neuere Version: Fremdbeschreibungsinventar zum Bochumer Inventar zur berufsbezogenen Persönlichkeitsbeschreibung: »BIP-FBI«; vgl. Hossiep & Collatz, 2009c), dessen Dimensionen denen des Selbstbeschreibungsbogen entsprechen, sodass ein Vergleich der Ergebnisprofile beider Fragebogen möglich ist (vgl. Hossiep & Paschen, 2003c).

Aufbau des BIP. Das BIP umfasst vier grundlegende Bereiche der Persönlichkeit (berufliche Orientierung, Arbeitsverhalten, psychische Konstitution und soziale Kompetenz), die im Berufskontext von Relevanz sind und sich ihrerseits jeweils aus drei bis fünf Dimensionen zusammensetzen (s. Abb. 8.10). Insgesamt werden damit 14 Per-

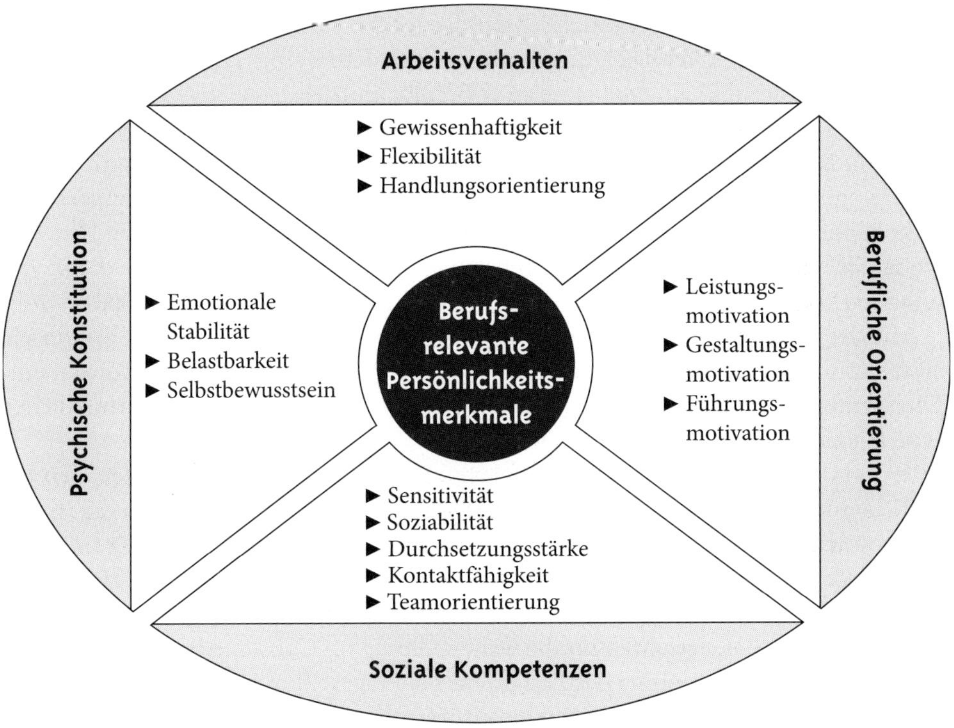

Abbildung 8.10 Bereiche und Dimensionen des BIPs (Abbildung modifiziert nach Hossiep & Paschen, 2003a)

sönlichkeitseigenschaften erfasst, die sich neben der fachlichen Qualifikation im Berufsleben als bedeutsam erwiesen haben.

Für eine erfolgreiche Berufstätigkeit ist es nicht notwendig, dass alle 14 Dimensionen auf überdurchschnittlich hohem Niveau ausgeprägt sind. »Es hängt vielmehr wesentlich vom Anforderungsprofil der Position ab, welche der aufgeführten Eigenschaften für die erfolgreiche Ausübung einer bestimmten Tätigkeit mehr oder weniger von Bedeutung sind« (Hossiep & Bräutigam, 2006, S. 138).

Selbstbeschreibung im BIP. Die insgesamt 14 Skalen werden in der Selbsteinschätzung mit jeweils 12 bis 16 Items (Fragen) erfasst (insgesamt 210 Items). Jedes Item ist auf einer 6-stufigen Rating-Skala einzuschätzen (von »1 = trifft voll zu« bis »6 = trifft überhaupt nicht zu«). Der Coach erhält daraufhin ein Ergebnisprofil, das mit der entsprechenden Normstichprobe verglichen werden kann (vgl. Hossiep & Collatz, 2009a).

Fremdbeschreibung im BIP. Im Fremdbeschreibungsinventar zum Bochumer Inventar zur berufsbezogenen Persönlichkeitsbeschreibung (»BIP-FBI«) werden die einzelnen Dimensionen mit nur jeweils acht bis zwölf Items (Fragen) erfasst (insgesamt 161 Items), sodass der Bearbeitungsaufwand für die Fremdbeurteiler gegenüber dem Selbstbeschreibungsbogen reduziert ist. Die Einschätzung erfolgt ebenfalls auf einer 6-stufigen Ratingskala, die Aussagen werden jeweils mit der Formulierung »Die von mir beschriebene Person…« eingeleitet (vgl. Hossiep & Collatz, 2009b). Beim BIP-FBI handelt es sich um ein wissenschaftlich fundiertes und normiertes Verfahren, die Auswertung schließt den Vergleich der Ergebnisse mit denen einer relevanten Vergleichsgruppe (Normierung) ein (vgl. Hossiep & Bräutigam, 2006).

Bisher setzen wir im Persönlichkeitscoaching den Fremdbeschreibungsbogen des BIPs von 2003 (Hossiep & Paschen, 2003a) ein, der insgesamt nur 42 Items enthält, die jeweils auf einer 9-stufigen Skala einzuschätzen sind. Der Fremdbeschreibungsbogen ist kein normiertes Verfahren, sondern eher ein heuristisches Hilfsmittel mit Hinweischarakter, welches sich besonders durch seinen geringen Umfang und die damit verbundene einfache Handhabung auszeichnet (vgl. Hossiep & Bräutigam, 2006).

Mit der Fremdbeschreibung wird insgesamt das Ziel verfolgt, dem Klienten ein systematisches Feedback über seine Außenwirkung zu geben und damit sowohl eine Überprüfung des Selbstbildes als auch eine Kompetenzerweiterung zu ermöglichen (vgl. Hossiep & Collatz, 2009b).

Interpretation der Ergebnisse. Die Interpretation der Ergebnisse muss stets den beruflichen Kontext des Klienten berücksichtigen, da die Anforderungen an die Person und somit auch ihre Passung zur Position aufgaben- und tätigkeitsabhängig sind (vgl. Hossiep & Collatz, 2009a). Das Testmanual zum BIP (Hossiep & Paschen, 2003a) bietet ausführliche Interpretationshinweise, in denen auch vielfältige Ansatzpunkte aufgezeigt sind, die das Verfahren für die weitere Arbeit im Coaching bietet.

Insgesamt wird der Einsatz des Verfahrens bei Fragestellungen im Kontext von Personalauswahl- und Personalentwicklungsprozessen empfohlen (Hossiep & Bräutigam, 2006). Im Beratungskontext wird der Mehrwert des BIPs primär in der Unterstützung der Selbstexploration des Klienten gesehen. Im Coaching eignet es sich weiterhin zur

Standortanalyse im Vorfeld der Veränderung von Verhaltensweisen sowie zur Veränderungsmessung, indem es zu Beginn und nach Abschluss der Intervention (z. B. zu einem Follow-Up-Termin nach sechs Monaten) eingesetzt wird (vgl. Hossiep & Bräutigam, 2006).

Instruktionen zur Erhebung von »Ist«-, »Potenzial-« und »Soll-Profil«

In Abschnitt 7.2.2 wurde beschrieben, in welcher Form standardisierte Fragebogen eingesetzt werden können, um neben den realen auch ideale und normative Selbstbilder zu erfassen und entsprechend auf den jeweiligen Fragebogendimensionen neben einem Ist-Profil auch das persönliche Wunsch- oder Soll-Profil zu erstellen. Entsprechend kann vorgegangen werden, wenn in Coachingschritt 4 neben den realen Fremdbildern auch mögliche oder normative Fremdbilder erfasst werden sollen, um Aufschluss über die Erwartungen der Feedbackgeber an die Führungsperson zu erhalten. Die Instruktion zum Ausfüllen des Fragebogens kann wiederum entsprechend verändert werden:

Erfassung eines Ist-Profils. Um reale Fremdbilder z. B. auf den Dimensionen des BIPs zu erfassen und damit ein »Ist-Profil« aus der Außensicht zu erstellen, kann der Fremdbeschreibungsbogen des BIPs mit den ursprünglichen Hinweisen zur Bearbeitung des Fragebogens übernommen werden (Hossiep & Paschen, 2003a): »Auf den nächsten Seiten finden Sie 42 Aussagen. Treffen Sie bitte zu jeder Aussage eine Einschätzung. Wenn Sie der Meinung sind, dass das beschriebene Merkmal bei der von Ihnen beschriebenen Person deutlich überdurchschnittlich ausgeprägt ist, kreuzen Sie bitte [...] das äußerste rechte Feld an. [...] Sind Sie der Ansicht, dass das Merkmal deutlich unterdurchschnittlich ausgeprägt ist, wählen Sie bitte das äußerste linke Feld der Skala ... [...].«

In unserem Coachingansatz erachten wir es als zentral, neben den realen Fremdbildern auch normative und mögliche Fremdbilder in systematischer Form zu erfassen. Um dies zu ermöglichen, können die Instruktionen zu den eingesetzten Fragebogen (z. B. BIP) im Rahmen des multiperspektivischen Führungsfeedbacks entsprechend angepasst werden:

Erfassung eines Potenzial-Profils. Um mögliche Fremdbilder im Sinne erwünschter Entwicklungsrichtungen zu erfassen und damit ein persönliches Potenzial-Profil der Führungsperson aus der Außensicht auf den Fragebogendimensionen zu erstellen, kann die Instruktion folgendermaßen verändert werden: »In den folgenden Aussagen kreuzen Sie bitte an, welche Vorstellung Sie davon haben, wie die von Ihnen beschriebene Führungsperson sein könnte. Es geht darum, Ihre persönliche Einschätzung der Potenziale der Führungsperson zu erfassen. Bitte beurteilen Sie bei jeder Aussage, in welchem Ausmaß (von »trifft voll zu« bis »trifft gar nicht zu«) diese aus Ihrer Sicht auf die Führungskraft zuträfe, wenn diese ihre Potenziale voll ausschöpfen würde. Dafür steht Ihnen eine x-fach abgestufte Skala zur Verfügung. [...]«

Erfassung eines Soll-Profils. Um normative Fremdbilder zu erfassen und damit ein »Soll-Profil« auf den Fragebogendimensionen zu erstellen, das die Vorstellungen von Mitarbeitern, Kollegen und Vorgesetzten von einer idealen Führungskraft beschreibt, kann die Instruktion folgendermaßen lauten: »In den folgenden Aussagen kreuzen Sie bitte an, wie eine Führungsperson auf der Position von Frau/Herrn XY aus Ihrer Sicht sein sollte. Es geht darum, Ihre persönliche Vorstellung zu erfassen, wie das Soll-Profil einer Führungsperson in dieser Position auf den erfassten Fragebogendimensionen aussehen sollte. Bitte beurteilen Sie bei jeder Aussage, in welchem Ausmaß (von »trifft voll zu« bis »trifft gar nicht zu«) diese aus Ihrer Sicht auf eine ideale Führungsperson zutreffen würden. Dafür steht Ihnen eine x-fach abgestufte Skala zur Verfügung. [...]«

In Schritt 4 wird in jedem Fall ein Ist-Profil mithilfe eines ausgewählten standardisierten Fragebogens (z. B. BIP) erstellt. Je nach Fragestellung des Klienten kann weiterhin entweder ein Potenzial- oder ein Soll-Profil aus Sicht der Mitarbeiter, Kollegen und Vorgesetzten erstellt werden, das jedoch nur heuristischen Wert hat, um Hypothesen aufzustellen, welche Wünsche und Erwartungen die beruflichen Interaktionspartner an die Führungsperson haben. Aufgrund der Veränderung der Fragebogeninstruktionen ist ein Vergleich mit der Normierungsstichprobe des jeweiligen Verfahrens nicht mehr möglich. Aus dem Abgleich des Ist-Profils (das hier auch als unnormiertes Profil verwendet wird) mit dem Potenzial- oder Soll-Profil können Ressourcen und Entwicklungsrichtungen abgeleitet werden.

8.3 Fallbeispiel Schritt 4

P

Die Antworten auf die Leitfragen in Coachingschritt 4 »Wie werde ich in meiner Führungsposition/in Bezug auf meine Coachingthemen von anderen Personen gesehen und erlebt? Wie möchten mich andere Personen sehen und erleben? Inwieweit stimmt das damit überein, wie ich mich selbst sehe und sehen möchte?« werden mit Herrn P. folgendermaßen erarbeitet: Auf den Dimensionen des BIPs und in offenen Fragen werden der Ist- und Soll-Zustand des Führungsverhaltens von Herrn P. aus der Sicht seiner Mitarbeiter, Kollegen und seines Vorgesetzten erhoben und mit seinen Selbstbildern abgeglichen. Zentrale Ergebnisse wurden auf wichtige Ressourcen und Verbesserungsbereiche hin analysiert und Entwicklungsziele abgeleitet.

8.3.1 Herr P.s Ergebnisse im multiperspektivischen Führungsfeedback

Herr P. hat bereits in den Coachingschritten 2 und 3 Ist- und Wunschzustand seines Führungsverhaltens aus seiner eigenen Perspektive auf den Dimensionen des BIPs (s. Abschn. 8.2.3) und in offenen Fragen beschrieben. In Schritt 4 wird nun im multiperspektivischen Führungsfeedback Herr P.s Verhalten von seinen Mitarbeitern, Kollegen und seinem Vorgesetzten eingeschätzt: 18 seiner 21 Mitarbeiter bearbeiteten den Fremdbeschreibungsbogen des BIPs (Hossiep & Paschen, 2003a), 14 dieser 18 Mitarbeiter beantworteten zusätzlich offene Fragen. Weiterhin wurde Herr P. von vier Kollegen aus dem Managementteam und von einem Vorgesetzten eingeschätzt, die alle fünf sowohl den BIP als auch die offenen Fragen bearbeiteten.

Um Selbst- und Fremdeinschätzungen auf den einzelnen Skalen gegenüberstellend visualisieren zu können, wurden die Selbsteinschätzungen von der 6-stufigen Skala auf eine 9-stufige Skala transformiert. Diese Transformation ist nach dem neuen Fremdbeschreibungsinventar des BIPs nicht mehr notwendig, da dort sowohl in der Selbst- als auch in der Fremdbeschreibungsversion des Fragebogens eines 6-stufige Antwortskala vorliegt und beide Einschätzungsperspektiven im Verhältnis zu einer Vergleichsstichprobe interpretiert werden können. Um in Herrn P.s Fall auch ein Soll-Profil erstellen und dieses mit dem Ist-Profil abgleichen zu können, kommt eine Interpretation der Einschätzungen auf Basis normierter Profile nicht in Frage. Der Verzicht auf eine Normierung der Werte in der Selbsteinschätzung könnte den Nachteil mit sich bringen, nicht adäquat interpretieren zu können, in welcher Relation die jeweiligen Skalenausprägungen zueinander stehen. Da jedoch der Vergleich der Werte von Selbst- und Fremdeinschätzung sowie der Vergleich von Ist- und Soll-Profil pro Dimension im Vordergrund stehen, werden die Interpretationen auf Basis der gemittelten Rohwerte der jeweiligen Skala vorgenommen.

Zusammenfassung der Ergebnisse im BIP

Muster in der Selbst- und Fremdeinschätzung. Herr P.s Werte in der Selbsteinschätzung liegen sehr hoch und sind auf fast allen Skalen höher als der Mittelwert der Fremdeinschätzungen. Herr P. erhält im Durchschnitt der Fremdurteiler von den Mitarbeitern die niedrigsten Werte, vom Vorgesetzten auf fast allen Skalen die höchsten Werte. Insgesamt kann Herr P. als »Überschätzer« eingeordnet werden (vgl. Abschn. 8.1.5).
Selbsteinschätzung. In der Selbsteinschätzung ergeben sich folgende Ressourcen und Entwicklungsbereiche:

- Ressourcen: Herr P. gibt sich selbst im Durchschnitt die höchsten Werte auf den Skalen »Gestaltungsmotivation«, »Leistungsmotivation« und »Kontaktfähigkeit« (Werte zwischen »8« und »9« auf einer 9-stufigen Skala).
- Entwicklungsbereiche: Den niedrigsten Durchschnittswert (unter dem Wert »4« auf einer 9-stufigen Skala) erzielt Herr P. auf der Skala »Teamorientierung«.

Fremdeinschätzung. In der Fremdeinschätzung ergeben sich folgende Ressourcen und Entwicklungsbereiche:

- Ressourcen: Der Bereich der Führungskompetenz mit den Dimensionen »Leistungsmotivation«, »Gestaltungsmotivation« und »Führungsmotivation« wird von allen drei Fremdbeurteilergruppen positiv bis sehr positiv bewertet. Die Fremdeinschätzung entspricht in diesem Bereich weitgehend dem Selbsturteil.
- Entwicklungsbereiche: Niedrige Werte erhält Herr P. im Bereich der sozialen Kompetenz auf den Dimensionen »Sensitivität«, »Soziabilität« und »Teamorientierung«. Hier fällt die Skala »Sensitivität« als zentraler Bereich mit Entwicklungsbedarf ins Auge.

Übereinstimmung Selbst- und Fremdeinschätzung. In folgenden Bereichen ergeben sich die höchsten bzw. niedrigsten Übereinstimmungen:

- Höchste Übereinstimmungen: Die höchsten Übereinstimmungen zwischen Selbst- und Fremdurteil finden sich auf den hoch ausgeprägten Dimensionen »Leistungsmotivation«, »Gestaltungsmotivation«, »Führungsmotivation«, »Kontaktfähigkeit«, »Selbstbewusstsein« und »Handlungsorientierung«. Herrn P.s »Teamorientierung« wird in Selbst- und Fremdbeschreibung übereinstimmend als niedrig ausgeprägt eingestuft.

- Niedrigste Übereinstimmungen: Die niedrigsten Übereinstimmungen zwischen Selbst- und Fremdbeschreibung finden sich auf den Dimensionen »Sensitivität« und »Soziabilität«.

Übereinstimmung der Fremdeinschätzungen (Spannweiten). Die Fremdbeurteilungen liegen von der Tendenz her innerhalb einer Gruppe relativ nahe beieinander (Spannweiten von maximal 4,5 auf einer 9-stufigen Skala).

Im Folgenden werden Herr P.s Ergebnisse auf vier Beispieldimensionen visualisiert (s. Abb. 8.11 und 8.12). In Abbildung 8.11 zu zwei Skalen des Bereichs »Berufliche Orientierung« wird deutlich, dass Herr P.s Leistungsmotivation durchgehend als sehr hoch eingeschätzt wird: Selbst- und Fremdurteil stimmen auf dieser Skala nahezu perfekt überein, außerdem liegen die Fremdbeurteilungen auch innerhalb einer Gruppe nahe beieinander (geringe Spannbreiten, s. Abb. 8.11). Auch Herr P.s Gestaltungsmotivation wird einheitlich als sehr hoch ausgeprägt bewertet.

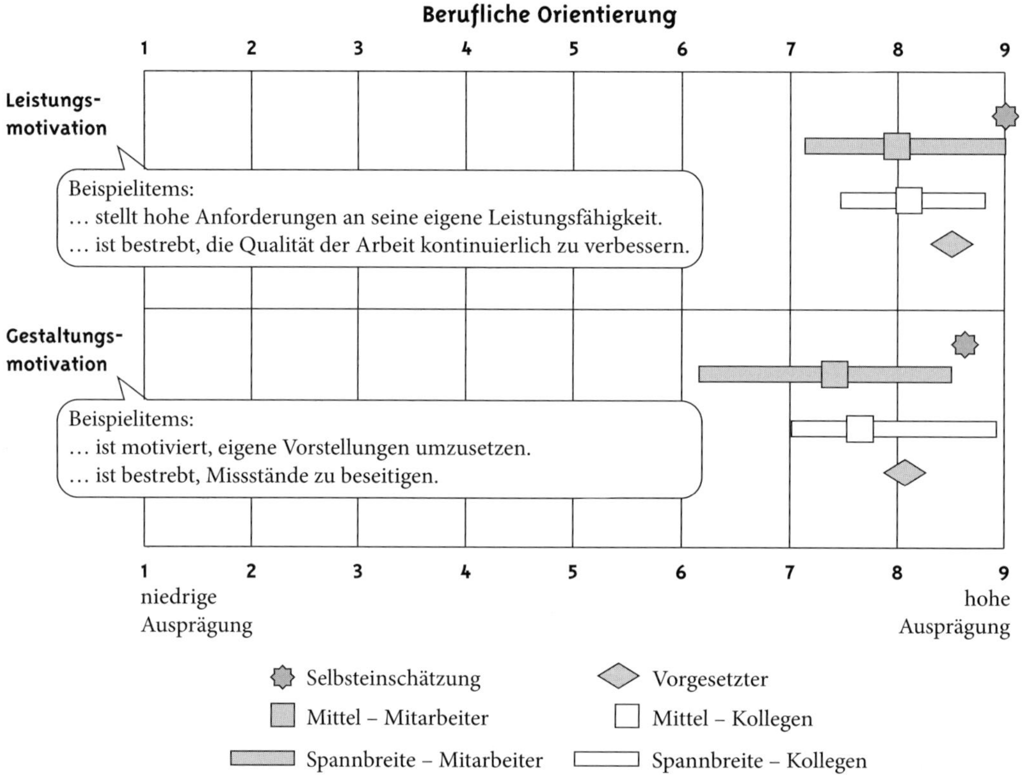

Abbildung 8.11 Herr P.s Ergebnisse auf den BIP-Skalen »Leistungsmotivation« und »Gestaltungsmotivation«

Im Bereich der sozialen Kompetenzen zeigt sich bezüglich der Übereinstimmung von Selbst- und Fremdbildern sowie bezüglich der Ausprägung der Merkmale ein gemischtes Bild (s. Abb. 8.12). Bei Kontaktfähigkeit stimmt das Selbsturteil weitgehend mit den Fremdurteilen überein. Im Bereich der sozialen Sensitivität überschätzt sich Herr P. im Vergleich zur Fremdbeurteilung stark. Die Mitarbeiter sind demnach der Meinung, dass Herrn P. teilweise das Gespür für die Stimmung anderer fehle, er nicht in allen Situationen den richtigen Ton treffe und er seine Wirkung auf andere nicht immer richtig einschätzen könne. Auch Herr P.s Kollegen sehen in diesem Bereich Handlungsbedarf. Die Spannbreiten der Fremdbeurteilungen innerhalb der Gruppe der Kollegen sowie innerhalb der Gruppe der Mitarbeiter sind im Bereich der sozialen Kompetenzen etwas größer als im Bereich der beruflichen Orientierung (s. Spannbreiten in Abb. 8.11 und 8.12).

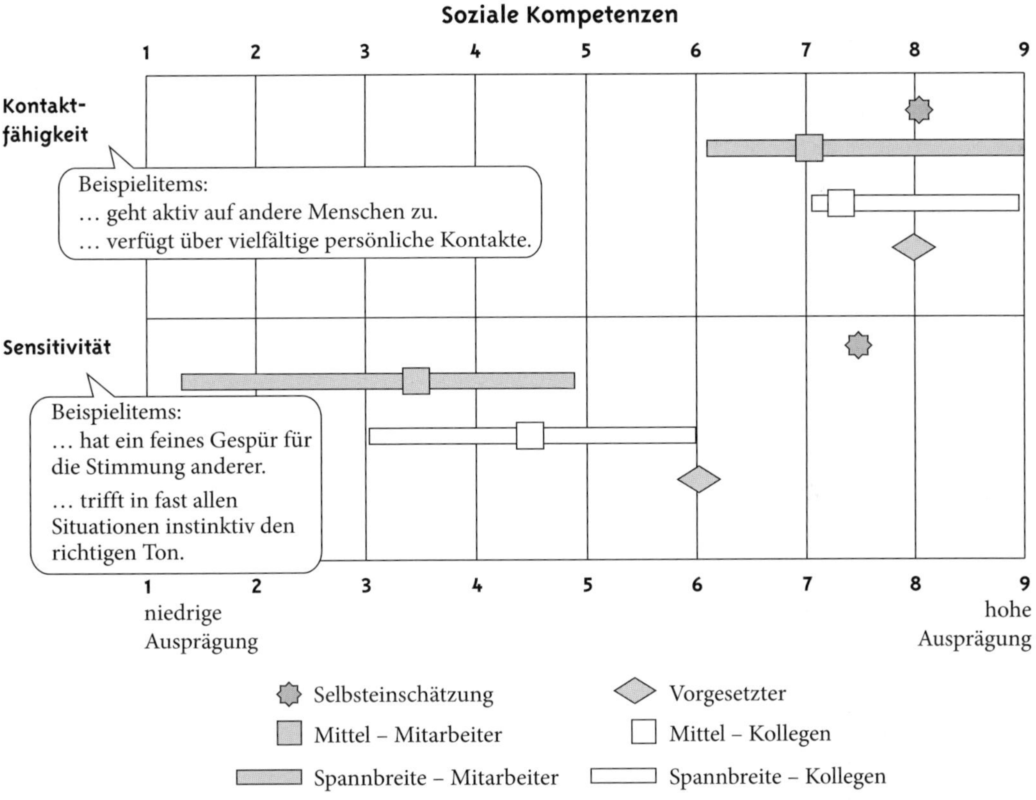

Abbildung 8.12 Herrn P.s Ergebnisse auf den BIP-Skalen »Kontaktfähigkeit« und »Sensitivität«

Zusammenfassung der Ergebnisse aus den offenen Fragen

Zusätzlich zur Selbst- und Fremdbeschreibung auf den Dimensionen des BIPs wird in Schritt 4 in offenen Fragen direkt nach zentralen Stärken und nach Verbesserungsbereichen im Führungsverhalten von Herrn P. gefragt. Damit sollen die Fremdbeurteiler die Gelegenheit erhalten, Aspekte anzuführen, die von den gebundenen Fragen nicht abgedeckt wurden. Die offenen Fragen stellen im Persönlichkeitscoaching einen zentralen Bestandteil des multiperspektivischen Führungsfeedbacks dar. Die im Fragebogen erhobenen Informationen werden so durch eine individuelle Beschreibung des Führungsverhaltens von Herrn P. ergänzt.

Zentrale Stärken und Verbesserungsvorschläge. In Tabelle 8.2 sind die Antworten der drei Feedbackgeber(-gruppen) zu den folgenden Fragen zusammengefasst: »Was sind Ihrer Meinung nach die besonderen Stärken von Herrn P.? Was gefällt Ihnen gut am Führungsverhalten von Herrn P.? Bitte nennen Sie konkrete Beispiele!«

Tabelle 8.2 Ergebnisse offene Fragen Führungsfeedback Herr P. – Zentrale Stärken

Mitarbeiter	Vorgesetzter	Kollegen
▶ Hat eine lockere Art/ »Spaßvogel« ▶ Hohes Arbeitsengagement und Motivation, die Ziele zu erreichen ▶ Gute Verbesserungsideen und schnelle Lösungsvorschläge/ ein »Macher« ▶ Ist zielstrebig/ ehrgeizig ▶ Hohe fachliche Kompetenz/ist fachlich ein Vorbild ▶ Erkennt und versteht die Probleme »auf dem Markt« ▶ Sehr guter Verkäufer ▶ Packt bei Engpässen im operativen Geschäft immer mit an	▶ Hohes Arbeitsengagement ▶ Gute Zielerreichung ▶ Schnelle Problemlösungen ▶ Fachliche Fähigkeiten	▶ Hohe Kontaktfähigkeit/unterhaltsam ▶ Hohes Arbeitsengagement, reagiert schnell auf Anfragen ▶ Ist hilfsbereit

In Tabelle 8.3 sind die Antworten der drei Feedbackgeber(-gruppen) zu den folgenden Fragen zusammengefasst: »Welche Entwicklungsbereiche sehen Sie im Führungsverhalten von Herrn P.? Wo könnte sich Herr P. noch verbessern? Bitte nennen Sie konkrete Verbesserungsvorschläge!«

Tabelle 8.3 Ergebnisse offene Fragen Führungsfeedback Herr P. – Zentrale Verbesserungsvorschläge

Mitarbeiter	Vorgesetzter	Kollegen
▶ Meinungen anderer akzeptieren ▶ Besser zuhören ▶ Sich für die Mitarbeiter Zeit nehmen ▶ Sensibler und diskreter sein/ weniger Ironie und Sarkasmus ▶ Besseren Umgangston finden; Witze nicht auf Kosten anderer machen ▶ Nicht alle Aufgaben an sich reißen ▶ Mehr Feedback geben (Lob und Kritik)	▶ Team bei Lösungen mit einbeziehen ▶ Sich den Erfolg nicht »zu Kopf steigen lassen«	▶ Besser zuhören ▶ Feedback und Kritik annehmen ▶ Ideen und Potenziale der Mitarbeiter nutzen ▶ Auf den Umgangston achten/ Spaß an der richtigen Stelle

Ambivalente Themen. Die in Tabelle 8.4 zusammengefassten Themen wurden in den offenen Fragen sowohl bei den Stärken als auch bei den Verbesserungsvorschlägen genannt.

Tabelle 8.4 Ergebnisse offene Fragen Führungsfeedback Herr P. – Ambivalente Themen

Stärken im Führungsverhalten von Herrn P.	Schwächen im Führungsverhalten von Herrn P.
▶ Kann andere Personen von seinen Ideen und Ansichten überzeugen und sie dafür begeistern	▶ Verhält sich teils manipulativ: versucht anderen Personen seine Ideen so zu verkaufen, als ob es deren eigener Wunsch gewesen sei.
▶ Auf der einen Seite will Herr P., dass die Mitarbeiter eigenständig Lösungen entwickeln, …	… auf der anderen Seite soll es dann aber doch so sein, wie er es sich gedacht hat. Er geht davon aus, sowieso schon die richtige Lösung zu haben. Herr P. sollte seinen Mitarbeitern mehr zutrauen.
▶ Ist humorvoll, schlagfertig	▶ Macht Witze auf Kosten anderer; Zynismus und ironische Kommentare; findet nicht immer den richtigen Umgangston
▶ Ist zugänglich, wenn er nicht gestresst ist, lockere Art	▶ Ist launisch: macht manchmal einen auf »guter Kumpel« und ist dann wieder der distanzierte Chef

8.3.2 Abfrage von Erwartungen: Soll-Profil im multiperspektivischen Führungsfeedback

Zusätzlich zum Ist-Profil wurde auch erhoben, welche Vorstellungen die Mitarbeiter, Kollegen und der Vorgesetzte davon haben, welches Profil eine »ideale Führungskraft« auf den Dimensionen des BIPs aufweisen sollte (»Soll-Profil«, s. Abschn. 8.2.3). Auf die Erhebung eines Potenzial-Profils (s. Abschn. 8.2.3) als dritte Möglichkeit der Erhebung von Fremdbildern wurde aus Gründen der Ökonomie verzichtet.

In Abbildung 8.13 zu zwei Beispieldimensionen des BIPs aus dem Bereich der sozialen Kompetenz wird deutlich, dass Herr P.s Kontaktfähigkeit nicht nur sehr positiv, sondern sogar als weitgehend übereinstimmend mit einem »Idealprofil« wahrgenommen wird. Hinsichtlich seiner Sensitivität wird durch die Gegenüberstellung von Ist-Zustand und »idealem« Soll-Zustand aus Sicht der Fremdbeurteiler der enorme Entwicklungsbedarf deutlich. So schätzen gerade die Mitarbeiter Herrn P.s Sensitivität nicht nur gering ausgeprägt ein, sondern zeigen auch eine hohe Diskrepanz der tatsächlichen Ausprägung dieser Dimension zur gewünschten idealen Ausprägung auf.

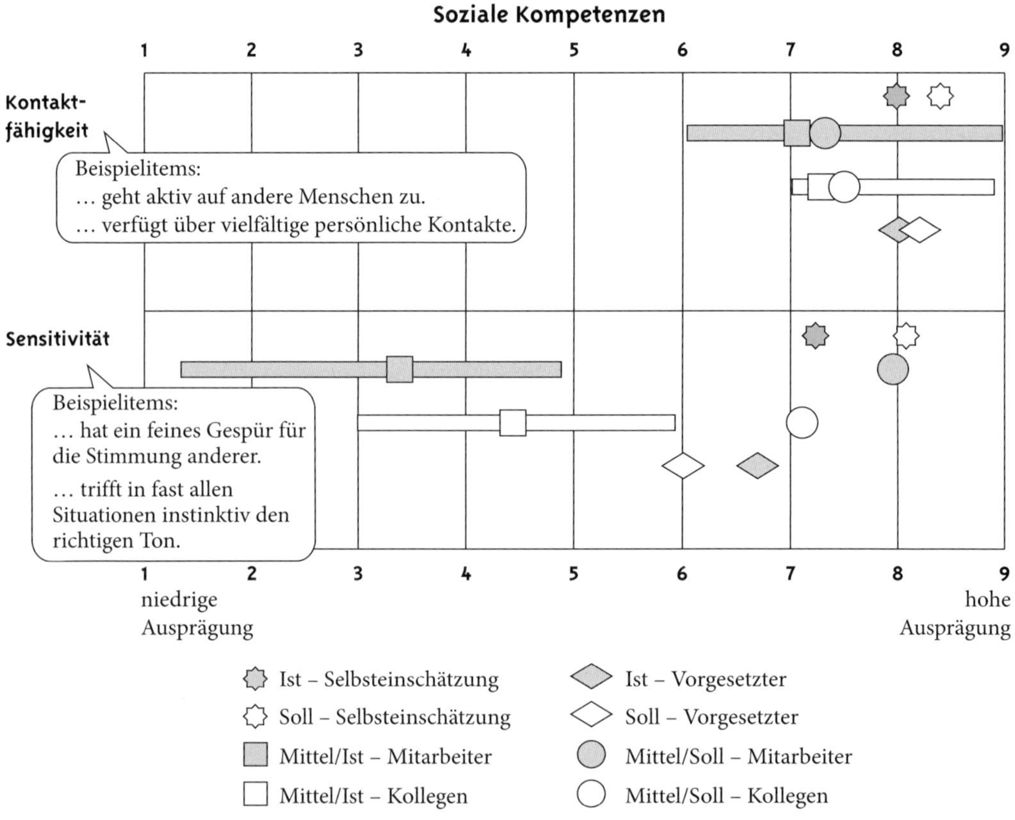

Abbildung 8.13 Herrn P.s Ergebnisse auf den BIP-Skalen »Kontaktfähigkeit« und »Sensitivität« – Gegenüberstellung von Ist- und Soll-Profil

Der zusätzliche Nutzen der Erhebung von Soll-Werten gegenüber der bloßen Erhebung von Ist-Ausprägungen im aktuellen Führungsverhalten liegt darin, dass niedrige Werte auf einzelnen Dimensionen nicht automatisch auf Handlungsbedarf in diesem Bereich schließen lassen. Erst durch die explizite Erfassung von Soll-Vorstellungen wird ersichtlich, ob und in welchem Ausmaß Veränderungen aus Sicht der verschiedenen Beurteilergruppen erwünscht sind.

Zentrale Ressourcen. Insgesamt kristallisieren sich bei Herrn P. die Dimensionen Kontaktfähigkeit, Selbstbewusstsein, Handlungsorientierung und Leistungsmotivation als zentrale Ressourcen heraus, in denen die Ist-Werte in der Fremdbeschreibung sehr hoch ausfallen und nahe an den Soll-Werten liegen. In Tabelle 8.5 sind die Bedeutungen der fünf Ressourcen-Dimensionen zusammengefasst.

Tabelle 8.5 Herr P.s. zentrale Ressourcen laut Fremdeinschätzung – Skalenkonzeptualisierungen der vier BIP-Skalen »Kontaktfähigkeit«, »Selbstbewusstsein«, »Handlungsorientierung« und »Leistungsmotivation« (vgl. Hossiep & Bräutigam, 2006)

Skala	Inhalte (Bedeutung einer hohen Skalenausprägung)
Kontaktfähigkeit	Ausgeprägte Fähigkeit und Präferenz des Zugehens auf bekannte und unbekannte Menschen und des Aufbaus sowie der Pflege von Beziehungen und Netzwerken
Selbstbewusstsein	(Emotionale) Unabhängigkeit von den Urteilen anderer; großes Selbstvertrauen in die eigenen Fähigkeiten und Leistungsvoraussetzungen
Handlungsorientierung	Fähigkeit und Wille zur raschen Umsetzung einer Entscheidung in zielgerichtete Aktivität sowie zur Abschirmung einer gewählten Handlungsalternative gegenüber weiteren Entwürfen
Leistungsmotivation	Motiv, hohe Anforderungen an die eigene Leistung zu stellen; große Anstrengungsbereitschaft; Motiv zur fortwährenden Steigerung der eigenen Leistungen

Zentrale Verbesserungsbereiche. Sensitivität, Teamorientierung und Soziabilität stellen sich als zentrale Verbesserungsbereiche heraus, in denen aus Sicht der Mitarbeitern und Kollegen eine niedrige Ausprägung der Ist-Werte mit einer hohen Ausprägung von Soll-Werten gekoppelt ist und damit eine Veränderung in diesen Bereichen aus der Außenperspektive dringend indiziert erscheint. In Tabelle 8.6 sind die Bedeutungen der drei Dimensionen mit Entwicklungsbedarf zusammengefasst:

Tabelle 8.6 Herr P.s zentrale Verbesserungsbereiche laut Fremdeinschätzung – Skalenkonzeptualisierungen der drei BIP-Skalen »Sensitivität«, »Teamorientierung« und »Soziabilität« (vgl. Hossiep & Bräutigam, 2006)

Skala	Inhalte (Bedeutung einer hohen Skalenausprägung)
Sensitivität	Gutes Gespür auch für schwache Signale in sozialen Situationen; großes Einfühlungsvermögen; sichere Interpretation und Zuordnung der Verhaltensweisen anderer
Teamorientierung	Hohe Wertschätzung von Teamarbeit und Kooperation; Bereitschaft zur aktiven Unterstützung von Teamprozessen; bereitwillige Zurücknahme eigener Profilierungsmöglichkeiten
Soziabilität	Ausgeprägte Präferenz für Sozialverhalten, welches von Freundlichkeit und Rücksichtnahme geprägt ist; ausgeprägter Wunsch nach einem harmonischen Miteinander

Aufgrund der niedrigen Ist-Werte, die Herr P. auf den drei genannten Dimensionen zugeschrieben bekommt, ist davon auszugehen, dass Herr P. die in der Tabelle 8.6 beschriebenen Merkmale aus Sicht seiner Mitarbeiter und Kollegen nur in geringer Ausprägung aufweist.

8.3.3 Ableitung von Entwicklungsrichtungen

(C = Coach, P = Herr P.)

C: Was waren denn nun für Sie die wichtigsten Erkenntnisse aus dem Führungsfeedback?

P: Es war hilfreich, zusätzlich zu den Skalen auch noch die Antworten aus den offenen Fragen zu haben. Auf den Skalen wurde ja deutlich, dass ich anscheinend nicht sehr sensibel wirke und meine sozialen Kompetenzen wohl noch ausbaufähig sind, aber so richtig konkret wurde das erst durch die zusätzlichen Anmerkungen in den offenen Fragen, die waren sehr aufschlussreich. Da musste ich schon schlucken: Ich habe mich ja eher so als humorvoll und witzig gesehen, also eben als »Sunnyboy«, aber vor allem die Mitarbeiter haben mir zurückgemeldet, dass sie meine Witze und Kommentare oft als zynisch oder unsensibel empfinden und dass einige meiner Sprüche auf ihre Kosten gehen. Das will ich ja nun wirklich nicht, ich will ja, dass es locker zugeht und sich die Leute wohlfühlen.

C: Ja, die Ergebnisse deuten darauf hin, dass die Facette des »lockeren Typs«, die Ihnen in Ihrem Führungsverhalten sehr wichtig ist, außen anders ankommt, als Sie von Ihnen gedacht ist. Wenn wir eine Art »Spiegelteam« erstellen würden, dass die inneren Teammitglieder so zeigt, wie diese nach außen wirken, wie müssten wir dann z. B. den »Sunnyboy« charakterisieren? Wie kommt der »Sunnyboy« rüber, was ist das für einer, wenn man ihn von außen betrachtet?

P: Der kommt irgendwie nicht immer locker und humorvoll rüber, sondern eher ironisch. So, als ob er die anderen nicht ernst nimmt.

C: Wie können wir diesen Teil nennen? Der Teil, der von außen als ironisch wahrgenommen wird?

P: Das ist dann wohl der »verletzende Zyniker«. Ich meine es ja nicht so, wie es ankommt. Ich finde, da sind meine Mitarbeiter auch ganz schön empfindlich. Aber so kommt es halt rüber, da muss ich vielleicht schon mehr aufpassen, wie ich etwas sage und wann ich einen Witz mache, damit da niemand drunter leidet.

C: Also der lockere »Sunnyboy« kommt nach außen zum Teil wie ein »Zyniker« rüber, der andere unbeabsichtigt mit seinen Sprüchen auch mal verletzen kann. Das ist aber ja nicht seine einzige Wirkung. Ihnen wurde ja auch zurückgemeldet, dass Sie durchaus auch als »Spaßvogel«, locker und unterhaltsam wahrgenommen werden. Und dass andere Ihre humorvolle Art schätzen. Der »Sunnyboy« hat also vielleicht nach außen zwei Gesichter?

P: Ja, das stimmt. Das Positive ist eher so die Seite des Entertainers. Ich kann andere echt gut unterhalten und da kommt mein Humor dann auch an. Das ist privat so und auch als Chef. Und das möchte ich auch beibehalten, ich will ja nicht total übervorsichtig und verkrampft werden, ich will schon locker bleiben. Aber eben nicht auf Kosten anderer.

C: Wenn wir also den Sunnyboy von außen betrachten, dann zeigt er sich einmal in Form des »verletzenden Zynikers«, zum anderen in Form des »humorvollen Entertainers«. Vielleicht kann man sich das ungefähr so vorstellen:

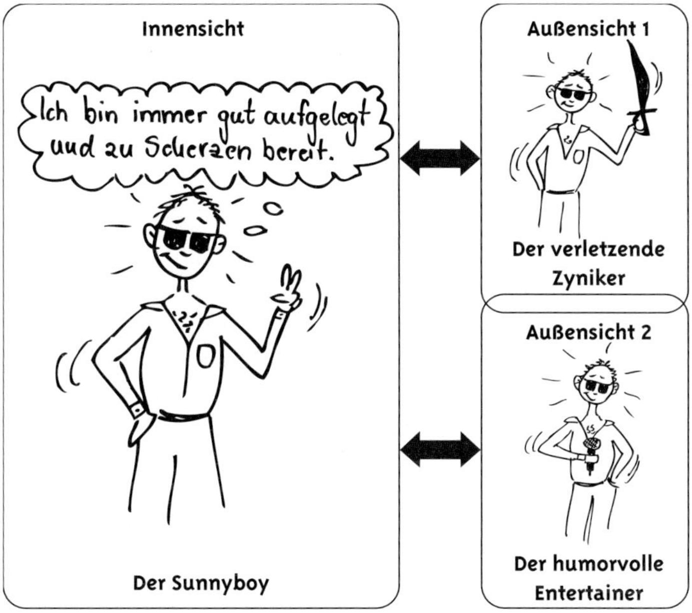

Abbildung 8.14 Außenwirkung des Inneren Teammitglied des »Sunnyboys«: der »Zyniker« und der »Entertainer« als Mitglieder eines »Spiegelteams«

Der »Sunnyboy« hat also zwei Seiten: Sie kennen ja aus den vorherigen Coachingsitzungen das Werte- und Entwicklungsquadrat. In dieser Denkweise könnte man sagen, dass der »verletzende Zyniker« die entwertende Übertreibung des »humorvollen Entertainers« darstellt. Und Sie haben gesagt, dass Sie auf keinen Fall im Umgang mit Ihren Mitarbeitern verkrampft oder übervorsichtig werden wollen. Das wäre dann eine Überkompensation des »Zynikers« (Abb. 8.14). Was wäre denn eine gute Entwicklungsrichtung für den »Zyniker«? Worin besteht denn die Schwestertugend Ihres Humors und Ihrer Unbefangenheit (Abb. 8.15)?

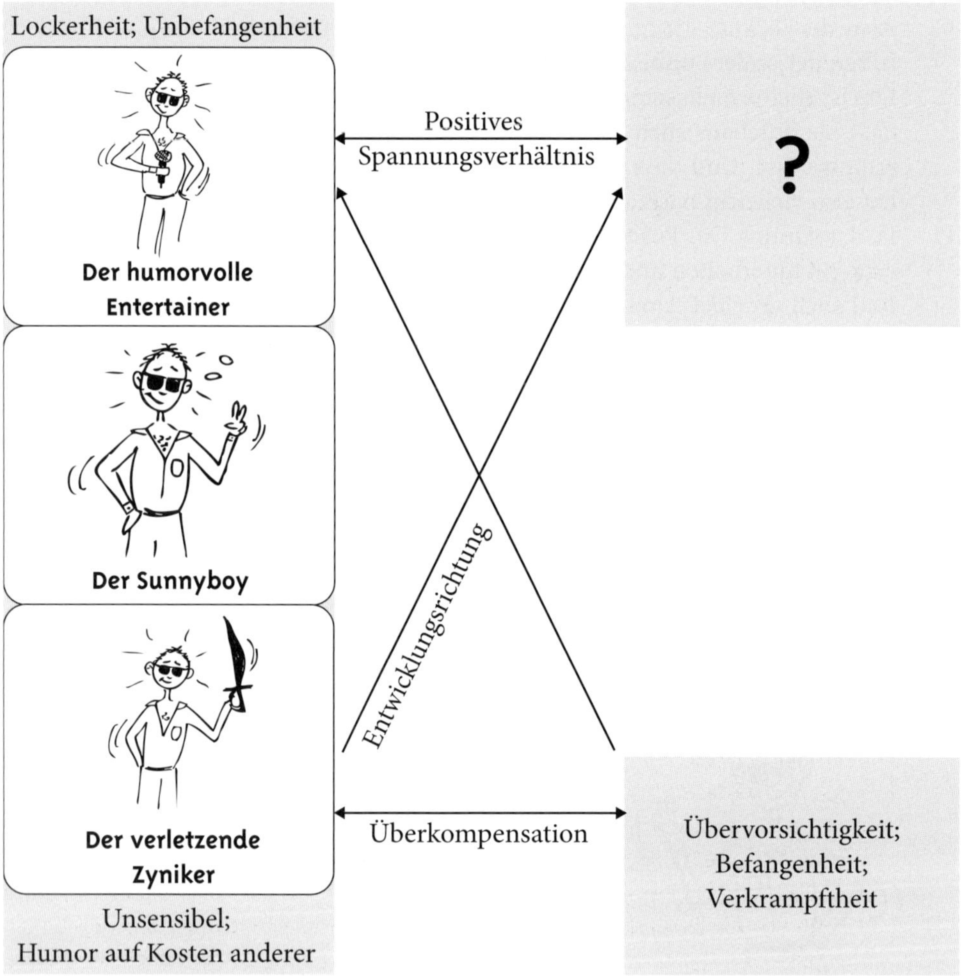

Abbildung 8.15 Die zwei Seiten des »Sunnyboys« im Werte- und Entwicklungsquadrat

P: Ich müsste sensibler dafür werden, was die anderen so denken und ich müsste mitbekommen, ob die meine Sprüche witzig finden oder nicht. Also, eben achtgeben darauf, wie meine Mitarbeiter drauf sind und nicht nur mit meinem Entertainment beschäftigt sein.

C: Achtgeben auf andere?

P: Ja, vielleicht. Achtsam mit anderen umgehen, aber eben nicht total verkrampft. Ich will auch nicht ständig damit beschäftigt sein aufzupassen, ob ich jemandem auf die Füße trete. Von daher passt das mit dem Quadrat wieder ganz gut. Es geht vielleicht um die Balance zwischen meiner Lockerheit und dem achtsamen Umgang mit anderen.

C: Was heißt das konkret, wenn Sie in Zukunft mehr auf andere achtgeben wollen? Was machen Sie dann z. B. im Umgang mit Ihren Mitarbeitern anders?

P: Ich höre meinen Mitarbeitern mehr zu und frage mehr nach. Sonst kann ich ja gar nicht mitbekommen, was bei meinen Mitarbeitern los ist. Ich versuche also erst mal mitzubekommen, wie denn die Stimmungslage so ist, bevor ich gleich mit einem lockeren Spruch komme.

C: Welches der inneren Teammitglieder könnte hilfreich bei der Umsetzung dieses Ziels sein?

P: Vielleicht der »Führungsspezialist«. Aber der sieht das eher pragmatisch: Es gehört halt dazu, dass man Mitarbeiter dazu bringt, dass diese Verantwortung übernehmen. Aber dass man sich um die Mitarbeiter kümmern muss, dass sieht der nicht wirklich so.

C: Der sieht das eher als Mittel zum Zweck, dass man sich mit den Mitarbeitern beschäftigt?

P: Ja, so richtig interessiert der sich nicht für die anderen. Ich glaube, ich brauche wohl noch ein neues Mitglied in meinem Inneren Team: So jemanden, der sich wirklich für die Mitarbeiter interessiert und sich darum kümmert, dass die Beziehung zu meinen Mitarbeitern klappt. Ich habe ja bisher gedacht, das erledigt der »Sunnyboy«, dass ich ein lockeres und nettes Verhältnis zu meinen Mitarbeitern habe. Das wird aber anscheinend nicht so wahrgenommen.

C: Wie könnte dieses neue Mitglied des Inneren Teams denn heißen und welche Botschaft hat es?

P: Ich würde dieses Teammitglied »Beziehungsmanager« taufen. Der »Beziehungsmanager« sagt: ›Achte mal darauf, wie das die anderen sehen‹.

C: Wenn wir das im Werte- und Entwicklungsquadrat zusammenfassen, dann wären also der »Sunnyboy« und der »Beziehungsmanager« zwei Gegenspieler, die es gilt, in Balance zu halten. Dass Sie also Ihren Humor und Ihre Lockerheit beibehalten, aber auf der Grundlage eines achtsamen Umgangs mit den Mitarbeitern.

P: Ja, so würde ich das sehen.

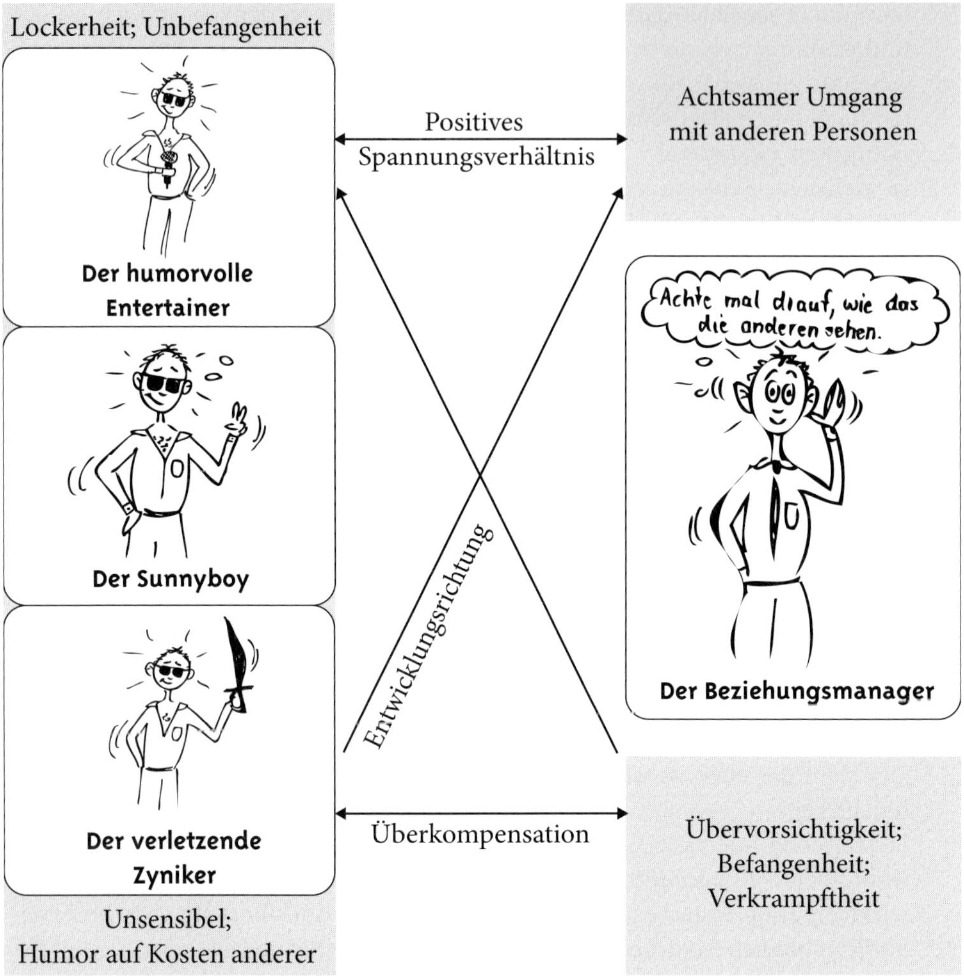

Abbildung 8.16 Die zwei inneren Teammitglieder des »Sunnyboys« und des »Beziehungsmanagers« als Gegenspieler im Werte- und Entwicklungsquadrat

8.3.4 Zusammenfassung der Ergebnisse aus Schritt 4

In der Beantwortung des BIPs ist Herr P. als Überschätzer einzuordnen: Er erhält fast durchwegs Werte von den Fremdbeurteilern, die unter den Werten seiner Selbsteinschätzung liegen.

Bei Merkmalen und Verhaltensweisen, die sich auf Herrn P.s Einfluss auf andere und auf den Leistungsbereich beziehen (Führungsmotivation, Gestaltungsmotivation, Leistungsmotivation) vergeben die Kollegen, der Vorgesetzte und die Mitarbeiter hohe bis sehr hohe Werte. Als verbesserungswürdig werden hingegen die Bereiche beurteilt, in denen es primär um die Interaktion mit anderen geht (vor allem mit den Mitarbeitern). Insbesondere die Wahrnehmung der eigenen Wirkung und die Wahrnehmung von Signalen anderer (Sensitivität, mehr Diskretion, angepasster Umgangston) kristallisieren sich als Bereiche heraus, in denen Entwicklung notwendig ist.

Blinder Fleck. Obwohl sich Herr P. fast durchwegs positiver einschätzt, als dies die Fremdeinschätzer tun, so liegt er doch von der Tendenz her oft in Richtung der Fremdeinschätzung und thematisiert ähnliche Verbesserungsbereiche wie die Mitarbeiter. Im Rückmeldegespräch ordnet Herr P. daher nur folgende Rückmeldungen in den Bereich des »blinden Flecks«: Es habe ihn überrascht,

- dass sein Humor teilweise als Zynismus wahrgenommen und sein Umgangston als unpassend empfunden wird und dass seine Witze aus Sicht der Mitarbeiter auf Kosten anderer gehen;
- dass die Mitarbeiter seinen Aktionismus so empfinden, als ob er Aufgaben an sich reißen würde.

Herr P. formuliert als Ziel, einen »Beziehungsmanager« als wichtigen Gegenpart zum »Sunnyboy« und zum »Aktionisten« im seinem Inneren Team zu etablieren. Dieser soll für ihn die »innere Stimme« sein, die ihn daran erinnert, Mitarbeitern zuzuhören, auf deren Befindlichkeiten zu achten und seine Wirkung auf andere Personen zu überprüfen. Dazu werden notwendige Veränderungsschritte besprochen.

Zwischenziele. Herr P. formuliert folgende Zwischenziele:

- »Ich möchte zweimal die Woche morgens durch die Abteilung gehen und kurze informelle Gespräche mit den Mitarbeitern führen. Dabei werde ich besonders darauf achten, nicht nur selbst lustige Geschichten zu erzählen, sondern auch Fragen zu stellen und den Mitarbeitern zuzuhören.«
- »Ich werde ironisch-zynische Kommentare vermeiden, indem ich erstmal tief durchatme, wenn ich mich ärgere und nicht sofort reagiere, sondern erst mal schweige. Stattdessen nehme ich mir einen Augenblick Zeit zu überlegen, wie ich reagieren und Ärgernisse ansprechen kann, ohne ironisch zu werden.«
- »Wenn ich einen humorvollen Spruch gemacht habe, dann achte ich darauf, wie mein Gegenüber reagiert. Ich bleibe dann auf einer humorvollen Gesprächsebene, wenn ich den Eindruck habe, dass mein Gegenüber damit gut klar kommt. Wenn ich bei meinem Gegenüber Irritation feststelle, dann versuche ich, das Gespräch auf einer ernsthaften Ebene fortzusetzen.«

Weiterhin werden Möglichkeiten der Verhaltensänderung besprochen, die dazu führen könnten, dass die Mitarbeiter in ihrer Eigenständigkeit gefördert werden. Ausgangspunkt ist das Fremdbild, dass Herr P. Aufgaben an sich reißt. Um dieses Fremdbild zu verändern, formuliert Herr P. folgende Zwischenziele:

- »Ich mache mir eine Liste, welche Art von Aufgaben ich selbst erledigen muss und möchte und welche Aufgabenbereiche ich an meine Mitarbeiter abgebe.«
- »Bei Aufgabenbereichen, die ich delegieren möchte, lasse ich meinen Mitarbeitern Handlungsspielraum, indem ich mich über den Zwischenstand informiere und Unterstützung anbiete, aber keine fertigen Lösungen vorgebe. Ich informiere meine Mitarbeiter darüber, dass sie sich Unterstützung bei mir holen können, wenn sie selbst den Eindruck haben, Aufgaben besprechen zu wollen. Dafür richte ich ›Sprechstundenzeiten‹ ein.«

9 Schritt 5: Klärung von Selbstdarstellungsmustern

Leitfragen zu Schritt 5. Wie hängen die Außen- und die Innensicht meiner Persönlichkeit zusammen? Welche individuellen Selbstdarstellungsmuster habe ich?

In den vorherigen Schritten wurden Ist- und Soll-Vorstellungen zum Verhalten des Coachingteilnehmers in seiner Führungsposition aus der Innen- und Außenperspektive geklärt und Veränderungsschritte abgeleitet. Auch wenn wir in den bisherigen Schritten den Fokus jeweils zunächst entweder auf die Innenperspektive oder auf die Außenperspektive der Person gerichtet haben, so sind beide Perspektiven nicht unabhängig voneinander zu betrachten, sondern sie stehen in einem gegenseitigen Austausch- und Beeinflussungsprozess, der durch die Art und Weise der Selbstdarstellung entscheidend moderiert wird.

In Schritt 5 geht es nun um diese dynamische Interaktion zwischen »innen« und »außen«, d. h. um die Frage, wie der Coachingteilnehmer in seiner Führungsposition einerseits seine Selbstbilder nach außen vermittelt und wie er andererseits die Reaktionen der Interaktionspartner auf diese Selbstdarstellung wahrnimmt und interpretiert.

Ansatzpunkte zur Annäherung von Innen- und Außensicht: Komponenten der individuellen Selbstdarstellung. Wurden in Coachingschritt 4 Abweichungen zwischen Selbst- und Fremdbildern festgestellt, so können Coach und Klient in Coachingschritt 5 gemeinsam eruieren, an welchen Komponenten der individuellen Selbstdarstellung (s. Abschn. 9.1.4) angesetzt werden sollte, um Innen- und Außensicht aneinander anzunähern: So kann es z. B. primär um eine Förderung von Wahrnehmungskompetenzen beim Klienten gehen, indem seine Fertigkeit zur Perspektivenübernahme (z. B. in Rollenspielen zum Mitarbeitergespräch) gefördert und somit seine Wahrnehmung der eigenen Wirkung auf andere Personen verbessert wird. Oder es müssen bestimmte Handlungskompetenzen ausgebaut werden, die die Führungsperson für die Vermittlung erwünschter Selbstbilder benötigt. Hierzu ist es notwendig, die Motivation zur Selbstdarstellung (Welche Selbstbilder möchte ich warum vermitteln?) und die habituell (»automatisch«, »gewohnheitsmäßig« und situationsübergreifend) eingesetzten Selbstdarstellungsmuster (s. Abschn. 9.1.5) zu identifizieren und zu hinterfragen. Die Wirkungen der aktuellen Selbstdarstellungsmuster – die zum einen aus den in Coachingschritt 4 erhobenen Fremdbildern abgeleitet und zum anderen mithilfe der Coachingmethoden in Schritt 5 (s. Abschn. 9.2) exploriert werden – können mit den erwünschten Entwicklungsrichtungen, die in den Coachingschritten 2 bis 4 erarbeitet wurden, abgeglichen werden. Auf dieser Basis ist es möglich, zielführende Selbstdarstellungsmuster zu identifizieren und auszubauen sowie hinderliche Selbstdarstellungsmuster zu analysieren und ggf. zu verändern.

9.1 Theoretischer Hintergrund zur Selbstdarstellung

Selbstdarstellung verbindet die Innen- und Außen-Perspektive einer Person: Selbstbilder werden von der Person dargestellt, von den Interaktionspartnern wahrgenommen und von diesen als Fremdbilder der Person konstruiert. Die Reaktionen der Interaktionspartner auf die Selbstdarstellung werden wiederum von der Person wahrgenommen und mit ihrem Selbstkonzept abgeglichen. Die Außensicht ist damit zum einen Ergebnis der Vermittlung von Selbstbildern, zum anderen Einflussfaktor auf die Art und Weise der Selbstdarstellung: So orientiert sich der »Selbstdarsteller« bei der Vermittlung von Selbstbildern auch an den spezifischen Erwartungen des Publikums, die zu einem großen Teil daraus resultieren, welcher äußere Eindruck der Person bereits gebildet wurde. Die Außensicht wird durch die Gesamtheit der Fremdbilder konstituiert und kann – je nach Authentizität der Darstellung von Selbstbildern und der Art und Weise der Wahrnehmung der Selbstdarstellung durch die Interaktionspartner – ein Spiegelbild der Innensicht sein oder sich stark von ihr unterscheiden.

Ging es in Coachingschritt 2 und 3 um die Frage nach dem »*Was*« der Selbstdarstellung in Form von Selbstbildern und in Coachingschritt 4 um *Ergebnisse* der Selbstdarstellung in Form von Fremdbildern, so liegt der Fokus in Coachingschritt 5 auf der Frage nach dem »*Wie*« der Darstellung von Selbstbildern. Wenn bestimmte Formen der Vermittlung von Selbstbildern nach außen zeitlich stabil und in vielen Situationen eingesetzt werden, können sie als individuelles Selbstdarstellungsmuster bezeichnet werden, das auf charakteristischen Fähigkeits- und Motivationsausprägungen basiert (vgl. Renner, 2002).

In Coachingschritt 5 geht es um den Austauschprozess von Selbst- und Fremdbildern zwischen der Führungsperson und ihren beruflichen Interaktionspartnern. Dieser Prozess findet jedoch nicht im »luftleeren Raum«, sondern unter spezifischen Rahmenbedingungen statt, die in Coachingschritt 6 als Einflussfaktoren auf die Selbstdarstellung zum Thema gemacht werden.

9.1.1 Grundlegende Formen der Selbstdarstellung

Selbstdarstellung ist allgegenwärtig. Wenn Menschen interagieren, ist sie unvermeidlich. Der vornehme Spruch »esse non videri« (sein, aber nicht in Erscheinung treten) geht an der Wirklichkeit vorbei. Da wir zum Erreichen nahezu aller Ziele im Leben andere Menschen benötigen, ist es naheliegend, dass wir die Eindrücke, die sie sich von uns machen (bewusst oder unbewusst), zu steuern versuchen (vgl. Laux & Renner, 2008a).

Inhalte der Selbstdarstellung

Realbildgestützte Selbstdarstellung. Entgegen der Alltagsverwendung des Begriffs Selbstdarstellung – der oft mit der negativen Assoziation von Verstellung und Täuschung verbunden ist – umfasst der psychologische Begriff der Selbstdarstellung alle

Formen der Eindruckslenkung, auch den Versuch einer Person, anderen ein möglichst akkurates Porträt ihrer Persönlichkeit zu vermitteln (vgl. Schlenker, 2003; Leary, 1995; Cheek & Hogan, 1983). Die Grundlage für solch eine *authentische Form der* Selbstdarstellung ist die Orientierung an ihren realen Selbstbildern. Eine Person stellt sich dann authentisch dar, wenn sie versucht, »den Interaktionspartnern ein möglichst genaues Bild der habituellen Merkmale oder des aktuellen Zustands der eigenen Person zu vermitteln« (Laux & Renner, 1994, S. 106). Eine solche »Selbstexpressivität« (Schlenker, 2003, S. 494) beinhaltet den stimmigen Ausdruck von Eigenschaften, wichtigen Selbstbildern und Emotionen, die von der Person als »wahr« empfunden werden. Ziel ist es also, sich anderen gegenüber so darzustellen, wie man sich selbst sieht.

Mit authentischer Selbstdarstellung ist aber keine absolute Offenheit, im Sinne einer »Offenheit um jeden Preis« intendiert. Es geht immer um eine selektive Authentizität. «Nicht alles, was echt ist, will ich sagen, doch, was ich sage, soll echt sein« (Cohn, 1979; zit. nach Schulz von Thun, 1981).

Wenn Personen sich dagegen so präsentieren, dass ein Widerspruch zu ihren zentralen realen Selbstbildern vorliegt, geben sie vor, etwas zu sein, was sie nicht sind. Dabei kann es sich um eher harmlose Übertreibungen, Angeberei und Imponiergehabe, aber auch um massive Verstellungen und Täuschungen handeln. Die bestmögliche Anpassung an äußere Anforderungen, z. B. an die Wünsche der Adressaten, ist jedoch nicht von vornherein als Verstellung zu werten. Personen können in solchen Situationen durchaus akkurate Selbstbilder vermitteln: »They select from a myriad of possible self-images those that are most likely to meet with approval or other desired reactions. Impression management in such contexts is tactical, but not necessarily deceptive« (Leary & Kowalski, 1990, S. 41).

Idealbildgestützte Selbstdarstellung. Wenn die Orientierung an realen Selbstbildern die Grundlage authentischer Selbstdarstellung ist, wie hängt dann die Orientierung an idealen (und ebenfalls an normativen) Selbstbildern mit authentischer Selbstdarstellung zusammen? Diese Frage lässt sich ganz unterschiedlich beantworten. Einerseits kann man argumentieren, dass die Darstellung *möglicher Selbstbilder* (»possible selves« nach Markus & Nurius, 1986) eine Art Verstellung, ja sogar eine Täuschung bedeutet, da man vorgibt, etwas zu sein, was man (noch) nicht ist. Anderseits lässt sich konstatieren, dass die Vermittlung idealer Vorstellungen von sich selbst den vielleicht wesentlichsten Teil der Persönlichkeit zum Ausdruck bringt, nämlich persönliche Werte und Zielvorstellungen. Was könnte also authentischer sein? Etwas entschärft wird die Frage dadurch, dass Personen sich im Allgemeinen weniger an extrem idealen, sondern mehr an *erwünschten* Selbstbildern (Schlenker & Pontari, 2000) orientieren, die für eine Art Kompromiss zwischen glaubwürdigem Realbild und kaum zu erreichendem Ideal stehen. Damit wird eine überzogene, unverhältnismäßig positive Selbstdarstellung vermieden.

Rollenbildgestützte Selbstdarstellung. Im Prinzip steht Personen eine große Vielzahl von Selbstbildern zur Verfügung, die als Grundlage für ihre Selbstdarstellungen in Frage kommen. Einige davon – wie die realen, idealen und normativen Selbstbilder – gehören zum Fundus der sehr persönlichen Selbstmerkmale einer Person. Sie stellen also zentrale Aspekte des Selbstkonzepts dar. Daneben gibt es ein breites Mittelfeld weiterer Selbstbilder, die weniger bedeutsame Einzelaspekte unseres selbstbezogenen Wissens umfassen. In deutlicher Distanz zu zentralen Selbstbildern befinden sich schließlich die *Rollenbilder.* Sie bezeichnen das, was von einem Positionsinhaber in sozialen Situationen erwartet wird. Rolle wird meist explizit als Gegenbegriff zum Selbst aufgefasst: »begrifflich ist ein ›Eigentliches‹ denknotwendig, was nicht Rolle ist: ein Träger dieser Rollen und möglicherweise auch etwas, aus dem heraus ohne Rolle gehandelt wird« (Sader, 1969, S. 216). Rolle und Selbst lassen sich aber nicht isoliert voneinander betrachten: Das Selbst als Rollenträger nimmt ebenso Einfluss auf die Rolle, wie geeignetes Rollenverhalten auch das Selbst mitprägt. Für den Einsatz im Coaching ist es noch wichtig zu unterscheiden zwischen einer langfristigen Übernahme einer Rolle (z. B. als Führungskraft) und einer kurzfristigen, z. B. im Rollenspiel, wenn ich vor Zuschauern eine Handlungssequenz ausführe, die für mich zu diesem Zeitpunkt »Als-ob-Charakter« hat (vgl. Sader, 1969).

Unterscheidung von Selbst- und Rollenbildern. Der Unterschied zwischen zentralen Selbst- und Rollenbildern kommt anschaulich in den zwei Gattungen von Schauspielern zum Ausdruck, die Klix (1992) beschrieben hat. Beim sogenannten intellektuellen Schauspieler werden die Rollenattribute aus den zentralen Merkmalen des eigenen Selbst ausgewählt. Der Schauspieler Will Quadflieg (1979) spricht vom Charakterspieler, »der hinter jeder Maskenandeutung immer derselbe bleibt, als Person immer durchaus spürbar und präsent« (S. 64). Der zweite Schauspielertypus – man könnte ihn als Verwandlungskünstler bezeichnen – wechselt dagegen sein Selbst aus und erlebt die Rolle wie mit einem neuen Selbst ausgestattet, bestehend aus den Attributen der vom Dichter vorgegebenen Rolle. Das setzt voraus, dass das Selbstkonzept dieses Schauspielertypus ein Repertoire von Rollenbildern enthält, die über den Fundus der engeren »Ich bin«-Merkmalsbeschreibungen seiner privaten Person hinausgehen.

Darstellung von Selbst- und Rollenbildern: Ausmaß des »Self-Monitorings«. Der Verwandlungskünstler entspricht dem »High Self-Monitorer (HSM)« nach Snyder (1987), der sich als flexibler, anpassungsbereiter Mensch betrachtet und sein soziales Verhalten pragmatisch auf variierende situative Bedingungen ausrichtet. Konfrontiert mit der Aufgabe, für eine bestimmte Zielgruppe eine passende Form der Selbstdarstellung zu wählen, stellt er sich die Frage: »Welche Erwartungen werden in dieser Situation an mein Verhalten gestellt und welch ein Prototyp von Personen würde diesen Erwartungen am besten entsprechen?« Wenn er beispielsweise erkennt, dass es in der fraglichen Situation um ein hohes Maß an Geselligkeit verbunden mit Witz und Humor geht, würde er ein mentales Bild einer Person, die diesem Prototyp entspricht, erzeugen oder aus seinem Rollenrepertoire auswählen und dieses Bild dann in Form eines Skripts bzw. eines Drehbuchs seiner eigenen Selbstdarstellung zugrunde legen. Ganz anders der »Low Self-Monitorer (LSM)«, der sich bei gleicher Anforderung die Frage stellt: »Wer bin ich und wie kann ich in dieser Situation ich sein?« Er geht sozusagen von seinen eigenen realen Selbstbildern aus und versucht, sie situationsgemäß zum Ausdruck zu bringen. Der Spielraum für eine flexible situationsgerechte Anpassung ist damit beim idealtypischen LSM geringer als beim idealtpyischen HSM. Die Darstellung des HSM basiert auf einer *pragmatischen* Konzeption des Selbst »Ich bin der, der ich gerade jetzt bin«, die Darstellung des LSM dagegen auf der Konzeption eines *Prinzipienselbst,* einem »Selbst für alle Zeiten« (Snyder, 1987).

Automatisierte vs. bewusste Selbstdarstellung
Selbstdarstellung kann einerseits von der Person absichtsvoll eingesetzt werden, um ein bestimmtes kurz- oder langfristiges Ziel zu erreichen. Diese bewusste Form der Selbstdarstellung macht eine zielbezogene Auswahl von Selbstbildern und Kontrolle selbstdarstellerischer Verhaltensweisen notwendig. Andererseits erfolgt die Darstellung von Selbstbildern oft unbewusst, automatisiert und habituell. In diesem Fall sind die »typischen« Selbstdarstellungsmuster der Person aktiviert und die Auswahl von selbstdarstellerischen Verhaltensweisen erfolgt ohne bewusste Kontrolle.

Selbstdarstellung ist also nicht auf Situationen beschränkt, in denen die eigene Person im Mittelpunkt der Aufmerksamkeit anderer steht und von ihnen beurteilt wird, wie etwa bei einem Bewerbungsgespräch. Das Vermitteln von Selbstbildern ist vielmehr ein durchgängiges Merkmal unseres Verhaltens in sozialen Situationen und läuft zumeist automatisch ab, ohne permanent bewusste Kontrolle (Schlenker & Pontari, 2000). Dies lässt sich durch folgende Analogie veranschaulichen: Die meisten Computer sind mittlerweile mit Software ausgestattet, die automatisch aktiviert wird, wenn ein Benutzer seinen Rechner einschaltet. Virenschutzprogramme sind ein Beispiel dafür. Für den Benutzer ist die Aktivität solcher Virenschutzprogramme die meiste Zeit nicht sichtbar: Der Virenschutz läuft im Hintergrund ab, ohne dass es dem Anwender bewusst ist. Erst wenn ein Virus auftaucht, »springt« das Programm in den Vordergrund und lenkt die Aufmerksamkeit auf die drohende Gefahr der Infizierung. Das bisher lediglich latent vorhandene Ziel, das Computersystem virenfrei zu halten, rückt jetzt in den Mittelpunkt der bewussten Aufmerksamkeit. In ähnlicher Weise drängt sich das ständig vorhandene, aber meistens nicht bewusste Ziel, bestimmte Selbstbilder zu vermitteln und aufrechtzuerhalten, erst dann in den Vordergrund, wenn die automatisierte Verhaltens- und Darstellungskontrolle durch besondere Ereignisse unterbrochen wird.

9.1.2 Vom Eindrucksmanagement zur Selbstinterpretation

In der wissenschaftlichen Literatur zum Thema Selbstdarstellung werden zur Beschreibung verschiedener Aspekte des Konstrukts unterschiedlich akzentuierte Begriffe verwendet, wie z. B. »Impression Management« (Mummendey, 1995), »Selbstidentifikation« (Schlenker, 1986) und »Selbstkonstruktion« (Baumeister & Tice, 1986). Diese Begriffe betonen unterschiedliche Motive, Richtungen und Funktionen von Selbstdarstellung. Letztendlich ist Selbstdarstellung ein interpretativer Prozess, bei dem die Person sich entscheiden muss, wem, mit welchem Schwerpunkt und Inhalt, zu welchem Zweck und mit welchen Konsequenzen sie ihr Selbst darstellt.

Gezieltes Eindrucksmanagement

In der Selbstdarstellungsforschung wird oft eher die bewusste-absichtsvolle als die automatisierte Form von Selbstdarstellung in den Mittelpunkt der Betrachtung gesetzt (z. B. Goffman, 1969; Tedeschi, 1986; Arkin & Baumgardner, 1986). Diese Betonung einer strategischen Ausrichtung von Selbstdarstellung spiegelt sich im Begriff »Impression Management« wider, der wie folgt zusammengefasst wird: »Individuen kontrollieren (beeinflussen, steuern, manipulieren etc.) in sozialen Interaktionen den Eindruck, den sie auf andere Personen machen« (Mummendey, 1995, S. 111). Verhalten wird demnach absichtsvoll eingesetzt, um eine bestimmte Wirkung bei anderen zu erzielen. Ebert und Piwinger (2007) charakterisieren Impression Management als »aktive Form der Selbstdarstellung zum Zwecke einer Nutzenerzielung« (S. 205) im Sinne einer »personenorientierten Öffentlichkeitsarbeit« (S. 210). Dafür kann eine Person sehr unterschiedliche Verhaltensweisen heranziehen. Es gibt eine breite Palette an Systematisierungsversuchen solcher Verhaltensweisen (z. B. Arkin, 1981; Mummendey, 1995; Jones & Pittman, 1982; Tedeschi & Riess, 1981), wobei eine der umfassendsten Klassifikationen verschiedener Impression-Management-Formen von Tedeschi et al. (1985) stammt, die zwei grundlegende Dimensionen unterscheiden.

Zeitdimension: Selbstdarstellungstaktiken und -strategien. In Anlehnung an einen ursprünglich militärischen Sprachgebrauch werden Selbstdarstellungstaktiken von Selbstdarstellungsstrategien unterschieden, wobei sich erstere auf Verhaltensweisen zum Umgang mit begrenzten und spezifischen Situationen beziehen, zweitere auf Verhaltensweisen, welche situationsübergreifend wirken. Selbstdarstellungstaktiken tragen zur Erreichung kurzfristiger Ziele bei, Selbstdarstellungsstrategien werden zur Erreichung langfristiger Ziele, wie z. B. zum Aufbau bestimmter Reputationen (z. B. Glaubwürdigkeit oder Expertentum) eingesetzt (vgl. Tedeschi & Norman, 1985). Um gemeinsam mit den Interaktionspartnern eine bestimmte Führungsidentität zu konstruieren, bedarf es einer strategischen Selbstdarstellung, die den konsistenten Einsatz vieler taktischer Schritte erfordert. Im beruflichen Kontext ist die strategische Ausrichtung der Selbstdarstellung vor allem im Zusammenhang mit ihren Auswirkungen auf die Personalauswahl, z. B. innerhalb von Assessment Centern oder in Einstellungsgesprächen (z. B. Diemand & Schuler, 1991; Sievering, 2001; Weißhaupt, 1997) untersucht worden.

Ausmaß an Aktivität der Person: Assertive und defensive Formen der Selbstdarstellung. Es werden assertive (»durchsetzungbereite«) von defensiven (»verteidigende«) Strategien bzw. Taktiken unterschieden. Eine Person, die assertive Verhaltensweisen einsetzt, versucht aktiv, bei anderen einen positiven Eindruck zu erzeugen. Ziel defensiver Selbstdarstellung ist es, »die Identität [des Individuums] zu bewahren, zu schützen und zu verteidigen, wenn sie von anderen Personen in Frage gestellt, bedroht oder beeinträchtigt erscheint« (Mummendey, 1995, S. 136).

Die Dimensionen können als voneinander unabhängig aufgefasst werden, sodass sich folgende vier Möglichkeiten der Selbstdarstellung ergeben (nach Tedeschi et al., 1985; vgl. auch Schütz, 1992):

(1) Taktisch-assertive Selbstdarstellung
(2) Strategisch-assertive Selbstdarstellung
(3) Taktisch-defensive Selbstdarstellung
(4) Strategisch-defensive Selbstdarstellung

Taktisch-assertive Selbstdarstellung bezieht sich auf Versuche, in konkreten Situationen eine bestimmte Wirkung auf das Publikum zu erzeugen, z. B. sich beliebt zu machen. Strategisch-assertive Selbstdarstellung bezieht sich auf Versuche, eine langfristige, erwünschte Identität aufzubauen, z. B. als glaubwürdiger Politiker. Taktisch-defensive Selbstdarstellung umfasst Versuche, in bestimmten Situationen eine erwünschte Außensicht aufrechtzuerhalten oder zu schützen, z. B. durch Ausreden oder Entschuldigungen. Strategisch-defensive Selbstdarstellung bezieht sich auf »chronische« Versuche, sich gegen Bedrohungen der eigenen Identität zu schützen, z. B. indem befürchtetes oder tatsächlich stattgefundenes Versagen in Bewertungssituationen wiederholt auf die eigene Angst zurückgeführt und damit das zentrale Selbstbild als kompetent und leistungsstark aufrechterhalten wird.

Selbstinterpretation

Letztlich ist die Frage, welches Selbstdarstellungsverhalten als authentisch und welches als situationsangepasst bis hin zu »täuschend« anzusehen ist, schwierig zu beantworten. Grundsätzlich stellt fast jeder Aspekt des Verhaltens Informationen über die Person bereit. Sobald sich eine Person in Gegenwart anderer Leute befindet und ihre Selbstsicht in Verhalten umsetzt und nach außen transportiert, stellt sie anderen Personen Informationen über sich zur Verfügung. Aus diesen Informationen können Eindrücke über die Fähigkeiten, Einstellungen, Motive oder Gefühle der Person gewonnen werden. Fast alle Verhaltensweisen können demnach dazu dienen, sich selbst zu präsentieren. Dabei kann die jeweilige Verhaltensweise entweder primär einem anderen Zweck als der Darstellung des Selbst dienen (Beispiel: Mitarbeiter bringt einen Lösungsvorschlag ein, weil er ein Problem beseitigen möchte) oder aber intentional und funktional eingesetzt werden, um einen bestimmten Eindruck zu erzielen (Beispiel: Mitarbeiter bringt einen Lösungsvorschlag ein, um kompetent und engagiert zu wirken und damit langfristig bessere Chancen auf eine Beförderung zu haben).

Selbstdarstellung als selektiver und interpretativer Vorgang. Bei der Selbstdarstellung handelt es sich also selten um wirkliche Täuschung als vielmehr um einen selektiven Vorgang, bei dem die Person versucht, diejenigen Facetten der eigenen Person auszuwählen und darzustellen, die situationsgemäß den besten Eindruck hinterlassen. »We are all multifaceted individuals, and in any given situation, we would convey many different impressions of ourselves, all of which are true. Rather than lying, people typically select the images they want others to form from their repertoire of true self-images« (Leary 1995, S. 4).

Es gilt also, das Selbst dem Kontext entsprechend zu interpretieren: Die Person muss sich entscheiden, bei wem, mit welchem Schwerpunkt und Inhalt, zu welchem Zweck und mit welchen Konsequenzen sie das Selbst darstellt. Um diesen interpretativen Aspekt von Selbstdarstellung zu betonen, haben Laux (1992) und Laux und Renner (1994) »Selbstinterpretation« als Alternativkonzept zur Selbstdarstellung vorgeschlagen, das alle Varianten der Selbstdarstellung – von der täuschend-manipulativen Selbstpräsentation bis hin zur authentischen Darstellung des Selbst – einschließt. Unter Selbstinterpretation werden alle Versuche einer Person zusammengefasst, anderen mitzuteilen, wie sie sich selbst sieht und wie sie gesehen werden möchte. Selbstinterpretation betont den produktiven Gestaltungsvorgang bei der Auswahl, der Wiedergabe und der Auslegung von Selbstbildern und wird als Prozess aufgefasst, der die reziproke Beziehung zwischen Innensicht, Außensicht und der Selbstdarstellung als Vermittler zwischen beiden umfasst.

Zwei Prozesse der Selbstinterpretation: Selbstdarstellung und Selbstbewertung. Damit schließt Selbstinterpretation als weites Konzept nicht nur alle Formen der Selbstdarstellung – vom Ausdruck »wahrer« Persönlichkeitsmerkmale über Beschönigung bis hin zu Täuschung – mit ein, sondern beschreibt zwei Richtungen der Interpretation des Selbst: Den Weg von »innen« nach »außen«, indem bestimmte Selbstbilder ausgewählt und dargestellt werden, aber auch den Weg von »außen« nach »innen«, indem die Person sich selbst und soziale Rückmeldung über die eigene Person wahrnimmt und interpretiert (s. Abb. 9.1).

Im Folgenden sprechen wir von Selbstdarstellung, wenn wir uns auf den Prozess von »innen« nach »außen« und die entsprechenden beobachtbaren Verhaltensweisen beziehen. Unter Selbstinterpretation verstehen wir beide Richtungen der »Interpretation des Selbst«, wie sie in Abbildung 9.1 dargestellt sind.

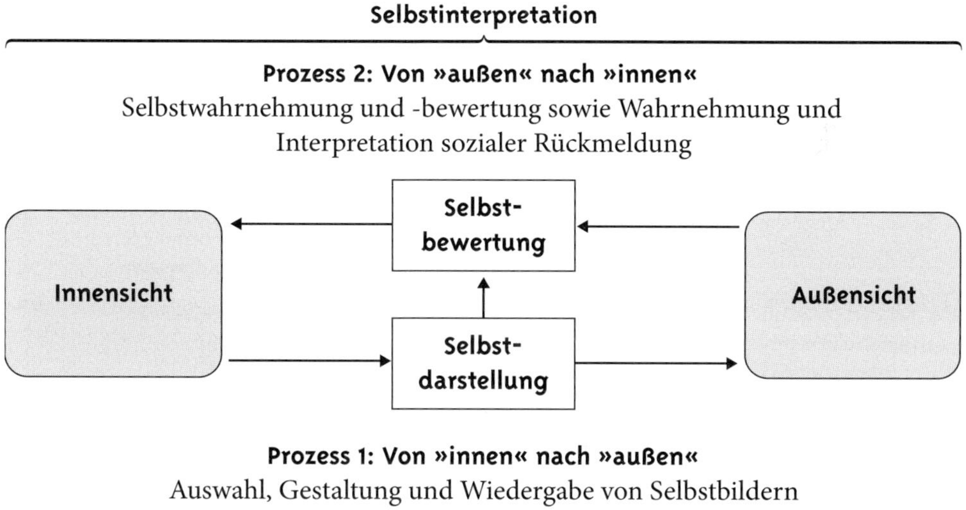

Abbildung 9.1 Zwei Prozesse der Selbstinterpretation – Selbstdarstellung (Prozess von »innen« nach »außen«) und Selbstbewertung (Prozess von »außen« nach »innen«)

9.1.3 Adressaten der Selbstdarstellung

> »Sicherlich hat Robinson auf seiner Insel nicht bloß vegetativ dahingelebt; er fühlte sich als Held und kühner Jäger, hat sich Beifall geklatscht, wenn ihm ein guter Schuß gelang, kurz, er hat eine Rolle gespielt, zum mindesten vor sich selbst, wenn nicht vor einem imaginären Publikum.« (Müller-Freienfels, 1927, S. 199)

Wenn eine Führungsperson in einem Meeting einen originellen Lösungsvorschlag einbringt, dann möchte sie vielleicht – neben dem eigentlichen (Sach-)Ziel, für ein gegebenes Problem eine gute Lösung zu finden – ihrem Vorgesetzten vermitteln, dass sie ein kompetenter und kreativer Mitarbeiter ist. Gleichzeitig nimmt sich die Führungsperson auch selbst wahr, wie sie (zwar keinen guten Schuss macht wie Robinson, aber) einen guten Vorschlag macht oder sie schließt aus der positiven Reaktion ihres Vorgesetzten, dass ihr Vorschlag gut angekommen ist. In dieser Situation richtet sich die individuelle Selbstdarstellung des Mitarbeiters als »kompetent und kreativ« also gleichzeitig an eine außenstehende Person – in diesem Fall der Chef – als *externen Adressaten* und an die eigene Person als *internen Adressaten* (s. Abb. 9.2).

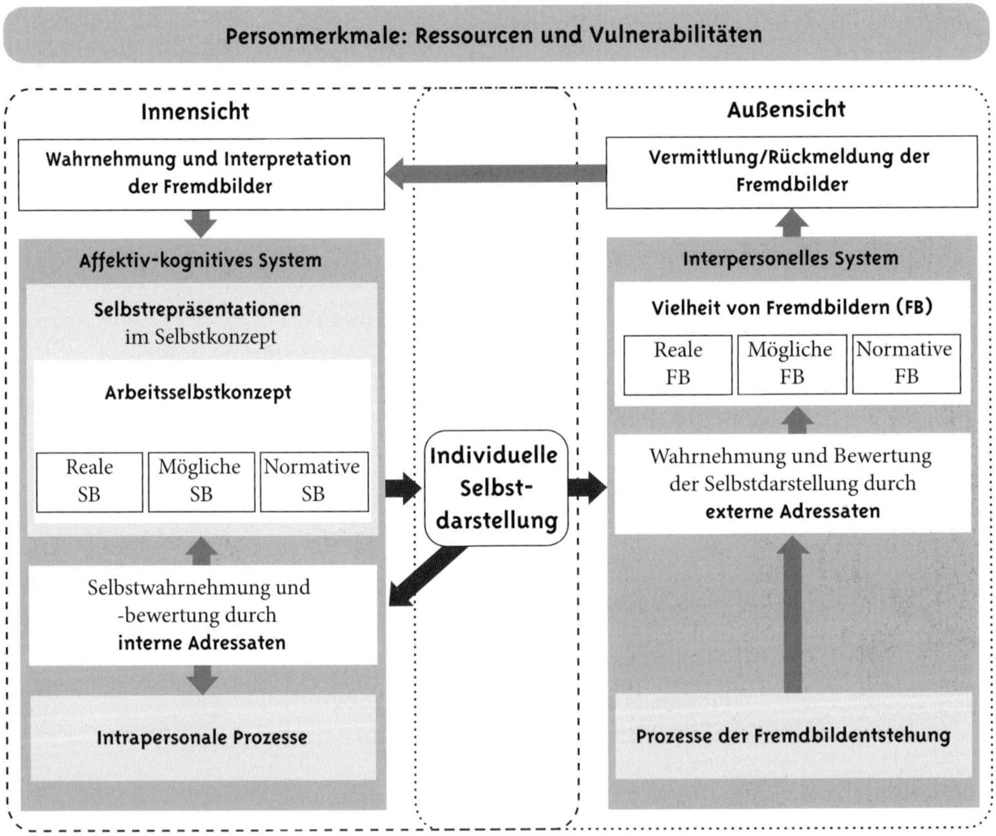

Abbildung 9.2 Dynamisches Interaktionsmodell III – Selbstdarstellung gegenüber internen und externen Adressaten

In systematischer Form können die im Folgenden aufgeführten Adressaten der Selbstdarstellung unterschieden werden (s. Schlenker, 1985).

Externes Publikum: Real und imaginiert. Die Darstellung des Selbst kann gegenüber einem externen Publikum stattfinden (vgl. Tedeschi, 1986), das entweder aus realen, anwesenden Bezugspersonen besteht (z. B. Mitarbeiter, Chef) oder sich aus vorgestellten Interaktionspartnern im Sinne eines imaginierten Publikums zusammensetzt (wenn eine Person z. B. einen Vortrag für ein real existierendes Publikum zunächst im »stillen Kämmerlein« übt).

Internes Publikum. Selbstdarstellung kann sich darüber hinaus auch primär an das eigene Selbst und somit an ein inneres Publikum richten (vgl. Arkin & Baumgardner, 1986; Baumeister & Tice, 1986; Schlenker, 1985). Dabei kann die Darstellung sogar dann primär gegenüber dem eigenen Selbst erfolgen, wenn andere Personen als potenzielles Publikum anwesend sind: Auf den ersten Blick mag z. B. eine konfrontative Ärgerreaktion des Chefs auf den Mitarbeiter abzielen. Die zugrunde liegende Intention (»Ich wollte mir selbst beweisen, dass ich mich durchsetzen kann«) bezieht sich aber möglicherweise auf den internen Adressaten (vgl. Laux & Renner, 2008a). Dieses innere Publikum wird auch als self-as-audience bezeichnet (vgl. Schlenker, 2003).

9.1.4 Einflussfaktoren auf die individuelle Selbstdarstellung

Der Selbstdarstellung als Prozess von »innen« nach »außen« (s. Abb. 9.1) liegen bestimmte Komponenten zugrunde, die das »Wie« der Vermittlung von Selbstbildern maßgeblich beeinflussen.

Überblick

Für das »Wie« der Selbstdarstellung, also für die Umsetzung von Selbstbildern in Verhalten, spielen die Kompetenzen der Person eine Rolle (vgl. Laux, 2008; Renner, 2002). Es gilt zu klären, in welchem Ausmaß der Coachingteilnehmer über die notwendigen Wahrnehmungs- und Handlungskompetenzen verfügt, um einen Eindruck von sich nach außen zu vermitteln, der seinen eigenen Zielsetzungen entspricht und der äußeren Situation angemessen ist.

Für die Frage, »warum« eine Person bestimmte Selbstbilder auswählt, um sie nach außen zu vermitteln, sind die Motive der Selbstdarstellung ausschlaggebend (vgl. Laux, 2008; Renner, 2002). Ist für den Coachingteilnehmer die Vermittlung seiner »echten und wahren Persönlichkeit«, also die authentische Selbstdarstellung das Hauptziel? Oder geht es ihm mehr um angepasste, beeindruckende oder sogar täuschende Eindruckslenkung? Möchte er möglichst kompetent rüberkommen? Oder könnte es auch sein, dass er sich gern selbst bewundert, während er sich darstellt?

Bei den Motiven, die der Selbstdarstellung zugrunde liegen, lassen sich zwei große Gruppen unterscheiden (nach Schlenker & Weigold, 1992): Publikumszentrierte Motive – wobei sich »Publikum« hier auf die externen Adressaten bezieht – umfassen in erster Linie das Bedürfnis, dem Publikum zu gefallen oder das Bedürfnis nach Kontrolle, Macht und materiellem Gewinn (vgl. Laux, 2008). Die individuumszentrierten Motive stehen in enger Wechselwirkung mit realen, möglichen und normativen Selbstbildern (vgl. Laux & Weber, 1993; Renner, 2002) und wurden z. T. bereits in den Abschnitten 6.1.2 und 6.1.3 als »Selbst-«bezogene Motive (z. B. Selbstkongruenz, Selbstkonstruktion) dargestellt.

Inhalt und Art und Weise der Selbstdarstellung hängen somit von *habituellen* (relativ stabilen) *Persönlichkeitsmerkmalen* (z. B. bestimmte Kompetenzen) (s. Abb. 9.3; Pfeil 1) und vom *aktuellen Zusammenspiel* der Selbstbilder mit intrapersonalen Prozessen (z. B. aktuelle Motivation) (s. Abb. 9.3; Pfeil 2) ab.

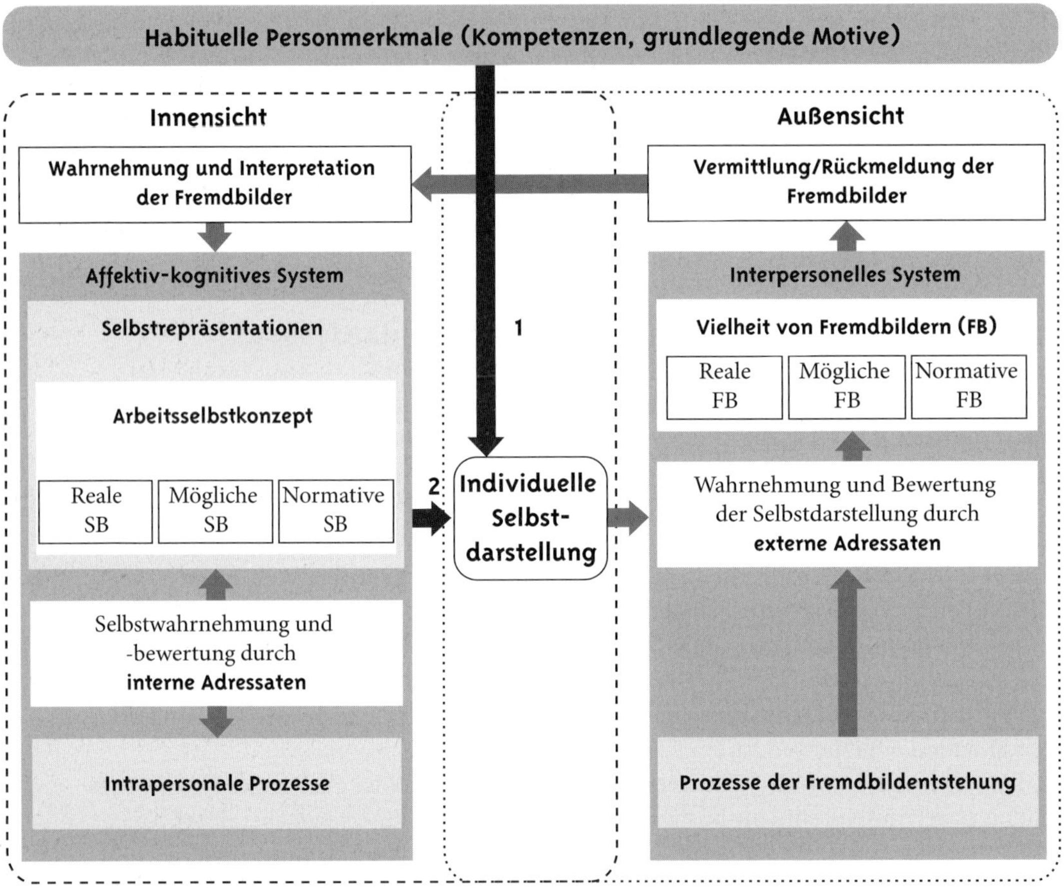

Abbildung 9.3 Dynamisches Interaktionsmodell IV – Habituelle Merkmale des Selbstdarstellers (Pfeil 1) und aktuelles Zusammenspiel von Selbstbildern mit intrapersonalen Prozessen (Pfeil 2) als Einflussfaktoren auf Inhalt und Art und Weise der Selbstdarstellung

Kompetenzen des Selbstdarstellers

Die Auswahl, Gestaltung und Wiedergabe realer oder möglicher Selbstbilder erfordert intra- und interpersonale Wahrnehmungs- und Handlungskompetenzen (vgl. Renner,

2002). Die Art und Weise der Ausprägung bestimmter Kompetenzen beschreibt die Möglichkeiten (Ressourcen) und Grenzen (Vulnerabilitäten) des Coachingteilnehmers, die wiederum seinen Handlungsspielraum bei der Auswahl und Vermittlung von Selbstbildern bestimmen. Voraussetzung für ein adäquates Selbstdarstellungsverhalten ist es, sowohl im Umgang mit sich selbst (intrapersonale Kompetenz) als auch im Umgang mit anderen Personen (interpersonale Kompetenz) relevante Signale wahrnehmen und das Handeln darauf abstimmen zu können. Eine Führungsperson, sie sich z. B. als motivierende Führungskraft präsentieren möchte, die andere für die Aufgaben begeistern kann, sollte sowohl wahrnehmen können, welche Aspekte der Aufgabe sie selbst begeistern und motivieren als auch, inwieweit ihre Mitarbeiter die Aufgabe als motivierend und dem eigenen Leistungspotenzial entsprechend erleben.

Intrapersonale Kompetenz. Bei der intrapersonalen Kompetenz geht es um die Fähigkeit des Individuums, Zugang zu den eigenen Gefühlen und Handlungstendenzen zu haben, d. h. eigene Motive, Emotionen und Selbstbilder wahrzunehmen, zu benennen und im Verhalten zu berücksichtigen. Intrapersonale Kompetenzen sind notwendig, um das Verhalten in der Führungsposition nicht nur an den äußeren Anforderungen (z. B. Führungskraft X setzt Vorgaben »von oben« rücksichtslos auf Kosten der Mitarbeiter um, da ihr Vorgesetzter das von ihr erwartet), sondern auch an eigenen Bedürfnissen und Standards auszurichten (z. B. Wahrnehmen des eigenen Bedürfnisses nach kollegialem Austausch mit den Mitarbeitern und dessen Berücksichtigung bei der Art und Weise der Umsetzung von Vorgaben »von oben«).

Interpersonale Kompetenz. Größte Bedeutung für die Selbstdarstellung kommt allerdings den interpersonalen Kompetenzen zu. Man kann auch von Interaktionskompetenz oder von sozialer Intelligenz sprechen. Bei der zielführenden Vermittlung von Selbstbildern (z. B. Wie sehe ich mich als Führungskraft? Wie möchte ich gesehen werden?) geht es dabei sowohl um den Wahrnehmungs- als auch um den Handlungsbereich (Laux, 2008; Renner, 2002) interpersonaler Kompetenzen: Der Bereich der interpersonalen Wahrnehmung beschreibt die Fähigkeit zur Perspektivenübernahme, d. h., wie gut eine Person dazu in der Lage ist, sich in andere Personen hineinzuversetzen und deren Reaktionen, Gefühle und Erwartungen wahrzunehmen und vorherzusagen. Um die Interaktionspartner »richtig« einzuschätzen, ist eine genaue Beobachtung notwendig, denn Einstellungen oder Situationsbewertungen anderer Personen können nicht direkt abgelesen, sondern müssen erschlossen werden. Der Handlungsbereich interpersoneller Kompetenzen dreht sich um die Fähigkeit zu partner- und situationsorientiertem Verhalten, also inwieweit die Person fähig ist, so zu handeln, dass es bei anderen den gewünschten Eindruck und die gewünschte Reaktion hervorruft.

Kompetenzen müssen im Selbstwissen verankert sein. Eine erfolgreiche Vermittlung erwünschter Selbstbilder hängt also davon ab, dass die Person soziale Situationen adäquat interpretiert (Wahrnehmungskompetenzen) und ihr Verhalten entsprechend anpasst (Handlungskompetenzen). Wichtig scheint dabei zu sein, dass die Kompetenzen, über die eine Person verfügt, auch im Selbstwissen verankert sind (vgl. Renner, 2002): So stellen kompetenzbezogene reale oder mögliche Selbstbilder die kognitiven Repräsentationen subjektiv eingeschätzter Kompetenzen dar (z. B. »Ich kann die aktuelle Stimmung anderer Personen gut einschätzen«). Die explizite kognitive Repräsentation wird sogar als ein zentraler Aspekt der »objektiven« Kompetenz interpretiert (vgl. Markus et al., 1990). Ohne das explizite Bewusstsein, dass man über eine bestimmte Kompetenz verfügt, wird deren Einsatz vermutlich wahllos und läuft ohne systematische Selbstregulation und Richtung ab. Um die eigenen Kompetenzen also gezielt einsetzen und kontrollieren zu können, bedarf es bewusster kompetenzbezogener Selbstbilder (vgl. Markus et al., 1990). Kompetenzbezogene Selbstbilder beeinflussen die Selbstwirksamkeitserwartungen sowie das tatsächliche Verhalten und erzeugen einen positiven emotionalen Zustand. Genauso wie Kompetenz kann auch Inkompetenz in realen oder möglichen Selbstbildern repräsentiert sein. Die Selbstzuschreibungen von Inkompetenz beeinflussen das Verhalten sowie die Emotion und Motivation einer Person (vgl. Renner, 2002).

Um Kompetenzen gezielt nutzen zu können, sollte Coaching dazu beitragen, möglichst *spezifische* kompetenzbezogene Selbstbilder aufzubauen (Beispiel zur Wahrnehmungskompetenz: »Ich habe ein gutes Gespür dafür, wann andere Personen sich mit einer Aufgabe überfordert fühlen«; Beispiel zur Handlungskompetenz: »Ich verstehe es, bei hierarchisch höher gestellten Personen meine Meinung so zum Ausdruck zu bringen, dass ich bestimmt wirke, ohne meine Kompetenzbereiche zu überschreiten«). Selbstbilder der Inkompetenz sollten im Coaching kritisch überprüft werden: Spiegeln sich selbst zugeschriebene Inkompetenzen auch objektiv im Verhalten wider? Falls ja, wie lassen sich diese Vulnerabilitäten durch andere Ressourcen ausgleichen? Welche Kompetenzbereiche sollten ausgebaut werden?

Publikumszentrierte Motive des Selbstdarstellers

Die Selbstdarstellungstheorie unter dem Blickwinkel publikumszentrierter Motive geht davon aus, dass Menschen aktiv ihre soziale Umwelt im Rahmen von Interaktionsprozessen beeinflussen (s. Mummendey, 1983). Dabei nehmen vor allem die gegenseitigen Erwartungen der Beteiligten einer Interaktion Einfluss auf deren Verlauf. »Konkret bedeutet dies, dass eine Person vor der Ausführung einer Verhaltensweise potentielle Reaktionen anderer Personen auf diese Verhaltensweise antizipiert, und je nachdem, ob diese antizipierten Reaktionen als erwünscht oder unerwünscht gelten, wird die Verhaltensweise gezeigt, modifiziert oder unterlassen« (Mummendey, 1983, S. 2). Voraussetzung dafür, die Reaktionen anderer Personen auf sich selbst zum Gegenstand der Betrachtung zu machen, ist die Fähigkeit des Menschen zur Rollenübernahme (Mead, 1934): Indem wir uns in die Rolle eines anderen versetzen, können wir uns fragen, wie wir in der Position des anderen auf die eigene Person reagieren würden (vgl. Hannover et al., 2004). Auf dieser Erkenntnisgrundlage wird dann entschieden, welche Art von Interaktion passend oder unpassend für die Beteiligten ist.

Zu den publikumszentrierten Motiven zählen Bedürfnisse nach Anerkennung, Macht, materiellem Gewinn und sozialem Einfluss (vgl. Laux, 2008): »Wenn Individuen durch Selbstdarstellung erreichen, positiv bewertet und gemocht zu werden, so haben sie damit offensichtlich eine *soziale Ressource* gewonnen, mittels derer sie *sozialen Einfluß* ausüben können« (Mummendey, 1999, S. 3). Publikumszentrierte Motive spielen damit vor allem eine Rolle, wenn wichtige persönliche Ziele von dem Eindruck abhängen, den eine Person bei anderen macht. Um erwünschte Reaktionen zu erzielen, versuchen Personen zum einen, soziale Ablehnung zu vermeiden, indem sie sich selbst von negativen Aktionen und Ergebnissen distanzieren. Zum anderen versuchen sie, Anerkennung und soziale Billigung zu erreichen, indem sie sich mit positiven Ergebnissen und Ereignissen in Verbindung bringen.

Publikumszentrierte Motive sind also einerseits darauf ausgerichtet, persönliche Vorteile zu erreichen, indem die Person beim Publikum die Reaktionen hervorruft, die sie ihren persönlichen Zielen näherbringen. Andererseits betonen gerade neuere Ansätze die prosoziale Basis von Selbstdarstellung (s. Schlenker, 2003), wonach sich Personen gegenüber den Interaktionspartnern so darstellen, dass diese in ihrem Selbstwert nicht beeinträchtigt werden: Kehrt beispielsweise eine Führungsperson in einem Gespräch mit einem Kollegen, der ausgeprägte Führungsprobleme hat, ihre eigenen Schwierigkeiten mit ihren Mitarbeitern hervor, so kann dies dazu dienen, den Selbstwert des Kollegen zu schützen, indem seine Führungsprobleme »normalisiert« werden.

Überwachung des Eindrucks vs. aktive Eindruckslenkung. Der Wunsch, einen bestimmten Eindruck zu erzeugen, ist nicht immer mit einer konkreten Handlung verbunden. Personen werden nicht bei jeder Gelegenheit selbstdarstellerisch aktiv, sondern »überwachen« oft nur den Eindruck, den sie bei anderen hinterlassen. In solchen Fällen wollen Personen sichergehen, dass der äußere Eindruck noch stimmt, ohne wirklich aktiv Verhaltensweisen zur Selbstdarstellung einzusetzen (vgl. Leary, 1995). Der Wunsch, einen bestimmten Eindruck zu erzeugen (»impression motivation«; Leary & Kowalski, 1990), muss nicht unbedingt mit dem Einsatz einer konkreten Handlung (»impression construction«; Leary & Kowalski, 1990) verbunden sein. Es kann sein, dass der Person das entsprechende Verhaltensrepertoire fehlt oder sie das Risiko einer misslungenen Selbstdarstellung als zu hoch einschätzt (vgl. Hossiep et al., 2000). Ebert und Piwinger (2007) betonen in diesem Zusammenhang, dass die Inszenierung des Selbst wirtschaftlichen Regeln folgt, »denn schließlich geht es darum, sich mittels Maximierung des eigenen Wertes wettbewerbsrelevante Vorteile zu verschaffen« (S. 206). Bei der Entscheidung über den Einsatz bestimmter Selbstdarstellungstechniken werden Aufwand und Ertrag einander gegenübergestellt.

Bedingungen für eine aktive Eindruckslenkung. Unter welchen Bedingungen versuchen Personen aktiv ihre Außenwirkung zu steuern? Eine Person ist dann motiviert, den Eindruck aktiv zu steuern, den sie auf andere macht, wenn folgende Bedingungen vorliegen (s. Leary, 1995):

- Die Person ist überzeugt, dass der Eindruck, den sie auf ihre Interaktionspartner macht, relevant ist, um persönlich wichtige und wertvolle Ziele zu erreichen (z. B. die Überzeugung des Mitarbeiters, dass der Eindruck, den er auf seinen Abteilungsleiter macht, relevant für den Aufstieg zum Teamleiter ist. Die Position des Teamleiters erachtet der Mitarbeiter als wertvoll, da bei ihm ein Bedürfnis nach Verantwortung, selbständigerem Arbeiten und Anerkennung vorliegt).

- Der Grad der Öffentlichkeit des Verhaltens ist hoch: Je öffentlicher das Verhalten einer Person ist, desto relevanter ist das Verhalten für den äußeren Eindruck und umso motivierter wird die Person sein, den Eindruck, den sie auf andere macht, zu steuern (so wird der entsprechende Mitarbeiter sein Verhalten in der Abteilungsbesprechung bewusst steuern, wohingegen sein Verhalten am Schreibtisch eher automatisiert abläuft).
- Die Person nimmt eine Diskrepanz zwischen dem Eindruck, den sie zu erzielen wünscht und dem Eindruck, den andere aktuell von ihr haben, wahr (um zum Teamleiter aufzusteigen, muss der Mitarbeiter z. B. als durchsetzungsstark, zielorientiert und engagiert auffallen. Geht der Mitarbeiter davon aus, dass der Abteilungsleiter dieses Bild (noch) nicht von ihm hat, potenziell aber haben könnte, wird sich der Mitarbeiter aktiv um eine positive Selbstdarstellung im Sinne der genannten Attribute bemühen).
- Die Person befindet sich in einer starken Abhängigkeit von den Interaktionspartnern (der Mitarbeiter ist auf die Meinung des Abteilungsleiters bei der Entscheidung über die Neubesetzung der Teamleiterposition angewiesen).
- Die Wahrscheinlichkeit zukünftiger Interaktionen mit den Interaktionspartnern ist hoch (der Mitarbeiter geht davon aus, dass der Abteilungsleiter in dieser Position bleiben und auch in Zukunft Einfluss im Unternehmen haben wird).

Bezieht man die genannten Aspekte auf die Situation von Führungskräften im organisationalen Kontext, so wird deutlich, dass diese generell eine hohe Motivation zur aktiven Eindruckskonstruktion zeigen müssten: Das Verhalten in einer Führungsposition ist fast immer öffentlich, die Führungskraft ist in einer hierarchisch gegliederten Organisation abhängig von ihrem Arbeitsumfeld und der Eindruck, den Kollegen und Vorgesetze von ihr haben, ist wichtig für die weitere berufliche Entwicklung.

Individuumszentrierte Motive des Selbstdarstellers

Streben nach Selbstidentifikation. Selbstkonzepte werden abhängig von dem gebildet, was die Person über sich in Erfahrung bringen kann. Dies geschieht zu einem großen Teil durch soziale Rückmeldung. Tatsächliche und vermutete Urteile anderer Personen haben Auswirkungen auf die Selbstwahrnehmung und -bewertung, weshalb das Individuum versucht, diese Urteile systematisch zu beeinflussen. Personen versuchen also, sich durch die entsprechende Selbstdarstellung sowohl gegenüber anderen als auch gegenüber sich selbst zu definieren. Dieses Streben nach »Selbstidentifikation« (Schlenker, 1986) umfasst alle Gedanken oder Verhaltensweisen, die dazu dienen, eine Identität in einem bestimmten Kontext aufzubauen, zu erhalten, zu klären oder zu verändern: »Self-identification is the process, means, or result of showing oneself to be a particular type of person, thereby specifying one's identity« (Schlenker, 1986, S. 23).
Aktive Identitätskonstruktion. Um die Identität zu konstruieren und zu festigen, bedarf es bestimmter Erfahrungen und Belege, die auf privater und öffentlicher Ebene durch verschiedene Verhaltensweisen gesammelt werden können. Selbstidentifikation heißt im Kontext sozialer Interaktionen demnach, dass Personen versuchen, ande-

ren Personen Selbstbilder von sich zu vermitteln, wobei die anderen gleichzeitig dazu beitragen, diese Selbstbilder zu formen. Dabei ist Selbstidentifikation stets ein aktiver Prozess zur Konstruktion von Identität und nicht nur eine Reflexion des Selbstkonzeptes oder eine Reaktion auf die Anforderungen der Situation. Neben dem Einfluss auf ein externes Publikum ist also auch die Konstruktion und Bewahrung des Selbst eine zentrale Funktion von Selbstdarstellung, sie verschafft dem Individuum nach innen und nach außen eine Identität (vgl. Mummendey, 1999).

Richtung der Identitätskonstruktion. Welche Identität die Person zu konstruieren versucht, hängt u. a. von ihren realen, möglichen und normativen Selbstbildern ab: Bei der Beschreibung der Wechselwirkung realer Selbstbilder mit intrapersonalen Prozessen (s. Abschn. 6.1.3) wurden selbstbezogene Motive dargestellt (Bedürfnis nach Selbstkongruenz und Selbstkonsistenz, Selbstwerterhöhung, Selbstbestätigung und Einzigartigkeit), die nicht nur erheblichen Einfluss darauf haben, wie *intra*personale Prozesse (z. B. die Informationsverarbeitung) gesteuert werden, sondern auch *inter*personale Prozesse (z. B. das Selbstdarstellungsverhalten) maßgeblich beeinflussen. In Coachingschritt 3 (s. Abschn. 7.1.3) wurde darüber hinaus das Bedürfnis nach Selbstidealisierung beschrieben, das in enger Wechselwirkung mit möglichen und normativen Selbstbildern steht und sich als Motiv zur Selbstkonstruktion auf das Selbstdarstellungsverhalten der Person auswirkt.

Die Selbstdarstellung einer Person wird also sowohl durch das bestimmt, was die Person zu sein glaubt, als auch durch das, was sie gerne sein möchte bzw. das, was sie annimmt, sein zu müssen (vgl. Leary, 1995). Schlenker (2003) führt hierfür den Begriff »der erwünschten Selbstbilder« ein, die eine Schnittmenge aus möglichst vorteilhaften und möglichst glaubhaften Selbstbildern darstellen.

Weitere Einflussfaktoren auf die dynamische Interaktion von Innen- und Außensicht

Nicht nur die Art und Weise der Vermittlung von Selbstbildern, sondern auch die Art und Weise der Wahrnehmung und Interpretation der rückgemeldeten Fremdbilder hängt von aktuellen Merkmalen (z. B. emotionaler Zustand, aktuelle Motivation, aktivierte Selbstbilder im Arbeitsselbstkonzept) (s. Abb. 9.4, Pfeil 1) und habituellen Merkmalen (z. B. überdauerndes Selbstwertgefühl, situationsübergreifende Motive, Kernaspekte des Selbstkonzepts) (s. Abb. 9.4, Pfeil 2) der Person ab: Eine Person, die aktuell positiv gestimmt ist oder generell einen hohen Selbstwert aufweist, wird beispielsweise das Lachen von Kollegen während eines Vortrags eher auf ihren Humor beziehen, als eine Person, die negativ gestimmt ist oder generell einen niedrigen Selbstwert aufweist. Letztere interpretiert die Erheiterung der Kollegen vielleicht eher als »Ausgelachtwerden« aufgrund der vermeintlichen eigenen Inkompetenz.

Außerdem wird die Wahrnehmung und Interpretation von Fremdbildern durch die bereits bestehenden Selbstbilder gelenkt (s. Abb. 9.4, Pfeil 3): Rückmeldungen, die zentralen Aspekten des Selbstkonzepts entsprechen (z. B. die Rückmeldung »Ihr Vortrag war sehr unterhaltsam« passt zum Selbstbild »Ich bin ein humorvoller Redner«) werden schneller in das Selbstkonzept integriert als Rückmeldungen, die zentralen Aspekten des Selbstkonzept widersprechen und daher eine Bedrohung für die Person darstellen (z. B. die Rückmeldung »Ihr Vortrag war langweilig« führt vielleicht eher zur Umdeutung und Attribution auf den externen Adressaten »Der mag mich nicht/der hat meinen Vortrag nicht verstanden«).

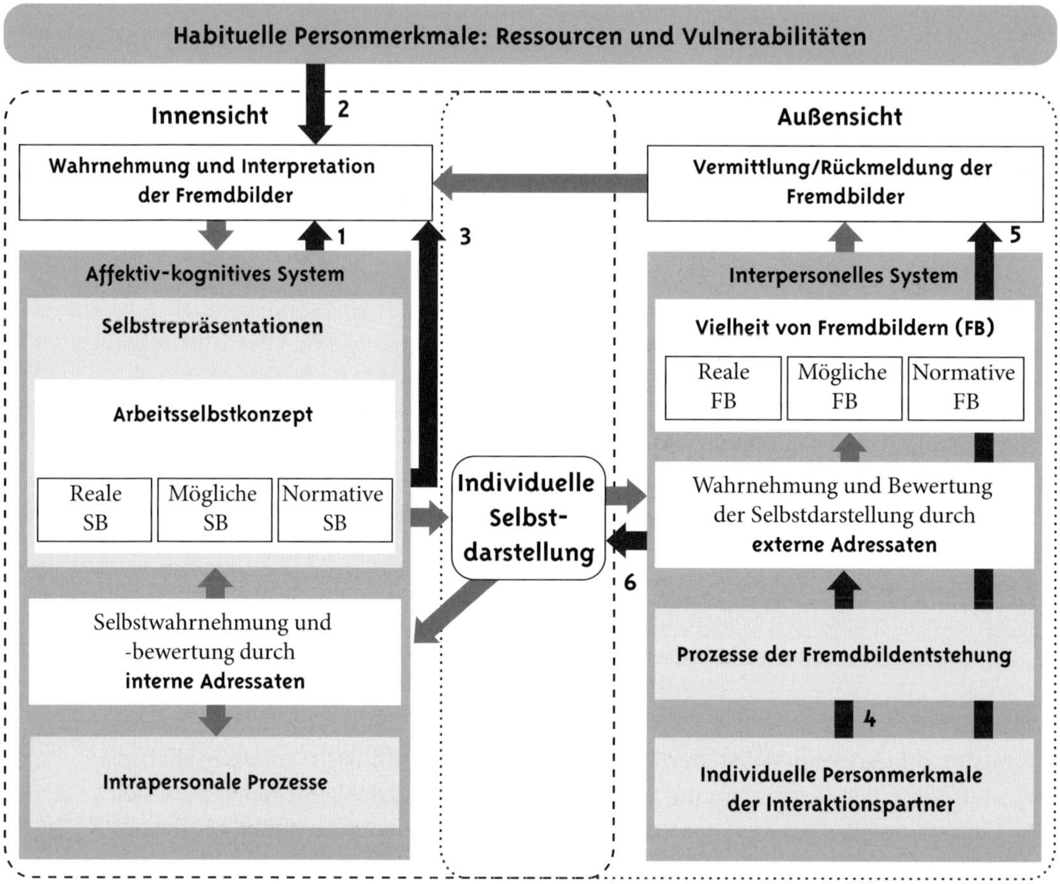

Pfeil 1: Einfluss aktueller Merkmale (als Zusammenspiel von Selbstbildern und intrapersonalen Prozessen) auf die Art und Weise der Wahrnehmung und Interpretation der Fremdbilder
Pfeil 2: Einfluss habitueller Merkmale auf die Art und Weise der Wahrnehmung und Interpretation der Fremdbilder
Pfeil 3: Einfluss bestehender Selbstbilder im Selbstkonzept auf die Art und Weise der Wahrnehmung und Interpretation der Fremdbilder
Pfeil 4: Einfluss individueller Merkmale der Interaktionspartner auf die Art und Weise der Wahrnehmung und Bewertung der Selbstdarstellung
Pfeil 5: Einfluss individueller Merkmale der Interaktionspartner auf die Art und Weise der Vermittlung und Rückmeldung von Fremdbildern
Pfeil 6: Einfluss individueller Merkmale der Interaktionspartner auf die Art und Weise der Selbstdarstellung der Person

Abbildung 9.4 Dynamisches Interaktionsmodell V – Einflussfaktoren auf die dynamische Interaktion zwischen Innen- und Außensicht

Die Selbstdarstellung wird von Interaktionspartnern, z. B. von Mitarbeitern oder von Vorgesetzten, wahrgenommen und interpretiert. *Wie* die Selbstdarstellung von den einzelnen Interaktionspartnern wahrgenommen und interpretiert wird (s. Abb. 9.4 Pfeil 4) und wie diese darauf reagieren (s. Abb. 9.4, Pfeil 5), hängt auch von den individuellen Merkmalen der Interaktionspartner, z. B. von deren Werten, Motiven, Erwartungen und Einstellungen ab (vgl. *Einflussfaktoren auf die Fremdbildentstehung*; Abschn. 8.1.2). Hinzu kommt, dass sich die Führungskraft in Ihrem Verhalten an die individuellen Merkmale der Interaktionspartner anpasst, indem sie z. B. die Art und Weise der Vermittlung von Selbstbildern auf die Erwartungen, Werte und Eigenschaften des Gegenübers abstimmt (s. Abb. 9.4, Pfeil 6).

Als Konsequenz dieser Prozesse werden verschiedene Interaktionspartner die Führungsperson jeweils anders wahrnehmen und deren Selbstdarstellung unterschiedlich interpretieren und demnach unterschiedliche Eindrücke von der Führungsperson haben.

9.1.5 Selbstdarstellungsmuster, Stile der Selbstinterpretation und Konstruktion von Teilidentitäten

Im Folgenden werden die bereits beschriebenen Konstrukte der Selbstdarstellung und Selbstinterpretation als wiederkehrende Muster und nicht als einmalige Ereignisse betrachtet: Stile der Selbstinterpretation entwickeln sich im (Führungs-)Alltag in wiederholten Situationen und wiederkehrenden Interaktionen.

Selbstdarstellungsmuster

Zusammenwirken der Einzelkomponenten der Selbstdarstellung. Bisher wurden die Einzelkomponenten der Selbstdarstellung – Selbstbilder, Motive, Kompetenzen – betrachtet. Das Zusammenwirken der Einzelkomponenten, das mit charakteristischen und stabilen Verhaltensmustern verbunden ist, beschreibt das individuelle Ausprägungsmuster der Selbstdarstellung. Aus den vielen alltäglichen Situationen, in denen sich Personen selbst darstellen, erwachsen mit der Zeit ganz persönliche Muster, wie sie ihre Selbstbilder auswählen und vermitteln. Die Art und Weise der Selbstdarstellung kann von der Person »zu Beginn« (z. B. bei der Übernahme einer Führungsposition) absichtsvoll etabliert worden sein, mit der Zeit wird sie jedoch »zur Gewohnheit« und erfolgt damit automatisiert. Selbstdarstellungsmuster können bestimmte Selbstdarstellungstaktiken oder -strategien (vgl. Abschn. 9.1.2) umfassen, die von der Person in verschiedenen Situationen eingesetzt werden. Jeder Mensch ist durch solche Selbstdarstellungsmuster gekennzeichnet, die ganz wesentlich von den aktuellen Zuständen und überdauernden Eigenschaften der Person sowie von Merkmalen wiederkehrender Situationen beeinflusst werden und sich aus dem »typischen« Zusammenspiel bestimmter Selbstbilder, Motive und Kompetenzen ergeben, die in spezifischen Verhaltensweisen resultieren (vgl. Renner, 2002).

Das »Wie« der Selbstdarstellung. Selbstdarstellungsmuster betreffen damit das »Wie« der Darstellung von Selbstbildern (z. B. Führungskraft Z trifft schnelle Entscheidungen und kommuniziert diese klar nach außen, um das Selbstbild »Ich bin eine entschlossene Führungsperson« zu vermitteln), das in der Interaktion mit verschiedenen Personengruppen oder in unterschiedlichen Rollen möglicherweise variiert, sich jedoch im Laufe wiederkehrenden Interaktionen verfestigen und zu einem habituellen (überdauernden, »gewohnheitsmäßigen«) Merkmal der Person werden kann.

Selbstinterpretationsstil

In Abschnitt 9.1.2 wurden die zwei Wege der Selbstinterpretation von »innen nach außen« (= Selbstdarstellung) und von »außen nach innen« (= Selbstbewertung) beschrieben. Selbstinterpretation umfasst demnach die Auswahl und Darstellung von Selbstbildern, aber auch die Wahrnehmung und Bewertung der Außenwirkung der eigenen Person: Die spezifischen Verhaltensweisen der Selbstdarstellung werden von Interaktionspartnern wahrgenommen, die daraus Fremdbilder konstruieren und diese der selbstdarstellenden Person zurückmelden. Die Person nimmt diese Rückmeldung wiederum wahr und interpretiert sie auf der Basis ihres bestehenden Selbstkonzepts.

Selbstinterpretationsstil entwickelt sich in wiederholten Interaktionen. Die Art und Weise, wie diese beiden Prozesse von »innen nach außen« und von »außen nach innen« in wiederholten Interaktionen mit bestimmten Personengruppen stattfinden – also welche Interpretationsmuster sich über die Zeit in bestimmten Personenkonstellationen (z. B. Führungskraft Z mit Mitarbeitern der Abteilung A) etablieren – beschreibt den Selbstinterpretationsstil einer Person. Der Selbstinterpretationsstil umfasst damit spezifische Selbstdarstellungsmuster (z. B. Führungskraft Z möchte Entschlossenheit demonstrieren, indem sie ihre Entscheidungen schnell und klar an ihre Mitarbeiter kommuniziert und deren Mitsprache bei der Entscheidungsfindung unterbindet) und Muster in der Selbstwahrnehmung und -bewertung bzw. der Interpretation sozialer Rückmeldung (z. B. Führungskraft Z interpretiert die Zurückhaltung der Mitarbeiter mit eigenen Ideen als Zustimmung zu ihren eigenen Entscheidungen und sieht sich in ihrem Selbstbild der entschlossenen Führungsperson positiv bestätigt).

Bildung von Teilidentitäten

Teilidentitäten entstehen als gemeinsame Konstruktion der Interaktionspartner in wiederholten Interaktionen. Finden diese Prozesse von »innen nach außen« und von »außen nach innen« (vgl. Abb. 9.1) wiederholt in einer ähnlichen Art und Weise statt, so entstehen solche Interaktionsmuster nicht nur auf Seiten des Selbstdarstellers, sondern auch auf Seiten der Interaktionspartner: Mit der Zeit werden die Interaktionspartner bestimmte (selbstdarstellerische) Verhaltensweisen der Person aufgrund spezifischer Konfigurationen bereits bestehender Fremdbilder bevorzugt wahrnehmen und neue Eindrücke im Sinne des bereits bestehenden Eindrucks interpretieren.

Beispiel

Die Mitarbeiter der Abteilung XY sehen ihren Abteilungsleiter Herrn Z als Führungsperson, die im Alleingang effektive Lösungswege für bestehende Probleme entwickelt und ihre Ansichten bei anderen Personen gut durchsetzen kann. (Bestehende Fremdbilder bei den Mitarbeitern)

Nun nehmen sie wiederholt wahr, dass Herr Z schnelle Entscheidungen trifft. (Sichtbares Verhalten von Herrn Z)

Gründe für dieses Verhalten liegen für Herrn Z zum einen in der äußeren Situation, die verlangt, dass er schnell reagiert, zum anderen möchte Herr Z gegenüber seinen Mitarbeitern und anderen Abteilungsleitern Entschlossenheit demonstrieren. (Motivation von Herrn Z)

Auf Basis der bestehenden Fremdbilder interpretieren die Mitarbeiter Herrn Zs schnelle Entscheidungen als Ausdruck seiner Fähigkeit, Lösungswege zu finden und durchzusetzen, sehen dies aber auch kritisch: »Herr Z setzt seine Ideen entschlossen um, bezieht jedoch bei seinen Entscheidungen unsere Meinung nicht mit ein.« (Wahrnehmung und Interpretation des Verhaltens durch die Mitarbeiter)

Die Mitarbeiter reagieren auf Herrn Zs Verhalten, indem sie die getroffenen Entscheidungen nicht hinterfragen, da sie davon ausgehen, dass die Entscheidungen prinzipiell gute Lösungswege beinhalten und Herr Z seine Ansichten ohnehin durchsetzten wird. »Im Stillen« ärgern sich einige Mitarbeiter jedoch auch darüber, mit der eigenen Meinung übergangen worden zu sein. (»Offene« und »verdeckte« Reaktion der Mitarbeiter auf Herrn Zs Verhalten)

Herr Z zieht aus dem sichtbaren Verhalten seiner Mitarbeiter den Schluss, dass diese seine Entscheidung akzeptieren und wird darin bestätigt, eine Außenwirkung als »entschlossener« Abteilungsleiter erzielt zu haben. (Wahrnehmung und Interpretation der Reaktion der Mitarbeiter)

Aus dem Zusammenspiel wiederkehrender Interaktionsformen (Demonstration von Entschlossenheit bei Herrn Z und stillschweigende Umsetzung von Entscheidungen durch die Mitarbeiter) entwickelt sich eine (Teil-)Identität als gemeinsame Konstruktion von Führungsperson und Interaktionspartnern (z. B. Herr Z als entschlossener Abteilungsleiter, dessen Entscheidungen als Führungsperson von ihm und seinen Mitarbeitern zunehmend als »unantastbar« konstruiert werden). Aufgrund unterschiedlicher Situationsanforderungen und Rollenanforderungen (z. B. Herr Z im Mitarbeitergespräch zur Zielvereinbarung vs. Herr Z im Strategiemeeting im Managementkreis), die in der Interaktion mit verschiedenen Personengruppen sehr unterschiedlich sein können, wird die Führungsperson mehrere Teilidentitäten abhängig vom jeweiligen Kontext entwickeln (z. B. Herr Z als entschlossener Entscheider in der Interaktion mit Mitarbeitern der Abteilung XY vs. Herr Z als kooperativer Verhandlungspartner in der Interaktion mit Großkunde X).

Der Selbstinterpretationsstil als spezifische Art und Weise einer Person, sich mit Interaktionspartnern in Beziehung zu setzen, ist damit der zentrale Einflussfaktor auf die Etablierung von Teilidentitäten als gemeinsame Konstruktion der Interaktionspartner. Je nachdem, wie sich eine Führungsperson in ihrer Führungsrolle gegenüber bestimmten Interaktionspartnern darstellt und wie sie das, was sie über sich in Erfahrung bringen kann, interpretiert, wird sie gemeinsam mit den jeweiligen Interaktionspartnern spezifische Auffassungen darüber entwickeln, wer und wie sie als Führungsperson ist.

In Abbildung 9.5 sind die Zusammenhänge zwischen Selbstdarstellungsmustern, Prozessen der Selbstinterpretation, Selbstinterpretationsstil und der Bildung von Teilidentitäten zusammenfassend visualisiert.

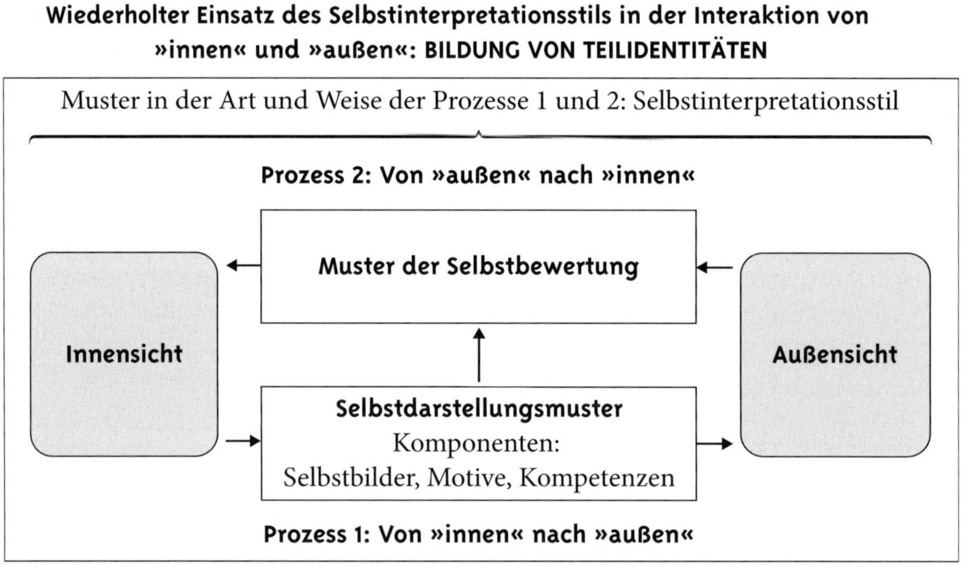

Abbildung 9.5 Selbstdarstellungsmuster – Prozesse der Selbstinterpretation – Selbstinterpretationsstil – Bildung von Teilidentitäten

Selbstdarstellungsmuster als Ansatzpunkt der gezielten Identitätskonstruktion. Da sich Persönlichkeitscoaching auf die systematische Identitätskonstruktion in der Führungsrolle konzentriert, gilt es, spezifische Selbstinterpretationsstile zu identifizieren und ggf. gezielt zu modifizieren. Coachingschritt 5 widmet sich zunächst dem ersten Prozess der Selbstinterpretation: Persönliche Selbstdarstellungsmuster werden analysiert und aus den Ergebnissen der Analyse abgeleitet, wie der Coachingteilnehmer diese Muster ggf. verändern kann, um sich selbst entsprechend seiner Zielsetzungen zu erleben und von anderen entsprechend dieser Zielsetzungen wahrgenommen zu werden. Die Coachingteilnehmer sollen darin unterstützt werden, ihren individuellen Stil der Selbstdarstellung herauszufinden und diesen gemäß ihrer Zielvorstellungen weiterzuentwickeln.

Im Coachingschritt 7 wird es um den zweiten Prozess der Selbstinterpretation gehen: Prozesse der Selbstwahrnehmung und -bewertung sowie der Interpretation sozialer Rückmeldung sollen gezielt für die persönliche Weiterentwicklung in der Führungsrolle und der bewussten Gestaltung von Führungsidentitäten genutzt werden.

9.2 Ausgewählte Coachingmethoden zur Klärung von Selbstdarstellungsmustern

Im vorausgehenden Kapitel haben wir Selbstdarstellungsmuster als eine individuelle Konfiguration von Selbstbildern, Motiven und Kompetenzen beschrieben, die mit charakteristischen und stabilen Verhaltensmustern verbunden ist. Selbstdarstellungsmuster als »Verbindungsstücke« der Innen- und Außenperspektive werden nur in der Interaktion mit anderen Personen deutlich. Um also den Klienten bei der Beantwortung der Leitfragen aus Schritt 5 »Wie hängen die Außen- und Innensicht meiner Persönlichkeit zusammen? Welche individuellen Selbstdarstellungsmuster habe ich?« zu unterstützen, ist es notwendig, die Art und Weise der Darstellung der eigenen Person in konkreten Interaktionen zu erfassen und für den Coachingteilnehmer »sichtbar« zu machen. Dafür eignen sich erlebnisaktivierende Methoden (vgl. Abschn. 3.3.2), die sowohl handlungs*aktivierend* als auch handlungs*modifizierend* wirken können (vgl. Schreyögg, 2003). Auf Basis des diagnostischen Rollenspiels (s. Abschn. 9.2.1) als grundlegende, klärungsorientierte Methode kommen Videofeedbacks (s. Abschn. 9.2.2) oder Arbeitsformen aus dem Psychodrama (s. Abschn. 9.2.3) zum Einsatz. Aber auch kognitiv-analysierende Methoden wie z. B. die Visualisierung von Interaktionsmustern (s. Abschn. 9.2.4) werden eingesetzt, um die Erkenntnisse, die durch die erlebnisaktivierenden Methoden gewonnen wurden, zu strukturieren und zu analysieren.

9.2.1 Diagnostisches Rollenspiel

Das Rollenspiel stellt aus unserer Sicht die grundlegende Methode dar, wenn es um die erlebnisaktivierende Bearbeitung zwischenmenschlicher Interaktionen geht. Die Erlebnisaktivierung ergibt sich beim Einsatz der Methode des Rollenspiels aus dem *Prinzip des Hier und Jetzt*: »Der Protagonist und die Mitspieler bewegen sich immer in der Zeitform der Gegenwart, auch wenn es sich um das Nachspielen eines Vorfalls aus der Vergangenheit oder um eine Zukunftsprojektion handelt« (Benien, 2005, S.145). Berufliche Interaktionen, die im Rollenspiel aufgegriffen werden, werden damit »in die Coachingsitzung« geholt und dort vom Klienten und dem jeweiligen Rollenspielpartner inszeniert und damit erlebbar gemacht. Das diagnostische Rollenspiel dient dabei zunächst der Klärung von Selbstdarstellungsmustern, indem die vermittelten Selbstbilder, Motive und Kompetenzen in der konkreten Interaktion zutage treten und analysiert werden können. Auf die handlungsmodifizierende Funktion von Rollenspielen (»Übungsrollenspiel«, s. Abschn. 11.2.2) wird in Coachingschritt 7 eingegangen, wenn es darum geht, Kompetenzen auszubauen und neue Verhaltensweisen einzuüben.

Hintergrundinformationen

Rolle und Rollenspiel. Unter einer Rolle wird hier eine thematische, willentliche und kurz dauernde Übernahme von Handlungs- und Verhaltenssequenzen im Sinne einer theateranalogen Verwendung des Begriffs verstanden, wobei das Handeln und Verhalten in solchen Rollen als Rollenspiel bezeichnet wird (vgl. Sader, 1986): »Wir sprechen hier von Rollenspiel, wenn jemand intentional und explizit (…) vor Zuschauern eine Handlungs- oder Verhaltenssequenz ausführt, die für ihn zu diesem Zeitpunkt einen als-ob-Charakter hat« (Mann, 1956, S. 227; zit. n. Sader, 1986). Durch diesen »Als-ob-Charakter« erlaubt es das Rollenspiel, die Realität zu simulieren, ohne negative Konsequenzen befürchten zu müssen. Der Coachingteilnehmer hat damit die Möglichkeit, in einem geschützten Rahmen Einsicht in eigene Verhaltensmuster zu gewinnen und verschiedene Handlungsalternativen auszuprobieren, die später in einer realen Situation zur Anwendung kommen können. Rollenspiele dienen damit im Coaching der Klärung (bzw. Diagnostik) *und* der Veränderung (bzw. Intervention). Als diagnostisches Instrument liegt dem Rollenspiel eine geplante Situation zugrunde, in der die zu beobachtende Person handelt und das Handeln dabei nach günstigen bzw. ungünstigen Verhaltensweisen analysiert wird. In der anschließenden Interventions- bzw. Veränderungsphase können aus den gewonnenen Einsichten Ziele für alternative Verhaltensweisen abgeleitet und diese bei einer erneuten Durchführung des Rollenspiels erfahrbar gemacht und eingeübt werden.

Diagnostisches Rollenspiel als Grundlage der Verhaltensmodifikation. Das diagnostische Rollenspiel dient dazu, konkretes Verhalten des Klienten zu beobachten und Wirkungen dieses Verhaltens zu beschreiben und zu analysieren, um daraus Rückschlüsse über vermittelte Selbstbilder, Motive und Kompetenzen des Klienten zu ziehen. Indem das zu bearbeitende Coachingthema nicht nur verbal formuliert, sondern auch ausgespielt wird, kann »eine diagnostische Sicht ermöglicht werden, die weit über das gesprochene Wort hinaus geht« (Benien, 2005, S. 146). Kritische Schlüsselszenen werden möglichst realitätsgetreu nachinszeniert, was zum einen wertvolles Material zur weiteren Klärungsarbeit liefert, zum anderen bereits »Einsicht während des Erlebens« (Benien, 2005, S. 146) beim Klienten fördern kann. Gemäß Morenos Gedanken »Die Darstellung der persönlichen Realität kommt zuerst – das Umlernen kommt später« (Benien, 2005, S. 146) bildet das diagnostische Rollenspiel die Grundlage für nachfolgende Methoden, in denen z. B. die Klärung und Modifikation von Verhaltensweisen durch Einbezug der Außenperspektive vertieft (z. B. Videofeedback; Rollentausch; Spiegeln) oder neue Verhaltensweisen eingeübt werden (z. B. Übungsrollenspiel mit Regieanweisungen, s. Abschn. 11.2.2).

Hinweise zur Durchführung

Im Folgenden werden einige Hinweise zur Durchführung von diagnostischen Rollenspielen in der Coachingsitzung gegeben (vgl. Donauer, 1996). Rollenspiele, die gezielt zur Veränderung von Verhalten und Selbstbildern und zum Aufbau von Kompetenzen dienen sollen, werden in Coachingschritt 7 dargestellt, wenn es um die Erweiterung von Ressourcen geht.

Ausblick auf die Rollenspielsitzung und Vorbereitung. Der Coach kann den Einsatz eines diagnostischen Rollenspiels folgendermaßen ankündigen: »In der nächsten Sitzung werden wir eine Interaktionssituation aus Ihrem beruflichen Alltag nachstellen, *die für eines Ihrer Coachingthemen »typisch« oder besonders relevant ist.* In diesem diagnostischen Rollenspiel werden wir zunächst Ihr *Ist-Verhalten* anschauen. Bei der Analyse Ihres Verhaltens werden wir besonders darauf achten, wie Sie sich in der Situation selbst darstellen und welche Wirkungen Sie bei Ihrem Interaktionspartner erzielen. Dabei wollen wir vor allem herausarbeiten, welche Aspekte Ihres Verhaltens zu dem passen, wie Sie sich selbst sehen und wie Sie gesehen werden möchten. Sollten Ihnen auch bestimmte Aspekte Ihres Interaktionsverhaltens auffallen, die Sie in Zukunft verändern möchten, so werden Sie in späteren Sitzungen in weiteren Rollenspielen die Möglichkeit haben, mit verschiedenen Verhaltensweisen zu experimentieren, d. h., Gespräche anders zu führen oder sich in Situationen anders darzustellen, als Sie es im Moment tun.«

Auswahl und Vorbereitung einer Rollenspielsituation. Zur Auswahl und Vorbereitung der Rollenspielsituation könnten folgende Hinweise des Coachs hilfreich sein: »Bitte wählen Sie eine Situation aus, die entweder in den letzten Tagen oder Wochen stattgefunden hat und die Ihnen noch gut im Gedächtnis ist oder die in der nächsten Zeit auf Sie zukommen wird. Die Situation sollte auf jeden Fall für die Bearbeitung des Coachingthemas XY besondere Relevanz haben, z. B. weil die Situation besonders typisch oder für Sie besonders wichtig ist. Machen Sie sich bitte im Vorfeld der nächsten Sitzung in Stichpunkten ein paar Gedanken zu den folgenden Fragen, sodass wir die Situation hier das nächste Mal nachstellen können:

- Welchen Anlass gibt es für die Interaktion/das Gespräch?
- Welche Personen sind beteiligt?
- Um welches Thema geht es?
- Wie gestaltet sich der Verlauf?
- Was sollte Ihr Rollenspielpartner beim Rollenspiel wissen und tun?
- Warum haben Sie gerade diese Situation ausgewählt?«

Vorbesprechung der Rollenspielsituation. Die schriftlichen Angaben des Coachingteilnehmers zur ausgewählten Situation dienen als Skript, an dem sich die Rollenspieler in der Sitzung orientieren können. Vor der Durchführung des Rollenspiels sollte die Situation kurz vorbesprochen werden und der Coach sollte dem Klienten folgende Hinweise geben: »Wir hatten vereinbart, dass wir heute eine Situation aus Ihrem beruflichen Alltag nachstellen werden. In dieser Situation sollen Sie sich so verhalten, wie Sie es in einer solchen Situationen üblicherweise tun würden. Es geht darum, dass wir Ihr Ist-Verhalten in einer solchen Situation nachstellen, um später daraus abzuleiten, was Ihnen an Ihrem Verhalten gefällt und was Sie dementsprechend beibehalten wollen bzw. in welchen Punkten Sie Ihr Verhalten ggf. ändern wollen. Nach dem Rollenspiel werden wir Ihr Verhalten gemeinsam analysieren [und auf Video betrachten]. Bitte beschreiben Sie anhand Ihrer Vorbereitung zum Rollenspiel, um welche Situation es sich handelt.[...]«

Nachbesprechung des Rollenspiels. Der Rollenspielpartner (ggf. der Coach selbst) und der Klient können zunächst ihre Eindrücke unmittelbar nach dem Rollenspiel schriftlich festhalten.

Der *Rollenspielpartner* kann sich z. B. zunächst ein paar Stichpunkte zu den folgenden Fragen notieren:

- Wie hat mein Rollenspielpartner auf mich gewirkt? An welchen Verhaltensweisen mache ich diese Wirkung fest?
- Was ist mir am Verhalten meines Rollenspielpartners positiv aufgefallen?
- Mit welchen Verhaltensweisen meines Gegenübers hatte ich Schwierigkeiten? Was hätte ich stattdessen von meinem Gesprächspartner gebraucht? Womit hätte ich mich leichter getan?

Der *Klient* kann seine unmittelbaren Eindrücke z. B. anhand folgender Fragen schriftlich reflektieren:

- Was war gut? Was ist gut gelaufen? Was hat mir an meinem Verhalten gefallen?
- Was hat mir an meinem Verhalten nicht so gut gefallen? Was hat gefehlt? Was war schwierig für mich?
- Was hätte ich stattdessen tun können? Was könnte ich in Zukunft anders machen?

Im nächsten Schritt wird der Coachingteilnehmer nach seinen Eindrücken gefragt:

- War die Situation im Rollenspiel annähernd so, wie es auch in Wirklichkeit ablief/abläuft?

Nennt der Klient einen Unterschied zur realen Interaktionssituation, so sollte exploriert werden, was anders oder neu war. Kann der Klient keine Parallelen zur realen Situation ziehen, so sollte besprochen werden, wie die Realitätsnähe noch besser hergestellt werden könnte und anschließend das Rollenspiel wiederholt werden.

Anhand der schriftlichen Stichpunkte des Klienten werden die weiteren Eindrücke des Klienten besprochen:

- Wie ist das Gespräch für Sie gelaufen? Wie haben Sie sich dabei gefühlt?
- Was ist Ihnen an Ihrem Verhalten positiv aufgefallen? Womit waren Sie zufrieden? Was wollen Sie beibehalten?

Nennt der Teilnehmer Verhaltensweisen, mit denen er unzufrieden ist:

- Was könnten Sie stattdessen tun? Wie sieht das genau aus?
- Was könnte Ihnen dabei helfen, sich das nächste Mal so zu verhalten?
- Was brauchen Sie dazu, um sich so zu verhalten?

Anschließend erhält der Klient *Feedback vom Rollenspielpartner*, indem dieser seine schriftlichen Aufzeichnungen des ersten Eindrucks erläutert. Wichtig ist, dass sich der Rollenspielpartner darauf konzentriert, was das Verhalten des Coachingteilnehmers bei ihm ausgelöst hat. Gemeinsam wird versucht, die Wirkung des Coachingteilnehmers auf den Rollenspielpartner an konkreten Verhaltensweisen des Klienten festzumachen.

Analyse der Selbstdarstellungskomponenten. Abschließend werden die Erkenntnisse des Klienten, die er aus dem diagnostischen Rollenspiel gewonnen hat, nach den Komponenten der Selbstdarstellung zusammengefasst:

- ▶ Welche Selbstbilder möchte ich in der Interaktion vermitteln? Welchen Eindruck möchte ich bei meinem Gegenüber erwecken? Was ist mein Ziel in der Interaktion?
- ▶ Welches Fremdbild ist entstanden? Welche Wirkung hatte mein Verhalten?
- ▶ Wie habe ich meine Wirkung auf meinen Rollenspielpartner wahrgenommen? Stimmt mein Eindruck mit dem des Interaktionspartners überein?
- ▶ Auf welche Verhaltensweisen ist diese Wirkung zurückzuführen? Welche Verhaltensweisen möchte ich beibehalten, welche möchte ich verändern?
- ▶ Welche Kompetenzen helfen mir dabei, den erwünschten Eindruck zu erzielen? Was muss ich noch können oder tun bzw. worauf muss ich achten, um den erwünschten Eindruck zu erzielen?

Generierung von Hypothesen zu Selbstdarstellungsmustern im diagnostischen Rollenspiel. Selbstdarstellungsmuster wurden als »typische« Konfigurationen von Motiven, Kompetenzen, aktivierten Selbstbildern und Verhaltensweisen definiert, die sich über verschiedene Situationen hinweg in der Interaktion mit bestimmten Personen wiederholen. Im diagnostischen Rollenspiel zu *einer* Interaktionssequenz können also nur Hypothesen über Selbstdarstellungsmuster aufgestellt werden. Da der Klient aber dazu angeleitet wird, eine Situation auszuwählen, die für eines der Coachingthemen besonders typisch oder wichtig ist, kann angenommen werden, dass die spezifische Selbstdarstellung des Klienten in dieser Situation Rückschlüsse auf allgemeine Selbstdarstellungsmuster ermöglicht.

Vertiefung der Analyse von Selbstdarstellungsmustern. Eine vertiefende Analyse von Selbstdarstellungsmustern ist weiterhin durch den Einsatz eines Videofeedbacks (s. Abschn. 9.2.2) oder durch den Einsatz von Arbeitsformen des Psychodramas (s. Abschn. 9.2.3) in weiteren Rollenspielen möglich. Darüber hinaus sollte der Klient zur systematischen Selbstbeobachtung im Arbeitsalltag angeleitet werden. Hypothesen zu Selbstdarstellungsmustern, die auf Basis des diagnostischen Rollenspiels aufgestellt wurden, können so überprüft sowie Rückschlüsse zur Veränderung eigener Verhaltensweisen, die aus den Hypothesen abgeleitet wurden, unmittelbar auf den Arbeitsalltag übertragen werden.

9.2.2 Videofeedback

Beim Videofeedback handelt es sich um audiovisuelles Feedback zum eigenen Verhalten, indem eine Interaktionssequenz des Klienten mit einem Rollenspielpartner aufgezeichnet und anschließend vom Klienten betrachtet wird. Videofeedback ermöglicht es dem Coachingteilnehmer, die eigene Person »von außen« zu betrachten und sich mit dem eigenen »Spiegelbild« auseinanderzusetzen. Das Videofeedback stellt eine Methode der Selbstkonfrontation dar, die in der Literatur unter Begriffen wie Videorückmeldung, Selbstkonfrontation und Microteaching (für einen Überblick s. Dornaus, 2009) für den Einsatz in unterschiedlichen Anwendungsfeldern (z. B. Verhaltenstraining von Lehrern; Training von Verkaufsgesprächen im Vertrieb) diskutiert wird.

Wirkungen und Wirkweise des Videofeedbacks

Wirkungen. Die Wirkungen von Videofeedback können entweder darin bestehen, dass Klienten bestimmte Verhaltensaspekte ändern oder bestimmte Selbstbilder korrigieren. Im Persönlichkeitscoaching wird das Videofeedback primär mit dem Ziel eingesetzt, das Selbstdarstellungsverhalten des Klienten im Rahmen seiner Führungsrolle zu optimieren. Dafür werden im ersten Schritt Selbstdarstellungsmuster des Klienten identifiziert, die bei der Betrachtung des Videos als »typische« Verhaltensweisen gegenüber bestimmten beruflichen Interaktionspartnern deutlich werden. Die identifizierten Muster werden im zweiten Schritt mit den realen Selbstbildern und den erwünschten, möglichen und normativen Selbstbildern abgeglichen. So kann der Klient zum einen auf bisher nicht bewusste Ressourcen aufmerksam gemacht werden und es können zum anderen Diskrepanzen zwischen Verhalten und Zielvorstellungen aufgedeckt und daraus Veränderungen abgeleitet werden.

Wirkweise. Zur Wirkweise des Videofeedbacks führt Dornaus (2009) u. a. Aspekte der Attributionstheorien (v. a. Jones & Nisbett, 1971), der Theorie zur objektiven Selbstaufmerksamkeit (Duval & Wicklung, 1972) und Aspekte der kognitiven Dissonanztheorie (Festinger, 1957) auf:

(1) Handelnder wird zum Beobachter
(2) Erhöhung objektiver Selbstaufmerksamkeit
(3) Reduktion kognitiver Dissonanz

Handelnder wird zum Beobachter. Wie in Abschnitt 8.1.2 dargestellt, tendiert der Handelnde in einer Situation eher dazu, sein Verhalten mit Besonderheiten der Umwelt zu erklären, während der Beobachter das Verhalten des Handelnden eher auf Merkmale der handelnden Person zurückführt (vgl. Jones & Nisbett, 1971). Durch das Videofeedback wird der Handelnde nun selbst zum Beobachter der Interaktionssituation. Damit wird die Wahrscheinlichkeit erhöht, dass die Person, die mit ihrem Interaktionsverhalten auf Video konfrontiert ist, dieses Verhalten weniger auf Situationsmerkmale als auf Merkmale der eigenen Person zurückführt. Der Klient kann somit durch das Videofeedback darin unterstützt werden, dass er verstärkt seinen eigenen Einflussbereich auf den Verlauf von Interaktionen wahrnimmt und damit motiviert ist, sein Verhalten zu verändern.

Erhöhung objektiver Selbstaufmerksamkeit. Durch den Einsatz von Videofeedback kann weiterhin die objektive Selbstaufmerksamkeit (»self awareness«; Duval & Wicklund, 1972) des Klienten erhöht werden: In Abschnitt 3.2.5 wurde objektive Selbstaufmerksamkeit als ein Zustand beschrieben, in dem Aspekte des Selbst den Aufmerksamkeitsfokus bilden. Um eine Verhaltensänderung oder eine Korrektur von Selbstbildern zu ermöglichen, ist es notwendig, dass die Person den Fokus der Aufmerksamkeit auf die eigene Person richtet. Videofeedback trägt – ähnlich wie ein Spiegel oder ein Foto der eigenen Person (vgl. Duval & Wicklung, 1972) – dazu bei, den Aufmerksamkeitsfokus auf die eigene Person zu lenken. In einem solchen Zustand der objektiven Selbstaufmerksamkeit werden Diskrepanzen zwischen den eigenen Zielen und dem im Video beobachteten Verhalten stärker erlebt (vgl. Carver & Scheier, 1981). Falls das Verhalten den (positiven) Annahmen über die eigene Person und den eigenen Standards und Zielen entspricht, werden reale Selbstbilder zu erwünschten persönlichen Merkmalen sowie ideale Selbstbilder bestätigt und es kommt zu einer Erhöhung des Selbstwertgefühls. Weicht das Verhalten jedoch entweder von den eigenen Zielen und Standards in Form von idealen Selbstbildern ab oder entspricht das wahrgenommene Verhalten gefürchteten Selbstbildern, so kann es zu einer Verminderung des Selbstwertgefühls kommen. Um dieses zu verhindern, kann die Person entweder die Informationen über die eigene Person selbstwertdienlich verarbeiten, indem das beobachtete Verhalten auf dem Video z. B. auf äußere Aspekte zurückgeführt wird (»Das war ja nur ein Rollenspiel, eigentlich mache ich das ganz anders«) oder indem sie konfrontierende Situationen in Zukunft vermeidet. Es ist aber auch möglich, dass interne Standards in Form von idealen Vorstellungen über die eigene Person (z. B. »Ich reagiere immer sachlich«) hinterfragt und auf ihren Realitätsgehalt überprüft werden (z. B. »Ist es möglich und notwendig, immer sachlich zu reagieren?«) oder dass die Person ihr Verhalten in Richtung ihrer Ziele und Standards ändert (z. B. eigene Emotionen zunächst regulieren und erst dann auf den Gesprächspartner »sachlich« reagieren).

Reduktion kognitiver Dissonanz. Nach der Theorie der kognitiven Dissonanz (Festinger, 1957) versuchen Menschen, Übereinstimmung in ihrem Verhalten und ihren Meinungen herzustellen. Festingers These ist, dass Dissonanzen für Menschen unangenehm sind und sie daher motiviert sind, diese zu reduzieren oder zu vermeiden. Besonders bedrohlich wirken dabei Dissonanzen, die nicht mit dem Selbstkonzept zu vereinbaren sind. Wenn nun bei der Selbstkonfrontation im Videofeedback das beobachtete Verhalten stark von den eigenen Selbstbildern abweicht, so hat der Klient drei Möglichkeiten, diese erlebte Dissonanz zu lösen: Entweder er ändert sein Verhalten oder er ändert bestimmte Selbstbilder oder er versucht, durch konsonante Kognitionen sowohl die Selbstbilder als auch das Verhalten aufrechtzuerhalten (vgl. obiges Beispiel: Attribution des Verhaltens auf die Rollenspielsituation). Ziel des Einsatzes eines Videofeedbacks im Persönlichkeitscoaching ist es, den Klienten darin zu unterstützen, entweder Verhaltensweisen, die nicht den erwünschten Selbstbildern entsprechen, zu identifizieren und zu verändern oder durch die Außenbetrachtung der eigenen Person neue Persönlichkeitsfacetten zu entdecken und in das Selbstkonzept zu integrieren.

Hinweise zur Umsetzung des Videofeedbacks im Persönlichkeitscoaching

Mit der eigenen Person aus der Außenperspektive konfrontiert zu werden, kann eine selbstwertbedrohliche Situation darstellen, die zum Erleben von Angst oder Stress beim Coachingteilnehmer führt. Damit das Videofeedback zu einem Erkenntnisgewinn führen kann, der mit wenig Stresserleben verbunden ist, sollten bei der Durchführung bestimmte Kriterien beachtet werden.

Vertrauensverhältnis. Die Durchführung eines Videofeedbacks setzt ein Vertrauensverhältnis zwischen Coach und Klient voraus. Da die Methode im Persönlichkeitscoaching erst im Prozessverlauf und nicht gleich zu Beginn des Coachings eingesetzt wird, sollte eine vertrauensvolle Arbeitsbeziehung bereits etabliert sein.

Freiwilligkeit. Die Durchführung eines Videofeedbacks erfolgt immer freiwillig, nachdem sich der Klient bewusst für den Einsatz der Methode entschieden hat. Dies setzt voraus, dass der Coach die Methode im Vorfeld erläutert und sowohl auf die Chancen als auch auf evtl. unangenehme Nebenwirkungen eingeht, die das Videofeedback mit sich bringen könnte. Chancen liegen z. B. darin, eigene Ressourcen und Entwicklungsbereiche erkennen zu können, die vorher im Bereich des »blinden Flecks« (s. Abschn. 8.1.3) lagen. Risiken können z. B. darin bestehen, dass eine erhöhte Selbstaufmerksamkeit in der nächsten »realen« Situation besteht oder dass ein Gefühl von Peinlichkeit bei der Betrachtung des eigenen Verhaltens während des Videofeedbacks aufkommt.

Aufmerksamkeit auf Verhalten lenken. Menschen, die sich zum ersten Mal selbst auf einem Video sehen, tendieren dazu, dass sie sich anfänglich auf ihre äußere Erscheinung fixieren (s. Fuller & Manning, 1973). Da das Videofeedback jedoch eingesetzt wird, um Verhaltensweisen der Selbstdarstellung zu identifizieren und ggf. zu modifizieren, ist es notwendig, durch gezielte Instruktionen die Aufmerksamkeit des Klienten bei der Betrachtung der Aufnahme auf sein konkretes Verhalten zu lenken.

Beschreibung und Bewertung trennen. Der Coachingteilnehmer soll bei der Betrachtung des Videos für einzelne Sequenzen zunächst beschreiben, was er beobachten kann, also seine Körperhaltung, Gestik, Mimik, Tonfall, etc., aber auch die Reaktion des Rollenspielpartners auf sein Verhalten kommentieren. Erst im zweiten Schritt erfolgt die Bewertung des Verhaltens: Beobachtete Verhaltensweisen und Reaktionen werden daraufhin analysiert, welche Wirkung sie haben und in welchem Zusammenhang die Außenwirkung mit den intendierten Zielsetzungen des Coachingteilnehmers steht (Wie komme ich rüber? Wie möchte ich wirken?).

Bewertung des Verhaltens nach den Komponenten der Selbstdarstellung. Die Bewertung des Verhaltens sollte gemeinsam erfolgen, also sowohl die Beobachtungen des Klienten, als auch die des Coachs und ggf. des Rollenspielpartners einbeziehen. Die gemeinsame Analyse des Verhaltens orientiert sich dabei an folgenden Fragen, die sich auf die Komponenten der Selbstdarstellung beziehen:

- Äußerer Eindruck: Wie wirkt Ihr Verhalten, wenn Sie es so von außen betrachten? Welche Reaktionen beobachten Sie bei Ihrem Interaktionspartner? Auf welche Ihrer Verhaltensweisen sind diese Reaktionen zurückzuführen?
- Selbstdarstellungsverhalten: Was genau tun Sie, was bedingt, dass Sie … wirken? Was genau gefällt Ihnen gut an Ihrem Verhalten? Was überrascht Sie positiv an Ihrem Verhalten? Welche Verhaltensweisen würden Sie gerne verändern? Was können Sie stattdessen tun?
- Motivation: Was ist Ihnen in der Interaktionssituation wichtig? Wie wollen Sie rüberkommen? Was wollen Sie (beim anderen) erreichen?
- Kompetenzen: Was hilft Ihnen dabei, sich im Sinne Ihrer Zielsetzungen zu verhalten? Was müssten Sie noch können/tun, damit Sie den erwünschten Eindruck erzielen können? Wie gelingt es Ihnen, die Reaktion des Gegenübers auf Ihre Verhaltensweisen einzuschätzen und diese bei Ihrem Handeln zu berücksichtigen?

9.2.3 Methoden aus dem Psychodrama

Das Psychodrama nach Moreno (1959) ist ein aktionsorientierter Ansatz, dessen Arbeitsformen in Coaching, Training, Beratung und Therapie vielfältig eingesetzt werden. Die Methodik des Psychodramas steht in enger Beziehung zu einer komplexen Anthropologie, d. h., die methodischen Maßnahmen sind in ihrer ursprünglichen Grundkonzeption stets im Kontext des Gesamtmodells Morenos zu interpretieren, in dessen Vordergrund die Intention steht, »dass Rollenhandeln als Rollenspiel schon durch sich selbst heilsam ist« (Schreyögg, 2003, S. 274).

Einzelne Methoden des Psychodramas können auch – je nach angestrebter Zielsetzung – für sich genommen gewinnbringend in einen Therapie- oder Coachingprozess übernommen werden, ohne im praktischen Arbeiten explizit alle Aspekte von Morenos Gesamtkonzeption zu berücksichtigen (s. Schreyögg, 2003). In Schritt 5 des Persönlichkeitscoachings nutzen wir insbesondere die erlebnis- und handlungsorientierten Arbeitsformen des Psychodramas »Spiegeln« und »Rollentausch«, in Schritt 7 darüber hinaus die Technik des »Rollenwechsels«. Bevor die Arbeitsformen Spiegeln und Rollentausch vorgestellt und deren Einsatzmöglichkeiten im Coaching beschrieben werden, werden zunächst die praktisch-methodischen Grundlagen von Morenos Ansatz skizziert.

Methodische Grundlagen des Psychodramas

Das Psychodrama wurde von Moreno zu Beginn der zwanziger Jahre aus Beobachtungen des kindlichen Spiels und dem Stegreiftheater entwickelt (vgl. Petzold, 1979). Es war neben der Verhaltenstherapie das erste psychotherapeutische Verfahren, das unabhängig von der Psychoanalyse entstand (vgl. Schreyögg, 2003). Die ersten Ideen zur therapeutischen Wirkung von Aktionsmethoden kamen Moreno, als er ein experimentelles Theater für spontanes Spiel eröffnete. Er stellte positive Wesensveränderungen an den Protagonisten fest und führte diese auf das spontane Agieren in verschiedenen Rollen zurück. Auf Basis dieser Beobachtungen begann Moreno seine Arbeit an der Theorie des Psychodramas (vgl. Scategni, 1994). In seiner klassischen Form ist das Psychodrama ein typisches Gruppenverfahren, wird aber als »Monodrama« (s. Ameln et al., 2004) auch im Einzelsetting praktiziert.

Im Psychodrama werden Situationen, Interaktionen, Konflikte und Phantasien in dramatisches Spiel umgesetzt. Ziel ist es, emotionales Erleben und rationale Einsicht greifbar zu machen, wodurch wiederum die Änderung von Haltungen und Verhalten ermöglicht werden soll (vgl. Petzold, 1979). Übertragen auf den Kontext des Coachings besteht das Ziel des Psychodramas nach Schreyögg (2003) darin, Hemmungen im Handeln, Erleben und Wahrnehmen aufzulösen und nicht genutzte Potenziale freizusetzen.
Grundelemente des Psychodramas. Die einzelnen Methoden basieren auf fünf Grundelementen (Bühne, Protagonist, Regisseur, Hilfs-Ich, Gruppe), die den psychodramatischen Handlungsraum konstituieren (s. Ameln et al., 2004):

(1) Bühne: Im Zentrum des psychodramatischen Arbeitens steht die szenische Interaktion auf der Bühne, die den »Erlebensraum des Protagonisten im realen Raum«

(Ameln et al., 2004, S. 19) abbildet. Als Bühne genügt im Coaching ein freier Raum mit wenigen provisorischen Requisiten.

(2) Protagonist und Regisseur: Der Protagonist als »Problemsteller, Autor, Hauptdarsteller, Klient des Spiels« (Migge, 2005, S. 375) braucht lediglich genügend Spielraum, um sein Erleben im Spiel darzustellen. Das in der Sitzung zu bearbeitende Thema wird vom Protagonisten ausgewählt und mithilfe des Regisseurs in Szene gesetzt. Die Rolle des Protagonisten übernimmt der Coachingteilnehmer, der Coach trägt als Regisseur oder Spielleiter die Verantwortung für das Zustandekommen und die Koordination des Spiels.

(3) Hilfs-Ichs und Gruppe: Die therapeutischen Mitspieler oder auch »Hilfs-Ichs« »unterstützen den Spielleiter bei seiner Arbeit und stellen für den Protagonisten tatsächliche oder symbolische Personen seines sozialen Umfeldes dar« (Engelke, 1981, S. 16). Ameln et al. (2004) fassen die möglichen Rollen der Hilfs-Ichs sehr weit: Dazu gehören Beziehungspersonen des Protagonisten genauso wie unbekannte oder fantasierte Figuren, unbelebte Objekte oder abstrakte Konzepte, wie etwa das Interesse am Beruf. Im klassischen Psychodrama entstammen die Hilfs-Ichs der Gruppe. Im Einzelcoaching ist es möglich, Co-Coachs als Hilfs-Ichs heranzuziehen oder Hilfs-Ichs durch Gegenstände zu symbolisieren.

Phasen im Psychodrama. Die verschiedenen Arbeitsformen sind im Psychodrama in einen Prozess mit einer Erwärmungs-, Aktions- und Integrationsphase eingebettet. Heute ist es üblich, einzelne Methoden des Psychodramas für sich genommen in einen Therapie- oder Coachingprozess zu übernehmen, ohne die Phasen der Erwärmung, Aktion und Integration im klassischen Sinne zu durchlaufen. Es bietet sich dennoch an, einige Elemente der drei Phasen bei der Durchführung von Rollenspielen zu berücksichtigen: Um sich z. B. auf das zu erarbeitende Thema zu fokussieren und eine erlebnishafte Aktualisierung innerer Muster vorzubereiten, kann der Coach mit einer Imaginationsübung (z. B. ein bestimmtes Bild oder eine bestimmte Situation vorstellen) in die Sitzung starten (im Detail s. Ameln et al., 2004; Schreyögg, 2003). Die drei Methoden »Spiegeln«, »Rollentausch« und »Rollenwechsel« sind der Aktionsphase zugeordnet. Ameln et al. (2004) betonen, dass es sich beim Psychodrama um eine kreative Methode handelt, bei der es dem Anwender frei steht, die Techniken je nach Zielsetzung und Anforderung der Situation abzuwandeln. Wir schließen im Persönlichkeitscoaching z. B. psychodramatische Methoden oft an ein diagnostisches Rollenspiel an oder verknüpfen sie mit dem Videofeedback. Der Einsatz von Rollenspielen und psychodramatischen Arbeitsformen endet immer mit einer Integrationsphase: Diese Phase dient der Reflexion und Integration des Erlebens und Verhaltens während der Darstellung und ist für den individuellen Klärungs- und Änderungsprozess überaus wichtig.

Spiegeln

Funktion des Spiegelns und Parallelen zum Videofeedback. Die Technik des Spiegelns weist gewisse Parallelen zum Videofeedback auf: Dem Klienten wird »ein Spiegel vorgehalten«, in diesem Fall jedoch nicht über die Konfrontation mit dem eigenen Verhalten durch audiovisuelle Aufnahmen, sondern durch die »Nachahmung« des Verhaltens des Klienten durch eine andere Person als Hilfs-Ich (z. B. der Coach), die im Rollenspiel die Rolle des Klienten einnimmt. Das Hilfs-Ich spielt die Szene genauso nach, wie sie es beim Klienten beobachten konnte, d. h. Stimme, Gestik, Verhalten und Wortlaut werden so exakt wie möglich nachgeahmt. Der Klient »sieht sich selbst wie in einem Spiegel, in dem man beobachten kann, wie man ist und wie man sich verhält – aber auch, was einem fehlt« (Benien, 2005, S. 139). Das Hilfs-Ich kann das Verhalten des Klienten auch etwas überzeichnet imitieren, um auf bestimmte Merkmale aufmerksam zu machen (vgl. Schaller, 2001). Eine solche Übertreibung kann besonders einsichtsfördernd wirken, sollte aber »wohldosiert« und nur in einem vertrauensvollen Arbeitsklima im Coaching eingesetzt werden.

Beim Spiegeln besteht somit für den Teilnehmer die Möglichkeit, das eigene Rollenhandeln aus der außenstehenden Position des Zuschauers zu erleben und sich der eigenen Handlungsmuster bewusster zu werden. Der Coachingteilnehmer kann auf diese Weise die Wirkung seines eigenen Verhaltens auf seine Interaktionspartner erkunden und ggf. in späteren Situationen entsprechend modifizieren (vgl. Schreyögg, 2003). Die Spiegeltechnik kann dann zum Einsatz gebracht werden, wenn der Coachingteilnehmer in »starren, eingefahrenen oder sonst wie unangemessenen Verhaltensmustern gefangen ist, dies aber selbst nicht zu bemerken scheint« (Ameln et al., 2004, S. 79). Durch den »Spiegel« kann die Person weiterhin ggf. erkennen, dass Schwierigkeiten in der Interaktion, die sie anderen Personen zugeschrieben hat, z. T. auf ihr eigenes Verhalten zurückgehen. Im Persönlichkeitscoaching eignet sich die Spiegeltechnik in besonderem Maße dafür, automatische Selbstdarstellungsmuster aufzudecken, die dem Klienten nicht (mehr) bewusst sind, den äußeren Eindruck aber maßgeblich beeinflussen.

Auswertungsphase. Nach der gespiegelten Sequenz sollten die Beobachtungen und Erfahrungen des Klienten im Coachinggespräch ausgewertet werden. Der Coach fragt nach Gedanken und Gefühlen zu der beobachteten Szene. Die Erkenntnisse werden daraufhin analysiert, welche Verhaltensweisen zielführend sind, um erwünschte Selbstbilder zu vermitteln und langfristig eine stimmige Führungsidentität aufzubauen und welche Verhaltensweisen ggf. verändert werden sollen. Alternative Verhaltensweisen können dann in einem Übungsrollenspiel als »Regieanweisungen« (s. Abschn. 11.2.2) ausprobiert werden.

Rahmenbedingungen zum Einsatz der Methode. Da es sich beim Spiegeln um eine sehr intensive Feedback-Übung mit stark konfrontativem Charakter handelt, sollte sie nur in einem relativ vertrauensvollen Setting angewendet werden (vgl. Schreyögg, 2003). Weiterhin ist die Technik des Spiegelns im Coaching nur realisierbar, wenn im Coachingteam gearbeitet wird: Neben dem Rollenspielpartner braucht es eine weitere Person, die als »Spiegel« die Rolle des Klienten einnimmt. Der Coach sollte möglichst nicht als Rollenspielpartner, sondern als Spielleiter fungieren können, um den Klienten adäquat bei der konstruktiven Verarbeitung der Selbstkonfrontation unterstützen zu können.

Rollentausch

Der Rollentausch wird in der Literatur oft als die wichtigste Technik des Psychodramas angesehen (s. z. B. Ameln et al., 2004). Dabei tauscht der Protagonist seine Rolle mit der eines Interaktionspartners (z. B. eines Mitarbeiters), der entweder als reale Person selbst anwesend ist (= reziproker Rollentausch) oder durch ein Hilfs-Ich verkörpert wird (= stellvertretender Rollentausch), wobei als Hilfs-Ich wiederum Rollenspielpartner oder unbelebte Objekte herangezogen werden können.

Stellvertretender Rollentausch. Wird die Methode des Rollentauschs im Einzelcoaching eingesetzt, so handelt es sich um einen stellvertretenden Rollentausch: Der Coach nimmt z. B. stellvertretend die Rolle der Mitarbeiterin XY ein, der Klient spielt sich selbst und anschließend werden die Rollen getauscht, sodass der Klient seine Mitarbeiterin spielt und der Coach die Rolle des Klienten einnimmt.

Ziel. In seiner klassischen Anwendung besteht das Ziel des Rollentauschs darin, die Empathie für den Interaktionspartner zu erhöhen, also »sich völlig in die andere Rolle hineinzufühlen und aus dieser Rolle heraus zu erleben und zu handeln« (Engelke, 1981, S. 18). Morenos Ziel war es, bei Personen, die sich aufgrund scheinbar unlösbarer Konflikte innerlich nicht mehr begegnen konnten, neues Verständnis füreinander aufzubauen. Durch den Rollentausch sollte das gegenseitige Einfühlungsvermögen regeneriert und Empathie und Verständnis für die Interaktionspartner erhöht werden (vgl. Ameln et al., 2004; Blatner, 1973; Yablonsky, 1986). Damit wird es dem Protagonisten ermöglicht, die Haltungen, Handlungspläne und Absichten des jeweiligen Interaktionspartners besser einschätzen und in den eigenen Handlungsplan integrieren zu können (vgl. Meyer, 2009). Im Persönlichkeitscoaching soll der Rollentausch darüber hinaus für den Klienten dazu beitragen, die Wirkung des eigenen Verhaltens unmittelbar zu erleben und damit die eigene Art und Weise der Selbstdarstellung zum Gegenstand der Reflexion machen zu können. Durch den Rollentausch kann der Teilnehmer eine gewisse Distanz zu seiner eigenen Rolle gewinnen, sich mit einer anderen Rolle – z. B. der Rolle der Mitarbeiterin – identifizieren und die interaktive Dynamik zwischen der eigenen und der übernommenen Rolle erfahren (vgl. Schreyögg, 2003).

Die Technik des Rollentauschs ist besonders geeignet, wenn es darum geht, die Dynamik von Interaktionen oder von sozialen Systemen zu erkunden (vgl. Schreyögg, 2003). Daher kann diese Technik als »Königsweg« angesehen werden, wenn es darum geht, individuelle Selbstdarstellungsmuster als zentrale Moderatorvariable des Zusammenspiels von Innen- und Außensicht einer Person zum einen zu klären, zum anderen auch zu verändern: Wurden durch den Rollentausch bestimmte unerwünschte Interaktionsmuster identifiziert, so können diese zunächst in Übungsrollenspielen (s. Abschn. 11.2.2) und anschließend im Arbeitsalltag über den Klienten als aktiven Rollenpartner modifiziert werden.

Imaginativer Rollentausch. Neben dem stellvertretenden Rollentausch kann im Coaching auch der »Imaginative Rollentausch« (Schreyögg, 2005; 2006) zum Einsatz kommen: Hierbei übernimmt der Klient in seiner Vorstellung die Rolle seines Gegenübers. Die Zielsetzungen des imaginativen Rollentauschs bestehen darin, Emotionen und Reaktionsbereitschaften eines Gegenübers zu erkunden, Einblick in aktuell diskutierte

Interaktionsmuster zwischen dem Klienten und beruflichen Interaktionspartnern zu erhalten sowie Deutungs- und Handlungsmuster des Klienten zu modifizieren (vgl. Schreyögg, 2005). Der in Frage stehende Interaktionspartner soll vom Klienten zunächst auf einen leeren Stuhl imaginiert werden. Der Klient wird dazu gebeten, die imaginierte Person genau zu beschreiben, sich innerlich möglichst intensiv auf sie einzustellen und deren Wirkung auf sich selbst zu reflektieren. Anschließend werden die Rollen »getauscht«, indem der Klient auf den leeren Stuhl wechselt und versucht, sich in die Rolle des Gegenübers einzufühlen. Mit der Methode können nicht nur eigene Deutungsmuster gegenüber dem Interaktionspartner aufgedeckt, sondern auch zukünftige Interaktionen mit dem betreffenden Interaktionspartner vorbereitet werden.
Auswertungsphase. Nach Durchführung des Rollenspiels mit getauschten Rollen wird der Coachingteilnehmer gebeten, seine Eindrücke aus Sicht der Rolle z. B. des Mitarbeiters XY zu schildern. Besteht die Zielsetzung des Rollentauschs eher darin, die Fähigkeit zur Perspektivenübernahe beim Klienten zu schulen, sollte sich die Nachbesprechung z. B. an folgenden Fragen orientieren:

- Wie haben Sie sich als Mitarbeiter XY im Rollenspiel gefühlt?
- Wie haben Sie als Mitarbeiter XY die Situation gesehen?
- Was haben/hätten Sie als Mitarbeiter XY gebraucht? Was war Ihnen wichtig?

Wird der Rollentausch mit dem Ziel eingesetzt, individuelle Selbstdarstellungsmuster zu identifizieren, sollten in der Nachbesprechung folgende Fragen bearbeitet werden:

- Wie hat Ihr Gegenüber auf Sie als Mitarbeiter XY gewirkt?/Welchen Eindruck hatten Sie von Ihrem Gegenüber? Welche Verhaltensweisen Ihres Gegenübers haben zu diesem Eindruck geführt?
- Was ist Ihnen als Mitarbeiter XY an Ihrem Gegenüber positiv aufgefallen?
- Mit welchen Verhaltensweisen Ihres Gegenübers hatten Sie Schwierigkeiten? Was hätten Sie stattdessen von Ihrem Gesprächspartner gebraucht?

9.2.4 Visualisierung von Kommunikations- und Selbstdarstellungsmustern

Wurden durch den Einsatz von Rollenspiel, Videofeedback oder Techniken des Psychodramas bestimmte habituelle Interaktionsmuster identifiziert, so ist es hilfreich, diese zu visualisieren, um Ansatzpunkte für Veränderungen erkennen zu können. In welcher Form die dynamische Interaktion von »innen« und »außen« veranschaulicht wird, hängt von den Zielsetzungen und zu bearbeitenden Themen des Coachingteilnehmers ab. Im Folgenden werden Modelle vorgestellt, die aus unserer Sicht besonders geeignet sind, um individuelle Kommunikations- und Selbstdarstellungsmuster darzustellen.

Kommunikationsstile als Kreislaufschemata

Schulz von Thun (2003a) beschreibt zwischenmenschliche Beziehungsdynamiken in Form von Kreislaufschemata, die er als das »kleine Einmaleins« bezeichnet, wenn es darum geht, die Interaktionsmuster zwischen zwei Menschen zu beleuchten. Bestimmte »typische« Arten, mit anderen Menschen in Kontakt zu treten, zu sprechen und die Beziehung zu gestalten, fasst Schulz von Thun (2003a) in acht Kommunikations- bzw. Interaktionsstilen zusammen. Diese Stile der Kontaktgestaltung stellen ein Beispiel für eine differentiell-psychologische Betrachtungsweise (vgl. Abschn. 1.2.1) dar. Schulz von Thun (2003a) beschreibt die acht Kommunikationsstile als ein Zusammenspiel der »Innenseite« und der »Außenseite« des Verhaltens, die beide einen »schätzenswerten Teil der individuellen Persönlichkeit« (S. 16) ausmachen. Das Ziel für die Auseinandersetzung mit Kommunikationsstilen liegt demnach darin, sich sowohl mit der Innenseite als auch mit der Außenseite als genuinen Teil der individuellen Persönlichkeit (vgl. Abschn. 1.2.3) zu beschäftigen: »Entwickle eine Bewußtheit über deine Art und Weise, dich ›außenseitig‹ zu geben und dadurch den Kontakt zu gestalten, und lerne zu verstehen, was dieser Stil dir *ermöglicht, erspart* und *verbaut*. Identifiziere dich nicht einseitig mit deinen Außenmustern – sie sind wichtig und gehören zu dir, aber ›dahinter‹ ist noch mehr, ein inneres Geschehen, das dich auch ausmacht und zu dem du den Kontakt nicht abreißen lassen bzw. wiederherstellen solltest« (Schulz von Thun, 2003a, S. 16).

Die Auseinandersetzung mit Kommunikationsstilen nach Schulz von Thun entspricht der Klärung von Selbstinterpretationsstilen im Persönlichkeitscoaching, die sowohl die Innensicht (Selbstbilder, Motive, Affekte), das individuelle Selbstdarstellungsverhalten und die entsprechende Außensicht, als auch deren Wechselwirkung umfassen.

Als Beispiel für einen markanten Kommunikations- oder Selbstinterpretationsstil lässt sich der mitteilungsfreudig-dramatisierende Stil (Schulz von Thun, 2003a) anführen. Persönlichkeiten, die durch diesen Stil gekennzeichnet sind, haben die Fähigkeit zum effektvollen Erzählen, bei dem die eigene Person stets im Mittelpunkt steht.

Beispiel

»Stell' dir vor, zum dritten Mal in diesem Monat hatte ich einen Unfall. Fährt mir doch so ein Depp hinten drauf. Ich bin fast ausgerastet. Ich steig' aus mit zitternden Knien. Was sehe ich? Einen wahnsinnig gut aussehenden Typen: markantes Gesicht, tierisch cool, Designerklamotten. Ein Traummann! Der hat sich dann um alles gekümmert. Aber das Beste kommt noch: Der wollte mich heiraten« (Laux & Renner, 2008a, S. 262).

Schulz von Thun (2003a) analysiert den mitteilungsfreudig-dramatisierenden Stil unter dynamisch-interaktiver Perspektive, d. h., wie die Reaktionen des Zuhörers die Selbstdarstellung des Dramatisierers beeinflussen. »Der zuhörende ›Normal-Mensch‹ gewinnt – halb kopfschüttelnd, halb neidisch – den Eindruck, daß sich derlei Aufregendes in seinem Leben nie zuträgt. Möglich sogar, daß ihm der Verdacht aufdämmert, ein etwas eintöniges und langweiliges Leben zu führen, in welchem sich nichts wirklich Berichtenswertes zuträgt. So bleibt ihm nur die Rolle des gebannten Zuhörers; er gibt gelegentliche Rückmeldungen von Überraschung, Faszination und von mitfiebernder Anteilnahme. Das Spiel ist perfekt: Der Mitteilungsfreudige fühlt sich bestätigt und kommt nun erst richtig in Fahrt« (Schulz von Thun, 2003a, S. 234).

Strukturmodelle. Bei der Darstellung verschiedener Kommunikationsstile (wie z. B. der oben beschriebene mitteilungsfreudig-dramatisierende Stil) bedient sich Schulz von Thun dreier gedanklicher Werkzeuge bzw. Strukturmodelle. Diese sollen verschiedene Aspekte zwischenmenschlichen Geschehens strukturieren und damit eine Orientierung ermöglichen (im Detail s. Schulz von Thun, 2003a): Es handelt sich dabei um das Nachrichten-Quadrat (Schulz von Thun, 1981), das Werte- und Entwicklungsquadrat (Helwig, 1967, zit. n. Schulz von Thun, 2003a; s. Abschn. 3.2.4) sowie das Teufelskreis-Schema (Thomann & Schulz von Thun, 1988; zit. nach Schulz von Thun, 2003a). Für die Visualisierung von Kommunikations- und Selbstdarstellungsmustern als zirkuläre Interaktion eignet sich besonders das Teufelskreisschema, das die Reaktionen der Interaktionspartner als wechselseitige Beeinflussung darstellt: »Mit dem *Teufelskreis-Schema* verbindet sich die Erkenntnis, daß kommunikative Eigentümlichkeiten eines Menschen nicht nur Ausdruck seiner Persönlichkeit und Befindlichkeit sind, sondern auch innerhalb einer *Beziehungsdynamik* wiederholt entfacht und regelhaft eingespurt werden« (Schulz von Thun, 2003a, S. 17).

Das Teufelskreisschema kann sowohl zur Visualisierung der Erkenntnisse zur Beziehungsdynamik herangezogen werden, die der Coachingteilnehmer z. B. in vorausgehenden Rollenspielen gewonnen hat, als auch dazu dienen, Ansatzpunkte der Veränderung zu identifizieren. Das Modell eignet sich jedoch nicht nur zur Darstellung problematischer Interaktionen, sondern kann auch zur Visualisierung zielführender Interaktionsmuster genutzt werden. Individuelle Verhaltensweisen des Coachingteilnehmers, die z. B. in vorausgegangenen Rollenspielen als spezifische Ressourcen identifiziert wurden, können so in ihrem Wechselspiel mit der erzielten Außenwirkung und der entsprechenden Reaktion der Interaktionspartner aufgezeigt und damit ggf. in zukünftigen Interaktionen bewusst eingesetzt werden.

Abbildung 9.10 (s. Abschn. 9.3.1) zeigt den Interaktionsstil von Herrn P. in einer ausgewählten Interaktionssituation als Teufelskreismodell.

Dynamisches Interaktionsmodell zum Zusammenspiel von Innen- und Außensicht

Um die individuelle Art und Weise der Selbstinterpretation mit den zugrunde liegenden Komponenten (Innensicht, Außensicht, Individuelle Personmerkmale, Selbstdarstellungsverhalten) und deren jeweiliger Wechselwirkung zu veranschaulichen, kann mit dem Coachingteilnehmer eine vereinfachte Form des Modells zur dynamischen Interaktion von Innen- und Außensicht – wie es in den jeweiligen Theoriekapiteln der bisherigen Coachingschritte sukzessive entwickelt wurde – z. B. auf einem Flipchartbogen erstellt werden. Dabei wird von einer konkreten Interaktionssituation ausgegangen.

Beispiel

Führungskraft Herr X führt ein Gespräch mit der Mitarbeiterin Z. Im Gespräch soll eine Lösung für ein Problem gefunden werden, für dessen Entstehung weder Frau Z noch Herr X verantwortlich sind, das aber in den Aufgabenbereich von Frau Z fällt.

Ausgehend von den Erkenntnissen, die Herr X z. B. durch das diagnostische Rollenspiel über die Interaktionssituation mit seiner Mitarbeiterin gewonnen hat, wird zunächst die situationsspezifische »Innensicht« mit den in der Situation aktivierten Motiven, Affekten und Selbstbildern auf einem Plakat dargestellt (s. Abb. 9.6):

Herr X sieht sich selbst als zielorientierten und strukturierten Gesprächspartner und hat in vergangenen Situationen die Erfahrung gemacht, dass er gut Lösungsvorschläge einbringen kann (reale Selbstbilder). Ein normatives Selbstbild, das in der Situation aktiviert ist, bezieht sich auf den Anspruch an sich selbst, dem Gesprächspartner eine fertige Lösung für sein Problem anbieten zu müssen. Herr X möchte diesem Anspruch an sich selbst genügen und fühlt sich u. a. deshalb in der Situation ungeduldig und angespannt. Sein Ziel ist es, auf seine Mitarbeiterin kompetent zu wirken und ihr das Gefühl zu vermitteln, dass er an ihrem Problem interessiert ist. Er möchte einen engagierten und hilfsbereiten Eindruck auf die Mitarbeiterin machen.

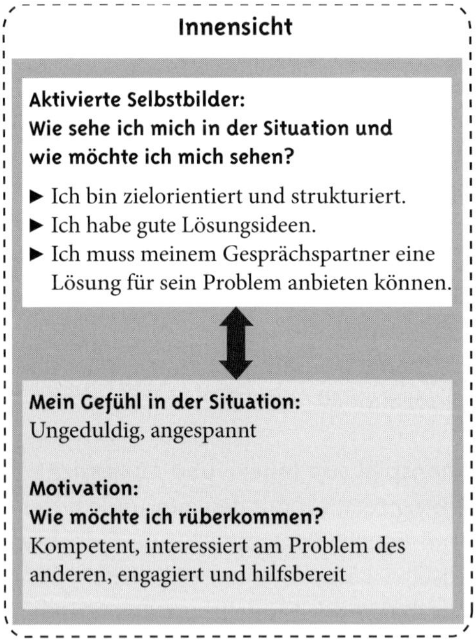

Abbildung 9.6 Beispiel zur Visualisierung von Interaktionsmustern – Innensicht

In einem nächsten Schritt werden Wahrnehmungs- und Handlungskompetenzen von Herrn X als spezifische, situationsrelevante Ressourcen und Vulnerabilitäten zusammenfassend aufgeschrieben und das aus der Innensicht und den Kompetenzen resultierende Selbstdarstellungsverhalten auf dem Plakat ergänzt (s. Abb. 9.7).

Beispiel

Im Rollenspiel wurde deutlich, dass Herr X über ausgeprägte Handlungskompetenzen verfügt, um sich in der spezifischen Situation kompetent darzustellen. Dazu gehören seine Argumentationsfähigkeit, seine Fähigkeit, das Gespräch zu strukturieren und ein selbstsicheres Auftreten. Vulnerabilitäten im Sinne von Persönlichkeitsmerkmalen, die das Erreichen eines Ziels verhindern, liegen in der konkreten Gesprächssituation in der schwach ausgeprägten Wahrnehmungskompetenz. Herrn X fällt es schwer, Signale der Mitarbeiterin in der Gesprächssituation wahrzunehmen und zu deuten.

Das konkrete Selbstdarstellungs- bzw. Interaktionsverhalten wird anhand der Beobachtungen aus dem Rollenspiel mit folgenden Stichpunkten zusammengefasst: Herr X redet in der Situation viel, unterbricht seine Gesprächspartnerin, macht Vorschläge und erklärt seine Lösungsideen. Seine Anspannung und Ungeduld macht sich darin bemerkbar, dass er oft seufzt und auf die Uhr blickt.

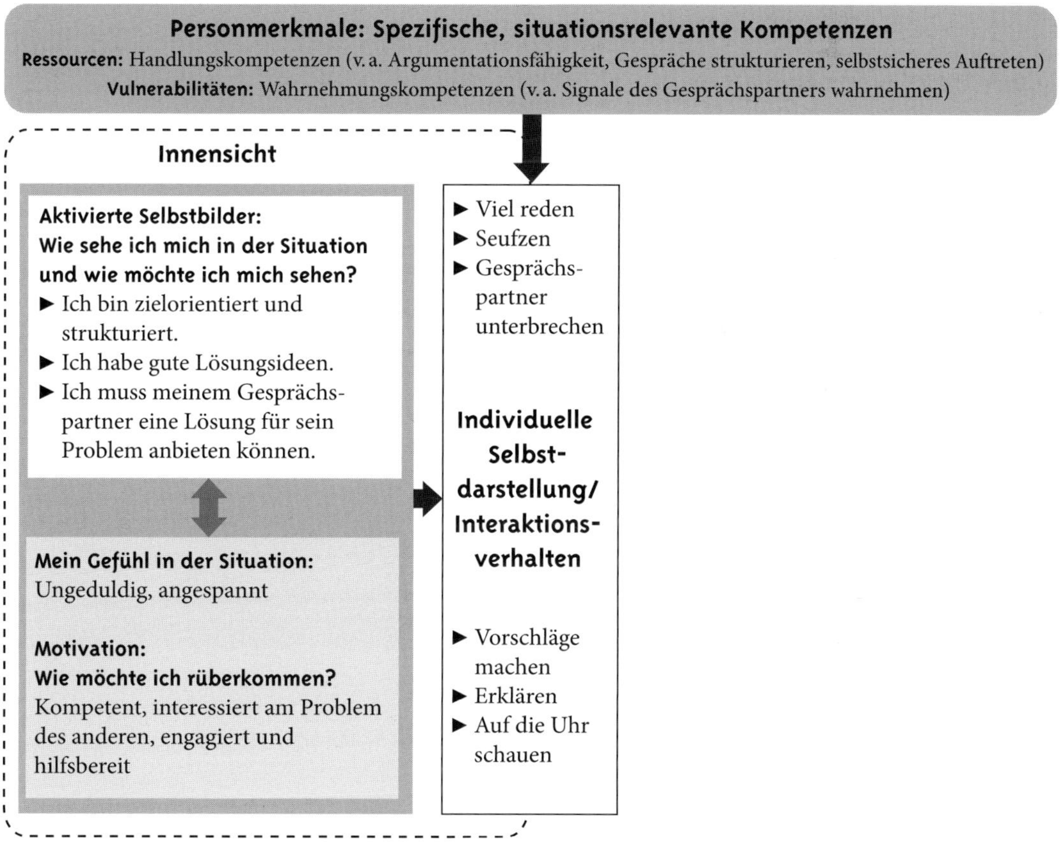

Abbildung 9.7 Beispiel zur Visualisierung von Interaktionsmustern – Innensicht, Kompetenzen und individuelles Selbstdarstellungsverhalten

Auf Basis der Erkenntnisse, die Herr X durch einen Rollentausch über die Interaktionssituation mit seiner Mitarbeiterin Frau Z gewonnen hat, wird die Visualisierung in einem nächsten Schritt durch die Außensicht mit den entstandenen Fremdbildern ergänzt (s. Abb. 9.8).

Beispiel

Im Rollentausch erlebte Herr X das eigene Verhalten aus der Sicht der Mitarbeiterin als dominant. In der Nachbesprechung des Rollentauschs schilderte Herr X, dass er aus Sicht der Mitarbeiterin hektisch und gestresst wirkt. Er gebe zwar viele gute Ratschläge, höre aber nicht zu, welche Ideen die Mitarbeiterin hat.

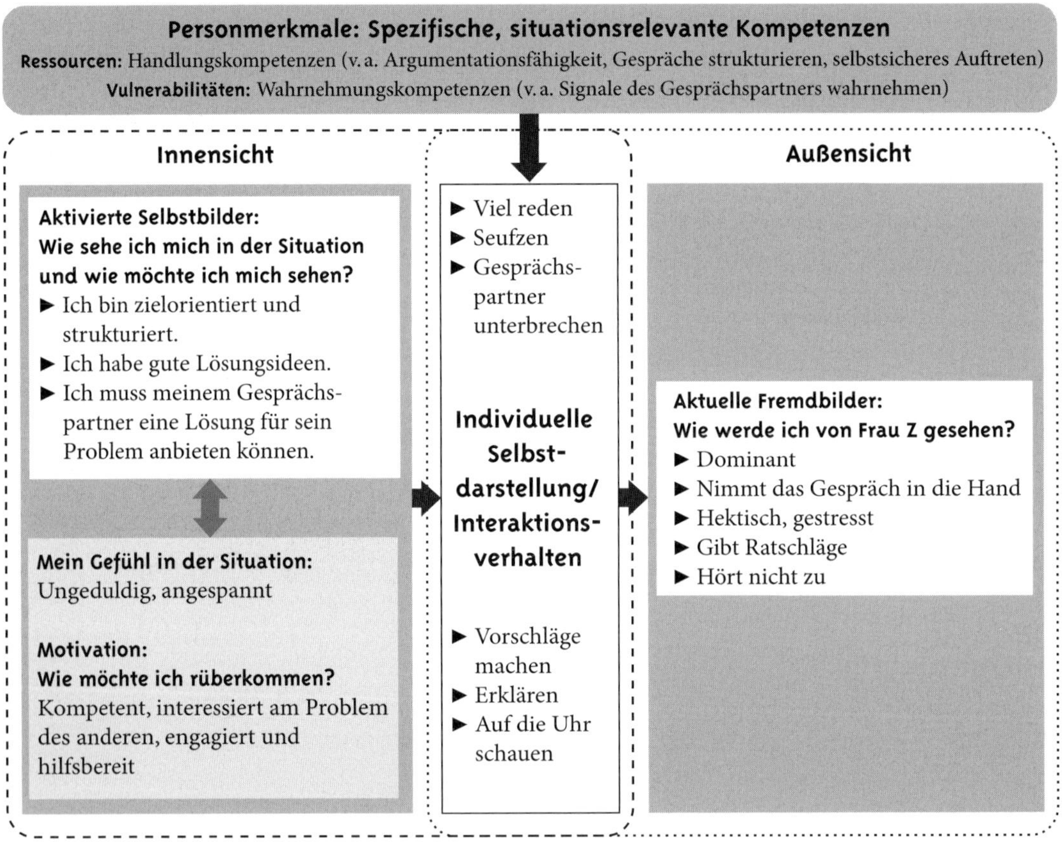

Abbildung 9.8 Beispiel zur Visualisierung von Interaktionsmustern – Innensicht, Kompetenzen, individuelles Selbstdarstellungsverhalten und Außensicht

Im abschließenden Schritt wird die Visualisierung der dynamischen Interaktion zwischen Herrn X und Frau Z vervollständigt, indem zum einen die Reaktion der Mitarbeiterin auf Herrn Xs Verhalten und zum anderen die Interpretation dieser Reaktion durch Herrn X hinzugefügt wird (s. Abb. 9.9).

Beispiel

In der Schilderung der realen Gesprächssituation durch Herrn X kam zum Ausdruck, dass Frau Z passiv reagiert, wenig sagt und keine eigenen Ideen äußert. Im Rollenspiel wurde zudem deutlich, dass Frau Z auf Herrn X dominantes Gesprächsverhalten verärgert reagiert. Herr X interpretiert das zurückhaltende Verhalten von Frau Z als Ausdruck ihrer Schwierigkeit, eigene Lösungsideen zu generieren und schließt daraus, dass Frau Z seine Hilfe braucht. Damit wird Herrn Xs Anspruch an sich selbst bestätigt, seiner Gesprächspartnerin eine fertige Lösung für das Problem anbieten zu müssen, was wiederum Herrn Xs Verhalten verstärkt, Vorschläge zu machen und viel zu reden. Insgesamt verfestigt sich das Interaktionsmuster zwischen Herrn X und Frau Z.

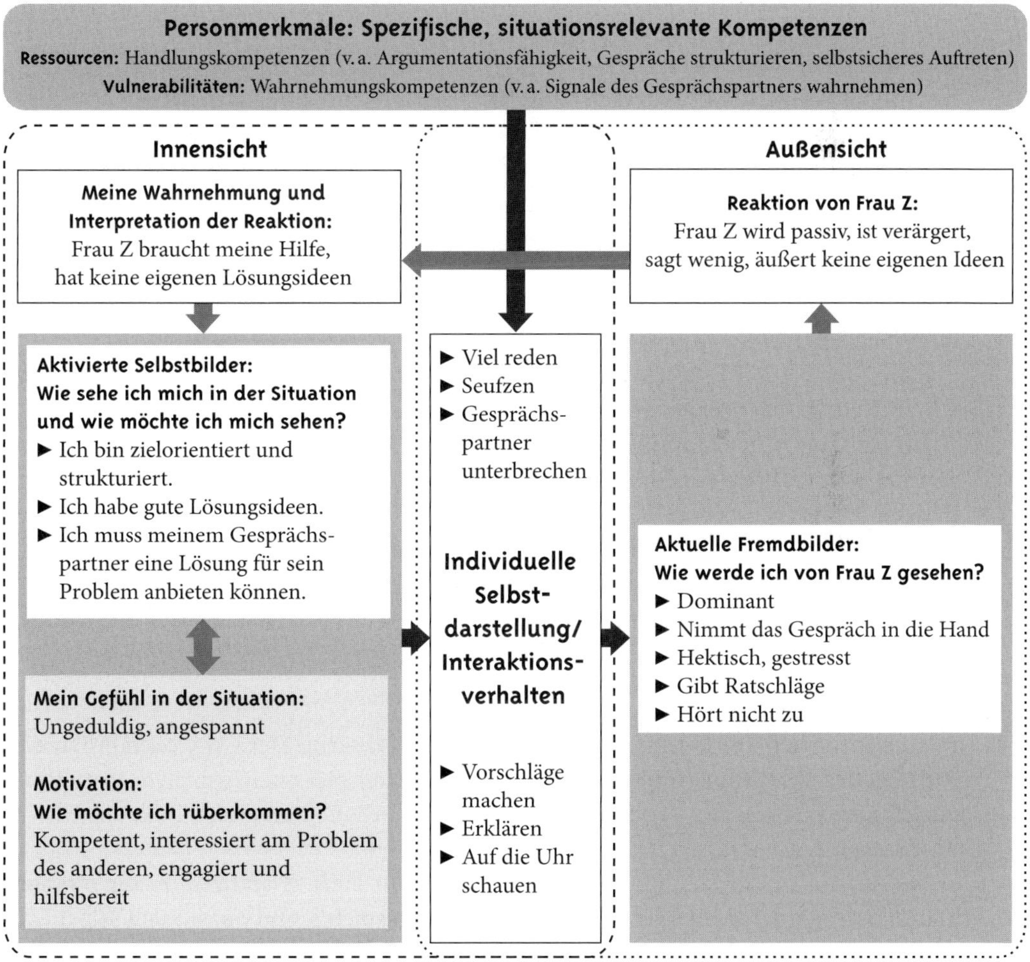

Abbildung 9.9 Beispiel zur Visualisierung von Interaktionsmustern – Dynamisches Interaktionsmodell

9.3 Fallbeispiel Schritt 5

Die Antworten auf die Leitfragen »Wie hängen die Außen- und die Innensicht meiner Persönlichkeit zusammen? Welche individuellen Selbstdarstellungsmuster habe ich?« werden mit Herrn P. zunächst anhand einer konkreten Interaktionssituation mithilfe eines diagnostischen Rollenspiels und der Technik des Rollentauschs erarbeitet und die Erkenntnisse zur Beziehungsdynamik in einem Kreislaufschema zusammengefasst. In einem nächsten Schritt werden situationsübergreifende Selbstdarstellungsmuster im Dialog identifiziert und zentrale Aspekte im dynamischen Interaktionsmodell visualisiert.

9.3.1 Identifizierung von Interaktionsmustern in einer konkreten Situation

Diagnostisches Rollenspiel

Im Rollenspiel wird ein Gespräch zwischen Herrn P. und einer Mitarbeiterin nachgestellt, in dem gemeinsam ein neuer Arbeitsvorgang geplant und diesbezügliche Ziele festgelegt werden sollen. Herr P. hatte diese Situation zur Analyse seines Interaktionsverhaltens im Rollenspiel ausgewählt, da er sie als »typisch« dafür erachtete, wie die Kommunikation mit seinen Mitarbeitern abläuft. Herr P schätzte die Situation als passendes Beispiel für die Bearbeitung des Coachingthemas 2 (hohe Erwartungen anderer Personen an seine Problemlösefähigkeit) und des Coachingthemas 3 (Förderung des Engagements der Mitarbeiter) ein.

Herr P. wird zunächst dazu angeleitet, sich im Rollenspiel möglichst so zu verhalten, wie er es auch in der realen Situation getan hat. Die Rolle der Mitarbeiterin wird durch einen Co-Coach übernommen, der vorher von Herrn P. in die Situation eingeführt worden war und für das Rollenspiel relevante Informationen über die Mitarbeiterin erhalten hatte.

Im Rollenspiel wird deutlich, dass Herr P. einen erheblich größeren Redeanteil als die Mitarbeiterin hat und wenig Fragen stellt. Er beginnt das Gespräch mit einem Vorschlag und holt hauptsächlich Zustimmung von der Mitarbeiterin zu diesem Vorschlag ein.

Rollentausch

In einem zweiten Durchgang werden die Rollen getauscht: Der Co-Coach erhält den Auftrag, das Verhalten von Herrn P. im ersten Rollenspiel nachzuspielen, Herr P. begibt sich in die Rolle der Mitarbeiterin. Herrn P.s Verhalten im ersten Rollenspiel wird durch den Co-Coach möglichst 1 : 1 nachempfunden.

Bei der Nachbesprechung des Rollentauschs gibt Herr P. an, dass es für ihn sehr aufschlussreich gewesen sei, seine Mitarbeiterin zu spielen und quasi »sich selbst« aus der Perspektive der Mitarbeiterin im Gespräch zu erleben. Es sei ihm aufgefallen, dass er in der Rolle der Mitarbeiterin gar keine Chance gehabt habe, zu Wort zu kommen, geschweige denn, eigene Ideen einzubringen. Er habe sich in der Rolle der Mitarbeiterin im Verlauf des Gesprächs zunehmend geärgert, dass sein Gegenüber ihm keine Gelegenheit gab, eigene Ideen darzustellen. Bereits nach kurzer Zeit habe er resigniert: »Ich hatte auch irgendwann gar keine Lust mehr, was zu sagen, da für meinen Rollenspielpartner die Lösung sowieso schon feststand und ich das Gefühl hatte, dass wir eigentlich nur ›pro forma‹ über Umsetzungsmöglichkeiten reden.«

Visualisierung des Interaktionsstils im Kreislaufschema

Ausgehend von der Erfahrung im Rollentausch werden verschiedene Gesprächssituationen im Coachinggespräch analysiert und auf typische Interaktionsmuster hin untersucht. Herr P. beschreibt folgende typische Kommunikationsmuster, die ihm durch den Rollentausch bewusst geworden sind:

- Es sei ihm sehr wichtig, dass ein Gespräch effektiv abläuft. Dies heißt für ihn, dass es in kurzer Zeit Ergebnisse geben sollte und feststeht, was in Bezug auf den Gesprächsgegenstand weiterhin getan wird.
- Wenn ihm etwas wichtig sei, dann rede er sehr viel, mache viele Vorschläge und versuche möglichst schnell, Lösungen zu finden.
- Er gebe im Gespräch immer mehr Antworten, als er Fragen stelle. Es mache ihm Spaß, anderen Personen etwas zu erklären.
- Er bestimme das Gespräch und fühle sich unwohl, wenn Pausen im Gespräch entstehen.

Ausgehend von diesen Erkenntnissen wird mit Herrn P. ein Verstärkungs- bzw. Teufelskreismodell seines Interaktionsmusters erarbeitet und visualisiert (s. Abb. 9.10).

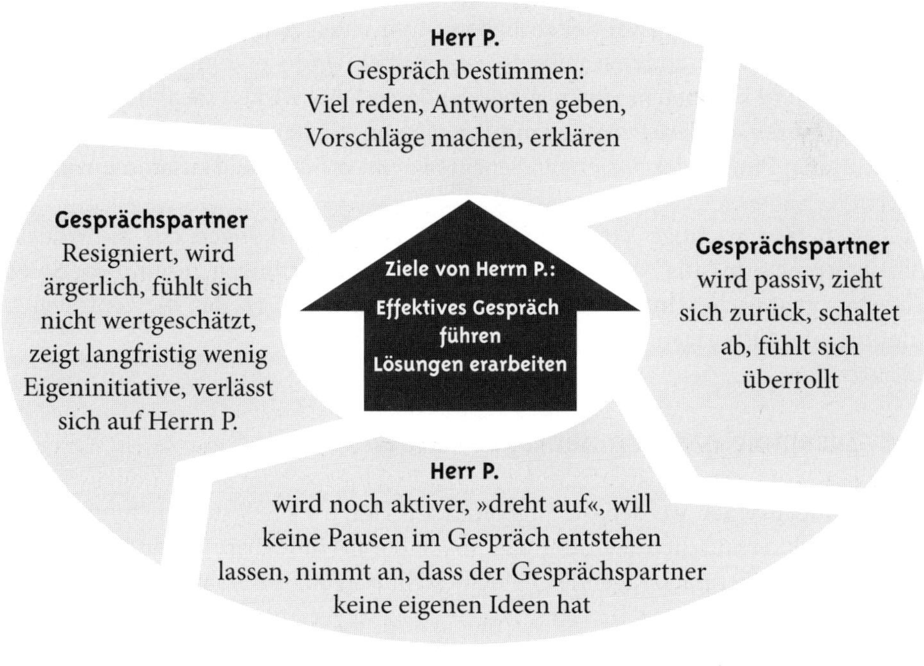

Abbildung 9.10 Kreislaufschema zum Interaktionsstil von Herrn P.

9.3.2 Visualisierung des Selbstinterpretationsstils im dynamischen Interaktionsmodell

C: Wie würden Sie denn Ihre bisherigen Erkenntnisse über Ihr eigenes Selbstdarstellungsverhalten zusammenfassen?

P: Also, ich möchte gerne gut rüberkommen. Das heißt, dass ich eher locker wirken möchte und engagiert und eben nicht der ernste, zugeknöpfte Chef sein will. Das mit dem gut rüberkommen scheint aber nicht immer zu klappen, wie ich aufgrund der Rückmeldungen zu meinem Humor im Führungsfeedback feststellen musste.

C: Ein zentrales Selbstbild, das Sie eigentlich nach außen tragen wollen, ist der lockere und humorvolle »Sunnyboy« aus Ihrem Inneren Team. Ein Fremdbild, das Ihnen rückgemeldet wurde, ist jedoch, dass Sie teilweise Witze auf Kosten anderer machen und manchmal etwas unsensibel wirken.

P: Überspitzt formuliert könnte man vielleicht sagen, dass ich mit meinem Humor und mit meinem Aktionismus wie ein »Elefant im Porzellanladen« bin. Zumindest war dies das Bild, was mir zu den Ergebnissen aus dem Führungsfeedback eingefallen ist: Ich soll sensibler für die Stimmungen meiner Mitarbeiter sein, soll besser zuhören, Meinungen anderer ernst nehmen, nicht so ironisch sein und einen angemesseneren Umgangston finden. Und im Rollentausch habe ich das ja eindrücklich auch selbst erlebt, wie ich mit meinem Aktionismus mein Gegenüber »platt mache«.

C: Es scheint so zu sein, als ob diejenigen Merkmale, die sie als Führungsperson ausmachen, jeweils zwei Seiten haben: Zum einen wirken sie locker und kontaktfreudig, zum anderen teilweise unsensibel. Und sie kommen einerseits engagiert und kompetent rüber, auf der anderen Seite wirken sie aktionistisch und »überfahren« andere Personen mit Ihren Ideen. Vielleicht versuchen wir mal, die zentralen Punkte der bisherigen Schritte in einem Schaubild zusammenzufassen. […]

Der Coach fasst wichtige Komponenten und Wechselwirkungen des individuellen Selbstinterpretationsstils von Herrn P. auf einem Flipchartbogen zusammen. So entsteht ein dynamisches Interaktionsmodell (s. Abschn. 9.2.4), das die zentralen Erkenntnisse der bisherigen Schritte visualisiert (s. Abb. 9.11).

9.3.3 Zusammenfassung der Ergebnisse aus Schritt 5

Im Coachinggespräch werden die Ergebnisse zu Herrn P.s Selbstdarstellungsmustern und habituell vermittelten Selbstbildern sowie daraus ableitbare Veränderungen zusammengefasst. Der nachfolgende Dialog bezieht sich auf die Abbildung 9.12.

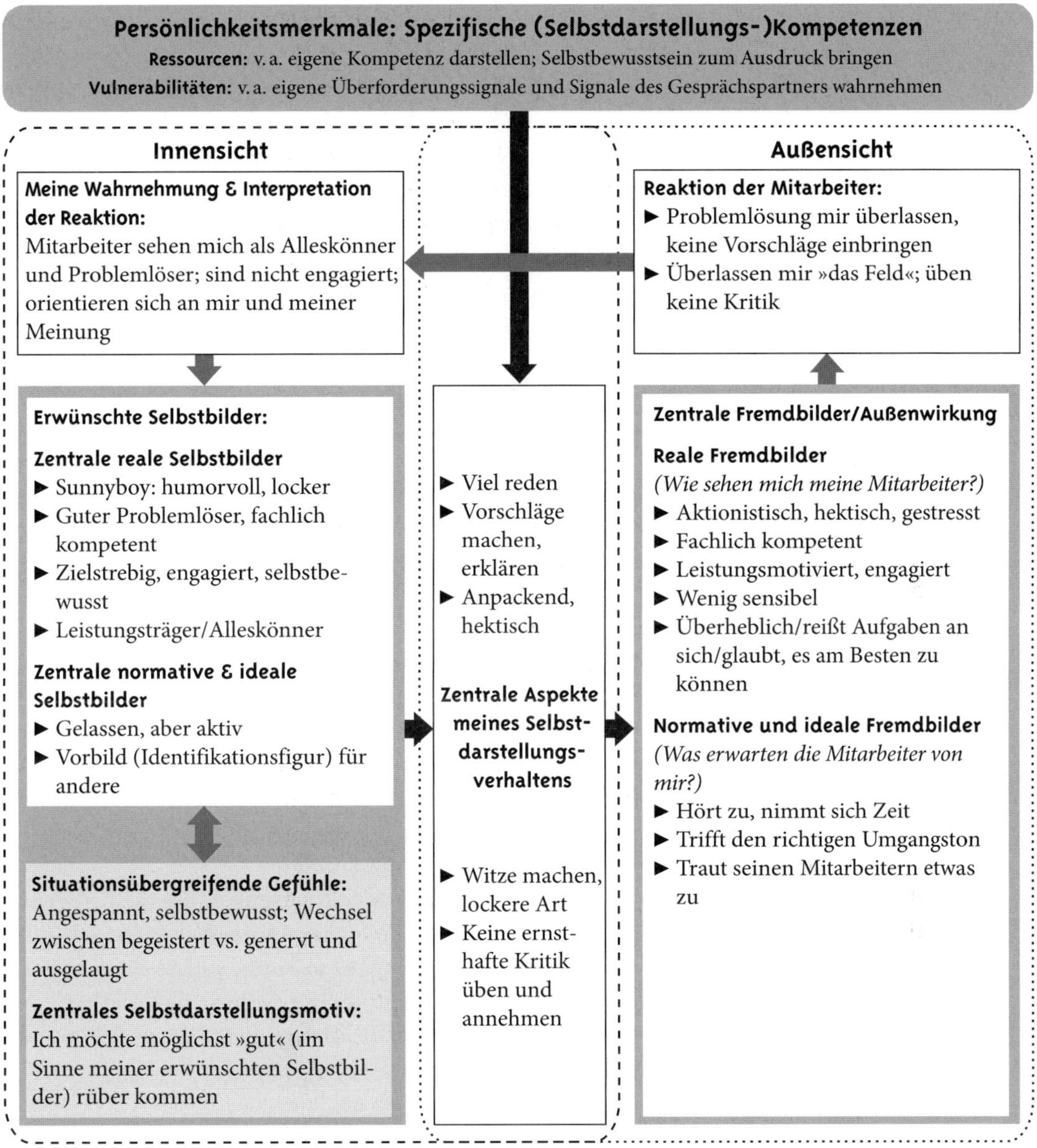

Abbildung 9.11 Dynamisches Interaktionsmodell zu Herrn P.s Selbstinterpretationsstil – Zentrale Komponenten und deren Wechselwirkung

C: Lassen Sie uns versuchen, die zentralen Aspekte Ihres Selbstdarstellungsverhaltens – also das, was hier zwischen der Innen- und der Außensicht steht – auf den Punkt zu bringen: Wie würden Sie in ein paar Schlagworten beschreiben, wie Sie sich als Führungsperson typischerweise nach außen präsentieren?

P: Ich würde sagen, ich präsentierte mich locker-humorvoll, sehr selbstbewusst, als ob ich alles im Griff habe und die besten Lösungen kenne. Außerdem verhalte ich mich sehr aktiv, packe die Dinge an und warte wenig ab. Und ich zeige auch, wenn ich von etwas begeistert bin, dass ich mich gerne für die Dinge engagiere – das ist mir wichtig, dass das auch rüberkommt. Und ich stelle mich anscheinend so dar, als ob mir die anderen egal wären, das, was andere denken und fühlen und so.

C: *(schreibt die Schlagworte auf Karteikarten)* Wenn Sie für diese Schlagworte eine gemeinsame Überschrift finden müssten, also gewissermaßen ein »Etikett« für Ihr persönliches Selbstdarstellungsmuster, wie würde diese lauten?

P: Also »Elefant im Porzellanladen« passt eigentlich nur dazu, dass ich andere Personen mit meinem Aktionismus überfahre, aber nicht zu den anderen Beschreibungen. Außerdem klingt das so, als ob ich die Dinge nur kaputt mache, das stimmt ja überhaupt nicht, denn erfolgreich bin ich ja! Also, ich finde zu den Beschreibungen passt am besten die Überschrift »der selbstbewusste Macher«.

C: Wenn Sie die Interaktion zwischen Ihrer Innensicht und der Außensicht so verändern möchten, dass es zu ihren persönlichen Zielen und zu den Erwartungen Ihrer Mitarbeiter passt, an welchen Aspekten Ihres Selbstdarstellungsverhaltens könnten Sie dann aus Ihrer Sicht am besten ansetzen? Was an Ihrer Selbstdarstellung müssten Sie verändern?

P: Wenn ich gelassen und weniger hektisch rüberkommen und ein Vorbild für meine Mitarbeiter sein möchte, dann sollte ich auch zeigen, dass ich meine Mitarbeiter ernst nehme, indem ich mir Zeit für Gespräche nehme und auch mal zuhöre. Und ich sollte manchmal den »Narzissten« aus meinem Inneren Team stärker in den Hintergrund verbannen, sonst komme ich ja so rüber, als ob ich nur das gut finde, was ich selber mache. Das heißt, ich muss meine Mitarbeiter mehr mit einbeziehen, wenn es darum geht, Lösungen zu finden.

C: Passt zu diesen Verhaltensweisen Ihr Selbstdarstellungsetikett des »selbstbewussten Machers«? Oder braucht es noch eine andere Art und Weise der Selbstdarstellung, die den selbstbewussten Macher ergänzen kann, sodass Sie gelassener wirken, Vorbild für Ihre Mitarbeiter sind und Ihre Mitarbeiter merken, dass Sie ihnen etwas zutrauen? Welche Überschrift könnte diese Art und Weise der Selbstdarstellung zum Ausdruck bringen?

P: Da geht es ja dann weniger um mich selbst, als auch um das Team. Also vielleicht nicht mehr nur »Selbst-bewusst«, sondern auch »Team-bewusst«? Und eben nicht immer nur machen, sondern auch machen lassen.

C: Trotzdem wollen Sie ja das Vorbild bleiben, also aufzeigen, in welche Richtung es geht und Ihre Mitarbeiter anleiten. Es geht also nicht darum, einfach nur machen zu lassen, sondern gemeinsam in eine vorgegebene Richtung zu arbeiten. Aber dabei eben auch die Expertise Ihrer Mitarbeiter zu nutzen.

P: Korrekt. In Zukunft möchte ich mich nicht nur als selbstbewusster Macher darstellen, der als Führungsperson über den anderen steht und alle Fäden in der Hand hält, sondern vielleicht eher so wie ein Steuermann. Ich finde, das Bild des Steuermanns passt gleichzeitig zu dem, wie ich bin und wie ich sein möchte:

Ich sitze mit meinen Mitarbeitern im gleichen Boot, brauche die Informationen derer, die im Krähennest sitzen. Das sind bei mir die Mitarbeiter im Außendienst und die Mitarbeiter aus dem Beschwerdemanagement. Die bekommen als erste mit, wenn etwas schiefgeht und wir auf einen Eisberg zusteuern. Da kommen dann auch meine zwei neuen Mitglieder im Inneren Team ins Spiel: »Der Beziehungsmanager« und »der selbstkritische Beobachter«. Als Steuermann muss ich zuhören, welche Informationen und Vorschläge meine Mitarbeiter haben. Und ich muss dafür sorgen, dass die Atmosphäre an Bord nicht kippt, denn auf dem Schiff können wir uns nicht aus dem Weg gehen. Und ich muss natürlich die Situation und mich selbst kritisch beobachten, damit ich keine vorschnellen Entscheidungen treffe. Trotzdem bestimme ich die Richtung, denn ich bin wirklich davon überzeugt, dass ich das am besten kann. Den »Narzissten« in meinem Inneren Team, den können Sie mir nämlich nicht wegcoachen!

C: Das wollten wir auch nicht. Im Gegenteil: Es geht um die Gestaltung Ihrer unverwechselbaren Führungsidentität, zu der eben auch der »Narzisst« in Ihrem Inneren Team gehört. Die Frage, die sich stellt ist, wie sie den »Narzissten« in sich in Zukunft zum Ausdruck bringen wollen, damit es den gerade genannten Zielsetzungen entspricht.

Abbildung 9.12 Herr P.s aktuelle und erwünschte Selbstdarstellungsmuster: Vom »selbstbewussten Macher« zum »Steuermann mit Selbstironie«

P: Ganz klar – mit Humor. Jetzt, da ich weiß, dass der »Narzisst« in meinem Inneren Team eine zentrale Position einnimmt und auch weiß, dass mein Humor bei anderen nicht immer gut ankommt, kann ich ja beide Erkenntnisse kombinieren: Nicht über andere Witze machen, sondern über meine persönlichen kleinen Eigenheiten. Ich glaube, das würde ich hinkriegen, dass ich im Mitarbeitergespräch auch mal so etwas sage, wie: »Na, jetzt habe ich Sie mit meinem Aktionismus wieder ganz schön in die Ecke gedrängt. Jetzt lasse sich Sie auch mal zu Wort kommen.« Damit lautet mein neues Selbstdarstellungsmotto: »Steuermann mit Selbstironie«.

10 Schritt 6: Klärung von Rahmenbedingungen

Leitfragen zu Schritt 6. Welches sind die spezifischen Rahmenbedingungen, innerhalb derer ich führe? Welche dieser Rahmenbedingungen nehmen besonderen Einfluss auf die Entwicklung einer Führungsidentität?

In Coachingschritt 5 ging es um den Prozess des Austausches von Selbst- und Fremdbildern zwischen der Führungsperson und ihren beruflichen Interaktionspartnern (Selbstinterpretation, s. Abschn. 9.1.2 und 9.1.5). Die dynamische Interaktion von »innen« und »außen« findet jedoch nicht im »luftleeren Raum«, sondern innerhalb spezifischer Rahmenbedingungen statt. Diese bestimmen den Handlungs- und Gestaltungsspielraum der Führungsperson, den sie in der Interaktion mit Personen des beruflichen Umfeldes ausschöpfen kann. In Coachingschritt 5 wurde beschrieben, dass sich die Führungsperson in ihrer Selbstdarstellung entweder vorwiegend an ihren Selbstbildern oder an den äußeren Anforderungen bzw. den erwarteten Rollenbildern orientieren kann. Im Führungskontext wird es sich selten um ein »Entweder-Oder« handeln, sondern die Führungsperson wird versuchen, ihre individuelle Persönlichkeit passend zu den jeweiligen Rahmenbedingungen in der Führungsrolle zum Ausdruck zu bringen. Aktuelles Selbstdarstellungsverhalten resultiert damit stets sowohl aus aktuellen und habituellen (stabilen, situationsübergreifenden) Merkmalen der individuellen Persönlichkeit, als auch aus Merkmalen der aktuellen Situation und übergreifender Rahmenbedingungen. Aktuelle und habituelle Merkmale der individuellen Persönlichkeit aus der Innen- und Außensicht sowie die Wechselwirkung von Selbst- und Fremdbildern waren Gegenstand der Coachingschritte 2 bis 5. Gegenstand von Coachingschritt 6 werden nun Merkmale der aktuellen Situation und übergreifender Rahmenbedingungen sein.

Ziel von Schritt 6. Das Ziel dieses Coachingschrittes besteht darin, dass sich die Führungsperson der Rahmenbedingungen, innerhalb derer sie führt, so weit wie möglich bewusst ist: Sie weiß, welche Selbstdarstellungsnormen, Werte und Rollenerwartungen für die Ausgestaltung ihrer Führungsrolle situationsübergreifend relevant sind. Darüber hinaus kennt sie die Anforderungen, Funktionen und Aufgabenfelder, die mit ihrer Position verknüpft sind und die ihren Handlungs- und Gestaltungsspielraum beeinflussen. Sie ist sich der Besonderheiten des organisationalen Settings und der strategischen Ausrichtung des Unternehmens sowie zentraler Charakteristika der Unternehmenskultur bewusst.

10.1 Theoretischer Hintergrund zu Rahmenbedingungen der Selbstinterpretation

Setzen wir in Coachingschritt 6 den Fokus auf die Rahmenbedingungen der Selbstinterpretation, so wird damit in diesem Schritt besonders die situations- und systemgerechte Kommunikation als eine von drei Komponenten stimmiger Führung (vgl. Schulz von Thun et al., 2006) betont (s. Abschn. 2.2.1). Wie bereits dargelegt, bedeutet stimmige Führung nicht nur, sich in Übereinstimmung mit Merkmalen der eigenen Person zu verhalten, sondern auch, unter Berücksichtigung des äußeren Kontextes, der aktuellen Situation und des gesamten Systems zu handeln. Die »Feldklärung« (Schulz von Thun et al., 2006) soll dabei helfen, zentrale Situationsmerkmale zu erkennen. Im Persönlichkeitscoaching konzentriert sich die Feldklärung beziehungsweise die Klärung von Rahmenbedingungen auf diejenigen Aspekte der äußeren Situation, die einen besonderen Einfluss auf die dynamische Interaktion zwischen der Führungsperson und deren beruflichen Interaktionspartnern – und damit auf die gemeinsame Konstruktion einer Führungsidentität – nehmen:

Abschnitt 10.1.1 gibt zunächst einen Überblick über den Einfluss von Rahmenbedingungen auf die dynamische Interaktion von »innen« und »außen«. In Abschnitt 10.1.2 werden führungsrelevante Selbstdarstellungsnormen, Werte und Rollenerwartungen beschrieben. In Abschnitt 6.1.3 werden weitere äußere Bedingungen skizziert, die Einfluss auf den Prozess der Identitätskonstruktion nehmen können: Dies sind zum einen Anforderungen, Funktionen und Aufgabenfelder der jeweiligen Führungsposition, zum anderen Charakteristika der jeweiligen Organisation, innerhalb derer die Führungsposition eingenommen wird.

10.1.1 Rahmenbedingungen als Einflussfaktoren auf die dynamische Interaktion von »innen« und »außen«

Die vielfältigen und heterogenen Vorgaben, wie eine Person in einer Führungsrolle zu sein und sich darzustellen hat, formen einen vieldeutigen und daher oft wenig durchschaubaren Rahmen für das Führungsverhalten. Dennoch ist es im Coaching möglich, bestimmte situationsübergreifende Rahmenbedingungen, die in der jeweiligen Position des Coachingteilnehmers eine Rolle spielen, zu bestimmen und den Klienten dafür zu sensibilisieren, den jeweils situationsspezifischen Kontext zu analysieren.

Der Einfluss der Rahmenbedingungen auf den dynamischen Austauschprozess von Führungsperson und Interaktionspartnern wird in den folgenden Punkten zusammengefasst.

Anpassung an den aktuellen Kontext. Je nach aktuellem Kontext werden unterschiedliche Selbstbilder zum Ausdruck gebracht und dafür unterschiedliche Verhaltensweisen eingesetzt (s. Abb. 10.1, Pfeil 1). So wird sich die Führungsperson X ein und denselben befreundeten Kollegen Y gegenüber anders verhalten, wenn sie mit diesem die

Mittagspause in der Cafeteria verbringt als wenn sie gemeinsam einen Kundentermin wahrnehmen. Bevor sich Personen in eine Situation begeben, in der sie sich irgendwie darstellen müssen, machen sie sich mehr oder weniger explizit Gedanken darüber, was andere von ihnen erwarten, was die Aufgabe von ihnen erfordert, wie sie ihre Ziele in dieser Situation verfolgen können, usw. In diesem Sinne wirkt die Umwelt nicht nur direkt, sondern auch über die Annahmen, die Personen über die Umwelt haben, auf das Verhalten ein: Die Art und Weise, wie Personen die Rahmenbedingungen antizipieren, wahrnehmen und interpretieren, ist entscheidend dafür, welche Selbstbilder sie in einer Situation zum Ausdruck bringen wollen, welche Ziele sie verfolgen und welche Kompetenzen sie dazu einsetzen.

Aktivierung von Selbstbildern im Arbeitsselbstkonzept. In Coachingschritt 2 wurde darauf hingewiesen, dass nicht immer alle Selbstbilder zum Abruf bereitstehen, sondern jeweils situationsspezifisch mehr oder weniger bewusst sind. So nehmen die jeweiligen Rahmenbedingungen (in Wechselwirkung mit dem aktuellen motivationalen und emotionalen Zustand der Person) Einfluss darauf, welche Selbstbilder der Person im Arbeitsselbstkonzept aktiviert sind (s. Abb. 10.1, Pfeil 2) und damit auch mit einer höheren Wahrscheinlichkeit zum Ausdruck gebracht werden.

Beispiel

Führungsperson X arbeitet in einem Unternehmen, welches sich selbst als hoch innovativ versteht und sein Handeln auf die Förderung von Innovationen ausrichtet (Rahmenbedingung: Unternehmensstrategie und Corporate Identity mit dem Fokus »Innovation«). In diesem Unternehmen wird auf einen kreativitätsförderlichen Führungsstil Wert gelegt (Rahmenbedingung: Spezifische Führungsleitlinien). Führungskraft X wird nun von ihrem Vorgesetzten dazu aufgefordert, mit ihrem Team Ideen für eine neue Vertriebsstrategie zu erarbeiten (Rahmenbedingungen: Aufgabenbereiche der spezifischen Position sowie Erwartungen anderer Personen). Unter den genannten Rahmenbedingungen werden bei der betroffenen Führungsperson X nun eher Selbstbilder aktiviert, die das eigene Kreativitätspotenzial und die Fähigkeit zur kreativitätsförderlichen Führung des Teams zum Inhalt haben, als andere fähigkeitsbezogene Selbstbilder.

Kontext- und situationsabhängige Wahrnehmung der Selbstdarstellung. Weiterhin wirken sich die Rahmenbedingungen darauf aus, wie die Selbstdarstellung der Führungsperson von den Interaktionspartnern wahrgenommen und interpretiert wird (s. Abb. 10.1, Pfeil 3). So wird z. B. in einer wirtschaftlichen Krisensituation eine humorvoll-sarkastische Bemerkung der Führungsperson über die strategischen Kompetenzen ihres Vorgesetzten sicherlich andere Reaktionen der Kollegen und des Vorgesetzten nach sich ziehen als in einer Situation, in der sich das Unternehmen in einer wirtschaftlich sicheren Ausgangslage befindet.

Persönlichkeitsgemäße Ausgestaltung der Rahmenbedingungen. Rahmenbedingungen geben darüber hinaus vor, »was« im Rahmen einer spezifischen Position getan

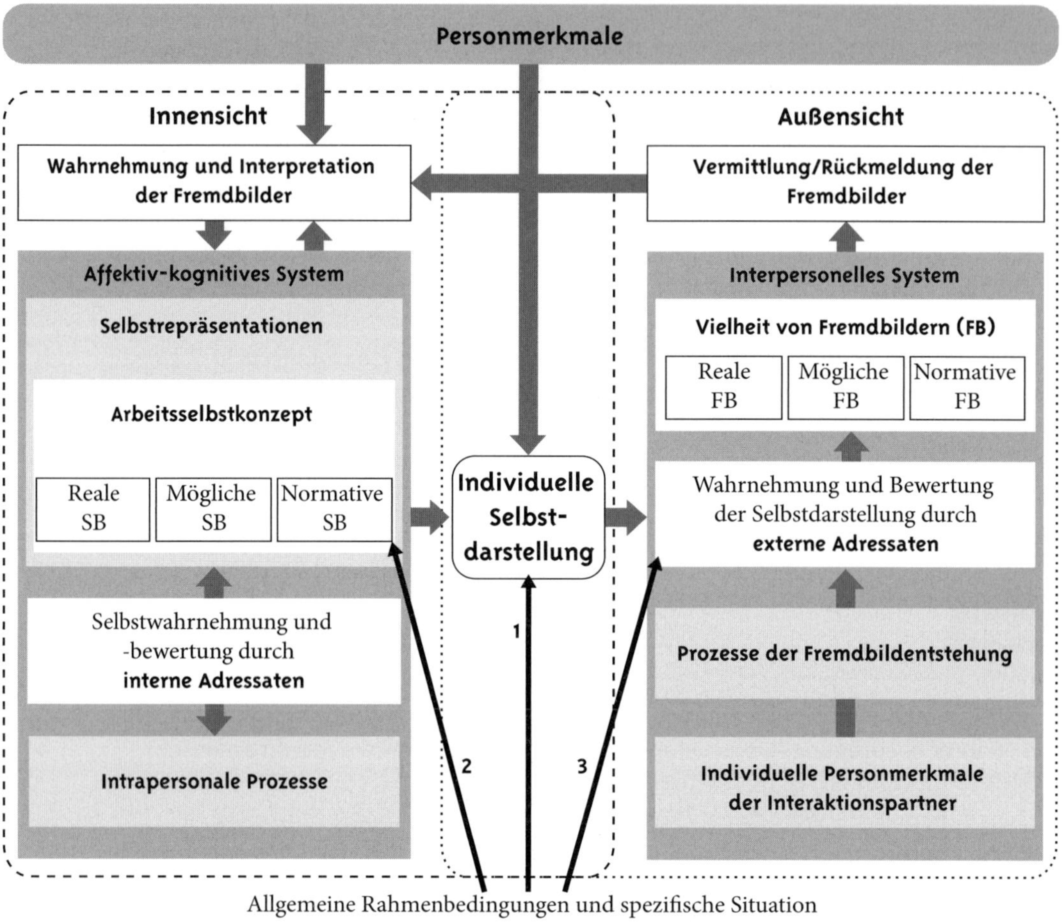

Abbildung 10.1 Dynamisches Interaktionsmodell VI – Einfluss der Rahmenbedingungen auf den Interaktionsprozess zwischen »innen« und »außen«

werden muss oder erwartet wird, die Führungsperson entscheidet allerdings darüber, »wie« sie dies umsetzt und welche Erwartungen sie annimmt oder zurückweist. Die Klärung von Einzelaspekten, aus denen sich der Rahmen der Führungsposition zusammensetzt, kann dem Coachingteilnehmer dabei helfen, in seiner Art der Selbstdarstellung nicht »aus dem Rahmen« zu fallen und in Übereinstimmung mit der Situation und dem sozialen Umfeld zu führen. Die Selbstreflexion und -klärung in den bisherigen Cochingschritten schafft gleichzeitig die Voraussetzung dafür, sich nicht blind den Rahmenbedingungen anzupassen und damit Gefahr zu laufen, zur »Rollen-Marionette« zu werden. Stattdessen können die spezifischen Rahmenbedingungen passend zur eigenen Persönlichkeit geformt und ausgestaltet werden: Um den zur Verfügung stehenden Gestaltungsfreiraum möglichst in Einklang mit persönlichen Charakteristika auszunutzen, muss sich die Führungskraft ihrer Stärken und Schwächen, ihrer Ressourcen und ihrer Idealvorstellungen bewusst sein. Die Führungsposition individuell auszugestalten heißt damit, die Handlungsfreiheit auszuschöpfen, die der Führungsperson innerhalb der Rahmenbedingungen zur Verfügung steht oder – sofern dies möglich ist – Einfluss auf die Rahmenbedingungen zu nehmen und diese zu verändern. Schulz von Thun et al. (2006) sprechen diesbezüglich davon, sich die Rolle »zu Eigen zu machen, anstatt sich von ihr (...) einwickeln zu lassen« (S. 19), Schreyögg (2003) betont, dass es zentrale Aufgabe des Coachings ist, »den Betreffenden bei einer ich-syntonen Ausgestaltung seiner Position/Rolle zu unterstützen« (S. 74).

10.1.2 Führungsrelevante Selbstdarstellungsnormen, Werte und Rollenerwartungen

»Jede Art der Selbstdarstellung wird von den anderen stets durch einen Filter von Normen, Wertvorstellungen, Vorurteilen, festen Meinungen u. a. wahrgenommen« (Ebert & Piwinger, 2007, S. 208). Im Folgenden werden solche »typischen« Normen, Wertvorstellungen und Rollenerwartungen beschrieben, die besonders für Führungspersonen auf der mittleren und unteren Führungsebene relevant sind. Im Top-Management können ganz andere Normen, Werte und Erwartungen von Bedeutung sein (vgl. Böning, 2008), die an dieser Stelle nicht ausdrücklich berücksichtigt werden.

Selbstdarstellungsnormen

Ein großer Teil des Verhaltens wird durch soziale Normen bestimmt. Solche sozialen Richtlinien legen fest, was man – abhängig von der Situation, in welcher man sich befindet und der sozialen Position, die man ausfüllt – tun und nicht tun sollte (vgl. Leary, 1995). Eine Norm ist eine implizite Regel oder ein impliziter Standard dafür, wie Menschen handeln sollten. Entsprechend geben sogenannte »Selbstdarstellungsnormen« (Leary, 1995) vor, welchen Eindruck Personen in bestimmten Situationen von sich erzeugen sollten. Sie umfassen einerseits Vorgaben, welcher Eindruck von der Person erweckt werden sollte, andererseits Einschränkungen, die festlegen, welcher Eindruck keinesfalls hervorgerufen werden sollte. Damit legen Selbstdarstellungsnormen die Grenzen fest, innerhalb derer sich eine Person zum Ausdruck bringen sollte. Solange sich die Person innerhalb dieser Grenzen bewegt, wird sie nicht unangenehm auffallen. Normalerweise wird eine Person versuchen, einen Eindruck zu erwecken, der mit den situations- und rollenabhängigen sozialen Normen übereinstimmt.

Es lassen sich Selbstdarstellungsnormen beschreiben, die in einem breiten Spektrum von sozialen Situationen eine Rolle spielen und das Selbstdarstellungsverhalten situationsübergreifend beeinflussen (vgl. Leary, 1995). Dazu gehört z. B. die Norm, sich konsistent zu verhalten oder die implizite Regel, sich an geschlechtsspezifische Selbstdarstellungsnormen anzupassen. Diese beiden Selbstdarstellungsnormen sollen beispielhaft für situationsübergreifende Orientierungsmaßstäbe der Selbstdarstellung erläutert und ihre Bedeutung im Führungskontext skizziert werden.

Norm, sich konsistent zu verhalten. Bei der Norm der Konsistenz geht es darum, dass eine Person ihr Verhalten von Situation zu Situation nicht zu stark variieren sollte (vgl. Leary, 1995). Eine solche Norm erscheint sinnvoll, wenn man bedenkt, dass es in alltäglichen Interaktionen essentiell wichtig sein kann, das Verhalten des Gegenübers bis zu einem gewissen Grad vorhersagen zu können. Gerade Mitarbeiter, die einer Führungskraft unterstellt sind, erachten die Einschätzbarkeit und Berechenbarkeit des Verhaltens des Vorgesetzten oft als äußerst wichtig (vgl. Schreyögg & Lührmann, 2006). In Kapitel 2 wurde jedoch aufgezeigt, wie schwierig oder sogar hinderlich es für Führungskräfte unter den heute geltenden Rahmenbedingungen sein kann, sich »einheitlich« zu verhalten. Daher geht es eher darum, in der Interaktion mit jeweils spezifischen beruflichen Beziehungspersonen konsistente Teilidentitäten zu entwickeln, die sowohl der Selbstsicht der Person als auch den äußeren Anforderungen gerecht werden.

Geschlechtsspezifische Verhaltensnormen. Ein weiteres Beispiel für Selbstdarstellungsnormen sind implizite und explizite geschlechtsspezifische Verhaltensnormen bzw. »Geschlechtsstereotype«, die als kulturell geprägte Meinungen über Eigenarten beider Geschlechter in jeder Gesellschaft vorliegen. Solche Stereotype beeinflussen die Erwartungen, die an einen Mann oder eine Frau gestellt werden und nehmen damit in erheblichem Maße Einfluss darauf, wie das Verhalten von Frauen und Männern wahrgenommen und bewertet wird. Entsprechend lassen sich gesellschaftliche Normen feststellen, nach denen festgelegt ist, dass Frauen und Männer jeweils unterschiedliche äußere Eindrücke von sich hervorrufen sollten. Viele dieser geschlechtsspezifischen »Selbstdarstellungsziele« sind von klein auf erlernt und anerzogen: Jungen werden für »jungenspezifische« Selbstdarstellung belohnt, Mädchen werden verstärkt, wenn sie sich »mädchenspezifisch« präsentieren. Als Ergebnis daraus stellen sich erwachsene Männer in unserer Kultur oft eher als selbstsicher, aktiv, sachlich und kompetent dar, wohingegen Frauen ihre interpersonalen und kommunikativen Attribute betonen. Außerdem werden Frauen eher darin bestärkt, offener zu sein als Männer.

Solche normativen Vorschriften bringen Frauen und Männer in eine schwierige Situation: Auch wenn sie »geschlechtsuntypische« Eigenschaften besitzen und ihnen ein »geschlechtsuntypisches« Verhalten in bestimmten Situationen näherliegt als ein »geschlechtstypisches«, so müssen sie doch – um einer gesellschaftlichen Norm zu entsprechen – versuchen, einen bestimmten Eindruck aufrechtzuerhalten, der eventuell nicht den individuellen Selbstbildern entspricht. Gerade weibliche Führungskräfte befinden sich deshalb oft in einem Konflikt: So wird von ihnen aufgrund ihrer beruflichen Position die Darstellung von führungsrelevanten Attributen wie Durchsetzungsstärke, Autorität und Ehrgeiz gefordert, gleichzeitig widersprechen diese Attribute jedoch auch heute noch weitgehend einer frauenspezifischen Selbstdarstellung, die von weiblichen Führungskräften aufgrund ihrer Rolle als Frau ebenfalls erwartet wird. Von männlichen Führungspersonen wird auf der anderen Seite zunehmend gefordert, »weiche« Führungseigenschaften wie Sensibilität, Fähigkeit zur Perspektivenübernahme, Kooperationsbereitschaft oder individuelle Berücksichtigung von Mitarbeiterbedürfnissen auszubauen, die »typisch männlichen« Führungsattributen widersprechen.

Beispiel

Frau M kam mit der Aussage ins Coaching, dass es ihr schwerfalle, eher »männlich geprägte Führungsqualitäten« wie Leistungsbereitschaft, Ehrgeiz, Zielstrebigkeit und Durchsetzungsstärke und »weibliche Führungsqualitäten« wie Empathie, Kooperation und Ausdruck von Gefühlen jeweils in der richtigen Mischung im Führungsalltag zum Einsatz zu bringen. Dies äußerte sich z. B. darin, dass ihr Vorgesetzter sie ausschließlich als leistungsbereit, ehrgeizig und zielstrebig, jedoch kaum als kooperativ und kompromissbereit wahrnahm. In Mitarbeitergesprächen hingegen zeigte Frau M viel Empathie für ihr Gegenüber und hatte Schwierigkeiten, sich von privaten Problemen ihrer Mitarbeiter zu distanzieren.

Im Coaching wurde deutlich, dass Frau M versuchte, mit ihrer Orientierungslosigkeit bezüglich der Ausgestaltung der Führungsrolle so umzugehen, dass sie sich in ihrer Selbstdarstellung jeweils an die vermeintlichen Erwartungen ihres Gegenübers anpasste und damit in Abhängigkeit des jeweiligen Interaktionspartners nur ganz bestimmte Persönlichkeitsfacetten zum Ausdruck brachte. Gegenüber ihrem männlichen Vorgesetzten kehrte sie ausschließlich eher »männlich geprägte« Führungsqualitäten hervor, sodass dieser ihre empathische und kooperative Seiten nicht wahrnehmen konnte. Auch in der Rückmeldung der Kollegen wurde deutlich, dass Frau M sich diesen gegenüber vor allem als ehrgeizige »Powerfrau« präsentierte.

Vor dem Hintergrund der Einzelergebnisse der Rückmeldung von Kollegen, Vorgesetzten und Mitarbeitern im multiperspektivischen Führungsfeedback wurde deutlich, dass Frau M ihre Ressourcen in Bereichen wie Empathie, Kooperation und Sensibilität bei der Ausgestaltung der Führungsrolle besser nutzen sollte. Für Frau M wurde es deshalb zu einem zentralen Coachingthema, ihre »geschlechtstypischen Kompetenzen« als Erfolgspotenziale zu erkennen, anstatt sie als Defizite zu werten und sie durch eine Überbetonung von ›klassischen‹ Führungseigenschaften wie Leistungsbereitschaft, Ehrgeiz und Zielstrebigkeit zu kaschieren (vgl. Schaufler, 2000).

Führungsrelevante Werte

Welche Fremdbilder versuchen (Führungs-)Personen typischerweise bei anderen zu erzeugen? Mit dieser Frage wird direkt auf allgemeine Werte, die dem Führungsverhalten zugrunde liegen, Bezug genommen: In Coachingschritt 3 haben wir beschrieben, dass klassische Werteforscher unter Werten »die Konzeptionen des Wünschbaren innerhalb jeden Individuums und von Gesellschaften, die die Funktion von Standards oder Kriterien haben« (Hauke, 2004, S. 102) verstehen. Der erwünschte Eindruck, den eine Person von sich hervorrufen möchte, richtet sich nach solchen Standards bzw. Kriterien, d. h., er wird maßgeblich durch allgemeine oder publikumsspezifische Wertvorstellungen beeinflusst.

Publikumsübergreifende Werte. Welche Attribute werden publikumsübergreifend als »wertvoll« erachtet bzw. welche Attribute haben für ein bestimmtes Publikum einen hohen Wert? Und welche Konflikte können sich wiederum aus den Wertvorstellungen ergeben?

Leary (1995) weist auf die beiden publikumsunabhängigen Werte »Kompetenz« und »Sympathie« hin, die als generelle Orientierungsmaßstäbe für die Selbstdarstellung einer Führungsperson als relevant erachtet werden können. Sowohl kompetent als auch sympathisch zu wirken, kann jedoch (nicht nur) für eine Führungsperson zu einem Dilemma werden: So kann die Selbstdarstellung als kompetent, effektiv und aufgabenorientiert dem Ziel widersprechen, freundlich und entgegenkommend zu erscheinen und damit um Sympathie zu werben.

Gerade im Führungskontext scheint es ein zentraler Standard zu sein, Kompetenz auszustrahlen: Personen, die als kompetent wahrgenommen werden, haben generell einen höheren Status, üben mehr Einfluss auf andere aus und haben bessere Arbeitsstellen (vgl. Leary, 1995). Insgesamt kommen als kompetent erachtete Personen in ihren sozialen Gruppen besser zurecht. Dementsprechend versucht jeder, sich als kompetent, befähigt und wissend darzustellen (vgl. auch »self-promotion« als Selbstdarstellungstaktik; Jones & Pittman, 1982). Eine Übertreibung der Darstellung von Expertentum und Wissen kann jedoch auch den Informationsfluss von Seiten der Mitarbeiter hemmen, wenn diese annehmen, dass die Führungskraft auf ihre Informationen nicht angewiesen ist (vgl. Riordan, 1989). So können wertvolle Informationen verloren gehen, womit die Führungskraft Entscheidungen auf einer ungenügend großen Basis von Informationen trifft, was langfristig zu einer Senkung der Effektivität der organisationalen Einheit führen kann.

In einer Arbeitswelt, die in hohem Maße auf Teamwork aufbaut, stellt ein kooperatives Arbeitsklima darüber hinaus einen wichtigen Wert dar. Untersuchungen haben gezeigt, dass Kooperation am besten durch modellhaftes kooperatives Verhalten herbeigeführt werden kann und kooperatives Verhalten zu einer reziproken kooperativen Reaktion führt (vgl. Tedeschi et al., 1985; Baron & Byrne, 1987; zit. n. Riordan, 1989). Daraus kann gefolgert werden, dass Führungskräfte als Multiplikatoren kooperativen Verhaltens dienen können und sich dementsprechend kooperativ verhalten und darstellen sollten.

Unternehmensspezifische Werte. Zu den publikumsunabhängigen Werten können innerhalb einer Organisation auch unternehmensspezifische Werte als Bestandteile der Unternehmenskultur (vgl. Abschn. 10.1.3) gezählt werden. Unternehmenswerte sind grundlegende Konzepte und Glaubenssätze einer Organisation. Sie setzen Leistungsstandards, vermitteln Gemeinsamkeiten und geben Richtlinien für das Verhalten der Organisationsmitglieder, indem sie eine Beschränkung der möglichen Alternativen bei Entscheidungen darstellen (vgl. Schlichthorn, 2005). Diejenige Alternative, die sich mit den Wertvorstellungen der Organisation deckt, wird präferiert (vgl. Dill, 1986). Entsprechend werden mit einer höheren Wahrscheinlichkeit diejenigen Selbstbilder für die Vermittlung nach außen ausgewählt und dargestellt, die den Werten des Unternehmens entsprechen.

Publikumsspezifische Werte. Neben den Attributen, die für eine Führungskraft allgemein als erstrebenswert gelten, muss eine situationsangemessene Selbstdarstellung vor allem an den spezifischen Werten des jeweiligen Publikums orientiert sein. Dabei befindet sich der Selbstdarsteller allerdings in einer schwierigen Situation: Je wichtiger es für die Person ist, sich dem Zielpublikum gut darzustellen, desto wahrscheinlicher ist es, dass das Publikum sich der Authentizität der Selbstdarstellung nicht sicher ist (vgl. Leary, 1995). Diesem Dilemma begegnen Darsteller oft mit der Strategie, sich hinsichtlich zentraler Werte des Publikums wertekongruent zu präsentieren, nebensächlichen Werten jedoch zu widersprechen. Befindet sich eine Person in der Situation, sich gegenüber unterschiedlichen Zielpersonen oder -gruppen gleichzeitig darstellen zu wollen, so kann es außerdem passieren, dass sie mehrere unterschiedliche und sich eventuell widersprechende Selbstbilder gleichzeitig vermitteln möchte. Eine Führungskraft im mittleren Management wird sich stets mit solchen widersprüchlichen Publikumserwartungen auseinandersetzen müssen. So fordern zum Beispiel die Vorgesetzten, dass sich die Führungskraft ihren Mitarbeitern gegenüber aufgabenorientiert und zielstrebig darstellt, ein verärgerter Kunde erwartet, dass sie sich ihren »unfähigen« Mitarbeitern gegenüber durchsetzungsstark und autoritär präsentiert und die Mitarbeiter erwarten, dass sich die Führungsperson ihnen gegenüber verständnisvoll zeigt.

Rollenerwartungen als Prototypen

In Coachingschritt 4 haben wir uns mit individuellen normativen Fremdbildern einzelner Personen aus dem Arbeitsumfeld des Coachingteilnehmers auseinandergesetzt (Was denkt der einzelne Mitarbeiter, Kollege usw., wie eine Führungsperson sein sollte?). Darüber hinaus gibt es auch interindividuelle Rollenerwartungen, die in einem Unternehmen die gemeinsame Vorstellung darüber bestimmen, aus welchen Merkmalen sich der »Prototyp« einer Führungskraft zusammensetzen sollte: Was ist der Konsens darüber, wie eine Führungsperson im Unternehmen XY sein sollte?

Von einer Person, die eine bestimmte Rolle innehat, wird erwartet, die Verhaltensweisen zu zeigen, die mit der Rolle assoziiert sind (vgl. Leary, 1995). Dabei geht es sogar so weit, dass bestimmte Rollen nicht nur vorschreiben, wie sich die Person in einer bestimmten Position zu verhalten hat, sondern auch, wie sie als Person insgesamt zu sein hat und welche persönlichen Charakteristika sie aufweisen sollte. Wenn eine Person diesem öffentlichen Rollenbild nicht entspricht, kann dies dazu führen, dass ihr sozialer Einfluss sinkt oder sie sogar das Recht verliert, die Rolle auszufüllen.

Rollenspezifische Selbstdarstellung wird in ihrer Angemessenheit durch den Abgleich mit einem »Prototyp« (Leary, 1995) beurteilt. Menschen haben eine Vorstellung davon, wie die Inhaber einer sozialen Rolle »typischerweise« sein sollten. So lassen sich »prototypische« Rollenbeschreibungen eines Priesters, Lehrers, Fußballspielers, Polizisten, usw. erfragen. Individuen werden daher nach den Merkmalen ihrer Prototypen klassifiziert und in eine Kategorie eingeordnet: Je größer dabei die Übereinstimmung zwischen den wahrgenommenen Charakteristika der jeweiligen Person (z. B. Führungsperson XY) und den Charakteristika des Rollen-Prototyps (z. B. Prototyp Führungskraft) sind, desto wahrscheinlicher wird eine Person in ihrer Rolle (z. B. als Führungspersönlichkeit) von anderen anerkannt werden (vgl. Leary, 1989). So kann es für eine Führungskraft von Vorteil sein, ihren Eindruck auf relevante Personen des Arbeitsumfeldes so zu steuern, dass sie möglichst nahe an entscheidende Charakteristika der »Führungskraft-Prototypen« ihrer Mitarbeiter, Kollegen und Vorgesetzten herankommt (vgl. Leary, 1995). Auch wenn es sich von Gruppe zu Gruppe und von Individuum zu Individuum unterscheiden kann, über welche Charakteristika der Führungskraft-Prototyp verfügt, so bilden sich in einer Organisation über die Zeit gemeinsame Vorstellungen darüber, wie eine Führungsperson in dieser Organisation sein sollte.

Ein Konflikt liegt dann vor, wenn die öffentlichen Vorstellungen einer bestimmten sozialen Rolle (z. B. Führungskraft im Unternehmen XY) den Erwartungen an eine andere soziale Rolle (z. B. Mitglied des Betriebsrates im Unternehmen XY) widersprechen, die beide von ein und derselben Person eingenommen werden; oder wenn rollenspezifische Erwartungen allgemeinen Selbstdarstellungsnormen entgegenstehen (z. B. Widerspruch zwischen geschlechtsspezifischen Selbstdarstellungsnormen und Erwartungen an die Führungsrolle bei Frauen in Führungspositionen).

10.1.3 Merkmale der Führungsposition und der Organisation

Die individuelle Führungsidentität als gemeinsame Konstruktion der Führungsperson und ihrer beruflichen Interaktionspartner entwickelt sich immer im Kontext der spezifischen Merkmale der Position, die die Führungsperson innehat und der Organisation, innerhalb welcher sie tätig ist. Konkretes Führungsverhalten – wie Selbstdarstellungsverhalten – ist immer eine Funktion der Person *und* der jeweiligen Situation, d. h., eine Führungsperson verhält sich je nach Situation unterschiedlich und gleiches Verhalten führt in unterschiedlichen Situationen zu unterschiedlichen Ergebnissen. Nach dem Rahmenmodell der Führung von Rosenstiel (2006) nimmt die Führungssituation neben den Persönlichkeitsmerkmalen des Führenden Einfluss darauf, welches Führungsverhalten gezeigt wird und moderiert die Effekte des jeweiligen Verhaltens, die als Kriterien von Führungserfolg oder -misserfolg betrachtet werden. Für das konkrete Führungsverhalten eines Individuums und dessen Wirkungen auf die Geführten und die Organisation spielen also auch immer *übergeordnete Situationsmerkmale*, wie z. B. Kultur und politisches System des Landes, Branchenzugehörigkeit, Unternehmensverfassung und Organisationsstruktur, wirtschaftliche Rahmenbedingungen, Unternehmensstrategie und Unternehmenskultur, aber auch *spezifische Merkmale der jeweiligen Führungsposition*, wie z. B. zugeordnete Aufgabenbereiche eine Rolle. Die Identitätsaushandlung von Führungsperson und beruflichen Beziehungspersonen ist in diesen Gesamtrahmen eingebettet. So ist es z. B. ein großer Unterschied, ob die Führungsperson in einem stark hierarchisch aufgebauten Unternehmen arbeitet, in dem zumindest fachliche Verantwortungsbereiche relativ eindeutig definiert sind oder ob sie eine Führungsposition in einem Unternehmen mit flachen Hierarchien einnimmt, in dem der jeweilige Handlungsspielraum einzelner Personen immer wieder neu ausgehandelt wird (Organisationsstruktur als situationaler Einflussfaktor).

In den folgenden Abschnitten werden aus den vielfältigen Merkmalen der Führungsposition bzw. der Organisation die Führungsaufgaben und -grundsätze sowie die Phänomene der Unternehmenskultur, -philosophie und -identität exemplarisch herausgegriffen und deren Bedeutung für den Prozess der Identitätskonstruktion der einzelnen Führungsperson skizziert.

Aufgabenfelder der Führungsposition und Führungsgrundsätze

Auch wenn es zunächst trivial erscheint, so ist selten eindeutig geklärt, welche Funktionen und Aufgabenfelder im jeweiligen Unternehmen mit einer bestimmten Führungsposition verbunden sind und welche Anforderungen daher an den Rolleninhaber gestellt werden (können).

Allgemeine Führungsaufgaben und -funktionen. Welche Aufgaben und Funktionen sind im Allgemeinen mit einer Führungsposition verknüpft? In der wissenschaftlichen Literatur über Führung (z. B. Rosenstiel et al., 2003; Rosenstiel, 2006; Weibler, 2001; Weinert, 2004) finden sich zu dieser Frage unterschiedliche Ansätze, die nach verschiedenen Gesichtspunkten klassifiziert werden können. Rosenstiel (2006) unterscheidet hierzu insbesondere, ob das Führungsverhalten aufgrund spezifischer Vorannahmen normativ als Soll-Modell dargestellt wird (»Was sollten Führungskräfte tun?«) oder ob es auf der Grundlage empirischer Erhebungen deskriptiv erfasst, erklärt und prognostiziert wird (»Was tun Führungskräfte?«). Die viel beschriebenen Managementfunktionen oder Führungsaufgaben wie z. B. Planung, Zielsetzung, Entscheidung, Organisation, Information, Motivation, Steuerung der Realisation und Kontrolle (vgl. Staehle, 1999) wurden nicht aus der Beobachtung tatsächlichen Führungsverhaltens erschlossen, sondern theoretisch konzipiert und als normativer Ansatz propagiert (vgl. Rosenstiel, 2006).

Die normativen Führungsaufgaben oder -funktionen »Leistungen beurteilen«, »Ziele setzen«, »Mitarbeiter entwickeln«, »Organisieren« und »Entscheiden«, die in der Literatur zu Führung in verschiedenen Varianten eines Führungsregelkreises zusammengefasst werden, sollen in ihren Zusammenhängen kurz skizziert werden. Für eine umfassende Darstellung von Führungsinstrumenten und -aufgaben wird auf Weibler (2001) und Rosenstiel et al. (2003) verwiesen, Rathgeber (2005) stellt Führungsaufgaben im Überblick dar.

- **Leistungsbeurteilung und Zielsetzung:** Leistungsbeurteilung ist für die organisationsweite Personalpolitik von zentraler Bedeutung und eng mit der Setzung von Zielen verbunden (vgl. Rathgeber, 2005): So ergeben sich aus klaren Zielabsprachen einerseits die Kriterien für die Leistungsbeurteilung, sodass die Zielsetzung als Grundlage glaubwürdiger Beurteilung von Arbeitsverhalten und -ergebnissen betrachtet werden kann. Andererseits sollten auf der Basis jeder Leistungsbeurteilung adäquate Ziele vereinbart werden.
- **Personalentwicklung:** Nach dem »Human Resource Management«-Ansatz von Tichy et al. (1982) besteht weiterhin eine enge Verknüpfung zwischen Leistungsbeurteilung und Personalentwicklung: Demnach zielt Personalentwicklung darauf ab, aktuelle Defizite zu beheben. Versteht man Leistungsbeurteilung jedoch auch als

Potenzialbeurteilung, so deckt eine darauf aufbauende Personalentwicklung auch die Funktion ab, Mitarbeiter auf zukünftige Aufgaben vorzubereiten. Aus individuumsbezogener Perspektive wird durch die Personalentwicklung die persönliche Entwicklung jedes einzelnen Mitarbeiters angestrebt. In strategischer Hinsicht dient die Personalentwicklung letztlich der langfristigen Deckung des Personalbedarfs (vgl. Liebel & Oechsler, 1994).

- **Organisieren:** Organisieren umfasst all die Tätigkeiten einer Führungskraft, die unmittelbar oder mittelbar dazu beitragen, dass die Mitarbeiter mehr Klarheit über Ziele, Prozesse und Strukturen haben (Rathgeber, 2005). Dabei geht es nicht nur um die Bereitstellung klarer Ziele, sondern auch um die Beseitigung möglicher Hindernisse auf dem Weg zum Ziel.
- **Entscheiden:** Dass Entscheiden eine zentrale Aufgabe von Führungskräften ist, haben Vroom und Yetton (1973) in ihrem normativen Entscheidungsmodell der Führung aufgezeigt. Im Wesentlichen ergeben sich aus diesem Modell zwei zentrale Aussagen (Rathgeber, 2005): Zum einen konzipieren Vroom und Yetton Personalführung als kontinuierliche Wahl eines situationsadäquaten Führungsstils. Zum anderen ist der Führungsstil insbesondere durch das Ausmaß der Partizipation charakterisiert. Die Wahl eines Führungsstils hängt also mit dem Ausmaß zusammen, in dem Mitarbeiter in Entscheidungen einbezogen werden.

Führungsgrundsätze als normativer Ansatz. Führungsaufgaben im Rahmen der Führungsposition können in Führungsgrundsätzen zusammengefasst werden. Führungsgrundsätze stellen quasi ein fixiertes Abbild *erwarteter* Führung und damit einen wichtigen Einflussfaktor auf das *tatsächliche* Führungsverhalten dar. Die tatsächliche Führung Einzelner oder auch aller Führungspersonen des Unternehmens kann mit den bestehenden Führungsgrundsätzen abgeglichen werden, wenn diese als Referenzpunkte in Führungsbeurteilungen herangezogen werden. Weiterhin haben Führungsgrundsätze die Funktion einer Orientierungshilfe für Führungskräfte, indem sie mehr oder weniger detailliert vorgeben, wie das individuelle Führungsverhalten ausgestaltet werden soll: »Führungsgrundsätze beschreiben und/oder normieren die Führungsbeziehungen zwischen Vorgesetzten und Mitarbeitern im Rahmen einer ziel- und wertorientierten Führungskonzeption zur Förderung eines erwünschten organisations- und mitgliedergerechten Sozial- und Leistungsverhaltens. Sie können in schriftlicher Form (explizit) verbindlich fixiert werden oder als ungeschriebene Normen zur Verhaltensorientierung in den Führungsbeziehungen dienen« (Wunderer, 2001, S. 385).

Beschreibung tatsächlichen Führungsverhaltens im Alltag. Normative Modelle von Führung, wie der Versuch, allgemein gültige Führungsaufgaben zu beschreiben oder Führungsgrundsätze aufzustellen, konstruieren ein Bild von Führung, das nur teilweise den betrieblichen Alltag abbildet. So zeigen Ergebnisse der »work activity«-Forschung, der es um eine möglichst detailgetreue Beschreibung dessen geht, was Führungskräfte tatsächlich tun, dass sich der Führungsalltag anders gestaltet als in normativen, funktionalen Ansätzen vorgesehen: Das Arbeitsverhalten von Führungskräften ist demnach stark fragmentiert, findet verstärkt auf informell-politischen Wegen statt, ist konfliktbeladen und wenig planbar. Weiterhin besteht die Tätigkeit in erster Linie in Kommunikation, d. h. 2/3 der Arbeitszeit werden kommunikativem Handeln gewidmet (für eine Übersicht s. Rosenstiel, 2006, S. 361). Trotz der Diskrepanzen zwischen normativen Soll-Vorgaben und dem praktischen Führungsalltag waren die normativen Ansätze von Führungsfunktionen für die organisationspsychologische Praxis prägend: So wurden z. B. Anforderungen an Führungskräfte daraus abgeleitet, die als Kriterien für die Selektion sowie als Lernziele für Führungskräfteschulungen herangezogen wurden. Es stellt sich jedoch die Frage, ob sich normative Führungsaufgaben und -grundsätze überhaupt dazu eignen, ein vernünftiges und realistisches Soll im Rahmen der Unternehmensrealität darzustellen (vgl. Rosenstiel, 2006).

Rollenkonzept von Führung. Nach dem Rollenkonzept von Führung wird versucht, das tatsächliche Führungshandeln von Managern in ihrer konkreten Umgebung als »Wahrnehmen und Ausüben von Rollen« (Steiger, 2008, S. 46) zu verstehen. Die rollentheoretische Sichtweise von Führung fokussiert die Frage, wie Menschen die gegenseitigen Anpassungsprozesse zwischen Individuum und Organisation meistern (vgl. Steiger, 2008). Jede Position in einem Unternehmen ist in eine hierarchische Rangfolge eingebettet und ist mit bestimmten Kompetenzen verbunden: »An das Verhalten des Positionsinhabers werden nun von »den anderen« des sozialen Systems (Vorgesetzte, Mitarbeiter, Kollegen, Kunden [...]) ganz bestimmte Erwartungen geknüpft. Dieses Set oder diese Kombination von Erwartungen bezeichnen wir als Rolle« (Steiger, 2008, S. 47).

Nun sind diese Rollenerwartungen in der Realität selten explizit formuliert noch bewusst. Rollenerwartungen ergeben sich aus einer Wechselwirkung von Aufgabenverständnis, Struktur und Kultur der Organisation und werden von anderen Personen als »Rollensender« mit eigenen Interessen und Vorstellungen vertreten. Der Rollenträger mit seinen persönlichen Merkmalen (Selbstbilder, Kompetenzen, etc.) hat seinerseits Erwartungen und Vorstellungen zur Ausgestaltung der Rolle, die sein Verhalten beeinflussen, das wiederum mehr oder weniger den Rollenerwartungen anderer entsprechen kann (vgl. Steiger, 2008). Führen versteht sich demnach als »dynamischer Prozess des Aushandelns von Rollenerwartungen« (Steiger, 2008, S. 48).

Parallelen des Rollenkonzepts von Führung zur Identitätskonstruktion. Eine solche Auffassung von Führung zeigt große Parallelen zum Prozess der Identitätskonstruktion: Das Ziel besteht nach der soziologischen rollentheoretischen Sichtweise in der erfolgreichen Rollenübernahme als »Austausch- und Anpassungsprozess zwischen der Organisation und dem Rollenempfänger« (Steiger, 2008, S. 48). Das Ziel unserer psychologischen Auffassung nach besteht in der erfolgreichen Identitätskonstruktion als Aushandlungsprozess zwischen individuellen Persönlichkeiten (Führungsperson und berufliche Interaktionspartner) innerhalb spezifischer Rahmenbedingungen.

Klassifikationen von Führungsrollen. Wie sehen solche typischen »Erwartungssets«, die die jeweilige Rolle beschreiben, konkret aus? Erwartungen, die Organisationen typischerweise an Führungskräfte stellen, können im Einzelnen verschiedene Teilaspekte der gesamten Führungsaufgaben betreffen, d. h. es können damit verschiedene Führungsrollen beschrieben werden. In der Literatur über Führung gibt es eine große Vielfalt verschiedener Klassifikationen von Führungsrollen (z. B. Margerison & McCann, 1985; Mintzberg, 1973; Schulz von Thun et al., 2006): So beschreiben Schulz von

Thun et al. (2006), dass verschiedene Situationen ein jeweils unterschiedliches Rollenrepertoire erfordern, sodass eine Führungsperson flexibel auf die jeweils passende Rolle zugreifen können sollte. Sie weisen darauf hin, dass Menschen- und Teamführung heutzutage eine größere Rolle spiele als früher, womit im Laufe der Zeit immer neue Rollen hinzugekommen seien, wie etwa die Rolle des Mitarbeiter-Coachs, der seine Mitarbeiter bei der Lösung schwieriger Situationen begleitet, zuhört und berät oder die Rolle des Teamentwicklers, der die Zusammenarbeit im Team zu verbessern sucht. Darüber hinaus sind mit einer Führungsposition die Rollen des Fachexperten, Managers (die Arbeit anderer Experten anleiten und koordinieren), Verantwortlichen, Löwenbändigers (auch mal ein Machtwort sprechen und Konsequenzen aufzeigen), Vorbild für die Mitarbeiter und Angestellten des Unternehmens verbunden.

Mintzberg (1973) erstellte auf der Basis empirischer Erhebungen durch Fremdbeobachtung und Interview eine Führungstypologie, in der er zehn klassische Rollen beschrieb, die in der Regel alle Führungskräfte – jeweils in unterschiedlichem Ausmaß – wahrzunehmen haben: Zunächst sind dies die interpersonellen Rollen als Repräsentant (Symbolisierung nach innen und außen), Führer (Motivation und Anleitung von Unterstellten) sowie Koordinator (formelle und informeller Kontakt mit Internen und Externen). Darüber hinaus ergeben sich drei Informationsrollen als Informationssammler, Informationsverteiler und Sprecher sowie vier Entscheiderrollen als Unternehmer, Krisenmanager, Ressourcenzuteiler und Verhandlungsführer.

Einfluss von Führungsaufgaben und -grundsätzen auf die Identitätskonstruktion. Im besten Fall sind die Aufgabenfelder, die mit der Führungsposition verbunden sind, in einem Stellenprofil definiert. Selbst wenn dies der Fall sein sollte, so stimmen die tatsächlichen Aufgaben aber selten 1:1 mit den definierten Aufgaben überein. Der springende Punkt für den Interaktionsprozess zwischen Führungsperson und beruflichen Beziehungspersonen besteht darin, inwieweit Konsens darüber besteht, welche Aufgaben an die Führungsposition geknüpft sind. Sind die Vorstellungen über die Aufgabenfelder sehr unterschiedlich, so wird die gemeinsame Aushandlung darüber, wie sich die Führungsperson in ihrer Führungsrolle sieht und wie sie gesehen wird, an unterschiedlichen Maßstäben gemessen. Eine Führungsperson kann sich z. B. als »Coach« ihrer Mitarbeiter und »Koordinator« der Teamleistung sehen, während ihre Mitarbeiter hingegen die Aufgabenfelder ihrer Führungskraft in der Unterstützung des operativen Geschäfts und der Verwaltung von Arbeitsvorgängen sehen. Alle Verhaltensweisen der Führungsperson in der Interaktion mit ihren Mitarbeitern werden demnach innerhalb verschiedener – sich zum Teil widersprechender – Rollenauffassungen interpretiert. Selbst- und Fremdbilder der Führungsperson werden damit höchst unterschiedlich konstruiert, was die Aushandlung einer stimmigen Führungsidentität als gemeinsame, soziale Konstruktion von Führungsperson und Mitarbeitern erschwert.

Führungsgrundsätze als organisationsspezifische, normative Zusammenfassung von Führungsaufgaben stellen im Prinzip explizite Prototypen von Führung (s. Abschn. 10.1.2) dar, sofern sie von den Mitgliedern der Organisation auch tatsächlich als anzustrebende, führungsrelevante Werte (s. Abschn. 10.1.2) und Verhaltensstandards geteilt werden. Die Führungskraft muss abwägen, welchen Standards sie gerecht werden *möchte*, indem sie die Inhalte der Führungsgrundsätze mit ihren idealen und normativen Selbstbildern als Führungskraft (vgl. Coachingschritt 3) abgleicht. Ziel ist es, eine bestmögliche Balance zwischen vorgegebenen und eigenen Führungsstandards zu finden. Um diese Balance im Verhalten auszudrücken, muss die Führungsperson reflektieren, welchen Standards sie gerecht werden *kann:* Über welche Kompetenzen verfügt sie, um vorgegebene und eigene Standards in einer gleichermaßen authentischen und situationsangemessenen Selbstdarstellung zum Ausdruck zu bringen?

Unternehmenskultur, -philosophie, -leitbilder und -identität

Worin unterscheiden sich Unternehmenskultur, Unternehmensphilosophie und -leitsätze sowie Unternehmensidentität? Welchen Einfluss nehmen diese Phänomene auf die Entwicklung individueller Führungsidentität(en)?

Unternehmenskultur. Der Grundgedanke des Konstrukts der Unternehmenskultur besteht darin, dass jede Organisation als »Miniaturgesellschaft« (Dill, 1986, S. 54) eine spezifische Kultur entwickelt, die in Form von eigenen Vorstellungs- und Orientierungsmustern das Denken und Verhalten der Unternehmensmitglieder prägt. Grundsätzlich können dabei zwei Auffassungen von Unternehmenskultur unterschieden werden (vgl. Schlichthorn, 2005): Einerseits wird Unternehmenskultur als eine »weitere organisatorische Variable neben anderen aufgefasst, andererseits als eine neue, ganzheitliche Sichtweise der Organisation« (Fankhauser, 1996, S. 12) begriffen. Die erste Position lässt sich umschreiben mit dem Titel »Ein Unternehmen hat Kultur«, die zweite Sichtweise dagegen mit dem Titel »Ein Unternehmen ist Kultur« (nach Schlichthorn, 2005). Im zweiten Paradigma ist die Unternehmenskultur keine »Sache«, die eine Organisation »hat«. Vielmehr wird sie als »Metapher für die gesamte Arbeitsorganisation und nicht [als] Bestandteil davon« (Bate, 1997, S. 22) gesehen. Nach dieser Auffassung existiert Unternehmenskultur nur in der Köpfen der Mitglieder der Organisation und wirkt als »Phänomen völlig anderer Qualität« (Staehle, 1999, S. 515) ganzheitlich auf die übrigen Systemelemente und -strukturen. Wir begreifen Unternehmenskultur im Sinne der zweiten Sichtweise: Die jeweilige Kultur zeigt sich demnach im Handeln und in der Interaktion der Unternehmensmitglieder als »Muster gemeinsamer Grundprämissen, das die Gruppe bei der Bewältigung ihrer Probleme externer Anpassung und interner Integration erlernt hat, das sich bewährt hat und somit als bindend gilt; und das daher an neue Mitglieder als rational und emotional korrekter Ansatz für den Umgang mit diesen Problemen weitergegeben wird« (Schein, 1995, S. 25).

Dieser Definition liegt die Annahme zugrunde, dass z. B. Normen, Werte, Spielregeln, geistige Modelle, Symbole etc. von Gruppenmitgliedern geteilt bzw. gemeinsam vertreten werden. Bedeutsam ist vor allem, dass sich Kultur und Verhalten der Unternehmensmitglieder – und damit auch die Art und Weise miteinander in Interaktion zu treten und individuelle Identität(en) zu konstruieren – wechselseitig beeinflussen (Schein, 1995). So entwickelt sich die Unternehmenskultur aus dem Verhalten der Organisationsmitglieder, das aber wiederum von der Kultur beeinflusst wird.

Unternehmensphilosophie. Abzugrenzen von der Unternehmenskultur ist die Unternehmensphilosophie. Während sich eine Unternehmenskultur im Laufe der Zeit »zwangsläufig« als Kondensat geteilter Annahmen, Werte und Verhaltensmuster etabliert, so ist die Philosophie eines Unternehmens meist ein offizielles Dokument (vgl. Dill, 1986), das i. d. R. eine Unternehmenskultur widerspiegelt, die sich die Herausgeber dieses Dokuments (z. B. Vorstände, Führungskräfte) wünschen. Gegenstand der Unternehmensphilosophie sind z. B. Ziele und Strategien der Organisation.

Unternehmensleitbilder. Um Unternehmenskultur gezielt zu beeinflussen und zu verändern, werden zunehmend, vor allem in größeren Unternehmen, sogenannte Leitbilder entwickelt. Ein Leitbild enthält alle relevanten Aussagen zur angestrebten Unternehmenskultur und stellt die Verbindung von gewachsenem Selbstverständnis, der Unternehmensphilosophie (Gesellschafts- und Menschenbild, Normen und Werte) und der beabsichtigten Entwicklung des Unternehmens dar. Kritiker bezeichnen das Erstellen von Leitbildern als eine Modeerscheinung, die häufig auf der operativen Ebene, insbesondere im Denken und Handeln der Beschäftigen, kaum Veränderungen mit sich bringt (vgl. Ganz & Meiren, 2009). Dabei ist es eigentlich das Ziel, durch gemeinsame Leitbilder den Menschen des Unternehmens eine Orientierung für den Umgang miteinander und den Umgang mit anderen zu geben: »Leitbilder können bei der Orientierung helfen, geben Maßstäbe für das Handeln, können zwischen Gegenwart und Zukunft vermitteln und ermöglichen eine klare Position in einer von Flexibilität und Veränderung geprägten Welt« (Ganz & Meiren, 2009, S. 12).

Elemente eines Unternehmensleitbildes formulieren Antworten auf die Fragen »Wer sind wir« (die Mission des Unternehmens), »Wohin wollen wir?« (die Vision die Unternehmens) und »Wie tun wir es?« (Werte des Unternehmens) (Ganz & Meiren, 2009). Damit sollten Unternehmensleitbilder auf der Ebene des Gesamtsystems die Antworten enthalten, die auf der Individuumsebene vom Coachingteilnehmer anhand der Leitfragen der acht Schritte der Identitätskonstruktion erarbeitet werden: Wer bin ich als Führungsperson (Selbst- und Fremdbilder), wo will ich hin (Idealbilder und äußere Erwartungen) und wie kann ich dies tun (Stimmige Selbstdarstellung und individuelle Lösungswege für die Coachingthemen)?

Unternehmensidentität. Die propagierte Unternehmensphilosophie und die tatsächlich vorhandene Unternehmenskultur können, aber müssen sich nicht immer entsprechen. Die expliziten Grundsätze einer Unternehmensphilosophie stellen ein Ideal dar, das sich von den real gelebten Werten unterscheiden kann. Damit stehen Unternehmenskultur und -philosophie auf organisationaler Ebene in einem ähnlichen Spannungsverhältnis zueinander wie erwünschte (ideale und normative) und reale Selbstbilder auf der Ebene des Individuums. Ähnlich wie das Individuum im sozialen Kontext dazu gezwungen ist, Bilder der eigenen Person auszuwählen und nach außen zu vermitteln, so muss auch ein Unternehmen seine Auffassungen über die eigenen Merkmale nach außen tragen. Mit dem Begriff der Unternehmensidentität oder Corporate Identity werden diese Selbstdarstellungsaspekte auf Unternehmensebene angesprochen. Nach Birkigt und Stadler (2000) wird Unternehmensidentität definiert als »die strategisch geplante und operativ eingesetzte Selbstdarstellung und Verhaltensweise eines Unternehmens nach innen und außen auf Basis einer festgelegten Unternehmensphilosophie, einer langfristigen Unternehmenszielsetzung und eines definierten (Soll-)Images – mit dem Willen, alle Handlungsinstrumente des Unternehmens in einheitlichem Rahmen nach innen und außen zur Darstellung zu bringen« (S. 18). Diese Definition von Unternehmensidentität betont den *Prozess* der Identitätskonstruktion auf organisationaler Ebene, andere Definitionen beziehen sich eher auf das *Ergebnis* der Identitätskonstruktion, in dem sie die Corporate Identity eines Unternehmens beschreiben als die »Summe seiner Eigenschaften [...], die seine Unternehmenspersönlichkeit ausmacht und dies es von anderen Unternehmen derselben Branche differenziert« (Schweiger & Schrattenecker, 2005, S. 106).

Nach dieser Definition findet die Corporate Identity auf Unternehmensebene ihre Entsprechung in einer basalen, kohärenten Führungsidentität auf der Ebene des Individuums.

Parallelen zwischen der Ebene des Individuums und der Ebene des Gesamtsystems. Es sollte deutlich geworden sein, dass Unternehmenskultur, -philosophie und -identität als Phänomene des Gesamtsystems den Rahmen für die Identitätskonstruktion auf Individuumsebene bilden. Individuelle Vorstellungen und soziale Aushandlungen mit den Interaktionspartnern darüber, wer man ist, sein sollte, möchte und könnte und welche Wege zum angestrebten Ziel führen, finden auf der Ebene der einzelnen (Führungs-)Person genauso statt wie auf der Ebene des Gesamtsystems. Reale, normative und mögliche Selbst- und Rollenbilder müssen von der Führungsperson also stets im organisationalen Gesamtkontext interpretiert und ausgedrückt werden.

10.2 Ausgewählte Coachingmethoden zur Klärung von Rahmenbedingungen

In der Literatur zu Coaching-, Trainings- und Beratungsmethoden bzw. -ansätzen (z. B. Benien, 2005; Radatz, 2003; Vogelauer, 2001; Rauen, 2005; 2009) finden sich vielfältige Möglichkeiten (Methoden, Frageformen, Gesprächstechniken), die jeweilige berufliche Rolle des Coachingteilnehmers und deren Bedingungen bzw. Einbettung im Gesamtsystem der Organisation im Coaching zu analysieren. Im Folgenden sollen daher Methoden, die aus der Literatur für die Klärung von Rahmenbedingungen im Persönlichkeitscoaching in Frage kommen, nur angerissen und auf die entsprechende Literatur verwiesen werden: In Abschnitt 10.2.1 wird zunächst skizziert, wie die Rahmenbedingungen der Führungsposition im Coachinggespräch exploriert und analysiert werden können. In Abschnitt 10.2.2 werden Methoden zur Analyse und Visualisierung sozialer Strukturen vorgestellt. Abschnitt 10.2.3 stellt mit der Rollenanalyse eine eigene Vorgehensweise dar, die dazu dienen soll, einen systematischen Überblick über relevante Rahmenbedingungen zu erhalten.

10.2.1 Exploration und Analyse von Rahmenbedingungen im Coachinggespräch

Benien (2005) betont, dass jedes Anliegen im Coaching in seinem systemischen Kontext zu verstehen ist und schlägt mögliche »allgemeine Kontextfragen« vor, mit denen exploriert werden kann, »in welchem Terrain sich der Protagonist bewegt« (S. 28). Um die allgemeine Struktur des Unternehmens und den konkreten situativen Kontext beruflicher Interaktionen im Coachinggespräch zu erfassen, können demnach folgende Fragen an den Coachingteilnehmer hilfreich sein (in Anlehnung an Benien, 2005; erweitert durch die Autoren):

- Welche Organisationsform hat das Unternehmen (AG, GmbH, etc.)? Welchen Einfluss hat die Organisationsform auf Ihre alltägliche Arbeit?
- Welches Image besitzt das Unternehmen in der Öffentlichkeit (äußere Kultur)? Hat dieses Einfluss auf die Ausgestaltung Ihrer eigenen Position?
- Welcher Philosophie/welchen Leitbildern folgt das Unternehmen? Inwieweit zeigen sich diese Leitbilder in alltäglichen beruflichen Interaktionen?
- Welche Grundsätze zur Führung und Zusammenarbeit gibt es? Was wird von einer Führungsperson in Ihrem Unternehmen erwartet? Nach welchem Stil wird geführt? Inwieweit und durch welche Verhaltensweisen versuchen Sie, diesem Stil gerecht zu werden?
- Wie ist die Aufbau- und Ablauforganisation des Unternehmens? Welche Anforderungen und Erwartungen resultieren daraus an Ihre Position?
- Gibt es Arbeitsplatzbeschreibungen? Inwieweit entsprechen die darin formulierten Merkmale Ihrer Position den tatsächlichen alltäglichen Aufgaben?
- Wie sieht die typische Karriere im Unternehmen aus? Was muss man können/wie sollte man sein/welche Erwartungen sollte man erfüllen, wenn man in Ihrem Unternehmen Karriere machen möchte? Was tun Sie dafür, um diesen Erwartungen gerecht zu werden?
- Welche typischen Witze und Sprüche werden in Ihrem Unternehmen gemacht? Wie wird im Normalfall darauf reagiert?
- Welches Ansehen hat welche Abteilung? Wie stellen sich die einzelnen Abteilungen des Unternehmens gegenüber den jeweils anderen Abteilungen dar?

10.2.2 Analyse und Visualisierung sozialer Systeme

Zur Analyse und Visualisierung sozialer Systeme und deren Strukturen gibt es in der Literatur zahlreiche Methodenvorschläge: So können z. B. zwischenmenschliche Beziehungen innerhalb eines Teams in einer »Team-Skulptur« (Benien, 2005) durch die entsprechende Aufstellung mehrerer Personen im Raum verdeutlicht werden. Eine andere Möglichkeit besteht darin, komplexe Systeme vom Klienten zeichnen oder mithilfe von Karten, Stühlen oder Schreibtischgegenständen symbolisieren zu lassen, um Zusammenhänge zu erkennen und Ansatzpunkte für Optimierungen zu finden (s. z. B. König & Volmer, 2003; 2005; Königswieser, 2005; Radatz, 2003; Schreyögg, 2009a). Der besondere Wert solcher Vorgehensweisen liegt darin, dass über die eigene Position und über Beziehungsstrukturen im Team oder der Gesamtorganisation nicht nur gesprochen wird, sondern diese bildlich dargestellt werden.

Die Zielsetzung einer Systemvisualisierung besteht nach König und Volmer (2005) darin, »den Klienten zu unterstützen,

- seine Situation in seinem sozialen System genauer zu erkennen und
- neue Handlungsmöglichkeiten zur Veränderung seiner Position zu finden« (S. 190).

Ablaufschema. Die Analyse und Visualisierung sozialer Systeme erfolgt – unabhängig von der spezifischen Art und Weise der Umsetzung – meist nach folgendem Ablaufschema (vgl. König & Volmer, 2005): Auf eine *Orientierungsphase* mit der Festlegung des Themas und des Ziels der Methode folgt die *Klärungsphase*, in der für die Fragestellung relevante (Sub-)Systeme bzw. Personen(-gruppen) ausgewählt und deren Beziehungsstrukturen visualisiert werden. Der Klient kann sich damit einen Überblick über die aktuelle Kommunikations- und Beziehungsstruktur zwischen den ausgewählten Personen und Personengruppen verschaffen. Anschließend soll der Klient überprüfen, inwieweit die Darstellung seinem Empfinden und seiner Sichtweise der Situation entspricht. Im nächsten Schritt können *Veränderungen* bildlich dargestellt werden: Vorstellung über eigene Wünsche und Visionen in Bezug auf eine ideale Struktur des jeweilig ausgewählten Systemausschnitts werden damit sichtbar und es können ggf. konkrete Veränderungsschritte abgeleitet und in einem *Handlungsplan* zusammengefasst werden.

Umsetzungsmöglichkeiten. Um formale und informelle Strukturen des Klientenarbeitsplatzes zu veranschaulichen, schlägt Schreyögg (2009a) vor, den Klienten ein formales Organigramm als organisatorische Sollstruktur seines Arbeitsplatzes mit passenden Hilfsmitteln wie z. B. Bausteinen aufzubauen. Weiterhin sollen informelle Besonderheiten der organisatorischen Struktur kenntlich gemacht werden, um so im Laufe eines Rekonstruktionsprozesses die persönliche Wahrnehmung der Organisationsstruktur des Klienten herauszuarbeiten.

Geißler (2005) schlägt vor, anhand von acht sozialstrukturellen Idealtypen die jeweilige Beziehung zu beschreiben, die der Klient verbessern will. Dabei sind vom Klienten vier Gesichtspunkte einzunehmen, nämlich (1) die Klärung des Ist-Zustands, wie er vom Klienten gesehen wird, (2) die Klärung des Wunsch-Zustandes des Klienten, (3) die Klärung des Ist-Zustandes, wie er von anderen wahrgenommen wird und (4) die Klärung des Wunsch-Zustandes dieser anderen Personen (nach Geißler, 2005). Der von Geißler vorgeschlagene Perspektivenwechsel zwischen eigener Perspektive und Perspektive eines anderen bei der Beschreibung eines Sozialsystems passt zur Gesamtkonzeption des Persönlichkeitscoachings. In den bisherigen fünf Schritten wurde versucht, die eigene Persönlichkeit aus der Innen- und Außenperspektive zu beschreiben, in Schritt 6 können nun bestimmte Aspekte des jeweils relevanten sozialen Systems ebenfalls aus zweierlei Perspektive beleuchtet sowie die jeweiligen Sichtweisen gegenübergestellt werden. Dazu kann entweder der Klient angeleitet werden, selbst verschiedene Perspektiven bei der Analyse des sozialen Systems einzunehmen oder die Sichtweise anderer Personen des beruflichen Umfelds direkt zu erfragen. Darüber hinaus kann auch die Perspektive des Coachs systematisch genutzt werden: Der Coach analysiert und visualisiert das ausgewählte soziale System gemäß seiner Wahrnehmung und Hypothesen, die er aus der direkten Beobachtung oder aus den Schilderungen des Klienten abgeleitet hat. Diese Sichtweise kann dann derjenigen des Klienten gegenübergestellt und damit ein Dialog über ggf. unterschiedliche Wahrnehmungen und Bewertungen angestoßen werden.

Insgesamt eignen sich Visualisierungen bzw. Analysen sozialer Systeme, um eigene Beziehungen zu einzelnen oder mehreren anderen Personen zu analysieren (z. B. Beziehung des Abteilungsleiters X zu bestimmten Mitarbeitern seiner Abteilung Y) oder die Beziehungsstruktur eines Sozialsystems zu analysieren, für das der Klient verantwortlich ist (z. B. Beziehungen der Mitarbeiter der Abteilung Y untereinander; Beziehung des Abteilung Y zu anderen Abteilungen; Beziehungen des Unternehmens zu relevanten Konkurrenzunternehmen etc.).

10.2.3 Rollenanalyse

Die Rollenanalyse stellt eine eigene Vorgehensweise dar, mit deren Hilfe der Coachingteilnehmer einen Überblick über relevante Rahmenbedingungen erhalten und Ansatzpunkte für eine weitere Klärung oder Veränderung einzelner Elemente identifizieren kann.

Schritt 1: Beobachtung im Führungsalltag. Der Coachingteilnehmer wird zunächst dazu angeregt, im Vorfeld der Sitzung die unterschiedlichen Erwartungen, Aufgaben und Anforderungen, die in seinem Führungsalltag tatsächlich an ihn gestellt und herangetragen werden, zu sammeln und schriftlich festzuhalten:

- Welche Erwartungen werden von wem kommuniziert?
- Welchen Aufgaben gehe ich in meinem Arbeitsalltag nach?
- Welche Anforderungen muss ich erfüllen?
- Welche Rollen nehme ich ein?

Schritt 2: Beschreibung von Teilrollen. In der Sitzung wird der Coachingteilnehmer zunächst dazu angeleitet, die zentralen Rollen, die er innerhalb seiner Führungsposition zu erfüllen hat, zu beschreiben und zu benennen. Es sollte darauf geachtet werden, ob sich der Klient nur auf bestimmte Rollen konzentriert und andere entweder in seinem alltäglichen Handeln oder in der Beschreibung seiner Position »ausblendet«. Als Gesprächsgrundlage kann eine Liste möglicher Führungsrollen aus der Literatur zur Führung vorgelegt werden. Ziel ist, dass der Coachingteilnehmer diejenigen (Teil-) Rollen identifiziert, welche aus seiner Sicht kennzeichnend für seine Position sind.

Schritt 3: Rollenklärung unter der Perspektive der Notwendigkeit – Aufgaben und Anforderungen klären. Im nächsten Schritt wird gemeinsam analysiert, welche Aufgaben und Anforderungen »offiziell« – im Sinne der Tätigkeitsbeschreibung oder vorgegebener Führungsleitlinien – mit der spezifischen Position des Klienten verbunden sind:

- Welche Anforderungen und Aufgaben ergeben sich aus der Tätigkeitsbeschreibung?
- Welche Anforderungen müssen in der Führungsposition aus Sicht der Führungsleitlinien des Unternehmens erfüllt werden?

Schritt 4: Erwartungen klären. Anschließend kann thematisiert werden, welche expliziten und impliziten Erwartungen von den Personen des Arbeitsumfeldes an die spezifische Position bzw. Rolle des Klienten geknüpft sind. Basis dafür sind die schriftlichen Aufzeichnungen des Coachingteilnehmers zu seinen Beobachtungen aus dem Führungsalltag (Schritt 1 der Rollenanalyse). Sollte im Rahmen der Rollenanalyse deutlich werden, dass z. B. die Erwartungen des Vorgesetzten nicht eindeutig kommuniziert werden oder nur implizit »im Raum stehen«, so kann bis zur nächsten Coachingsitzung ein Gespräch zwischen dem Coachingteilnehmer und seinem Vorgesetzten geplant werden, in dem die mit der Rolle verbundenen Aufgaben und Erwartungen thematisiert werden: Welche Erwartungen haben Sie? Welche Aufgaben gehören aus Ihrer Sicht zu meiner Position? Was ist aus Ihrer Sicht mit bestimmten Aufgabenfeldern konkret gemeint?

Darüber hinaus ist es möglich, den Coachingteilnehmer zu einem Teamgespräch mit seinen Mitarbeitern über evtl. gegensätzliche Rollenauffassungen zu ermutigen, in dem die mit der Rolle/Position des Coachingteilnehmers verbundenen Aufgaben und Erwartungen thematisiert werden können: Worin sehen Sie meine Aufgaben? Welche Funktionen sind aus Ihrer Sicht mit einer Führungsposition verbunden? Worin sehe ich meine Aufgaben und worin nicht?

Schritt 5: Systematisierung und Visualisierung der Rollenanalyse. Jede der identifizierten zentralen (Teil-)Rollen innerhalb der Führungsposition (Schritt 2) wird unter drei Fragestellungen betrachtet: Welche Aufgaben/Anforderungen sind im Rahmen der Position explizit definiert und sollten daher erfüllt werden? Welche Erwartungen der relevanten Zielgruppen (Vorgesetzte, Mitarbeiter, Kollegen, Kunden …) sind mit der Position/den unterschiedlichen Teilrollen verknüpft? Welche Anforderungen/Aufgaben sind aufgrund der eigenen Werte und Ziele mit der Position bzw. der jeweiligen Teilrolle verbunden?

Die Teilrollen und die Antworten zu den drei Fragestellungen können auf einem Flipchart in Stichpunkten zusammengetragen werden (s. Tab. 10.1).

Tabelle 10.1 Mögliche Visualisierung zur Rollenanalyse

Kurzbeschreibung meiner Position				
Zentrale (Teil-)Rollen innerhalb meiner Position	Definierte Aufgaben/ Anforderungen im Rahmen der Position	Implizite und explizite Erwartungen von außen	Anforderungen und Aufgaben aufgrund meiner eigenen Werte und Ziele	Fehlende Informationen/ zu klärende Aspekte

Mit der Visualisierung wird schnell ersichtlich, zu welchen Aspekten der Rollenklärung dem Coachingteilnehmer Informationen fehlen oder welche Bereiche er für sich oder mit bestimmten Personen(-gruppen) klären sollte.

Schritt 6: Zusammenhänge und Prioritäten kritisch hinterfragen. Anhand der Visualisierung und der schriftlichen Aufzeichnungen zu den Beobachtungen im Führungsalltag können die gesetzten Prioritäten des Coachingteilnehmers sowie die Zusammenhänge zwischen definierten Aufgaben, äußeren Erwartungen und eigenen Vorstellungen im Coachinggespräch z. B. anhand der folgenden Fragen kritisch reflektiert werden:

- Wie viel Zeit und Energie wird auf die verschiedenen Aufgaben/Teilrollen verwandt?
- Stimmt diese Verteilung mit den Erwartungen bzw. den definierten Aufgaben überein? Inwieweit ist sie sinnvoll? Warum setzt der Klient diese Prioritäten? Wie lässt sich die Verteilung verändern?
- In welchem Zusammenhang stehen die äußeren Erwartungen mit den definierten Anforderungen? Inwieweit entsprechen die definierten Aufgaben meinen eigenen Vorstellungen der Führungsrolle? Gibt es hier Klärungsbedarf? Wie können Widersprüchlichkeiten geklärt oder verändert werden?

Schritt 7: Handlungsplan ableiten. Im letzten Schritt können anstehende Klärungs- und Veränderungsschritte, die sich aus der Rollenanalyse ergeben haben, in einem Handlungsplan zusammengefasst werden. Entsprechende Schritte können sich entweder auf den äußeren Kontext oder auf die eigene Person richten: So kann es Teil des Handlungsplans sein, äußere Strukturen – die im eigenen Einflussbereich liegen – zu klären oder zu verändern (z. B. bestimmte Verantwortungsbereiche neu zu verteilen oder eine Stellenbeschreibung einzufordern). Oder es kann darum gehen, eigenes Verhalten (z. B. Art und Weise der Informationsweitergaben) bzw. eigene Einstellungen und Sichtweisen zur Führungsrolle (z. B. sich eher als »Leitwolf« denn als »Antreiber« zu begreifen) zu reflektieren und ggf. zu modifizieren.

10.3 Fallbeispiel Schritt 6

Mit Herrn P. wurden die spezifischen Rahmenbedingungen, innerhalb derer er seine Führungsposition ausfüllt, im Coachinggespräch nach den sieben Schritten der Rollenanalyse (s. Abschn. 10.2.3) analysiert und visualisiert. Das Vorgehen wird im Folgenden in Form eines Dialogs zwischen dem Coach und Herrn P. veranschaulicht.

10.3.1 Rollenanalyse: Ein Dialog

Bestandsaufnahme: Identifizierung der spezifischen Rahmenbedingungen

C: Wir wollen uns nun damit beschäftigen, wie eigentlich die Rahmenbedingungen aussehen, innerhalb derer Sie Ihre Führungsposition einnehmen. Gibt es für Ihre Position eine Stellenbeschreibung und wenn ja, inwieweit stimmen die darin festgelegten Aufgabenbereiche mit Ihren tatsächlichen Tätigkeiten überein?

P: Ja, es gibt eine Stellenbeschreibung. Diese ist sogar recht aktuell, da sie überarbeitet und neu aufgesetzt wurde, als es um die Besetzung meiner jetzigen Position ging. Darin sind meine Aufgabenbereiche und die Verantwortlichkeiten festgelegt. Das wurde sehr genau festgehalten, als ich die neue Position übernommen habe, da es vorher immer wieder Probleme wegen der Zuordnung einzelner Bereiche gegeben hat. Demnach liegt es in meinem Aufgabenbereich, die Budgetplanung in Zusammenarbeit mit den einzelnen Fachabteilungen zu übernehmen, die Umsatzentwicklung zu überwachen und darüber Bericht zu erstatten und Maßnahmen vorzuschlagen, wie das Budget eingehalten werden kann. Als zweiten Aufgabenbereich betreue ich unsere Großkunden und drittens muss ich natürlich meine Mitarbeiter führen, also Zielvereinbarungsgespräche umsetzen, Zielerreichung kontrollieren, Fortbildungsmaßnahmen planen, Mitarbeiter einstellen und entlassen, Teammeetings abhalten usw.

C: An welchem dieser drei Bereiche wird denn Ihr Erfolg in erster Linie festgemacht? Was würde Ihr Vorgesetzter sagen, wo aus seiner Sicht der Schwerpunkt Ihrer Tätigkeit liegen sollte?

P: Ich werde ganz klar daran gemessen, wie gut der Bereich »Umsatz und Profit« funktioniert, also an der Budgetplanung und der Maßnahmensteuerung, aber auch daran, wie die Qualität der Betreuung der Großkunden eingeschätzt wird. Aufgrund der aktuellen wirtschaftlichen Lage steht das natürlich noch mehr im Mittelpunkt. Wir müssen auch zusehen, dass wir kein Personal abbauen müssen und unsere Position am Markt verteidigen können. Was das Führen von Mitarbeitern anbelangt, so ist das eher das Stiefkind meiner Tätigkeit.

C: Also wird Ihr Handlungsspielraum in erster Linie durch den Aufgabenbereich »Umsatz und Profitsteuerung« bestimmt?

P: Kann man sagen. Ich muss mich natürlich an die »Spielregeln« unseres Unternehmens halten. Die haben wir in unserer Unternehmensstrategie schriftlich fixiert. Da sind eben auch unsere Gewinn- und Kostenziele drin. Aber auch unsere Leitlinien, was die Mitarbeiterführung angeht: Die zentrale Führungsleitlinie lautet, dass wir die Eigenverantwortung unserer Mitarbeitern fördern und dass wir als Führungskräfte die Rolle als »Coach unserer Mitarbeiter« einnehmen sollen.

C: Also, Sie haben jetzt zwei wichtige Bausteine genannt, die die Rahmenbedingungen Ihrer Führungsposition festlegen: Stellenbeschreibung und Führungsleitlinien. Gibt es noch weitere Bausteine, die Einfluss auf Ihren Handlungsrahmen nehmen?

P: Ja, schon, da hört das Ganze noch längst nicht auf. Ich tue faktisch ja viel mehr. Im Lauf der Zeit habe ich gemerkt, dass von verschiedenen Seiten immer mehr zusätzliche Erwartungen an mich herangetragen wurden. Da muss ich natürlich auch in irgendeiner Weise reagieren und tätig werden.

C: Zusätzlich zu den formal festgelegten Aufgaben und Anforderungen bestehen also noch weitergehende Erwartungen? Welche sind denn das? Und von wem kommen die?

P: Die kommen zum einen von Kollegen, also von Führungskräften aus den vor- und nachgelagerten Unternehmensbereichen. Beispiel: Wir machen den Vertrieb. Unsere Aufgabe ist es, auf die Kundenwünsche einzugehen und möglichst auch unkonventionelle Vorstellungen des Kunden umzusetzen. Dann kommt der Kollege von der kaufmännischen Abteilung, der darauf bedacht ist, dass alles systematisch abläuft und fordert einheitliche Prozesse für die Auftragsabwicklung, damit alles gut nachvollziehbar ist. Die Kollegen von der Entwicklung versorgen uns mit neuer Hardware, in die müssen dann die Mitarbeiter eingearbeitet werden. Das soll schnell gehen, weil die Kollegen von der Entwicklung Rückmeldung brauchen, ob das alles so klappt. Aber die Schulung organisieren die Herren und Damen von der Personalabteilung, die erwarten, dass man ihnen lange genug Vorlauf gibt, um das Ganze zu planen. Als nächstes denke ich an die Mitarbeiter, die das natürlich auch irgendwie mitkriegen und erwarten, dass ich als Chef dafür sorge, dass alles besser wird, aber trotzdem keiner mehr machen muss als bisher. Als Führungskraft will ich ja das Vertrauen meiner Mitarbeiter und möchte sie deshalb auch nicht zusätzlich mit Kleinkram belasten, schließlich ist ja mein Ziel, dass die Mitarbeiter engagierter werden, mitdenken und nicht mit Kleinkram zugeschüttet werden. Also versuche ich, alle Erwartungen so gut es geht zu erfüllen, um den Laden am Laufen zu halten. Plötzlich habe ich 1000 offene Baustellen und gar keine Zeit mehr für die Dinge, die eigentlich wichtig sind.

C: Das heißt, Sie werden von den unterschiedlichsten Seiten mit Erwartungen konfrontiert, die für Sie schwer in Einklang zu bringen sind?

P: Ja. Und daraus wachsen ständig neue Aufgaben. Ich bin in den unterschiedlichsten Situationen, die alle mehr oder weniger wichtig sind, zusätzlich gefordert: seien es Mitarbeitergespräche oder Telefonkonferenzen oder Teamsitzungen zur Urlaubsplanung. Und ich verbringe unheimlich viel Zeit in Strategiesitzungen des Managementteams. Bei denen geht es oft sehr heiß her und ich gehe immer mit neuen Aufgabenpaketen heraus, die kurzfristig angegangen werden müssen. Es gibt auch ständig Neuerungen in der Technik und in Prozessabläufen. Eine Vielzahl von Informationen, die ich erstmal selbst für mich verarbeiten muss. Und danach muss ich natürlich meinen Mitarbeitern die relevanten Informationen rüberbringen. Schlussendlich haben wir ab und an auch echte Krisensituationen, wenn in der Verhandlung mit Kunden etwas schief gelaufen ist. Und so geht es immer weiter.

C: Das klingt ganz schön umfassend. Wie empfinden Sie denn diese Vielfalt an Anforderungen und Rahmenbedingungen?

P: Ich habe oft das Gefühl, dass mein Handlungsspielraum als Führungskraft immer kleiner wird und mich das ganze Drumherum immer mehr einengt.

C: Würde es Ihnen helfen, wenn wir versuchen, die Rahmenbedingungen Ihrer Führungsrolle zu ordnen, um uns eine Übersicht zu verschaffen?

P: Ja, ich glaube schon, gerade ist das ein ziemlicher Wust, wenn wir so darüber reden.

C: Also, ich male das hier mal auf [s. Tab. 10.2]. Sie haben verschiedene Bausteine aufgezeigt, die den Rahmen Ihrer Führungsrolle definieren: Erstens die Unternehmensstrategie, zweitens Aufgabenbereiche und Verantwortlichkeiten, die in Ihrer Stellenbeschreibung festgelegt sind, drittens konkrete Situationen und viertens unterschiedliche Erwartungen. Wenn ich Sie richtig verstanden habe, dann sind die Anforderungen, die sich aus der Unternehmensstrategie bzw. den Führungsleitlinien für Sie ergeben und die formal festgelegten Aufgabenbereiche aus Ihrer Stellenbeschreibung relativ eindeutig. Was für Sie sehr verwirrend ist, sind die unterschiedlichen Erwartungen, die an Sie gestellt werden und vielfältigen undefinierten und unvorhergesehenen Situationen.

Tabelle 10.2 Visualisierung wichtiger Rahmenbedingungen der Führungsposition von Herrn P.

Vier zentrale Bausteine der Rahmenbedingungen der Position »Vertriebsleiter«			
Aufgaben und Verantwortlichkeiten im Sinne der **Stellenbeschreibung**	Explizite Anforderungen, die sich aus der **Unternehmensstrategie** und den **Führungsleitlinien** ergeben	**Erwartungen** der verschiedenen Personen (-gruppen) des Arbeitsumfeldes	Konkrete (unvorhergesehene) **Situationen** des Arbeitsalltags
▶ Umsatz & Profit: Budgetplanung, Überwachung Umsatzentwicklung, Planung von Maßnahmen, … ▶ Betreuung von Großkunden ▶ Mitarbeiterführung	▶ Einhaltung von Gewinn- und Kostenzielen unter den aktuellen wirtschaftlichen Rahmenbedingungen ▶ Position am Markt verteidigen ▶ Eigenverantwortlichkeit von Mitarbeitern fördern ▶ Führungskraft als Mitarbeitercoach	▶ Äußerst unübersichtlich ?	▶ Äußerst unübersichtlich ?

Ableitung von Ansatzpunkten aus der Rollenklärung

Aus der bisherigen Rollenanalyse und der Visualisierung (s. Tab. 10.2) werden im nächsten Schritt Ansatzpunkte für die weitere Klärung bzw. für den Umgang mit den Rahmenbedingungen abgeleitet.

C: Welchen Nutzen können Sie für sich aus dieser Übersicht ziehen?

P: Ich glaube, dass es ganz wichtig ist, dass ich einen besseren Überblick bekomme, wer was und warum von mir will und ob das unter den vorgegebenen Bedingungen überhaupt gerechtfertigt ist. Ich würde nämlich sagen, dass die linken beiden Spalten das zusammenfassen, was ich tun muss und die rechten beiden Spalten eher zusammenfassen, was ich tun könnte und worüber ich letztendlich selbst entscheide, was ich davon wie angehe.

C: Wie könnten Sie sich diesen Überblick über die Erwartungen und die Situationen verschaffen? Was würde helfen, die Fragezeichen mit klareren Vorstellungen zu ersetzen?

P: Ich könnte eine Aufstellung machen, womit ich in meinem Alltag eigentlich meine Zeit verbringe und mir einen Überblick verschaffen, welche Aufgaben ich tagtäglich erledige und wie viel Zeit ich auf welche Tätigkeitsbereiche verwende. Dann hätte ich mal einen Überblick, was ich de facto eigentlich tue und könnte es mit dem abgleichen, was ich laut Stellenbeschreibung und Strategie eigentlich tun sollte.

C: Eine Art Gegenüberstellung von Ist- und Sollzustand der Tätigkeiten?

P: Ja genau. Damit könnte ich zu meinem Chef gehen und ihn fragen, was ich damit machen soll. Dann soll er mir nämlich sagen, wo ich denn meine Prioritäten zu setzen habe, damit ich das erledigen kann, was ich eigentlich erledigen soll.

C: Sie würden in einem direkten Gespräch mit Ihrem Chef klären wollen, welche Erwartungen »von oben« an Sie und Ihre Position bestehen?

P: Ja, das haben wir auch im 360°-Feedback ansatzweise schon erhoben, aber da gab es ja einige Widersprüche, die sollte ich vielleicht mal im Gespräch klären.

C: Welche Widersprüche meinen Sie?

P: Die Erwartung, dass ich mehr auf meine Mitarbeiter eingehen soll und mein Vorgesetzter auch gesagt hat, dass ich das Team mehr einbinden soll, wenn es um Lösungen geht. Gleichzeitig werde ich aber nur danach beurteilt, ob die Zahlen erfüllt werden. Wenn ich mich so viel um das Führungsthema kümmern wollte, wie es im 360°-Feedback gewünscht wurde, dann müsste ich viel mehr abgeben, was die Betreuung der Kunden anbelangt.

C: Was erwarten Sie sich genau von dem Gespräch mit Ihrem Vorgesetzten? Was würden Sie gerne erreichen?

P: Ich denke mal, dass wir in einem solchen Gespräch nicht vollkommen eindeutig klären können, was ich wie tun soll. Aber ich möchte wissen, wo ich meine Prioritäten zu setzen habe und ich möchte mal darstellen, was ich eigentlich alles tue und warum bestimmte Dinge nicht im Handumdrehen um- und durchzusetzen sind.

C: Wie würden Sie denn gerne mit diesen Rahmenbedingungen umgehen? Wo würden Sie selbst gerne Ihre Prioritäten setzen?

P: Ich würde gerne mehr Zeit für Führungsaufgaben haben und mich in Bezug auf das Führungsthema weiter entwickeln wollen. Es wurde ja auch als zentraler Verbesserungsbereich im 360°-Feedback deutlich, dass meine sozialen Kompetenzen in Bezug auf Führung noch ausbaufähig sind. Ich glaube, es ist schwierig für mich, Verantwortung abzugeben. Ich erledige schon oft Aufgaben selbst, die ich delegieren könnte. Und wenn ich das mehr tun würde, dann könnte ich auch mehr Zeit darauf verwenden, von meinen Mitarbeitern was mitzukriegen und sie zu unterstützen.

C: Ich fasse das mal zusammen (vgl. Abb. 10.2): Die Rahmenbedingungen Ihrer Position setzen sich aus verschiedenen Bausteinen zusammen: Die Anforderungen, die sich aus der Unternehmensstrategie für Sie ergeben, die formal festgelegten Aufgabenbereiche aus Ihrer Stellenbeschreibung, die konkreten, zum Teil unvorhergesehenen Einzelsituationen Ihres Führungsalltags und die vielfältigen Erwartungen anderer Personen. Klärungsbedarf gibt es für Sie vor allem in Bezug

	Vier zentrale Bausteine der Rahmenbedingungen der Position »Vertriebsleiter«			
	Aufgaben und Verantwortlichkeiten im Sinne der **Stellenbeschreibung**	Explizite Anforderungen, die sich aus der **Unternehmensstrategie** und den **Führungsleitlinien** ergeben	**Erwartungen** der verschiedenen Personen(-gruppen) des Arbeitsumfeldes	Konkrete (unvorhergesehene) **Situationen** des Arbeitsalltags
Handlungsdruck in Bezug auf den jeweiligen Bereich	**Muss ich erfüllen**		**Kann, aber muss ich nicht erfüllen**	**Im Einzelfall zu entscheiden**
	Schwerpunktsetzung bei der eigenen Leistungsbeurteilung: Bereich Umsatz und Profit ✓ ↔ Mitarbeiterführung als »Stiefkind« ↯ ↔	Einhaltung von Gewinn- und Kostenzielen Eigenverantwortlichkeit von Mitarbeitern fördern/Führungskraft als Mitarbeitercoach	**To do:** Im Gespräch mit dem Vorgesetzten die erwünschte Prioritätensetzung in der Wahrnehmung der Aufgabenbereiche klären	**To do:** Übersicht erstellen, welche Tätigkeiten und Situationen den Arbeitsalltag bestimmen

Abbildung 10.2 Klärung der Rahmenbedingungen der Führungsposition von Herrn P. – Visualisierung zentraler Ansatzpunkte

auf die Erwartungen Ihres Vorgesetzten, die Sie bisher als widersprüchlich erleben und in Bezug darauf, einen Überblick zu erhalten, welche einzelnen Situationen und Tätigkeiten Ihren Arbeitsalltag bestimmen. Was werden Sie konkret bis zur nächsten Coachingsitzung unternehmen, um diese Punkte in Bezug auf die Rahmenbedingungen zu klären?

P: Ich werde die nächsten fünf Tage in Stichpunkten festhalten, was ich wann tue, werde mir das Soll-Profil aus dem 360°-Feedback noch mal anschauen, um meine diesbezüglichen Fragen zu notieren und einen Gesprächstermin mit meinem Vorgesetzten vereinbaren, um die genannten Punkte zu klären.

10.3.2 Zusammenfassung der Ergebnisse aus Schritt 6

Auf die erste Leitfrage aus Schritt 6, »*Welches sind die spezifischen Rahmenbedingungen, innerhalb derer ich führe?*«, findet Herr P. für sich folgende Antworten:

- Die expliziten, normativen Anforderungen an die Führungsposition sind für Herrn P. durch das differenzierte Stellenprofil und die vorliegenden Führungsleitlinien relativ eindeutig geklärt. Einen Widerspruch zu seinen eigenen Zielsetzungen sieht Herr P.s vor allem im geringen Stellenwert, dem Führungsaufgaben in seinem Aufgabenprofil beigemessen werden.
- Mit Herrn P.s Führungsposition scheinen – je nach Personen(-gruppen) – unterschiedliche Erwartungen verknüpft zu sein. Trotz der bestehenden Führungsleitlinien als normative Vorgabe besteht bei den Mitgliedern des Unternehmens kein Konsens darüber, welche Rollenerwartungen an eine Führungsperson gestellt werden, d. h., es liegt kein homogener »Führungsprototyp« vor. Herr P. möchte sich daher in einem Gespräch mit seinem Vorgesetzten absichern, welche Prioritäten er bezüglich der verschiedenen Rollenanforderungen setzen soll.
- Im Führungsalltag bereiten Herrn P. vor allem nicht planbare, unvorhergesehene Situationen Schwierigkeiten, die zum Teil aufgrund ihrer Dringlichkeit unmittelbares Handeln erfordern. Um hier einen besseren Überblick zu bekommen, möchte Herr P. eine Übersicht erstellen, welche Tätigkeiten und Situationen seinen Arbeitsalltag bestimmen.

Die Erkenntnisse zur zweiten Leitfrage aus Schritt 6 »Welche dieser Rahmenbedingungen nehmen besonderen Einfluss auf die Entwicklung einer Führungsidentität?«, fasst Herr P. folgendermaßen zusammen:

Er sieht besonders die Tatsache, dass sein Aufgabenbereich nur zu einem sehr kleinen Teil explizit auf Mitarbeiterführung ausgerichtet ist, als relevanten Einflussfaktor darauf, wie er sich in seiner Rolle verhält und wie er von seinen Mitarbeitern wahrgenommen wird. Führung bezeichnet er als »Stiefkind« seiner Tätigkeit, sodass sich vielleicht auch die Mitarbeiter als »Stiefkinder« behandelt und sich in ihren Belangen zu wenig berücksichtigt fühlen. In Bezug auf die Entwicklung einer individuellen Führungsidentität zieht Herr P. aus dieser Erkenntnis die Schlussfolgerung, dass er eher als »aufgabenbezogener Macher«, denn als »mitarbeiterorientierter Coach« wahrgenommen wird. Diese Erkenntnis ist besonders im Rahmen des ersten Coachingthemas bedeutsam, in dem es darum geht, eine zur eigenen Persönlichkeit passende Form des Umgangs mit den Mitarbeitern zu entwickeln. Die bisherige Art des Umgangs mit seinen Mitarbeitern resultiert aus Herrn P.s Sicht vorrangig aus den äußeren Notwendigkeiten und dem entsprechenden Zeitdruck und weniger aus eigenen Vorstellungen und Zielen.

11 Schritt 7: Ressourcenerweiterung

Leitfragen zu Schritt 7. Wie könnte ich als Führungsperson noch sein? Welche Kompetenzen kann und will ich noch aufbauen, um meine Ziele besser zu erreichen?

Je nach erarbeiteten Zielsetzungen und Ergebnissen aus den vorherigen Schritten bedeutet Ressourcenerweiterung in Schritt 7 des Persönlichkeitscoachings erstens, mit dem Ausdruck bisher »vernachlässigter« Persönlichkeitsfacetten und Rollenmerkmale sowie mit neuen Denk- und Handlungsoptionen zu experimentieren (»Wie könnte ich noch sein?«) und zweitens, Wahrnehmungs- und Handlungskompetenzen aus- und aufzubauen, die für die Erreichung persönlicher Ziele als relevant identifiziert wurden (»Welche Kompetenzen kann und will ich noch aufbauen, um meine Ziele besser zu erreichen?«).

Grawe und Grawe-Gerber (1999) beschreiben Ressourcen als Möglichkeitsraum, in dem sich eine Person gegenwärtig bewegen kann bzw. als positives Potenzial eines Klienten. Im Persönlichkeitscoaching konzentrieren wir uns auf die individuellen Ressourcen des Klienten als all diejenigen aktuellen und habituellen Personmerkmale, die dazu genutzt werden können, für die Person und die Umwelt stimmige Ziele zu formulieren und zu erreichen. Ressourcen umfassen demnach Vorstellungen über die eigene Person (Selbstbilder) und damit in Zusammenhang stehende Motive und Verhaltensweisen sowie Wahrnehmungs- und Handlungskompetenzen des jeweiligen Coachingteilnehmers (vgl. Abschn. 3.2.8).

Im Coaching sollen Bewertungs- und Handlungsspielräume ausgebaut und damit eine flexible Gestaltung der Führungsrolle ermöglicht werden. Die in den bisherigen Schritten angestrebte *Aktivierung* latent oder explizit vorhandener personaler Ressourcen in Form von Selbstbildern, Kompetenzen, Motiven und Selbstdarstellungsmustern soll dazu beitragen, dass vorhandene Möglichkeiten zur Etablierung einer stimmigen Führungsidentität ausgeschöpft werden. Die *Erweiterung* von Ressourcen, wie sie in diesem Schritt angestrebt wird, dient darüber hinaus der Ausdifferenzierung von Facetten des führungsbezogenen Selbstkonzepts und der Flexibilisierung des Handlungsrepertoires.

Erkundung neuer Möglichkeiten. Insgesamt steht in Schritt 7 die Erkundung neuer Möglichkeiten im Vordergrund: Der Klient kann auf spielerischem Wege verschiedene Selbst- und Rollenbilder erproben und die eigenen Potenziale explorieren, ohne sich gleich festlegen zu müssen, welche davon er langfristig in sein Selbstdarstellungsrepertoire übernehmen möchte. Erst im nächsten Schritt geht es um die Auswahl, d. h. um eine Entscheidung, welche der erprobten Möglichkeiten der Klient für gut befunden hat und daher auch in den Führungsalltag übernehmen möchte.

Langfristige Wirkungen. Langfristig können der Ausdruck alternativer Persönlichkeitsmerkmale oder die Übernahme neuer Rollenbilder in das persönliche Darstellungsrepertoire dazu führen, dass sich der Klient einerseits selbst anders wahrnimmt und andererseits auch von den Personen seines beruflichen Umfeldes anders wahrgenommen wird. Solche neuen Verhaltensweisen und Außenwirkungen können mit der Zeit über Internalisierungsprozesse (s. Abschn. 11.1.3) gegebenenfalls als neue Selbstbilder in das Selbstkonzept integriert werden und somit wiederum als Ressourcen für zukünftige Selbstdarstellung zur Verfügung stehen. Diese langfristige Perspektive wird Gegenstand von Coachingschritt 8 sein, wenn es für den Coachingteilnehmer darum geht, eine angestrebte Führungsidentität zu entwerfen und diese systematisch anzustreben.

In Coachingschritt 7 geht es vorerst darum, verschiedene Alternativen der Ausgestaltung der Führungsrolle zu erproben, die anschließend entweder »verworfen« oder ins Handlungsrepertoire übernommen werden können.

11.1 Theoretischer Hintergrund zur Ressourcenerweiterung

Abschnitt 11.1.1 gibt einen Überblick zur Ressourcenerweiterung. Abschnitt 11.1.2 beschreibt Selbstextension als mögliches Ergebnis der Erprobung verschiedener Selbstdarstellungen und führt Ansatzpunkte der Ressourcenerweiterung auf. Dabei wird das Selbstdarstellungsverhalten des Klienten als zentraler Ansatzpunkt hervorgehoben. In Abschnitt 11.1.3 wird schließlich der theoretische Rahmen für kurz- und langfristige Veränderungen von Persönlichkeitsaspekten dargestellt.

11.1.1 Überblick zur Ressourcenerweiterung

Ziele und Ansatzpunkte in Schritt 7. Die Ziele von Schritt 7 bestehen zum einen darin, den »Möglichkeitsraum« des Klienten zur Ausgestaltung der Führungsrolle zu erweitern und zum anderen, den entsprechenden »Suchraum« zur Formulierung stimmiger Ziele und Umsetzung passender Lösungswege auszudehnen. Den zentralen Ansatzpunkt für die Erweiterung der personalen Ressourcen des Klienten in Form von Selbstbildern und Kompetenzen und damit in Wechselwirkung stehender intra- und interpersonaler Prozesse bildet das Verhalten, speziell das Selbstdarstellungsverhalten, des Klienten.

Persönlichkeitsmerkmale als Einflussfaktoren auf die Selbstdarstellung und als Ergebnisse von Selbstdarstellung. Bisher wurden persönliche Merkmale der Führungsperson – in Form von überdauernden Ressourcen und Vulnerabilitäten sowie aktuellen Zuständen und aktuell aktivierten Selbstbildern – neben den Rahmenbedingungen und den persönlichen Merkmalen der Interaktionspartner als potenzielle Einflussfaktoren auf die jeweilige Art und Weise der Selbstdarstellung aufgefasst. In expliziter Umkehrung dieser Wirkungsrichtung gehen wir in Coachingschritt 7 und 8 davon aus, dass sowohl aktuell aktivierte und überdauernd vorhandene Selbstbilder, als auch stabile Verhaltensbereitschaften und Kompetenzen als Ergebnisse von Selbstdarstellung aufgefasst werden können (vgl. Laux & Renner, 2008b; Mummendey, 1995). Die Art der Selbstdarstellung kann sich also darauf auswirken, wie sich die Person aktuell oder sogar langfristig selbst sieht (s. Abb. 11.1, Pfeil 1). Weiterhin kann eine Veränderung von Verhaltensweisen und Reaktionsmustern eine Erweiterung des Verhaltensrepertoires und der zur Verfügung stehenden Wahrnehmungs- und Handlungskompetenzen bewirken (s. Abb. 11.1, Pfeil 2).

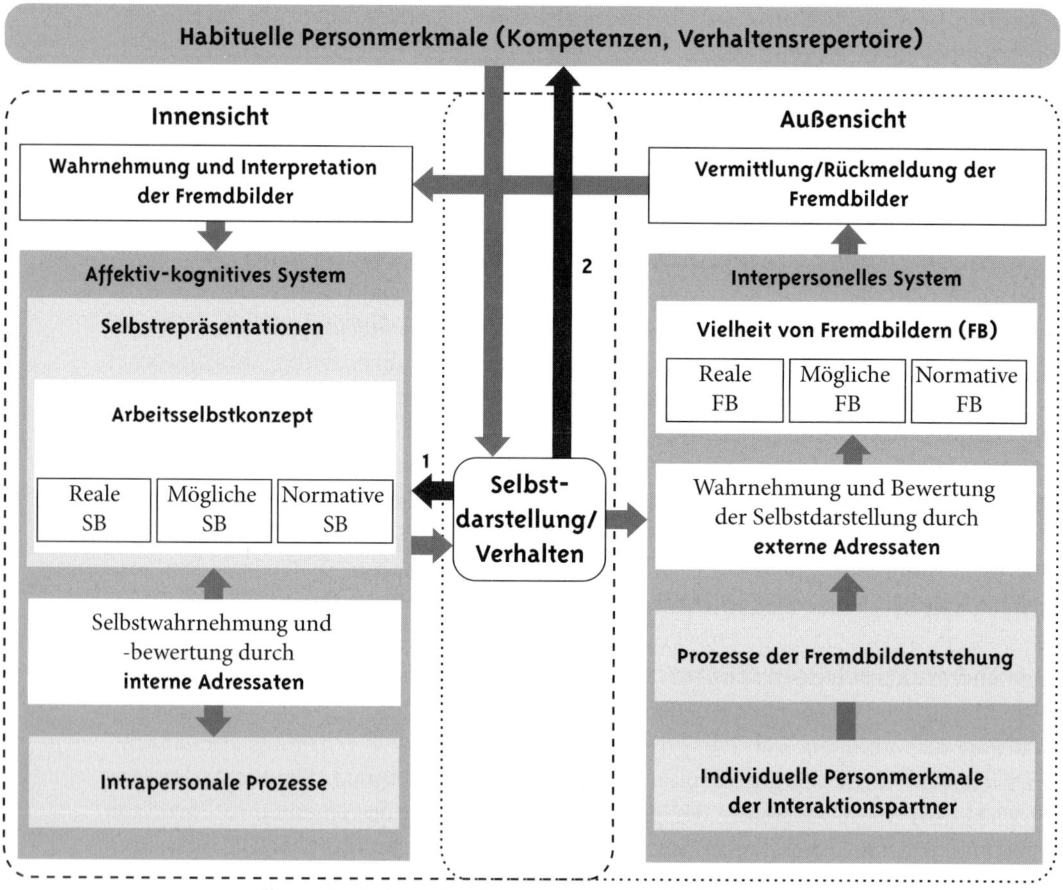

Abbildung 11.1 Dynamisches Interaktionsmodell VII – Aktuelle und habituelle Personmerkmale als Produkte von Selbstdarstellung

11.1.2 Ansatzpunkte der Ressourcenerweiterung

Eine Veränderung aktueller und habitueller Persönlichkeitsmerkmale kann stattfinden, indem sich Personen die Rollen, die sie spielen, aneignen und zu einem Teil ihrer

Persönlichkeit machen. Dies ist der grundlegende Gedanke der sogenannten »Fixed Role Therapy« von Kelly (1955), in der der Klient ermutigt wird, im Schutzraum einer Rolle neue Verhaltensweisen zu erproben, die dem bisherigen Selbstkonzept nicht entsprechen. Verläuft diese Erprobung positiv, dann können durch die Reaktionen der Interaktionspartner auf die »neue Selbstdarstellung« des Klienten Änderungen in dessen Selbstkonzept angestoßen werden. Die Klienten vergessen im Laufe des Rollenspiels letztendlich die Tatsache, dass sie eine Rolle spielen, d. h., es scheint ein Prozess begonnen zu haben, in dem die neuen Facetten der »gespielten Persönlichkeit« nach und nach in die alten Selbstbilder integriert werden und diese gegebenenfalls sogar ersetzen.

Solche Mechanismen kann man sich systematisch zunutze machen, wenn es darum geht, zielgerichtete Veränderungen im Selbstkonzept hervorrufen zu wollen. So kann z. B. eine sozial ängstliche Person versuchen, die in einer Präsentationssituation verspürte Angst und Unsicherheit mittels der Kontrolle des Emotionsausdrucks und der »vorgegebenen« Selbstsicherheit zu verbergen. Ist diese Art der – nicht an realen, sondern eher an erwünschten Selbstbildern ausgerichteten –Darstellung erfolgreich und wird oft wiederholt, so ist die Wahrscheinlichkeit recht hoch, dass eine Erweiterung des Selbstkonzepts hin zu mehr Selbstsicherheit und Kompetenz stattfindet, eben eine Extension des Selbstkonzepts oder kürzer: eine »Selbstextension« (Laux, 1986).

Um eine Selbstextension bzw. eine Erweiterung der zur Verfügung stehenden Ressourcen gezielt herbeizuführen, kann an drei verschiedenen Komponenten angesetzt werden (vgl. Renner, 2002; s. auch Abschn. 3.1.5): Am Verhalten, an der Änderungsmotivation und an der sozialen Umwelt.

Ansatz am Verhalten. Kelly (1955) sieht den Menschen als Wissenschaftler, für den das eigene Verhalten die grundlegende Methode darstellt, um Hypothesen über sich selbst und die Welt zu prüfen. Renner (2002) fasst diese Sichtweise – bezogen auf das Selbstdarstellungsverhalten einer Person – folgendermaßen zusammen: »Die ›forschungsleitenden‹ Fragestellungen bei einem Selbstinterpretationsversuch lauten: ›Wer bin ich?‹ bzw. ›Wer könnte ich sein?‹ oder, wenn es um Veränderung geht, ›Könnte ich auch anders sein?‹ Die ausgewählten faktischen oder potentiellen Selbstbilder dienen dem Selbstinterpreten als hypothetische Antworten. Der kritische Test zur Überprüfung der Hypothesen ist das Umsetzen der Selbstbilder in Verhalten und die entsprechenden Schlußfolgerungen aus Selbstwahrnehmung und wahrgenommenen sozialen Rückmeldungen« (S. 61).

Meist verhalten sich Personen in Übereinstimmung mit zentralen Selbstbildern, d. h., sie versuchen, die bereits etablierten Hypothesen über ihre Selbstbilder durch ihr Verhalten eher zu bestätigen als zu verändern (s. »Selbst«-bezogene Motive in Abschn. 6.1.3). Wenn also das berufsbezogene Selbstkonzept des Klienten im Coaching durch neue Selbstbilder erweitert werden soll, so ist es notwendig, dass der Klient Verhaltensweisen ausprobiert, die «untypisch« für ihn sind und sich von seinem bisherigen Verhalten unterscheiden.

Der Veränderung von Verhaltensgewohnheiten und Reaktionsmustern durch »Umlernen« gilt seit jeher das spezielle Interesse der Verhaltenstherapie bzw. der kognitivbehavioralen Therapie. Solche Therapieansätze beziehen sich dabei auf einen breiten Verhaltensbegriff, der beobachtbare Äußerungen des Organismus ebenso umfasst wie kognitive und psychophysiologische Prozesse (vgl. Reinecker, 1999). In zahlreichen Studien konnte die Wirksamkeit verhaltenstherapeutischer Interventionsmethoden zur Veränderung von Verhaltensgewohnheiten bzw. dysfunktionaler Reaktionsmuster belegt werden (vgl. zusammenfassend Grawe et al., 1994).

Ansatz an der Veränderungsmotivation. Das Erproben neuer Verhaltensweisen setzt jedoch voraus, dass sich eine Person überhaupt verändern will, d. h., dass Änderungsmotivation vorliegt oder aufgebaut werden kann: Damit Veränderungen stattfinden können, müssen Personen untypische Verhaltensweisen freiwillig ausführen und selbst zu neuen Schlussfolgerungen und Interpretationen kommen (vgl. Renner, 2002). Daher wird in vielen psychotherapeutischen Ansätzen die Änderungsmotivation als ein entscheidender Bedingungsfaktor für den Erfolg der Therapie hervorgehoben (z. B. Kanfer et al., 2000). Ist eine Person zur Veränderung motiviert und erprobt tatsächlich neue Verhaltensweisen, so können »carry-over-Effekte« (Rhodewalt, 1986, S. 117) von »draußen« (öffentliches Verhalten) nach »drinnen« (Selbstbilder) entstehen: Personen schreiben sich, zumindest kurzfristig, ein Selbstbild zu, das typischerweise mit der ausgeführten Verhaltensweise verbunden ist. Bei solchen Veränderungen im Selbstkonzept handelt es sich jedoch eher um kurzfristige »Schwankungen«, als um eine andauernde Erweiterung des Selbstkonzepts um neue Selbstbilder.

Ansatz an der sozialen Umwelt. Eine zentrale Bedeutung für die Erweiterung des (berufsbezogenen) Selbstkonzepts um neue Persönlichkeitsfacetten kommt der sozialen Umwelt des Klienten zu: Berufliche Interaktionspartner müssen im Arbeitsalltag die Gelegenheit bieten, die neue Selbstsicht zu legitimieren und zu validieren (vgl. Swann & Hill, 1982). Im Persönlichkeitscoaching als Einzelcoaching können berufliche Interaktionspartner nicht direkt beeinflusst werden. Um validierende Rückmeldung zu neuen, alternativen Selbstbildern zu erhalten, muss daher am Selbstdarstellungsverhalten des Klienten angesetzt werden: Damit neue Selbstbilder glaubwürdig in Verhalten umgesetzt werden können, bedarf es entsprechender Selbstdarstellungskompetenzen, die in Coachingschritt 7 z. B. durch den Einsatz von Übungsrollenspielen und Methoden zur Erweiterung des Rollenrepertoires gezielt gefördert werden.

Zentraler Ansatzpunkt im Persönlichkeitscoaching: Selbstdarstellungsverhalten. *Kurzfristige* Schwankungen im Selbstkonzept sollen in Coachingschritt 7 gezielt herbeigeführt werden, um neue Persönlichkeitsmerkmale oder alternative Rollenbilder »probehalber« in die Selbstsicht zu übernehmen. Die Klienten werden daher dazu ermutigt, im »geschützten Rahmen« des Coachings mit neuen und untypischen Verhaltensweisen zu experimentieren, um sich anschließend auf einer »breiten Basis von Möglichkeiten« entscheiden zu können, welche neuen Verhaltens- und Sichtweisen dem persönlichen Repertoire hinzugefügt werden sollen.

Damit die kurzfristige Übernahme neuer Selbst- und Rollenbilder – sofern diese vom Coachingteilnehmer als »gut befunden« und daher »ausgewählt« wurden – zu langfristig stabilen Veränderungen in der Selbstsicht und im Verhaltensrepertoire führen, müssen neue Verhaltensweisen im beruflichen Alltag wiederholt eingesetzt werden. Zudem fordert die Stabilisierung kurzfristiger Selbstkonzeptänderungen eine bewusste Reorganisation der bisherigen Selbstsicht (Swann & Hill, 1982), d. h., Personen müssen sich bewusst entscheiden, in bestimmten Aspekten anders zu sein als bisher. Dieser Aspekt der langfristigen Internalisierung und der bewussten Reorganisation der Selbstsicht als Führungskraft wird in Coachingschritt 8 zum Thema gemacht, wenn es darum geht, sich für eine langfristig zu etablierende Führungsidentität zu entscheiden und diese systematisch anzustreben.

Insgesamt sehen wir im Persönlichkeitscoaching den zentralen Ansatzpunkt für Veränderung der dynamischen Interaktion zwischen Führungsperson und Interaktionspartnern auf der Ebene des Verhaltens, ganz konkret des Selbstdarstellungsverhaltens der Führungsperson (vgl. Abschn. 3.1.5). Entsprechend wird auch bei der Erweiterung von Selbstbildern und Kompetenzen in Coachingschritt 7 am Selbstdarstellungsverhalten des Coachingteilnehmers angesetzt.

11.1.3 Theoretischer Rahmen zur Persönlichkeitsveränderung

Im Folgenden werden zentrale Konzepte umrissen, die den theoretischen Rahmen für kurz- und langfristige Veränderung von Persönlichkeitsaspekten in den Schritten 7 und 8 bilden. Zunächst werden die zwei möglichen Prozesse der Übernahme des öffentlichen Selbstdarstellungsverhaltens in das Selbstkonzept – der soziale und der personale Weg der Internalisierung – beschrieben. Anschließend wird das Paradigma des dynamischen Interaktionismus am Beispiel des Self-defining-feedbacks skizziert, mit dessen Hilfe Veränderungen im Selbstkonzept oder in individuellen Verhaltensbereitschaften als Ergebnis des sozialen Internalisierungswegs erklärt werden können.

Personaler und sozialer Weg der Internalisierung

Personen verändern bzw. erweitern unter bestimmten Bedingungen ihr Selbstkonzept entsprechend ihrer Selbstdarstellung. Der *Prozess*, bei dem eine Person Sichtweisen über sich selbst (Selbstbilder) auf der Basis von bereits ausgeführtem selbstinterpretativem Verhalten konstruiert, wird als Internalisierung bezeichnet (vgl. Tice, 1994). Das *Ergebnis* eines Internalisierungsprozesses ist ein »carry-over-Effekt« (Rhodewalt, 1986) von »draußen« (öffentliches Verhalten) nach »drinnen« (Selbstbilder). Pointiert formuliert könnte dies bedeuten: »If one wants to become a certain type of person, one should try to publicly act like that type of person« (Schlenker & Pontari, 2000, S. 224).

Personaler Weg der Internalisierung. Nach Arkin und Baumgardner (1986) lassen sich zwei verschiedene »Wege« der Internalisierung unterscheiden: Geschieht die Internalisierung präsentierter Persönlichkeitsfacetten in das Selbstkonzept auf dem personalen Weg, so macht eine Person das eigene Verhalten direkt zum Objekt ihrer Wahrnehmung (s. Abb. 11.2). In diesem Fall gibt es nur einen Mediator, nämlich die Art der Interpretation (Wahrnehmung und Bewertung) des eigenen Verhaltens. Der

Darsteller nimmt sein Verhalten in ähnlicher Weise wahr, wie es ein externer Beobachter tun würde und trifft daraus Folgerungen bezüglich seines Selbstkonzeptes. Dabei geht es implizit um die Frage: »Durch welches Merkmal muss ich gekennzeichnet sein, nachdem ich mich so wie jetzt verhalten bzw. dargestellt habe?« (vgl. Laux & Renner, 2008b).

Sozialer Weg der Internalisierung. Beim sozialen Weg der Internalisierung muss der Darsteller die Reaktion anderer auf seine Darstellung wahrnehmen und interpretieren. Diese Interpretationen wirken sich dann gegebenenfalls auf das Selbstkonzept und das Selbstwertgefühl des Darstellers aus. Die Internalisierung wird hier also durch zwei Faktoren bestimmt, zum einen durch die Reaktion des Publikums auf die Darstellung des Akteurs (Wahrnehmung und Interpretation der Selbstdarstellung und Rückmeldung der Fremdbilder), zum anderen durch die Reaktion des Akteurs auf das Feedback des Publikums (Wahrnehmung und Interpretation der Fremdbilder durch den Akteur) (s. Abb. 11.2). In vielen Fällen gibt jedoch ein Publikum kein direktes oder explizites Feedback über das Gelingen der Selbstdarstellung, sodass indirekte oder nonverbale Hinweise des Publikums vom »Selbstdarsteller« wahrgenommen und interpretiert werden müssen.

Wird die Darstellung bestimmter Charakteristika vom Publikum positiv aufgenommen, als authentisch anerkannt und entsprechend zurückgemeldet oder »überzeugt« sich der Akteur durch sein Verhalten selbst, dann kann er als Reaktion darauf folgern, dass diese präsentierten Charakteristika zu seiner Person gehören.

Beispiel

Herr Z versucht sich gegenüber seinem Chef als kompetenter Mitarbeiter darzustellen. Der Chef nimmt das Verhalten von Herrn Z wahr, bewertet es und bildet bestimmte Fremdbilder über ihn (z. B. das Fremdbild: »Herr Z macht oft besonders originelle Vorschläge. Er scheint sehr kreativ zu sein«). Der Vorgesetzte meldet das entstandene Fremdbild durch direkte Rückmeldung (»Da zeigen sich mal wieder Ihre kreativen Lösungsideen«) oder indirekte Rückmeldung (zufriedenes Nicken und interessierte Nachfragen des Chefs) an Herrn Z zurück. Herr Z nimmt die Rückmeldung des Vorgesetzten wahr, interpretiert sie und verarbeitet sie im Sinnes seines Selbstkonzepts (z. B. kurzfristig: Bestätigung des Selbstbildes »Ich bin auf meinem Fachgebiet kompetent« oder langfristig: Erweiterung seines Selbstkonzepts um das Selbstbild »Ich bin kreativ«) (s. Abb. 11.2: Kreislauf der sozialen Internalisierung). Herr Z als »Selbst-Darsteller« kann also aus den Reaktionen des externen Publikums schließen, welche Art von Fremdbildern er kreiert hat und überprüfen, inwieweit diese mit seinen Selbstbildern übereinstimmen.

Darüber hinaus nimmt Herr Z auch sein eigenes Verhalten wahr, bewertet es und gleicht es mit seinem Selbstkonzept ab (z. B. Abgleich des Verhaltens im Meeting mit dem normativen Selbstbild »Ich muss als Führungsperson unkonventionelle Lösungsideen bieten können« als interner Bewertungsstandard) (s. Abb. 11.2: Kreislauf der personalen Internalisierung).

Die in Abbildung 11.2 dargestellten Interaktionskreisläufe der sozialen und personalen Internalisierung spezifizieren den Prozess 2 der Selbstinterpretation (Weg von »außen« nach »innen«), wie er in Abschnitt 9.1.2 (Abb. 9.1) beschrieben wurde.

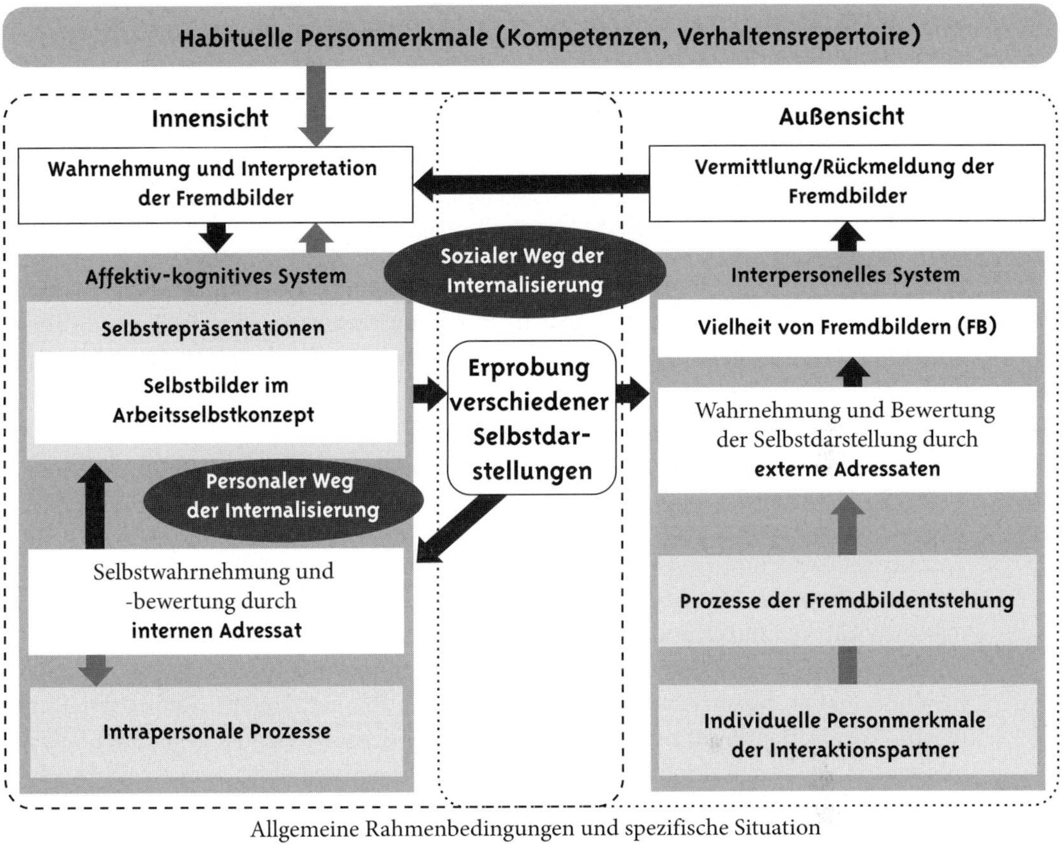

Abbildung 11.2 Dynamisches Interaktionsmodell VIII – Personaler und sozialer Weg der Internalisierung

Der personale und der soziale Weg der Internalisierung sind in verschiedenen Phasen der Ausbildung des (berufsbezogenen) Selbstkonzeptes und der Selbstkonzeptveränderung unterschiedlich wichtig. Eine Person muss über den Prozess der Selbstwahrnehmung zuerst eine Vorstellung von sich selbst in bestimmten Interaktionssituationen entwickeln, damit sie Rückmeldungen von anderen überhaupt akzeptieren und in ihr Selbstkonzept aufnehmen kann (vgl. Renner, 2002). Wiederholte Reaktionen der Adressaten können dann nicht nur zu momentanen, sondern auch zu andauernden Veränderungen von Selbstbildern (»self-defining-feedback«) führen. In dem Ausmaß, in dem ein bestimmtes Bild der eigenen Person anderen gegenüber regelmäßig vermittelt wird, wird das Publikum dieses Bild auch erneut erwarten und die Person wird das Bild als Teil ihres Selbstkonzeptes internalisieren.

Sich selbst auf eine ganz bestimmte Art und Weise darzustellen, kann also dazu führen, ideale oder normative Selbstbilder oder sogar zunächst »persönlichkeitsfremde« Rollenbilder als reale Selbstbilder zu internalisieren.

Sozialer Weg der Internalisierung: Dynamischer Interaktionismus am Beispiel des Self-defining-feedbacks

> »Man lernt sich nur kennen in Beziehung zu anderen; aber lernt man wirklich damit ›sich‹ kennen? Ist nicht dieses Ich in gewissem Sinne nur ein neues Ich, wie die Blüte, die sich in der Sonne aus der Knospe entfaltet, damit eben keine Knospe mehr ist. Aber wo ist die Grenze, daß solche Wandlungen dauernd sind, daß sie nicht bloß ›gespielt‹ werden für den Augenblick?« (Müller-Freienfels, 1927, S. 200)

Selbstbilder können sich also als Folge der öffentlichen Darstellung des Selbst verändern, wenn die präsentierten Persönlichkeitsfacetten entweder von der Person direkt oder über die Rückmeldung anderer Personen wahrgenommen und in das Selbstkonzept integriert werden.

Veränderungen im Selbstkonzept durch die Reaktion anderer Personen. Den formalen Rahmen für eine Erklärung von Veränderungen im Selbstkonzept durch die Reaktion anderer Personen auf aktuelle Selbstdarstellungen bietet das Paradigma des dynamischen Interaktionismus, auch als »transaktionaler Ansatz« (Lazarus, 1999) oder »reziproker Determinismus« (Bandura, 1978) bezeichnet, nach welchem Person und Umwelt sich wechselseitig beeinflussen. Im speziellen Fall sozialer Interaktionen wird dabei die Umwelt durch andere Personen repräsentiert.

Am Beispiel der Selbstdarstellung kann diese reziproke Beeinflussung von Personen folgendermaßen beschrieben werden (vgl. Laux & Renner, 2008b): Selbstdarstellung ist ein Prozess, der damit beginnt, dass der Akteur dem Adressaten gegenüber Selbstbilder zum Ausdruck bringt, auf die der Adressat gegebenenfalls reagiert. Im nächsten Schritt rufen die vom Akteur wahrgenommenen Reaktionen des Adressaten unter bestimmten Bedingungen Veränderungen dieser Selbstbilder hervor. Formal gesehen handelt es sich daher um ein Beispiel für eine dynamisch-interaktive Persönlichkeitsauffassung, denn es findet eine wechselseitige Beeinflussung von Selbstdarsteller und externem Adressaten statt: Häufig gezeigte Reaktionen der Adressaten können beim Akteur nicht nur kurzfristige, sondern auch langfristige Veränderungen von Selbstbildern bewirken. So wird angenommen, dass wahrgenommene soziale Rückmeldung gegenüber dem Verhalten sowie die Selbstwahrnehmung und -beurteilung desselben zu stabilen Persönlichkeitsmerkmalen führen, wenn diese Prozesse in mehreren Situationen über die Zeit hinweg immer wieder in ähnlicher Form ablaufen (Renner, 2002). Bezogen auf Selbstdarstellung heißt dies, dass ideale und normative Selbstbilder, die eine Person immer wieder in Verhalten umzusetzen versucht, über die Zeit zu stabilen, realen Selbstbildern werden können.

Self-defining-feedback. Das Phänomen des Self-defining-feedbacks als bestätigende Rückmeldung von Interaktionspartnern bzw. als »Rückstrahlung des Außenbildes auf das Innenbild«, wie Müller-Freienfels es bereits 1921 formulierte, untermauert die

Sichtweise von Persönlichkeit als interpersonalen Prozess (vgl. Abschn. 1.2.3). Einschränkend für eine solche Persönlichkeitsauffassung muss allerdings darauf hingewiesen werden, dass die Wirksamkeit des Self-defining-feedbacks wiederum durch habituelle, motivationale und kognitive Tendenzen moderiert wird, die eine Person charakterisieren. So lassen sich Personen nicht von jeder beliebigen Rückmeldung anderer beeinflussen, sondern selektieren, konstruieren und verzerren soziale Informationen oder verändern aktiv ihre soziale Umwelt. In der Regel werden Selbstbilder dann gegenüber diskrepanten sozialen Rückmeldungen verteidigt, wenn sie von der Person selbst als wichtig, zentral und positiv bewertet werden (vgl. Laux & Renner, 2008b).

11.2 Ausgewählte Coachingmethoden zur Ressourcenerweiterung

In der Phase der Ressourcenerweiterung können vielfältige Methoden eingesetzt werden, die dazu beitragen sollen, neue Sichtweisen der eigenen Person (Selbstbilder) oder der eigenen Rolle (Rollenbilder) zu erproben, kreative Lösungswege für die zu bearbeitenden Coachingthemen zu entwickeln sowie neue Kompetenzen aufzubauen, über die der Coachingteilnehmer in dieser Form oder Ausprägung vorher nicht verfügt hat. Um solche neuen Sicht- und Verhaltensweisen zu entwickeln, spielt in Coachingschritt 7 der Einsatz kreativer und erlebnisaktivierender Methoden eine besondere Rolle. Das Methodenrepertoire, das für den Einsatz in dieser Phase geeignet ist, ist relativ breit.

Im Folgenden sollen diejenigen Methoden dargestellt werden, die sich zur »Erweiterung des Möglichkeitsraums« bewährt haben: Dazu gehören die performative Umsetzung von Rollenmethoden (s. Abschn. 11.2.1), der Einsatz von Übungsrollenspielen mit der Formulierung von Regieanweisungen (s. Abschn. 11.2.2), die psychodramatische Arbeitsform des Doppelns (s. Abschn. 11.2.3) und die erlebnisaktivierende Arbeit mit dem Inneren Team (s. Abschn. 11.2.4). Weiterhin können verschiedenen Übungen aus dem Theaterkontext und Kreativitätstechniken eingesetzt werden (s. Abschn. 11.2.5) sowie moderne Medien zur Unterstützung der Coachingarbeit genutzt werden (s. Abschn. 11.2.6).

Kreative Anpassung der Methoden. Vor allem in Coachingschritt 7 bietet sich die kreative Anpassung der vorgeschlagenen Methoden an die Bedürfnisse und Belange des Klienten an: So können z. B. Varianten des Rollenspiels beliebig kombiniert, Übungen aus dem Theaterkontext in ein Übungsrollenspiel eingebaut oder die Sechs-Hüte-Methode zur Generierung von Ideen für neues Verhalten genutzt werden.

Einsatz von Modulen aus psychologischen Interventionsprogrammen zum Aufbau spezifischer Kompetenzen. Ergänzend setzen wir zum Aufbau spezifischer intra- und interpersonaler Kompetenzen auch Module aus bewährten psychologischen Interventionsprogrammen ein. Dazu zählen z. B. Elemente aus Stressbewältigungs- bzw. Stressmanagementstrainings (z. B. Barthold & Schütz, 2010; Kaluza, 2004), aus Programmen zur Verbesserung des Zeitmanagements (z. B. Seiwert, 2005) oder Inhalte aus Coachingansätzen zum Konfliktmanagement (z. B. Schreyögg, 2002).

11.2.1 Performative Umsetzung von Rollenmethoden

Zur Entwicklung kreativer Lösungsideen für die Coachingthemen und zur Erweiterung des persönlichen Rollenrepertoires können z. B. verschiedene Varianten von Kreativitätstechniken (z. B. Higgins, 2006) oder Rollenspiele in Anlehnung an das Flexibilitätstraining nach Benien (2005) zum Einsatz kommen. Besonders geeignet sind Methoden, die auf eine Überwindung von Gewohnheiten abzielen und damit zu einer Flexibilisierung des Handlungsrepertoires führen können. Der Coachingteilnehmer soll durch solche Methoden darin unterstützt werden, verschiedene Sicht- und Denkweisen einzunehmen, unterschiedliche Rollenaspekte auszuprobieren und damit insgesamt eine Verhaltensflexibilisierung zu erreichen. Diese Form der Flexibilisierung »sucht den Menschen aus dem Gewohnheitsmuster seiner ›Rollenkonserve‹ zu befreien und bietet ihm die Möglichkeit, ein unterentwickeltes Rolleninventar zu erweitern, um zu einer größeren Spannbreite des Erlebens und möglicher Reaktionen zu gelangen« (Benien, 2002, S. 161).

Im Persönlichkeitscoaching hat sich besonders die performative Umsetzung der »Sechs-Hüte-Methode« nach de Bono (2005) als gewinnbringend erwiesen, um neue Sicht- und Denkweisen zu erarbeiten und sich in verschiedene Rollen »einzufühlen«. Aber auch alternative Rollenmethoden wie die »Ten Faces of Innovation« (Kelley, 2005) sind geeignet, um eine Verhaltensflexibilisierung zu fördern.

Performative Umsetzung der Sechs-Hüte-Methode nach de Bono

De Bono (2005) baut seine Sechs-Hüte-Methode auf dem Prinzip des parallelen Denkens auf: Ein Thema (z. B. eines der Coachingthemen des Klienten) soll abwechselnd aus sechs verschiedenen Denkrichtungen beleuchtet (vgl. de Bono, 2000) und damit verschiedene, vielleicht sogar gegensätzliche Meinungen parallel zueinander ausgedrückt werden, anstatt jeweils die Gegenseite zu entkräften. Um einen Strukturierungsrahmen für die Betrachtung des Themas vorzugeben, werden symbolisch sechs verschiedenfarbige Hüte aufgesetzt, denen jeweils unterschiedliche Sichtweisen bzw. Funktionen zugeordnet sind.

Funktionen der sechs »Denkhüte«. Der weiße Hut steht für objektive Fakten und klare Sachverhalte, der rote Hut für die emotionale Perspektive, der schwarze Hut für die Schwächen einer Idee. Der gelbe Hut ist optimistisch und steht für Hoffnung sowie positives Denken, der grüne Hut steht für Kreativität und neue Ideen. Der blaue Hut übernimmt quasi als »übergeordnete Instanz« die Organisation des Denkprozesses aus den verschiedenen Hut-Perspektiven und damit den Einsatz der anderen Hüte (vgl. de Bono, 2000; im Detail s. Jacob, 2009).

Trennung von Ego und Thema. Persönliche Sichtweisen und Argumente zu einem Thema sind meist stark mit der eigenen Person bzw. mit dem eigenen »Ego« (Novack, 2001) verbunden. Daher fällt es oft schwer, sich von ursprünglichen Sichtweisen und Denkrichtungen zu trennen. Die Sechs-Hüte-Methode bietet die Möglichkeit, das Thema mit all seinen Facetten – und nicht nur die »gewohnte« persönliche Sichtweise des Themas – in den Vordergrund zu stellen. So bezeichnet de Bono (1989) die unterschiedlichen Hüte des Denkens auch als verschiedene Charakterrollen, die es ermöglichen, im Rollenspiel unter den sechs Hüten Dinge zum Ausdruck zu bringen, die die Person sonst nicht ohne Gefahr für ihr »Ego« äußern könnte. Die Person kann anders als bisher agieren und ein Thema unter verschiedenen – auch der eigenen Persönlichkeit ferner liegenden – Aspekten betrachten, ohne einen Gesichtsverlust zu erleiden (vgl. Jacob, 2009).

Umsetzung im Rollenspiel. Die Sechs-Hüte-Methode wird im Persönlichkeitscoaching in einem multiplen Rollenspiel performativ umgesetzt (s. Jacob, 2009). Ausgangspunkt für den Methodeneinsatz stellt eine Rollenspielsituation dar, die im Vorfeld der Coachingsitzung vom Coachingteilnehmer ausgewählt wurde. Die Situation sollte für den Coachingteilnehmer eine kritische, berufliche Situation darstellen, die für eines der Coachingthemen besondere Relevanz hat. Nach einem Ausgangsrollenspiel, in dem der Klient sich selbst und der Coach den entsprechenden Interaktionspartner spielt, werden anschließend vom Klienten sechs verschiedene Rollen – entsprechend der sechs verschiedenen Hüte – eingenommen und erprobt. So ersetzt der Coachingteilnehmer seine ursprüngliche Rolle durch die Rolle des jeweiligen Denkhutes. Zur Erleichterung können Requisiten in Form von tatsächlichen Hüten in verschiedenen Farben verwendet werden. Außerdem fasst der Coach als Hilfestellung jeweils zu Beginn einer Sequenz die Bedeutung des jeweiligen Hutes und der damit verbundenen Rolle zusammen. Der Coachingteilnehmer bestimmt die Reihenfolge der sechs Hüte, er wird aber vom Coach darauf aufmerksam gemacht, den blauen Hut sowohl zu Beginn als auch am Ende der Rollenspielsequenz einzusetzen und damit einen Rahmen für das Rollenspiel zu schaffen. Abschließend kann der Coachingteilnehmer unter dem blauen Hut das Zielverhalten, also wie er sich in der Situation verhalten möchte, spielen. Dabei dürfen alle Aspekte der zuvor gespielten Hüte einfließen oder es kann eine bestimmte Hut-Kombination gewählt und unter dem blauen Hut integriert werden. Diese Abschlusssequenz hat damit bereits übenden Charakter. (Zur ausführlichen Beschreibung des Einsatzes der Sechs-Hüte-Methode im Rollenspiel s. Jacob, 2009.)

Ziele der Methode. Der Einsatz der Sechs-Hüte-Methode eignet sich dafür, neue, vielleicht auch stimmigere Lösungswege für die Coachingthemen des Klienten zu entwickeln. Weiterhin trägt die Methode dazu bei, das Darstellungsrepertoire des Klienten zu vergrößern, indem er im Rollenspiel sowohl zentrale Selbstbilder zum Ausdruck bringt, als auch verschiedene Rollenaspekte in seinem Verhalten berücksichtigt, was insgesamt zu einer Verhaltensflexibilisierung beitragen kann. Die performative Umsetzung der Sechs-Hüte-Methode kann damit eine der zentralen Funktionen von Coaching unterstützten, die nach Fischer-Epe (2002) für den Klienten darin besteht, Handlungsalternativen zu entwickeln und sich im beruflichen Umfeld als souveräner Gestalter zu bewegen.

Weitere Rollenmethoden

Neben der Sechs-Hüte-Methode nach de Bono bieten sich auch andere Konzepte an, die die Einnahme verschiedener Sicht- und Denkweisen bzw. Rollen ermöglichen:

So beschreibt Klein (2006) z. B. die »Walt-Disney-Strategie«, bei der zur Bearbeitung eines Themas abwechselnd die Rolle des »Kritikers«, des »Träumers« und des »Handelnden« eingenommen werden. Beim Ansatz der »Ten faces of innovation« nach Kelley (2005) werden zehn »Personae« bzw. Rollen unterschieden, die mit Innovationen zu tun haben: Der »Anthropologe« als eine der Rollen beobachtet beispielsweise neugierig und unvoreingenommen Menschen in natürlichen Situationen, der »Experimentator« als eine weitere Rolle stellt auf dem Weg zum marktreifen Produkt oder Prozess vor allem Protoypen her und erprobt diese. Die Übernahme von Innovationsrollen, die im Repertoire einer Person noch nicht vorhanden sind, soll nach Kelley zu einer Erhöhung der persönlichen Flexibilität führen – mit dem Ziel, möglichst viele Rollen dem jeweiligen Anlass entsprechend einsetzen zu können (vgl. Laux & Schmitt, 2008a). Kelleys Ansatz eignet sich als Methode im Coaching dann, wenn es um Themen der Innovationsförderung, wie z. B. den Ausbau innovationsförderlichen Führungsverhaltens, geht (vgl. Meier, 2010).

11.2.2 Übungsrollenspiel mit Regieanweisungen

Auf der Basis des diagnostischen Rollenspiels aus Coachingschritt 5 können in Coachingschritt 7 weitere Rollenspielvarianten eingesetzt werden, um entweder gezielt Wahrnehmungs- und Handlungskompetenzen zu erweitern oder alternative Selbstbilder in »Szene« zu setzen und damit zu experimentieren. Das Übungsrollenspiel dient dabei schwerpunktmäßig der gezielten Kompetenzerweiterung, indem neue Verhaltensweisen ausprobiert und der Ausdruck verschiedener Selbstbilder in Interaktionen eingeübt werden. Für alle Varianten des Rollenspiels erfolgt zunächst wieder die Auswahl und Klärung der Situation, die dem Rollenspiel zugrunde gelegt werden soll (z. B. Kritikgespräch mit einem Mitarbeiter) und die Beschreibung der an der Situation beteiligten Personen.

Aus der Vielfalt an Handlungsmöglichkeiten wird oft nur ein und dasselbe Verhalten genutzt, statt es auszutauschen oder zu variieren und sich damit flexibel an die Situation anzupassen (vgl. Meyer, 2009). Beim Übungsrollenspiel oder »Rollentraining« (vgl. Ameln et al., 2004) geht es deshalb darum, zuvor entworfene Möglichkeiten des Handelns im Rollenspiel auszuprobieren und einzuüben.

Arbeit mit der Kinometapher. Um alternative Verhaltensweisen einzuüben, formuliert der Coachingteilnehmer Regieanweisungen für die eigene Rolle, die möglichst konkret, kurz und positiv formuliert sein sollten. Diese Regieanweisungen beziehen sich auf sein Verhalten, das er in Richtung eines Zielzustandes ändern möchte (z. B. sich dem Mitarbeiter gegenüber durchsetzungsstärker präsentieren). Um möglichst konkrete Regieanweisungen für das Übungsrollenspiel zu formulieren, bietet es sich an, zunächst mit einem diagnostischen Rollenspiel mit Videofeedback einzusteigen und anschließend mithilfe der Kinometapher konkrete Verhaltensweisen aus der Betrachtung des Videos abzuleiten, die der Klient ändern möchte. Der Begriff der Kinometapher bedeutet in diesem Zusammenhang, dass der Klient bei der Betrachtung des Rollenspielvideos die Rolle eines Regisseurs einnimmt, der dem »Hauptdarsteller« Anweisungen gibt, wie sich dieser verhalten soll.

Instruktion zur Kinometapher (vgl. Donauer, 1996)

»Vielleicht ging es Ihnen bei der letzten Videobetrachtung so, dass manches anders aussah, als Sie gedacht hätten und Ihnen Dinge aufgefallen sind, die Ihnen während des Rollenspiels gar nicht bewusst waren. Im Rollenspiel nehmen Sie die Innenperspektive ein (Sie sehen das, was in Ihnen vorgeht und das, was Sie aus Ihren Augen betrachten können). Bei der Videobetrachtung sehen Sie das, was auch andere Menschen an Ihrem Verhalten wahrnehmen. Sie sehen sich aus der Perspektive eines Beobachters oder Zuschauers, aus der Außenperspektive. Diese Außenperspektive wollen wir jetzt verstärkt nutzen, indem wir mit der Kinometapher arbeiten: Ich bitte Sie dazu, sich in die Rolle eines Regisseurs zu versetzen, der das Rohmaterial für einen Film sichtet. Der Regisseur ist sich noch nicht ganz sicher, wie die Szene am besten wirken könnte und möchte deshalb, dass der Hauptdarsteller mit unterschiedlichen Darstellungsarten experimentiert. Stellen Sie sich nun vor, Sie als Regisseur betrachten das Video und der Hauptdarsteller sitzt mit Ihnen im Raum. Während Sie diese Sequenz betrachten, sagen Sie Stopp, wenn Sie mit etwas zufrieden sind und den Hauptdarsteller daran erinnern wollen, sich beim nächsten Rollenspiel genauso zu verhalten. Sagen Sie dies laut und möglichst genau, denn der Hauptdarsteller sitzt hier mit im Raum. Sagen Sie ebenfalls Stopp, wenn der Hauptdarsteller etwas anders machen soll und sagen Sie Ihrem Hauptdarsteller, welche Verhaltensweisen er ausprobieren könnte. Denken Sie dabei daran, dass es Ihnen darum geht, mit der Szene zu experimentieren, da Ihnen selbst auch noch nicht ganz klar ist, wie Sie die Szene am Schluss haben möchten.

Ihr Hauptdarsteller soll Anweisungen erhalten, die positiv formuliert und möglichst konkret sind. Außerdem sollten die Anweisungen in der dritten Person formuliert sein.«

Formulierung der Regieanweisungen. Die Regieanweisungen können vom Klienten auch direkt, ohne den Einsatz der Kinometapher, formuliert werden, wenn dem Klienten bereits klar ist, welche konkreten Verhaltensweisen er ändern will, bzw. welche neuen Verhaltensweisen er ausprobieren und einüben möchte.

Instruktion zum Formulieren von Regieanweisungen

»Im nächsten Übungs-Rollenspiel geht es darum, Verhaltensweisen auszuprobieren, die Sie verbessern, neu erlernen oder verändern möchten. Es geht also jetzt darum, Neues auszuprobieren und mit Ihren Möglichkeiten zu experimentieren. Dazu müssen Sie sich im Vorfeld ganz konkret überlegen, welche Verhaltensweisen Sie ausprobieren möchten, die mit Ihren übergeordneten Zielen (z. B. sich zurücknehmen, Eigenständigkeit von Mitarbeitern fördern) zusammenhängen. Geben Sie sich selbst maximal drei Regieanweisungen. Diese Regieanweisungen sollten konkret, kurz, positiv formuliert und umsetzbar sein.«

Das Rollenspiel kann beliebig oft wiederholt werden, sodass der Teilnehmer die Möglichkeit hat, die vorformulierten Regieanweisungen in Verhalten umzusetzen und einzuüben. Wie im diagnostischen Rollenspiel ist es auch hier möglich, das Übungsrollenspiel mit einem erneuten Videofeedback zu kombinieren.

Nachbesprechung des Rollenspiels. Die Nachbesprechung des Rollenspiels und des Videofeedbacks folgen dem Ablauf, wie er in den Abschnitten 9.2.1 und 9.2.2 beschrieben ist. Ergänzend können folgende Fragen zur Umsetzung der Regieanweisungen an den Klienten gestellt werden:

- Was ist Ihnen bei der Umsetzung Ihrer Regieanweisungen gut gelungen?
- Was gefällt Ihnen genau daran, wie Sie die Regieanweisung umgesetzt haben?
- Was hätten Sie gebraucht, um die Regieanweisung noch besser umsetzen zu können? Was könnte Ihnen beim nächsten Mal dabei helfen, die Regieanweisung umzusetzen?

Zielbezug herstellen. Um die Nützlichkeit des neuen Verhaltens herauszustellen, kann in Nachfragen immer wieder der Bezug zu den Coachingthemen und -zielen hergestellt werden: Welchem Ziel bringt Sie dieses Verhalten näher? Was genau an dem gezeigten Verhalten führt Sie in Richtung Ihres Ziels XY? Abschließend wird mit dem Coachingteilnehmer erarbeitet, welche Verhaltensweisen er als nützlich und funktional zur Anwendung im Führungsalltag einstuft und welche Regieanweisungen er in der Realität ausprobieren möchte. So wird er angeleitet, bis zur nächsten Sitzung ausgewählte Regieanweisungen in »echten« Gesprächssituationen auszuprobieren.

11.2.3 Doppeln als Arbeitsform des Psychodramas

Doppeln kommt im Persönlichkeitscoaching dann zum Einsatz, wenn beim Klienten *intra*personale Kompetenzen gefördert oder implizite Selbstrepräsentationen (vgl. Abschn. 6.1) in explizite Selbstbilder überführt werden sollen.

Beim Doppeln versucht eine zweite Person (z. B. der Coach oder Co-Coach), sich in den Klienten (Protagonisten) einzufühlen und während des Rollenspiels diejenigen Gefühle und Stimmungen zu verbalisieren, die im Raum sind, aber nicht ausgesprochen werden. Der Protagonist wird darin unterstützt, die Wahrnehmung für eigene Empfindungen zu erhöhen und diese zu verbalisieren (vgl. Benien, 2005).

Drei Schritte des Doppelns. Das Doppeln als gezielte Intervention geschieht immer in drei Schritten (im Detail s. Benien, 2005):

(1) Erlaubnis holen, z. B. »Darf ich mal zu Ihnen kommen und etwas für Sie sagen, und Sie sagen dann, ob es für Sie stimmt?« (Benien, 2005, S. 72)
(2) Für den Protagonisten sprechen: Die doppelnde Person spricht in der Ich-Form die Gedanken, Stimmungen und Gefühle aus, von denen sie glaubt, dass sie zu dem Protagonisten gehören, er sie aber in der Situation nicht ausspricht.
(3) Zustimmung oder Korrektur des Protagonisten erfragen: Nachdem der Coach oder Co-Coach den Klienten gedoppelt hat, geht er auf seinen ursprünglichen

Platz zurück und überprüft, ob sie für den Protagonisten treffend waren (»Stimmt das so?«).

Gedoppelt wird der Protagonist immer nur in seiner eigenen Rolle, also beispielsweise nicht während eines Rollentauschs.

Varianten des Doppelns. Beim Doppeln können mehrere Varianten unterschieden werden, die jeweils unterschiedliche Funktionen haben (im Detail s. Benien, 2005). Folgende Varianten eignen sich für den Einsatz im Persönlichkeitscoaching:

- Empathisches Doppeln ist die grundlegende Variante des Doppelns. Die doppelnde Person fühlt sich so genau wie möglich in die Gefühlslage des Protagonisten ein, um diesem zu helfen, eigene Gefühle, Impulse oder Bedürfnisse differenziert wahrzunehmen und zu äußern.
- Unterstützendes Doppeln kann zum Einsatz kommen, wenn der Protagonist eine für ihn belastende Situation erlebt. Das Doppel handelt in dem Fall nicht nur für einen kurzen Moment als »Ersatzmann« für den Protagonisten, sondern begleitet diesen über einen längeren Zeitraum bei der Bearbeitung seines Themas.
- Beim Ambivalenz-Doppel werden ambivalente »innere Stimmen« durch jeweils ein Doppel (z. B. Coach und Co-Coach) repräsentiert, um die Selbstklärung zu unterstützen. Diese Form des Doppelns bietet sich in besonderer Art und Weise an, wenn z. B. zentrale Gegenspieler im Inneren Team (s. Abschn. 6.2.2 und 11.2.4) in erlebnisaktivierender Form »in Szene gesetzt« werden sollen, um Ambivalenzen erfahrbar zu machen und neue Lösungsmöglichkeiten zum Umgang mit der Ambivalenz zu erarbeiten.
- Beim ermutigenden Doppel übernimmt die doppelnde Person die »selbstermutigende« Stimme aus dem Inneren Team des Progatonisten (z. B. »Du schaffst das«). Der Einsatz eines ermutigenden Doppels eignet sich dann, wenn im Rollenspiel neues Verhalten ausprobiert werden soll, das für den Protagonisten zunächst eine zu überwindende »Hürde« darstellt.
- Beim drastifizierenden Doppeln werden Stimmungen, Gefühle oder Bedürfnisse, die vom Protagonisten nur angedeutet werden, von der doppelnden Person verstärkt ausgedrückt. Dadurch, dass innere Zustände in überzeichneter Form wiedergegeben werden, kann der Prozess der Selbstklärung beschleunigt oder intensiviert werden.

11.2.4 Rollenwechsel und erlebnisaktivierende Arbeit mit dem Inneren Team

Von der psychodramatischen Arbeitsform des Rollentauschs (s. Abschn. 9.2.3) ist die Methode des Rollenwechsels abzugrenzen: Um einen Rollenwechsel handelt es sich dann, wenn der Protagonist während eines Rollenspiels gebeten wird, aus seinem eigenen Repertoire an Rollen- und Selbstbildern (z. B. aus seinem Inneren Team) eine andere Rolle auszuwählen und diese zu verkörpern (vgl. Schreyögg, 2003), anstatt wie beim Rollentausch die Rolle einer anderen Person einzunehmen. In Fall des Rollenwechsels handelt es sich also um verschiedene Rollenbilder (s. Abschn. 9.1.1) oder um verschiedene Persönlichkeitsfacetten, die im Rollenwechsel ausagiert werden, d. h., der Klient nimmt mal den einen, mal den anderen Part z. B. auf einem leeren Stuhl ein (vgl. Petzold, 1979).

Zwei Varianten des Rollenwechsels im Persönlichkeitscoaching. Im Persönlichkeitscoaching wird ein Rollenwechsel meist in einer von zwei Varianten eingesetzt (vgl. Meyer, 2009): Entweder werden verschiedene Mitglieder des Inneren Teams (s. Abschn. 6.2.2) »in Szene gesetzt« oder der Klient wechselt zwischen verschiedenen eigenen Rollen nach der Technik des Kontrastierens (vgl. Bauer, 2007).

- Wechsel zwischen verschiedenen Inneren Teammitgliedern: Bei der ersten Variante werden unterschiedliche innere Anteile bzw. Selbstbilder externalisiert, indem der Klient in einer Rollenspielsequenz abwechselnd die Perspektiven verschiedener Mitglieder des Inneren Teams einnimmt. Identifiziert sich der Klient mit verschiedenen Mitgliedern des Inneren Teams und lässt diese im Rollenspiel in Aktion treten, so kann er verschiedene – der jeweiligen Persönlichkeitsfacette entsprechende – Handlungsmöglichkeiten erproben und deren jeweilige Wirkung erkunden.
- Technik der Konstrastierens: Bei der Technik des Kontrastierens spielt der Coachingteilnehmer die gleiche Rollenspielsequenz je nach Vorgabe in unterschiedlichen kontrastierenden Verhaltensstilen (s. Fallbeispiel, Abschn. 11.3.1). So kann er eine Teamsitzung im Rollenspiel z. B. einmal als betont durchsetzungsstarke und einmal als betont nachgiebige Führungskraft leiten. Bei der Technik des Kontrastierens ist die Instruktion an den Klienten wichtig, sich im Rollenspiel wirklich auszuprobieren und sich so zu verhalten, wie er es im »echten Leben« noch nie getan hat. Während des Spielens kann der Teilnehmer auf die Technik des »Einfrierens« (Ameln et al., 2004) zurückgreifen: Sollte sich der Klient in der neuen Rolle zu unwohl fühlen oder in einer Sackgasse landen, so kann er durch ein lautes »Stopp« die Szene einfrieren, sich sammeln und sich ggf. mit dem Coach absprechen (vgl. Meyer, 2009). Wenn gewünscht, dann kann der Klient auch zu einem früheren Zeitpunkt im Rollenspiel »zurückspulen« und erneut beginnen, um alternatives Verhalten auszuprobieren.

Einsatz von leeren Stühlen. Rollenwechsel werden meist realisiert, indem die verschiedenen Persönlichkeitsfacetten, inneren Anteile oder Rollen durch leere Stühle symbolisiert werden (vgl. z. B. Schreyögg, 2006). Dabei dient meist ein Stuhl als Repräsentant für die Gesamtperson und ein oder mehrere weitere Stühle als Repräsentanten für das oder die betreffenden Mitglieder des Inneren Teams. Der Klient wird gebeten, die unterschiedlichen inneren Teammitglieder auf den verschiedenen Stühlen zu platzieren, z. B. indem er sie mit dem Namen des jeweils symbolisierten Teammitgliedes beschriftet (s. Fallbeispiel, Abschn. 11.3.3). Daran anschließend soll der Klient im Rahmen eines Rollenwechsels die verschiedenen Facetten genauer auskundschaften (vgl. Schreyögg, 2006). Er schlüpft abwechselnd in die Rollen verschiedener innerer Teammitglieder und äußert jeweils deren Standpunkt bzw. verhält sich in der Rollenspielsituation so, wie es dieses innere Teammitglied tun würde. Dafür ist es notwendig, dass sich der Klient auf dem jeweiligen Stuhl mit dem entsprechenden Teammitglied jeweils maximal identifiziert. Das kann der Klient z. B. tun, indem er sich sagt: »Ich bin der Aktionist, der immer gleich eine Lösung haben möchte und am besten alles selbst erledigt.« Danach soll sich der Klient in der gleichen Weise mit einem anderen inneren Teammitglied identifizieren, indem er den Stuhl wechselt. Dazwischen kann der Klient jeweils auf den die Gesamtperson repräsentierenden Stuhl zurückwechseln, um aus einer Art Metaposition die verschiedenen Reaktions- und Erlebensweisen zu reflektieren.

Unterschiedliche Schwerpunktsetzungen bei der Arbeit mit der Methode des Rollenwechsels. Insgesamt kann bei der erlebnisaktivierenden Arbeit mit dem Inneren Team mit einem, zwei oder mehreren Teammitgliedern mit jeweils unterschiedlichem thematischem Fokus gearbeitet werden.

- Fokussierung auf ein Teammitglied: Es werden der Standpunkt und die Reaktionsmöglichkeiten eines ganz bestimmten – bisher vielleicht vernachlässigten – Teammitglieds in den Mittelpunkt gestellt und probeweise ausagiert.
- Fokussierung auf zwei sich widersprechende Teammitglieder: Zwei sich widersprechende Teammitglieder treten in einen Dialog. Dabei geht es vorwiegend darum, die verschiedenen inneren Standpunkte zu einem Sachverhalt zu explorieren und eine Selbstklärung zu unterstützen.
- Fokussierung auf eine Situation, in der sich mehrere Teammitglieder zu Wort melden: In diesem Fall steht die Erprobung verschiedener Handlungsalternativen im Rollenspiel im Vordergrund. Der Klient schlüpft jeweils in die Rolle eines Teammitglieds und verhält sich im Rollenspiel entsprechend der verkörperten Persönlichkeitsfacette.
- Erprobung neuer innerer Teammitglieder: Bei dieser Variante erprobt der Klient solche inneren Teammitglieder im Rollenspiel, die er im Rahmen einer Weiterentwicklung seiner Persönlichkeit gerne in seinem Inneren Team etablieren möchte. Dies können z. B. Teammitglieder sein, die der Klient in Coachingschritt 3 als Wunschspieler identifiziert hatte oder die als Entwicklungsziel aus der Rückmeldung von Fremdbildern in Coachingschritt 4 abgeleitet wurden (z. B. der »Beziehungsmanager« oder der »selbstkritische Beobachter« aus dem Fallbeispiel).

11.2.5 Übungen aus dem Theaterkontext und Einsatz von Kreativitätstechniken

Insgesamt zielt Coachingschritt 7 darauf ab, den Möglichkeitsraum des Klienten zu erweitern. Daher bietet sich in dieser Phase des Coachings auch der Einsatz von Methoden an, die originelle, ungewöhnliche bzw. neuartige Denk- und Verhaltensweisen ermöglichen. In diesem Sinne hat sich sowohl der Einsatz von Übungen aus dem Theaterkontext als auch der Einsatz von Kreativitätstechniken bewährt.

Literaturverweise zu Übungen aus dem Theaterkontext. Übungen aus dem Schauspielkontext bieten sich an, um Handlungskompetenzen, aber auch Wahrnehmungskompetenzen des Klienten zu fördern. Sie zielen meist auf eine Flexibilisierung des Verhaltens und eine Erweiterung des Rollenrepertoires ab und können gut an die spezifischen Belange und Ziele des Klienten angepasst werden. An dieser Stelle möchten wir nur einige Vorschläge für geeignete Übungen anführen und ansonsten auf die angegebene Literatur verweisen:

- Übungen zum nonverbalen und sprachlichen Ausdruck: z. B. »Dirigieren«, »Auftrittsvarianten« und»Stolz auf«
- Übungen zum Perspektivenwechsel: z. B. »5-Stühle-Rotation« und »Die andere Version«
- Methoden zur Schärfung der Wahrnehmung des Gegenübers: z. B. »Partner-Inspektion« und »Haltungsecho« (Funcke, 2006)

Eine Fülle von weiteren Übungen z. B. zu den Themen »Ausdruck«, »Auftreten« oder »Spontaneität« finden sich bei Funcke (2006) sowie Funcke und Rachow (2007).

Hinweise zu Kreativitätstechniken. Geht es darum, neue Lösungswege für die bearbeiteten Coachingthemen zu entwickeln, so können in Coachingschritt 7 ggf. auch Kreativitätstechniken eingesetzt werden. Dabei können die entsprechenden Techniken den Klienten einerseits darin unterstützen, im Coaching zu eigenen Themen neue Lösungen zu generieren und auszuwählen. Indem der Klient die Umsetzung bestimmter Kreativitätstechniken im Coaching erlernt, kann er andererseits auch dazu befähigt werden, Kreativitätstechniken im eigenen Arbeitsalltag – z. B. für eine gemeinsame Ideen- und Lösungssuche im Arbeitsteam – zu nutzen.

Das Angebot von Techniken zur Ideenfindung ist inzwischen fast unüberschaubar geworden. Um Anregungen für den Einsatz von Kreativitätstechniken im Persönlichkeitscoaching zu erhalten, bieten sich folgende zwei Literaturquellen an: Higgins (2006) führt z. B. 101 kreative Problemlösetechniken (systematisch-analytische und intuitiv-phantasieanregende) auf, die er in individuelle und gruppenbezogene Techniken unterteilt. Higgins und Wiese (1996) beschreiben Kreativitäts- und Arbeitstechniken rund um das Thema Ideensuche, -auswahl und -bewertung. Dazu gehören z. B. Techniken zur Analyse des Umfeldes oder zur Entwicklung von Alternativen.

11.2.6 Nutzung von Medien

Eine sehr konsequente Form der ressourcenorientierten Nutzung von Medien zur Konstruktion und Erprobung erwünschter Selbstbilder stellt das »Self-Modeling« (Renner, 2002) dar: An die Stelle eines Fremdmodells tritt die eigene Person als symbolisches Video-Modell. Darüber hinaus werden im Folgenden weitere Möglichkeiten dargestellt, wie moderne Medien dazu genutzt werden können, sich selbst »neu zu erfinden« oder erwünschte Persönlichkeitsfacetten auszubauen.

Self-Modeling: Die eigene Person als Video-Vorbild

Das »Self-Modeling« (Renner, 2002) ist ein Beispiel für eine Interventionsmethode, die sich den personalen Weg der Internalisierung (s. Abschn. 11.1.3) gezielt zunutze macht. Es werden dem Klienten dabei Videoaufnahmen der eigenen Person als Modell für erwünschtes Verhalten präsentiert.

Self-Modeling als Form des Modell-Lernens. Self-Modeling ist damit eine besondere Form des Modell-Lernens (Bandura, 1979), bei der an die Stelle des Fremdmodells die eigene Person als symbolisches Video-Selbstmodell tritt. Im Gegensatz zu den üblichen Videofeedback-Varianten (s. Abschn. 9.2.2) werden dem Klienten beim Self-Modeling nur gelungene, nahezu ideale eigene Verhaltensweisen zurückgemeldet. Dafür wird ein sogenannter Self-Modeling-Film erstellt. Der Klient wählt zunächst bestimmte Selbst- oder Rollenbilder aus und erprobt diese im Rollenspiel. Das Rollenspiel wird aufgezeichnet und anschließend aus der Sicht des Klienten »gelungene« Videoausschnitte zu einem Self-Modeling-Film zusammengefügt. Die für den Klienten zufriedenstellende Umsetzung bzw. Wiedergabe der ausgewählten Selbstbilder kann schließlich durch das Ansehen des Self-Modeling-Films internalisiert bzw. als Modell für zukünftiges Verhalten herangezogen werden. Der besondere Clou beim Self-Modeling besteht demnach in der videotechnischen Erweiterung des begrenzten Darstellungsspielraums: Dort, wo die reale Darstellung noch nicht zufriedenstellend gelingt, wird eine künstliche Ausdehnung in Richtung Idealbild durch technische Mittel wie Schnitt oder Einfügen von Videomaterial ermöglicht (vgl. Laux & Renner, 2008b).

Veränderung in zentralen Selbstbildern. Das Self-Modeling-Verfahren wurde ursprünglich als verhaltenstherapeutische Technik eingesetzt und von Renner (2002) mit dem Ziel weiterentwickelt, Veränderungen in zentralen Selbstbildern zu erreichen: Diejenigen realen Selbstbilder, die die Person in ihrem Verhalten einengen oder die zur Erreichung eines Ziels dysfunktional sind, sollen mithilfe des Videoverfahrens überwunden werden. Stattdessen sollen Erfahrungen mit der Realisierung von erwünschten (idealen oder normativen) und zielführenden Selbst- oder Rollenbildern gesammelt werden.

Weitere Möglichkeiten zur kreativen Nutzung von Medien

Medien bieten dem Klienten verschiedene Möglichkeiten, sich selbst »neu zu erfinden« und erwünschte Selbstfacetten zu konstruieren, zu erproben und zu festigen. In Tabelle 11.1 sind diesbezüglich weitere Vorschläge zusammengefasst.

Die in Tabelle 11.1 aufgeführten Möglichkeiten sollen als Anstoß für eigene Ideen fungieren, die Coach und Klient – je nach Vorliebe des Klienten zur Nutzung bestimmter Medien – im Rahmen von Coachingschritt 7 gemeinsam entwickeln können.

Ziele der Nutzung von Medien. Ziel ist es zunächst, durch den Einbezug von Medien den Möglichkeitsraum zur Konstruktion und Erprobung alternativer Persönlichkeitsfacetten und Verhaltensweisen zu erweitern. In einem weiteren Schritt können Medien auch dazu genutzt werden, neues Verhalten zu stabilisieren. Die Medien können hierzu in Coachingschritt 7 in unterschiedlicher Art und Weise eingesetzt werden:

- Erweiterung von Selbstbildern durch »Self-Modeling«. Erstellen von Fotos oder Videosequenzen der eigenen Person, die annähernd einen Idealzustand zeigen (entweder in inszenierter Form oder aus dem »echten Leben«) mit nachfolgender wiederholter Selbstkonfrontation.

Tabelle 11.1 Vorschläge zur Nutzung von Medien in Coachingschritt 7

Medien	**Ziel/Beschreibung**	**Beschreibung/Ideen**
Erstellung eines Profils nach dem Vorbild von Internetplattformen/sozialen Netzwerken im Internet	Neben dem echten Account konstruiert der Coachingteilnehmer (offline!) ein idealtypisches Profil als fiktive Person, in dem er sich so beschreibt, wie er als Führungsperson gerne wäre oder sich vorstellen könnte zu sein.	Mögliche Inhalte des idealtypischen Profils: ► Foto, z. B. aus dem Rollenspiel zum Self-Modeling-Film ► Ziele bezüglich Beruf, Position im Unternehmen ► Idealtypische Konstellation eigener Kompetenzen ► Ziele bezüglich Interessen und Freizeitbeschäftigungen (Hobbys, Stressausgleich, …) ► Entwurf verschiedener Teilidentitäten in der Rubrik »Über mich«
Digitalkamera/Foto-Handy	Erfassung von »Ausnahme«-Situationen im Führungsalltag (s. Lösungsorientiertes Interview in Abschn. 7.2.1) und Stabilisierung von erwünschten Verhaltensweisen: In welchen Situationen bringt der Klient erwünschte/neue Persönlichkeitsfacetten zum Ausdruck?	► Der Coachingteilnehmer fotografiert im Arbeitsalltag Situationen oder sich selbst in bestimmten Situationen, in denen es ihm gelingt, neue/erwünschte Persönlichkeitsfacetten zum Ausdruck zu bringen (z. B. beim Entspannen im Park in der Mittagspause, den aufgeräumten Schreibtisch am Abend, …) ► Der Klient macht zu jedem Foto eine kurze Notiz: »Was war in dieser Situation anders als sonst?«, »Wie ist es mir in dieser Situation gelungen, mich anders zu verhalten?« ► Immer dann, wenn eine gewünschte Verhaltensweise durchgeführt wurde, macht der Klient ein Foto von der Situation → Ziel ist es, möglichst viele Bilder zu sammeln und sich evtl. selbst zu

►

Tabelle 11.1 (Fortsetzung)

Medien	Ziel/Beschreibung	Beschreibung/Ideen
		belohnen, wenn eine bestimmte Anzahl an Bildern gesammelt wurde.
Digitalkamera/ Foto- bzw. Videofunktion des Handys	Inszenierung von ► idealen Selbstbildern ► erwünschten Aufstellungen des Inneren Teams ► Identitätsentwürfen	► Der Klient inszeniert Fotos, die idealtypische Eigenschaften, Fähigkeiten und Verhaltensweisen darstellen (z. B. in selbstbewusster Haltung am Rednerpult im Besprechungszimmer) ► Der Klient inszeniert Motive für Fotos zu Themen wie z. B. »ein idealer Tag« oder »die perfekte Teamsitzung« ► Der Klient macht Fotos von sich, die jeweils ein Mitglied des Inneren Teams symbolisieren: Coachingteilnehmer in entsprechender Pose, Haltung, Situation …
Bildschirmschoner am PC/Slideshow-Funktion von Handys	Wiederholte Konfrontation mit alternativen Selbstbildern und erwünschten Verhaltensweisen	► Bilder oder Symbole für erwünschte Selbstbilder oder Verhaltensweisen können z. B. als Bildschirmschoner am PC oder auf dem Handy gespeichert werden. ► Fotos erwünschter Selbstbilder/Verhaltensweisen können zusammengefasst, mit Musik hinterlegt und immer wieder abgespielt werden (z. B. vor kritischen Situationen wie Teamsitzungen oder Konfliktgespräch, in Stresssituationen …)

- Konstruktion und Stabilisierung von idealen Selbstbildern. Einsatz von technischen Möglichkeiten wie Internetplattformen, Fotohandys, Terminfunktionen, Bildschirmschoner usw. zur Konstruktion erwünschter Selbstbilder bzw. Identitäten.
- Stabilisierung von Verhaltensänderungen und Veränderungen von Selbstbildern durch wiederholte Konfrontation mit erwünschten Selbstbildern und Verhaltensweisen.
- »Festhalten« eines Idealzustandes im Alltag. Der Coachingteilnehmer hat die Möglichkeit, sich dank der Flexibilität der Medien immer dann zu fotografieren/zu filmen, wenn er einem »Idealzustand« bzw. der Umsetzung alternativer Selbstbilder und Verhaltensweisen besonders nahe ist.

11.3 Fallbeispiel Schritt 7

Herrn P. soll in Schritt 7 die Möglichkeit gegeben werden, verschiedene Selbst- und Rollenbilder zum Ausdruck zu bringen und mit unterschiedlichen Reaktionsweisen zu experimentieren (s. Abschn. 11.3.1 und 11.3.3). Weiterhin soll gezielt seine Fähigkeit zur Perspektivenübernahme ausgebaut werden (s. Abschn. 11.3.3 und 11.3.4). Ziel ist es, im Verhalten flexibler zu werden (s. Abschn. 11.3.2) und die persönliche Bandbreite zur Verfügung stehender Ressourcen zu erweitern.

11.3.1 Rollenwechsel

Um zukünftig in wichtigen Situationen flexibel reagieren zu können und nicht in eingefahrenen Handlungsmustern »steckenzubleiben«, wird Herr P. im Anschluss an die Durchführung eines diagnostischen Rollenspiels mit Videofeedback dazu angeregt, im Rollenwechsel verschiedene (Extrem-)Reaktionen nach der Technik des Kontrastierens (s. Abschn. 11.2.4) auszuprobieren und ausgewählte Reaktionen im Übungsrollenspiel zu vertiefen:
Schritt 1: Auswahl einer Rollenspielsituation. Als Situation wählt Herr P. eine Sitzung im Managementkreis, die kürzlich stattgefunden hatte und die er als typisch für das Coachingthema »Umgang mit hohen Erwartungen anderer Personen« erachtet: In der Sitzung war zum wiederholten Mal ein Abstimmungsproblem in Bezug auf einen Arbeitsprozess diskutiert worden, das seit längerer Zeit zwischen verschiedenen internen Abteilungen bestand. In der realen Situation hatte Herr P. mehrere Lösungsvorschläge vorgebracht, die von seinen Kollegen mit der Begründung abgewiesen wurden, dass man dies zu früheren Zeiten alles schon erfolglos versucht habe. Sein Engagement bei der Lösungssuche habe aber dazu geführt, dass er zum Leiter einer Projektgruppe ernannt wurde, die sich diesem Problem annehmen sollte. Dies habe ihn sehr geärgert, da er von den Kollegen keinerlei Bemühungen erkannt habe, selbst zur Lösungsfindung beizutragen. Er habe sich unter Druck gesetzt gefühlt, dass nun die Erwartung an ihn gestellt wurde, einen Lösungsweg zu finden, der noch nicht ausprobiert worden war.

Schritt 2: Diagnostisches Rollenspiel mit Videofeedback. In einem ersten Rollenspiel wird die Ausgangssituation zunächst so nachgespielt, wie sie tatsächlich stattgefunden hat: Coach und Co-Coach haben zur Umsetzung des Rollenspiels eine weitere Person in die Sitzung gebeten. Der Co-Coach und die weitere Person nehmen die Rollen von zwei Kollegen im Managementteam ein, die Herr P. als zentrale Protagonisten der Situation beschrieben hatte. Nach einer Vorbesprechung, in der Herr P. den Rollenspielpartnern die nötigen Informationen über die Sachlage, die Situation und die zu spielenden Personen gibt, wird die Situation nachgestellt. Das Rollenspiel wird auf Video festgehalten, sodass Herr P. im Anschluss an die Situation sein eigenes Verhalten auf dem Bildschirm betrachten und analysieren kann. Während dieses Videofeedbacks fallen Herrn P. folgende Aspekte seines Verhaltens besonders auf:

- Er wirkt während der Diskussion der Kollegen über das Problem abwesend: Er kritzelt auf dem Block vor sich, klickt mit seinem Kugelschreiber und bewegt sich unruhig auf seinem Stuhl.
- Als die Diskussion kurz ins Stocken gerät, macht Herr P. einen witzig-ironischen Kommentar darüber, dass dieses Problem wohl wie das Holz bei einem Staffellauf von einem zum anderen weitergereicht würde und er gespannt sei, nach wie vielen Runden das Holz ins Ziel getragen wird. Bei der Betrachtung auf Video fällt Herrn P. auf, dass er mit diesem Kommentar die Aufmerksamkeit der anderen sehr stark auf sich lenkt und diese ihn erwartungsvoll anblicken.
- Herr P. führt daraufhin drei verschiedene Lösungsvorschläge hintereinander auf, ohne die Reaktionen seiner Kollegen auf die genannten Punkte abzuwarten. Er erlebt sich dabei auf dem Video von der Körperhaltung, der Stimme und dem Augenkontakt her sehr selbstsicher.

Schritt 3: Experimentieren mit verschiedenen Selbstdarstellungen im Rollenwechsel. Das Verhalten in der Ausgangssituation kann nun auf verschiedene Weise im Rollenspiel abgewandelt werden, um andere Reaktionsweisen und deren Wirkung auszuprobieren. Diese Reaktionsweisen werden als »Kontrastreaktionen« bezeichnet (vgl. *Technik des Kontrastierens* in Abschn. 11.2.4) und die folgende Übungssequenz auch als »Experiment« eingeführt, um die Bereitschaft bei Herrn P. zu erhöhen, aus den gewohnten Rollenkonserven auszubrechen und neue Verhaltensweisen auszuprobieren.

Herr P. bewertet sein Verhalten, wie er es auf dem Videofeedback wahrgenommen hatte, als bestimmend und etwas arrogant. Er habe wenig Interesse an den Argumenten der Kollegen gezeigt und es habe so gewirkt, als ob er nur von seinen eigenen Lösungen etwas halten würde. Er beschrieb, dass er an der Stelle seiner Kollegen schon »rein aus Prinzip« seine eigenen Lösungsvorschläge auch ablehnen würde, weil er so »hochnäsig« rüberkomme. Herr P. entscheidet sich daher, im »Experiment mit Kontrastreaktionen« folgende Rollen einzunehmen (vgl. Abb. 11.3):

- **Rolle 1: Ausharren und Zustand der Lösungslosigkeit ertragen.** Herr P. bezeichnet die zu seinem aktionistischen Ausgangsverhalten gegenteilige Reaktion als »Ausharren und Lösungslosigkeit aushalten«. Es wird besprochen, welche Verhaltensweisen aus der Sicht von Herrn P. zu dieser Rolle passen könnten (sich zurücklehnen/schweigen/Pausen aushalten/Kommentare wie: »Ihr habt schon alles ausprobiert, ich habe auch keine neuen Lösungsideen«), dann wird die gleiche Situation mit diesen Verhaltensweisen erneut durchgespielt.

- **Rolle 2: Unterwürfigkeit und Zurückhaltung.** Eine weitere Form der Selbstdarstellung, die seinem »hochnäsigen« Ausgangsverhalten entgegensteht, beschreibt Herr P. als »Unterwürfigkeit und Zurückhaltung gegenüber den Kollegen« (Kommentare wie: »Ihr habt schon so viel probiert, ich habe im Umgang mit solchen Schwierigkeiten noch nicht so viel Erfahrung wie ihr«/lächeln/bestätigendes Nicken bei Argumenten der Kollegen/eifriges Mitschreiben aller Argumente der Kollegen). Das Rollenspiel wird erneut durchgeführt, indem Herr P. in die Rolle des »Unterwürfigen und Zurückhaltenden« schlüpft und versucht, die gesammelten Verhaltensweisen umzusetzen und die Reaktionen der Rollenspielpartner darauf wahrzunehmen.
- **Rolle 3: Verständnisvoller Moderator.** Dasselbe Procedere wird mit der Rolle des »verständnisvollen Moderators« durchgeführt, die nun im Gegensatz zu den beiden vorherigen Rollen nicht das Gegenteil des Ausgangsverhaltens umschreibt, sondern Interaktionsweisen berücksichtigt, die in Herrn P.s Verhaltensrepertoire wenig vorkommen und deshalb eher neuartig für ihn sind: keine eigenen Lösungsideen äußern, sondern nur die Argumente der anderen zusammenfassen/optimistische Kommentare wie »Die Situation ist wirklich verfahren, aber wir finden bestimmt noch einen Weg, wie wir das angehen können«/verständnisvolle Kommentare wie: »Ich kann mir vorstellen, dass euch das Thema nervt, wenn das schon so lange immer wieder diskutiert wird«/Fragen stellen, welche Vorschläge die Kollegen haben.

Abbildung 11.3 Drei Rollen von Herrn P. im Experiment mit verschiedenen Selbstdarstellungen

Schritt 4: Nachbesprechung des Rollenwechsels. Alle drei Rollenspielsequenzen werden nachbesprochen. Es wird sowohl die Wirkung des jeweiligen Verhaltens auf die anderen Personen analysiert, als auch Herr P.s innere Resonanz auf das gezeigte Verhalten exploriert (Wie ging es mir mit dieser Rolle? Welche neuen Erfahrungen habe ich in dieser Rolle gemacht? etc.). Abschließend werden die positiven Wirkungen jeder Rolle festgehalten und zusammengetragen, welche Persönlichkeitsfacetten und Ressourcen Herr P. an sich entdecken konnte.

11.3.2 Übungsrollenspiel mit Regieanweisungen

Die Erfahrungen aus dem Rollenwechsel werden anschließend danach ausgewertet, welches Verhalten Herr P. als zielführend erachtet und daher verstärkt ausprobieren möchte. Um zielführende Verhaltensweisen zu üben, wird ein Übungsrollenspiel auf der Basis formulierter Regieanweisungen (s. Abschn. 11.2.2) zur gleichen Situation durchgeführt, die auch dem diagnostischen Rollenspiel und dem Rollenwechsel zugrunde gelegen hat.

Formulierung von Regieanweisungen. Herr P.s Ziel für die Situation besteht darin, zur Lösungssuche beizutragen, aber nicht die alleinige Verantwortung für die Problemlösung übertragen zu bekommen. Um dieses Ziel zu erreichen, formuliert Herr P. folgende Regieanweisungen für sein eigenes Verhalten:

- Der Diskussion der Kollegen aufmerksam folgen, bei Unklarheiten Nachfragen zur Argumentation der Kollegen stellen.
- Eigene Vorschläge einleiten mit dem Kommentar, dass er als »Neuling« zwar die Geschichte der Lösungsversuche noch nicht so gut kenne, dadurch aber vielleicht auch eine andere Sichtweise auf das Problem habe, die er gerne einbringen würde (Reaktion, die aus der Rolle des »zurückhaltenden Unterwürfigen« abgeleitet wurde)
- Wenn die Kollegen Lösungsvorschläge wiederholt ablehnen, ohne sich genauer damit zu beschäftigen: »Ich habe den Eindruck, dass wir alle davon ausgehen, dass wir das Problem eigentlich nicht lösen können, dann hat es aber keinen Sinn, es zu diskutieren. Das frustriert mich dann eher, wenn wir uns im Kreis drehen. Wie sollen wir denn stattdessen an die Sache rangehen?«
- Zur Entschärfung der Ernsthaftigkeit möchte Herr P. seine witzig-ironische Seite einbringen, z. B. auch den Kommentar mit dem Staffellauf machen, allerdings eher als Zusammenfassung der Diskussion denn als Einleitung seiner eigenen Vorschläge.

Durchführung des Übungsrollenspiels. Herr P. versucht in einem Übungsrollenspiel die Regieanweisungen umzusetzen und erhält erneut die Möglichkeit, im Videofeedback sein »neues« Verhalten zu analysieren. Das Rollenspiel kann hierzu auch mehrmals durchgeführt werden. Abschließend werden Regieanweisungen zum eigenen Verhalten formuliert, die Herr P. in Diskussionen über mögliche Problemlösungen in der nächsten Managementteamsitzung ausprobieren möchte. Dabei fasst Herr P. zusammen, dass er sich durchaus verantwortlich fühlt, innovative Vorschläge einzubringen und auch die Rolle des »Motors« für deren Umsetzung im Unternehmen einzunehmen. Gleichzeitig möchte er aber nicht in die Rolle geraten, Problemlösungen gegen Widerstand alleine vorantreiben zu müssen, während die Kollegen davon ausgehen, dass das Problem sowieso nicht zu lösen ist.

11.3.3 Inneres Team in Aktion

Während im Rollenwechsel (s. Abschn. 11.3.1) »persönlichkeitsfernere« Reaktionen ausprobiert und ggf. in das Handlungsrepertoire integriert werden sollten, geht es nun darum, den verschiedenen Persönlichkeitsfacetten – wie sie mit der Metapher des Inneren Teams veranschaulicht wurden – Ausdruck zu verleihen und damit das persönliche Darstellungsrepertoire zu erweitern.

Schritt 1: Situations- und Themenauswahl. Herr P. begründet seine Situations- und Themenauswahl folgendermaßen:

»Ich würde gerne ein Kritikgespräch mit einer meiner Mitarbeiterinnen vorbereiten, die noch vor einiger Zeit eine Kollegin von mir war. Das Gespräch finde ich ziemlich heikel, da ich einerseits ansprechen muss, dass die Arbeitsleistung meiner Mitarbeiterin nicht zufriedenstellend ist, aber andererseits fällt es mir schwer, mich dieser Mitarbeiterin gegenüber in der Rolle des Vorgesetzten zu sehen, da wir lange Zeit auf einer Hierarchieebene zusammen gearbeitet haben. Das ist eine typische Situation für mein Coachingthema ›Klärung und Modifikation der Beziehungsgestaltung zu Mitarbeitern‹. Wenn wir das Gespräch vorbereiten, dann möchte ich gerne eine Möglichkeit finden, wie ich einerseits die kritischen Punkte ansprechen kann und mit ihr klären kann, welche Leistungsziele ich erwarte, andererseits möchte ich auch eine lockere und kumpelhafte Atmosphäre verbreiten, damit ich mich nicht so in der Rolle des ernsthaften Chefs fühle.«

Schritt 2: Darstellung der Ausgangssituation aus verschiedenen Perspektiven. Zunächst wird Herr P. gebeten, die Ausgangssituation für das Kritikgespräch aus zwei Perspektiven zu schildern: Aus der Sicht der Mitarbeiterin und aus seiner eigenen Sicht. Um den Perspektivenwechsel zu unterstützen, soll Herr P. auf zwei verschiedenen Stühlen Platz nehmen. Zunächst auf dem Stuhl, der seine eigene Perspektive symbolisiert, dann auf dem Stuhl, der die Perspektive seiner Mitarbeiterin verkörpert. Im Anschluss nimmt er auf einem neutralen Stuhl Platz (s. Abb. 11.4).

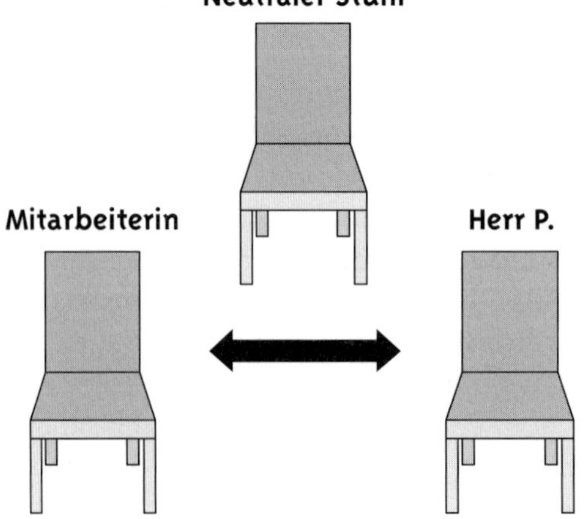

Abbildung 11.4 Symbolisierung verschiedener Perspektiven mithilfe von Stühlen

Schritt 3: Erarbeiten situationsbezogener Botschaften der Mitglieder des Inneren Teams. In einem nächsten Schritt soll Herr P. diejenigen Mitglieder seines Inneren Teams benennen, die in dieser Situation aktiv sind und sich zu Wort melden. Herr P. wählt vier seiner inneren Teammitglieder aus (s. Abschn. 6.3.2 und 7.3.3). Es werden vier weitere Stühle bereitgestellt, die mit den Namen der Teammitglieder beschriftet werden (s. Abb. 11.5).

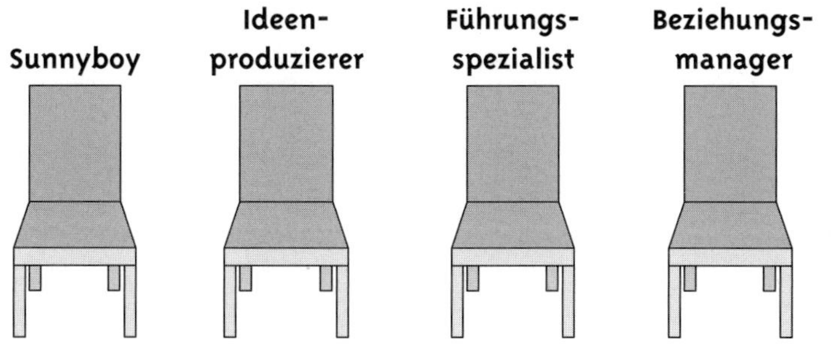

Abbildung 11.5 Symbolisierung verschiedener Mitglieder des Inneren Teams mithilfe von Stühlen

Herr P. wird nun angeleitet, die Situation der Reihe nach aus Sicht der einzelnen Teammitglieder zu beleuchten, indem er sich auf den jeweiligen Stuhl setzt und aus der Sicht des jeweiligen Teammitgliedes argumentiert und sein Anliegen für die Situation darstellt.

- Der »Sunnyboy« soll im Gespräch mit der Mitarbeiterin für eine lockere Atmosphäre sorgen,
- der »Ideenproduzierer« hat bereits die Leistungsziele und Möglichkeiten der Umsetzung parat und möchte, dass die Mitarbeiterin die Erwartungen in dieser Form eins zu eins übernimmt,
- der »Führungsspezialist« möchte die Eigenverantwortung der Mitarbeiterin für ihre Leistung stärken und
- das neue Teammitglied »Beziehungsmanager« möchte verstehen, warum die Mitarbeiterin die Ziele nicht erreicht und welche Verbesserungsmöglichkeiten sie selbst sieht.

Um nun den einzelnen Mitgliedern des Inneren Teams – und damit den verschiedenen Facetten der eigenen Persönlichkeit – Ausdruck zu verleihen, wird mit Herrn P. die Gesprächssituation mit der Mitarbeiterin in vier verschiedenen Rollenspielen nachgestellt:

Schritt 4: Ausagieren der Mitglieder des Inneren Teams im Rollenspiel. Der Coach übernimmt im nachgestellten Kritikgespräch die Rolle der Mitarbeiterin. Herr P. verhält sich im Gespräch zunächst so, wie er es tun würde, wenn nur das innere Teammitglied des »Sunnyboys« in der Situation aktiv wäre. Das gleiche Procedere wird in der Rolle der drei anderen Teammitglieder umgesetzt. Herr P. sitzt dazu jeweils auf dem Stuhl des entsprechenden Teammitgliedes, der Coach auf dem Stuhl der Mitarbeiterin. Nach jedem Durchgang setzt sich Herr P. für die Nachbesprechung auf den neutralen Stuhl, um Wirkungen sowie Vor- und Nachteile des Handelns des jeweiligen Teammitgliedes zu analysieren.

Schritt 5: Erarbeitung einer integrierten Stellungnahme. Von diesem neutralen Stuhl aus versucht Herr P. im nächsten Schritt, die Botschaften der inneren Teammitglieder aufeinander zu beziehen und Umsetzungsmöglichkeiten für eine »integrierte Stellungnahme« (Schulz von Thun, 2003b, S. 99) zu erarbeiten (s. Abb. 11.6).

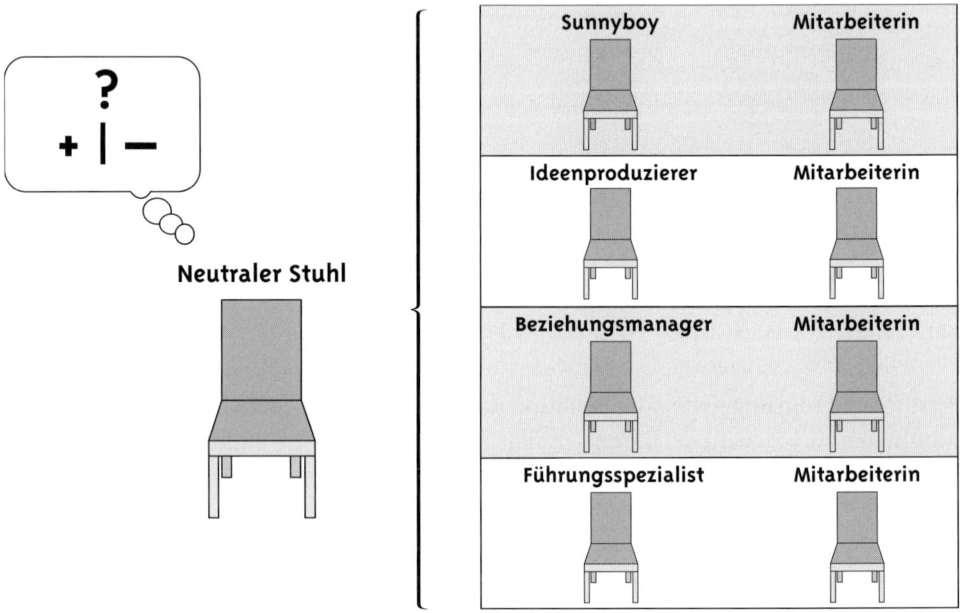

Abbildung 11.6 Durchführung des Rollenspiels auf verschiedenen Stühlen und Reflexion der Rollenspielsequenzen auf dem neutralen Stuhl

Schritt 6: Umsetzung einer integrierten Stellungnahme im Übungsrollenspiel. Für die Umsetzung einer integrierten Stellungnahme der vier inneren Teammitglieder werden erneut Regieanweisungen formuliert, die Herr P. in einem Übungsrollenspiel ausprobiert: Nach der Formulierung von Regieanweisungen auf dem neutralen Stuhl setzt sich Herr P. für die Durchführung des Übungsrollenspiels auf seinen eigenen Stuhl. Hier kann er nun das Verhalten ausprobieren, welches er in der realen Situation als integrierte Stellungnahme seiner inneren Teammitglieder gerne zeigen würde. Dazu gehören z. B. folgende Punkte:

- Einstieg in das Gespräch mit Small Talk, wobei vorwiegend das innere Teammitglied des »Sunnyboys« aktiv ist.
- Anschließend möchte Herr P einen Überblick über die Anliegen des Gesprächs geben, indem er zum einen Vorschläge macht, welche Fragen wie thematisiert werden sollen (Teammitglied »Ideenproduzierer«), zum anderen auch danach fragt, welche Punkte aus der Sicht der Mitarbeiterin thematisiert werden sollten (inneres Teammitglied »Führungsspezialist«).

- Herr P. nimmt sich vor, Fragen nach der Sichtweise der Mitarbeiterin und ihrer Einschätzung der eigenen Leistungen zu stellen und bei ihren Antworten wirklich zuzuhören (inneres Teammitglied »Beziehungsmanager«).
- Herr P möchte das Gespräch mit einem lockeren Kommentar (inneres Teammitglied »Sunnyboy«) beenden.

Schritt 7: Rollentausch zur Überprüfung der Wirkung der integrierten Stellungnahme. Herr P. kann anschließend im Rollentausch (s. Abschn. 9.2.3) mit dem Coach überprüfen, welche Wirkung er bei seinem Gegenüber mit den Verhaltensweisen erzielt, die er in den Regieanweisungen zu einer integrierten Stellungnahme der inneren Teammitglieder formuliert hatte. Dies dient vor allem der Verbesserung der Perspektivenübernahme und der Förderung der Sensitivität gegenüber nonverbalen Signalen des Gegenübers.

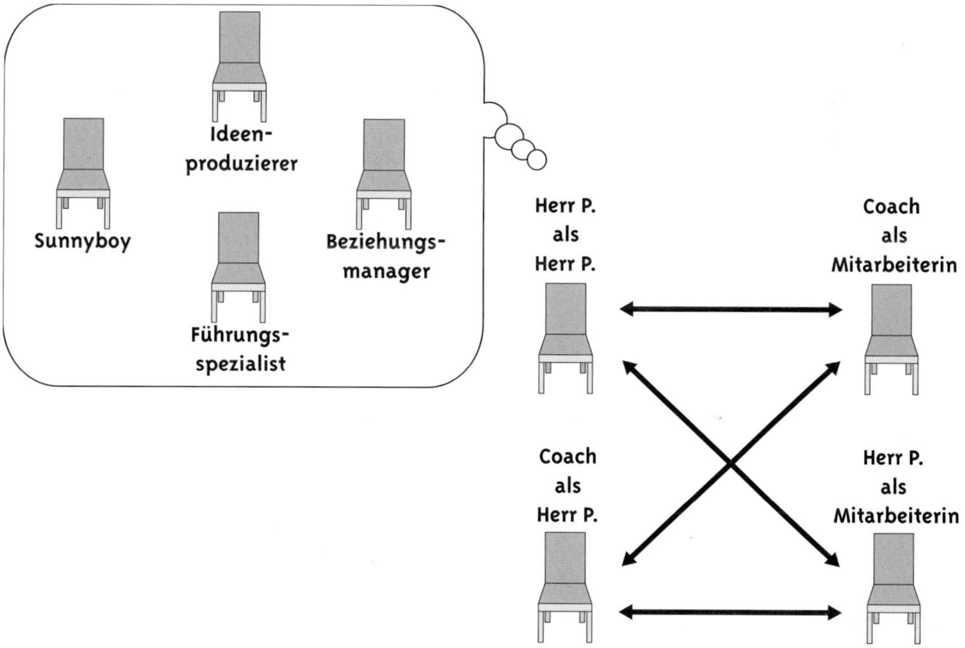

Abbildung 11.7 Integrierte Stellungnahme des Inneren Teams im Rollenspiel mit Rollentausch

Schritt 8: Vorbereitung des realen Gesprächs. In einer abschließenden Nachbesprechung werden erwünschte Verhaltensweisen in einem »Fahrplan« für das reale Gespräch zusammengestellt. Dabei spielt für Herrn P. vor allem der explizite Ausdruck von Ambivalenzen im Inneren Team eine wichtige Rolle: Er nimmt sich vor, im Gespräch Formulierungen einzusetzen, die zum Ausdruck bringen, dass er zwischen den Positionen der inneren Teammitgliedern des »Ideenproduzierers« und »Führungsspezialisten« hin- und hergerissen ist, wie z. B. »Ich würde Ihnen jetzt gerne einige Vorschläge dazu machen, wie Sie Ihre Leistungsziele aus meiner Sicht besser erreichen können. Ich bin mir aber nicht sicher, ob das Ihren Vorstellungen entspricht. Vielleicht tragen wir unsere Ideen einfach zusammen und legen dann gemeinsam ein sinnvolles Vorgehen fest. Was halten Sie davon?«

11.3.4 Sechs-Hüte-Methode

Die Sechs-Hüte-Methode (s. Abschn. 11.2.1) kann als Kreativitätstechnik eingesetzt werden, um ein Problem aus verschiedenen Perspektiven zu betrachten und somit in der Problemlösung flexibler zu werden. Jeder der sechs Hüte hat eine andere Farbe und steht für eine andere Herangehensweise an ein Problem, z. B. steht der gelbe Hut für die Sicht des Emotionalen, der schwarze Hut für die Perspektive des Pessimisten und der grüne Hut für die Rolle des Kreativen. Der folgende Dialog gibt einen Ausschnitt aus der Nachbesprechung der Methode wieder:

C: Sie erinnern sich bestimmt noch an die Sechs-Hüte-Methode aus der letzten Coachingsitzung? Sie konnten dabei in verschiedene Rollen schlüpfen und das Thema »Förderung der Eigeninitiative von Mitarbeitern« aus sechs Perspektiven beleuchten.

P: Ja, das fand ich toll. Als ich den grünen Hut des Kreativen aufhatte, kamen mir viele Ideen zur Förderung der Eigeninitiative von Mitarbeitern. Das war gut, dass ich einfach mal so drauflos überlegen konnte: Schluss mit der Stechuhrmentalität – Keine Anwesenheitspflicht – Jeder Mitarbeiter kann arbeiten, wann, wo, wie es ihm gefällt – Hauptsache, die Aufgaben werden erledigt – Mitarbeiter arbeiten die Arbeitsprozesse selbst aus …

C: Und was war nun die wichtigsten Erkenntnisse für Sie aus der letzten Sitzung? Was konnten Sie konkret ausprobieren?

P: Zwei meiner inhaltlichen Themen für das Coaching sind ja, wie ich mit den Erwartungen anderer umgehen kann und wie ich die Eigeninitiative der Mitarbeiter fördere. Mir wurde unter anderem im Rollenspiel zur Sitzung des Managementteams klar, dass ich ziemlich bestimmend bin und mich so verkaufe, als ob ich für alles eine Lösung habe. Da ist es ja klar, dass die anderen von mir auch erwarten, dass ich Wunder vollbringe, ich stelle mich ja auch so dar. Und es ist auch eine logische Konsequenz, dass sich die Mitarbeiter zurücklehnen und von sich aus wenig Initiative zeigen, weil ich sie mit meinem Verhalten immer wieder ausbremse. Da war es in Bezug auf beide Themen mal ein gutes Experiment, Verantwortung abzugeben und meinen Mitarbeitern etwas zuzutrauen. Das war das Ergebnis des blauen Hutes, der die anderen fünf Perspektiven integriert hat. Und die Ideen, wie ich dieses Experiment umsetzen kann, hatte ich vorher in der Perspektive des grünen Hutes entwickelt.

C: Wie sah die Umsetzung dieser Ideen dann konkret aus?

P: »Vertrauen zu den Mitarbeitern haben und Verantwortung abgeben« habe ich letzten Dienstag zum Motto des Tages gemacht. Ich habe mit meinem Team eine

Kreativitätsmethode in der Teamsitzung ausprobiert und anschließend allen die Aufgabe gegeben, sich einen Aspekt des Themas auszusuchen und bis zur nächsten Sitzung Ideen dazu aufzuschreiben. Ich bin nur in die Rolle des Moderators gegangen und habe keine eigenen Ideen eingebracht. (...)

11.3.5 Zusammenfassung der Ergebnisse aus Coachingschritt 7

Zum Abschluss von Coachingschritt 7 werden die von Herrn P. als zentral erachteten Ergebnisse zu den Leitfragen »Wie könnte ich als Führungsperson noch sein? Welche Kompetenzen kann und will ich noch aufbauen, um meine Ziele besser zu erreichen?« schriftlich festgehalten (s. Tab. 11.2). Dabei wird bei der Beantwortung der ersten Leitfrage besonders darauf geachtet, dass Herr P. diejenigen Persönlichkeitsfacetten und Rollenaspekte benennt, die er in Schritt 7 erproben und »neu erfahren« konnte und die er gleichzeitig als relevant und wünschenswert für die eigene Weiterentwicklung einstuft.

Tabelle 11.2 Herr P.s Ergebnisse zu den Leitfragen aus Coachingschritt 7

Leitfrage	Zentrale Ergebnisse und abgeleitete Schlussfolgerungen
Wie könnte ich als Führungsperson noch sein?	▶ Gelassen und abwartend: Verantwortung für Probleme auch an Kollegen abgeben und mehr Vertrauen in die Kompetenzen der Kollegen haben. ▶ »Zugpferd« für Innovationen: Motor für die Umsetzung neuer Ideen im Unternehmen. »Hofnarr« und »Kabarettist« – Bestehende Probleme in ironischer Form auf den Punkt bringen und kein Blatt vor den Mund nehmen. ▶ »Entertainer« für meine Mitarbeiter: Ich könnte meine Ressource »Humor« in überspitzter Form nutzen und mich und meine Mitarbeiter mit »Stand-up-Comedy« unterhalten. ▶ »Motivationstrainer« für meine Mitarbeiter: Motivierende Kommentare machen; optimistische Grundhaltung einnehmen und Begeisterung nach außen tragen. ▶ Interessierter Zuhörer: Ich könnte stets Verständnis für alle Schwierigkeiten meiner Mitarbeiter äußern und ein grundlegendes Interesse an deren Vorschlägen, Ideen und Meinungen zeigen.

▶

Tabelle 11.2 (Fortsetzung)

Leitfrage	Zentrale Ergebnisse und abgeleitete Schlussfolgerungen
Welche Kompetenzen kann und will ich noch aufbauen?	**Wahrnehmungskompetenzen:** ► Fragen stellen und bei den Antworten zuhören. ► Perspektivenübernahme: Wirkung der eigenen Verhaltensweisen auf andere Personen überprüfen; Sensitivität für nonverbale Reaktionen anderer Personen ausbauen, die Zustimmung oder Ablehnung symbolisieren. **Handlungskompetenzen:** ► Vorschläge anderer Personen abwarten können/geduldiger und gelassener reagieren. ► Nach Vorschlägen anderer Personen fragen/Lösungsideen einfordern. ► Moderations- und Gesprächsführungskompetenzen: Gruppengespräche moderieren, Fragen stellen, Diskussionen zusammenfassen, themenbezogene Beiträge und Äußerungen von Mitarbeitern provozieren. ► Perspektivenwechsel zur Generierung von Ideen nutzen: Sich nicht vorschnell auf eine Lösung festlegen.

12 Schritt 8: Etablierung einer individuellen Führungsidentität

Leitfragen zu Schritt 8. Welche Führungsidentität möchte ich langfristig etablieren? Welche kurz- und mittelfristigen Veränderungsziele und Umsetzungsschritte lassen sich daraus in Bezug auf meine Coachingthemen ableiten?

Durch eine Integration der Ergebnisse aus den vorherigen Schritten – die als Orientierungspunkte eine Richtung für die zu etablierende Führungsidentität vorgeben – erfolgt die Beantwortung der Leitfragen zu Coachingschritt 8. Damit soll schließlich das Gesamtziel des Persönlichkeitscoachings erreicht werden: Die Führungskraft ist sich darüber bewusst, welche Führungsidentität sie zukünftig etablieren möchte und kann.

Beantwortung der Leitfragen. Die Führungsperson soll zur Beantwortung der ersten Leitfrage darin unterstützt werden, einen für sich stimmigen Umgang mit drei von uns vorgeschlagenen Identitätsthemen zu finden. Diese drei Identitätsthemen stellen aus unserer Sicht die zentralen Herausforderungen bzw. anzustrebenden Zielsetzungen dar, wenn es darum geht, eine stimmige Führungsidentität zu etablieren.

- Kohärenz: Zusammenspiel der Komponenten und Zielgerichtetheit
- Kreativität: Nach vorne offene Identitätsarbeit
- Einzigartigkeit: Individuelle Identitätskonstruktion

Um ein gewisses Ausmaß an *Kohärenz* innerhalb der vielfältigen äußeren Anforderungen und der verschiedenen Persönlichkeitsfacetten herzustellen, wird die Führungsperson zu einem integrierenden Identitätsentwurf angeleitet. In einem halbstrukturierten Interview entwickelt sie auf der Basis der im Coachingprozess erarbeiteten Orientierungspunkte ein möglichst konkretes Bild davon, wohin sie sich langfristig als Führungsperson entwickeln möchte. Dabei wird die *Individualität* dieses Identitätsentwurfs als *kreativer* Gestaltungsprozess hervorgehoben.

Um die zweite Leitfrage zu beantworten, werden die konkreten Umsetzungsmöglichkeiten des angestrebten Identitätsentwurfs auf die Coachingthemen bezogen und bereits erarbeitete Ziele und Veränderungsschritte zusammengefasst.

Ziele des Coachingprozesses. Am Ende des Coachingprozesses sollten folgende Ziele erreicht sein: Die Führungsperson kann Charakteristika ihrer erwünschten Führungsidentität benennen, die sowohl aus realen und idealen Selbstbildern als auch aus äußeren Anforderungen und Standards abgeleitet sind. Um gemeinsam mit den beruflichen Interaktionspartnern die erwünschten Identitätsmerkmale zu konstruieren, setzt die Führungsperson passende Formen der Selbstdarstellung ein. Im Rahmen der Klärung und Umsetzung erwünschter Identität(en) hat die Führungsperson stimmige Lösungsmöglichkeiten für die individuellen Coachingthemen gefunden.

12.1 Theoretischer Hintergrund zur Etablierung einer individuellen Führungsidentität

12.1.1 Integration der vorherigen Schritte

Um sich nicht in den vielfältigen Rollenanforderungen, Erwartungen und Handlungsmöglichkeiten, die mit einer Führungsposition verknüpft sind, zu verlieren, ist es für eine Führungsperson notwendig, die eigenen Ressourcen, Maßstäbe, Kompetenzen, Grenzen, Zielvorstellungen und Interaktionsmuster – also die Innen- und Außenperspektive der eigenen Persönlichkeit – zu kennen und zu berücksichtigen. Damit können erwünschte Aspekte der eigenen Persönlichkeit neben den äußeren Anforderungen zur Leitlinie des zukünftigen Handelns gemacht werden.

In den Coachingschritten 2 bis 4 wurden diejenigen Teilkomponenten der Innen- und Außensicht des Coachingteilnehmers, die im Rahmen der Führungsrolle relevant sind, reflektiert und daraus Veränderungen oder handlungsleitende Einsichten abgeleitet. Die Erkenntnisse aus Coachingschritt 3 (Wie möchte ich sein?) dienen als individuelle Zielvorstellungen dazu, die Vielfalt der persönlichen Möglichkeiten in eine gemeinsame Richtung zu lenken. Die Ergebnisse aus Schritt 4 geben eine Richtung vor, in die sich der Coachingteilnehmer aus der Sicht wichtiger beruflicher Interaktionspartner entwickeln sollte. Anliegen in Schritt 5 war es, das Zusammenspiel dieser Komponenten auf den Punkt zu bringen und damit für den Coachingteilnehmer greifbar zu machen: Die persönlichen Muster in der Selbstdarstellung wurden analysiert und das Zusammenspiel von Innen- und Außensicht zusammengefasst. In Schritt 6 wurde identifiziert, welche äußeren Bedingungen als Richtungsgeber bei der Konstruktion einer Führungsidentität zu beachten sind. In Coachingschritt 7 (Wie könnte ich sein?) wurde schließlich der »Möglichkeitsraum«, der sich für die Identitätskonstruktion bietet, erweitert, indem sich der Coachingteilnehmer mit seinen Potenzialen auseinandersetzt und verschiedene Persönlichkeitsfacetten und Rollenbilder »erprobt«.

In Schritt 8 wird nun auf der Basis der Ergebnisse der vorherigen Coachingschritte geklärt, welche Führungsidentität der Coachingteilnehmer mittel- und langfristig etablieren möchte. Im Rahmen dieser übergeordneten Orientierungsleitlinie wird überdies zusammengefasst, welche Lösungswege der Klient in Bezug auf seine Coachingthemen weiterverfolgen möchte und welche konkreten Veränderungsziele und Umsetzungsschritte dafür notwendig sind.

12.1.2 Kohärenz: Zusammenspiel der Komponenten und Zielgerichtetheit

Persönlichkeit aus der Innen- und Außenperspektive

Beschreiben wir Persönlichkeit als komplexe Organisation und funktionales Zusammenspiel von Einzelmerkmalen, die dem Leben der Person Richtung und Zusammenhang geben (Pervin, 1996), so setzen wir den Fokus auf die »Innenperspektive« mit der fortlaufenden Wechselwirkung der Einzelkomponenten. Die Art und Weise, wie eine Person denkt und fühlt, beeinflusst die Art und Weise, wie sie sich verhält. Umgekehrt wirkt das Verhalten der Person auf die Kognitionen und Emotionen zurück.

Beschreiben wir Persönlichkeit hingegen weniger als autonome selbstständige Einheit, sondern im postmodernen Sinne als »Knotenpunkt in der Verkettung von Beziehungen« (Gergen, 1990, S. 197), so setzen wir den Fokus auf die »Außenperspektive«. Die Innenperspektive der Persönlichkeit wird durch die beziehungsbestimmte Außensicht ersetzt, durch das öffentliche, sozial konstruierte Selbst. In diesem Zusammenhang wird das Selbst weitgehend aus der Perspektive der Interaktionspartner beschrieben, was in radikaler Form heißt: »Ohne andere gibt es kein Selbst« (Gergen, 1996). Mit dem besonderen Augenmerk auf die Bedeutung des sozialen Austauschs für die »Beziehungspersönlichkeit« (s. Abschn. 1.2.3) steht das funktionale Zusammenspiel von Einzelmerkmalen immer (auch) in Verbindung mit Interaktionspartnern, die durch das Handeln der Person beeinflusst werden und gleichzeitig die Person beeinflussen.

Frage nach der Einheit des Selbst

Die Identitätsarbeit in der heutigen Zeit ist mit einem schwierigen Problem belastet: Die Einheit der Identität angesichts der Vielheit situativer Anforderungen. Unter den heterogenen Bedingungen, die sich u. a. aus den strukturellen Änderungen von Organisationen ergeben (vgl. Abschn. 2.3.1), muss die Führungskraft sehr unterschiedlich führen – als zeitlich befristeter Projektleiter eines Innovationsteams ganz anders als in einer hierarchisch geprägten Abteilung. Im Kontext der verschiedenen äußeren Anforderungen entwickeln sich unterschiedliche Selbst- oder Identitätsfacetten. Die Frage ist aber, wie die Führungskraft bei der Vielheit und Inkohärenz der verschiedenen Facetten überhaupt noch in der Lage ist, zu handeln (s. Abb. 12.1): Wie ist eine einheitliche Organisation und Steuerung überhaupt möglich, die den Menschen handlungsfähig macht und im Sinne von Pervin (s. o.) dem Leben der Person Richtung und Zusammenhang gibt, wenn vorgeprägte Lebensentwürfe nicht mehr zur Verfügung stehen?

Das Herstellen einer – wenn auch begrenzten – Organisation oder Kohärenz der Teilidentitäten wird daher für unverzichtbar gehalten (vgl. Keupp et al., 1999; zusammenfassend Laux & Renner, 2008c). Grundsätzlich schließt die Konfrontation mit fragmentierten Erfahrungen und komplexen, z. T. widersprüchlichen Lebensbedingungen nicht aus, dass Personen ein kohärentes Selbstkonzept entwickeln. Es lässt sich sogar empirisch zeigen, dass solche Erfahrungen als Belastung erlebt werden und erst recht ein Bedürfnis nach Kontinuität und Kohärenz in der eigenen Lebensgeschichte wecken (Keupp et al., 1999). Eine Möglichkeit, der Unsicherheit über die eigene Identität zu begegnen, ist das Erzählen der Lebensgeschichte: »Geschichten gegen das Chaos« (vgl. Ernst, 1996; McAdams, 2002). Die erzählerische Interpretation der eigenen Lebensgeschichte kann in Selbstvergewisserung bzw. Identitätsstabilisierung resultieren. Da Identität eine narrative Konstruktion darstellt, bietet es sich an, im Coaching narrative Verfahren einzusetzen – als eine Möglichkeit, die Entwicklung von persönlicher Kohärenz und Identität zu fördern (vgl. *Entwurf einer individuellen Führungsidentität im teilstandardisierten Interview*; Abschn. 12.2.2).

Abbildung 12.1 Spannungsfeld der Einheit der Führungsidentität angesichts der Vielheit der Selbstfacetten

Einheit durch Zielstrebigkeit. Mit dem Problem von Einheit und Vielheit hat sich bereits William Stern, der Schöpfer der Differentiellen Psychologie, auseinandergesetzt. Stern (1930) zweifelt nicht an der Vielheit der Person, wie die folgende Passage verdeutlicht: »(…) der eben noch unter den schweren Konsequenzen seines verantwortungsvollen Berufs stehende Politiker läßt in der nächsten Stunde diese ganze Ernstschicht seines Daseins versinken und hebt die infantile Schicht spielhafter Gegenwartsfreude an die Oberfläche, indem er sich voller Inbrunst dem Tennissport hingibt oder im Bade tummelt. Er kann scheinbar unvermittelt ein ganz anderer Mensch sein, weil eben so viele Menschenformen in den verschiedenen Tiefenlagen seines Daseins vorhanden und in Bereitschaft sind« (S. 53f.).

Stern schlägt als passendes Einheitsmodell angesichts der Vielheit die Einheit in der Mannigfaltigkeit, die Vieleinheit oder »Unitas multiplex« (1923) vor. Die Einheit wird nach Stern durch Zielstrebigkeit erreicht. »Kerngedanke ist, dass die Ziele, die eine Person anstrebt, zu einer Vereinheitlichung der Vielheit ihrer Selbstaspekte führen« (Laux & Renner, 2008c, S. 299). Bei einer Führungsperson, deren individuelle Identität sich nach unserer Auffassung besonders im Austausch mit anderen Personen manifestiert, wird z. B. die Vielheit der potenziell möglichen Kognitionen, Handlungen und Eigenschaften auf das bewusste beziehungsbezogene Ziel »Ich möchte meine Mitarbeitern für gemeinsame Ziele begeistern und damit die Leistungsmotivation meiner Mitarbeiter fördern« vereinheitlicht bzw. gebündelt.

Einheit durch Vereinigung widersprüchlicher Extreme. Eine ganz ähnliche Konzeption vertritt Csikszentmihalyi (2007). In einer Studie, in der er Personen aus Kunst, Wissenschaft, Wirtschaft und Politik interviewte, kommt er zu dem Schluss, dass sich Hochkreative vor allem durch eine ausgeprägte *Komplexität* von anderen Personen unterscheiden. Damit ist gemeint, dass sie Denk- und Handlungstendenzen zeigen, die bei den meisten Menschen getrennt auftreten. Kreative vereinen widersprüchliche Extreme in sich. Bei einem Kreativen ist die Wahrscheinlichkeit recht hoch, dass er sich z. B. sowohl diszipliniert als auch spielerisch verhält, dass er schöpferische Phantasie ebenso wie einen bodenständigen Realitätssinn zum Ausdruck bringt oder dass er traditionelles Verhalten mit bilderstürmerischem Aufbegehren verbindet. Während die meisten anderen Menschen nur einen Pol ausleben, verfügen Kreative nach Csikszentmihalyi über die volle Bandbreite von Eigenschaften, die jeweils durch ein dialektisches Spannungsverhältnis verbunden sind. Kreative Personen »bilden keine individuelle ›Einheit‹, sondern eine individuelle ›Vielheit‹« (Csikszentmihalyi, 2007, S. 88). Seine Empfehlungen für die Förderung der persönlichen Kreativität lassen sich gut auf die Identitätsarbeit übertragen: »Streben Sie nach Komplexität. Die Fähigkeit, zwischen zwei gegensätzlichen Eigenschaften zu wechseln, ist ein Teilaspekt des allgemeineren Zustands psychischer Komplexität. Wenn wir etwas als komplex bezeichnen, meinen wir, dass es ein sehr differenziertes System ist – es hat sehr viele unterschiedliche Teile –, und auch dass es ein sehr integriertes System ist – die einzelnen Teile arbeiten reibungslos zusammen« (S. 516).

Teilidentitäten und basale Identität

Die bisherigen Aussagen über Vieleinheit betonen das Anstreben der Kohärenz von Einzelkomponenten. Die Entwicklung einer kohärenten Identität, die früher durch Tradition und Institutionen stärker vorgegeben war, muss nun primär vom Einzelindividuum selbst geleistet werden. Dabei sollte deutlich zwischen *zwei Zielsetzungen* der kohärenzbezogenen Identitätsarbeit unterschieden werden.

Teilidentitäten. Zum einen ist zu berücksichtigen, dass sich Führungskräfte mehr als früher in höchst unterschiedlichen Kontexten bewegen, in denen sie flexibel mit diversen beruflichen Bezugspersonen interagieren müssen. Diese vielgestaltigen beruflichen Situationen verlangen die Entwicklung neuer Teilidentitäten (z. B. als Projektleiter, als Vorgesetzter für die eigenen Mitarbeiter, als Mentor für High Potentials usw., vgl. Abb. 12.1). Bei den Teilidentitäten handelt es sich nach Keupp et al. (1999) um eine Verdichtung und Integration situativer Erfahrungen, die nicht nur den beruflichen Bereich, sondern auch Familie und Freizeit betreffen (vgl. Abb. 12.2).

Basale Identität. Zum anderen entwickelt jede Führungskraft eine grundlegende, zeitlich überdauernde Identität. Diese Grundidentität ergibt sich sowohl langfristig aus der biographischen Entwicklung einer Führungskraft als auch aus der Integration von Teilidentitäten. Keupp et al. (1999) verwenden für diese Grundidentität den Begriff

Identitätsgefühl (vgl. Abb. 12.2): »Während die Teilidentitäten jeweils einen bestimmten Ausschnitt einer Person darstellen, entsteht das Identitätsgefühl aus der Verdichtung sämtlicher biographischer Erfahrungen und Bewertungen der eigenen Person auf der Folie zunehmender Generalisierung der Selbstthematisierung und Teilidentitäten« (S. 225). Nach Schreyögg und Lührmann (2006) sollten neu hinzukommende Teilidentitäten in die basale Grundidentität eingearbeitet werden, damit der Eindruck einer stimmigen Weiterentwicklung entstehen kann.

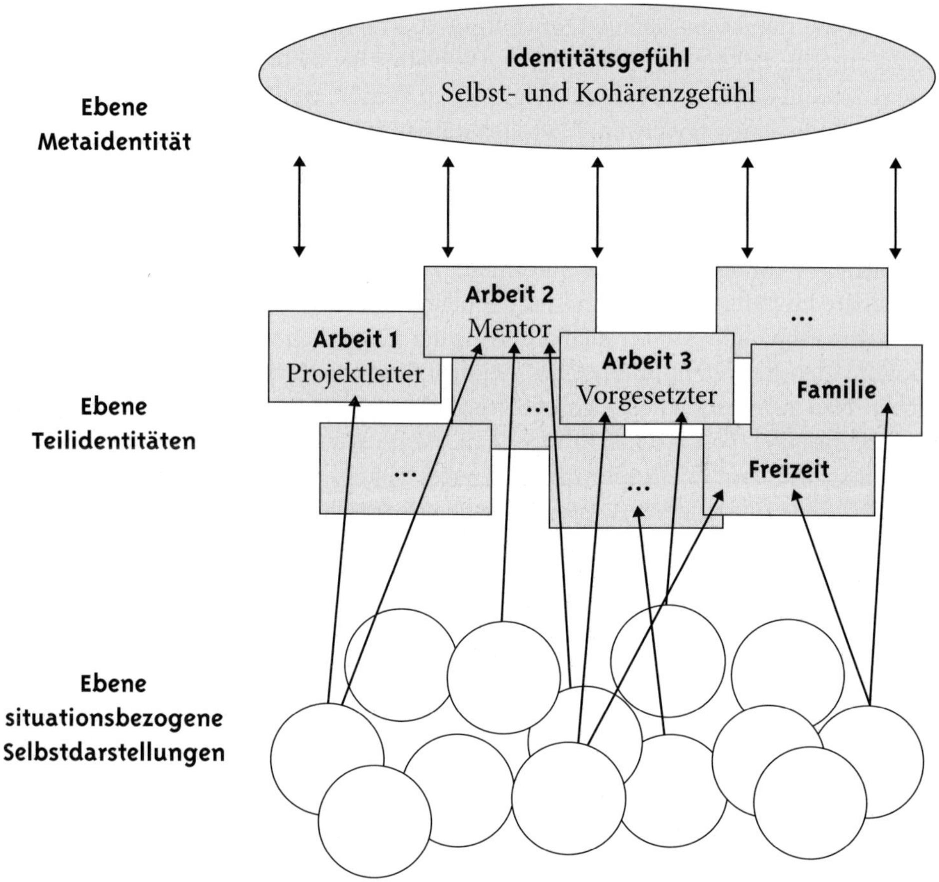

Abbildung 12.2 Konstruktionen der Identitätsarbeit (Abbildung modifiziert nach Keupp et al., 1999)

12.1.3 Kreativität: Nach vorne offene Identitätsarbeit

Um als Führungsperson zugleich reale und ideale Selbstbilder, äußere Anforderungen und persönliche Sichtweisen sowie glaubhafte und vorteilhafte Formen der Selbstdarstellung im Handeln berücksichtigen zu können, bedarf es einer flexiblen Selbstinterpretation. Identitätskonstruktion lässt sich unter diesem Aspekt als Aufgabenstellung auffassen, die Kreativität erfordert. Kreativität meint hier einen Bedingungskomplex für die Generierung neuer Ideen, der sowohl auf intellektuellen Fähigkeiten (z. B. Ideenflüssigkeit, Originalität) als auch auf Persönlichkeitseigenschaften im engeren Sinn (z. B. Offenheit für neue Erfahrungen, Ambiguitätstoleranz) basiert.

In der post- bzw. spätmodernen Identitätsforschung wird die Notwendigkeit einer kreativen Identitätsarbeit betont – meist in Abhebung von der Eriksonschen Auffassung: Identitätsbildung nach Erikson (1973, S. 137) bedeutet im Laufe des Jugendalters zu immer »endgültigeren Selbstdefinitionen, zu irreversiblen Rollen und so zu Festlegungen ›fürs Leben‹ (…)« zu kommen. Gegen solch eine Festlegung kämpft Keupp mit seinem Konzept der Patchwork-Identität an, dass davon ausgeht, dass Personen die Möglichkeit haben, ihre Identität in einem lebenslangen kreativen Prozess herzustellen. Keupp nutzt die Metapher der amerikanischen »quilts« (Steppdecken aus Stoffresten) sowohl für die Veranschaulichung der Normal- als auch der Patchwork-Identität (vgl. Abb. 12.3). »Die klassischen Patchworkmuster entsprechen dabei dem klassischen Identitätsbegriff: Da sind geometrische Muster in eine sich wiederholenden Gleichförmigkeit geschaffen worden. Sie gewinnen eine Geschlossenheit in diesem Moment der durchstrukturierten Harmonie, in einem Gleichgewichtszustand

Abbildung 12.3 Führungsidentität als Patchworkidentität

von Form- und Farbelementen. Der ›Crazy Quilt‹ hingegen lebt von seiner überraschenden, oft wilden Verknüpfung von Formen und Farben, zielt selten auf bekannte Symbole und Gegenstände.« (Keupp, 1988, S. 432)

Patchwork-Identität als kreatives Produkt. Identität wird von Keupp als ein offenes Konzept verstanden, das durch Ambivalenzen, Brüche und Buntheit gekennzeichnet ist und damit schöpferisches Potenzial zum Ausdruck bringt. Eine Patchwork-Identität wird erreicht durch eine »nach vorne offene Identitätsarbeit«. Eine vergleichbar flexible Identitätskonstruktion bieten wir den Coachingteilnehmern insbesondere mit den Schritten 3 und 7 an. Die Erkenntnisse aus Coachingschritt 3 (Wie möchte ich sein?) dienen als individuelle Zielvorstellung, um die Vielfalt der persönlichen Möglichkeiten in eine gemeinsame Richtung zu lenken. In Coachingschritt 7 (Wie könnte ich sein?) wird schließlich der Möglichkeitsraum, der sich für die Identitätskonstruktion bietet, erweitert, indem sich der Coachingteilnehmer mit seinen Potenzialen auseinandersetzt und verschiedene Persönlichkeitsfacetten und Rollenbilder erprobt. Im Unterschied zu Keupp zeichnen wir dabei die unter »Live-Bedingungen« bereits zustande gekommene Patchwork-Identität nicht nach. Wir arbeiten vielmehr zusammen mit dem Teilnehmer potenzielle, noch nicht etablierte Identitätsmerkmale aus, die er im Schutzraum des Coachings explorieren kann.

Patchwork oder Kaleidoskop der Identitätsfacetten? Es sei auch darauf hingewiesen, dass die Patchwork-Metapher – wie alle Metaphern – ihre Grenzen hat: Schließlich sind die kreativ zusammengesetzten Quilts Endprodukte, die sich im Gegensatz zur Idee der Patchwork-Identität nicht mehr revidieren lassen. Durch ein *Kaleidoskop* als optisches Spielzeug mit farbigen Glasstücken in einem Spiegelsystem würde sich die Vielfältigkeit und Farbigkeit einer Identität ebenfalls metaphorisch darstellen lassen. Der Vorteil aber wäre, dass die Möglichkeit der permanenten Veränderbarkeit von Identitätsfacetten und deren Neukonfigurierung deutlicher zum Ausdruck käme, da sich durch eine Drehung des Geräts die Glasstücke zu immer neuen Figuren zusammensetzen lassen.

Verschiedene abwechslungsreiche Dinge oder Personen werden bereits mit der Metapher des Kaleidoskops veranschaulicht. So wird in dem Film »I'm not there« (2007) ein Kaleidoskop der Persönlichkeit von Bob Dylan entworfen: Er wird von sechs unterschiedlichen Darstellern, darunter auch eine Frau und ein afroamerikanischer Junge, gespielt. Die sechs Dylans stehen für ganz heterogene Entwürfe von Lebensabschnitten.

Sowohl die Patchwork- als auch die Kaleidoskopmetapher veranschaulichen unserer Auffassung nach eher extreme Identitätsvarianten. Sie passen aber gut zu Schritt 7 als Voraussetzung für Schritt 8, da sie auf die *Erkundung* neuer Möglichkeiten in der Identitätsarbeit aufmerksam machen: Der Klient kann auf spielerischem Wege – sogar in außergewöhnlicher oder extremer Form – alternative Facetten erproben und die eigenen Potenziale explorieren, ohne sich gleich festlegen zu müssen, welche dieser Merkmale er langfristig in das Selbstdarstellungsrepertoire übernehmen möchte. Erst in dem abschließenden Schritt 8 geht es um die Auswahl, d. h. um eine Entscheidung, welche der erprobten Persönlichkeitsfacetten oder Lösungswege der Klient für gut befunden hat und daher auch in den Führungsalltag übernehmen möchte.

12.1.4 Einzigartigkeit: Individuelle Identitätskonstruktion

Individualitätsverständnis. Wir gehen von einem breiten Individualitätsverständnis aus, das auf dem Individualitätskonzept von William Stern basiert. »Trotz aller Übereinstimmung, durch welche Personen als Exemplare der Menschheit, Vertreter einer Rasse, Angehörige eines Geschlechts usw. sich gleichen, trotz aller weiteren und engeren Gesetzmäßigkeiten, die in allem persönlichen Geschehen walten, bleibt stets ein Ureigenstes, wodurch jede Person jeder anderen als eine Welt für sich gegenübersteht« (Stern, 1923, S. 7).

Diese Auffassung von Individualität hat durchaus radikale Züge, da es nicht nur um die Bestimmung einiger interindividueller Unterschiede auf Eigenschaftsdimensionen geht: Gegenstand der Persönlichkeitspsychologie ist vielmehr das »Individuum und seine Welt« (vgl. Thomae, 1996). Im 8-Schritte-Modell streben wir an, den dynamischen Interaktionsprozess zwischen der »inneren Welt« und der »äußeren Welt« systematisch für den Aufbau und die Etablierung einer individuell stimmigen Führungsidentität zu nutzen, die zum einen den Selbstbildern und persönlichen Merkmalen der Führungsperson entspricht, zum anderen im Einklang mit den Bedürfnissen der Interaktionspartner und den Anforderungen der Rahmenbedingungen steht. Die Integration dieser Aspekte wird von Führungskräften höchst unterschiedlich verwirklicht und ist somit Ausdruck ihrer Individualität. Ganz ähnlich zieht Csikszentmihalyi für Kreative das folgende Fazit: »Eine kreative Person ist hoch individualisiert. Sie folgt ihrem eigenen Stern und schafft ihre eigene Laufbahn. Gleichzeitig bleibt sie den Traditionen der Kultur verhaftet; sie lernt und respektiert die Gesetze der Domäne und reagiert auf die Meinungen des Feldes – solange diese Ansichten nicht im Widerspruch zur persönlichen Erfahrung stehen. Komplexität ist das Ergebnis der fruchtbaren Interaktion zwischen zwei entgegen gesetzten Tendenzen« (Csikszentmihalyi, 2007, S. 516).

Ausdruck von Individualität. Im dynamischen Interaktionsmodell gehen wir davon aus, dass die Zuschreibung von Merkmalen durch andere Personen die Selbstbilder maßgeblich beeinflusst, womit der Stellenwert des Selbstdarstellungsverhaltens deutlich wird: Die Wahrscheinlichkeit, dass die Führungsperson sich mit dem Bild identifiziert, das sie von sich vermittelt und entsprechend der Wahrnehmung der anderen Personen rückgemeldet bekommt, steigt mit der Dauer der Interaktion. Um langfristig eine erwünschte, unverwechselbare Führungsidentität zu etablieren, die von der Führungsperson selbst und ihren Interaktionspartner als stimmig erlebt wird, ist also durchaus eine bewusste Auswahl und Vermittlung von Selbstbildern angebracht.

Der Teilnehmer sollte darin unterstützt werden, eine Form der Selbstdarstellung als Führungskraft zu finden, die den erwünschten Entwicklungsrichtungen entspricht und die damit zur Etablierung einer stimmigen Führungsidentität führen kann. Dafür ist zunächst notwendig, dass der Coachingteilnehmer möglichst konkret beschreiben kann, welche Führungsidentität er mittelfristig etablieren möchte und welche Umsetzungsschritte dafür notwendig sind: »Ist sich die Person im Klaren darüber, wie sie gesehen werden möchte, muss sie sich so verhalten, dass die Wahrscheinlichkeit der Zuschreibung positiver Merkmale (...) steigt und die Gefahr der Zuschreibung unerwünschter Merkmale minimiert wird« (Ebert & Piwinger, 2007, S. 209).

12.1.5 Verbindung zwischen den drei Identitätsthemen

Die drei von uns vorgeschlagenen Themen der Identität durchdringen sich gegenseitig und lassen sich nur in akzentuierender Weise einzeln darstellen. Am Beispiel der Keuppschen Patchwork-Identität lässt sich ihre enge Verknüpfung exemplarisch veranschaulichen: So entsprechen die unvorhersehbaren, manchmal »wilden« Formen des entstehenden Flickenteppichs unserem *Individualitätsverständnis* und damit dem Prinzip der individuellen Selbstdarstellung. Bei diesen Formen handelt es sich aber nicht um voneinander losgelöste autonome Einzelelemente. Durch das *kreative* Patchwork, das verschiedene Selbstbilder zusammenführt und integriert, entsteht zumindest eine grundlegende *Kohärenz*, die in unserem Ansatz der Etablierung einer basalen Führungsidentität in Schritt 8 entspricht. Deutlich wird in den Ausführungen von Keupp et al. auch die Bedeutung des sozialen Austauschs für die Identitätskonstruktion: Der Patchworker lebt nicht in Isolation, er ist – mit unseren Worten – eine »Beziehungspersönlichkeit« (s. Abschn. 1.2.3). Erfolgreiches »Patchworking« setzt eine Verknüpfung mit Interaktionspartnern voraus, sodass ein wechselseitiger Beeinflussungsprozess entsteht.

12.2 Ausgewählte Coachingmethoden in Schritt 8

Die Coachingmethoden dienen einerseits dazu, Antworten auf die beiden Leitfragen des achten Schrittes zu erarbeiten, andererseits kommen darüber hinaus Methoden zur Evaluation des gesamten Coachingprozesses zum Einsatz.

Methoden zur Beantwortung der Leitfragen. Die Basis für die Bearbeitung der Leitfragen in Schritt 8 bildet die Integration der Ergebnisse der vorherigen Schritte (s. Abschn. 12.2.1). Auf dieser Grundlage wird der Coachingteilnehmer dazu angeleitet, in einem halbstrukturierten Interview einen »Identitäts*entwurf*« zu formulieren, sich selbst also zum Gegenstand zukunftsbezogener Reflexionen zu machen und individuelle Antworten auf die drei in Abschnitt 12.1 dargestellten Identitätsthemen (Kohärenz, Kreativität und Einzigartigkeit) zu finden (s. Abschn. 12.2.2). Um erwünschte Teilidentitäten zu *etablieren*, wird anschließend erarbeitet, welche kurz- und mittelfristigen Veränderungsziele und Umsetzungsschritte der Coachingteilnehmer über das Coaching hinaus verfolgen möchte (s. Abschn. 12.2.3).

Methoden zur Evaluation. Um sowohl die Wirksamkeit des Coachingprozesses als auch potenzielle Wirk- und Hemmfaktoren zu erfassen, können sowohl zum Zeitpunkt des Abschlusses des Coachings als auch zu einem möglichen Follow-Up-Termin drei bis sechs Monate nach Abschluss des Coachings verschiedene Evaluationsmethoden eingesetzt werden, die in Abschnitt 12.2.4 beschrieben werden.

12.2.1 Integration der Ergebnisse der vorherigen Schritte

Die Basis für die Bearbeitung der Leitfragen in Schritt 8 bildet die Integration der Ergebnisse der vorherigen Schritte. Der Coachingteilnehmer ist in den vorherigen Schritten angeleitet worden, die zentralen Ergebnisse zu den jeweiligen Leitfragen entweder schriftlich zusammenzufassen (s. *Klientenprotokoll*, Abschn. 12.2.4; vgl. auch Zusammenfassung der jeweiligen Ergebnisse im Fallbeispiel) oder sie in der Sitzung gemeinsam mit dem Coach zu visualisieren (vgl. z. B. Visualisierung der Ergebnisse im dynamischen Interaktionsmodell; Abschn. 9.2.4). Zur Vorbereitung der Abschlusssitzung wird der Coachingteilnehmer aufgefordert, die jeweils zentralen Ergebnisse aus den vorherigen Schritten zusammenzufassen. Dabei soll er sowohl die Ergebnisse berücksichtigen, die sich explizit auf die behandelten Coachingthemen beziehen, als auch darüber hinausgehende Erkenntnisse und ggf. initiierte Veränderungen notieren (s. Tab. 12.1). Damit der Coachingteilnehmer aus der Vielzahl der erarbeiteten Informationen zentrale Erkenntnisse ableiten kann, sind in den vorherigen Schritten jeweils eine Zusammenfassung der erarbeiteten Ergebnisse und damit eine explizite Beantwortung der Leitfragen sinnvoll und notwendig. Es ist daher die besondere Aufgabe des Coachs, den Klienten während des gesamten Coachingprozesses bei der Strukturierung seiner Erkenntnisse zu unterstützen (vgl. Hinweis zur schriftlichen Zusammenfassung der Ergebnisse in Coachingschritt 1; Abschn. 5.2.4). Das Ziel besteht darin, dass der Klient die gewonnenen Informationen über die eigene Person so verarbeiten kann, dass daraus konkrete Ansatzpunkte in Form neuer Denk- und Handlungsmöglichkeiten resultieren.

12.2.2 Entwurf einer individuellen Führungsidentität im teilstandardisierten Interview

Um die Leitfrage »Welche Führungsidentität möchte ich langfristig etablieren?« zu beantworten, wird der Klient im Rahmen eines halbstrukturierten Interviews zu einem Identitätsentwurf angeregt.

Tabelle 12.1 Strukturierungsvorschlag zur Integration der Ergebnisse aus den Schritten 1 bis 7

Zentrale Leitfrage des jeweiligen Coachingschritts	Coachingthemen		Übergeordnetes Anliegen
Schritt 1: Was genau möchte ich klären oder verändern?	Coachingthema 1: …	Coachingthema X: …	…
	Zentrale Ergebnisse der themenbezogenen Klärungs- und Veränderungsarbeit		**Themenübergreifende Erkenntnisse**
Schritt 2: Wie sehe ich mich?	…	…	…
Schritt 3: Wie möchte ich sein?	…	…	…
Schritt 4: Wie werde ich gesehen?	…	…	…
Schritt 5: Welche Selbstdarstellungsmuster habe ich?	…	…	…
Schritt 6: Innerhalb welcher spezifischen Rahmenbedingungen führe ich?	…	…	…
Schritt 7: Wie könnte ich sein?	…	…	…

Die Erzählung einer anzustrebenden, individuellen »Identitätsvision« kann als Versuch aufgefasst werden, eine gewisse *Kohärenz* zwischen verschiedenen Teilidentitäten herzustellen (vgl. Abschn. 12.1.2). Indem der Klient eine »Geschichte« über die Entwicklung seiner zukünftigen Führungsidentität konstruiert, richtet er seine innere und äußere Vielheit auf ein gemeinsames Ziel hin aus. Holtbernd und Kochanek (1999) fassen die einheitsbildende Funktion eines Identitätsentwurfs folgendermaßen zusammen: »Dort wo Geschichten erzählt werden entsteht ein Kontinuum, das wieder neue Kontinuitäten schafft. Die menschliche Identität ist nicht statisch, vielmehr befindet sich der Mensch immer auf dem Weg zu seiner Identität« (S. 147). In diesem Sinne verhilft Coaching dem einzelnen Klienten dazu, eine sinnstiftende Geschichte über die eigene, zukünftige Entwicklung zu erzählen und damit einen individuellen Orientierungsmaßstab für den weiteren Weg zu entwerfen.

Darüber hinaus ist der Entwurf der Identitätsvision ein *kreativer Prozess*, bei dem der Klient seine gefundenen Antworten auf die Fragen »Wer bin ich, wie möchte ich sein und wie könnte ich sein?« in einer »Erzählung mit offenem Ausgang« zusammenfasst (vgl. Abschn. 12.1.3).

Schließlich handelt es sich bei der Vision des Coachingteilnehmers um eine *individuelle Identitätskonstruktion* in zweierlei Hinsicht (vgl. Abschn. 12.1.4): Die Individualität kommt sowohl in den Inhalten als auch in der Art und Weise des Identitätsentwurfs zum Ausdruck. So hängt es von den persönlichen Merkmalen des Coachingteilnehmers ab, welche Inhalte und Ergebnisse er in die Identitätsvision integriert, welche Antworten er auf die zentralen Identitätsthemen für sich findet und wie er dabei vorgeht. Dem Coach kommt die Rolle zu, hilfreiche Fragen zu stellen und als agierendes Gegenüber eine Projektionsfläche für die Einzigartigkeitsdarstellung des Klienten zu bieten.

Interviewleitfaden zur Anregung des Identitätsentwurfs

Auf der Basis der Erkenntnisse aus Schritt 1 bis 7 soll der Coachingteilnehmer dazu angeleitet werden, sich in Bezug auf die drei Identitätsthemen aus Abschnitt 12.1 (Kohärenz, kreative Identitätsarbeit, Einzigartigkeit) zu positionieren. Im Folgenden wird ein Interviewleitfaden mit einer möglichen Instruktion für den Klienten und potenziell hilfreichen Fragen zur Formulierung eines Identitätsentwurfs dargestellt.

Instruktion. Die Instruktion orientiert sich an Prinzipien, die auch für die Formulierung der »Wunderfrage« (de Shazer & Dolan, 2008; s. Abschn. 7.2.1) gelten: Durch eine veränderte Tonlage, ein verändertes Sprechtempo und eine veränderte Wortwahl (z. B. Wiederholungen in den Satzanfängen) soll dem Klienten signalisiert werden, dass die anschließende Gesprächssequenz einen anderen Charakter haben wird als die vorherigen Coachinggespräche. Durch Wiederholungen in der Formulierung kann der Klient ggf. darin unterstützt werden, seine Aufmerksamkeit zu fokussieren und auf innere Bilder, Gedanken und Vorstellungen zu richten. Eine »Einladungsfrage« dient dazu, dass sich der Klient bewusst entscheidet, für das nachfolgende Gespräch offen zu sein und sich darauf ernsthaft einzulassen. Der »Arbeitsauftrag« des Identitätsentwurfs kann schließlich mit einer Metapher verbunden werden, die dem Repräsentationssystem und dem Sprachgebrauch des Klienten naheliegt. So kann es sinnvoll sein, den Identitätsentwurf z. B. mit der Planung eines Projekts oder auch mit dem Malen eines Bildes zu vergleichen. Wichtig ist, den Klienten darauf hinzuweisen, dass es um seine persönlichen Ideen geht, um ein »Herantasten« an eine stimmige Vision und nicht um eine möglichst »perfekte Integrationsleistung«.

Instruktionen

Fokussierung. »Sie haben sich selbst als Führungsperson im Laufe des Coachingprozesses Schritt für Schritt besser kennenlernen können. Sie haben Ihre eigene Persönlichkeit aus der Innen- und Außenperspektive beleuchtet. Sie haben darü- ▶

ber reflektiert, welche Bedeutung anderen Personen bei Ihrer persönlichen Identitätsentwicklung zukommt. Sie haben Ihre eigenen Antworten darauf gefunden, wie Sie als Führungsperson sind, wie Sie sein möchten und wie Sie sein könnten.«

Einladungsfrage. »Ich würde Sie nun gerne zu einem kleinen Experiment einladen. In diesem Experiment gibt es kein ›Richtig‹ oder ›Falsch‹. Es gibt nur Ihre Meinung, Ihre Ideen und Ihre Visionen. Haben Sie Lust, sich auf dieses Experiment einzulassen?«

Arbeitsauftrag. »Sie haben nun die Gelegenheit, Ihre zukünftige Führungsidentität zu entwerfen. Erzählen Sie bitte in unserem folgenden Gespräch, welche Vorstellung Sie davon haben, wer und wie Sie in Zukunft als Führungsperson sein werden. Sie können sich das so vorstellen, als ob Sie ein Bild von sich malen oder ein Projekt ganz nach Ihrem Geschmack planen oder die passende Strategie für sich entwickeln. Es ist Ihr ganz persönlicher Identitätsentwurf, d. h., Sie können Ihre eigene Geschichte über Ihre Weiterentwicklung als Führungsperson erzählen, so wie es für Sie stimmig ist.

Ich werde Ihnen im Verlauf Ihrer Erzählung einige Fragen stellen, die vielleicht für Sie hilfreich sein könnten, wie in einem Interview. Lassen Sie sich die Zeit, die Sie brauchen, um die Fragen zu beantworten. Wenn Sie möchten, dann nutzen Sie bei der Beantwortung Ihre schriftliche Zusammenfassung der bisherigen Ergebnisse des Coachingprozesses. Sie können bei der Beantwortung der Fragen auch laut denken, wie bei einem Brainstorming, bis Sie das Gefühl haben, eine Antwort für sich zu finden, die für Sie im Moment stimmig ist.«

Interviewfragen. Die Interviewfragen stellen einen Versuch dar, die drei Identitätsthemen aus Abschnitt 12.1 (Kohärenz, kreative Identitätsarbeit, Einzigartigkeit) zu operationalisieren und damit für den Klienten greifbar zu machen. Als Einstieg in das Interview wird eine offene, übergeordnete Frage gestellt, um dem Klienten zunächst eine eigene Strukturierung des Identitätsentwurfs zu ermöglichen. Anschließend kann der Klient – abhängig vom Verlauf seiner Erzählung – mit weiterführenden Fragen, die die drei Identitätsthemen aufgreifen, zu detaillierteren Antworten angeregt werden.

Interviewleitfaden

Offene Einstiegsfrage

- »Wenn Sie sich Ihre bisherigen Erkenntnisse aus dem Coachingprozess vor Augen führen: Welche Vorstellung haben Sie davon, wer und wie sie als Führungsperson zukünftig sein werden?«
- »In welche Richtung bzw. Richtungen möchten Sie sich weiterentwickeln?«

►

Mögliche Fragen zur kreativen Identitätsarbeit

Fragen zu realen und idealen Selbstbildern:

- »Welche der in Coachingschritt 7 erprobten Handlungsmöglichkeiten bzw. Persönlichkeitsfacetten möchten Sie in Zukunft in Ihren Führungsalltag übernehmen?«
- »Was von dem, das Sie sein könnten, möchten sie in Zukunft nutzen?«
- »Welche Ihrer Potenziale werden in Ihrem zukünftigen Führungsverhalten eine Rolle spielen?«
- »›Können‹ und ›Wollen‹ kann, aber muss sich nicht entsprechen. Sie haben im Coachingprozess sowohl Ihre Potenziale als auch Ihre Grenzen besser kennengelernt: Wie könnte das aussehen, wenn Sie das, was Sie sind und das, was Sie sein möchten, in optimaler Art und Weise verbinden?«

Fragen zur nach vorne offenen Identitätsarbeit:

- »Auf welche Art und Weise werden Sie Ihre Führungsidentität in Zukunft gestalten?«
- »Was hilft Ihnen in Zukunft dabei, sich weiterzuentwickeln und Ihre Möglichkeiten zu erkunden?«
- »Welche Aspekte haben auf Ihren Entwicklungsprozess als Führungsperson in der Vergangenheit besonders Einfluss genommen? Welche Aspekte könnten in der Zukunft Einfluss darauf nehmen, wer und wie Sie als Führungsperson sind?«

Mögliche Fragen zur Kohärenz

Fragen zur persönlichen Vielheit:

- »Worin besteht Ihre persönliche Vielfalt? Welche Facetten machen Sie aus?«
- »Wie werden Sie in verschiedenen Situationen und bei verschiedenen Interaktionspartnern sein?«
- »Inwieweit werden Sie sich abhängig vom jeweiligen Kontext unterschiedlich sehen, erleben und verhalten?«
- »Welche verschiedenen Teilidentitäten spielen in Ihrer Position eine Rolle?«

Fragen zum Zusammenspiel der Komponenten und zur Zielgerichtetheit:

- »Welches Ziel/welcher Orientierungsmaßstab lenkt Ihre persönliche Vielfalt in eine gemeinsame Richtung? Wie sieht diese gemeinsame Richtung aus?«
- »Welche Ähnlichkeiten bestehen in der Art und Weise wie sie sind, unabhängig vom Kontext?«
- »Was verbindet die jeweiligen Teilidentitäten?«

Mögliche Fragen zur Einzigartigkeit

- »Was macht Sie als Führungsperson einmalig, einzigartig und unverwechselbar?«
- »Was macht Sie als Führungsperson aus? Wofür stehen Sie als Führungsperson?«

►

- »Hinsichtlich welcher Aspekte werden Sie Ihre Individualität betonen und hinsichtlich welcher Aspekte werden Sie sich an äußere Erwartungen anpassen?«
- »Welche Aspekte Ihrer Individualität möchten Sie in der Führungsrolle langfristig zum Ausdruck bringen? Wie können Sie das tun?«

Zusammenfassung
»Gibt es ein Bild, eine Metapher, ein Symbol, ein Wort, ein Motto, einen Satz, ein Zitat oder irgendetwas anderes, das Ihnen als ›Überschrift‹ für Ihren Identitätsentwurf in den Sinn kommt? Wie könnte eine für Sie stimmige Zusammenfassung Ihres Identitätsentwurfs lauten?«

12.2.3 Methoden zur Etablierung erwünschter Identitäten

Um die Leitfrage »Welche kurz- und mittelfristigen Veränderungsziele und Umsetzungsschritte lassen sich daraus in Bezug auf meine Coachingthemen ableiten?« zu beantworten, wird der Klient einerseits dazu angeleitet, die in den vorherigen Schritten erarbeiteten Veränderungsziele und geplanten oder bereits unternommenen Veränderungsschritte zusammenzufassen. Andererseits soll er weitere Konsequenzen, die sich aus seinem Identitätsentwurf für den Führungsalltag ergeben, in konkreten Handlungsschritten formulieren.

Methoden zur Formulierung von Zielen und Umsetzungsschritten: Arbeit mit Skalenfragen und Ausarbeitung eines Aktionsplans

Skalenfragen. Um herauszuarbeiten, wie sich die Wahrnehmungs- und Verhaltensmuster des Klienten seit Beginn des Coachingprozesses verändert haben und welche Unterschiede noch zum angestrebten Zielzustand bestehen, werden Skalenfragen eingesetzt (vgl. Abschn. 7.2.1). Diese können sich einerseits auf die zentralen Coachingthemen beziehen, andererseits auch insgesamt in Hinblick auf den formulierten Identitätsentwurf angewendet werden. Das Prinzip besteht darin, auf einer Skala mit festgelegten Abstufungen (z. B. Abstufungen von 0 bis 10 oder Prozentskala mit 0 % bis 100 %) und zwei definierten Polen (z. B. 0 % = »Thema ist gar nicht bearbeitet« oder »am weitesten vom Zielzustand entfernt« und 100 % = »Thema ist vollständig bearbeitet« oder »Zielzustand ist vollkommen erreicht«) sowohl den vergangenen Stand (Wo stand ich zu Beginn des Coachingprozesses?) als auch den aktuellen Stand (Wo stehe ich jetzt?) sowie den erwünschten Zielzustand (Wo möchte ich hin?) einzuordnen und zu operationalisieren (Woran mache ich das fest?). Insgesamt dienen die Skalenfragen an dieser Stelle dazu, die bisherige und weitere Klärungs- und Veränderungsarbeit an den Coachingthemen in möglichst konkreten Zielen und Umsetzungsschritten greifbar zu machen.

Folgende Fragen können gestellt werden:

Auf einer Skala von X bis Y, wenn X bedeutet, dass (...) und Y bedeutet, dass (...),

- wo stehen Sie aktuell in Bezug auf die Bearbeitung des Coachingthemas Z?
- wo standen Sie zu Beginn des Coachings?
- was hat sich in der Zwischenzeit verändert?
- wo wollen Sie noch hin?
- welchen Wert auf der Skala müssten Sie erreichen, um zufrieden zu sein?
- was konkret müssen Sie dafür tun?

Aktionsplan. Um die identifizierten weiteren Ziele und Umsetzungsschritte möglichst verbindlich festzuhalten, kann ein Aktionsplan erstellt werden. Der Aktionsplan ist als Vertrag des Klienten mit sich selbst zu verstehen, in dem er festlegt, welche weiteren Schritte er wann in Hinblick auf welches Ziel umsetzen möchte.

Im Aktionsplan sollten folgende Punkte enthalten sein:

- An welchen Themen möchte der Klient weiterarbeiten?
- Welche Ziele sollen in Bezug auf welches Thema bis wann erreicht sein?
- Welche Schritte wird der Klient dafür wann und wie umsetzen?
- Woran wird der Klient feststellen, ob er seine Ziele erreicht hat?

Methoden zur Unterstützung des Transfers: Zwischenreflexion und Brief an sich selbst

Zwischenreflexion. Die Methode der Zwischenreflexion stellt ein Instrument zur Transfersicherung dar. Der Klient wird dazu angeleitet, wie er auf der Basis eines Dokumentationsbogens (s. Arbeitsblatt 1) in Zukunft konkrete Ziele formulieren, einzelne Schritte zur Zielerreichung festhalten und den Grad der Zielerreichung überprüfen kann. Die Methode der Zwischenreflexion soll die Führungskräfte insbesondere dann unterstützen, wenn die Gefahr besteht, gesetzte Ziele im Tagesgeschäft aus den Augen zu verlieren. Außerdem eröffnet sie die Möglichkeit, zu neuen Zielen zu finden und sich so permanent weiterzuentwickeln. Die Methode der Zwischenreflexion wird im Folgenden ausführlicher dargestellt, um anhand dieses Instruments die Formulierung konkreter Ziele und Umsetzungsschritte als Antwort auf die Leitfrage 2 zu veranschaulichen.

Methode der Zwischenreflexion: Beispielinstruktion

Planung (Teil 2 des Arbeitsblattes zur Zwischenreflexion)

C: Sie haben während des Coachings Ziele für Ihre weitere Entwicklung als Führungskraft formuliert und bereits Veränderungen umgesetzt. Im Arbeitsalltag passiert es jedoch schnell, dass man die Ziele, die man sich gesteckt hat, über dem Tagesgeschäft aus den Augen verliert. Damit dies nicht geschieht, möchte ich Ihnen die sog. Zwischenreflexion als Instrument vorstellen, das Ihnen dabei behilflich sein kann, weiterhin an Ihren gesetzten Zielen zu arbeiten und ggf. auch neue Ziele in Angriff zu nehmen. Dieses Instrument können Sie so oft einsetzen, wie Sie wollen. Wichtig ist, dass Sie sich konkrete Termine setzen, zu denen Sie eine Zwischenreflexion einplanen. Sie beginnen heute damit, sich ein

Arbeitsblatt 1	Zwischenreflexion	(1/2)

Datum/Zeitraum der Zielsetzung

....

An welchem (Teil-)Ziel habe ich im **vergangenen Zeitraum** gearbeitet?

....

Wo stehe ich jetzt in Bezug auf die Erreichung des angegebenen (Teil-)Ziels?
(0 = Ziel überhaupt nicht erreicht; 10 = Ziel vollständig erreicht)

1	2	3	4	5	6	7	8	9	10

Wo werde ich stehen, wenn ich zufrieden bin mit dem Stand der Zielerreichung?

1	2	3	4	5	6	7	8	9	10

Wie viel Energie habe ich investiert, um diesem Ziel näher zu kommen?
(0 = keine Energie; 10 = alle verfügbare Energie)

1	2	3	4	5	6	7	8	9	10

Welche konkreten Schritte zur Ziellerreichung habe ich unternommen?

....

....

Was hat gut geklappt? Wie habe ich es geschafft, dass es gut geklappt hat?

....

....

Was hat weniger gut geklappt? Was hätte ich stattdessen tun sollen?

....

....

Mein Fazit für den angegebenen Zeitraum:

....

Im **kommenden Zeitraum** bis zur nächsten Zwischenreflexion möchte ich an folgendem (Teil-) Ziel arbeiten:

....

Wo werde ich auf einer Skala von 0 bis 10 stehen, wenn ich zufrieden bin mit dem Stand der Zielerreichung?

1	2	3	4	5	6	7	8	9	10

Wo stehe ich momentan in Bezug auf die Erreichung dieses Ziels auf einer Skala von 0 bis 10?

1	2	3	4	5	6	7	8	9	10

Wie viel Energie möchte ich investieren, um diesem Ziel näher zu kommen?

1	2	3	4	5	6	7	8	9	10

Was werde ich wann konkret tun, um auf der Skala der Zielerreichung Fortschritte zu machen?

....

....

....

Für wann plane ich die nächste Zwischenreflexion?

....

Ziel zu überlegen, an dem Sie schwerpunktmäßig während des Zeitraums bis zur nächsten Zwischenreflexion arbeiten wollen. Beginnen Sie also mit der zweiten Hälfte des Arbeitsblattes.

K: *notiert das Ziel*

C: Überlegen Sie sich bitte im nächsten Schritt, wo Sie stehen werden, wenn Sie mit dem Stand der Zielerreichung zufrieden sind.

K: *nimmt eine Einschätzung auf der Skala zum »Soll-Zustand« vor*

C: Überlegen Sie sich dann, wo Sie zum aktuellen Zeitpunkt in Bezug auf die Zielerreichung stehen.

K: *nimmt auf der Skala eine Einschätzung zum »Ist-Zustand« vor*

C: Wichtig ist, dass Sie sich im nächsten Schritt für sich klären, wie viel Energie Sie investieren möchten, um dem Ziel näher zu kommen. Abhängig davon, wie viel Energie Ihnen zum aktuellen Zeitpunkt zur Verfügung steht und wie viel Energie Sie davon investieren möchten, sollten Sie die Schritte zur Zielerreichung planen. Nehmen Sie sich beispielsweise in einer Zeit, in der Ihnen wenig Energie zur Verfügung steht, kleine und leicht umsetzbare Schritte vor.

K: *nimmt Einschätzung auf der Energie-Skala vor*

C: Was werden Sie tun, um auf der Zielerreichungsskala voranzukommen? Überlegen Sie sich, wann Sie was, wie und in welchem Rahmen umsetzen und ausprobieren möchten.

K: *notiert Schritte zur Zielerreichung*

C: Zur Selbstkontrolle legen Sie fest, wann Sie die nächste Zwischenreflexion vornehmen werden und tragen Sie sich diesen Termin in Ihren Kalender ein.

K: *legt Termin fest*

Rückblick/Reflexion (Teil 1 des Arbeitsblattes 1 zur Zwischenreflexion)

C: Zum nächsten Termin notieren Sie zunächst das Ziel, an dem Sie im angegebenen Zeitraum gearbeitet haben. Nehmen Sie im nächsten Schritt eine Einschätzung auf der Zielerreichungsskala vor. Dann schätzen Sie ein, wo Sie stehen werden, wenn Sie mit dem Stand der Zielerreichung zufrieden sind. Diese Einschätzung kann von der Einschätzung abweichen, die Sie bei der letzten Zwischenreflexion vorgenommen hatten. Vielleicht machen Sie Ihr Kreuz nun weiter rechts, da Ihre Ansprüche gestiegen sind oder Sie machen das Kreuz weiter links, da Sie merken, dass Sie gar nicht so hoch hinaus müssen, um mit dem Stand der Zielerreichung zufrieden zu sein. Vielleicht machen Sie Ihr Kreuz auch an der Stelle, wo Sie es auch auf der ersten Skala auf dieser Seite gemacht haben, dann haben Sie Ihr Ziel erreicht.
Bitte notieren Sie weiterhin, was Sie getan haben, um Ihr Ziel zu erreichen. Überlegen Sie sich, was gut geklappt und was weniger gut geklappt hat, um auf Ihrem weiteren Weg aus diesen Erfahrungen schöpfen zu können. Dabei ist es wichtig darüber nachzudenken, was Sie an Stelle der Dinge tun könnten, die nicht so gut geklappt haben. Zum Schluss dieser Überlegungen können Sie Ihr Fazit für den Zeitraum der Zwischenreflexion notieren.

Nach diesem Rückblick kommen Sie nun zu den bereits besprochenen Punkten, d. h. Sie überlegen sich nun, was für den kommenden Zeitraum bis zur nächsten Zwischenreflexion ansteht.

Brief an sich selbst. Eine weitere Methode der Transfersicherung stellt der »Brief an sich selbst« dar. Der Klient wird aufgefordert, zum Abschluss des Coachings einen Brief an sich selbst zu schreiben, in dem er entweder die zentralen Erkenntnisse aus dem Coaching zusammenfasst und/oder sich selbst an seine Ziele und geplanten Umsetzungsschritte erinnert. Die Erstellung des Briefs kann mit der Integration der Ergebnisse aus den Coachingsitzungen 1 bis 7 (s. Abschn. 12.2.1) verbunden werden. Nachdem der Klient den Brief verfasst hat, übergibt er ihn in einem verschlossenen und an ihn selbst adressierten Kuvert an den Coach. Das Prinzip der Methode besteht darin, den Klienten einen Brief an sich selbst verfassen zu lassen, der ihm vom Coach sechs Wochen nach Abschluss des Coachings zugeschickt wird. Das Ziel der Methode liegt darin, dass der Klient nach sechs Wochen durch die Inhalte des Briefs einen »Motivationsschub« erhält, die Inhalte des Coachings im Alltag weiterzuverfolgen. Die Inhalte des Briefs können damit je nach Klient variieren. Die übergeordnete Frage, die dem Klienten zur Erstellung des Briefs mitgegeben wird, lautet: Was sollte ich mir selbst schreiben, um in sechs Wochen durch den Brief darin motiviert zu werden, an meinen Zielen weiterzuarbeiten und meine Führungsidentität systematisch weiterzuentwickeln? Folgende weitere Fragen können für den Klienten bei der Formulierung des Briefs darüber hinaus hilfreich sein:

- Was habe ich im Coaching Neues über mich gelernt?
- Welches sind die zentralen Erkenntnisse, die ich aus dem Coaching mitnehme?
- Welche Stärken kenne ich nun an mir? Wie kann ich diese Stärken nutzen?
- Was mache ich im Alltag besser als vor dem Coaching?
- Was möchte ich in Zukunft noch besser machen und wie möchte ich dabei vorgehen?
- Welche Ziele sind mir für die nächste Zeit besonders wichtig?
- Was werde ich tun, um mich in Richtung dieser Ziele weiterzuentwickeln? Wie werde ich dabei konkret vorgehen?
- Wie werde ich besser mit mir und meiner Zeit umgehen?
- Wo möchte ich stehen, wenn ich diesen Brief erhalte?

12.2.4 Methoden zur Evaluation

Prozessbegleitende Evaluation und Transfersicherung

Transfersicherung und Evaluation ziehen sich implizit durch den gesamten Coachingprozess. So wird der Klient dazu angeleitet, die in den Sitzungen gewonnenen Erkenntnisse im Führungsalltag umzusetzen und zu überprüfen. Die vorgenommenen Veränderungen im Führungsalltag werden in den Sitzungen mit dem Coach vor- und nachbesprochen. Darüber hinaus wird der Coachingteilnehmer dazu angeregt, ein

Arbeitsblatt 2 Klientenprotokoll zum Persönlichkeitscoaching

Name: .... Sitzungsanzahl: ....

(1) An welchen **Leitfragen** wurde in der Sitzung gearbeitet?

....

....

....

(2) Welches **Coachingthema**/welche Coachingthemen stand(en) dabei im Fokus?

....

....

(3) Was für eine Erkenntnis/welches **Ergebnis** nehme ich aus der Sitzung mit? Welche **Antworten** habe ich **auf die bearbeiteten Leitfragen** gefunden?

....

....

....

....

....

(4) Was war für mich besonders **hilfreich**/wichtig in der Sitzung? Was hat mich in der Sitzung gestört/was war **hinderlich**?

....

....

....

....

....

(5) Geplante **Schritte/Teilziele für die Zwischenzeit**: Was nehme ich mir bis zur nächsten Coachingsitzung vor? Was werde ich bis zur nächsten Sitzung konkret tun/ausprobieren/vorbereiten?

....

....

....

....

Protokoll zu den jeweiligen Sitzungsergebnissen und zum zwischenzeitlichen Geschehen (»Klientenprotokoll«, s. Arbeitsblatt 2) zu führen. Diese Protokolle dienen dazu, dass der Klient die zentralen Ergebnisse aus der Beantwortung der Leitfragen des jeweiligen Coachingschrittes für sich zusammenfasst und die Nützlichkeit der Ergebnisse unmittelbar im Führungsalltag überprüfen kann. Gleichzeitig dienen die Aufzeichnungen des Klienten der Prozessevaluation, da aufgrund der gemachten Erfahrungen im Führungsalltag die Relevanz der erarbeiteten Erkenntnisse und die Machbarkeit von geplanten Umsetzungsschritten zeitnah überprüft und das weitere Vorgehen im Coaching darauf abgestimmt werden konnte.

Über die prozessbegleitende Evaluation hinaus werden nun in Schritt 8 Methoden zur Ergebnisevaluation eingesetzt, um Effekte des gesamten Coachingprozesses zu erfassen.

Überprüfung von Wirkfaktoren und Wirkungen im halbstrukturierten Interview

Im Persönlichkeitscoaching arbeiten wir bevorzugt mit einem Evaluationsinterview, das mit dem Klienten direkt nach Abschluss des Coachings zur »Output«-Evaluation oder zu einem Follow-Up-Termin zur »Outcome«-Evaluation (zur Unterscheidung verschiedener Zeitpunkte der Evaluation s. König & Volmer, 2003) eingesetzt werden kann. Wenn möglich, dann wird dieses Interview von einem »externen Evaluator« und nicht vom Coach selbst durchgeführt, damit der Klient in seinen Aussagen nicht zu sehr durch Faktoren, die auf die Beziehung zwischen Klient und Coach zurückzuführen sind (z. B. »Sympathiebonus«), beeinflusst ist. Im Folgenden ist ein Ausschnitt des Interviewleitfadens zur Evaluation des Persönlichkeitscoachings (in Anlehnung an Laux et al., 2004) mit Fragen zur globalen Einschätzung des Coachings, zu subjektiven Veränderungen sowie zu Wirk- und Hemmfaktoren dargestellt.

Globale Bewertung der Coachingmaßnahme
Auf einer Skala von 0 bis 10 – wie zufrieden sind Sie mit dem Coaching, wenn 0 bedeutet: »überhaupt nicht zufrieden« und 10 bedeutet »voll und ganz zufrieden«? Woran machen Sie das fest? Was bedeutet dieser Skalenwert für Sie?
Wie schätzen Sie insgesamt auf einer Skala von 0 bis 10 den Erfolg des Coachings beim Abschluss des Coachings ein, wenn 0 bedeutet »das Coaching war gar nicht erfolgreich« und 10 bedeutet »das Coaching war überaus erfolgreich«? Woran machen Sie das fest? Was bedeutet dieser Skalenwert für Sie? Was fehlt noch zur 10?
Stellen Sie sich bitte vor, Sie würden demnächst noch mal an einem Coaching teilnehmen. Was sollte unbedingt wieder so sein, wie es bei diesem Coaching war? Was sollte anders sein? Welche konkreten Verbesserungsvorschläge hätten Sie?

Veränderungen im Erleben und Verhalten

Welche Veränderungen in Ihrem Verhalten haben sich Ihrer Einschätzung nach durch das Coaching ergeben?
Gibt es noch weitere Veränderungen in diesem Bereich?

Wie hat sich Ihr Selbstbild bzw. Ihre Selbsteinschätzung als Führungskraft verändert?
Wie hat sich Ihre Selbsteinschätzung noch verändert?

Wie haben sich Ihre Einstellungen und Gefühle durch das Coaching verändert?
Gibt es noch weitere Veränderungen in diesem Bereich?

Wie zeigen sich die Veränderungen bezüglich Einstellung, Gefühle, Selbstbild und Verhalten konkret in Ihrem beruflichen Alltag?
Können Sie dazu eine konkrete Situation als Beispiel beschreiben?

Welche Auswirkungen haben die Veränderungen auf Ihr berufliches Umfeld?
Wie und woran haben Ihre Mitarbeiter/Vorgesetzten/Kollegen die Veränderungen wahrgenommen?

Welche Auswirkungen hat das Coaching auf Ihren privaten Bereich?

Wirkfaktoren

Was fanden Sie besonders hilfreich während des Coachings?
Gibt es weitere Aspekte, die Sie besonders hilfreich fanden?

Welche der eingesetzten Methoden oder Verfahren fanden Sie insgesamt wirkungsvoll?

Wie haben Sie selbst zum Gelingen des Coachings beigetragen?

Welche Bedingungen an Ihrem Arbeitsplatz und in Ihrem Arbeitsumfeld haben auch zum Gelingen des Coachings beigetragen?

Was könnte in der Zeit nach dem Coaching hilfreich für die Umsetzung Ihrer Ziele sein?
bzw.
Was war in der Zeit nach dem Coaching für die Umsetzung Ihrer Ziele hilfreich?

Sie haben jetzt schon viele Aspekte aufgezählt, die wichtig für den Erfolg Ihres Coachings waren. Was sind denn insgesamt Ihrer Meinung nach die wichtigsten?

Hemmfaktoren

Was empfanden Sie als hinderlich bzw. was hat Sie während des Coachings gestört?

Welche Methoden empfanden Sie als nicht sinnvoll bzw. als unangenehm?

►

Was hätten Sie selbst anders machen können, um noch mehr am Gelingen des Coachings mitzuwirken?

Welche Bedingungen an Ihrem Arbeitsplatz und in Ihrem Arbeitsumfeld haben den Erfolg des Coachings gefährdet oder ungünstig beeinflusst?

Was war in der Zeit nach dem Coaching bei der Umsetzung Ihrer Coachingziele hinderlich?
Was könnte in der Zeit nach dem Coaching bei der Umsetzung Ihrer Coachingziele hinderlich sein?

Prä-Post-Messung im multiperspektivischen Führungsfeedback
Über die subjektive Einschätzung des Coachingteilnehmers im Evaluationsinterview hinaus können von außen beobachtbare Veränderungen im Führungsverhalten des Klienten erhoben werden. Dafür wird zu einem Follow-up-Termin sechs Monate nach Abschluss des Coachings erneut ein multiperspektivisches Führungsfeedback durchgeführt.

Überprüfung der Wirksamkeit anhand der übergeordneten Zielsetzungen des Persönlichkeitscoachings. Ziel des Persönlichkeitscoachings ist es, die Entwicklung einer stimmigen Führungsidentität systematisch zu beeinflussen. Ansatzpunkt dafür ist die Selbstinterpretation des Klienten, die den Prozess der Selbstdarstellung sowie den Prozess der Selbstbewertung umfasst (s. Abb. 9.1, Abschn. 9.1.2). Möchte man die Frage beantworten, inwieweit das Persönlichkeitscoaching wirksam in Hinblick auf seine übergeordneten Ziele ist, sollte daher erfasst werden, »ob«, und wenn ja, »welche« Veränderungen sich in der *Selbstdarstellung* und der *Selbstbewertung* des Klienten ergeben haben. Eine naheliegende Möglichkeit der Operationalisierung dieser beiden Konstrukte liegt darin, Veränderungen in den Ergebnissen eines erneut durchgeführten multiperspektivischen Führungsfeedbacks zu erfassen. So ist es bezüglich der Überprüfung einer Veränderung in der Art und Weise der Selbstdarstellung des Klienten von Interesse, inwieweit die Führungsperson zum Follow-up-Termin auf ihre Mitarbeiter anders *wirkt* als zum ersten Erhebungszeitpunkt. Dabei sollte vor allem in solchen Verhaltensweisen und Selbstdarstellungen eine Veränderung feststellbar sein, die in den individuellen Veränderungszielen des Klienten angesprochen wurden. Zur Überprüfung der Selbstbewertung ist es von Interesse, inwieweit in den erfassten Dimensionen des multiperspektivischen Führungsfeedbacks zum zweiten Erhebungszeitpunkt eine Annäherung von Selbst- und Fremdbildern gegenüber dem ersten Erhebungszeitpunkt stattfindet.

Für eine systematische Überprüfung der Wirksamkeit nach wissenschaftlichen Standards ist ein solches Prä-Post-Design ohne Kontrollgruppe nicht geeignet, da Störfaktoren nicht kontrolliert und damit die erzielten Veränderungen nicht eindeutig auf die Intervention zurückgeführt werden können. Um validere Schlussfolgerungen über die Wirksamkeit des Coachings ableiten zu können, wäre der Einsatz eines Zwei-Gruppen-Plans oder das quasi-experimentelle Evaluationsdesign der »Internalen Referenzstrategie« (s. Cook & Campbell, 1979; Frese et al., 2003; Haccoun & Hamtiaux, 1994) sinnvoll. In der praktischen Coachingarbeit muss jedoch sicherlich das Verhältnis von Kosten und Nutzen des Einsatzes eines aufwendigen Evaluationsdesigns abgewogen werden (vgl. Abschn. zur kontrollierten Praxis).

Fragebogen zur Umsetzung angenommener Wirkfaktoren

In Abschnitt 3.2 wurden spezifische Merkmale der Prozessgestaltung im Persönlichkeitscoaching beschrieben, die – basierend auf theoretischen Überlegungen und einzelnen empirischen Überprüfungen – als Wirkfaktoren im Persönlichkeitscoaching angenommen werden. Im Evaluationsinterview werden zunächst Faktoren erfasst, auf die der Klient aus seiner Perspektive die eingetretenen Wirkungen zurückführt. Darüber hinaus können in einem Fragebogen zur Überprüfung der Wirkfaktoren (in Anlehnung an Laux et al., 2004) die propagierten Prozessmerkmale des Persönlichkeitscoachings in ihrer Bedeutung für den Einzelfall systematisch überprüft werden. Dazu werden zu jedem Wirkfaktor Aussagen (Items) formuliert, denen der Klient auf einer fünfstufigen Skala in höherem oder geringerem Ausmaß zustimmen kann. Die Einschätzung des Klienten bezieht sich dabei zum einen auf das *Ausmaß der Realisierung* des jeweiligen Wirkfaktors im Coachingprozess, zum anderen auf die subjektiv eingeschätzte *Wichtigkeit* der jeweiligen Aussage.

Die sieht z. B. zur Erfassung des Wirkfaktors »Vertrauensvolle Beziehung zwischen Coach und Klient« (s. Abschn. 3.2.3) folgendermaßen aus:

Beziehung zwischen Coach und Teilnehmer

Der Coach passte gut zu mir.	Trifft überhaupt nicht zu	1	2	3	4	5	Trifft völlig zu
	Finde ich unwichtig	1	2	3	4	5	Finde ich sehr wichtig
Der Coach und ich waren im Coaching gleichberechtigt.	Trifft überhaupt nicht zu	1	2	3	4	5	Trifft völlig zu
	Finde ich unwichtig	1	2	3	4	5	Finde ich sehr wichtig
Ich fand die Atmosphäre im Coaching offen und vertrauensvoll.	Trifft überhaupt nicht zu	1	2	3	4	5	Trifft völlig zu
	Finde ich unwichtig	1	2	3	4	5	Finde ich sehr wichtig

Beziehung zwischen Coach und Teilnehmer							
Ich hatte das Gefühl, vom Coach akzeptiert zu werden.	Trifft überhaupt nicht zu	1	2	3	4	5	Trifft völlig zu
	Finde ich unwichtig	1	2	3	4	5	Finde ich sehr wichtig
Der Coach vermittelte mir das Gefühl, echtes Interesse an meiner Person zu haben.	Trifft überhaupt nicht zu	1	2	3	4	5	Trifft völlig zu
	Finde ich unwichtig	1	2	3	4	5	Finde ich sehr wichtig
Ich konnte mich im Coaching angstfrei mit meinen Stärken und Schwächen auseinandersetzen.	Trifft überhaupt nicht zu	1	2	3	4	5	Trifft völlig zu
	Finde ich unwichtig	1	2	3	4	5	Finde ich sehr wichtig

Prinzipien der kontrollierten Praxis

Insgesamt geht es uns in der Realisierung der Evaluation des Persönlichkeitscoachings im Einzelfall darum, uns an den Prinzipien einer kontrollierten Praxis (Petermann, 1992) zu orientieren. Petermann bemüht sich mit seinem Konzept um einen »Kompromiß zwischen überhöhten, praxisfernen Exaktheitsansprüchen der Psychologie als Wissenschaft und dem nicht regelgeleiteten, intuitiven Nur-Helfen-Wollen vieler Praktiker« (S. 65). Bei der Überprüfung der Wirksamkeit und der Wirkfaktoren der praktischen Coachingarbeit im Einzelfall kann es nicht darum gehen, den methodischen Ansprüchen der Evaluations*forschung* (vgl. z. B. Hager et al., 2000) zu genügen. Aus unserer Sicht sollte sich der praktisch arbeitende Coach jedoch darum bemühen, den drei Gütekriterien zu genügen, die nach Petermann die Grundvoraussetzungen für jede kontrollierte Praxis darstellen:

- Objektivierbarkeit/Dokumentierbarkeit des Prozesses, sodass ein intersubjektives Nachvollziehen der dokumentierten Abläufe möglich wird.
- Komplexität der Evaluation im Sinne einer umfassenden Datenerhebung, die möglichst viele relevante Parameter einbezieht.
- Subjektive Bedeutsamkeit der berücksichtigten Kriterien, sodass die subjektiv relevanten Veränderungen erfasst werden.

Bei der Evaluation in der Praxis geht es damit um eine *relative Exaktheit*, die auf einer situationsgerechten, komplexitätserhaltenden und den subjektiven Bedingungen des Klienten gerecht werdende Datenerhebung beruht. Aus diesem Grund halten wir es für sinnvoll, in einem multimodalen (Berücksichtigung multipler Kriteriumsmaße) und multimethodalen (Einsatz verschiedener Erhebungsverfahren) Vorgehen sowohl Selbst- und Fremdeinschätzungen als auch das Ausmaß der Übereinstimmung zwischen beiden im multiperspektivischen Führungsfeedback zu erheben.

Eine ausführliche Darstellung und kritische Würdigung von Vorgehensweisen zur wissenschaftlichen Evaluation von Coaching im Allgemeinen und zur Evaluation von Persönlichkeitscoaching im Besonderen findet sich bei Riedelbauch (in Vorb.).

12.3 Fallbeispiel Schritt 8

Zur Vorbereitung des letzten Coachingschritts wird Herr P. zunächst darum gebeten, die jeweilige schriftliche Zusammenfassung der Ergebnisse der bisherigen Schritte zu sichten und sich damit einen Überblick über die Beantwortung der bisherigen Leitfragen zu verschaffen (s. Abschn. 12.3.1). Auf dieser Basis entwirft Herr P. im halbstrukturierten Interview seine individuelle, anzustrebende Führungsidentität (s. Abschn. 12.3.2) und fasst bereits vorgenommene Veränderungen sowie geplante Umsetzungsschritte zu seinen Coachingthemen mithilfe von Skalierungen zusammen (s. Abschn. 12.3.3). Herr P. verfasst abschließend einen »Brief an sich selbst« (Abschn. 12.3.4), der exemplarisch für den Einsatz möglicher Transfer- und Evaluationsmethoden dargestellt wird. Abschnitt 12.3.5 enthält einen Rück- und einen Ausblick zu Herrn P.s Coachingprozess.

12.3.1 Zusammenfassung der Ergebnisse aus den Schritten 1 bis 7

»Wo stehe ich als Führungskraft und wo will ich hin?« definierte Herr P. als übergeordnete Leitfrage für den Coachingprozess. Für die Bearbeitung im Coaching wurden folgende Themen ausgewählt:

- Umgang mit Mitarbeitern: Was passt zu mir? Mit welcher Art der Beziehungsgestaltung zu meinen Mitarbeitern fühle ich mich wohl?
- Hohe Erwartungen von Vorgesetzten, Kollegen und Mitarbeiter an meine Problemlösefähigkeit: Wie kommt es zu den hohen Erwartungen und wie kann ich damit umgehen?
- Förderung des Engagements und der Eigenständigkeit einzelner Mitarbeiter: Was kann ich als Führungskraft tun?

Im Verlauf der Schritte 1 bis 7 wurden die jeweiligen handlungsrelevanten Einsichten, Veränderungsziele oder anstehende Umsetzungsschritte als zentrale Ergebnisse der Beantwortung der jeweiligen Leitfragen schriftlich festgehalten. Zur Vorbereitung des Identitätsentwurfs im teilstandardisierten Interview wird Herr P. nun dazu angeleitet, sich im Vorfeld der Sitzung einen Überblick über die Ergebnisse der bisherigen Schritte zu verschaffen und die jeweils zentralen Aspekte hervorzuheben. Der Coach lässt sich zu Beginn der Abschlusssitzung von Herrn P. dessen erstellte Übersicht zu den zentralen Ergebnissen (s. Tab. 12.2) vorstellen.

Tabelle 12.2 Integration der Ergebnisse zu den Leitfragen der Coachingschritte 2 bis 7

Leitfrage	Zentrale Ergebnisse zu Coachingthema 1: Umgang mit Mitarbeitern	Zentrale Ergebnisse zu Coachingthema 2: Hohe Erwartungen anderer	Zentrale Ergebnisse zu Coachingthema 3: Förderung des Engagements von Mitarbeitern
Schritt 2: Wie sehe ich mich?	► Ich bin gleichzeitig der humorvolle Kumpel und der souveräne Chef. ► Ich übe keine direkte Kritik, sondern mache missverständliche Kommentare. ► Erkenntnis: Ich muss mir darüber klar werden, welche Art und Weise des Umgangs mit meinen Mitarbeitern meine Position verlangt.	► Ich gebe sehr schnell selbst Lösungen vor. ► Ich erwecke den Eindruck, dass ich alles selbst lösen möchte.	► Es fällt mir schwer, Lösungsvorschläge meiner Mitarbeiter anzunehmen.
Schritt 3: Wie möchte ich sein?	► Ich möchte als Chef gelassen, humorvoll und locker wirken. Dazu muss ich auf Regenerationspausen achten. ► Ich möchte meine Mitarbeiter bei der Entwicklung von Lösungen mehr mit einbeziehen. ► Ich möchte Autorität haben. ► Ich möchte, dass die Mitarbeiter stolz auf mich sind.	► Ich möchte aktiv und engagiert wirken. ► Ich möchte immer mein Bestes geben. ► Aktuell gehe ich auf alle Anliegen, die an mich herangetragen werden, sofort ein. In Zukunft möchte ich Anfragen auch mal abweisen, wenn gerade nicht die Zeit dafür ist.	► Ich möchte mehr Verantwortung abgeben und Vertrauen in meine Mitarbeiter haben. So können diese auch eigenständiger arbeiten. ► Delegieren: Organisation der nächsten Teamsitzung, Vorbereitung ausgewählter Tagesordnungspunkte. ► Auch für mein eigenes Wohlergehen sorgen.

►

Tabelle 12.2 (Fortsetzung)

Leitfrage	Zentrale Ergebnisse zu Coachingthema 1: Umgang mit Mitarbeitern	Zentrale Ergebnisse zu Coachingthema 2: Hohe Erwartungen anderer	Zentrale Ergebnisse zu Coachingthema 3: Förderung des Engagements von Mitarbeitern
Schritt 4: Wie werde ich gesehen?	► Meine Mitarbeiter sehen mein Verhalten kritischer, als ich das selbst tue → Weist generell auf Verbesserungsbedarf hin! ► Ich stimme mit den Fremdeinschätzern weitgehend darin überein, welche Bereiche zu meinen Ressourcen gehören und wo meine Entwicklungsbereiche liegen.		
	► Beziehungsmanager in mein Inneres Team übernehmen. ► Signale anderer besser wahrnehmen. ► Vorsichtiger mit meinem Humor sein. ► Umgangston. ► Ziele: Mehr informelle Gespräche mit Mitarbeitern führen. ► Fragen stellen und zuhören. ► Ärger/Kritik ansprechen, ohne ironisch zu werden. ► Darauf achten, ob mein Humor positiv ankommt, ansonsten auf »ernsthafte« Ebene wechseln.	► Ich werde als leistungsstark eingeschätzt. ► Andere halten mich für kompetent.	► Ich wirke so, als ob ich Aufgaben an mich reißen würde. ► Ziele: Liste erstellen: Welche Aufgaben kann ich delegieren? ► Keine Lösungen vorgeben, sondern meinen Mitarbeitern Unterstützung bei der selbständigen Bearbeitung der Aufgaben anbieten. ► Feste Sprechstundenzeiten für die Mitarbeiter einrichten.

►

Tabelle 12.2 (Fortsetzung)

Leitfrage	Zentrale Ergebnisse zu Coachingthema 1: Umgang mit Mitarbeitern	Zentrale Ergebnisse zu Coachingthema 2: Hohe Erwartungen anderer	Zentrale Ergebnisse zu Coachingthema 3: Förderung des Engagements von Mitarbeitern
Schritt 5: Welche Selbstdarstellungsmuster habe ich?	► Selbstdarstellungsmuster »selbstbewusster Macher«. ► Locker-humorvoll. ► Begeisternd. ► Wenig interessiert an Sichtweise der anderen.	► Selbstdarstellungsmuster »selbstbewusster Macher«. ► Selbstbewusst ► Alles im Griff haben. ► Die besten Lösungen kennen.	► Selbstdarstellungsmuster »selbstbewusster Macher«. ► Aktiv. ► Anpackend. ► Engagiert.
	► Selbstdarstellungsmuster »Steuermann mit Selbstironie«. ► Zuhören. ► Für gute Atmosphäre sorgen. ► Die Situation und mich selbst kritisch beobachten. ► Die Richtung vorgeben/Orientierung geben. ► Selbstironisch, über sich selbst lachen können.		
Schritt 6: Rahmenbedingungen?	► Führungsaufgaben nehmen im definierten Aufgabenprofil einen geringen Stellenwert ein: Führung als »Stiefkind« meiner Tätigkeit. ► Die Rollenerwartungen sind sehr heterogen: Prioritäten meines Vorgesetzten hinsichtlich der Umsetzung der Rollenanforderungen müssen geklärt werden. ► Überblick erstellen: Welche Tätigkeiten und Situationen bestimmen meinen Arbeitsalltag? ► Insgesamt: Die Rahmenbedingungen tragen auch dazu bei, dass ich eher als »aufgabenbezogener Macher« denn als »mitarbeiterorientierter Coach« wahrgenommen werde.		

►

Tabelle 12.2 (Fortsetzung)

<table>
<tr><th>Leitfrage</th><th>Zentrale Ergebnisse zu Coachingthema 1: Umgang mit Mitarbeitern</th><th>Zentrale Ergebnisse zu Coachingthema 2: Hohe Erwartungen anderer</th><th>Zentrale Ergebnisse zu Coachingthema 3: Förderung des Engagements von Mitarbeitern</th></tr>
<tr><td rowspan="2">Schritt 7: Wie könnte ich sein? Welche Kompetenzen möchte ich ausbauen?</td><td colspan="3">Wie ich sein könnte:
► Gelassen und abwartend: Verantwortung für Probleme auch an Kollegen abgeben und mehr Vertrauen in die Kompetenzen der Kollegen haben.
► »Zugpferd« für Innovationen: Motor für die Umsetzung neuer Ideen im Unternehmen.
► »Hofnarr« und »Kabarettist«: Bestehende Probleme in ironischer Form auf den Punkt bringen.
► »Entertainer« für meine Mitarbeiter: Mich und meine Mitarbeiter mit »Stand-up-Comedy« unterhalten.
► »Motivationstrainer« für meine Mitarbeiter.</td></tr>
<tr><td>► Kompetenzen ausbauen: Fragen stellen und bei den Antworten zuhören.
► Perspektivenübernahme: Wirkung der eigenen Verhaltensweisen auf andere überprüfen; Sensitivität für Reaktionen anderer.</td><td colspan="2">► Kompetenzen ausbauen: Vorschläge anderer Personen abwarten können/geduldiger und gelassener reagieren.
► Nach Vorschlägen anderer Personen fragen/Lösungsideen einfordern.
► Moderations- und Gesprächsführungskompetenzen: Gruppengespräche moderieren, Fragen stellen, Diskussionen zusammenfassen, themenbezogene Beiträge und Äußerungen von Mitarbeitern provozieren.
► Perspektivenwechsel zur Generierung von Ideen nutzen: Sich nicht vorschnell auf eine Lösung festlegen.</td></tr>
</table>

►

12.3.2 Entwurf einer angestrebten Führungsidentität

Mithilfe der in Abschnitt 12.2.2 vorgestellten Fragen des Interviewleitfadens und auf der Basis der Ergebnisintegration (Tab. 12.2), die Herr P. zur Orientierung vor sich liegen hat, wird er dazu angeregt, ein möglichst konkretes Bild seiner erwünschten Führungsidentität zu entwerfen. Im folgenden Dialog wird Herr P.s Identitätsentwurf in Ausschnitten wiedergegeben.

C: Wenn Sie sich Ihre bisherigen Erkenntnisse aus dem Coachingprozess vor Augen führen: Welche Vorstellung haben Sie davon, wer und wie Sie als Führungsperson zukünftig sein werden?

P: Die Metapher mit dem »Steuermann«, die gefällt mir weiterhin sehr gut. Ich werde eine Führungsperson sein, die die Richtung angibt, die weiß, wo sie hin will. Aber ich werde eben auch eine Führungskraft sein, die weiß, dass sie auf ihr Team angewiesen ist, um manövrierfähig zu sein. Das heißt, dass ich meine Mitarbeiter informiere, Informationen einhole, zuhöre, Ideen annehme und um Lösungsvorschläge bitte. Aber ich werde weiterhin die Entscheidungen treffen. Ich werde keine Führungsperson sein, die Teamentscheidungen treffen lässt. Da ist es mir schon wichtig, die alleinige Kontrolle zu haben. Und das sollen meine Mitarbeiter auch wissen.

C: In welche Richtung bzw. Richtungen werden Sie sich weiterentwickeln?

P: Ich werde das fortführen, das ich während des Coachings schon begonnen habe: Mich selbst und die anderen besser im Blick haben. Ich habe ja den »selbstkritischen Beobachter« und den »Beziehungsmanager« in mein Inneres Team mit aufgenommen und die sind mir ziemlich wichtig geworden. Ich werde mehr darauf aufpassen, auch für mein eigenes Wohlergehen zu sorgen und mich nicht für unersetzlich zu erachten. Und ich werde mehr beobachten, was meine Kollegen und Mitarbeiter eigentlich zu bieten haben und das mehr mit einbeziehen. Also, ich möchte eben auch die Ressourcen anderer Personen besser nutzen und nicht nur meine eigenen Ressourcen sehen.

C: Welche Ihrer eigenen Ressourcen bzw. welche Ihrer neu entdeckten Potenziale sollen in Ihrem zukünftigen Führungsverhalten eine Rolle spielen?

P: Also, ich habe ja gesehen, dass ich es auch schaffen kann, gelassener und abwartend zu sein. In Zukunft möchte ich als Führungsperson mehr Vertrauen in die Kompetenzen der Kollegen und meiner Mitarbeiter haben und dies auch zeigen. Das wird noch harte Arbeit bedeuten, aber das ist mir wichtig. Ich glaube eigentlich schon daran, dass jeder in unserem Team – und eben nicht nur ich – irgendetwas besonders gut kann. Und was das bei jeder Person ist, das möchte ich herausfinden. Das wäre so eine neu entdeckte Facette an mir: Dass ich Interesse an meinen Mitarbeitern und deren Kompetenzen habe und dass ich dies auch rüberbringe. Und ich möchte im Managementteam die Rolle des »Hofnarrs« einnehmen, da ich glaube, dass ich das gut kann und mir diese Rolle gut entspricht. D. h., dass ich bestehende Probleme in pointierter und humorvoller Art und Weise anspreche und diesbezüglich kein Blatt vor den Mund nehme.

C: Was macht Sie als Führungsperson einmalig, einzigartig und unverwechselbar?

P: Mein Inneres Team. Das ich auch verschieden sein kann. Und dass ich in vielen Rollen überzeuge. Ich bin richtig gut darin, engagiert meine Ideen zu vertreten. Aber ich bin eben auch gut darin, der locker-humorvolle Chef zu sein. Ich glaube, dass es mich einzigartig macht, dass ich mich nicht festlege. Dass ich bei all dem, was ich bin, an mich glaube. Und eben selbstbewusst rüberkomme. Ich denke, dass es mich unverwechselbar macht, dass der »Narzisst« im Inneren Team allen meinen Facetten den Rücken freihält und dass ich eben nicht an mir zweifle. Weil ich eben weiß, dass ich es kann. Egal, wie und wer ich als Führungsperson gerade bin.

C: Gibt es ein Bild, eine Metapher, ein Symbol, ein Wort, ein Motto, einen Satz, ein Zitat oder irgendetwas anderes, das Ihnen als ›Überschrift‹ für Ihren Identitätsentwurf in den Sinn kommt? Wie könnte eine für Sie stimmige Zusammenfassung Ihres Identitätsentwurfs lauten?

P: Ich will anderen eine Orientierung geben, aber dabei nicht stagnieren und stur in eine Richtung rennen. Also eben »Steuermann« sein, der immer wieder neu navigiert und je nach Wetterlage relaxt hinter seinem Steuerrad steht und mit den anderen ein »Pläuschchen« hält oder eben Wind und Wetter trotzt und das Ruder in der Hand hält, wenn die anderen aufgegeben haben. – Ja, das ist ein gutes Bild, das passt zu mir.

12.3.3 Arbeit mit Skalierungen: Veränderungen und Umsetzungsschritte

Zur Beantwortung der zweiten Leitfrage »Welche kurz- und mittelfristigen Veränderungsziele und Umsetzungsschritte lassen in Bezug auf meine Coachingthemen ableiten?« werden bereits umgesetzte sowie angestrebte Veränderungen und Umsetzungsschritte mithilfe von Skalenfragen zusammengefasst.
Dafür stellt der Coach folgende Fragen:

- »Auf einer Skala von 0 bis 10 (wenn 0 bedeutet, das Thema ist gar nicht bearbeitet und 10 bedeutet, das Thema ist vollständig bearbeitet), wo stehen Sie in Bezug auf Coachingthema XY?«
- Wo standen Sie zu Beginn des Coachings?
- Was hat sich in der Zwischenzeit verändert?
- Wo wollen Sie noch hin? Welchen Wert auf der Skala müssten Sie erreichen, um zufrieden zu sein?
- Was werden Sie dafür konkret tun?

In den Abbildungen 12.4 bis 12.7 sind die Veränderungen, die Herr P. bereits umgesetzt hat sowie die weiterhin angestrebten Veränderungsziele zu den drei Coachingthemen zusammenfassend dargestellt.

Neben den drei festgelegten Coachingzielen stellte sich im Laufe der sieben vorherigen Schritte auch das Thema »Umgang mit der Arbeitsbelastung« bzw. »Förderung von Gelassenheit« als bedeutsam heraus. Daher wurden auch zu diesem Thema sowohl die bereits erfolgten als auch die geplanten Veränderungsschritte festgehalten (s. Abb. 12.7).

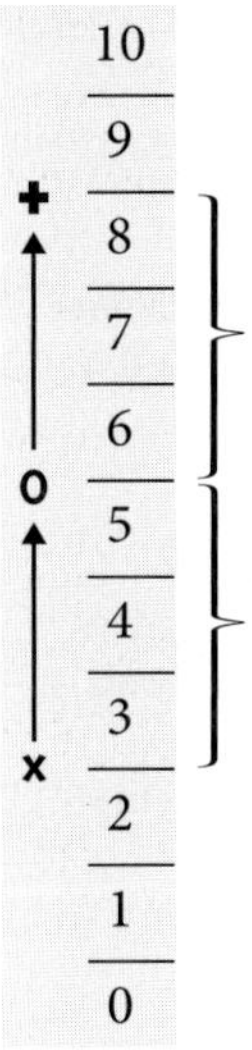

Weitere Umsetzungsschritte

- Auf die Reaktionen anderer achten
- Feedback geben/sich interessieren: Alle 8 Wochen mit jedem Mitarbeiter formelles Gespräch zum Stand der Zielerreichung, Probleme, Erfolge, etc.
- Mit jedem Mitarbeiter einmal pro Woche informellen Kontakt suchen
- Sprechstunde einrichten
- Im Gespräch: Zuhören, eigenen Redeanteil begrenzen

Bereits erfolgte Veränderungen

- Ich gehe wieder lockerer mit Mitarbeitern um: Habe erkannt, dass Autorität nichts mit Distanz zu tun hat, traue mich wieder, mehr informellen Kontakt zu Mitarbeitern zu haben, ohne einen »Autoritätsverlust« zu befürchten (z. B. gemeinsame Mittagspause)
- Ich beobachte die Reaktionen meiner Mitarbeiter auf meine ironischen Kommentare genauer oder versuche auch mal, einen Kommentar, der mir auf der Zunge liegt »runterzuschlucken«, wenn ich das Gefühl habe, dass dieser nicht passt.

Legende

x = Beginn des Coachings **O** = Aktueller Stand **+** = Ziel

Abbildung 12.4 Veränderungen, Ziele und Umsetzungsschritte zu Coachingthema 1

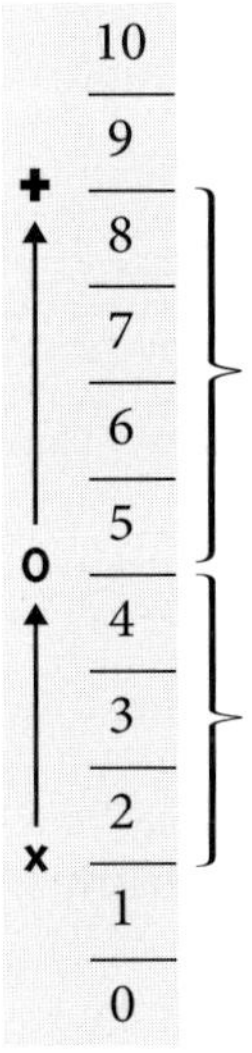

Weitere Umsetzungsschritte

- Ausgewählte Prioritäten auch umsetzten: ausgewählte Aufgabenbereiche abgeben/ablehnen; sich auf die zentralen Aufgabenbereiche konzentrieren
- Auch bestimmte Schwierigkeiten, nicht nur Erfolge gegenüber Kollegen und Mitarbeitern darstellen
- Ratschläge und Meinungen von Kollegen und Mitarbeitern öfter einholen

Bereits erfolgte Veränderungen

- Prioritäten setzen: Für welche Aufgabenbereiche bin ich verantwortlich/will ich verantwortlich sein? Für welche Aufgabenbereiche mache ich mich in unnötiger Weise selbst verantwortlich?
- Sich in Sitzungen des Managementteams mit vorschnellen Vorschlägen zurückhalten, sich zunächst Argumente der Kollegen anhören und diese in die Verantwortung ziehen.
- Habe ein Gespräch mit meinem Chef geführt, um seine Erwartungen an mich und meine Position abzuklären und mehr Zeit für Führungsaufgaben zu fordern.

Legende

x = Beginn des Coachings **O** = Aktueller Stand **+** = Ziel

Abbildung 12.5 Veränderungen, Ziele und Umsetzungsschritte zu Coachingthema 2

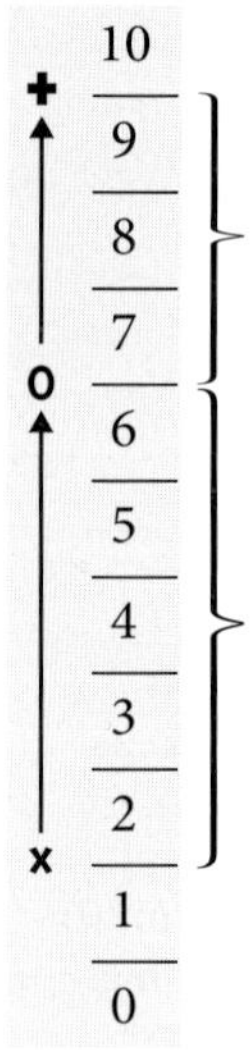

Weitere Umsetzungsschritte

- Sich Ideen von Mitarbeitern anhören/Interesse zeigen und die Umsetzung der Ideen dann auch weiterverfolgen
- Mitarbeiter nach Vorschlägen zur Lösung bestimmter Probleme fragen/in die Lösung von Problemen einbeziehen
- Aufgaben in Teamprojekte und eigene Projekte unterteilen; bei »Teamprojekten« Verantwortung abgeben

Bereits erfolgte Veränderungen

- Ich habe meine Einstellung geändert: Ich bin nun überzeugt, von den Ideen meiner Mitarbeiter auch wirklich profitieren zu können und habe erkannt, dass deren fehlendes Engagement auch auf mein eigenes Verhalten zurückzuführen ist (indem ich z.B. Aufgaben an mich reiße und meine Mitarbeiter ausbremse).
- Ich versuche in Teamsitzungen die Moderatorenrolle einzunehmen und meinen Redeanteil zu reduzieren.
- Ich gebe keine fertigen Lösungen vor, wenn ich die Problemlösung schon an einen Mitarbeiter delegiert hatte.
- Ich habe die Organisation der Teamsitzung abgegeben.
- Ich habe in einer Teamsitzung eine Kreativitätstechnik anwenden lassen und die gewonnenen Ideen von den Mitarbeitern weiter entwickeln lassen.

Legende

x = Beginn des Coachings **O** = Aktueller Stand **+** = Ziel

Abbildung 12.6 Veränderungen, Ziele und Umsetzungsschritte zu Coachingthema 3

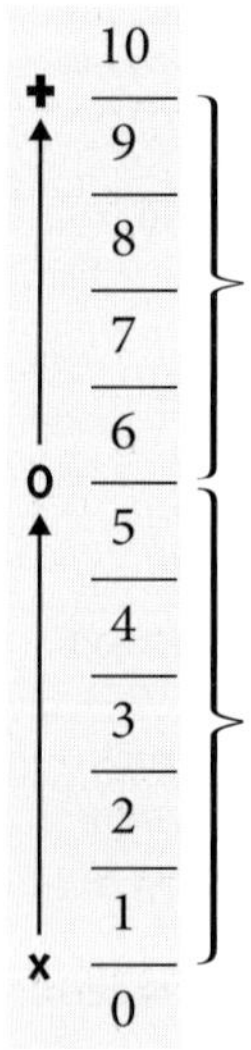

Weitere Umsetzungsschritte

- Dem inneren Teammitglied des »Ausgelaugten« mehr Beachtung schenken: Pausenzeiten blocken, Arbeitszeiten am Abend begrenzen.
- Telefonische Erreichbarkeit für die Mitarbeiter im Außendienst in den Abendstunden begrenzen.
- Abendliche Joggingtermine mit meiner Frau beibehalten.
- Meinen Mitarbeitern mitteilen, wenn ich bei bestimmten Aufgaben mehr Unterstützung brauche.

Bereits erfolgte Veränderungen

- Ich gehe zweimal die Woche mit meiner Frau abends joggen und rufe sonntags keine E-Mails von der Arbeit ab.
- Ich halte Pausen, v. a. eine kurze Mittagspause regelmäßiger ein ⇨ hilft mir, relaxter und weniger unter Druck und damit weniger hektisch und aktionistisch zu sein.
- Ich versuche mehr zu delegieren und nicht jede Aufgabe selbst zu erledigen.

Legende

x = Beginn des Coachings **O** = Aktueller Stand **+** = Ziel

Abbildung 12.7 Veränderungen, Ziele und Umsetzungsschritte zum Thema »Förderung von Gelassenheit«

12.3.4 Herr P.s »Brief an sich selbst«

Exemplarisch für den Einsatz möglicher Transfermethoden wird Herrn P.s »Brief an sich selbst« dargestellt.

Lieber P.,
die letzte Coachingsitzung ist vorüber und ich schreibe dir nun ein paar Zeilen, die du in sechs Wochen von deinem Coach geschickt bekommst. Wenn du das hier also liest, ist schon wieder eine Weile seit dem Coaching vergangen und du hast vielleicht das ein oder andere vergessen, das du dir vorgenommen hattest. So ist das mit den guten Vorsätzen, meist verblassen sie nach einiger Zeit ... Damit dies nicht passiert, bekommst du diesen Brief!

Du hast im Coaching viel über dich gelernt (oder ich habe viel über mich gelernt?) und festgestellt, dass du mit dir als Führungskraft im Großen und Ganzen recht zufrieden sein kannst, dass es aber einige Punkte gibt, die du definitiv ändern solltest. Deine Erkenntnisse über dich selbst hast du anhand von Leitfragen zusammengefasst. Und du hast deine Veränderungsziele und Umsetzungsschritte, die sich aus der Beantwortung der Leitfragen ergeben haben, aufgeschrieben. Was ich damit sagen will: Schau dir diese Zettel an, dann weißt du, was Sache ist! Wenn du das hier liest, dann solltest du die notierten Umsetzungsschritten mindestens wöchentlich (also schon sechsmal) angesehen und deren Realisierung überprüft haben. Und du solltest die Ziele, die sich daraus in jeder Woche ergeben, in deinen Terminkalender übertragen. Jetzt im Moment glaube ich, dass das sehr hilfreich wäre und ich würde mich freuen, wenn du mir das bestätigen könntest, wenn du diese Zeilen liest.

Ich möchte jetzt nicht noch mal jeden Punkt einzeln auflisten, den du dir vorgenommen hast zu verändern, das kannst du auf deinem Zettel nachlesen. Ich möchte dir aber ein paar Schlagworte aufschreiben, die ich zentral finde. Wenn du das hier liest, kannst du ja mal drüber nachdenken, was aus diesen Themen geworden ist:

- Lass den »Beziehungsmanager« in deinem Inneren Team zu Wort kommen!
- Humor an der richtigen Stelle, Ironie nicht um jeden Preis!
- Hör auf den »Ausgelaugten«, damit du gelassen bleibst!
- Du hast den Vertrieb nicht allein erfunden und bist auch nicht allein der Vertrieb. Dein Team ist der Vertrieb und dein Team ist die Voraussetzung für Erfolg!
- Hör den anderen zu und frage nach ihren Ideen!

Und jetzt: Gleich den nächsten Umsetzungsschritt angehen! Viel Glück!

Dein »Steuermann mit Selbstironie«

12.3.5 Rück- und Ausblick zu Herrn P.s Coachingprozess

Rückblick. In Schritt 8 wurden mit Herrn P. abschließend sowohl die übergeordnete Entwicklungsrichtung im Sinne der angestrebten Führungsidentität expliziert, als auch konkrete Veränderungsziele und Umsetzungsschritte in Bezug auf die Coachingthemen zusammengefasst. Dabei wurde deutlich, dass die Umsetzung von Veränderungen begleitend zum gesamten Coachingprozess stattfindet. Ganz im Sinne der »ergebnisorientierten Selbstreflexion« (Greif, 2008) hat Herr P. aus den Erkenntnissen der einzelnen Coachingschritte Schlussfolgerungen für sein Handeln gezogen und auf seinen Führungsalltag transferiert. In Schritt 8 werden daher keine vollkommen neuen Ziele entwickelt, sondern die angestoßenen oder bereits umgesetzten Veränderungen systematisch aufeinander bezogen und mit der Ausrichtung auf eine erwünschte Führungsidentität in eine Richtung »gebündelt«. Die Klärung der langfristigen Ausrichtung der persönlichen Entwicklung und die dafür notwendigen kurz- und mittelfristigen Umsetzungsschritte können gewissermaßen als Gesamtergebnis des achtschrittigen Klärungs- und Veränderungsprozesses verstanden werden.

Ausblick. Um die spezifischen Effekte des Persönlichkeitscoachings zu erfassen, ist es sinnvoll, nach einiger Zeit ein erneutes 360°-Feedback durchzuführen und damit Veränderungen aus der Selbst- und Fremdsicht zu erfassen. Gelingt es Herrn P., seine Selbstdarstellung an seinen Zielsetzungen auszurichten, dann müssten diese Veränderungen auch im Fremdbild nachvollziehbar sein. Im Idealfall kommt es zu einer Annäherung von Selbst- und Fremdbild, wenn Herr P. in seinem tatsächlichen Verhalten die Selbstbilder zum Ausdruck bringt, die er anstrebt und vermitteln möchte. Die Durchführung eines erneuten multiperspektivischen Feedbacks sollte ein halbes Jahr nach Beendigung des Coachings stattfinden, um einerseits genügend Zeit für die Umsetzung von Veränderungen zu haben und andererseits bei potenziellen Veränderungen den Bezug zum Coachingprozess herstellen zu können. Erwartet wird bei erneuter Durchführung eines 360°-Feedbacks bei Herrn P. eine positivere Einschätzung seiner sozialen Kompetenzen (vor allem Wahrnehmungssensibilität, Umgangston, Offenheit für Meinungen anderer, Interesse an Mitarbeitern zeigen, Feedback geben, etc.), insbesondere durch die Mitarbeiter. Außerdem wird erwartet, dass Herr P. durch eine verstärkt konstruktiv-selbstkritische Haltung seine Außenwirkung besser einschätzen kann und damit eine Annäherung von Selbstbild- und Fremdeinschätzung im multiperspektivischen Feedback stattfindet.

13 Zusammenfassung und Ausblick

Teil I

In Teil I des Buches werden die zentralen, theoretischen und praktischen Konzepte des Persönlichkeitscoachings dargestellt. Nach einer kurzen Einführung in das Thema *Coaching* werden in Kapitel 1 verschiedene persönlichkeitspsychologische Positionen skizziert und die dem Coachingansatz zugrunde liegende *Persönlichkeitsauffassung* expliziert. Auf der Basis einer kurzen Einordnung des Identitätsbegriffs werden anschließend in Kapitel 2 die Bedeutung von Coaching für die Identitätsentwicklung von Führungskräften hergeleitet und die *Grundzüge der Identitätskonstruktion* im Persönlichkeitscoaching aufgezeigt. Kapitel 3 widmet sich der praktischen Umsetzung des Persönlichkeitscoachings: Die Zusammenfassung des achtschrittigen Prozessmodells verdeutlicht, *was* im Persönlichkeitscoaching *wann* gemacht wird, die Darstellung der Prinzipien der Prozessgestaltung und der zentralen Methoden zeigt auf, *wie* im Persönlichkeitscoaching vorgegangen wird. Der besonders interessierte Leser hat in Kapitel 4 darüber hinaus die Möglichkeit, das Menschenbild und erkenntnistheoretische Positionen kennenzulernen, die dem Persönlichkeitscoaching als *Meta-Modell* zugrunde liegen.

Teil II

Teil II des Buches widmet sich im Detail der Frage, wie eine Führungsperson im Persönlichkeitscoaching darin unterstützt werden kann, eine individuell stimmige Führungsidentität zu konstruieren. Dafür zerlegen wir den dynamischen Interaktionsprozess zwischen der Führungsperson und ihren Interaktionspartnern in die Teilkomponenten »Innensicht«, »Außensicht«, »Selbstdarstellungsmuster« und »Rahmenbedingungen«. Zentrale Aspekte dieser Teilkomponenten (z. B. Selbst- und Fremdbilder) werden in *Leitfragen* thematisiert und diese *in acht Coachingschritten* jeweils zum Gegenstand der Klärungs- und Veränderungsarbeit gemacht. Die vom Klienten erarbeiteten, individuellen Antworten auf die jeweiligen Leitfragen können jeweils handlungsrelevante Einsichten, wiederentdeckte oder neu entwickelte Ressourcen und/oder konkrete Veränderungsziele und Umsetzungsschritte beinhalten (vgl. Abb. 3.1).

Die Kapitel 5 bis 12 zu den acht Coachingschritten bieten dem Leser jeweils die Möglichkeit, sich zunächst einen Überblick über den theoretischen Hintergrund des jeweiligen Teilaspekts der Identitätskonstruktion zu verschaffen. Anschließend werden in jedem der acht Kapitel ausgewählte Coachingmethoden zur Bearbeitung der zentralen Leitfragen vorgestellt und diese exemplarisch an einem Fallbeispiel veranschaulicht.

Innensicht. Gegenstand der Coachingschritte 2 und 3 sind reale, mögliche und normative Selbstbilder des Klienten, die durch die Beantwortung der beiden Leitfragen »Wie sehe ich mich?« und »Wie möchte ich mich sehen?« aktiviert werden sollen.

Außensicht. In Coachingschritt 4 werden den erfassten Selbstbildern des Coachingteilnehmers die Fremdbilder, die seine beruflichen Interaktionspartner von ihm haben, gegenübergestellt, um die Leitfrage »Wie werde ich von anderen gesehen?« beantworten zu können.

Selbstdarstellung. Coachingschritt 5 verknüpft die Innen- und Außenperspektive, indem individuelle Selbstdarstellungsmuster des Klienten als Bindeglied zwischen Selbst- und Fremdbildern identifiziert werden. Damit soll die Beantwortung der Leitfrage »Wie hängen die Außen- und Innensicht meiner Persönlichkeit zusammen?« ermöglicht werden.

Rahmenbedingungen. Die Interaktion zwischen Innen- und Außensicht findet im Führungskontext nicht im »luftleeren Raum«, sondern innerhalb spezifischer Rahmenbedingungen statt, die in Coachingschritt 6 zum Gegenstand der Klärungs- und Veränderungsarbeit gemacht werden. Der Coachingteilnehmer kann so für sich eine Antwort auf die Leitfrage »Welches sind die spezifischen Rahmenbedingungen, innerhalb derer ich führe?« finden.

Ressourcenerweiterung. Coachingschritt 7 hat zum Ziel, den Möglichkeitsraum des Klienten zu erweitern, indem dieser neue Ressourcen in Form von neuen Selbst- und Rollenbildern, Verhaltensweisen und/oder Kompetenzen erwirbt. Die Erkundung neuer Möglichkeiten resultiert in der Beantwortung der Leitfrage »Wie könnte ich sein?«

Etablierung einer individuellen Führungsidentität. In Coachingschritt 8 formuliert der Klient auf der Basis der bis dahin erarbeiteten Ergebnisse eine Antwort auf die Leitfrage »Welche Führungsidentität möchte ich langfristig etablieren?« Damit sollte das Ziel des Persönlichkeitscoachings erreicht sein: Der Coachingteilnehmer kann Charakteristika seiner erwünschten Führungsidentität benennen, die sowohl aus realen und idealen Selbstbildern als auch aus äußeren Anforderungen und Standards abgeleitet sind. Er weiß, welche Führungsidentität er etablieren möchte und kann und setzt dafür passende Formen der Selbstdarstellung ein.

Ausblick

In Kapitel 14 wird die Entwicklung und Anwendung des Persönlichkeitscoachings im Kontext verschiedener inhaltlicher Schwerpunktsetzungen und unterschiedlicher Zielgruppen skizziert. Es wird aufgezeigt, dass die Grundkonzeption des Persönlichkeitscoachings für die Bearbeitung verschiedener Themenstellungen (z. B. Innovationsförderung) und für die Anwendung in unterschiedlichen Kontexten (z. B. Schule) adaptiert werden kann. Darüber hinaus arbeiten wir aktuell mit weiteren Zielgruppen nach dem Ansatz des Persönlichkeitscoachings, wie z. B. mit Freiberuflern in verschiedenen Tätigkeitsbereichen, mit wissenschaftlich tätigen Personen (z. B. Doktoranden, Habilitanden, Professoren) sowie mit Ärzten und Psychotherapeuten in Ausbildung. Dabei zeigt sich, dass gerade der Aspekt der *systematischen* Konstruktion einer beruflichen Identität weit über die Zielgruppe der Führungskräfte hinaus für verschiedene Berufsgruppen hohe Relevanz hat. Wir freuen uns daher darauf, das Persönlichkeitscoaching auf der Basis unserer aktuellen und zukünftigen Erkenntnisse stetig weiterzuentwickeln und für verschiedene Zielgruppen nutzbar zu machen.

14 Entwicklung und Anwendung des Persönlichkeitscoachings in verschiedenen Kontexten

14.1 Überblick

Im Verlauf der Entwicklung der in diesem Buch dargestellten Konzeption des Persönlichkeitscoachings wurden am Lehrstuhl für Persönlichkeitspsychologie der Universität Bamberg seit den 1990er Jahren bis zum aktuellen Zeitpunkt verschiedene inhaltliche Schwerpunkte gesetzt. In diesem Kapitel berichten wir über solche vorausgehenden oder parallelen Umsetzungen von Aspekten des Persönlichkeitscoachings im Kontext verschiedener Themenbereiche.

Entwicklung des Persönlichkeitscoachings. Angeregt durch die Idee individuumsorientierter Rhetorikprogramme (s. Laux & Schütz, 1996) wurde Anfang der 1990er Jahre am Lehrstuhl für Persönlichkeitspsychologie der Universität Bamberg u. a. von Lothar Laux und Astrid Wengenmayr ein individiuumszentriertes Kommunikationstraining konzipiert und angewendet. 1996 wurde das Kommunikationstraining zum »ressourcenorientierten Führungskräftetraining« (»ROFT«) weiterentwickelt und von Donauer (1996) in einem Manual zusammengefasst. Trümper (1997) führte die erste Evaluationsstudie des Führungskräftetrainings durch. Seit dieser Zeit stand damit die Frage nach der Darstellung der eigenen Person in Interaktionen im Mittelpunkt der Trainings- und Coachingarbeit des Lehrstuhls. 1999 fassten Laux und Spielhagen die spezifischen Prinzipien und Wirkfaktoren, die sich aus der stetigen Weiterentwicklung der individuumsbezogenen Trainings- und Coachingmaßnahmen bis dahin herauskristallisiert hatten, unter dem Namen »Persönlichkeitscoaching« zusammen. Indem der Vergleich von Selbst- und Fremdbild in Form von Varianten des 360°-Feedbacks u. a. durch Lothar Laux und Georg Merzbacher als Standardvorgehen ins Persönlichkeitscoaching integriert wurde, konnte die Basis dafür geschaffen werden, die systematische Klärung und Optimierung der Selbstdarstellung in der beruflichen Rolle zum Gegenstand der Coachingarbeit zu machen (vgl. Schorch, 2005). In der praktischen und konzeptionell-theoretischen Weiterentwicklung des Persönlichkeitscoachings wurde seit 2005 zunehmend die Selbstdarstellung der Klienten als Ansatzpunkt der Klärungs- und Veränderungsarbeit im Coaching in den Mittelpunkt der Betrachtung gerückt, mit dem Ziel, Klienten systematisch in ihrem Prozess der Identitätskonstruktion zu unterstützen. Im vorliegenden Buch sind die zentralen Erkenntnisse, die im Laufe der stetigen praktischen und theoretischen Weiterentwicklung des Persönlichkeitscoachings gewonnen wurden, zusammengefasst.

Parallele Entwicklungen der Anwendung des Persönlichkeitscoachings. Parallel zur Ausrichtung des Persönlichkeitscoachings auf die Identitätskonstruktion von Führungskräften wurden weitere inhaltliche Schwerpunkte in der Anwendung des Persönlichkeitscoachings gesetzt und entsprechende Konzeptionen des Coachingansatzes entwickelt. Zentrale Schwerpunkte liegen in der Anwendung des Persönlichkeitscoachings als Mittel der psychologischen Innovationsförderung (Laux & Schmitt, 2008b; Meier, 2010; s. Abschn. 14.2. und 14.3) und als Ansatz zur Förderung transformationaler Führung (Riedelbauch, in Vorb.; s. Abschn. 14.4).

Hauptzielgruppe des Persönlichkeitscoachings sind Führungskräfte aus Wirtschaftsunternehmen und anderen Organisationen. Parallel zur Anwendung des Persönlichkeitscoachings auf die Zielgruppe von Führungskräften wurden jedoch auch Konzeptionen entwickelt, die auf spezifische Belange und Themen des Schulkontextes ausgerichtet sind. So hat sich die Coachingarbeit mit Lehrkräften (Bauer, 2007; s. Abschn. 14.5) und Studienreferendaren (Dornaus, 2009; Jacob, 2009; Meyer, 2009; s. Abschn. 14.6) als sehr gewinnbringend erwiesen.

Im vorliegenden Buch beziehen wir uns ausschließlich auf die Identitätskonstruktion im Führungskontext durch eine Optimierung der individuellen Selbstdarstellung. In den folgenden Abschnitten werden darüber hinaus weitere inhaltliche Schwerpunktsetzungen und Entwicklungen des Coachingansatzes skizziert.

14.2 Coaching als Baustein psychologischer Innovationsförderung

von Lothar Laux und Claudia Schmitt

14.2.1 Psychologische Innovationsförderung: 5P-3C-Modell

> »Innovation muss in den Unternehmen Chefsache sein. Denn nur wenn der Mann oder die Frau an der Spitze die Richtung vorgibt, kann sich bis in den letzten Winkel die Einsicht verbreiten, dass Zurückhaltung bei den Forschungsausgaben heute zu weniger Innovation morgen führt und womöglich zum Ruin der Firma übermorgen.«
> (Arend Oetker, Präsident des Stifterverbandes, 2006)

Innovationen stellen heutzutage den entscheidenden Erfolgsfaktor für Unternehmen dar. Die Überzeugung hat sich durchgesetzt, dass wirtschaftlicher Aufschwung und Lebensqualität nur durch Innovationen zu erreichen bzw. zu erhalten sind (»Innovate or evaporate«, Higgins, 2006). Im Unterschied zu anderen Möglichkeiten, die Rentabilität zu steigern, z. B. Personalabbau, kann durch Innovationen eine echte Vermehrung des Wohlstands geschaffen werden (Schuler & Görlich, 2007).

Innovationsexperten resümieren, dass das kreative Potenzial von Unternehmen bei weitem größer ist als ihr Innovationsoutput. Zur Überwindung dieser Diskrepanz schlagen wir ein psychologisches Innovationsförderprogramm vor, in dessen Mittelpunkt die (Weiter-)Entwicklung von non-technical skills steht. Zu den technical skills, die für Innovationen maßgeblich sind, müssen diese hinzukommen, wenn Innovationspotenziale voll ausgeschöpft werden sollen.

Innovationen sind keine Selbstläufer: Hemmnisse und Blockaden im personalen Bereich und im organisationalen Umfeld müssen aufgespürt und beseitigt werden, sonst kann das Umsetzen von Ideen in marktgerechte Innovationen nicht gelingen. Innovationen bedürfen daher einer gezielten psychologischen Förderung in allen Phasen: Von der Diagnostik betrieblicher und persönlicher Determinanten (Potenziale und Blockaden), über die Ideengewinnung bis hin zur Umsetzung eines innovationsfördernden Führungsstils und der Durchsetzung von Innovationen. Zentrales Verfahren dieses Innovationsförderprogramms ist das Persönlichkeitscoaching, in dem neben der eigentlichen Förderung gegebenenfalls auch spezifische Vulnerabilitäten, Kreativitätsblockaden oder problematische Werthaltungen (z. B. Innovationen als reine Managementstrategie) bearbeitet werden. Workshops und Seminare können dem individuellen Coachingprozess vorausgehen oder ihn begleiten. Nahezu jede Organisation kann davon profitieren, durch Coaching von Führungskräften Innovationen zu fördern.

Das 5P-3C-Modell der psychologischen Innovationsförderung fasst die Ansatzebenen und methodischen Prinzipien zusammen, die wir zur nachhaltigen Verbesserung von Innovationsprozessen in Unternehmen und Organisationen empfehlen. Wir sehen die Persönlichkeit der am Innovationsprozess Beteiligten als Basis und Erfolgsfaktor von Innovationsstrategien. Nur wenn Fähigkeiten, Persönlichkeitseigenschaften,

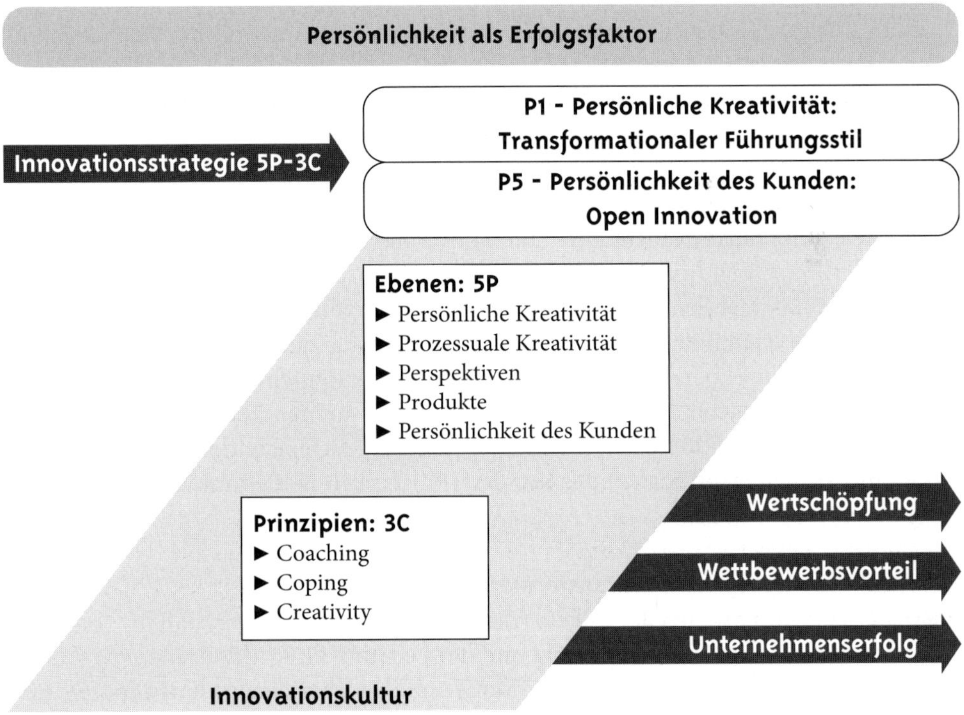

Abbildung 14.1 5P-3C-Modell (Laux & Schmitt, 2008b)

Motive und Werthaltungen in ihrem Zusammenspiel berücksichtigt werden, kann eine Innovationskultur entstehen, die zur langfristigen Freisetzung von Kreativitäts- und Innovationspotenzialen führt. Wir unterscheiden fünf Ansatzebenen und drei methodische Prinzipien der Innovationsförderung (s. Abb. 14.1).

14.2.2 Ebenen der Innovationsförderung: 5P

Die Begriffe Kreativität und Innovation sollten nicht synonym verwendet werden: Kreativität lässt sich als Bedingungskomplex für die Generierung von neuen und nützlichen Ideen auffassen, Innovation hebt vor allem die praktische Anwendung solcher Ideen hervor. Maier et al. (2007) definieren Innovation als die Entwicklung, Einführung und Anwendung von neuen Ideen, von denen Einzelne, Gruppen oder ganze Organisationen profitieren können. Danach bezieht sich Kreativität auf einen Teilprozess der Innovation und zwar auf die Ideengenerierung (vgl. auch Guldin, 2006).

Als Weiterentwicklung des 4-P-Modells von Higgins (2006) unterscheiden wir in unserem 5P-3C-Modell zwischen Kreativitätsfaktoren auf der Person-, Team-, Organisations- und Kundenebene (P1, P2, P3 und P4), die Einfluss auf Innovationen in Form von Produkten oder Prozessen (P5) nehmen:

- P1 – Persönliche Kreativität: Individuelle Fähigkeiten (z. B. Divergentes Denken, Intelligenz, Wissen) und Eigenschaften (z. B. Offenheit für Erfahrungen, Ambiguitätstoleranz, intrinsische Motiviertheit, Werte, Führungsstil) der Führungskraft und ihrer Mitarbeiter
- P2 – Prozessuale Kreativität im Team: Einflussfaktoren auf der Ebene des Teams (z. B. Struktur, Kommunikation, Führung)
- P3 – Perspektiven: Einflussfaktoren auf der Ebene der Organisation (z. B. Unternehmenskultur, Klima, Förderung durch das Top-Management)
- P4 – Persönlichkeit des Kunden: Interaktive Wertschöpfung (z. B. Produktindividualisierung, Open Innovation)
- P5 – Produkt- und Prozessinnovation als Ergebnis von P1 bis P4

Psychologische Kreativitäts- bzw. Innovationsförderung kann bei allen Faktoren und damit auf allen fünf Ebenen ansetzen. Mit unserem persönlichkeitspsychologisch fundierten Programm heben wir besonders die Faktoren auf den Ebenen 1 und 4 als Ansatzpunkte zur Innovationsförderung hervor. Im Vergleich zu anderen Modellen wird insbesondere die Persönlichkeit des Kunden (P4) explizit in die Innovationsförderung eingebunden.

Schwerpunkt: Förderung des transformationalen Führungsstils

Aktuelle Forschungsbefunde zeigen, dass Persönlichkeitseigenschaften von Führungskräften mit dem Führungserfolg und der Leistung ihrer Mitarbeiter eng zusammenhängen. Dies gilt in besonderem Maße für den charismatisch-visionären bzw. transformationalen Führungsstil (s. Abschn. 14.4). Transformationale Führungsverhaltensweisen haben ihren Ursprung auf der Personebene, strahlen aber auch auf die

Ebene des Teams und der gesamten Organisation aus. In unserer Konzeption sind daher Führungskräfte die primären Adressaten eines individuellen Persönlichkeitscoachings: Durch Weiterentwicklung ihrer transformationalen Verhaltensweisen in einer Form, die ganz auf ihre individuelle Persönlichkeit zugeschnitten ist, schaffen wir die Grundlage für innovationsförderliche Interaktionen im Unternehmen. Wir begreifen somit Führungskräfte als Katalysatoren der Innovationsdynamik im Unternehmen. Ziel unseres Programms ist es nicht, isoliert Kompetenzen für kreative Leistungen auszubauen, sondern ihre Integration mit innovationsförderlichen Persönlichkeitseigenschaften, Motiven und Wertvorstellungen zu erreichen (vgl. Laux & Schmitt, 2008b).

Schwerpunkt: Förderung von Open Innovation-Prozessen
Neue Innovationsansätze begreifen den Kunden nicht mehr nur als Werteempfänger, sondern auch als Werteschöpfer. Open Innovation bezeichnet die Einbeziehung ausgewählter Kunden (lead customers) in alle Phasen des Innovationsprozesses: Die Kunden nehmen aktiv an der Entwicklung von Produkten teil: Im Gegensatz zur klassischen Marktforschung, die Bedürfnisse von Kunden zu erkennen versucht, generieren diese selbst Ideen, die sie unmittelbar von ihren Bedürfnissen ableiten. Zum Teil entwickeln sie sogar funktionsfähige Prototypen.

Mit dem Open Innovation-Ansatz können neue Markt- und Wettbewerbsvorteile erschlossen werden (vgl. Reichwald & Piller, 2006). Die Spielzeugfirma Lego z. B. bittet Kunden, neue Modelle mit zu entwickeln. Dazu schickt sie die beteiligten Kunden als Markenbotschafter auf Messen rund um die Welt. Die Kunden treten als Fans auf und realisieren damit gleichzeitig eine neue Form der Werbung (vgl. brand eins 02/2008).

Wir schlagen zur Optimierung von Open Innovation-Prozessen vor, ausgewählte Kunden in ein Coachingprogramm einzubeziehen, das die Interaktion mit Führungskräften und Mitarbeitern des jeweiligen Unternehmens umfasst (s. »Innovationscoaching« in Abschn. 14.3). Ziel ist es, dem Kunden zu erleichtern, sich im Innovationsprozess aktiv zu beteiligen und Innovationsprozesse selbst anzustoßen. Über die konkrete Produktentwicklung hinausgehend wäre dies auch eine neue Form der Interaktion mit dem Kunden, die zu einer besonderen Beziehung zwischen Kunden und Unternehmen führen könnte (Customer relationship management).

14.2.3 Methodische Prinzipien der Innovationsförderung: 3C

Die konkreten Interventionsmethoden, die wir zur Innovationsunterstützung auf den genannten fünf Ansatzebenen (5P, besonders P1 und P4) vorschlagen, greifen auf Prinzipien zurück, die sich in der Umschreibung Coping – Coaching – Creativity (3C) widerspiegeln. Die zentrale Frage hierbei lautet: Wie können Führungskräfte mit ihrem Teams und Kunden nachhaltig dabei unterstützt werden, ihre Innovationspotenziale auszuschöpfen und aktiv zur Schaffung einer Innovationskultur beizutragen?

Coping. Chronischer Stress kann Ursache dafür sein, dass Personen ihre Potenziale nicht optimal nutzen können. Wenn es um die nachhaltige Förderung von Innovationsprozessen geht, ist wirksame Stressbewältigung eine wesentliche Voraussetzung (vgl. Laux, 2008). Daher muss immer zuerst geklärt werden, ob die Teilnehmer über wirksame Bewältigungsstrategien verfügen. Wenn nicht, dann geht die Vermittlung von Copingstrategien dem eigentlichen, auf Optimierung angelegten Coachingprogramm voraus.

Coaching. Für den Innovationserfolg im Unternehmen ist es nach dem Literaturresümee von Gebert (2002) optimal, wenn Führungskräfte

- ihre Mitarbeiter motivieren, sich im Team für Veränderungen zu engagieren,
- ihren Mitarbeitern über das visionär-inspirierende Moment einen attrakiven Soll-Wert vermitteln und
- sie stimulieren, Probleme aus unkonventionellen Perspektiven zu betrachten, also traditionelle Sichtweisen aufzubrechen.

Innovationserfolge reflektieren demnach nicht nur einen Führungsstil im engeren Sinn, sondern stellen Effekte »transformationaler Persönlichkeiten« dar. Unser Coachingverfahren geht von diesen Forschungsergebnissen aus und setzt sie in personbezogene Coachingmaßnahmen um. Wir betonen darüber hinaus die Stimmungsbeeinflussung (mood management) durch Führungskräfte, denn empirische Studien zeigen, dass positive Stimmung am Arbeitsplatz freiwilliges Arbeitsengagement fördert. Lernen mit Spaß und Spaß am Hervorrufen von Ideen erfordern z. T. ganz neue Selbstdarstellungsfähigkeiten. Sollten Führungskräfte gegenüber ihren Mitarbeitern nicht auch partiell in der Rolle des »Entert(r)ainers« (Kienbaum, 1994) oder als histrionische Selbstdarsteller (Laux & Renner, 2004; Renner & Laux, 2007) auftreten? Durch individualisierte Übungen, Rollenspiele usw. werden im Rahmen des Persönlichkeitscoachings transformationale Kompetenzen weiterentwickelt und innovationsrelevante Wertorientierungen reflektiert, um so wirksam und nachhaltig innovationsförderliche Haltungen zu etablieren. Im Idealfall kann dieser Prozess des Führungskräftecoachings noch durch ein Teamcoaching (Ebene P2) verstärkt werden.

Creativity. In unserem Ansatz spielt zudem das Training der Ideengenerierung und die Erhöhung der persönlichen Kreativität und Flexibilität eine wesentliche Rolle. Als Module im individuellen Coachingprozess oder als Workshops für Teams und Kunden können Methoden zur Kreativitätsförderung eingesetzt werden, die wir in die zwei Gruppen »Kreativitätstechniken« (z. B. Systematisch-analytische Methoden oder intuitive-phantasieanregende Methoden nach Higgins, 2006; Michalko, 2001) sowie »Rollenverfahren« (z. B. »Ten Faces of Innovation« nach Kelley, 2005; »Six thinking hats« nach de Bono, 2000) unterteilen.

Die nachhaltige Förderung von Kreativität und Innovation erfordert nicht nur das Einnehmen verschiedener und neuartiger Rollen, vielmehr bedarf es auch der Fähigkeit, antagonistische Werte zu integrieren (»Wertebasierte Flexibilität«; Schmitt, in Vorb.; vgl. Laux & Schmitt, 2008b; Schmitt 2009). Um innovative Spitzenleistungen und soziale Verantwortung zusammenzubringen, ist ein Training wertebasierter Flexibilität mithilfe performativer Methoden ebenfalls Bestandteil unseres Förderprogramms.

14.2.4 Forschungsprojekt als wechselseitiger Austausch zwischen Wirtschaft und Wissenschaft

In intensiver Zusammenarbeit zwischen Unternehmen und Hochschule nutzen wir im Forschungsprojekt »Wertebasiert flexibel: Chancen des Human-Ressourcen-Managements zum Erhalt und Ausbau transformationaler Innovationskultur (WertFlex)«[1] durch unser Angebot eines psychologischen Innovationsförderprogramms die Chance, Führungskräfte als Mediatoren und Impulsgeber einer wirtschaftlich erfolgreichen und zugleich sozial verantwortlichen Innovationskultur auszubilden und zu betreuen. Dabei stärkt der wechselseitige Austausch die Innovationspotenziale der Unternehmen und liefert gleichzeitig von der Empirie ausgehende Impulse für die Wissenschaft. Das Programm ist darauf angelegt, den Praxis- und Wissenstransfer nachhaltig zu sichern (vgl. Schmitt, 2006).

14.3 Förderung von Innovationen im Persönlichkeitscoaching

von Anja Meier

14.3.1 Hintergrund der empirischen Untersuchung

Bevor das unter 14.2.4 beschriebene BMBF-Förderprojekt »WertFlex« im November 2009 anlief, wurden zentrale Projektthemen im Sinne einer Pilotimplementierung aufgegriffen und von März bis September 2009 als »Innovationscoaching« praktisch umgesetzt und erprobt (Meier, 2010). Das Konzept greift die Idee von Innovationskatalysatoren auf und setzt auf der Personenebene an, um größtmöglichen Einfluss auf den gesamten Innovationsprozess zu erzielen (vgl. 5P-3C-Modell nach Laux & Schmitt; Abschn. 14.2). Im Fokus stehen etablierte Führungskräfte und aufstrebende High Potentials, die zeitnah zum Coaching mit ersten Führungsaufgaben betraut werden und auf diese Weise von Anfang an ihre persönliche Innovationsfähigkeit sowie einen individuellen innovationsförderlichen Führungsstil weiterentwickeln können.

Das Innovationscoaching als Personalentwicklungsmaßnahme besteht aus einem individuellen, aber thematisch fokussierten Persönlichkeitscoaching und einem anschließenden Workshop, bei dem teilnehmerspezifische Kreativitätstechniken in einer

[1] Vom Bundesministerium für Bildung und Forschung sowie dem Europäischen Sozialfonds für Deutschland gefördertes Verbundprojekt (Förderkennzeichen: 01FH09107)

Hot Group nach Kelley (2005) erlernt und angewendet werden. Das Konzept zielt darauf ab, den Teilnehmer bei der Generierung und Umsetzung von Ideen zu unterstützen und seine Perspektiven- und Rollenflexibilität zu erweitern. Diese Faktoren beeinflussen maßgeblich die persönliche Innovationsfähigkeit (vgl. Michalko, 2001) und müssen von der allgemeinen organisationalen Innovationsfähigkeit abgegrenzt werden. Letztere beinhaltet zum Beispiel Innovationsbudgets, festgelegte Innovationszyklen und -prozessstandards oder Rahmenbedingungen, die den Mitarbeitern vielseitige Anregungen bieten und ausreichend Freiräume für eigene Projekte und Ideen einräumen (vgl. Frey et al., 2006). Maßnahmen in diese Richtung können zwar von Personen angeregt und in entsprechenden Sitzungen bearbeitet werden, sind aber in der Regel nicht das Ergebnis eines einzelnen Innovationscoachings.

14.3.2 Zusammenfassung der thematischen Schwerpunkte

Neben individuellen Anliegen und Innovationsproblemen des Teilnehmers, die zu Beginn des Coachings ermittelt werden (vgl. Coachingschritt 1; Kap. 5), werden zusätzlich theoriegeleitete Themen vorgeschlagen, deren Zusammenhang zu innovationsförderlichem Handeln empirisch bestätigt wurde und die je nach persönlicher Relevanz (auch in Kombination mit persönlichen Zielen) vertieft werden können.

Transformationale Führung. Konzepte transformationaler Beziehungsgestaltung gelten als Grundlage für Vertrauen und Innovation und basieren auf der gegenseitigen Weiterentwicklung von Führungskraft und Mitarbeiter (vgl. Laux & Schmitt, 2008b). Da eine nachhaltig innovationsförderliche Wirkung dieses Führungsstils nachgewiesen werden kann (vgl. Rathgeber & Jonas, 2003) bietet es sich an, die transformationale Führung als möglichen Führungsstil im Coaching zu erarbeiten (zur Umsetzung entsprechender Coachingmodule s. Riedelbauch, in Vorb.; vgl. Abschn. 14.4).

Persönliche Werteorientierung. Da der Umgang mit antagonistischen Werten gerade in Zeiten des Wandels von zentraler Bedeutung ist, soll im Innovationscoaching auch die Balance zwischen gegensätzlichen Wertvorstellungen thematisiert werden. Die Entschärfung möglicher Wertekonflikte durch die Erarbeitung alltagsnaher Sowohl-als-auch-Lösungen nach Hauke (2004) steht dabei im Mittelpunkt und zielt letztlich darauf ab, Werte als Basis flexiblen Handelns zu verstehen (vgl. Schmitt, in Vorb.). Ausgangspunkt ist die empirisch ermittelte allgemeingültige Wertestruktur nach Schwartz (1992), die dem Coachingteilnehmer nicht nur vorgestellt, sondern auch in Bezug zu seiner persönlichen Werteorientierung gesetzt wird. Ziel ist keineswegs das Propagieren ethisch oder moralisch »richtigen« Handelns, sondern vielmehr das Anregen einer kritischen Selbstreflexion, inwiefern das, was einem wichtig ist, auch in Handeln umgesetzt wird.

Kundenintegration in den Innovationsprozess. Durch aktive Kundenintegration im Sinne eines offenen Innovationsprozesses (vgl. Open Innovation nach Chesbrough, 2003) lassen sich transformationale Kundenbeziehungen aufbauen und vielfältige Wettbewerbsvorteile erschließen. Schon Eric von Hippel (1986) empfahl, Lead User als Quelle für Neuproduktideen in die Konzeptentwicklung zu integrieren und auf diese Weise die eigene Innovationsfähigkeit weiter auszubauen. Der Kunde gilt dabei nicht nur als Wertempfänger, sondern gleichzeitig als Wertschöpfer, der selbst zum Innovator wird und gemeinsam mit Marketingexperten und technischen Produktentwicklern eines Unternehmens seine Ideen verwirklichen kann. Dadurch werden nicht nur faktische Produktverbesserungen erzielt (z. B. durch die Überwindung von Betriebsblindheit), durch die empfundene Wertschätzung identifiziert sich der Kunde auch leichter mit der Marke bzw. dem neuen Produkt und kauft es bereitwilliger (Reichwald & Piller, 2006). Beides wirkt der enormen Floprate von Neueinführungen bedeutend entgegen.

Ideen und ihre Implementierung im Unternehmen. Ein weiterer Schwerpunkt kann bei Bedarf auf das Thema Kreativitätsförderung gelegt werden. Die Maßnahme geht dabei über das Erlernen klassischer Kreativitätstechniken wie das Brainstorming hinaus und wird vom »natürlichen« Kreativitätsprozess angeregt, wie es beispielsweise das Konzept »Cracking Creativity« von Michalko (2001) nahelegt. Ausgewählte Verfahren zur Ideenfindung (z. B. Force-Fit-Methoden und performative Techniken) werden im Rahmen eines ganztägigen, multidisziplinären Workshops erprobt. Indem man Kunden (Lead User) und Vertreter verschiedener Unternehmensbereiche (Entwicklung, Marketing, Vertrieb etc.) einbezieht, wird nicht nur die Perspektivenvielfalt gefördert, sondern auch die unternehmensinterne Vernetzung, die einen zentralen Faktor für erfolgreiche Ideenimplementierung darstellt (vgl. Frey et al., 2006). Ebenso können individuelle Themen des Teilnehmers in den Workshop eingebaut werden, die zuvor intensiv im Coaching bearbeitet wurden, wie z. B. die Fähigkeit, ein Team effektiv anzuleiten oder sich energisch gegen Kontrahenten durchzusetzen.

14.3.3 Zentrale Ergebnisse

Erste Erfahrungen mit dem Konzept bestätigen die Hypothese, dass sich Persönlichkeitscoaching optimal dazu eignet, um mit den Teilnehmern an ihrer persönlichen Innovationsfähigkeit sowie einem innovationsförderlichen Führungsstil zu arbeiten. So berichteten Teilnehmer des Innovationscoachings unter anderem von einer positiven Wirkung auf ihre Perspektiven- und Rollenflexibilität sowie den innovationsförderlichen Umgang mit Mitarbeitern und Kollegen. Außerdem betonten sie, dass sie nach dem Coaching besser in der Lage waren, ihre Ideen (auch gegen Innovationshemmnisse und Widerstände) umzusetzen. Der Effekt einer Auseinandersetzung mit persönlichen Wertvorstellungen bezüglich Innovation war in hohem Maße davon abhängig, wie gut es gelang, den Alltagsbezug von Werten herzustellen und davon, ob der Teilnehmer einen verhaltensrelevanten inneren Wertekonflikt identifizieren konnte.

Eine wesentliche Erkenntnis der Arbeit ist, dass der Schwerpunkt von Innovationsförderprogrammen häufig auf die Beseitigung von Barrieren und Hindernissen gelegt werden muss, die eine erfolgreiche Umsetzung von Ideen schon von vornherein gefährden. Wer Innovationen nachhaltig fördern will, muss die beteiligten Akteure dazu befähigen, Innovation in ihr Tagesgeschäft zu integrieren und sich im Rahmen der organisationalen Möglichkeiten ideale Arbeitsbedingungen zu schaffen.

Damit ist auch eine wichtige Grenze des Innovationscoachings angesprochen, denn die Etablierung organisationaler Maßnahmen liegt in den meisten Unternehmen nicht im Zuständigkeitsbereich einer einzelnen Person. So müsste man einräumen, dass Innovationskultur und entsprechende Umstrukturierungen eine Aufgabe der Organisationsentwicklung sind und nicht von einem einzelnen Innovationscoaching geleistet werden kann. Doch ist es im Rahmen von Coaching sehr wohl möglich, die Personen im Unternehmen (auf allen Hierarchieebenen) über Themen wie Innovationskultur und entsprechende Möglichkeiten zu informieren und ihnen Hilfestellungen dabei zu geben, sich erfolgreich für Innovationsziele einzusetzen. Indem sie andere für eine Sache begeistern und ihre Vorstellungen von einer innovationsförderlichen Arbeitsumgebung oder neuartigen Produkten in Zusammenarbeit mit Kollegen, Mitarbeitern und auch Vorgesetzten verwirklichen, können sie kontinuierlich auf die Unternehmenskultur einwirken und sie in ihrem Sinn verändern. Außerdem können einzelne Personen – insbesondere Führungskräfte auf hoher hierarchischer Ebene – in erheblichem Maße Einfluss auf die organisationale Struktur des Betriebs nehmen, indem sie entsprechende Maßnahmen anpreisen und in die Wege leiten.

14.4 Förderung transformationaler Führung im Persönlichkeitscoaching

von Kerstin Riedelbauch

14.4.1 Beschreibung transformationaler Führung

Transformationale Führung zielt auf die gegenseitige Fortentwicklung von Mitarbeitern und Führungskraft ab: Sie »transformieren« sich gegenseitig hin zu »höheren« ethischen Standards – in Richtung auf persönliche Nähe, soziale Integriertheit und verbindliche Werthaltungen (vgl. Rathgeber & Jonas, 2003). Bass (1985) beschreibt transformationale Führung sowohl durch ihre Konsequenzen und Art der erzielten Erfolge als auch durch charakteristische Verhaltensweisen.

Konsequenzen. Führungsverhaltensweisen, die einem transformationalen Führungsstil zuzuordnen sind, gelten nicht nur als effektiv hinsichtlich einer gesteigerten Anstrengungsbereitschaft (»extra effort«, Bass, 1985) und Leistung von Mitarbeitern, sondern wirken sich auch förderlich auf deren Arbeitszufriedenheit aus. So verändern Mitarbeiter als Konsequenz transformationaler Führung ihr Anspruchsniveau, setzen sich verstärkt für strategische (Gruppen-)Ziele ein und zeigen ein höheres psychisches Wohlbefinden am Arbeitsplatz. Es gehört also zu den markanten Effekten dieses Führungsstils, dass zwischen außergewöhnlicher Leistung und Wohlbefinden kein Antagonismus besteht: »High performance« und »well-being« treten gemeinsam auf (vgl. Bass & Avolio, 1994; Rathgeber & Jonas, 2003).

Charakteristische Verhaltensweisen: »4 I's«. Die beschriebenen Resultate im Rahmen der gegenseitigen »Transformation« von Führungskraft und Geführten beruhen auf einer Art und Weise der Gestaltung von Arbeitsbeziehungen, die sich – sowohl auf Mitarbeiter als auch auf die Führungskraft selbst – entwicklungsförderlich auswirkt. Die Führungsperson kann dies über vier verschiedene Wege initiieren, den sogenannten 4 I's (Bass & Avolio, 1994; Übersetzung nach Felfe, 2005).

Idealized Influence: Einfluss durch Vorbildlichkeit und Glaubwürdigkeit. Das erste »I« beschreibt die spezifische Ausstrahlungskraft einer Führungsperson. Im engeren Sinne geht es hier um »charismatische Führung«, wobei Charisma als Funktion dessen aufgefasst wird, wie Geführte ihre Führungsperson wahrnehmen (Bass, 1985). Die Führungskraft erwartet hohe Leistungsstandards und ethische Standards von ihren Mitarbeitern, zeigt bezüglich dieser Standards aber auch modellhaftes Verhalten und strahlt aus, das Richtige zu tun (Avolio & Bass, 1998).

Inspirational Motivation: Motivation durch begeisternde Visionen. Bei dieser Komponente handelt es sich um den »ansteckenden Teil« der Führung, um die Beeinflussung der Geführten hin zu einem Ideal. Inspirierende Führungskräfte »haben Visionen, kommunizieren diese, symbolisieren und leben sie« (Rathgeber & Jonas, 2003, S. 60). Die Führungskraft versteht es, wichtige Ziele griffig zu formulieren und vermittelt die Überzeugung, dass die Zukunft deutlich attraktiver ist als die Gegenwart.

Intellectual stimulation: Anregung und Förderung von kreativem und unabhängigem Denken. Beim dritten »I« geht es um die Anregung der Mitarbeiter auf intellektueller Ebene. Die Führungsperson fungiert hier weniger als Problemlöser denn als Problemsucher, indem sie gewohnte Annahmen in Frage oder Probleme in einen neuen Bezugsrahmen stellt. Sie versucht, neue Perspektiven einzunehmen und fordert dies auch von ihren Mitarbeitern.

Individualized consideration: Individuelle Unterstützung und Förderung. Zentral für den vierten Führungsbaustein ist die Aufmerksamkeit der Führungsperson gegenüber den individuellen Unterschieden zwischen Mitarbeitern. Die Führungskraft verbringt Zeit damit, andere anzuleiten und behandelt ihre Mitarbeiter als Individuen und nicht als beliebige Mitglieder einer Gruppe (Bass & Avolio, 1990). Insgesamt steckt in der vierten Komponente die Rolle der Führungskraft als Mentor und als Mitarbeitercoach (Bass & Avolio, 1998).

14.4.2 Förderung transformationaler Führung

Empirische Überprüfung. Seitdem erste quantitativ-empirische Ergebnisse von Bass (1985) vorgelegt wurden, erfährt das transformationale Führungsmodell in einer Vielzahl von empirischen Einzelstudien und auch in Metaanalysen Bestätigung (in der Übersicht s. Rathgeber & Jonas, 2003). So werden in den jeweiligen Befunden positive Zusammenhänge zwischen Attributen transformationaler Führung und unterschiedlichen Effektivitätskriterien deutlich (Bass & Avolio, 1994). Zu den untersuchten Erfolgsindikatoren zählen nicht nur subjektive Erfolgseinschätzungen anderer Personen, wie z. B. der Vorgesetzten (z. B. Atwater et al., 1998) oder der Mitarbeiter (Avolio & Bass, 1988) der jeweiligen Führungskraft, sondern ebenso »harte« Kennziffern, wie z. B. Marktanteil, Aktienkurs und Gewinn (Avolio et al., 1988) oder Kunden- und Marktausschöpfung im Bankgewerbe (Geyer & Steyrer, 1998).

Aus der hohen empirischen Evidenz zur Effektivität transformationaler Führung und deren Bedeutung im gesellschaftlich-wirtschaftlichen Kontext (vgl. Gebert, 2002) ergibt sich die wichtige Frage, ob und wie Führungskräfte im Einsatz und in der Umsetzung transformationaler Führungsprinzipien geschult werden können. Bisherige empirische Trainingsstudien (z. B. Barling et al., 1996; Dvir et al., 2002; Kelloway et al., 2000; Peus, 2005) lassen die Schlussfolgerung zu, dass die Komponenten transformationaler Führung prinzipiell trainierbar sind.

Ansätze zur Förderung transformationaler Führung. Es liegen verschiedene Ansätze zur Förderung transformationaler Führung vor. So wurde z. B. das »Full Range Leadership Training« (FRLT) bereits in den 80er Jahren in den USA von Bass und Avolio entwickelt und im Laufe der Jahre ständig verbessert (aktuelle Version: Bass & Avolio, 1999). Während das FRLT schwerpunktmäßig auf Gruppenworkshops basiert, plädieren Rathgeber und Jonas (2003) für eine individuumsorientierte Vorgehensweise bei der Förderung transformationaler Führung, da diese »in den alltäglichen Führungskontext eingebettet ist und genau mit diesen Erfahrungen arbeitet: Sie spricht gegen ein starres Trainingsprogramm, das den Kreuzzug für einen bestimmten Führungsstil führt. Außerdem ist es von bedeutendem Vorteil, dass sich Führungskräfte ihrer ganz persönlichen ›blinden Flecken‹ bewusst werden und sich entsprechend individuelle Ziele stecken« (S. 69).

Diesem Plädoyer wird im Persönlichkeitscoaching zur Förderung transformationaler Führung Rechnung getragen.

14.4.3 Konzeption des Persönlichkeitscoachings zur Förderung transformationaler Führung

Ausgangspunkt: Evaluationsstudie in der betrieblichen Praxis. In einer Evaluationsstudie wurde überprüft, inwieweit durch Gruppenworkshops und Einzelcoachings der Einsatz transformationaler Verhaltensweisen im Führungsalltag gefördert werden kann (s. Riedelbauch, 2009). Die Effekte des Interventionsprogramms auf das Führungsverhalten wurden qualitativ und quantitativ aus der Sicht der Führungskräfte und deren Mitarbeiter erfasst. Auf der Basis der Ergebnisse der Evaluationsstudie wurde das Persönlichkeitscoaching zur Förderung transformationaler Führung unter besonderer Berücksichtigung des Selbstdarstellungsverhaltens der Klienten weiterentwickelt.

Theoretische Weiterentwicklung: Selbstdarstellungstheoretische Interpretation des Führungsansatzes. Die transformationale Führung als »neocharismatischer Führungsansatz« (vgl. Winkler, 2004) ist eng mit Aspekten der Selbstdarstellung in der Führungsrolle assoziiert. Dies wird besonders in Gardner und Avolios (1998) dramaturgischem Modell zur Entstehung einer charismatischen Beziehung als Teilaspekt der transformationalen Führung deutlich. Der transformationale Führungsansatz wird daher in systematischer Form in den Kontext der Selbstdarstellungstheorie eingeordnet sowie auf der empirischen Basis einer Fragebogenstudie mit Führungskräften der Zusammenhang transformationalen Führungsverhaltens mit verschiedenen Selbstdarstellungsstilen exploriert (Riedelbauch, in Vorb.). Als Ergebnis werden Verhaltensweisen transformationaler Führung als spezifische Form der Selbstinterpretation der Führungsperson im Rahmen ihrer Position aufgefasst. Der habituelle Einsatz dieses Musters der Selbstinterpretation führt nach dem theoretischen Modell dazu, dass eine transformationale Führungsidentität als gemeinsame Konstruktion von Führungsperson und Mitarbeitern etabliert und aufrechterhalten werden kann.

14.4.4 Spezifische Merkmale der Coachingkonzeption

Die Grundkonzeption des Persönlichkeitscoachings wurde so adaptiert, dass Führungspersonen gezielt darin unterstützt werden können, Verhaltensweisen transformationaler Führung auszubauen (s. Riedelbauch, in Vorb.). Dabei sind die folgenden Aspekte zentral.

Erhebung eines Führungsstilprofils. Die behandelten Themen und angestrebten Ziele richten sich nach den persönlichen Klärung- und Veränderungsanliegen der jeweiligen Führungskraft, werden aber darüber hinaus aus dem individuellen Führungsstilprofil im »Mulitfactor Leadership Questionnaire« (MLQ nach Bass & Avolio, 1995; deutsche Übersetzung nach Felfe & Goihl, 2003) abgeleitet.

Individuelle Ausgestaltung der vier Komponenten transformationaler Führung. Die vier Verhaltensweisen transformationaler Führung sind in das Modell des sogenannten »Full Range of Leadership« (Bass & Avolio, 1994) eingebettet, das mögliche Führungsverhaltensweisen auf einem Kontinuum anordnetet, das den Aktivitätsgrad des Führungsverhaltens beschreibt. Die »vier I's« sind in diesem Modell durch einen hohen Level an Aktivität und Effektivität gekennzeichnet. Bass postuliert, mit seinem Modell die gesamte mögliche Führungsbreite abzudecken, wobei jede Führungskraft die einzelnen Dimensionen individuell gestalten kann. Damit bleibt die Art und Weise der Umsetzung verschiedener Führungsmuster explizit jeder Führungskraft selbst überlassen. Es wird kein »one best way« der Führung anvisiert, sondern die individuelle Anpassung der Führungsmuster an eigene, personenspezifische Merkmale und an Merkmale der Situation betont. Anliegen des Persönlichkeitscoachings ist es deshalb, die Führungskräfte bei der Umsetzung ihrer individuellen Entwicklungsziele zur Klärung und Ausgestaltung der angestrebten »transformationalen Führungsidentität« zu unterstützen.

Selbstdarstellungsverhalten als zentraler Ansatzpunkt. In den Coachings geht es zum einen um die Klärung der »Inhalte« der vereinbarten Führungsthemen, zum anderen um den »Ausdruck«, d. h. darum, wie die Führungskraft die geklärten Inhalte nach außen vermitteln kann. Damit steht die Modifikation des konkreten Selbstdarstellungsverhaltens auch im »Persönlichkeitscoaching zur Förderung transformationaler Führung« im Mittelpunkt.

14.5 Persönlichkeitscoaching für Lehrkräfte

von Stephanie Bauer

14.5.1 Hintergrund zum Coaching von Lehrkräften

Dem Berufsstand der Lehrer kommt seit einigen Jahren, u. a. unter dem Stichwort »Lehrergesundheit«, wieder vermehrtes öffentliches und wissenschaftliches Interesse zu. Ältere und neuere Untersuchungen deuten darauf hin, dass insbesondere die Lehrertätigkeit zu psychischen Belastungen führt und die Berufsgruppe Lehrer damit aus gesundheitspsychologischer Perspektive als Risikopopulation betrachtet werden kann. Der Beratungsbedarf von Lehrkräften ist demzufolge hoch und fordert, neben der weiteren Erforschung der beruflichen und außerberuflichen Belastungssituation, die Entwicklung geeigneter Präventions- und Interventionsprogramme auf wissenschaftlicher Basis.

14.5.2 Konzeption des Persönlichkeitscoaching für Lehrkräfte

Das am Lehrstuhl für Persönlichkeitspsychologie der Universität Bamberg entwickelte Persönlichkeitscoaching für Lehrkräfte (Bauer, 2007) richtet sich speziell an junge Lehrkräfte in der Berufseingangsphase und orientiert sich an zentralen Leitideen des Persönlichkeitscoachings wie Ressourcenorientierung, Individuumszentrierung sowie Lösungs- und Handlungsorientierung. Das Coachingkonzept wird im Coaching-Duo und Einzel-Setting realisiert und will vor allem präventiv wirksam werden. Indem es die Selbstmanagementfähigkeiten der Lehrkräfte verbessert und so Hilfe zur Selbsthilfe leistet, will das Coachingkonzept dazu beitragen, die Lebensqualität betroffener Lehrkräfte und dadurch langfristig die Qualität schulischer Arbeit zu verbessern. Neben teilnehmerspezifischen Verfahren kommen dabei fünf zentrale Kernmodule zum Einsatz, die aus einer theoretischen Betrachtung des Lehrerberufs abgeleitet und in der praktischen Durchführung für die Zielgruppe Lehrer spezifiziert werden. Zu den Kernmodulen zählen das differentialdiagnostische Instrument »Arbeitsbezogenes Erlebens- und Verhaltensmuster« (AVEM; Schaarschmidt & Fischer, 1996), das lösungsorientierte Interview, das Innere Team, das 360°-Feedback sowie die Aktionsmethoden Rollenspiel und Psychodrama.

14.5.3 Erprobung des Persönlichkeitscoachings für Lehrkräfte

Die Coachingkonzeption wurde an drei Einzelfällen im Zeitraum Oktober 2004 bis Mai 2005 praktisch erprobt (s. Bauer, 2007). Die Coachingprozesse umfassten dabei jeweils sieben Sitzungen, von denen eine durchschnittlich zwei Stunden dauerte. Die Untersuchungsmethode der Einzelfallanalyse, im Rahmen derer überwiegend qualitative Verfahren zum Einsatz kamen und die sich nach den methodischen Prinzipien der Offenheit, Kommunikativität, Naturalistizität und Interpretativität richtete, ermöglichte eine ganzheitliche und komplexe Analyse des gewählten Untersuchungssubjekts, d. h., der am Coaching teilnehmenden Lehrkraft. Die Datenauswertung richtete sich nach fünf zentralen Aspekten:

- Erfassung der individuellen Coachingverläufe
- Ergebnisse der eingesetzten Module Coachinganlässe
- Belastungsprofile
- Beurteilungen von wesentlichen Aspekten des Coachings durch die drei Coachingteilnehmer
- Einschätzung der Kernmodule durch die Teilnehmer und das Coachingteam.

Die Ergebnisse der Einzelfalluntersuchung zeigen, dass die entwickelte Coachingkonzeption bei den drei Lehrkräften auf individuelle Weise realisiert werden konnte und es dabei möglich war, die theoretisch abgeleiteten Kernmodule sinnvoll einzusetzen.

14.5.4 Ableitung eines Drei-Stationen-Modells

Die Ergebnisse aus der Analyse der drei Coachingfälle (s. Abschn. 14.5.3) wurden auf der Basis identifizierter Ähnlichkeiten miteinander verknüpft und so der Coachingprozess in Form eines zirkulären Drei-Stationen-Modells als innere Teamentwicklung bzw. als »interne Theaterprobe« beschrieben (Bauer, 2007). Grundlegend war dabei der auf Schulz von Thuns Metapher vom Inneren Team basierende Gedanke, dass die Lehrkraft, metaphorisch gesprochen, nicht »allein« vor der Klasse steht, sondern ein ganzes »Teaching-Team«, zusammengesetzt aus personengemäßen Stamm- und berufsspezifischen Situationsspielern, vor dem Publikum der Schüler agiert bzw. mit ihm in Interaktion steht. Der interne Entwicklungsprozess, der bei jedem der drei Einzelfälle nachvollzogen werden konnte, begann in Station 1 mit der Erfassung des »Teaching-Teams«, d. h. denjenigen Teammitgliedern, die sich bereits auf der inneren Bühne befanden und für das berufliche Handeln des Coachingteilnehmers wesentlich waren. Darauf folgte als zweite Station das »Casting«, bei dem die Anreicherung des bestehenden Teams im Zentrum stand. Ausgehend von zentralen Kernmodulen bzw. Verfahren des Coachings wie dem lösungsorientierten Interview und dem 360°-Feedback wurden hier zum einen »Wunsch-Spieler« identifiziert, die angestrebte Entwicklungstendenzen und Zielvorstellungen des Coachingteilnehmers symbolisierten, zum anderen »Power- bzw. Spiegel-Power-Spieler«, die für Ressourcen des Teilnehmers standen. In Station 3, dem »Acting«, stand dann die zielgerichtete Weiterentwicklung des Teaching-Teams im Zentrum, bei dem ausgewählte Teammitglieder als handlungsleitende Hauptdarsteller der Aktionsmethode gestärkt wurden. Im Rahmen der internen Teamdynamik konnte bei allen drei Teilnehmern ein gemeinsamer berufsimmanenter Grundkonflikt zwischen »Schülerfreund« und »Ordnungshüter« identifiziert werden, der im Verlauf der inneren Entwicklung aufgelöst bzw. minimiert werden sollte. Ziel war dabei, größere innere Stimmigkeit in einem möglichen zukünftigen Teaching-Team zu erreichen und damit einen identitäts- und situationsgemäßen Unterrichtsstil zu ermöglichen.

14.6 Persönlichkeitscoaching für Studienreferendare

von Christina Dornaus, Nora-Corina Jacob und Sascha Meyer

14.6.1 Hintergrund zum erlebnisaktivierenden Persönlichkeitscoaching von Studienreferendaren

Der Interventionsbedarf der Berufsgruppe Lehrer wurde in Abschnitt 14.5.1 dargestellt, hier soll nun auf die spezielle Situation von Studienreferendaren eingegangen werden. Das Referendariat stellt einen besonders beanspruchenden und belastenden Abschnitt in der Berufsausbildung von Lehrern dar. Studienreferendare nehmen insofern eine Sonderstellung ein, als sie einerseits noch nicht in vollem Umfang schädliche Verhaltensweisen in ihr Repertoire integriert haben (vgl. Schaarschmidt & Kieschke, 2007), andererseits jedoch unter zusätzlichen Belastungen, wie ihrer Doppelrolle als Ausbilder und Auszubildende zu leiden haben (s. Schaarschmidt, 2005). Aus diesem Grund scheint es sinnvoll, ein Persönlichkeitscoaching genau an dieser Personengruppe auszurichten, welches sowohl Interventions- als auch Präventionscharakter hat. Der Schwerpunkt der Coaching-Konzeption liegt dabei auf dem Einsatz erlebnisaktivierender Methoden. Diese sind in besonderer Weise geeignet, einen Beitrag zur Selbsterfahrung der Referendare in praxisnahen Situationen zu leisten, da sie berufliche Anforderungen realistisch abbilden (vgl. Lange, 2004).

14.6.2 Rahmenbedingungen und Vorgehen bei der Erprobung der Coaching-Konzeption

Das Persönlichkeitscoaching für Studienreferendare wurde am Lehrstuhl für Persönlichkeitspsychologie der Otto-Friedrich-Universität Bamberg von drei Diplomanden entwickelt, erprobt und evaluiert. Da zum Thema Coaching mit Studienreferendaren noch keine Forschung vorlag, hatte diese Studie explorativen Charakter. Folglich bot sich ein einzelfallanalytisches Vorgehen an. Der Coaching-Teilnehmer wurde dabei als Experte seiner selbst betrachtet und deshalb durch offene und transparente Kommunikation bei der Interpretation der gewonnen Daten mit einbezogen (vgl. Lamnek, 1993).

Das Coaching setzte sich aus sieben Einzel-Sitzungen, einer Kennenlernsitzung im Gruppen-Setting zu Beginn und einer Follow-up-Evaluation drei Monate nach dem Coaching zusammen (s. Abb. 14.2).

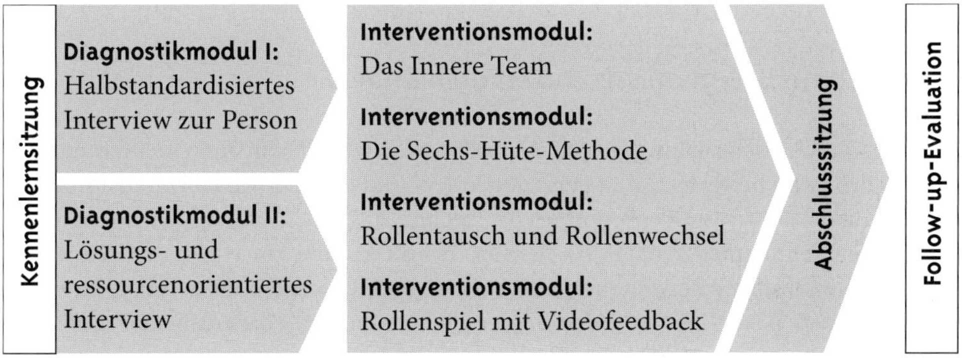

Abbildung 14.2 Überblick über den Coachingprozess im Persönlichkeitscoaching mit Studienreferendaren

Anfangs fanden zwei Diagnostiksitzungen statt, deren Schwerpunkte auf dem Aufbau einer vertrauensvollen Beratungsbeziehung und der Erhebung individueller Coaching-Ziele lagen. Diese Coaching-Ziele wurden in den nächsten vier Sitzungen überwiegend anhand erlebnisaktivierender Methoden bearbeitet. Folgende Methoden kamen in dieser Reihenfolge zum Einsatz: ein halbstandardisiertes Interview zur Person des Coaching-Teilnehmers, das lösungs- und ressourcenorientierte Interview und das Innere Team. Im Anschluss folgten in flexibler Reihenfolge die Sechs-Hüte-Methode, das Rollenspiel mit Rollentausch und Rollenwechsel sowie das Videofeedback. Alle genannten Methoden stellten jeweils den Schwerpunkt einer Sitzung dar. Im Rahmen der Abschlusssitzung wurden bisher vernachlässigte Coaching-Ziele bearbeitet und das gesamte Coaching evaluiert.

14.6.3 Spezifische Merkmale der Coaching-Konzeption

Der Schwerpunkt der Coaching-Konzeption lag auf der Integration erlebnisaktivierender Methoden in den Coachingprozess. Diese Methoden gehen über das Sprechen hinaus, da sie Aufforderungscharakter haben und handlungsorientiert sind. Dadurch werden relevante Situationen greifbar gemacht. Um nachhaltige Veränderungen zu bewirken, kamen daher vor allem Methoden wie das Innere Team und verschiedene Rollenspiele im Rahmen der Sechs-Hüte-Methode, des Videofeedbacks und von Rollentausch und Rollenwechsel zum Einsatz. Diese zielen darauf ab, das Rollenrepertoire des Coaching-Teilnehmers zu erweitern sowie eingefahrene Verhaltensmuster aufzubrechen, um flexibles Handeln zu ermöglichen. Ein wichtiges Ziel war darüber hinaus, den Coaching-Teilnehmer verschiedene Handlungsalternativen ausprobieren und vergleichen zu lassen. Die Interventionsmodule sollten außerdem dazu dienen, beim Coaching-Teilnehmer eine aktionale und mentale Vorbereitung auf schwierige Situationen zu schaffen und damit langfristig zur Bewältigung von Herausforderungen im Lehrberuf beizutragen (vgl. Barz-Meißner, 2003).

14.6.4 Zentrale Ergebnisse und Empfehlungen

Das Persönlichkeitscoaching für Studienreferendare wurde von allen Teilnehmern als gewinnbringend bewertet. Es ist gelungen, inter- und intrapersonale Herausforderungen lösungs- und ressourcenorientiert anzugehen sowie den individuellen Coaching-Zielen der Teilnehmer gerecht zu werden. Damit konnte ein wichtiger Beitrag zur Optimierung und zur Bewältigung von Krisen geleistet werden. Dies führte zu neuen Erkenntnissen bezüglich Interventionsmöglichkeiten zur Förderung der Lehrergesundheit.

Ein herausragender Baustein im Coaching war der Einsatz erlebnisaktivierender Methoden, dem daher ein bedeutender Anteil am Erfolg der Maßnahme zugesprochen werden kann. Insbesondere hinsichtlich der Verknüpfung der erlebnisaktivierenden Methoden war es wichtig, zunächst das Innere Team zu erstellen und anschließend in drei Sitzungen mit Rollenspielen darauf aufzubauen. Weil der Beruf des Lehrers auf Kommunikation und Interaktion ausgerichtet ist, war es gewinnbringend, den Schwerpunkt auf Rollenspiele und Verhaltensexperimente zu legen. Die Studienreferendare konnten davon profitieren, im geschützten Rahmen Verhaltensweisen auszuprobieren sowie Erlerntes aus einer Sitzung in der nächsten weiterzuentwickeln.

Das Persönlichkeitscoaching in dieser Form könnte als festes Angebot in die Ausbildung, aber auch in die Fort- und Weiterbildung von Lehrern integriert werden. Der Schulpsychologe könnte als Schnittstelle oder Vermittler zwischen Lehrer und Coachs dienen. Das Persönlichkeitscoaching könnte darüber hinaus von staatlicher Seite gefördert werden, da Burn-out-Prävention und die Reduzierung von Frühpensionierungen auch von gesundheitspolitischer und ökonomischer Bedeutung sind. Darüber hinaus würden auch Schüler davon profitieren, wenn ihre Lehrer gefestigt, selbstbewusst sowie physisch und psychisch gesund sind. Denn nur so können sie ihre Vorbildfunktion und ihren Erziehungsauftrag wahrnehmen.

Literatur

Adams-Webber, J. R. (1994). Fixed-Role-Therapy. In R. J. Corsini (Hrsg.), Handbuch der Psychotherapie (3. Aufl., S. 216–230). Weinheim: Beltz.

Amelang, M., Bartussek, D., Stemmler, G. & Hagemann, D. (2006). Differentielle Psychologie und Persönlichkeitsforschung (6. Aufl.). Stuttgart: Kohlhammer.

Ameln, F. von, Gerstmann, R. & Kramer, J. (2004). Psychodrama. Heidelberg: Springer.

Arkin, R. M. (1981). Self-Presentational Styles. In J. T. Tedeschi (Ed.), Impression management. Theory and social psychological research (pp. 311–334). New York: Academic Press.

Arkin, R. M. & Baumgardner, A. H. (1986). Self-presentation and self-evaluation: Processes of self-control and social control. In R. F. Baumeister (Ed.), Public self and private self (pp. 75–98). New York: Springer.

Asendorpf, J. B. (2007). Psychologie der Persönlichkeit (4. Aufl.). Berlin: Springer.

Atwater, L., Ostroff, C., Yammarino, F. & Fleenor, J. (1998). Self-other agreement: Does it really matter? Personnel Psychology, 51, 577–598.

Atwater, L. & Yammarino, F. (1997). Self-other rating agreement: A review and model. In G. R. Ferris (Ed.), Research in personnel and human resources management, Vol. 15 (pp. 121–174). Standford: JAI Press.

Avolio, B. J. & Bass, B. M. (1988). Transformational leadership, charisma, and beyond. In J. G. Hunt, B. R. Baliga, H. P. Dachler & C. A. Schriesheim (Eds.), Emerging leadership vistas (pp. 29–50). Lexington: Lexington Books.

Avolio, B. J. & Bass, B. M. (1998). You can drag a horse to water but you can't make it drink unless it is thirsty. The Journal of Leadership Studies, 4 (1), 1–17.

Avolio, B. J., Waldman, D. A. & Einstein, W. O. (1988). Transformational leadership in a management game simulation. Group and Organization Studies, 13, 59–80.

Bamberger, G. G. (2010). Lösungsorientierte Beratung. Praxishandbuch (4. Aufl.). Weinheim: Beltz.

Bandura, A. (1978). The self system in reciprocal determinism. American Psychologist, 33, 344–358.

Bandura, A. (1979). Sozial-kognitive Lerntheorie. Stuttgart: Klett-Cotta.

Bandura, A. (1989). Self-regulation of motivation and action through internal standards and goal systems. In L. A. Pervin (Ed.), Goal concepts in personality and social psychology (pp. 19–85). Hillsdale: Erlbaum.

Barling, J., Weber, T. & Kelloway, E. K. (1996). Effects of transformational leadership training on attitudinal and financial outcomes: A field experiment. Journal of Applied Psychology, 81, 827–832.

Bartholdt, L. & Schütz, A. (2010). Stress im Arbeitskontext. Ursachen, Bewältigung und Prävention. Weinheim: Beltz.

Barz-Meißner, P. (2003). Ein Ausbildungskurs für Studienreferendare. Identität und Rolle als Lehrer. In A. Schreyögg & H. Lehmeier (Hrsg.), Personalentwicklung in der Schule (S. 51–65). Bonn: dpv.

Bass, B. M. (1985). Leadership performance beyond expectations. New York: Free Press.

Bass, B. M. & Avolio, B. J. (1990). Transformational leadership development: Manual for the multifactor leadership questionnaire. Paolo Alto: Consultino Psychologists Press.

Bass, B. M. & Avolio, B. J. (Eds.). (1994). Improving organizational effectiveness through transformational leadership. Thousand Oaks: Sage.

Bass, B. M. & Avolio, B. J. (1995). MLQ Multifactor Leadership Questionnaire. Technical report, leader form, rater form, and scoring key for MLQ form 5×-short. Binghampton: Mind Garden.

Bass, B. M. & Avolio, B. J. (1998). Improving organizational effectiveness through transformational leadership. Introduction. In G. R. Hickman (Ed.), Leading organizations: Perpectives for a new era (pp. 135–140). Thousand Oaks: Sage.

Bass, B. M. & Avolio, B. J. (1999). Training full range leadership. Redwood City: Mind Garden.

Bass, B. M. & Avolio, B. J. (2000). MLQ Multifactor Leadership Questionnaire. Sampler set. Technical report, leader form, rater form, and scoring key for MLQ form 5×-short (2nd ed.). Redwood City: Mind Garden.

Bate, P. (1997). Cultural Change: Strategien zur Änderung der Unternehmenskultur. München: Gerling Akademie.
Bauer, S. (2007). Persönlichkeitscoaching für Lehrkräfte: Entwicklung und Erprobung einer Konzeption auf der Basis von Einzelfallstudien. Saarbrücken: vdm.
Baumeister, R. F. (1982). A self-presentational view of social phenomena. Psychological Bulletin, 91, 3–26.
Baumeister, R. F. (1989). Motives and costs of self-presentations in organizations. In R. A. Giacalone & P. Rosenfeld (Eds.), Impression management in the organization (pp. 57–72). Hillsdale: Erlbaum.
Baumeister, R. F. & Tice, D. M. (1986). Four selves, two motives, and a substitute process self-regulation model. In R. F. Baumeister (Ed.), Public self and private self (pp. 63–74). New York: Springer.
Beck, U. (1996). Risikogesellschaft. Auf dem Weg in eine andere Moderne. Frankfurt a. M.: Suhrkamp.
Behrendt, P. (2004). Wirkfaktoren im Coaching. Unveröffentlichte Diplomarbeit, Universität Freiburg.
Behrendt, P. (2006). Wirkung und Wirkfaktoren von psychodramatischem Coaching – Eine experimentelle Evaluationsstudie. Zeitschrift für Psychodrama und Soziometrie, 1, 59–87.
Benien, K. (2005). Beratung in Aktion (2. Aufl.). Hamburg: Windmühle.
Birgmeier, B. R. (2006). Menschenbild-Annahmen im Coaching. Ein Streifzug durch anthropologische Vorannahmen in Coaching-Konzepten und der Versuch einer meta-modelltheoretischen Systematisierung professionellen Coachings. Sozialmagazin, 31, 26–35.
Birkigt, K. & Stadler, M. M. (2000). Corporate Identity – Grundlagen. In K. Birkigt, M. M. Stadler & H. J. Funck (Hrsg.), Corporate Identity. Grundlagen, Funktionen, Fallbeispiele (S. 11–61), Landsberg a. L.: Moderne Industrie.
Blatner, A. (1973). Acting-in. Practical applications of psychodramatic methods. New York: Springer.
Böning, U. (2008). Unterschiede im Top- und Mittelmanagement-Coaching. Vortrag an den 1. Ekeberger Coaching-Tagen am 11./12. Juli 2008.
Böning, U. & Fritschle, B. (2005). Coaching fürs Business. Bonn: Manager Seminare.
Brewer, M. B. (1991). The social self: On being the same and different at the same time. Personality and Social Psychology Bulletin, 17, 475–482.
Brinkmann, R. (1998). Vorgesetztenfeedback. Heidelberg: Sauer.
Carver, C. S. & Scheier, M. F. (1981). Attention and self-regulation: A control-theory approach to human behavior. New York: Springer.
Caspar, F. (1996). Beziehungen und Probleme verstehen. Eine Einführung in die psychotherapeutische Plananalyse (2. Aufl.). Bern: Huber.
Cheek, J. M. (1982). Aggregation, moderator variables, and the validity of personality tests: A peer-rating study. Journal of Personality and Social Psychology, 43, 1254–1269.
Cheek, J. M. & Hogan, R. (1983). Self-concepts, self-presentations, and moral judgements. In J. Suls (Ed.), Psychological perspectives on the self, Vol. 2 (pp. 249–273). Hillsdale: Erlbaum.
Chesbrough, H. W. (2003). Open Innovation. Boston: Harvard Business School Press.
Cook, T. D. & Campbell, D. T. (1979). Quasi-experimentation: Design and Analysis Issues for Field Settings. Chicago: Rand McNally.
Csikszentmihalyi, M. (2007). Kreativität. Wie Sie das Unmögliche schaffen und Ihre Grenzen überwinden (7. Aufl.). Stuttgart: Klett-Cotta.
De Bono, E. (1989). Das Sechsfarben-Denken. Ein neues Trainingsmodell. Düsseldorf: Econ.
De Bono, E. (2000). Six thinking hats. London: Penguin.
De Bono, E. (2005). De Bonos neue Denkschule. Kreativer denken, effektiver arbeiten, mehr erreichen. Heidelberg: mvg.
De Jong, P. & Berg, I. K. (1998). Lösungen (er) finden. Dortmund: Borgmann.
De Shazer, S. (1998). Worte waren ursprünglich Zauber: Lösungsorientierte Therapie in Theorie und Praxis. Dortmund: Modernes Lernen.
De Shazer, S. (2002). Der Dreh: überraschende Wendungen und Lösungen in der Kurzzeittherapie (7. Aufl.). Heidelberg: Auer.
De Shazer, S. & Dolan, Y. (2008). Mehr als ein Wunder. Lösungsfokussierte Kurzzeittherapie heute (1. Aufl.). Heidelberg: Auer.
Diemand, A. & Schuler, H. (1991). Sozial erwünschtes Verhalten in eignungsdiagnostischen Situationen. In H. Schuler & U. Funke (Hrsg.), Eignungsdiagnostik in Forschung und Praxis (S. 242–248). Göttingen: Hogrefe.

Dill, P. (1986). Unternehmenskultur – Grundlagen und Anknüpfungspunkte für ein Kulturmanagement. Bonn: BDW.
Donauer, D. (1996). Ressourcenorientiertes Führungskräftetraining. Erstellung eines Manuals und Weiterentwicklung des Kommunikationstrainings. Unveröffentlichte Diplomarbeit, Otto-Friedrich-Universität Bamberg.
Dornaus, C. (2009). Entwicklung und Erprobung eines Persönlichkeitscoachings für Studienreferendare – mit Schwerpunkt auf Rollenspiel mit Videofeedback. Unveröffentlichte Diplomarbeit, Otto-Friedrich-Universität Bamberg.
Duval, S. & Wicklund, R. A. (1972). A theory of objective self awareness. New York: Academic Press.
Dvir, T., Eden, D. & Avolio, B. & Shamir, B. (2002). Impact of transformational leadership on follower development and performance: A field experiment. Academy of Management Journal, 45, 735–744.
Ebert, H. & Piwinger, M. (2007). Impression Management: Die Notwendigkeit der Selbstdarstellung. In M. Piwinger & A. Zerfaß (Hrsg.), Handbuch Unternehmenskommunikation (S. 205–225). Wiesbaden: Gabler.
Eidenschink, K. & Horn-Heine, K. (2009). Einleitung: Der professionelle Einsatz von Coaching-Tools. In C. Rauen (Hrsg.), Coaching-Tools II (2. Aufl., S. 11–22). Bonn: Manager Seminare.
Engelke, E. (1981). Das Psychodrama und seine vielfältigen Möglichkeiten. In E. Engelke (Hrsg.), Psychodrama in der Praxis (S. 9–32). München: Pfeiffer.
Erikson, E. (1973). Identität und Lebenszyklus. Frankfurt: Suhrkamp.
Ernst, H. (1996). Psychotrends. Das Ich im 21. Jahrhundert. München: Piper.
Ernst, H. (1999). Gesünder, gelassener, glücklicher werden: Sechs wirklich gute Vorsätze für das Jahr 2000. Psychologie Heute, 12, 20–27.
Fankhauser, K. (1996). Management von Organisationskulturen. Bern: Haupt.
Felfe, J. (2005). Charisma, transformationale Führung und Commitment. Köln: Kölner Studien Verlag.
Felfe, J. & Goihl, K. (2003). Deutsche überarbeitete und ergänzte Version des Multifactor Leadership Questionnaire (MLQ). In A. Glöckner-Rist (Hrsg.), ZUMA-Informationssystem. Elektronisches Handbuch sozialwissenschaftlicher Erhebungsinstrumente. Version 7.00. Mannheim: Zentrum für Umfragen, Methoden und Analysen.
Fengler, J. (1998). Feedback geben. Strategien und Übungen. Weinheim: Beltz.
Festinger, L. (1957). A theory of cognitive dissonance. Stanford: University Press.
Filipp, S.-H. & Mayer, A.-K. (2005). Selbst und Selbstkonzept. In H. Weber & T. Rammsayer (Hrsg.), Handbuch der Persönlichkeitspsychologie und Differentiellen Psychologie (S. 266–276). Göttingen: Hogrefe.
Fischer-Epe, M. (2002). Coaching: Miteinander Ziele erreichen (2. Aufl.). Reinbek: Rowohlt.
Forgas, J. P. (1999). Soziale Interaktion und Kommunikation. Eine Einführung in die Sozialpsychologie (4. Aufl.). Weinheim: Beltz.
Freiin von Elverfeldt, F. (2005). Selbststeuerung über Werte. In C. Rauen (Hrsg.), Coaching-Tools (3. Aufl., S. 292–295). Bonn: Manager Seminare.
Frese, M., Beimel, S. & Schoenborn, S. (2003). Action training for charismatic leadership: Two evaluations of studies of a commercial training module on inspirational communication of a vision. Personnel Psychology, 56, 671–697.
Frey, D., Traut-Mattausch, E., Greitemeyer, T. & Streicher, B. (2006). Psychologie der Innovationen in Organisationen. München: Roman Herzog Institut.
Frey, D. (2008). Vortrag »Ethikorientierte Führung«. [online]. Verfügbar unter http://www.schleswig-holstein.de/IQSH/DE/UeberUns/VortragFrey, templateId=raw,property=publicationFile.pdf. Zugriff: 25. 01. 2010.
Fuller, F. F. & Manning, B. A. (1973). Self-confrontation reviewed: A conceptualization for video playback in teacher education. Review of Educational Research, 43 (4), 469–578.
Funcke, A. (2006). Vorstellbar. Methoden von Schauspielern und Regisseuren für den ganz normalen Trainer. Bonn: Manager Seminare.
Funcke, A. & Rachow, A. (2007). Rezeptbuch für lebendiges Lernen. Bonn: Manager Seminare.
Funder, D. C. & Colvin, C. R. (1997). Congruence of others' and self-judgement of personality. In R. Hogan, J. Johnson & S. Briggs (Eds.), Handbook of personality psychology (pp. 617–648). San Diego: Academic Press.
Ganz, W. & Meiren, T. (2009). Mit Leitbildern Unternehmen entwickeln. In Bundesministerium für Bildung und Forschung (BMBF) (Hrsg.),

Unternehmenserfolg – eine Frage der Kultur (S. 12–15). Bielefeld: Bertelsmann.
Gardner, W. L. & Avolio, B. J. (1998). The charismatic relationship: a dramaturgical perspective. Academy of Management Review, 32, 32–58.
Gebert, D. (2002). Führung und Innovation. Stuttgart: Kohlhammer.
Geißler, H. (2005). Sozialstruktur. In C. Rauen (Hrsg.), Coaching-Tools (3. Aufl., S. 194–199). Bonn: Manager Seminare.
Gergen, K. J. (1990). Die Konstruktion des Selbst im Zeitalter der Postmoderne. Psychologische Rundschau, 41, 191–199.
Gergen, K. J. (1996). Das übersättigte Selbst. Identitätsprobleme im heutigen Leben. Heidelberg: Auer.
Geyer, A. & Steyrer, J. (1998). Messung und Erfolgswirksamkeit transformationaler Führung. Zeitschrift für Personalforschung, 12(4), 377–401.
Glatz, I. (2005). Das persönliche Wertesystem als Bild. In C. Rauen (Hrsg.), Coaching-Tools (3. Aufl., S. 287–291). Bonn: Manager Seminare.
Goffman, E. (1969). Wir alle spielen Theater. Die Selbstdarstellung im Alltag. München: Piper.
Grawe, K. (1994). Psychotherapie ohne Grenzen. Von den Therapieschulen zur Allgemeinen Psychotherapie. Verhaltenstherapie und psychosoziale Praxis, 26 (3), 357–370.
Grawe, K. (2000). Psychologische Therapie (2. Aufl.). Göttingen: Hogrefe.
Grawe, K. (2004). Neuropsychotherapie. Göttingen: Hogrefe.
Grawe, K., Donati, R. & Bernauer, F. (1994). Psychotherapie im Wandel. Göttingen: Hogrefe.
Grawe, K. & Grawe-Gerber, M. (1999). Ressourcenaktivierung. Ein primäres Wirkprinzip der Psychotherapie. Psychotherapeut, 2, 63–73.
Greif, S. (2008). Coaching und ergebnisorientierte Selbstreflexion. Theorie, Forschung und Praxis des Einzel- und Gruppencoachings. Göttingen: Hogrefe.
Greif, S. (2009). Grundlagentheorien und praktische Beobachtungen zum Coachingprozess. In B. Birgmeier (Hrsg.), Coachingwissen. Denn sie wissen nicht, was sie tun? (S. 129–144). Wiesbaden: VS.
Gruber, H., Mandl, H. & Renkl, A. (2000). Was lernen wir in Schule und Hochschule: Träges Wissen? In H. Mandl & J. Gerstenmaier (Hrsg.), Die Kluft zwischen Wissen und Handeln (S. 139–156). Göttingen: Hogrefe.
Guldin, A. (2006). Förderung von Innovationen. In H. Schuler (Hrsg.), Lehrbuch der Personalpsychologie (2. Aufl., S. 305–330). Göttingen: Hogrefe.
Haccoun, R. R. & Hamtiaux, T. (1994). Optimizing knowledge test for inferring learning acquisition levels in single group training evaluation designs: The internal referencing strategy. Personnel Psychology, 47, 593–604.
Hager, W. Patry, J. L. & Brezing, H. (Hrsg.). (2000). Handbuch Evaluation psychologischer Interventionsmaßnahmen. Göttingen: Huber.
Hannover, B., Pöhlmann, C. & Springer, A. (2004). Selbsttheorien der Persönlichkeit. In K. Pawlik (Hrsg.), Theorien und Anwendungsfelder der Differentiellen Psychologie (S. 317–363). Göttingen: Hogrefe.
Hauke, G. (2004). Die Herausforderung starker Dauerbelastungen: Navigation durch wertorientiertes strategisches Coaching. In H. Hauke & S. K. D. Sulz (Hrsg.), Management vor der Zerreißprobe? Oder: Zukunft durch Coaching (S. 93–120). München: CIP-Medien.
Heß, T. & Roth, W. L. (2001). Professionelles Coaching. Eine Expertenbefragung zur Qualitätseinschätzung und -entwicklung. Heidelberg: Asanger.
Higgins, E. T. (1987). Self-discrepancy: A theory relating self and affect. Psychological Review, 94(3), 319–340.
Higgins, J. M. (2006). 101 creative problem solving techniques. The handbook of new ideas for business. Winter Park: New Management.
Higgins, J. M. & Wiese, G. G. (1996). Innovationsmanagement. Kreativitätstechniken für den unternehmerischen Erfolg. Berlin: Springer.
Hippel, E. von (1986). Lead users. A Source of novel product concepts. Management Science, 32, 791–805.
Holtbernd,T. & Kochanek, B. (1999). Coaching. Die 10 Schritte der erfolgreichen Managementbegleitung. Köln: Bachem.
Hossiep, R. & Bräutigam, S. (2006). Personalauswahl und -entwicklung mit dem Bochumer Inventar zur berufsbezogenen Persönlichkeitsbeschreibung (BIP). In W. Simon (Hrsg.), Persönlichkeitstests und -modelle (S. 136–158). Offenbach: Gabal.
Hossiep, R. & Collatz, A. (2009a). Bochumer Inventar zur berufsbezogenen Persönlichkeitsbeschrei-

bung (BIP). In C. Rauen (Hrsg.), Coaching-Tools II (2. Aufl., S. 94–98). Bonn: Manager Seminare.
Hossiep, R. & Collatz, A. (2009b). Frembeschreibungsinventar zum BIP. In C. Rauen (Hrsg.), Coaching-Tools II (2. Aufl., S. 158–163). Bonn: Manager Seminare.
Hossiep, R. & Paschen, M. (2003a). Bochumer Inventar zur berufsbezogenen Persönlichkeitsbeschreibung – BIP (2. Aufl.). Göttingen: Hogrefe.
Hossiep, R. & Paschen, M. (2003b). Hinweise für Teilnehmer des Bochumer Inventars zur berufsbezogenen Persönlichkeit. Selbstbild, Fremdbild und Persönlichkeit (2. Aufl.). Göttingen: Hogrefe.
Hossiep, R. & Paschen, M. (2003c). Selbstbild, Fremdbild und Persönlichkeit. Broschüre zum BIP (2. Aufl.). Göttingen: Hogrefe.
Hossiep, R., Paschen, M. & Mühlhaus, O. (2000). Persönlichkeitstests im Personalmanagement. Göttingen: Hogrefe.
Jacob, N.-C. (2009). Entwicklung und Erprobung eines Persönlichkeitscoachings für Studienreferendare – mit Schwerpunkt auf der sechs Hüte-Methode. Unveröffentlichte Diplomarbeit, Otto-Friedrich-Universität Bamberg.
James, W. (1890). Principles of psychology. New York: Holt.
Johnson, J. (1997). Units of analysis for the description and explanation of personality. In R. Hogan, J. Johnson & S. Briggs (Eds.), Handbook of personality psychology (pp. 73–93). San Diego: Academic Press.
Johnson, J. & Ferstl, K. L. (1999). The effects of interrater and self-other agreement on performance improvement following upward feedback. Personnel Psychology, 52, 271–303.
Jones, E. E. & Nisbett, R. E. (1971). The actor and observer: Divergent perceptions of the causes of behavior. Morristown: General Learning Press.
Jones, E. E. & Pittman, T. S. (1982). Toward a general theory of strategic self-presentation. In J. Suls (Ed.), Psychological perspectives on the self, Vol. 1 (pp. 231–262). Hillsdale: Erlbaum.
Jones, J. E. & Bearley, W. L. (1996). 360°-Feedback. Strategies, tactics and techniques for developing leaders. Amherst: HRD.
Jüttemann, G. (1995). Persönlichkeitspsychologie. Perspektiven einer wirklichkeitsgerechten Grundlagenwissenschaft. Heidelberg: Asanger.
Kaesler, C. (2003). Die Arbeit mit dem Persönlichkeitsprofil im individuellen Coaching. In K. Martens-Schmid (Hrsg.), Coaching als Beratungssystem. Grundlagen, Konzepte, Methoden (S. 201–225). Heidelberg: Economica.
Kaimer, P. (1999). Lösungfokussierte Therapie. Psychotherapie Forum, 7, 8–20.
Kaluza, G. (2004). Stressbewältigung. Trainingsmanual zur psychologischen Gesundheitsförderung. Heidelberg: Springer.
Kanfer, F., Reinecker, H. & Schmelzer, D. (2000). Selbstmanagement-Therapie. Ein Lehrbuch für die klinische Praxis (3. Aufl.). Heidelberg: Springer.
Kelley, T. (2005). The ten faces of innovation. New York: Doubleday.
Kelloway, E. K., Barling, J. & Helleur, J. (2000). Enhancing transformational leadership: The roles of training and feedback. Leadership and Organization development, 21 (3), 145–149.
Kelly, G. A. (1955). The psychology of personal constructs. New York: Norton.
Keupp, H. (1988). Auf der Suche nach der verlorenen Identität. In H. Keupp (Hrsg.), Riskante Chancen. Das Subjekt zwischen Psychokultur und Selbstorganisation (S. 131–151). Heidelberg: Asanger.
Keupp, H., Ahbe, T., Gmür, W., Höfer, R., Mitzscherlich, B., Kraus, W. & Straus, F. (1999). Identitätskonstruktionen. Das Patchwork der Identitäten in der Spätmoderne. Reinbek: Rowohlt.
Kienbaum, J. (Hrsg.). (1994). Visionäres Personalmanagement. Stuttgart: Schäffer-Poeschel.
Klein, S. (2007). 50 Praxistools für Trainer, Berater, Coachs (2. Aufl.). Offenbach: Gabal.
Klein, Z. (2006). Kreative Geister wecken. Kreative Ideenfindung und Problemlösungstechniken. Ein Seminarkonzept für Trainer. Bonn: Manager Seminare.
Klix, F. (1992). Die Natur des Verstandes. Göttingen: Hogrefe.
König, E. & Volmer, G. (2003). Systemisches Coaching. Handbuch für Führungskräfte, Berater und Trainer. Weinheim: Beltz.
König, E. & Volmer, G. (2005). Visualisierung sozialer Systeme. In C. Rauen (Hrsg.), Coaching- Tools (3. Aufl., S. 190–193). Bonn: Manager Seminare.
Königswieser, R. (2005). Das systemische Porträt. In C. Rauen (Hrsg.), Coaching- Tools (3. Aufl., S. 188–189). Bonn: Manager Seminare.
Krappmann, L. (1997). Die Identitätsproblematik nach Erikson aus einer interaktionistischen Sicht.

In H. Keupp, & R. Höfer (Hrsg.), Identitätsarbeit heute (S. 66–92). Frankfurt a. M.: Suhrkamp.

Lamnek, S. (1993). Qualitative Sozialforschung. Band 1: Methodologie. Weinheim: Beltz.

Lang, A. (2005). Zielklärung als konstruktivistische Intervention. In C. Rauen (Hrsg.), Coaching-Tools (3. Aufl., S. 121–127). Bonn: Manager Seminare.

Lange, H. (2004). Lehrergesundheit, Personalverantwortung und Schulpolitik. In A. Hillert & E. Schmitz (Hrsg.), Psychosomatische Erkrankungen bei Lehrerinnen und Lehrern (S. 194–204). Stuttgart: Schattauer.

Laux, L. (1986). A self-presentational view of coping with stress. In M. H. Appley & R. Trumbull (Eds.), Dynamics of stress (pp. 233–253). New York: Plenum.

Laux, L. (1992). Selbstdarstellung und Selbstinterpretation: Herausforderung für die Persönlichkeitspsychologie. Unveröffentlichtes Memorandum Nr. 20, Lehrstuhl Psychologie IV, Otto-Friedrich-Universität Bamberg.

Laux, L. (2008). Persönlichkeitspsychologie (2. Aufl.). Stuttgart: Kohlhammer.

Laux, L., Geßner, A., Spielhagen, C. & Merzbacher, G. (2004). Forschungsbericht über das Sondierungsprojekt ›Die Evaluation des Persönlichkeitscoachings‹. Unveröffentlichtes Manuskript, Otto-Friedrich-Universität Bamberg.

Laux, L. & Renner, K.-H. (1994). Ich möchte, dass die Leute meine Seele sehen. Mit Leib und Seele. Forschungsforum. Berichte aus der Otto-Friedrich-Universität Bamberg, 6, 106–115.

Laux, L. & Renner, K.-H. (2002). Self-Monitoring und Authentizität: Die verkannten Selbstdarsteller. Zeitschrift für Differentielle und Diagnostische Psychologie, 23 (2), 129–148.

Laux, L. & Renner, K.-H. (2004). Persönlichkeit in der Inszenierungskultur. In G. Jüttemann (Hrsg.), Handbuch Psychologie als Humanwissenschaft (S. 181–197). Göttingen: Vandenhoeck & Ruprecht.

Laux, L. & Renner, K.-H. (2008a). Persönlichkeitseigenschaften als Prädiktoren und Produkte von Selbstdarstellung. In L. Laux, Persönlichkeitspsychologie (2. Aufl., S. 264–277). Stuttgart: Kohlhammer.

Laux, L. & Renner, K.-H. (2008b). Selbstdarstellung und Selbstinterpretation. In L. Laux, Persönlichkeitspsychologie (2. Aufl., S. 247–265). Stuttgart: Kohlhammer.

Laux, L. & Renner, K.-H. (2008c). Auf dem Weg zum pluralen Subjekt. In L. Laux, Persönlichkeitspsychologie (2. Aufl., S. 289–299). Stuttgart: Kohlhammer.

Laux, L. & Schmitt, C. T. (2008a). Innovation und Persönlichkeit. In L. Laux, Persönlichkeitspsychologie (2. Aufl., S. 312–321). Stuttgart: Kohlhammer.

Laux, L. & Schmitt, C. T. (2008b). Wertebasiert Flexibel – Chancen des Human-Ressourcen-Managements zum Erhalt und Ausbau transformationaler Innovationskultur. Projektskizze WertFlex – Otto-Friedrich-Universität Bamberg und Konsortiumspartner. Vorgelegt beim Bundesministerium für Bildung und Forschung.

Laux, L. & Schütz, A. (1996). »Wir, die wir gut sind«. Die Selbstdarstellung von Politikern zwischen Glorifizierung und Glaubwürdigkeit. München: dtv.

Laux, L. & Spielhagen, C. (1999). Persönlichkeitscoaching. Unveröffentlichtes Manuskript, Otto-Friedrich-Universität Bamberg.

Laux, L. & Weber, H. (1993). Emotionsbewältigung und Selbstdarstellung. Stuttgart: Kohlhammer.

Lazarus, R. S. (1999). Stress and emotion. A new synthesis. New York: Springer.

Leary, M. R. (1989). Self-Presentational processes in leadership emergence and effectiveness. In R. A. Giacalone & P. Rosenfeld (Eds.), Impression management in the organization (pp. 363–374). Hillsdale: Erlbaum.

Leary, M. R. (1995). Self-presentation: Impression management and interpersonal behavior. Madison: Brown & Benchmark.

Leary, M. R. & Kowalski, R. M. (1990). Impression management: A literature review and two-component model. Psychological Bulletin, 107, 34–47.

Lehment, T. (1999). Ganzheitliche Leistungsbeurteilung durch 360°-Feedback. In W. Jochmann (Hrsg.), Innovationen im Assessment-Center (S. 333–353). Stuttgart: Schäffer-Poeschel.

Liebel, H. J. & Oechsler, W. A. (1994). Handbuch Human-Resource-Management. Wiesbaden: Gabler.

Linville, P. W. (1987). Self-complexity as a cognitive buffer against stress-related illness and depression. Journal of Personality and Social Psychology, 53, 663–676.

Lippmann, E. (Hrsg.). (2009). Coaching. Angewandte Psychologie für die Beratungspraxis (2. Aufl.). Heidelberg: Springer.

Locke, E. A. & Latham, G. P. (1990). A theory of goal setting & task performance. Englewood Cliffs: Prentice Hall.

Looss, W. (2002). Unter vier Augen. Coaching für Manager (5. Aufl.). München: Moderne Industrie.

Looss, W. & Rauen, C. (2002). Einzel-Coaching – Das Konzept einer komplexen Beratungsbeziehung. In C. Rauen (Hrsg.), Handbuch Coaching (S. 115–142). Göttingen: Verlag für Angewandte Psychologie.

Luft, J. (1984). Group Process (3. Aufl.). San Francisco: Mayfield.

Magnusson, D. & Törestad, B. (1993). A holistiv view of personality: A model revisted. Anual Review of Psychology, 44, 427–452.

Maier, G. W., Streicher, B., Jonas, E. & Frey, D. (2007). Innovation und Kreativität. In D. Frey & L. von Rosenstiel (Hrsg.), Enzyklopädie der Psychologie, Themenbereich D, Serie III, Band 6, Wirtschaftspsychologie (S. 809–855). Göttingen: Hogrefe.

Margerison, C. & McCann, I. (1985). How to lead a winning team. Bradford: MCB University Press.

Markus, H. (1977). Self-schemata and processing information about the self. Journal of Personality and Social Psychology, 35, 63–78.

Markus, H. & Cross, S. (1990). The interpersonal self. In L. A. Pervin (Ed.), Handbook of personality theory and research (pp. 576–608). New York: Guilford.

Markus, H., Cross, S. & Wurf, E. (1990). The role of the self-system in competence. In R. J. Sternberg & J. Kolligan (Eds.), Competence considered (pp. 205–225). New Haven: Yale University Press.

Markus, H. & Nurius, P. (1986). Possible selves. American Psychologist, 41 (9), 954–969.

Markus, H. & Wurf, E. (1987). The dynamic self-concept: A social psychological perspective. Annual Review of Psychology, 38, 299–317.

Mäthner, E., Jansen, A. & Bachmann, T. (2005). Wirksamkeit und Wirkfaktoren von Coaching. In C. Rauen (Hrsg.), Handbuch Coaching (S. 55–75). Göttingen: Hogrefe.

McAdams, D. P. (2001). The person. An integrated introduction to personality psychology (3rd ed.). New York: Harcourt Brace College.

McAdams, D. P. (2002). Das bin Ich. Wie persönliche Mythen unser Selbstbild formen. Hamburg: Kabel.

Mead, G. H. (1934). Mind, self and society. Chicago: University of Chicago Press.

Meier, A. (2010). Innovationscoaching. Entwicklung und Erprobung eines Coachings zur Förderung der persönlichen Innovationsfähigkeit. Unveröffentlichte Diplomarbeit, Otto-Friedrich-Universität Bamberg.

Meyer, S. (2009). Entwicklung und Erprobung eines Persönlichkeitscoachings für Studienreferendare – mit Schwerpunkt auf Rollentausch und Rollenwechsel. Unveröffentlichte Diplomarbeit, Otto-Friedrich-Universität Bamberg.

Michalko, M. (2001). Cracking creativity. The secrets of creative genius. Berkeley: Speed Press.

Middendorf, J. (2005). Wertehierarchie. In C. Rauen (Hrsg.), Coaching-Tools (3. Aufl., S. 173–178). Bonn: Manager Seminare.

Migge, B. (2005). Handbuch Coaching und Beratung. Wirkungsvolle Modelle, kommentierte Falldarstellungen, zahlreiche Übungen. Weinheim: Beltz.

Mintzberg, H. (1973). The nature of managerial work. New York: Wiley.

Mischel, W. & Morf, C. C. (2003). The self as a psycho-social dynamic processing system: A meta-perspective on a century of the self in psychology. In M. R. Leary & J. P. Tangney (Eds.), Handbook of self and identity (pp. 15–43). New York: Guilford.

Mischel, W. & Shoda, Y. (1995). A cognitive-affective system theory of personality: Reconceptualizing situations, dispositions, dynamics, and invariance in personality structure. Psychological Review, 102, 246–268.

Moreno, J. K. (1959). Gruppenpsychotherapie und Psychodrama. Einleitung in die Theorie und Praxis. Stuttgart: Thieme.

Müller, S. (2009). Qualitative Evaluation eines Führungskräfte-Entwicklungsprogramms: Interviews und multiperspektivische Feedbacks. Unveröffentlichte Diplomarbeit, Otto-Friedrich-Universität Bamberg.

Müller-Freienfels, R. (1921). Philosophie der Individualität. Leipzig: Meiner.

Müller-Freienfels, R. (1927). Geheimnisse der Seele. München: Delphin.

Mummendey, H. D. (1983). Die Impression-Management-Theorie von J. T. Tedeschi und B. R. Schlenker. Psychologische Forschungsberichte, Nr. 100, Universität Bielefeld.

Mummendey, H. D. (1995). Psychologie der Selbstdarstellung (2. Aufl.). Göttingen: Hogrefe.

Mummendey, H. D. (1999). Selbstdarstellungstheorie – ein Überblick. Bielefelder Arbeiten zur Sozialpsychologie, Nr. 191, Universität Bielefeld.

Neuberger, O. (2000). Das 360°-Feedback. Alles fragen? Alles sehen? Alles sagen? München: Hampp.

Novack, (2001). Schöpferisch mit System. Kreativitätstechniken nach Edward de Bono. Heidelberg: Sauer.

Oetker, A. (2006). Pressemitteilung vom 19. 09. 2006. [online]. Verfügbar unter: www.bmbf.de/press/1875.php. Zugriff: 03. 01. 2007.

Offermanns, M. (2004). Braucht Coaching einen Coach? Eine evaluative Pilotstudie. Stuttgart: Ibidem.

Offermanns, M. (2005). Braucht Coaching einen Coach? – Eine evaluative Pilotstudie. In C. Rauen (Hrsg.), Handbuch Coaching (S. 99–110). Göttingen: Hogrefe.

Ostendorf, F. & Angleitner, A. (2004). NEO-Persönlichkeitsinventar nach Costa und McCrae, Revidierte Fassung. Göttingen: Hogrefe.

Pervin, L. A. (1996). The science of personality. New York: Wiley.

Petermann, F. (1992). Einzelfalldiagnose und klinische Praxis (2. Aufl.). München: Quintessenz.

Petzold, H. (1979). Psychodrama-Therapie. Paderborn: Junfermann.

Peus, C. (2005). Impact of different leadership styles on followers' innovativeness, performance-related Attitudes, an organizational performance. Ketsch: Mikroform.

Quadflieg, W. (1979). Wir spielen immer. Erinnerungen. Frankfurt a. M.: Fischer.

Radatz, S. (2003). Beratung ohne Ratschlag. Systemisches Coaching für Führungskräfte und BeraterInnnen (3. Aufl.). Wien: Systemisches Management.

Rathgeber, K. (2005). 270°-Beurteilung von Führungsverhalten: Interperspektivische Übereinstimmung und ihr Zusammenhang mit Erfolg – eine Befragung in der Automobilindustrie. Dissertation, Technische Universität Chemnitz.

Rathgeber, K. & Jonas, K. (2003). Transformationale Führung: Mehr Leistung, weniger Stress? In P. Creutzfeldt (Hrsg.), Die gesunde Organisation. Grundlagen, Konzepte, Praxis (S. 55–75). Düsseldorf: VDM.

Rauen, C. (2002a). Der Ablauf eines Coaching-Prozesses. In C. Rauen (Hrsg.), Handbuch Coaching (2. Aufl., S. 233–249). Göttingen: Hogrefe.

Rauen, C. (2002b). Varianten des Coachings im Personalentwicklungsbereich. In C. Rauen (Hrsg.), Handbuch Coaching (2. Aufl., S. 67–94). Göttingen: Hogrefe.

Rauen, C. (Hrsg.). (2005). Coaching-Tools (3. Aufl.). Bonn: Manager Seminare.

Rauen, C. (2008). Coaching (2. Aufl.). Göttingen: Hogrefe.

Rauen, C. (2009). Coaching-Tools II (2. Aufl.). Bonn: Manager Seminare.

Reichwald, R. & Piller, F. (2006). Interaktive Wertschöpfung. Open innovation, Individualisierung und neue Formen der Arbeitsteilung. Wiesbaden: Gabler.

Reinecker, H. (1999). Grundlagen verhaltenstherapeutischer Methoden. In H. Reinecker (Hrsg.), Lehrbuch der Verhaltenstherapie (S. 87–146). Tübingen: dgvt.

Reinecker, H. (2008). Selbstkontrolle. In M. Linden & M. Hautzinger (Hrsg.), Verhaltenstherapiemanual (6. Aufl., S. 384–388). Heidelberg: Springer.

Renner, K.-H. (2002). Selbstinterpretation und Self-Modeling bei Redeängstlichkeit. Göttingen: Hogrefe.

Renner, K. H. & Laux, L. (2007). Den Alltag zur Bühne machen. Der histrionische Selbstdarstellungsstil. Psychologie heute, 32, 62–67.

Rhodewalt, F. T. (1986). Self-presentation and the phenomenal self: On the stability and malleability of self-conceptions. In R. F. Baumeister (Ed.), Public self and private self (pp. 117–142). York: Springer.

Riedelbauch, K. (2009). Evaluationsstudie zur Förderung transformationalen Führungsverhaltens durch Gruppenworkshops und Einzelcoachings. In A. S. Steinweg, M. Wagner-Braun & S. Rässler (Hrsg.), Forschende Frauen, Bd. 2 (S. 25–61). Bamberg: University of Bamberg Press.

Riedelbauch, K. (in Vorb.). Förderung transformationaler Führung. Dissertation, Otto-Friedrich-Universität Bamberg.

Riordan, C. A. (1989). Images of Corporate Success. In R. A. Giacalone & P. Rosenfeld (Eds.), Impression management in the organization (pp. 87 – 104). Hillsdale: Erlbaum.

Rosenstiel, L. von (2006). Führung. In H. Schuler (Hrsg.), Lehrbuch der Personalpsychologie (2. Aufl., S. 353 – 384). Göttingen: Hogrefe.

Rosenstiel, L. von, Regnet, E. & Domsch, M. E. (Hrsg.). (2003). Führung von Mitarbeitern (5. Aufl.). Stuttgart: Schäffer-Poeschel.

Ross, L. (1977). The intuitive psychologist and his shortcomings: Distortions in the attributions process. In L. Berkowitz (Ed.), Advances in experimental social psychology, Vol. 10 (pp. 173 – 220). New York: Academic Press.

Rückle, H. & Mutatoff, A. (2005). Werte-Ziele-Zielgruppen-Analyse. In C. Rauen (Hrsg.), Coaching-Tools (3. Aufl., S. 179 – 187). Bonn: Manager Seminare.

Runde, B., Kirschbaum, D. & Wübbelmann, K. (2001). 360°-Feedback: Hinweise für ein best-practice-Modell. Zeitschrift für Arbeits- und Organisationspsychologie, 3, 146 – 157.

Sachse, R. (2004). Persönlichkeitsstörungen. Leitfaden für die Psychologische Psychotherapie. Göttingen: Hogrefe.

Sader, M. (1969). Rollentheorie. In C. F. Graumann (Hrsg.), Handbuch der Psychologie (S. 204 – 231). Göttingen: Hogrefe.

Sader, M. (1986). Rollenspiel als Forschungsmethode. Opladen: Westdeutscher Verlag.

Sader, M. & Weber, H. (2000). Psychologie der Persönlichkeit (2. Aufl.). München: Juventa.

Scategni, W. (1994). Das Psychodrama. Zwischen alltäglicher und archetypischer Erfahrungswelt. Düsseldorf: Walter.

Schaarschmidt, U. (2005). 2. Situationsanalyse. In U. Schaarschmidt (Hrsg.), Halbtagsjobber? Psychische Gesundheit im Lehrerberuf – Analysen eines veränderungsbedürftigen Zustands (2. Aufl., S. 41 – 71). Weinheim: Beltz.

Schaarschmidt, U. & Fischer, A. (1996). Arbeitsbezogenes Verhaltens- und Erlebensmuster. Frankfurt a. M.: Sweet Test Services.

Schaarschmidt, U. & Kieschke, U. (2007). Kapitel 1: Einführung und Überblick. In U. Schaarschmidt & U. Kieschke (Hrsg.), Gerüstet für den Schulalltag. Psychologische Unterstützungsangebote für Lehrerinnen und Lehrer (S. 17 – 44). Weinheim: Beltz.

Schaller, R. (2001). Das große Rollenspiel-Buch. Weinheim: Beltz.

Schaufler, B. (2000). Frauen in Führung. Bern: Huber.

Schein, E. (1995). Unternehmenskultur: Ein Handbuch für Führungskräfte. Frankfurt a. M.: Campus.

Scheinpflug, R. (1995). Rückmeldung der Ergebnisse an die Beurteilten. In K. Hofmann, F. Köhler & V. Steinhoff (Hrsg.), Vorgesetztenbeurteilung in der Praxis (S. 67 – 73). Weinheim: Beltz.

Scherm, M. & Sarges, W. (2002). 360°-Feedback. Göttingen: Hogrefe.

Schlenker, B. R. (1985). The self and social life. New York: McGraw-Hill.

Schlenker, B. R. (1986). Self-identification: Toward an integration of the private and public self. In R. F. Baumeister (Ed.), Public self and private self (pp. 21 – 62). New York: Springer.

Schlenker, B. R. (2003). Self-presentation. In M. R. Leary & J. P. Tangney (Eds.), Handbook of self and identity (pp. 492 – 518). New York: Guilford.

Schlenker, B. R. & Pontari, B. A. (2000). The strategic control of information: Impression management and self-presentation in daily life. In A. Tesser, R. Felson & J. Suls (Eds.), Psychological perspectives on self and identity (pp. 199 – 232). Washington: American Psychological Association.

Schlenker, B. R. & Weigold, M. F. (1992). Interpersonal processes involving impression regulation and management. Annual Review of Psychology, 43, 133 – 168.

Schlichthorn, J. (2005). 360°-Feedback und Wandel der Unternehmenskultur: Eine quantitative und qualitative Analyse in einem Kreditinstitut. Unveröffentlichte Diplomarbeit, Otto-Friedrich-Universität Bamberg.

Schmitt, C. T. (2006). Analyse der Faktoren des Transfers von Teamentwicklungsmaßnahmen in die organisationale Praxis. Unveröffentlichte Diplomarbeit, Universität Regensburg.

Schmitt, C. T. (2009). Value-based Flexibility – Integrating creativity and moral reasoning. Paper presented at the European Association of Personality Psychologists'-Experts Meeting on Virtues, Values, and Personality, 28. 10. 2009, Rome.

Schmitt, C. T. (in Vorb.). Theorie und Praxis Wertebasierter Flexibilität. Dissertation, Otto-Friedrich Universität Bamberg.

Schmitt, C. T. & Meier, A. (2010). Wertschöpfung durch Wertebasierte Flexibilität. In G. Pischetsrieder (Hrsg.), www. Werte – Wertschätzung – Wertschöpfung (S. 71–92). Hamburg: GPO.
Schneewind, K. A. (1999a). Familienpsychologie (2. Aufl.). Stuttgart: Kohlhammer.
Schneewind, K. A. (1999b). Das Menschenbild in der Persönlichkeitspsychologie. In R. Oerter (Hrsg.), Menschenbilder in der modernen Gesellschaft (S. 22–39). Stuttgart: Enke.
Schorch, K. (2005). 360°-Feedback und Coaching im Kontext von Selbstdarstellung: Einzelfallstudien mit Führungskräften. Unveröffentlichte Diplomarbeit, Otto-Friedrich-Universität Bamberg.
Schraml, F. (2005). Die Evaluation des Persönlichkeits-Coachings: Eine Analyse der Wirksamkeit aus der Sicht von Coaching-Teilnehmern. Unveröffentlichte Diplomarbeit, Otto-Friedrich-Universität Bamberg.
Schreyögg, A. (2002). Konflikt-Coaching. Frankfurt a. M.: Campus.
Schreyögg, A. (2003). Coaching. Eine Einführung für Praxis und Ausbildung (6. Aufl.). Frankfurt a. M.: Campus.
Schreyögg, A. (2005). Imaginativer Rollentausch. In C. Rauen (Hrsg.), Coachingtools (2. Aufl., S. 205–207). Bonn: Manager Seminare.
Schreyögg, A. (2006). Die Bedeutung von Coaching für die Identitätsentwicklung von Führungskräften. Organisationsberatung, Supervision, Coaching, 2 (6), 127–138.
Schreyögg, A. (2009a). Das flexible Organigramm. In C. Rauen (Hrsg.), Coachingtools II (2. Aufl., S. 199–200). Bonn: Manager Seminare.
Schreyögg, A. (2009b). Die konzeptionelle Einbettung der Coaching-Praxeologie am Beispiel eines integrativen Handlungsmodells fürs Coaching. In C. J. Schmidt-Lellek & A. Schreyögg (Hrsg.), Praxeologie des Coaching (S. 13–31). Wiesbaden: VS.
Schreyögg, G. & Lührmann, T. (2006). Führungsidentität: Zu neueren Entwicklungen in Führungskonstellationen und der Identitätsforschung. Zeitschrift Führung und Organisation, 75(1), 11–16.
Schubert, M. (2009). Formative und summative Evaluation von Führungskräfte-Coachings: Einzelfallstudien zum Coachingprozess und zur Zielerreichung. Unveröffentlichte Diplomarbeit, Otto-Friedrich-Universität Bamberg.
Schuler, H. & Görlich, Y. (2007). Kreativität. Göttingen: Hogrefe.
Schuler, H. & Prochaska, M. (2000). Leistungsmotivationsinventar. Göttingen: Hogrefe.
Schulz von Thun, F. (1981). Miteinander Reden 1. Störungen und Klärungen (1. Aufl.). Reinbek: Rowohlt.
Schulz von Thun, F. (1989). Miteinander Reden 2. Stile, Werte und Persönlichkeitsentwicklung (1. Aufl.). Reinbek: Rowohlt.
Schulz von Thun, F. (2003a). Miteinander Reden 2. Stile, Werte und Persönlichkeitsentwicklung (23. Aufl.). Reinbek: Rowohlt.
Schulz von Thun, F. (2003b). Miteinander Reden 3. Das innere Team und situationsgerechte Kommunikation (11. Aufl.). Reinbek: Rowohlt.
Schulz von Thun, F. (2007). Der Mensch als pluralistische Gesellschaft. Das Modell des Inneren Teams als Haltung und Methode. In F. Schulz von Thun & W. Stegemann (Hrsg.), Das Innere Team in Aktion. Praktische Arbeit mit dem Modell (2. Aufl., S. 15–32). Reinbek: Rowohlt.
Schulz von Thun, F., Ruppel, J. & Stratmann, R. (2006). Miteinander reden: Kommunikationspsychologie für Führungskräfte (5. Aufl.). Reinbek: Rowohlt.
Schulz von Thun, F. & Stegemann, W. (Hrsg.). (2007). Das Innere Team in Aktion. Praktische Arbeit mit dem Modell (2. Aufl.). Reinbek: Rowohlt.
Schütz, A. (1992). Selbstdarstellung von Politikern. Analyse von Wahlkampfauftritten. Weinheim: Deutscher Studien Verlag.
Schwartz, S. H. (1992). Universals in the structure and content of values: Theoretical advanced and empirical tests in 20 countries. In M. P. Zanna (Ed.), Advances in experimental social psychology, Vol. 25 (pp. 1–65). Orlando: Academic Press.
Schwartz, S. H. (1999). A theory of cultural values and some implications for work. Journal of Applied Psychology: An International Review, 48, 23–47.
Schwartz, S. H. (2007). Universalism values and the inclusiveness of our moral universe. Journal of Cross-Cultural Psychology, 38(6), 711–728.
Schweiger, G. & Schrattenecker, G. (2005). Werbung (6. Aufl.). Stuttgart: Lucius & Lucius.
Seiwert, L. J. (2005). 30 Minuten für optimales Zeitmanagement. Offenbach: Gabal.

Sievering, M. (2001). »Alle Gefühle verbergen und mit fester Stimme und wohlformulierten Sätzen glänzen!« – Die Bedeutung von Selbstdarstellungsregeln im Bewerbungsinterview. Zeitschrift für Arbeits- und Organisationspsychologie, 21, 152–156.

Snyder, M. (1987). Public appearances/private realities. The psychology of self-monitoring. New York: Freeman.

Sonntag, K. H. & Stegmaier, R. (2006). Verhaltensorientierte Verfahren der Personalentwicklung. In H. Schuler (Hrsg.), Lehrbuch der Personalpsychologie (2. Aufl., S. 281–304). Göttingen: Hogrefe.

Staehle, W. J. (1999). Management. Eine verhaltenswissenschaftliche Perspektive (8. Aufl.). München: Vahlen.

Steiger, T. (2008). Das Rollenkonzept der Führung. In T. Steiger & E. Lippmann (Hrsg.), Handbuch Angewandte Psychologie für Führungskräfte, Bd. 1 (3. Aufl., S. 35–61). Heidelberg: Springer.

Stern, W. (1923). Die menschliche Persönlichkeit. Person und Sache, Bd. 2 (3. Aufl.). Leipzig: Barth.

Stern, W. (1930). Studien zur Personwissenschaft. Erster Teil: Personalistik als Wissenschaft. Leipzig: Barth.

Stewart, L. J., O'Riordan, S. & Palmer, S. (2008). Before we know how we've done, we need to know what we're doing: Operationalising coaching to provide a foundation for coaching evaluation. The Coaching Psychologist, 4(3), 127–133.

Stober, D. R. & Grant, A. M. (Eds.). (2006). Evidence Based Coaching Handbook. Putting best practices to work for your clients. Hoboken: Wiley.

Swann, W. B. & Hill, C. A. (1982). When our identities are mistaken: Reaffirming self-conceptions through social interaction. Journal of Personality and Social Psychology, 43, 59–66.

Szabo, P. (2005). Lösungsorientierte Kurzzeitberatung. In C. Rauen (Hrsg.), Coaching-Tools (3. Aufl., S. 41–48). Bonn: Manager Seminare.

Tausch, R. & Tausch, A.-M. (1990). Gesprächspsychotherapie (9. Aufl.). Göttingen: Hogrefe.

Tedeschi, J. T. (1986). Private and public experiences and the self. In R. F. Baumeister (Ed.), Public self and private self (pp. 1–20). New York: Springer.

Tedeschi, J. T., Lindskold, S. & Rosenfeld, P. (1985). Introduction to Social Psychology. St.Paul: West Publishing.

Tedeschi, J. T. & Norman, N. (1985). Social power, self-presentation, and the self. In B. R. Schlenker (Ed.), The self an social life (pp. 293–321). New York: McGraw-Hill.

Tedeschi, J. T. & Riess, M. (1981). Identities, the phenomenal self and laboratory research. In J. T. Tedeschi (Ed.), Impression management. Theory and social psychological research (pp. 3–22). New York: Academic Press.

Thomae, H. (1996). Das Individuum und seine Welt. Eine Persönlichkeitstheorie. Göttingen: Hogrefe.

Tice, D. M. (1992). Self-concept change and self-presentation: The looking glass self is also a magnifying glass. Journal of Personality and Social Psychology, 63, 435–451.

Tice, D. M. (1994). Pathways of internalization: When does overt behavior change the self-concept? In T. M. Brinthaupt & R. P. Lipka (Eds.), Changing the self. Philosophies, techniques, and experiencies (pp. 229–250). New York: State University of New York Press.

Tichy, N. M., Fombrun, C. J. & Devanna, M. A. (1982). Strategic human resource management. Sloan Management Review, 23, 47–61.

Trope, Y. (1975). Seeking information about one's ability as a determinant of choice among tasks. Journal of Personality and Social Psychology, 32, 1004–1013.

Trümper, C. (1997). Erste Evaluation des ressourcenorientierten Führungskräftetrainings. Unveröffentlichte Diplomarbeit, Otto-Friedrich-Universität Bamberg.

Vogelauer, W. (Hrsg.). (2001). Methoden-ABC im Coaching. Praktisches Handwerkszeug für den erfolgreichen Coach (2. Aufl.). München: Luchterhand.

Vogelauer, W. (2005). Der Coaching-Prozess. Die Phasen und ihre praktische Umsetzung. In W. Vogelauer (Hrsg.), Coaching Praxis. Führungskräfte professionell begleiten, beraten, unterstützen (5. Aufl., S. 29–41). München: Luchterhand.

Vroom, V. H. & Yetton, P. W. (1973). Leadership and decision-making. Pittsburgh: University of Pittsburgh Press.

Walker, A. G. & Smither, J. W. (1999). A five-year study of upward feedback: What managers do with their results matters. Personnel Psychology, 52, 393–423.

Wechsler, T. F. (2010). Wirkfaktoren in Coachingtools unter der Lupe - Entwicklung und Anwendung eines Bewertungssystems. Unveröffentlichte Diplomarbeit, Otto-Friedrich-Universität Bamberg.
Weibler, J. (2001). Personalführung. München: Vahlen.
Weinert, A. B. (2004). Organisations- und Personalpsychologie (5. Aufl.). Weinheim: Beltz.
Weißhaupt, M. (1997). Impression Management in Einstellungsinterviews. Dissertation, Eberhard-Karls-Universität Tübingen.
Welsch, W. (1993). » ICH ist ein anderer«. Auf dem Weg zum pluralen Subjekt? In D. Reigber (Hrsg.), Frauen-Welten. Marketing in der postmodernen Gesellschaft – ein interdiziplinärer Forschungsansatz (S. 282–318). Düsseldorf: Econ.
Weyand, G. (2007). Elevator Pitch. Überzeugen in 30 Sekunden. [DVD]. Manager Seminare.
Whitmore, J. (1997). Coaching für die Praxis. München: Heyne.
Willutzki, U. (2003). Ressourcen: Einige Bemerkungen zur Begriffklärung. In H. Schemmel & J. Schaller (Hrsg.), Ressourcen. Ein Hand- und Lesebuch zur therapeutischen Arbeit (S. 91–109). Tübingen: dgvt.
Winkler, I. (2004). Aktuelle theoretische Ansätze der Führungsforschung. Schriften zur Organisationswissenschaft Nr. 2, Lehrmaterial TU Chemnitz.
Wissemann, M. (2006). Wirksames Coaching. Eine Anleitung. Bern: Huber.
Wunderer, R. (2001). Führung und Zusammenarbeit. Eine unternehmerische Führungslehre (4. Aufl.). Neuwied: Luchterhand.
Wuttke, D. (1980). Dürer und Celtis: Von der Bedeutung des Jahres 1500 für den deutschen Humanismus: »Jahrhundertfeier als symbolische Form«. The Journal of Medieval and Renaissance Studies, 10, 73–129.
Yablonsky, L. (1986). Psychodrama. Die Lösung emotionaler Probleme durch das Rollenspiel (2. Aufl.). Stuttgart: Klett-Cotta.
Yammarino, F. J. & Atwater, L. E. (1993). Understanding self-perception accuracy: Implications for human resource management. Human Resource Management, 32, 231–247.
Yammarino, F. J. & Atwater L. E. (1997). Do managers see themselves as others see them? Implications of self-other rating agreement for human resources management. Organizational Dynamics, 25, 35–44.

Bildnachweis

Abbildungen 2.2, 5.1, 5.2, 8.9, 9.12, 11.3, 12.1 und 12.3 wurden erstellt von Lisa Gäbelein.
Abbildungen 6.6, 7.5, 7.6, 7.7, 7.8, 8.14, 8.15 und 8.16 wurden erstellt von Stephanie Bauer.

Sachwortverzeichnis